Frauke Steffens
„Innerlich gesund an der Schwelle
einer neuen Zeit"

PALLAS ATHENE
- -
Beiträge zur Universitäts- und
Wissenschaftsgeschichte

Herausgegeben von
Rüdiger vom Bruch
und Lorenz Friedrich Beck

Band 37

Frauke Steffens

„Innerlich gesund an der Schwelle einer neuen Zeit"

Die Technische Hochschule Hannover 1945–1956

Franz Steiner Verlag Stuttgart 2011

Gedruckt mit freundlicher Unterstützung
der Leibniz Universität Hannover

Zitat im Titel:
Niedersächsisches Hauptstaatsarchiv Nds. 423,
Acc. 11/85, Nr. 155, Antrag Richard Finsterwalder
an den hannoverschen Bezirkstag, 27.8.1946

Bibliografische Information der Deutschen
Nationalbibliothek:
Die Deutsche Nationalbibliothek verzeichnet diese
Publikation in der Deutschen Nationalbibliografie;
detaillierte bibliografische Daten sind im Internet über
<http://dnb.d-nb.de> abrufbar.

ISBN 978-3-515-09870-0

Jede Verwertung des Werkes außerhalb der Grenzen
des Urheberrechtsgesetzes ist unzulässig und strafbar.
Dies gilt insbesondere für Übersetzung, Nachdruck,
Mikroverfilmung oder vergleichbare Verfahren sowie
für die Speicherung in Datenverarbeitungsanlagen.
© 2011 Franz Steiner Verlag, Stuttgart
Gedruckt auf säurefreiem, alterungsbeständigem Papier.
Druck: Offsetdruck Bokor, Bad Tölz
Printed in Germany

INHALTSVERZEICHNIS

EINLEITUNG 11

1. „EXISTENZKAMPF", INTERESSENVERTRETUNG UND
   LEGITIMATION: DIE TECHNISCHE HOCHSCHULE HANNOVER
   IM WIEDERAUFBAU.. 33
   1.1 Kooperation, Wissenstransfer und Repräsentation:
       Das Verhältnis zwischen der Technischen Hochschule
       und der Stadt Hannover 34
   1.2 Im Zeichen der Finanznot: Die TH Hannover und
       die Landesregierung im Ringen um Wiederaufbau
       und Erhaltung der Hochschule... 47
   1.3 Die Hannoversche Hochschulgemeinschaft
       als „Clearingstelle" zwischen Hochschule und Industrie 56
   1.4 Die Auseinandersetzung mit dem baulichen Erbe:
       Prioritätensetzungen und Richtungsentscheidungen im Wiederaufbau......... 61
   1.5 Vergangenheits- und geschichtspolitische
       Weichenstellungen in der Zeit des Wiederaufbaus........................ 66

   Zusammenfassung 90

2. „UNPOLITISCHE WISSENSCHAFT": DIE ENTNAZIFIZIERUNG
   DER PROFESSOREN AN DER TH HANNOVER 92
   2.1 Zwischen politischer Säuberung und Pragmatismus: Die
       Entnazifizierung der Hochschulen in der britischen Besatzungszone............ 93
   2.2 Die Entnazifizierung an der Technischen Hochschule:
       Fakultäten und Fallbeispiele 99
       2.2.1 Fakultät I für Naturwissenschaften und
             Allgemeine Wissenschaften... 100
       2.2.2 Fakultät II für Bauwesen.. 108
       2.2.3 Fakultät III für Maschinenwesen 121
   2.3 Zur Bilanz der Entnazifizierung an der TH Hannover.................. 126
   2.4 „Niedere Elemente fernhalten": Die Deutungs- und Rechtfertigungs-
       strategien der Professoren 127
   2.5 „Nicht-symmetrische Diskretion"? Die Entnazifizierung im
       Gruppengefüge der Hochschule... 133

Zusammenfassung.. 137

3. WIRTSCHAFTLICHE NOT, LEISTUNGSDRUCK UND POLITIK: STUDIERENDE AN DER TH HANNOVER NACH 1945 140

3.1 Studium als Privileg und Kampf ums Überleben: Nachkriegssemester in Hannover zwischen wirtschaftlicher Not und Leistungsdruck.. 140
3.2 Der Hochschulzugang als Nadelöhr 148
3.3 Geduldet, nicht willkommen: Studentinnen an der TH Hannover nach 1945... 152
3.4 Am Rande: Displaced Persons und NS-Verfolgte als Studierende an der TH Hannover... 162
3.5 Eine „skeptische Generation"? Studierende nach 1945 zwischen Selbstdeutungen und Fremdzuschreibungen................... 170
3.6 „Gegenseitige Erziehung": Die studentischen Vereinigungen an der TH Hannover 183
3.7 Zurück zu „Blut und Paukboden"? Die Auseinandersetzung um die Korporationen an der TH Hannover 191
3.8 Hannoversche Studenten und Politik: Zwischen „unpolitischer" Zurückhaltung und politischer Agitation...209

Zusammenfassung 223

4. PATHOS UND PRAGMATISMUS: KONTINUITÄT UND WANDEL IM TECHNIKDISKURS NACH 1945 226

4.1 Zwischen Kulturkritik und Machbarkeitswahn: Technikdeutungen in der Weimarer Republik und im Nationalsozialismus...229
4.2 Technik, Kultur und Christentum: „Unpolitische" Ingenieure auf der Suche nach neuen Leitbildern 245
4.3 Pragmatismus statt „Kulturfaktor Technik": Der beginnende Wandel des Technikbildes in den 1950er Jahren..265
4.4 Planung, Mobilität und Effizienz: Das Lehrgebiet Verkehrswesen und seine Professoren nach 1945 279

Zusammenfassung 288

5. DIE AUSEINANDERSETZUNG UM EINE HOCHSCHULREFORM NACH 1945: TAUZIEHEN ZWISCHEN REFORMTRENDS UND BEHARRUNGSKRÄFTEN 290

5.1 Reformanstöße im Zeichen der "indirect rule": Britische Initiativen zur Neugestaltung des westdeutschen Hochschulwesens 291

5.2 Die westdeutsche Hochschulreformdiskussion in den ersten Nachkriegsjahren 303

5.3 Die Reformdiskussion an der Technischen Hochschule Hannover 313
    5.3.1 Die Verfassungsänderungen an der TH Hannover 313
    5.3.2 Die „Nichtordinarienfrage" und der Kampf um Mitbestimmungsrechte 317
    5.3.3 Die Diskussion um eine soziale Öffnung der Hochschule 322
    5.3.4 Das Studium Generale 329

Zusammenfassung 336

6. RÜCKBLICKE UND AUSBLICKE: REPRÄSENTATION UND FESTKULTUR AN DER TECHNISCHEN HOCHSCHULE HANNOVER 341

6.1 Zurückhaltung statt Distinktion: Formen der Repräsentation an der TH Hannover in der unmittelbaren Nachkriegszeit 343

6.2 Feiern an der Technischen Hochschule Hannover vor 1956 345

6.3 Identität und Kontinuität: Das Hochschuljubiläum 1956 354

Zusammenfassung 373

ZUSAMMENFASSUNG 375

ABKÜRZUNGSVERZEICHNIS 386

QUELLEN- UND LITERATURVERZEICHNIS 388

DANKSAGUNG

Das vorliegende Buch ist eine leicht überarbeitete Version meiner Doktorarbeit, die im Oktober 2007 von der Philosophischen Fakultät der Universität Hannover angenommen wurde. Viele haben mir bei ihrem Zustandekommen geholfen. Prof. Adelheid von Saldern vom Historischen Seminar und Prof. Joachim Perels vom Institut für Politische Wissenschaft, beide Universität Hannover, haben mich stets gefördert, ermutigt und diese Arbeit durch die kritische Lektüre und Diskussion jedes einzelnen Kapitels hervorragend betreut. Mit ihrer Initiative haben sie auch dazu beigetragen, dass der überwiegende Teil der Bearbeitungszeit finanziell abgesichert war. Das Präsidium der Universität Hannover hat die Vorfinanzierung eines erfolgreichen Forschungsförderantrages übernommen, und das Niedersächsische Ministerium für Wissenschaft und Kultur bewilligte eine halbe Stelle als wissenschaftliche Mitarbeiterin an der Universität Hannover. Den Mitarbeiterinnen und Mitarbeiter aller von mir besuchten Archive sei herzlich für ihre Unterstützung gedankt. Die längste Zeit verbrachte ich im Niedersächsischen Hauptstaatsarchiv in Hannover, wo ich auf die außergewöhnliche Hilfsbereitschaft von Dr. Wolfgang Brandes stieß. Mein Dank richtet sich auch an all jene, die mir von ihren Erinnerungen an ihre Zeit als Studierende und AssistentInnen an der ehemaligen Tech-nischen Hochschule Hannover berichtet haben. Am Historischen Seminar der Universität Hannover standen mir Frau Karin Haase-Hömke und Dr. Anton Weise bei allen Verwaltungsangelegenheiten jederzeit zur Seite. Als gewinnbringend für die Arbeit erwiesen sich die Diskussionen mit den Teilnehmerinnen und Teilnehmern des Sozial- und Kulturgeschichtlichen Colloquiums der Professorinnen Adelheid von Saldern, Barbara Duden und Cornelia Rauh am Historischen Seminar der Universität Hannover. Prof. Hartmut Berghoff ermöglichte mir freundlicherweise, mein Dissertationsprojekt in seinem Colloquium an der Universität Göttingen zu diskutieren, ebenso wie der Zeitgeschichtliche Arbeitskreis der Historischen Kommission für Niedersachsen und Bremen im Rahmen einer Tagung. Prof. Rüdiger vom Bruch danke ich für die Aufnahme des Manuskripts in die Schriftenreihe „Pallas Athene", und Dr. Thomas Schaber sowie seinen MitarbeiterInnen vom Franz Steiner Verlag für die freundliche Betreuung, insbesondere Harald Schmitt. Nicht zuletzt bedanke ich mich beim Präsidium der Universität Hannover, das diese Publikation mit einem großzügigen Druckkostenzuschuss gefördert hat. Das meiste schulde ich jedoch meinen Eltern Helga und Dirk Steffens, die mich stets in allem liebevoll unterstützt haben. Ebenso wie mein Bruder Daniel Steffens haben sie durch Ermutigung, Kritik und Humor entscheidend zum Gelingen dieser Arbeit beigetragen. Gleiches gilt auch für meine Freundinnen Melanie Reimer, Dr. Julia Haas, Karen Milde, Sinika Stubbe und Dr. Anette Schröder.

EINLEITUNG

GEGENSTAND UND FRAGESTELLUNGEN

Die Technische Hochschule Hannover, Vorgängerin der Universität Hannover, war eine der wichtigsten technikwissenschaftlichen Lehr- und Forschungsanstalten in der Bundesrepublik Deutschland. Ähnlich der Stadt, in der sie zu Hause war, konnte die Hochschule nach 1945 viele Chancen der Wiederaufbauzeit für sich nutzen.

Die im Zweiten Weltkrieg stark zerstörte niedersächsische Hauptstadt kämpfte in den ersten Nachkriegsjahren mit der Wohnungsnot und dem Zuzug von Flüchtlingen, eroberte dann aber im Laufe der 1950er Jahre mit ehrgeizigen Wiederaufbauprojekten und internationalen Messen die Titelseiten der Bundesrepublik[1]: Ein Stück des ungeliebten Image einer „behäbig-konventionell dahingluckende[n] Provinzstadt"[2] konnte abgestreift werden. Die Technische Hochschule Hannover, die ebenfalls zum Teil zerstört und anfangs zudem in ihrer Existenz umstritten war, konnte sich im Laufe des ersten bundesrepublikanischen Jahrzehnts vergrößern und ihre Entwicklung zu der Universität vorbereiten, die sie schließlich im Jahre 1968 werden sollte.

Die vorliegende Arbeit beschäftigt sich mit der Geschichte der Technischen Hochschule Hannover in der unmittelbaren Nachkriegszeit und in den ersten Jahren der Bundesrepublik. Die Untersuchung beginnt mit den vielfältigen Problemen der Wiederaufbauphase und endet mit dem 125-jährigen Jubiläum im Jahre 1956, das vielen Hochschulangehörigen als gelungener Abschluss einer mühevollen Zeit galt.

In neueren Forschungen sind für die 1950er Jahre Elemente einer Konsolidierung und Modernisierung unter konservativen Vorzeichen herausgearbeitet worden. Personelle und mentalitätsgeschichtliche Kontinuitäten zur NS-Zeit und eine weit gehende Verweigerung der öffentlichen Thematisierung des Massenmordes an den europäischen Juden sowie Beschädigungen der demokratischen Rechtsordnung etwa durch die Amnestien für NS-Täter[3] waren bestimmend für das poli-

---

1   Vgl. etwa „Das Wunder von Hannover", DER SPIEGEL Jg. 13/Nr. 23 vom 3.6.1959.
2   Ebd.
3   Vgl. zusammenfassend Axel Schildt, „Der Umgang mit der NS-Vergangenheit in der Öffentlichkeit der Nachkriegszeit", in: Wilfried Loth/Bernd-A. Rusinek (Hg.), *Verwandlungspolitik. NS-Eliten in der westdeutschen Nachkriegsgesellschaft*, Frankfurt a. M. 1998, 19–54. Zum gouvernementalen Umgang mit der NS-Vergangenheit grundlegend Norbert Frei, *Vergangenheitspolitik*, München 1999. Die u. a. aus dem Umgang mit NS-Tätern resultierenden Schäden für die demokratische Rechtsordnung untersucht Joachim Perels, *Das juristische Erbe des „Dritten Reiches". Beschädigungen der demokratischen Rechtsordnung*, Frankfurt a. M./New York 1999, 11ff., 203ff. Auch Michael Wildt stellt anhand der gesellschaftlichen

tische Klima der Nachkriegszeit; daneben werden in der jüngeren Forschung aber auch beginnende Veränderungsprozesse aufgezeigt.[4] Zu nennen sind vor allem die Etablierung einer stabilen parlamentarischen Ordnung und die Anfänge einer Westorientierung, deren pluralisierende Auswirkungen sich aber hauptsächlich erst später, also Ende der 1950er Jahre und in den 1960er Jahren zeigten.[5]

Niedersachsen als stark agrarisch geprägtes Flächenland war in der unmittelbaren Nachkriegszeit in besonderer Weise von den materiellen und sozialen Problemen, die das Leben in ganz Deutschland bestimmten, betroffen. Insbesondere der Flüchtlingszuzug und die Wohnungsnot prägten das Alltagsleben. In Hannover war nach dem Krieg die Hälfte aller Wohnungen zerstört[6]; 1950 war jeder Dritte der 6,8 Millionen Niedersachsen ein Flüchtling.[7] Aufgrund des Übergewichts des landwirtschaftlichen Sektors konnte das neu gegründete Land nicht voll an dem Anfang der 1950er Jahre mit dem „Korea-Boom" einsetzenden Aufschwung teilhaben, da hiervon zunächst vor allem die exportorientierte Industrie profitierte.[8] Die Arbeitslosigkeit in Niedersachsen lag noch jahrelang über dem Bundesdurchschnitt[9], und viele jüngere Menschen wanderten in die Industrieregionen Nordrhein-Westfalens ab.[10] Neben den sozialen Belastungen war für die „verzögerte Normalisierung" in Niedersachsen auch ein besonders stark ausgeprägter Rechtsradikalismus ausschlaggebend, der sich bei der Landtagswahl 1951

„Integration" der Funktionäre des Reichssicherheitshauptamtes das „faktische Aussetzen des Strafgesetzbuches" in vielen Fällen fest und unterstreicht, dass die Entwicklung zur „Zivilgesellschaft" nicht zuletzt dadurch „fragil und riskant" gewesen sei (Michael Wildt, *Generation des Unbedingten. Das Führungskorps des Reichssicherheitshauptamtes*, Hamburg 2002, 871).

4   Vgl. z. B. Axel Schildt/Arnold Sywottek (Hg.), *Modernisierung im Wiederaufbau. Die westdeutsche Gesellschaft der 50er Jahre*, Bonn 1993; Axel Schildt, *Moderne Zeiten. Freizeit, Massenmedien und „Zeitgeist" in der Bundesrepublik der 50er Jahre*, Hamburg 1995; Paul Nolte, *Die Ordnung der deutschen Gesellschaft. Selbstentwurf und Selbstbeschreibung im 20. Jahrhundert*, München 2000; Arnd Bauerkämper/Konrad H. Jarausch/Markus M. Payk (Hg.), *Demokratiewunder. Transatlantische Mittler und die kulturelle Öffnung Westdeutschlands 1945–1970*, Göttingen 2005; Edgar Wolfrum, *Die geglückte Demokratie. Geschichte der Bundesrepublik Deutschland von den Anfängen bis zur Gegenwart*, Stuttgart 2006, bes. 144ff.

5   Vgl. z. B. Axel Schildt/Detlef Siegfried/Karl Christian Lammers (Hg.), *Dynamische Zeiten. Die 60er Jahre in den beiden deutschen Gesellschaften*, Hamburg 2000.

6   Bernd Weisbrod, „Der schwierige Anfang in den 50er Jahren: Das ‚Wirtschaftswunder' in Niedersachsen", in: Ders. (Hg.), *Von der Währungsreform zum Wirtschaftswunder. Wiederaufbau in Niedersachsen*, Hannover 1998, 11–27, hier 22.

7   Ebd., 21.

8   Ebd., 17.

9   1950 lag die Arbeitslosenquote in Niedersachsen bei 19 Prozent, 1957 noch bei 10,3 Prozent. Laut den Angaben von Weisbrod lag sie Anfang der 50er Jahre etwa sieben, am Ende des Jahrzehnts ca. vier Prozent über dem Bundesdurchschnitt (Weisbrod, Der schwierige Anfang, 23).

10 Anfang der 50er Jahre wanderten allein von den Flüchtlingen etwa zehn Prozent weiter nach Westen ab; dabei handelte es sich meist um jüngere Personen auf der Suche nach Arbeit (Weisbrod, Der schwierige Anfang, 22).

deutlich nieder.[11] War die niedersächsische politische Kultur durch diese Hypothek also stark belastet und der Anteil des Landes am „Wirtschaftswunder" anfangs eher bescheiden, schlug sich die „konservative Modernisierung" der 1950er Jahre dennoch auch hier nieder. Der „Abschied vom Agrarland"[12] vollzog sich zwar langsam, aber stetig. Eine vielfältige Wissenschaftslandschaft, die nicht zuletzt durch Verlagerungen von Forschungseinrichtungen aus dem Osten Deutschlands noch wuchs, trug ihren Teil zu dieser Entwicklung bei.[13]

Die Technische Hochschule Hannover stellte wissenschaftliches know-how in vielen Bereichen zur Verfügung, die für das Gelingen des intersektoralen Strukturwandels von großer Wichtigkeit waren. Besondere Bedeutung hatten beispielsweise die Fachrichtungen Verkehrswesen, Bauwesen und Maschinenbau. Lehre und Forschung waren sowohl für die öffentliche Infrastruktur als auch für die Ansiedlung und Bindung von Betrieben wichtig. Für Unternehmen konnte es beispielsweise von großem Vorteil sein, keine eigenen Laboratorien unterhalten zu müssen, sondern Forschungs- und Prüfaufträge an Hochschulinstitute vor Ort vergeben zu können.[14] Nicht zuletzt bildete die Technische Hochschule qualifiziertes Fachpersonal aus, auf das Betriebe und öffentliche Arbeitgeber angewiesen waren.

Die vorliegende Arbeit ist zum einen ein Beitrag zur westdeutschen Hochschulgeschichte. Zum anderen soll zur Erforschung der technischen Intelligenz als Teil der bundesdeutschen Eliten beigetragen werden. Die Bezeichnung „technische Intelligenz" wird mit dem Technikhistoriker Karl-Heinz Ludwig verstanden als „Sammelbegriff für alle Ausübenden einer technisch-qualifizierten Tätigkeit, und zwar nicht nur im unmittelbaren Produktionsprozeß, sondern auch in staatlichen Forschungs- und Lehrinstituten sowie in der Verwaltung."[15]

Das Forschungsinteresse an Akteuren technikwissenschaftlicher Fachrichtungen ergibt sich nicht zuletzt daraus, dass IngenieurInnen und TechnikerInnen in den unterschiedlichsten Positionen und Funktionen gesellschaftlich prägend wirken, indem sie etwa in den Hochschulen, in der Verwaltung und in Wirtschaftsunternehmen tätig sind.

---

11 Die rechtsradikale Sozialistische Reichspartei (SRP) erlangte bei den Landtagswahlen von 1951 elf Prozent der Stimmen (Weisbrod, Der schwierige Anfang, 19f.). Vgl. hierzu auch Bernd Weisbrod (Hg.), *Rechtsradikalismus in der politischen Kultur der Nachkriegszeit. Die verzögerte Normalisierung in Niedersachsen*, Hannover 1995.

12 Vgl. Karl Heinz Schneider, „Der langsame Abschied vom Agrarland", in: Weisbrod (Hg.), *Von der Währungsunion zum Wirtschaftswunder*, 133–160. Zu diesem Strukturwandel und seinen gesellschaftlichen Auswirkungen vgl. a. die Beiträge in Daniela Münkel (Hg.), *Der lange Abschied vom Agrarland. Agrarpolitik, Landwirtschaft und ländliche Gesellschaft zwischen Weimar und Bonn*, Göttingen 2000.

13 Vgl. Manfred Heinemann, „Zur Wissenschafts- und Bildungslandschaft Niedersachsens von 1945 bis in die 50er Jahre", in: Weisbrod (Hg.), *Von der Währungsunion zum Wirtschaftswunder*, 77–96.

14 Diesen Zusammenhang betonte etwa der hannoversche Ratsherr Karl Wiechert (SPD) im Jahre 1949 (Vgl. StAH: Niederschrift über die ordentliche Ratsversammlung am 21.9.1949, 4).

15 Karl-Heinz Ludwig, *Technik und Ingenieure im Dritten Reich*, Düsseldorf 1979, 30.

In dieser Studie werden sowohl jene Akteure in den Blick genommen, die als Professoren oftmals noch im Kaiserreich sozialisiert worden waren, als auch die Studierenden, die als künftige TechnikerInnen und NaturwissenschaftlerInnen die neu gegründete Bundesrepublik mit gestalten sollten. Sowohl die Studierenden als auch die Professoren waren Angehörige der zeitgenössischen bzw. zukünftigen Eliten. Insbesondere in der akademischen Sozialisation der Professoren spielte die Auseinandersetzung mit dem traditionellen Bildungsbürgertum häufig noch eine große Rolle. Das besonders um 1900 stark artikulierte Streben der technischen Intelligenz, von dessen Angehörigen als gleichwertig anerkannt zu werden, ist bereits in mehreren Studien thematisiert worden.[16] Für die Bundesrepublik ist festgestellt worden, dass die technischen Akademiker zunehmend Ansprüche und Selbstdefinitionen entwickelten, die sich immer mehr denen einer modernen Leistungs- und Funktionselite näherten, für die die berufliche Leistung zum zentralen Medium der sozialen Distinktion wurde[17] und die damit immer weniger auf die Anerkennung durch das traditionelle Bildungsbürgertum angewiesen war.

Die Studierenden des ersten Nachkriegsjahrzehnts können ebenfalls zu jenen (zukünftigen) Funktionseliten gerechnet werden, die Wolfgang Schluchter als „Aufstiegsgruppen" kennzeichnet, welche darauf ausgerichtet seien, durch die Erfüllung von Leistungsanforderungen Spitzenpositionen zu erreichen.[18] Dies impliziert jedoch nicht, dass die Herkunft für den gesellschaftlichen Aufstieg keine Rolle mehr spielte und spielt.[19] In den letzten Jahren zeigt sich unter deutschen WissenschaftlerInnen ein wachsendes Interesse an der Erforschung von Eliten etwa in der Wirtschaft.[20] Den westdeutschen Universitäten und Hochschulen in

---

16 So zum Beispiel von Hans-Liudger Dienel, „Zweckoptimismus und -pessimismus der Ingenieure um 1900", in: Ders. (Hg.), *Der Optimismus der Ingenieure. Triumph der Technik in der Krise der Moderne um 1900*, Stuttgart 1998, 9–24, hier 12ff.; Gerd Hortleder, *Das Gesellschaftsbild des Ingenieurs. Zum politischen Verhalten der technischen Intelligenz in Deutschland*, Frankfurt a. M. 1970, 145ff.; Bettina Gundler, *Technische Bildung, Hochschule, Staat und Wirtschaft. Entwicklungslinien des Technischen Hochschulwesens 1914–1930. Das Beispiel der TH Braunschweig*, Hildesheim 1991, 61ff.
17 Dirk van Laak, „Das technokratische Momentum in der deutschen Nachkriegsgeschichte", in: Johannes Abele/Gerhard Barkleit/Thomas Hänseroth (Hg.), *Innovationskulturen und Fortschrittserwartungen im geteilten Deutschland*, Köln/Weimar 2001, 89–104, hier 103.
18 Neben der „Funktionselite" definiert Schluchter noch die „Wertelite", deren Angehörige verbindliche Wert- und Gesellschaftsbilder produzieren und festigen, sowie die „Repräsentationselite", die durch Delegation in politische Positionen gelangt. Vgl. Wolfgang Schluchter, „Der Elitebegriff als soziologische Kategorie", in: *Kölner Zeitschrift für Soziologie und Sozialpsychologie Jg. 15,* 1963, 233–256, hier 253ff. Zum Kriterium der Leistung vgl. auch Beate Krais, „Die Spitzen der Gesellschaft. Theoretische Überlegungen", in: Dies. (Hg.), *An der Spitze. Von Eliten und herrschenden Klassen*, Konstanz 2001, 7–62, hier 19f.
19 Krais, Die Spitzen, 39f.
20 Vgl. z. B. Karl Christian Führer/Karen Hagemann/Birthe Kundrus (Hg.), *Eliten im Wandel. Gesellschaftliche Führungsschichten im 19. und 20. Jahrhundert*, Münster 2004; Krais (Hg.), An der Spitze; Volker R. Berghahn/Stefan Unger/Dieter Ziegler (Hg.), *Die deutsche Wirtschaftselite im 20. Jahrhundert. Kontinuität und Mentalität*, Essen 2003.

der Zeit nach 1945 wird ebenfalls zunehmende Aufmerksamkeit geschenkt, auch wenn es hier noch erhebliche Forschungslücken gibt.[21]

Die westdeutsche Hochschullandschaft war in den ersten fünfzehn Jahren nach dem Ende des Zweiten Weltkrieges von dem Bemühen vieler Akteure gekennzeichnet, Traditionen der deutschen Ordinarienuniversität zu bewahren bzw. zu restaurieren, die als vom Nationalsozialismus „unbeschädigt" galten.[22] Eines der zentralen Ziele der meisten akademischen Leitungspersonen war es, die Unabhängigkeit der Hochschulen vom Staat auszubauen. Dies gelang: in den 1950er und auch noch in den 1960er Jahren blieben das Machtpotential und die Gestaltungsfreiheit der westdeutschen Ordinarien groß.[23] Vor dem Hintergrund der zunehmenden Ausdifferenzierung und Spezialisierung des Wissenschaftsbetriebes machten sich im Laufe der 1950er und 1960er Jahre aber auch neue Anforderungen an die Struktur des bundesdeutschen Hochschulwesens bemerkbar. Obwohl besonders Vertreter der Industrie häufig einen Ausbau des deutschen Hochschulwesens forderten, ging dieser in den 1950er Jahren nicht schnell genug voran, um den wachsenden Studentenzahlen und der internationalen Entwicklung gerecht zu werden.[24]

Als Georg Picht 1964 den Begriff der „deutschen Bildungskatastrophe"[25] prägte, war das Problem eines Fachkräfte- und insbesondere Ingenieurmangels bereits seit Jahren ein Thema in der öffentlichen Debatte.[26] Nach den Empfehlungen des deutschen Wissenschaftsrates von 1960 sowie nicht zuletzt aufgrund des „Sputnik-Schocks" von 1957 und seiner Popularisierung verstärkte man den Ausbau der deutschen Universitäten und Hochschulen – auch die Bundesregierung engagierte sich nun stärker im Wissenschaftsbereich.[27]

---

21 Frank Sparing/Wolfgang Woelk, „Forschungsergebnisse und -desiderate der deutschen Universitätsgeschichtsschreibung: Impulse einer Tagung", in: Karen Bayer/Frank Sparing/Wolfgang Woelk (Hg.), *Universitäten und Hochschulen im Nationalsozialismus und in der frühen Nachkriegszeit*, Stuttgart 2004, 7–32. Zum Forschungsstand siehe unten.

22 Vgl. z. B. Falk Pingel, „Wissenschaft, Bildung und Demokratie – Der gescheiterte Versuch einer Universitätsreform", in: Josef Foschepoth/Rolf Steininger (Hg.), *Die britische Deutschland- und Besatzungspolitik 1945–1949*, Paderborn 1985, 183–209, hier 185; vgl. a. Ulrich Teichler, „Das Hochschulwesen in der Bundesrepublik Deutschland – ein Überblick", in: Ders. (Hg.), *Das Hochschulwesen in der Bundesrepublik Deutschland*, Weinheim 1990, 11–42; Christoph Oehler/ Christiane Bradatsch, „Die Hochschulentwicklung nach 1945", in: Christoph Führ/Carl-Ludwig Furck (Hg.), *Handbuch der deutschen Bildungsgeschichte. Band VI: 1945 bis zur Gegenwart. Erster Teilband Bundesrepublik Deutschland*, München 1998, 412–446.

23 Teichler, Hochschulwesen, 14; Oehler/Bradatsch, Hochschulentwicklung, 413.

24 Teichler, Hochschulwesen, 14.

25 Georg Picht, *Die deutsche Bildungskatastrophe*, Olten 1964.

26 Zum Ingenieur- und insbesondere Konstrukteursmangel nach 1945 vgl. a. Matthias Heymann, *„Kunst" und „Wissenschaft" in der Technik des 20. Jahrhunderts: zur Geschichte der Konstruktionswissenschaft*, Zürich 2005, 202ff.

27 Teichler, Hochschulwesen, 14ff.; Oehler/Bradatsch, Hochschulentwicklung, 18. Die sozialliberale Koalition gründete im Herbst 1969 das Bundesministerium für Bildung und Wissenschaft; im selben Jahr wurde das Hochschulbauförderungsgesetz verabschiedet. 1971 folgte

Bevor die westdeutschen Universitäten und Hochschulen sich jedoch soweit konsolidiert hatten, dass sie den Herausforderungen der 1950er und 1960er Jahre begegnen konnten, gab es eine Formierungs- und Orientierungsphase, in der der Wiederaufbau, die Entnazifizierung des Lehrpersonals und der Aufbau einer demokratischen Selbstverwaltung im Vordergrund standen. Nicht zuletzt die Not der Studierenden, die zu einem großen Teil Soldaten gewesen waren oder als Flüchtlinge ihr Studium im Westen aufnahmen, stellte die Universitäten vor neue Aufgaben.

Auch die Technische Hochschule Hannover stand nach dem Ende des Zweiten Weltkrieges somit vor vielfältigen Herausforderungen. Am dringlichsten war zunächst der Wiederaufbau einer in Teilen stark zerstörten Institution, die durch die Begleitumstände der Nachkriegszeit – wie etwa den Mangel an Lehrmitteln, die Raum- und Personalknappheit – in Mitleidenschaft gezogen war. Nicht nur mussten Mittel für den Wiederaufbau beschafft werden; auch die Position der Technischen Hochschule gegenüber dem neu geschaffenen Land Niedersachsen musste neu ausgehandelt werden. Dies war für die TH Hannover eine besonders schwierige Aufgabe, da ihr Weiterbestehen anfangs umstritten war. Obwohl die 1831 als Höhere Gewerbeschule gegründete Technische Hochschule eine alte und renommierte Bildungsinstitution war, wurde in den ersten Nachkriegsjahren immer wieder über eine zeitweise von der Landesregierung erwogene Schließung spekuliert.[28] Zu fragen ist, wie die Technische Hochschule in dieser schwierigen Ausgangssituation gegenüber der britischen Besatzungsmacht und der Landesregierung agierte und ihre Interessen vertrat.

Auch hinsichtlich des Umgangs mit der nationalsozialistischen Vergangenheit werden die strategische Position der Hochschulangehörigen, der Inhalt und der Erfolg ihrer Legitimationsbemühungen untersucht. Die Selbstdefinition sowohl der Professoren als auch der Studierenden als (zukünftige) Angehörige der Eliten und Träger eines wie auch immer gearteten gesellschaftlichen Führungsanspruches konnte unmittelbar nach Kriegsende nicht selbstverständlich sein und musste neu ausgehandelt werden. Da die Selbstdefinitionen und -stilisierungen einer gesellschaftlichen Gruppe die Strukturen nicht einfach spiegeln, sondern entscheidend mit konstituieren[29], war Schweigen keine Alternative. Wie die technischen Akademiker sich, ihre Aufgaben und ihre gesellschaftliche Stellung sahen und welche Zukunftsvorstellungen sie formulierten, ist ein zentraler Gegenstand dieser Untersuchung.

Nachdem der Nationalsozialismus tiefe Spuren in der deutschen Wissenschaftslandschaft hinterlassen hatte und viele Forscherinnen und Forscher sich aktiv an den Staatsverbrechen der Nationalsozialisten beteiligt hatten[30], waren

---

das Bundesausbildungsförderungsgesetz (BAFöG) und 1976 das Hochschulrahmengesetz (ebd.)

28 Hierzu ausführlich vgl. Kapitel 1.
29 So mit Bezug auf die Arbeiten Pierre Bourdieus z. B. Krais, Die Spitzen, 35.
30 Zur Rolle von Universitäten und ForscherInnen im Nationalsozialismus vgl. z. B. John Connelly/ Michael Grüttner (Hg.), *Zwischen Autonomie und Anpassung. Universitäten in den Diktaturen des 20. Jahrhunderts*, Paderborn 2003; Margit Szöllözi-Janze (Hg.), *Science in the*

diese nicht nur dem von den Alliierten eingeführten Entnazifizierungsverfahren unterworfen, sondern mussten in der öffentlichen Diskussion auch Stellung zu der Frage nach der Rolle von Wissenschaft und Technik im NS-Staat nehmen.

Viele Professoren der Technischen Hochschule Hannover waren engagierte Nationalsozialisten oder zumindest Mitglieder in NS-Organisationen gewesen[31]; andere hatten in einer vorgeblich „unpolitischen" Haltung geforscht und gelehrt. In den Hochschulinstituten war gleichwohl „kriegswichtige" Forschung betrieben worden, so dass auch jene Professoren, die für sich in Anspruch nehmen wollten, nur vermeintliche „Grundlagenforschung" betrieben zu haben, nach dem Krieg mit kritischen Nachfragen rechnen mussten.[32] Anhand der Entnazifizierungsverfahren der Professoren soll untersucht werden, welche Legitimationsstrategien und Argumentationen die Akteure entwickelten, um ihr Handeln nachträglich zu rechtfertigen. In diesem Zusammenhang wird auch der Frage nach dem kommunikativen Binnengefüge im Kollegium der Technischen Hochschule besondere Aufmerksamkeit geschenkt: Welche Rolle spielten etwa die Stellung und das Ansehen eines Hochschullehrers sowie außerfachliche Konfliktlinien für den „günstigen" oder „ungünstigen" Ausgang eines Verfahrens?

Die Diskussion über die gesellschaftliche Rolle der Techniker nach 1945 stand in engem Zusammenhang mit diesen Legitimationsnotwendigkeiten. Welche Antworten boten die Professoren der TH Hannover nach der Erfahrung zweier Weltkriege in dieser Debatte an? Welche Kontinuitäten zu Erklärungsmustern aus der Zeit der Weimarer Republik, der NS-Zeit oder auch des Kaiserreiches tauch-

Third Reich, Oxford 2001; Ludwig, Technik und Ingenieure; Doris Kaufmann (Hg.), *Geschichte der Kaiser-Wilhelm-Gesellschaft im Nationalsozialismus. Bestandsaufnahme und Perspektiven der Forschung*, Göttingen 2000; Susanne Heim (Hg.), *Autarkie und Ostexpansion. Pflanzenzucht und Agrarforschung im Nationalsozialismus*, Göttingen 2002; Helmut König (Hg.), *Vertuschte Vergangenheit: der Fall Schwerte und die NS-Vergangenheit der deutschen Hochschulen*, München 1997; Herbert Mehrtens, „Kollaborationsverhältnisse: Natur- und Technikwissenschaften im NS-Staat und ihre Historie", in: Christoph Meinel/Peter Voswinckel, *Medizin, Naturwissenschaft, Technik und Nationalsozialismus*, Stuttgart 1994, 13–32; Anselm Faust, „Professoren für die NSDAP. Zum politischen Verhalten der Hochschullehrer 1932/33", in: Manfred Heinemann (Hg.), *Erziehung und Schulung im Dritten Reich. Teil 2: Hochschule, Erwachsenenbildung*, Stuttgart 1980, 31–49; Helmut Heiber, *Universität unterm Hakenkreuz*, 3 Bde., München u. a. 1991–1994.

31 Laut Michael Jung waren im Jahre 1944 von den rund 40 beamteten Professoren der TH Hannover 77 Prozent in der NSDAP und/oder dem Nationalsozialistischen Deutschen Dozentenbund (NSDDB) organisiert. In der Fakultät I für Allgemeine Wissenschaften waren es 57 Prozent; in der Fakultät II für Bauwesen 94 Prozent und in der Fakultät III für Maschinenwesen 77 Prozent. Vgl. Adelheid von Saldern/Anette Schröder/Michael Jung/Frauke Steffens, „Geschichte als Zukunft. Die Technische Hochschule in den Umbruchzeiten des 20. Jahrhunderts", in: Rita Seidel (Hg.), *Universität Hannover 1831–2006. Festschrift zum 175-jährigen Bestehen der Universität Hannover*, Band 1, Hildesheim/Zürich/New York 2006, 205–228, hier 213.

32 Michael Jung hat herausgearbeitet, dass „nahezu alle technisch-naturwissenschaftlichen Institute" der Hochschule an als „kriegswichtig" eingestuften Forschungs- und Entwicklungsarbeiten beteiligt waren; insgesamt konnte er die Beteiligung an mindestens 175 solcher Arbeiten nachweisen (Ebd., 217).

ten in der Technikdiskussion nach 1945 auf und welche Elemente eines Wandels sind bereits in den ersten zehn Nachkriegsjahren erkennbar?

Neben den Professoren liegt ein wesentlicher Schwerpunkt dieser Arbeit auf der Untersuchung der Studierenden der Technischen Hochschule. Besonders im Hinblick auf die Studierenden der unmittelbaren Nachkriegsjahre kann der Einfluss von Nationalsozialismus und Krieg auf ihre Biographie schwerlich überschätzt werden. So waren die männlichen Studierenden der ersten Nachkriegsjahre überwiegend Soldaten gewesen und waren mit einem Durchschnittsalter von 27 Jahren deutlich älter als spätere Studentenjahrgänge. Hinzu kam ein hoher Anteil von Flüchtlingen.[33] Nicht selten ist unterstellt worden, es handele sich bei den Studierenden der Nachkriegsjahre um Angehörige einer unpolitischen, häufig mit Helmut Schelsky so genannten „skeptischen" Generation.[34] In dieser Arbeit werden zur Überprüfung der These vom „unpolitische[n] Studententypus der 1950er Jahre"[35] ausgewählte Diskussionen und Äußerungen der Hannoveraner Studierenden untersucht. So soll eine differenzierte Einschätzung der Einstellungen und Redeweisen in Bezug auf politische Fragen vorgenommen und damit zur Analyse der politischen Kultur der Nachkriegsstudierenden beigetragen werden.[36] Wie die auf unterschiedliche Weise vom Nationalsozialismus geprägten Studierenden auf die Herausforderungen der Nachkriegszeit reagierten, wird in dieser Untersuchung anhand ausgewählter Themenbereiche herausgearbeitet. Dabei steht neben dem politischen Verhalten der Studierenden nicht zuletzt die Frage nach der Ausgestaltung neuer wie alter studentischer Vereinigungen im Vordergrund. Wie wollten die Studierenden, die vor allem nach dem erklärten Willen der Briten die Demokratie nun „einüben" sollten, das damals so genannte „studentische Gemeinschaftsleben" gestalten und welche Konflikte galt es dabei auszutragen?

Neben den direkt auf die Professoren und Studierenden bezogenen Forschungsfragen soll auch der Verlauf der Hochschulreformdiskussion an der TH Hannover untersucht werden. Hierbei wird sowohl nach den Reformvorstellungen der britischen Besatzungsmacht als auch nach der Position von Landesregierung und Hochschule zu einzelnen Reformprojekten gefragt.

Schließlich wird gezeigt, wie die Technische Hochschule Hannover nach 1945 ihre Imagepolitik nach außen und innen gestaltete und durch welche Reprä-

---

33 NHStA Nds. 423, Acc. 11/85, Nr. 419, Ergebnisse einer Erhebung der Universität Göttingen unter den Studierenden der TH Hannover, 22.7.1948.
34 Helmut Schelsky, *Die skeptische Generation. Eine Soziologie der deutschen Jugend*, 2. Aufl. Düsseldorf/Köln 1958.
35 Michael Grüttner, *Studenten im Dritten Reich*, Paderborn 1995, 480.
36 Zum Begriff der politischen Kultur vgl. z. B. Dirk Berg-Schlosser, „Erforschung der Politischen Kultur – Begriffe, Kontroversen, Forschungsstand", in: Gotthard Breit (Hg.), *Politische Kultur in Deutschland. Eine Einführung*, 2. Aufl. Schwalbach/Ts. 2004, 8–29; Thomas Mergel, „Überlegungen zu einer Kulturgeschichte der Politik", in: *Geschichte und Gesellschaft Jg. 28 (2002), H. 4*, 574–606; Karl Rohe, „Politische Kultur: Zum Verständnis eines theoretischen Konzepts", in: Oskar Niedermayer/Klaus von Beyme (Hg.), *Politische Kultur in Ost- und Westdeutschland*, Berlin 1994, 1–22; Dirk Berg-Schlosser/Jakob Schissler, *Politische Kultur in Deutschland. Bilanz und Perspektiven der Forschung*, Opladen 1987.

sentationsformen und Symbolsetzungen sie ihre Selbstbilder transportierte. Dabei wird der Blick auf die akademischen Feiern nach 1945 gerichtet, die nicht zuletzt auch Aufschluss über die Zukunftsvorstellungen der Akteure geben können.

FORSCHUNGSSTAND

Einzelne Aspekte der Geschichte der Technischen Hochschule Hannover sind bereits gut erforscht. Die vorliegende Arbeit hat insbesondere von der Untersuchung der Historikerin Anette Schröder über die Studentenschaft in den Jahren von 1925 bis 1938 profitiert.[37] Einen orientierenden Überblick über die Geschichte der Hochschule im Nationalsozialismus und in der Nachkriegszeit enthält die Festschrift zum 175-jährigen Jubiläum der Universität Hannover im Jahre 2006.[38] Daneben liegt eine Untersuchung über die hannoversche Studentenbewegung der Jahre 1967 bis 1969 vor.[39] Hinzu kommt ein Sammelband, der sich mit der Bau- und Planungsgeschichte der Universität Hannover befasst.[40]

Der Wiederaufbau der Technischen Hochschule, die Situation der Studierenden und des Lehrkörpers in der Nachkriegszeit sowie die Veränderungen in den Anfangsjahren der Bundesrepublik, die letztlich den Weg zur Erweiterung der Hochschule und zur Gründung der Universität Hannover im Jahre 1968 ebneten, sind trotz guter Quellengrundlage noch nicht eingehend untersucht worden. In der Festschrift anlässlich des 150-jährigen Bestehens der Hochschule im Jahr 1981 wird die Zeit des Wiederaufbaus lediglich kursorisch dargestellt.[41] Daneben existiert eine disziplingeschichtliche Arbeit, die die Probleme der Nachkriegszeit je-

---

37 Anette Schröder, *Vom Nationalismus zum Nationalsozialismus. Die Studenten der Technischen Hochschule Hannover von 1925 bis 1938*, Hannover 2003. Vgl. a. dies., „‚Männer der Technik im Dienst von Krieg und Nation.' Die Studenten der Technischen Hochschule Hannover im Nationalsozialismus", in: Bayer/Sparing/Woelk, Universitäten und Hochschulen, 33–52, sowie dies., „Männlichkeitskonstruktionen, Technik- und Kriegsfaszination am Beispiel der Studenten im Hannover der 20er Jahre", in: Tanja Thomas/Fabian Virchow (Hg.), *Banal Militarism. Zur Veralltäglichung des Militärischen im Zivilen*, Bielefeld 2006, 289–305. Daneben befindet sich eine Dissertation, die sich mit dem Lehrkörper der THH von 1933–1945 beschäftigt, in Bearbeitung (Michael Jung, *„…voll Begeisterung schlagen unsere Herzen zum Führer". Die Technische Hochschule Hannover und ihre Professoren im Nationalsozialismus*, Ms. Hannover 2003). Für die freundliche Überlassung des Manuskriptes, von dem diese Arbeit ebenfalls profitiert hat, danke ich Michael Jung. Einen orientierenden Überblick über die Quellen zur Hochschulgeschichte im NS-System bietet Daniela Münkel, *Die Technische Hochschule Hannover im Nationalsozialismus. Eine kommentierte Übersicht über die vorhandenen Quellen und Materialien*, Hannover 1996.
38 Von Saldern u. a., Geschichte als Zukunft.
39 Anna Christina Berlit, *Notstandskampagne und Rote-Punkt-Aktion: die Studentenbewegung in Hannover 1967–1969*, Bielefeld 2007.
40 Sid Auffahrt/Wolfgang Pietsch (Hg.), *Die Universität Hannover: ihre Bauten, ihre Gärten, ihre Planungsgeschichte*, Petersberg 2003.
41 H.-W. Niemann, „Die TH im Spannungsfeld von Hochschulreform und Politisierung (1918–1945)", in: Rita Seidel (Schriftltg.), *Universität Hannover 1831–1981. Festschrift zum 150jährigen Bestehen der Universität Hannover Bd. 1*, Stuttgart 1981, 74–92, hier 90 ff.

doch nur streift, indem sie die materiellen Zerstörungen beschreibt.[42] Auch eine Studie über einen Hochschullehrer der TH Hannover geht auf diese Zeit lediglich im biographischen Zusammenhang ein.[43]

In den letzten Jahrzehnten sind, häufig aus Anlass von Universitätsjubiläen, zahlreiche Untersuchungen zu einzelnen deutschen Universitäten und Hochschulen erschienen. Diese beschäftigen sich oftmals mit der Zeit des Nationalsozialismus[44] oder behandeln einen sehr großen Zeitraum.[45] Während die NS-Zeit an den deutschen Hochschulen vergleichsweise gut erforscht ist, gibt es nur für wenige Hochschulstandorte detaillierte Fallstudien zu Wiederaufbau, politischem Neuanfang und studentischem Leben in der Nachkriegszeit.[46] So existieren Forschungen zur Geschichte der Studierenden nach 1945 häufig erst „in Ansätzen"[47] und auf einzelne Standorte bezogen.[48] Neben den Untersuchungen zu einzelnen Hoch-

---

42 Fachbereich Chemie der Universität Hannover, *Die Geschichte der Chemie an der Technischen Hochschule und der Universität Hannover* (Red. Bearb.: G. Wünsch), Hannover 1999.
43 Ursula Kellner, *Heinrich Friedrich Wiepking (1891–1973). Leben, Lehre und Werk*, Diss. rer. hort. Hannover 1998.
44 Vgl. z. B. Uwe Dietrich Adam, *Hochschule und Nationalsozialismus. Die Universität Tübingen im Dritten Reich*, Tübingen 1977; Walter Kertz (Hg.), *Hochschule und Nationalsozialismus. Referate beim Workshop zur Geschichte der Carolo-Wilhelmina am 5./6. Juli 1993*, Braunschweig 1994; Heinrich Becker/Hans-Joachim Dahms/Cornelia Wegeler (Hg.), *Die Universität Göttingen unter dem Nationalsozialismus*, 2. erw. Ausgabe München 1998; Anne Christine Nagel (Hg.), Die Philipps-Universität Marburg im Nationalsozialismus. Dokumente zu ihrer Geschichte, Stuttgart 2000; Rüdiger vom Bruch/Christoph Jahr (Hg.), *Die Berliner Universität in der NS-Zeit*, 2 Bde., Stuttgart 2005; Wolfgang U. Eckert/Volker Sellin/Eike Wolgast (Hg.), *Die Universität Heidelberg im Nationalsozialismus*, Berlin/Heidelberg 2006.
45 Vgl. u. a. Walter Kertz/Peter Albrecht (Hg.), *Technische Universität Braunschweig. Vom Collegium Carolinum zur Technischen Universität*, Hildesheim 1995; Notker Hammerstein, *Die Johann-Wolfgang-Goethe-Universität Frankfurt am Main. Von der Stiftungsuniversität zur staatlichen Hochschule. Bd. 1: 1914–1950*, Frankfurt a. M. 1989; Bernd Heimbüchel/Klaus Pabst, *Kölner Universitätsgeschichte. Bd. II: Das 19. und 20. Jahrhundert*, Köln, Wien 1988; Walter Jens, *Eine deutsche Universität. 500 Jahre Tübinger Gelehrtenrepublik*, 4. Aufl. München 1970.
46 Vgl. Peter Respondek, *Der Wiederaufbau der Universität Münster in den Jahren 1945–1952 auf dem Hintergrund der britischen Besatzungspolitik*, Phil. Diss. Münster 1992; Rainer Maaß, *Die Studentenschaft der Technischen Hochschule Braunschweig in der Nachkriegszeit*, Husum 1998, sowie Uta Krukowska, *Die Studierenden der Universität Hamburg in den Jahren 1945–1950*, Hamburg 1993. Die Neugründung der Freien Universität Berlin untersucht Siegward Lönnendonker, *Freie Universität Berlin. Gründung einer politischen Universität*, Berlin 1988.
47 Sparing/Woelk, Forschungsergebnisse und -desiderate, 10.
48 Neben den oben genannten Studien von Maaß, Respondek und Krukoswka untersuchen das studentische Leben in der Nachkriegszeit z. B. Herbert Obenaus, „Geschichtsstudium und Universität nach der Katastrophe von 1945: das Beispiel Göttingen", in: Karsten Rudolph/Christl Wickert (Hg.), *Geschichte als Möglichkeit. Über die Chancen von Demokratie. Festschrift für Helga Grebing*, Essen 1995, 307–337; Konrad H. Jarausch, *Deutsche Studenten 1800–1970*, Frankfurt a. M. 1984; Waldemar Krönig/Klaus Dieter Müller, *Nachkriegssemester. Studium in Kriegs- und Nachkriegszeit*, Stuttgart 1990; Sigrid Metz-Göckel/Christine Roloff/Anne Schlüter, „Frauenstudium nach 1945 – Ein Rückblick", in: *Aus Politik und Zeitgeschichte, B 28/29*, 7.7.1989, 13–21; Waldemar Krönig, „Studentische Existenz in Ost und

schulen gibt es Arbeiten, die die Nachkriegszeit an deutschen Universitäten und anderen Forschungsinstitutionen übergreifend thematisieren.[49] Hinzu kommen personengeschichtlich orientierte Ansätze.[50] Ein wichtiger Teil der deutschen Universitätsgeschichte nach 1945 ist die Remigration der durch die Nationalsozialisten vertriebenen Hochschullehrer.[51]

Die Entwicklung der bundesdeutschen Technischen Hochschulen in der Nachkriegszeit ist bisher häufig in Form von Jubiläums-Festschriften dargestellt worden.[52] Daneben gibt es weitere Studien zu einzelnen westdeutschen Technischen Hochschulen bzw. Technischen Universitäten.[53] Wichtig für eine Untersu-

West 1945–1961", in: Walter Kertz (Hg.), *Technische Hochschulen und Studentenschaft in der Nachkriegszeit. Referate beim Workshop zur Geschichte der Carolo-Wilhelmina am 4./5. Juli 1994*, Braunschweig 1995, 51–60. Statistisches Material zur Studierendengeschichte nach 1945 bietet Gerhard Kath, *Das soziale Bild der Studentenschaft. Sozialerhebungen des Deutschen Studentenwerkes*, Bonn 1952, 1957, 1960 und 1964.

49 Vgl. z. B. Oehler/Bradatsch, Hochschulentwicklung; Thomas Ellwein, *Die deutsche Universität. Vom Mittelalter bis zur Gegenwart*, 2. Aufl. Frankfurt a. M. 1992; Christoph Oehler, *Hochschulentwicklung in der Bundesrepublik Deutschland seit 1945*, Frankfurt a. M./New York 1989; Thomas Stamm, *Zwischen Staat und Selbstverwaltung. Die deutsche Forschung im Wiederaufbau 1945–1965*, Köln 1981; Gerhard Hess, *Die deutsche Universität 1930–1970*, Darmstadt 1970.

50 Vgl. Frank Golczewski, *Kölner Universitätslehrer und der Nationalsozialismus. Personengeschichtliche Ansätze*, Köln/Wien 1988; Markus Bernhardt, *Gießener Professoren zwischen Drittem Reich und Bundesrepublik. Ein Beitrag zur hessischen Hochschulgeschichte 1945–1957*, Gießen 1990.

51 Vgl. hierzu z. B. Anikó Szabó, *Vertreibung, Rückkehr, Wiedergutmachung. Göttinger Hochschullehrer im Schatten des Nationalsozialismus*, Göttingen 2000; Ulrike Cieslok, „Eine schwierige Rückkehr. Remigranten an nordrhein-westfälischen Hochschulen", in: Claus-Dieter Krohn/Erwin Rotermund/Lutz Winckler/Wulf Koepke (Hg.), *Exilforschung. Ein internationales Jahrbuch, Bd. 9: Exil und Remigration*, München 1991, 115–127; Horst Möller, „Die Remigration von Wissenschaftlern nach 1945", in: Wolfgang Motzkau-Valeton/Edith Böhme (Hg.), Die Künste und die Wissenschaften im Exil *1933–1945*, Gerlingen 1992; Claus-Dieter Krohn, „Deutsche Wissenschaftsemigration seit 1933 und ihre Remigrationsbarrieren nach 1945", in: Rüdiger vom Bruch/Brigitte Kaderas (Hg.), *Wissenschaften und Wissenschaftspolitik: Bestandsaufnahmen zu Formationen, Brüchen und Kontinuitäten im Deutschland des 20. Jahrhunderts*, Stuttgart 2002, 437–452; Ders./Patrik von zur Mühlen/Gerhard Paul/Lutz Winckler (Hg.), *Handbuch der deutschsprachigen Emigration*, Darmstadt 1998, 681–92.

52 Vgl. Peter Brandt, „Wiederaufbau und Reform. Die Technische Universität Berlin 1945–1950", in: Reinhard Rürup (Hg.), *Wissenschaft und Gesellschaft – Beiträge zur Geschichte der TU Berlin 1879–1979, Bd. 1*, Berlin 1979, 495–522; Norbert Becker/Franz Quarthal (Hg.), *Die Universität Stuttgart nach 1945. Geschichte – Entwicklungen – Persönlichkeiten*, Stuttgart 2004; Heinz Kunle/Stefan Fuchs (Hg.), *Die Technische Universität an der Schwelle zum 21. Jahrhundert. Festschrift zum 175jährigen Jubiläum der Universität Karlsruhe (TH)*, Berlin/Heidelberg/New York u. a. 2000; Brigitte Kuntzsch (Red.), *Technische Bildung in Darmstadt. Die Entwicklung der Technischen Hochschule 1836–1996. Bd. 5: Vom Wiederaufbau zur Massenuniversität*, Darmstadt 2000.

53 Die Nachkriegsgeschichte der Technischen Hochschulen ist über die in der vorigen Anmerkung genannten Festschriften hinaus erst zum Teil erforscht. Die TU Braunschweig ist besonders gründlich untersucht worden. Hier finden seit 1986 Workshops zur Hochschulge-

chung der ersten Nachkriegsjahre an der Technischen Hochschule Hannover sind auch Arbeiten zur britischen Hochschulpolitik[54] sowie Quellensammlungen und Studien zur Geschichte der westdeutschen Hochschulpolitik und des Bildungswesens.[55]

Ein vergleichsweise gut erforschter Aspekt der Nachkriegsgeschichte der deutschen Hochschulen ist die Entnazifizierung des Lehrpersonals.[56] Im Hinblick

---

schichte statt, deren Ergebnisse regelmäßig publiziert werden. Vgl. z. B. Walter Kertz (Hg.), *Referate beim Workshop zur Geschichte der Carolo-Wilhelmina am 30. Juni 1986 und Kurzprotokoll der Veranstaltungen des Hochschultages am 5. Juli 1985*, Braunschweig 1986; Ders. (Hg.), Hochschule und Nationalsozialismus; Ders. (Hg.), Technische Hochschulen und Studentenschaft. Neben den Projektberichten gibt es weitere Studien zur TU Braunschweig, z. B. Kertz/Albrecht (Hg.), Technische Universität Braunschweig; Maaß, Studentenschaft. Zur RWTH Aachen vgl. Rüdiger Haude, *Dynamiken des Beharrens. Die Geschichte der Selbstverwaltung der RWTH Aachen seit 1945. Ein Beitrag zur Theorie der Reformprozesse*, Aachen 1993. Zur Situation der westdeutschen Technischen Hochschulen nach 1945 vgl. a. Bernhard Schäfers, „Die Technischen Hochschulen in der Universitäts- und Gesellschaftsgeschichte nach 1945", in: Kunle/Fuchs, Die Technische Universität, 431–441.

54 Vgl. u. a. Manfred Heinemann, „1945: Universitäten aus britischer Sicht", in: Ders. (Hg.), *Hochschuloffiziere und Wiederaufbau des Hochschulwesens in Deutschland*, Hildesheim 1990, 41–60; David Phillips, *German Universities after the Surrender. British Occupation Policy and the Control of Higher Education*, Oxford 1983; Ders., *Zur Universitätsreform in der britischen Besatzungszone 1945–1948*, Köln 1983; Ders, *Pragmatismus und Idealismus. Das ‚Blaue Gutachten' und die britische Hochschulpolitik in Deutschland 1948*, Köln 1995; Günter Paschkies, *Umerziehung in der Britischen Zone 1945–1949. Untersuchungen zur britischen Re-education-Politik*, 2. Aufl. Köln/Wien 1984; Zur Bildungspolitik der Briten vgl. a. Manfred Heinemann (Hg.), *Umerziehung und Wiederaufbau. Die Bildungspolitik der Besatzungsmächte in Deutschland und Österreich*, Stuttgart 1981; Rolf Lutzebäck, *Die Bildungspolitik der britischen Militärregierung im Spannungsfeld zwischen „education" und „reeducation" in ihrer Besatzungszone, insbesondere in Schleswig-Holstein und Hamburg in den Jahren 1945–47*, 2 Bde., Frankfurt a. M. 1991.

55 Vgl. z. B. Alexander Kluge, *Die Universitäts-Selbstverwaltung. Ihre Geschichte und gegenwärtige Rechtsform*, Frankfurt a. M. 1958; Rolf Neuhaus (Bearb.), *Dokumente zur Hochschulreform 1945–1959*, Wiesbaden 1961; Oskar Anweiler u. a. (Hg.), *Bildungspolitik in Deutschland 1945–1990. Ein historisch-vergleichender Quellenband*, Opladen 1992; Christoph Führ, *Deutsches Bildungswesen seit 1945: Grundzüge und Probleme*, Neuwied u. a. 1997; Ders./Carl-Ludwig Furck (Hg.), *Handbuch der deutschen Bildungsgeschichte. Band VI: 1945 bis zur Gegenwart. Erster Teilband Bundesrepublik Deutschland*, München 1998; Peter Weingart/Niels C. Taubert, *Das Wissensministerium. Ein halbes Jahrhundert Forschungs- und Bildungspolitik in Deutschland*, Velbrück 2006.

56 Vgl. z. B. Robert P. Ericksen, "The Göttingen University Theological Faculty: A Test Case in Gleichschaltung and Denazification", in: *Central European History 17*, 1984, 355–383; Ullrich Schneider, „Zur Entnazifizierung der Hochschullehrer in Niedersachsen 1945–1949", in: *Niedersächsisches Jahrbuch für Landesgeschichte 61 (1989)*, 325–346; Hugo Ott, „Schuldig – mitschuldig – unschuldig? Politische Säuberungen und Neubeginn", in: Eckhard John/Bernd Martin/Marc Mück/Hugo Ott (Hg.), *Die Freiburger Universität in der Zeit des Nationalsozialismus*, Freiburg/Würzburg 1991, 243–258; Silke Seemann, *Die politischen Säuberungen des Lehrkörpers der Freiburger Universität nach dem Ende des Zweiten Weltkrieges (1945–1957)*, Freiburg i. Br. 2002; Sylvia Paletschek, „Entnazifizierung und Universitätsentwicklung in der Nachkriegszeit am Beispiel der Universität Tübingen", in: vom Bruch/Kaderas, Wissenschaften, 393–408; Peter Chroust, „Demokratie auf Befehl? Grundzü-

auf Technische Hochschulen besteht hier zum Teil allerdings noch Nachholbedarf.[57]

Neben den Studien, die sich in erster Linie mit dem Ablauf und den Folgen der Entnazifizierung beschäftigen, sind für den Forschungsgegenstand Hochschule vor allem jene Analysen interessant, die die „Akademische Vergangenheitspolitik"[58] in einem breiteren Sinne untersuchen. In einem so betitelten Aufsatzband werden über die Frage nach der personellen Kontinuität hinaus die Verwandlungs- und Anpassungsstrategien von Wissenschaft und Wissenschaftlern analysiert, die ihren Erfolg auch in der Bundesrepublik ermöglichten. Bernd Weisbrod nimmt beispielsweise bestimmte akademische Traditionen in den Blick und untersucht ihre vergangenheitspolitische Funktion, wie etwa die „rituelle Kollegialität" unter den Professoren.[59] Die anderen AutorInnen des Bandes untersuchen für verschiedene akademische Disziplinen Struktur und Funktion des „wandelbaren Geistes" (Weisbrod) in der Wissenschaft und tragen so zur Erweiterung der Perspektive der Wissenschaftsgeschichte nach 1945 bei.

Einen über die Untersuchung säuberungspolitischer Praxis hinausgehenden Ansatz verfolgt auch Mitchell G. Ash.[60] Ash verdeutlicht die politische Multivalenz und Anpassungsfähigkeit von Wissenschaft und Wissenschaftlern und zeigt anhand von Fallbeispielen, dass „Kontinuität" nicht aus der bruchlosen Fortführung des Alten, sondern in der Anpassung der eigenen wissenschaftlichen Arbeit an neue politische Umstände bestand.

Den Umgang von WissenschaftlerInnen mit der politischen Vergangenheit untersucht auch Klaus Hentschel in einer Studie über die deutschen Physiker in der unmittelbaren Nachkriegszeit.[61] Interpretations- und Neuorientierungsversu-

---

ge der Entnazifizierungspolitik an den deutschen Hochschulen", in: Renate Knigge-Tesche (Hg.), *Berater der braunen Macht. Wissenschaft und Wissenschaftler im NS-Staat*, Frankfurt a. M. 1999, 133–149; Hans Uwe Feige, „Die Entnazifizierung des Lehrkörpers der Universität Leipzig", in: *Zeitschrift für Geschichtswissenschaft Jg. 42 (1994), H. 9*, 795–808; Mitchell G. Ash, „Verordnete Umbrüche – Konstruierte Kontinuitäten: Zur Entnazifizierung von Wissenschaftlern und Wissenschaften nach 1945", in: *Zeitschrift für Geschichtswissenschaft 43 (1995)*, 903–923. Auch Respondek, Universität Münster enthält ein Kapitel über die Entnazifizierung.

57 Zur Entnazifizierung an Technischen Hochschulen vgl. Kurt Düwell, „Zwischen Entnazifizierung und Berufungsproblemen. Die RWTH im Kontext der deutschen Universitätsgeschichte nach 1945", in: Loth/Rusinek, Verwandlungspolitik, 313–331; Werner Tschacher, „‚Ich war also in keiner Form aktiv tätig.' Alfred Buntru und die akademische Vergangenheitspolitik an der RWTH Aachen 1948–1960", in: *Geschichte im Westen Jg. 19 (2004)*, 197–229; Norbert Becker, „Die Entnazifizierung der Technischen Hochschule Stuttgart", in: Becker/Quarthal, Universität Stuttgart, 35–48.

58 Bernd Weisbrod (Hg.), *Akademische Vergangenheitspolitik. Beiträge zur Wissenschaftskultur der Nachkriegszeit*, Göttingen 2002.

59 Bernd Weisbrod, „Dem wandelbaren Geist. Akademisches Ideal und wissenschaftliche Transformation in der Nachkriegszeit", in: Ders. (Hg.), Akademische Vergangenheitspolitik, 11–38, hier 19.

60 Ash, Verordnete Umbrüche.

61 Klaus Hentschel, *Die Mentalität deutscher Physiker in der frühen Nachkriegszeit (1945–1949)*, Heidelberg 2005.

che von Akademikern sind auch Gegenstand einer Arbeit von Ralph Boch über die deutschen Universitätsrektoren nach 1945, deren Nachkriegspublikationen systematisch ausgewertet wurden; die Technischen Hochschulen blieben allerdings unberücksichtigt.[62] Ein weiterer Beitrag zu diesem Problemkreis ist der Sammelband „Vertuschte Vergangenheit", in dem ebenfalls anhand von Beispielen aus verschiedenen akademischen Disziplinen Uminterpretations- und Anpassungsprozesse von Wissenschaft und Wissenschaftlern untersucht werden.[63] Die Umwidmungs- und Uminterpretationsversuche in Technik und Naturwissenschaften rücken vor allem Herbert Mehrtens, Gerd Hortleder, Monika Renneberg und Mark Walker in den Mittelpunkt.[64] Die Entwicklung der Technik in der Bundesrepublik und das Selbstverständnis der westdeutschen technischen Intelligenz sind Gegenstand einzelner Studien.[65] In der Forschungsliteratur wird allerdings betont, dass die deutsche Technikgeschichte für die Zeit nach 1945 noch erhebliche Lücken aufweise.[66] Insbesondere aus dem angelsächsischen Raum kommen wichtige Beiträge zur kulturwissenschaftlichen Erforschung der Technik.[67]

---

62 Ralph Boch, *Exponenten des „akademischen Deutschland" in der Zeit des Umbruchs: Studien zu den Universitätsrektoren der Jahre 1945 bis 1950*, Marburg 2004.
63 König/Kuhlmann/Schwabe, Vertuschte Vergangenheit.
64 Vgl. Mehrtens, Kollaborationsverhältnisse; Ders., „‚Mißbrauch'. Die rhetorische Konstruktion der Technik nach 1945", in: Kertz (Hg.), Technische Hochschulen und Studentenschaft, 33–50; Hortleder, Gesellschaftsbild; Monika Renneberg/Mark Walker, *Science, Technology and National Socialism*, Cambridge 1994; Mark Walker, "The Nazification and Denazification of Physics", in: Kertz, Hochschule und Nationalsozialismus, 79–91.
65 Vgl. z. B. Hortleder, Gesellschaftsbild; Ders., *Ingenieure in der Industriegesellschaft. Zur Soziologie der Technik und der naturwissenschaftlich-technischen Intelligenz im öffentlichen Dienst und in der Industrie*, Frankfurt a. M. 1973; Joachim Radkau, *Technik in Deutschland. Vom 18. Jahrhundert bis zur Gegenwart*, Frankfurt a. M. 1989; Peter Weingart (Hg.), *Technik als sozialer Prozeß*, Frankfurt a. M. 1989; Wolfgang König (Hg.), *Umorientierungen. Wissenschaft, Technik und Gesellschaft im Wandel*, Frankfurt a. M. 1994; Burkhard Dietz/Michael Fessner/Helmut Maier (Hg.), *Technische Intelligenz und „Kulturfaktor Technik": Kulturvorstellungen von Technikern und Ingenieuren zwischen Kaiserreich und früher Bundesrepublik Deutschland*, Münster/New York 1996; Beate Binder, *Elektrifizierung als Vision. Zur Symbolgeschichte einer Technik im Alltag*, Tübingen 1999; Heymann, „Kunst" und „Wissenschaft"; Karl H. Metz, *Ursprünge der Zukunft. Die Geschichte der Technik in der westlichen Zivilisation*, Paderborn 2006; Christian Kleinschmidt, *Technik und Wissenschaft im 19. und 20. Jahrhundert*, München 2007. Einen Überblick über Fragestellungen und Methoden der Technikforschung bietet Günter Ropohl (Hg.), *Erträge der interdisziplinären Technikforschung. Eine Bilanz nach 20 Jahren*, Berlin 2001. Eine Geschichte der deutschen Technikhistoriographie nach 1945 liefern Wolfhard Weber/Lutz Engelskirchen, *Streit um die Technikgeschichte in Deutschland 1945–1975*, Münster u. a. 2000.
66 Vgl. z. B. Heymann, „Kunst" und „Wissenschaft", der betont, es fehle besonders für die Zeit nach 1945 an „umfassenden und differenzierten Studien über einzelne technische Disziplinen" (ebd., 27).
67 Vgl. z. B. Donald A. MacKenzie/Judy Wajcman (Hg.), *The Social Shaping of Technology. How the Refrigerator got its hum*, Milton Keynes u. a. 1985; David Nye (Hg.), *Narratives and Spaces: Technology and the Construction of American Culture*, Exeter 1997. Einen Überblick zur kulturgeschichtlichen Technikforschung bietet Mikael Hård, „Zur Kulturge-

QUELLEN

Für die vorliegende Arbeit wurden hauptsächlich Verwaltungsakten der Technischen Hochschule Hannover sowie der Landes- und Besatzungsbehörden, Schriftwechsel, Sitzungsprotokolle der hochschulinternen Selbstverwaltungsgremien und der studentischen Vereinigungen, sowie Zeitungs- und Zeitschriftenartikel ausgewertet.

Die wichtigsten Quellen lagern im Niedersächsischen Hauptstaatsarchiv in Hannover. Es handelt sich um einen umfangreichen Aktenbestand (NHStA Nds. 423), der unter anderem Verwaltungsakten der Technischen Hochschule Hannover seit 1945, Dokumente der verfassten Studentenschaft, sowie die Korrespondenz der Hochschule mit der britischen Militärregierung und dem niedersächsischen Kultusministerium enthält. Außerdem wurden im Hauptstaatsarchiv die Entnazifizierungsakten der Professoren (NHStA Nds. 171 Hannover) sowie einzelne Personalakten (NHStA Hann. 146 A) ausgewertet. Auch wurden Akten aus dem Bestand des niedersächsischen Kultusministeriums (NHStA Nds. 401) für die Untersuchung herangezogen.

Im hannoverschen Stadtarchiv wurden unter anderem Protokolle von Ratssitzungen sowie Zeitungsartikel bearbeitet. Im Bundesarchiv Berlin wurde der Nachlass des sozialdemokratischen Kultusministers Adolf Grimme ausgewertet.

Recherchen in den Beständen des Public Record Office in London trugen zu einer genaueren Einschätzung der britischen Besatzungspolitik gegenüber den Hochschulen bei (Bestand PRO FO, Foreign Office).

Im Bundesarchiv Koblenz lagern die Akten des Korporationsverbandes VVDSt (Verband der Vereine Deutscher Studenten/Kyffhäuserverband) und seiner Altherrenverbände (BA B 165). Diese konnten nach dem Einholen einer Genehmigung des VVDSt eingesehen werden. Im Würzburger Institut für Hochschulkunde konnten, ebenfalls mit Genehmigung vereinzelter studentischer Vereinigungen, interne Veröffentlichungen und Protokolle verschiedener Studentenverbindungen ausgewertet werden. Dies erwies sich als besonders wertvoll für die vorliegende Arbeit, weil die meisten Korporationen, die noch heute an der Universität Hannover vertreten sind, ihre Aktenbestände häufig nicht an die Archive abgegeben haben und auch keine Genehmigung zur Einsichtnahme erteilten.

Das für diese Studie maßgebliche zeitgenössische Schrifttum besteht neben Zeitungs- und Zeitschriftenartikeln im Wesentlichen aus Publikationen der Technischen Hochschule Hannover und ihrer Angehörigen. Zu nennen sind vor allem die Hochschuljahrbücher, die seit 1949 regelmäßig erschienen und der Selbstdarstellung der Hochschule in der Öffentlichkeit dienten.

Ergänzend zu den Quellenrecherchen wurden Interviews mit Zeitzeuginnen und Zeitzeugen geführt. Es handelte sich bei den GesprächspartnerInnen um ehemalige Studierende und AssistentInnen der Technischen Hochschule Hannover.

---

schichte der Naturwissenschaften, Technik und Medizin. Eine internationale Literaturübersicht", in: *Technikgeschichte 70 (2003)*, H. 1, 23–45.

Die Gespräche waren als lebensgeschichtliche Interviews konzipiert und wurden auch als solche geführt. Sie waren als subjektive Hintergrund- und Stimmungsberichte wertvoll für diese Arbeit.[68]

METHODISCH-THEORETISCHE ÜBERLEGUNGEN

Nachdem die Geschichte der deutschen Universitäten und Hochschulen in den 1950er und 1960er Jahren häufig allein zur positiven öffentlichen Selbstdarstellung derselben geschrieben wurde, haben sich in den letzten Jahrzehnten nicht zuletzt in Folge der Studentenbewegung kritischere Ansätze durchgesetzt.[69]

Die vorliegende Arbeit verfolgt das Ziel, die Geschichte der Institution in die Gesellschaftsgeschichte der Zeit einzubetten. Sie folgt dabei Ansätzen, die von einem relationalen Verständnis von Struktur und Akteur ausgehen.[70] Sozial-, politik- und kulturgeschichtliche Fragestellungen werden miteinander verbunden. So kann die Studie nicht nur die Lebensverhältnisse der Hochschulangehörigen nach 1945 und die Politik der Landesregierung sowie der britischen Militärregierung in den Blick nehmen. Auch die Diskussions- und Repräsentationskultur an der Hochschule, ihre Kommunikationsformen nach innen und außen sowie die Position ihrer Angehörigen in zentralen Diskursen der Zeit können so analysiert werden. Kulturgeschichtliche Ansätze erweitern die historiographische Perspektive, indem sie „die Wirklichkeit als ein Ensemble von Produktionen, Deutungen und

---

68 Eine ausführliche, methodisch korrekte Auswertung dieser Interviews hätte die ZeitzeugInnen, ihre biographischen Selbstkonstruktionen und Motivationen sowie letztendlich die Probleme der „Oral History" und der subjektiven Erinnerung in den Mittelpunkt zu stellen. Da dies im Rahmen der vorliegenden Studie nicht geleistet werden kann, wurden Aussagen aus den Interviews nur an wenigen Stellen in die Untersuchung einbezogen. Zur Durchführung und Auswertung lebensgeschichtlicher Interviews vgl. z. B.: Jean-Claude Kaufmann, *Das verstehende Interview*, Konstanz 1999, 65ff., 99ff.; Roswitha Breckner, „Von den Zeitzeugen zu den Biographen. Methoden der Erhebung und Auswertung lebensgeschichtlicher Interviews", in: Berliner Geschichtswerkstatt (Hg.), *Alltagskultur, Subjektivität und Geschichte. Zur Theorie und Praxis von Alltagsgeschichte*, Münster 1994, 199–222; Alexander von Plato, „Zeitzeugen und die historische Zunft. Erinnerung, kommunikative Tradierung und kollektives Gedächtnis in der qualitativen Geschichtswissenschaft – ein Problemaufriss", in: *BIOS Jg. 13 (2000)*, H.1, 5–29; Harald Welzer, „Das Interview als Artefakt. Zur Kritik der Zeitzeugenforschung", in: *BIOS, Jg. 13 (2000)*, H.1, 51–63. Vgl. hierzu auch die Überlegungen von Schröder, Studenten, 23f. Anette Schröder bezieht Interviews ebenfalls nur punktuell in ihre Analyse ein.
69 Für diesen Wandel waren unter anderem die Auseinandersetzungen um Rolf Seeligers Dokumentation „Die braune Universität" sowie die Vorlesungsreihen zur NS-Geschichte der Universitäten in den 1960er Jahren bedeutsam (Sparing/Woelk, Forschungsergebnisse und -desiderate, 16ff.).
70 Vgl. a. Thomas Mergel/Thomas Welskopp, „Geschichtswissenschaft und Gesellschaftstheorie", in: Dies. (Hg.), *Geschichte zwischen Kultur und Gesellschaft: Beiträge zur Theoriedebatte*, München 1997, 9–35; Thomas Welskopp, „Der Mensch und die Verhältnisse. „Handeln" und „Struktur" bei Max Weber und Anthony Giddens", in: Mergel/Welskopp, Geschichte, 39–70.

Sinngebungen"[71] untersuchen. Im Rahmen einer solchen Herangehensweise wird nicht nur eher „klassischen" Untersuchungsgegenständen gesellschaftliche Wirkungsmacht zugeschrieben – also etwa den Handlungen und Entscheidungen von Akteuren – sondern ebenso zeitgenössischen kulturellen Praxen, etwa Repräsentationen, Sprechweisen und Symbolsetzungen.[72]

Zentrale Gegenstände dieser Untersuchung, wie etwa die Frage nach den Identitätskonstruktionen von Angehörigen der technischen Intelligenz, die Untersuchung der individuellen und kollektiven Strategien im Umgang mit der NS-Vergangenheit und die Frage nach den Redeweisen bei politischen Themen, berühren die Anliegen der auf Michel Foucault zurückgehenden Diskursanalyse[73], ohne dass der Anspruch erhoben wird, eine solche etwa nach der Methode Siegfried Jägers[74] im Rahmen dieser Arbeit mit letzter Konsequenz durchzuführen. Als Praktiken, die Wissen konstituieren, formen und verbreiten, sind Diskurse mehr als reine Sprechakte oder „Diskussionen", da sie immer auch Effekte erzeugen, welche die Realität mit strukturieren. Einem auf Diskussionen verkürzten Diskursbegriff entgehen sämtliche anderen Elemente diskursiver Praxis, zu denen etwa auch die Formen der Selbstinszenierung im Rahmen einer Feier gehören können. Gerade anhand solcher Rituale lassen sich Erkenntnisse über Machtbeziehungen und Sinndeutungen der Akteure gewinnen, wie etwa André Burguière in Abgrenzung zur klassischen Institutionengeschichte unterstreicht:

> „Das Kennzeichen der Macht ist, daß sie niemals genau an dem Platz ist, an dem sie sich zeigt; deshalb hat man bei der Historiographie der Institutionen oft den Eindruck, daß sie verpasste Rendezvous mit ihrem Gegenstand sammelt."[75]

Die in dieser Arbeit untersuchten Reden und Texte, die die Angehörigen der Technischen Hochschule Hannover etwa zum Thema Technik verfassten, sind als Diskursfragmente[76] eines umfangreichen und mehrdimensionalen Technik-Diskurses nach 1945 anzusehen. Dieser umfasste zahlreiche schriftliche, verbale und visuelle Äußerungen zum Thema Technik und Techniker und formte so die

---

71 Mergel, Überlegungen, 590. Clifford Geertz etwa versteht „Kultur" als ein System von Bedeutungen, Vorstellungen und Auffassungen, das kontinuierlich neu ausgehandelt und bestätigt werden muss (Clifford Geertz, *Dichte Beschreibung. Beiträge zum Verstehen kultureller Systeme*, 2. Aufl. Frankfurt a. M. 1991, 46).

72 Vgl. z. B. Ute Daniel, *Kompendium Kulturgeschichte. Theorien, Praxis, Schlüsselwörter*, Frankfurt a. M. 2001; Christoph Conrad/Martina Kessel (Hg.), *Kultur & Geschichte. Neue Einblicke in eine alte Beziehung*, Stuttgart 1998; Wolfgang Hardtwig/Hans-Ulrich Wehler (Hg.), *Kulturgeschichte Heute, Geschichte und Gesellschaft Sonderheft 16*, Göttingen 1996; Daniel Fulda, „Sinn und Erzählung – Narrative Kohärenzansprüche der Kulturen", in: Friedrich Jaeger/Burkhard Liebsch (Hg.), *Handbuch der Kulturwissenschaften. Band 1: Grundlagen und Schlüsselbegriffe*, Stuttgart 2004, 251–265.

73 Vgl. etwa Michel Foucault, *Archäologie des Wissens*, 3. Aufl. Frankfurt a. M. 1988; Ders., *Diskurs und Wahrheit. Berkeley-Vorlesungen 1983*, Berlin 1996.

74 Siegfried Jäger, *Kritische Diskursanalyse. Eine Einführung*, Münster 2004, 171ff.

75 André Burguière, „Historische Anthropologie", in: Jacques Le Goff/Roger Chartier/Jacques Revel (Hg.), *Die Rückeroberung des historischen Denkens. Grundlagen der neuen Geschichtswissenschaft*, Frankfurt a. M. 1990, 62–102, hier 72.

76 Vgl. Jäger, Diskursanalyse, 188ff.

Wahrnehmung und das Wissen der Individuen zu diesem Thema. Die Diskursanalyse fragt indessen auch nach den Grenzen des Sagbaren[77], die die Individuen einhalten, aber unter bestimmten Umständen auch verschieben können. Für die Herausarbeitung des Sagbaren bzw. Unsagbaren innerhalb eines Diskurses ist das trotz etwaig vorhandenen Wissens der Akteure regelmäßig Ungesagte konstitutiv; dies beispielsweise im Umgang mit der nationalsozialistischen Vergangenheit.[78] Hierbei müssen Gegenkräfte, die die Grenzen des Sagbaren in Frage stellten oder übertraten, besonders beachtet werden.

Oft sind entweder Professoren oder Studierende als Gruppe Gegenstand hochschulgeschichtlicher Untersuchungen. Obwohl hierdurch eine große Tiefenschärfe erreicht werden kann, werden in der vorliegenden Arbeit die Situation sowie die Aushandlungs- und Kommunikationsprozesse beider Gruppen in den Blick genommen. Professoren und Studierende gemeinsam zu untersuchen trägt nicht zuletzt der Tatsache Rechnung, dass insbesondere die Diskussionen und politischen Haltungen der Studierenden von den Professoren mit geprägt wurden. Darüber hinaus können so jene Erwartungen herausgearbeitet werden, die die Generation der Älteren an die Jüngeren herantrug.

Der Untersuchungszeitraum der vorliegenden Arbeit umfasst die Phase vom Ende des Zweiten Weltkrieges bis zur 125-Jahrfeier der Technischen Hochschule Hannover im Jahre 1956. Die Wahl dieses Jahres als Endpunkt der Untersuchung orientiert sich an den Rückblicken der Akteure an die als mühselig gedeutete Wiederaufbau-Zeit, als deren gelungenes Ende das Jubiläum galt. Ein besonderer Schwerpunkt der Arbeit liegt zudem auf den unmittelbaren Nachkriegsjahren, da die Zeit bis etwa 1951 als eigentliche Formierungsphase angesehen werden kann, in der wichtige Weichenstellungen für die Zukunft der Hochschule vorgenommen wurden.

AUFBAU DER STUDIE

Das erste Kapitel beschäftigt sich mit der Wiedereröffnung und mit ausgewählten Aspekten des Wiederaufbaus der Technischen Hochschule Hannover. Dabei steht neben dem Verhältnis der Hochschule zur Stadt Hannover und zur niedersächsischen Landesregierung auch die Frage des Umgangs mit dem eigenen baulichen Erbe im Vordergrund. Anhand des Wiederaufbaus des Hauptgebäudes (Welfenschloss) wird gezeigt, welche Teile der alten Gebäudestruktur man für bewahrenswert hielt und wie der Neubau einzelner Gebäudeteile gestaltet wurde. Wie-

---

77 Philipp Sarasin, *Geschichtswissenschaft und Diskursanalyse*, Frankfurt a. M. 2003, 35. Vgl. a. Achim Landwehr, *Geschichte des Sagbaren. Einführung in die historische Diskursanalyse*, 2. Aufl. Tübingen 2004, 86f.
78 „Diskursanalyse erfasst somit (...) das jeweils Sagbare in seiner qualitativen Bandbreite bzw. alle Aussagen, die in einer bestimmten Gesellschaft zu einer bestimmten Zeit geäußert werden (können), aber auch Strategien, mit denen das Feld des Sagbaren ausgeweitet oder auch eingeengt wird, etwa Verleugnungsstrategien, Relativierungsstrategien etc." (Jäger, Diskursanalyse, 130).

deraufbauprojekte bieten nicht zuletzt Einblicke in die Identitätskonstruktionen und die Zukunftsvorstellungen der Akteure.[79]

Im Kontext der Wiedereröffnung der Technischen Hochschule werden in diesem Kapitel auch die frühen vergangenheits- bzw. geschichtspolitischen[80] Weichenstellungen dargestellt, die die Hochschule als Institution vornahm. Hierzu gehörte die Rehabilitierung der von den Nationalsozialisten vertriebenen Hochschullehrer. Auch der Umgang der Hochschule mit Gebäuden, die sich in ihrem Besitz befanden und die ursprünglich zwei jüdischen Familien gehört hatten, wird hier untersucht.

Die Auseinandersetzung um eine mögliche Schließung der Hochschule wurde von vielen Angehörigen des Lehrkörpers als legitimatorische Herausforderung begriffen. In dieser Auseinandersetzung formulierte der Geodät Richard Finsterwalder Thesen zur Rolle der Hochschule in der NS-Zeit, deren Analyse dieses Kapitel abschließt.

Das zweite Kapitel befasst sich mit den politischen Säuberungsbemühungen und wechselt somit die Perspektive von der Hochschule als Institution zum Umgang der einzelnen Professoren mit der NS-Vergangenheit. Neben dem Verlauf und den Ergebnissen der Entnazifizierung in den drei Fakultäten werden die Rechtfertigungsschreiben der Professoren an die zuständigen Ausschüsse analysiert. Dabei werden sowohl die biographischen Selbstkonstruktionen der Professoren als auch ihr Wissenschaftsverständnis in den Blick genommen. Auch geht dieses Kapitel der Frage nach, wie die Professoren in den Entnazifizierungsverfahren miteinander umgingen und wo die Grenzen der „rituellen Kollegialität" (Bernd Weisbrod) lagen.

Das dritte Kapitel wendet sich dem studentischen Leben nach Kriegsende zu. Hierbei wird die soziale Situation der Studierenden untersucht; auch wird nach

---

79 Dies hat beispielsweise Georg Wagner-Kyora anhand von Wiederaufbauprojekten in verschiedenen westdeutschen Städten gezeigt. Vgl. Georg Wagner-Kyora, „,Wiederaufbau' und Stadt-Raum. Streit um die Rekonstruktion des Dortmunder Rathauses und der Alten Waage in Braunschweig 1974–1994", in: Adelheid von Saldern (Hg.), *Stadt und Kommunikation in bundesrepublikanischen Umbruchszeiten*, Stuttgart 2006, 209–238; Ders., „Lokale ‚Wiederaufbau'-Politik im säkularen Konflikt. Die Zerstörung des Braunschweiger Residenzschlosses 1944/1960 und sein Neubau 2005", in: *Archiv für Sozialgeschichte 46*, 2006, 277–388. Astrid Hansen untersucht den Zusammenhang zwischen gesellschaftspolitischen Leitbildern und Wiederaufbauprojekten am Beispiel der Frankfurter Universitätsbauten (Astrid Hansen, *Die Frankfurter Universitätsbauten Ferdinand Kramers. Überlegungen zum Hochschulbau der 50er Jahre*, Weimar 2001).

80 Es wird hier den Definitionen von Norbert Frei und Edgar Wolfrum gefolgt. Vergangenheitspolitik sei ein „politische[r] Prozeß, der sich ungefähr über eine halbe Dekade erstreckte" und konstituiere sich aus den Elementen „Amnestie, Integration und Abgrenzung" (Vgl. Frei, Vergangenheitspolitik, 13f.). Die Analyse von Geschichtspolitik richte sich demgegenüber „auf die öffentlichen Konstruktionen von Geschichts- und Identitätsbildern, die sich über Rituale und Diskurse vollziehen (...)." (Edgar Wolfrum, *Geschichtspolitik in der Bundesrepublik Deutschland. Der Weg zur bundesrepublikanischen Erinnerung*, Darmstadt 1999, 32). Somit steht der Begriff der Vergangenheitspolitik für den institutionellen, der Begriff der Geschichtspolitik für den diskursiven, deutungskulturellen Umgang mit der NS-Vergangenheit.

der Lage und Rolle besonderer Gruppen innerhalb der Studentenschaft gefragt. Frauen, Displaced Persons und ehemalige Verfolgte des NS-Regimes bildeten Minderheiten unter den Studierenden. Wie die Hochschulleitung und die britische Militäradministration mit diesen Gruppen umgingen, steht im Zentrum dieses Teils der Arbeit.

Neben einer Analyse von öffentlich vorgetragenen Erwartungen der Älteren an die neue Studentengeneration bietet dieses Kapitel auch Einblicke in die Diskussionen der Studierenden: wie thematisierten sie ihre Situation und ihre eigenen politischen Vorstellungen und wie wollten sie die neuen studentischen Vereinigungen gestalten? Dabei steht auch der Streit um das Wiederaufleben der Burschenschaften und Corps in den 1950er Jahren im Mittelpunkt. Hierbei gilt es unter anderem zu untersuchen, ob es hinsichtlich der zunächst verbotenen Symbole und Praktiken, also dem Farbentragen und dem Schlagen von Mensuren, Konflikte zwischen den jungen Mitgliedern und den „Alten Herren" solcher Organisationen gab.

Das vierte Kapitel wechselt nochmals die Perspektive und bietet eine Analyse jener Diskussionen, in denen es um das Selbstverständnis der technischen Intelligenz ging. Hierbei werden sowohl die Kontinuitätslinien, die auf die Technikdebatten früherer Phasen verweisen, als auch die Veränderungen nach 1945 herausgearbeitet. Ein kurzer Rückgriff auf Argumentationsstränge aus der Weimarer Republik und der NS-Zeit leitet das Kapitel ein. Der Frage, wie die gesellschaftliche Rolle von Technik und Technikern nach 1945 gesehen wurde, wird am Beispiel von Angehörigen der Technischen Hochschule Hannover nachgegangen. Diese Vorstellungen und Deutungsangebote wirkten auf das Hochschulleben und prägten zudem das Technikverständnis der hier ausgebildeten nächsten Generation mit. Daher muss der Blick auch auf Aspekte des Wandels im Selbstverständnis der Techniker fallen, die vor dem Hintergrund der beginnenden Demokratisierung und „Westernisierung" an Bedeutung gewannen. Abschließend wird in diesem Kapitel am Beispiel der Fachrichtung Verkehrswesen zur Geschichte eines Faches und seiner Repräsentanten beigetragen.

Im fünften Kapitel wird anhand ausgewählter Felder der Hochschulreformdebatte nach 1945 gezeigt, wie die Technische Hochschule Hannover auf den nicht nur von der britischen Militärregierung, sondern beispielsweise auch von den Gewerkschaften ausgehenden Demokratisierungsdruck reagierte und welche eigenen Vorstellungen zur Veränderung der Hochschulstruktur die deutschen Akteure in die Debatte einbrachten. Schwerpunkte dieses Teils der Arbeit bilden die Verfassungsfrage, die Diskussion um die Mitbestimmung von Nichtordinarien, Angestellten und ArbeiterInnen an der TH sowie die Debatte um eine soziale Öffnung der Hochschule, etwa durch die Zulassung von Studierenden ohne Abitur. Neben den konkreten Ergebnissen der Reformbemühungen nach 1945 wird untersucht, welche Reaktionen auf den Nationalsozialismus in die Reformdiskussion einflossen und wie die Hochschulangehörigen die politische Vergangenheit im Kontext dieser Auseinandersetzung interpretierten.

Das sechste Kapitel befasst sich mit der Entwicklung der Festkultur an der TH Hannover seit 1945 und untersucht insbesondere die Feierlichkeiten zum 125-

jährigen Jubiläum der Hochschule im Jahre 1956. Die einzelnen Elemente des Jubiläums, wie zum Beispiel Festreden und Gottesdienste, werden analysiert, um ein differenziertes Bild von der öffentlichen Selbstpräsentation der Hochschule zu gewinnen. Auch die Beteiligung der Studierenden, die zum Jubiläum einen Fackelzug und einen Festkommers organisierten, wird einbezogen. Anhand des Umgangs mit Repräsentationssymbolen wie etwa dem Talar kann nachvollzogen werden, wie sich in den ersten zehn Jahren nach Kriegsende die Festkultur an der Hochschule veränderte. In den Festreden und symbolischen Akten der hier untersuchten Ereignisse kommen Geschichtsinterpretationen und Selbstdeutungen der Akteure zum Ausdruck. Das Ereignis selbst gilt „als eine Art von Brennglas, durch das Strukturen gut erkennbar werden".[81] Im Rahmen der untersuchten Feierlichkeiten können viele Aspekte der Hochschulgeschichte nochmals aus einem anderen Blickwinkel und in einer Art Synthese betrachtet werden. Nicht zuletzt ermöglicht die Analyse der feierlichen Selbstinszenierungen der Hochschule zum Abschluss dieser Arbeit einen Ausblick auf die Zukunftsvorstellungen ihrer Angehörigen.

---

81 Adelheid von Saldern, „Herrschaft und Repräsentation in DDR-Städten", in: Dies. (Hg.), *Inszenierte Einigkeit. Herrschaftsrepräsentationen in DDR-Städten*, Stuttgart 2003, 9–58, hier 37.

1. „EXISTENZKAMPF", INTERESSENVERTRETUNG UND LEGITIMATION: DIE TECHNISCHE HOCHSCHULE HANNOVER IM WIEDERAUFBAU

Als die Technische Hochschule Hannover im Januar 1946 ihren Vorlesungsbetrieb wieder aufnahm[1], geschah dies unter schwierigen Bedingungen. Viele Professoren wurden aufgrund ihrer nationalsozialistischen Vergangenheit von der britischen Militärregierung entlassen; andere waren (noch) nicht nach Hannover zurückgekehrt. Die alliierten Luftangriffe hatten die Gebäude der Technischen Hochschule zum Teil stark zerstört.[2] Der Wiederaufbau lief zunächst nur schleppend an, weil weder die finanziellen Mittel noch die verfügbaren Arbeitskräfte ausreichten; die vorhandenen Schäden wurden durch Witterungseinflüsse noch verstärkt.

Der Wiederaufbau bestand anfangs größtenteils aus Behelfslösungen. Die 48 Lehrstühle meldeten vielfältige Bedarfe an, die von der Wiederherstellung der Dächer bis zur Beschaffung einfacher Sitzschemel reichten. Aufgrund der knappen Mittel musste die Hochschulleitung notwendige Reparaturen und Anschaffungen immer wieder verschieben.[3]

Um den Facharbeitermangel auszugleichen, zog man die Studierenden zur Mithilfe bei den Bauarbeiten heran. Freiwillige wurden im Juli 1945, also bereits vor der eigentlichen Wiedereröffnung der Hochschule, aufgefordert, sich zu melden.[4] Später war für alle, die sich an der Technischen Hochschule immatrikulieren wollten, die Ableistung eines 600-stündigen, zeitweise 1000-stündigen „Aufbau-

---

1   Die Militärregierung genehmigte die Wiedereröffnung für den 12.11.1945 (NHStA Nds. 423, Acc. 11/85, Nr. 12, Aktennotiz des Rektors Müller vom 22.11.1945). Die Aufnahme des regulären Vorlesungsbetriebes konnte allerdings erst im Januar 1946 erfolgen; bis dahin waren auch die anderen Universitäten und Hochschulen der britischen Zone wieder eröffnet worden. (Vgl. David Phillips, „Hochschulreform in der Britischen Besatzungszone. Einleitender Kommentar", in: Ders., *Zur Universitätsreform in der britischen Besatzungszone 1945–1948*, Köln/Wien 1983, 1–69, hier 3).
2   In einem ersten Bericht über den Zustand der Hochschule, den der neu ernannte Rektor Conrad Müller im Oktober 1945 an die britische Militärregierung abgab, wurde der Zerstörungsgrad des Hauptgebäudes mit 50 Prozent angegeben; 20 Prozent davon seien Totalschäden. Nur unter der Voraussetzung einer umgehenden Belieferung mit Glas würden 12 Hörsäle benutzbar sein (vgl. NHStA Nds. 423, Acc. 11/85, Nr. 156, Basic report submitted by the acting Rector Technische Hochschule Hannover Oct. 1, 1945).
3   Vgl. die diesbezügliche Korrespondenz des Rektors mit einzelnen Instituten in: NHStA Nds. 423, Acc. 11/85, Nr. 564. Die Institute meldeten ihre Schäden mit einer Kostenschätzung dem Rektor.
4   NHStA Nds. 423, Acc. 11/85, Nr. 426, Aushang des Rektors vom 16.7.1945.

dienstes" verpflichtend.[5] Von 1945 bis zum Juni 1948 arbeiteten 440 Studierende und StudienbewerberInnen jeweils durchschnittlich 500 Stunden; insgesamt trugen sie also ca. 220.000 Arbeitsstunden zum Wiederaufbau der Hochschule bei.[6]

Vor dem Hintergrund der skizzierten äußeren Bedingungen musste sich die Technische Hochschule Hannover nach 1945 gegenüber den Behörden der Stadt Hannover und des späteren Landes Niedersachsen neu positionieren. Dies wurde anfangs durch Gerüchte um eine mögliche Schließung der Hochschule und ihre mutmaßliche Zusammenlegung mit der Technischen Hochschule Braunschweig erheblich erschwert. Angewiesen auf die klammen Kassen der Landesregierung versuchte die Technische Hochschule, nicht nur den Wiederaufbau zu organisieren, sondern die eigene Legitimation als Wissenschafts- und Bildungsinstitution in der veränderten politischen und gesellschaftlichen Situation nach Kriegsende abzusichern. Letzteres geschah auch durch die Schaffung einer eigenen Interpretation der politischen Vergangenheit.

Im Folgenden wird das Verhältnis der Hochschule zur Stadt Hannover und zum neu gegründeten Land Niedersachsen ebenso thematisiert wie die Auseinandersetzung mit dem baulichen Erbe der Hochschule im Rahmen ihres Wiederaufbaus. Außerdem soll dieses Kapitel die zentralen vergangenheits- und geschichtspolitischen Weichenstellungen an der TH Hannover in der unmittelbaren Nachkriegszeit darstellen, die nicht nur ihren Umgang mit der NS-Vergangenheit in den folgenden Jahren prägten, sondern auch zu einer positiven Imagepolitik im Kontext von Wiedereröffnung und Wiederaufbau beitragen sollten. Zu diesem Zweck wird neben der Rehabilitierung verfolgter Hochschullehrer und dem Umgang der TH mit hochschuleigenen Grundstücken, die früher verfolgten Juden gehört hatten, auch die programmatische Rede eines Professors untersucht, der sich in der Frühphase des Wiederaufbaus ausführlich zur Hochschule im Nationalsozialismus äußerte.

1.1 KOOPERATION, WISSENSTRANSFER UND REPRÄSENTATION: DAS VERHÄLTNIS ZWISCHEN DER TECHNISCHEN HOCHSCHULE UND DER STADT HANNOVER

Die Technische Hochschule Hannover war durch ihre Lage im historischen Ensemble Welfenschloss-Welfengarten bereits vor dem Zweiten Weltkrieg eine Hochschule in der Stadt gewesen. Ursprünglich hatte ihre Ansiedlung in unmittelbarer Nachbarschaft der Herrenhäuser Gärten im Jahre 1879 zwar eine Verlegung aus der Stadtmitte an die Peripherie dargestellt, die dem Dezentralisationsprozess der Produktionsstätten von Industrie und Handwerk im 19. Jahrhundert entspro-

---

5 Paul Wolters, „Der Wiederaufbau der Technischen Hochschule", in: *Jahrbuch der Technischen Hochschule Hannover 1949/50,* hrsg. von Rektor und Senat, Düsseldorf 1950, 123–129, hier 125.
6 NHStA Nds. 423, Acc. 11/85, Nr. 426, Immatrikulationsamt an den AStA der TH Hannover, 23.10.1948.

„Existenzkampf", Interessenvertretung und Legitimation: Die TH im Wiederaufbau   35

chen hatte.[7] Durch das Wachstum der Stadt und verschiedene Eingemeindungen in den folgenden Jahrzehnten war die Technische Hochschule jedoch immer mehr zu einem Teil der inneren Stadt geworden. Geht man davon aus, dass es diese „Stadtkernlage" ist, die eine Universität zu einer „Stadtuniversität" macht, war die TH Hannover im Laufe der Jahrzehnte eine „Stadthochschule" geworden.[8] Im Unterschied zu anderen Universitäten und Hochschulen, die nach 1945 das Modell der „Campus-Universität" außerhalb der Stadt zu verwirklichen suchten[9], war die Technische Hochschule und spätere Universität Hannover eine „in der Nachbarschaft der Innenstadt gelegene historische Institution"[10], wie Friedrich Spengelin feststellt. Spengelin und die anderen an den Erweiterungsplanungen der 1960er und 1970er Jahre beteiligten Architekten hielten am historisch gewachsenen Konzept der „Stadtuniversität" nicht zuletzt aus gesellschaftspolitischen Gründen fest:

> „Hinter dieser stadtplanerisch-funktionalen Konzeption (....) stand die gesellschaftspolitische Überzeugung, dass alle Angehörigen der Universität in die Masse der Stadtbürger funktionell eingeordnet sein müssen. Diejenigen, die die Universität verlassen (...) dürfen ihr Wissen und ihre Einstellung zu diesem Wissen nicht in der Isolation erfahren, sondern in Auseinandersetzung mit der gesellschaftlichen Realität."[11]

Die Planer der 1960er und 1970er Jahre konnten in Hannover für diese Zielsetzung an die vorgefundene, im Kern belassene Struktur anknüpfen, die aus praktischen Gründen im Wiederaufbau übernommen und erhalten worden war.

Um das Verhältnis von Technischer Hochschule und Stadt genauer charakterisieren zu können, sind zunächst die Beziehungsebenen auseinander zu halten: Neben der erwähnten räumlichen Ebene, die in Hannover eher ein enges Verhält-

---

7   Günther Kokkelink, „Polytechnische Lehranstalt im Königreich Hannover – von den Anfängen bis in die zwanziger Jahre", in: Sid Auffahrt/Wolfgang Pietsch (Hg.), *Die Universität Hannover. Ihre Bauten, ihre Gärten, ihre Planungsgeschichte*, Petersberg 2003, 65–94, hier 74.
8   Zur Diskussion der Begriffe „Stadtuniversität" und „Campusuniversität" vgl. Alois Mayr, *Universität und Stadt. Ein stadt-, wirtschafts- und sozialgeographischer Vergleich alter und neuer Hochschulstandorte in der Bundesrepublik Deutschland*, Paderborn 1979, 63ff. Mayr klassifiziert die Stadtuniversität folgendermaßen: „Charakteristisch für Stadtuniversitäten sind somit eine Streulage der Hochschulgebäude innerhalb des Stadtkerns und das Bemühen der Universität nach Expansion und Konzentration. Der innerstädtische Standort hat – wie leicht ersichtlich – eine sehr enge bauliche und gesellschaftliche Verflechtung von Stadt und Universität zur Folge." (Ebd., 64) „Man sollte allerdings spätestens dann nicht mehr von Stadtuniversitäten sprechen, wenn Hochschulkomplexe in ehemals selbständigen Vororten mit gewissen funktionalen Eigenständigkeiten liegen, wenn sie einen besonderen Vorort darstellen oder erst recht in den peripheren Teilen der Stadt angeordnet sind. In der Regel bedeutet eine solche Lage, daß die Universität drei oder mehr Kilometer vom Rand der Innenstadt entfernt ist." (Ebd, 67).
9   Frühe Beispiele hierfür sind z. B. die Universitäten in Mainz und Saarbrücken, die beide 1945 durch die französische Besatzungsmacht eröffnet wurden. Vgl. Mayr, Universität und Stadt, 75f.
10 Friedrich Spengelin, „Stadt und Universität. Über Versuche von integrierten Hochschulplanungen – ein Rückblick auf die frühen 70er Jahre", in: Auffahrt/Pietsch (Hg.), Universität Hannover, 47–63, hier 56.
11 Ebd., 58.

nis zu begünstigen schien, ist die institutionelle Ebene, also die Interaktion mit städtischen Behörden und Vertretungskörperschaften einzubeziehen. Die dritte Ebene ist die der sozialen und kulturellen Beziehungen zwischen Hochschule und Stadt. Dazu gehören zum Beispiel gemeinsame Veranstaltungen. Eckart Kröck hat darauf hingewiesen, dass die Frage, ob die öffentlichen Inszenierungen der Hochschule sich im Stadtraum abspielten oder nicht, hier von zentraler Bedeutung sei.[12] Nicht zuletzt kann auch der Umgang der städtischen Presse mit den Anliegen der Technischen Hochschule Anhaltspunkte dafür liefern, wie die Hochschule sich im Stadtgefüge verortete und verortet wurde.

Helmut Böhme hat hinsichtlich des Verhältnisses Technischer Hochschulen zu den sie beherbergenden Städten die These aufgestellt, diese lebten relativ beziehungslos nebeneinander:

„Wir finden demnach wenig Verbindungen zwischen den Technischen Hochschulen und den öffentlichen ‚Grundbedürfnissen' der Stadt. Wenn Sie so wollen, die Stadt mußte für ihren geistigen Haushalt selbst aufkommen. (...) Auch heute noch distanzieren sich Professoren, Assistenten und Studenten einer technischen Hochschule von der Stadt. Man schirmt sich mit einem eigenen Selbstbewußtsein ab."[13]

Für die Beziehung zwischen der Technischen Hochschule und der Stadt Hannover kann diese These angezweifelt werden. Die sozialdemokratische Stadtregierung zählte die Erhaltung der Technischen Hochschule durchaus zu den zitierten öffentlichen Grundbedürfnissen. Den Leitungspersonen der Stadt Hannover war an einer engen Beziehung zur Hochschule gelegen, wie es beispielsweise Oberbürgermeister Wilhelm Weber (SPD) 1951 in seinem Grußwort für das Hochschuljahrbuch formulierte:

„Für die Stadt Hannover kann ich mit Stolz und Freude sagen, daß zwischen ihr und der Technischen Hochschule ein besonders enges und freundschaftliches Verhältnis besteht, das offensichtlich zum Vorteil beider gereicht."[14]

Wissenschaft als Kapital: Das Bekenntnis der Stadt Hannover zur Technischen Hochschule

Zu dem beiderseits als gut empfundenen Verhältnis trug nicht zuletzt die Unterstützung bei, die die Hochschule in ihrem Kampf gegen eine vermeintlich von der Landesregierung geplante Schließung von der Stadt bekam. Wie noch zu zeigen sein wird, handelte es sich hierbei um ein mehrere Jahre lang immer wieder auftauchendes Gerücht, dessen Wahrheitsgehalt die Regierung nie eindeutig bestätigte. Die Technische Hochschule appellierte im Jahre 1949 dennoch an den hanno-

---

12 Eckart Kröck, „Die Region, die Universität und die Stadt: Ruhr-Universität Bochum", in: *Die alte Stadt Jg. 30, Nr. 1/2003*, 32–43, hier 41.
13 Helmut Böhme, „Einige Anmerkungen zum Problem der Technischen Hochschulen in ihren Auswirkungen auf die Städte", in: Heinz Duchhardt (Hg.), *Stadt und Universität*, Köln 1993, 103–122, hier 107f.
14 *Jahrbuch der Technischen Hochschule Hannover 1950/51*, hrsg. von Rektor und Senat, Düsseldorf 1951, 7.

verschen Stadtrat, allen eventuellen Überlegungen des Landeskabinetts, die Hochschule der klammen Finanzlage zu opfern, eine klare Absage zu erteilen. In der Ratssitzung am 21. September 1949 stellten sich alle Fraktionen hinter die Wissenschaftler. Der sozialdemokratische Ratsherr Karl Wiechert betonte dabei die kulturelle Bedeutung der Hochschule für die Stadt Hannover. Sie habe dazu beigetragen, „die Stadt aus dem provinziellen Dasein herauszuheben und ihr einen Namen von Klang in der Welt zu geben".[15] In der Ratsversammlung wurde auch die enge Verbindung der hannoverschen Unternehmen mit der Hochschule hervorgehoben. Ratsherr Wiechert betonte laut Protokoll:

> „Die technische Hochschule sei eng verbunden mit allen Groß- und Mittelbetrieben in der Stadt und in der weiteren Umgebung. Durch ihre Institute erspare sie den Fabriken vielfach eigene Laboratorien und biete den Ingenieuren ihrer Betriebe Gelegenheit sich weiterzubilden."[16]

Die Hannoveraner, so Wiechert, seien zwar als „steif verschrien" und „in ihren Sympathiebekundungen etwa[s] zurückhaltend", aber an der „ehrliche[n] Sympathie der Stadt für ihre Hochschule" könne kein Zweifel bestehen.[17] Der Rat werde sich für die Erhaltung der Technischen Hochschule als dem „geistigen Mittelpunkt in der Stadt Hannover"[18] einsetzen.

Auch die Presse hatte zuvor deutlich Partei für die Hochschule ergriffen und ebenfalls deren Gebundenheit an den Standort Hannover betont:

> „Hier wurde sie vor mehr als 100 Jahren ins Leben gerufen, hier entwickelte sie sich zu einem lebendigen Organismus, den man weder zerstückeln noch – welch primitive Vorstellung vom Werden und Wirken einer Hohen Schule! – verpflanzen kann"[19],

so die Hannoversche Allgemeine Zeitung. Neben diesem Plädoyer für die Erhaltung einer „gewachsenen Struktur" spielten für die HAZ aber auch wirtschaftliche Gründe eine zentrale Rolle:

> „Wenn allein die 1700 Studierenden monatlich im Durchschnitt auch nur 100 DM für ihren notwendigsten Lebensbedarf aufwenden, so ergibt das bei etwa 10monatiger Anwesenheit in der Stadt einen Umsatz von 1,7 Mill. DM im Jahr. Hannover ist durch die TH auch die Stadt der technischen Kongresse geworden. Die Bedeutung solcher Zusammentreffen für das Wirtschaftsleben der Stadt liegt auf der Hand."[20]

Auch die Hannoverschen Neuesten Nachrichten erteilten etwaigen Schließungsabsichten eine klare Absage und griffen den Ministerpräsidenten Hinrich Wilhelm Kopf (SPD) direkt an:

---

15 StAH: Niederschrift über die ordentliche Ratsversammlung am 21.9.1949, 4.
16 Ebd.
17 Ebd.
18 Ebd., 6.
19 „Unteilbarer Organismus. Vor der Rats-Debatte über die Technische Hochschule", HAZ vom 3.9.1949.
20 Ebd.

„Der Volksmund bezeichnet Ministerpräsident Kopf wohlwollend als Landesvater. Hoffentlich entpuppt er sich nicht als Stiefvater, was die Technische Hochschule der niedersächsischen Hauptstadt angeht."[21]

Und die Hannoversche Presse kommentierte:

„Schon längst hätte der Rat in dieser für die Stadt so entscheidenden Frage das Wort ergreifen und sich schützend vor seine Hochschule stellen sollen. Sie soll in ihrem Existenzkampf die Gewißheit haben, daß sich die gesamte Bevölkerung weit über die Grenzen Hannovers hinaus mit ihr verbunden fühlt."[22]

Die Vertreter der politischen Parteien, die sich nach einer Initiative des Geodäsieprofessors Richard Finsterwalder[23] auch durch schriftliche Erklärungen hinter die Technische Hochschule stellten, waren sich des Kapitals, das die Technische Hochschule für Hannover darstellte, also deutlich bewusst und wurden hierin von der Presse unterstützt. Dabei hoben sie nicht nur die ökonomische Bedeutung der Hochschule hervor, sondern eben auch den sozialen und kulturellen Wert, den sie in der Einschätzung der Zeitgenossen für die Stadt hatte. Karl Wiechert betonte die Wichtigkeit der kulturellen Veranstaltungen, die die Hochschule und die Stadt verbanden. „[W]ertvolle Belehrungen und Anregungen"[24] hätten nicht nur die Studierenden, sondern ebenso die breitere Öffentlichkeit sowie auch er selbst von der Hochschule immer wieder erhalten, so zum Beispiel durch die Vorträge des Außeninstitutes und die Hochschulkurse an der Leibnizakademie.[25] Wie am Beispiel Wiecherts deutlich wird, sahen viele Akteure die Hochschule auch als einen positiven Faktor für die Imagepolitik Hannovers an; den „provinziellen" Ruf der Stadt, die etwa der „Spiegel" für eine „biedere Residenz- und Pensionärsstadt"[26] hielt, wollte man endgültig abschütteln.

Es gelang den Wissenschaftlern nicht zuletzt durch die unermüdliche Öffentlichkeitsarbeit des Hochschulsenatoren Richard Finsterwalder, sich als modern, zukunftsweisend und damit als unersetzlich für das „neue Hannover" darzustellen. Hierbei profitierten Stadt und Hochschule gegenseitig voneinander. Denn auch die Hochschule selbst hatte, wie noch darzustellen sein wird, ein großes Interesse an der Herstellung einer positiven „Erzählung", die von ihrer Legitimität, Modernität und Unverzichtbarkeit als Institution überzeugen sollte. Dem „Kapitalzuwachs" der Landeshauptstadt als Hochschulstandort entsprach auf Seiten der Hochschule

---

21 „TH Hannover nur ein Stiefkind? Gefährliche Abbauabsichten. 50 Prozent der Lehrstühle unbesetzt", HNN vom 21.7.1949.
22 „Hannover spricht davon: Ist die Technische Hochschule gefährdet?", HP vom 21.9.1949.
23 Richard Finsterwalder, geboren 1899, war seit 1930 Privatdozent für Geodäsie an der TH Hannover, später außerplanmäßiger Professor und von 1942 bis zu seinem Wechsel an die TH München 1948 ordentlicher Professor für Vermessungswesen und Leiter des Geodätischen Instituts der THH. Vgl. Horst Gerken (Hg.), *Catalogus Professorum. Festschrift zum 175-jährigen Bestehen der Universität Hannover, Bd. 2*, Hildesheim/Zürich/New York 2006, 114.
24 StAH, Niederschrift über die ordentliche Ratsversammlung am 21.9.1949
25 Ebd.
26 „Das Wunder von Hannover", DER SPIEGEL 13/Nr. 23 vom 3.6.1959.

durch die einhellige Unterstützung der Stadtoberen ebenfalls ein „Kapitalzuwachs", den sie für ihre Weiterentwicklung nutzen konnte.

Wissenstransfer für den Wiederaufbau

Ein weiteres Feld, auf dem Hochschule und Stadt voneinander profitierten, war die Zusammenarbeit nicht nur beim Wiederaufbau der Hochschule, sondern auch beim Wiederaufbau Hannovers. In der stark zerstörten Stadt suchte man, wie bereits in dem Zitat von Karl Wiechert angeklungen ist, nach neuen Perspektiven. Dabei wurde eine enge Zusammenarbeit mit den Wissenschaftlern der TH Hannover angestrebt, um bei den Wiederaufbauarbeiten von deren Ressourcen zu profitieren. Dieser Wissenstransfer[27] wurde bald von beiden Seiten professionell organisiert.

Bereits im August 1945 trafen sich im Provinzialinstitut für Landeskunde Vertreter des Oberpräsidiums und des Stadtbauamtes mit Wissenschaftlern der Architekturabteilung der TH, um die wissenschaftlichen Vorarbeiten für den Wiederaufbau zu organisieren.[28] Die Vertreter der Stadt unterstrichen ihren Bedarf an umfangreichen Untersuchungen über die hannoversche Bevölkerungsstruktur, die Boden- und Baugrundverhältnisse, sowie Wirtschaftslage und Verkehr. Der Professor für Vermessungswesen Richard Finsterwalder regte daraufhin die Bildung eines eigenen Lehr- und Forschungsschwerpunktes an.[29] Im November 1945 wurde an der Technischen Hochschule die Arbeitsgemeinschaft für Planungswesen gegründet, der neben Finsterwalder auch die Professoren Curt Risch, Uvo Hölscher und Otto Fiederling[30], sowie Oberbaurat Walter Kleffner[31] von der Stadtverwaltung angehörten.[32] Auch nahmen Otto Fiederling und Curt Risch gemeinsam mit Baurat Hans Högg[33] als Sachverständige an den Sitzungen des Bauausschusses im Stadtrat teil.[34]

---

27 Zu diesem Begriff vgl. Joseph Dehler, *Stadt und Hochschule. Bestandsaufnahme und Perspektiven kommunalen Wissenstransfers*, Weinheim 1989.
28 NHStA Nds. 423, Acc. 11/85, Nr. 722, Protokoll der Besprechung im Provinzialinstitut für Landeskunde, 28.8.1945.
29 NHStA Nds. 423, Acc. 11/85, Nr. 722, Denkschrift Richard Finsterwalder, 9.10.1945.
30 Curt Risch, geboren 1879, war von 1919 bis 1945 ordentlicher Professor für Eisenbahnbau und -betrieb; er lehrte bis 1949. Uvo Hölscher, geboren 1878, war von 1937 bis 1947 ordentlicher Professor für Baugeschichte. Otto Fiederling, geboren 1891, lehrte von 1930 bis 1960 als ordentlicher Professor für Raumkunst an der TH Hannover. Vgl. Gerken (Hg.), Catalogus Professorum, 414, 211, 113.
31 Walter Kleffner, geboren 1902 war seit 1939 nebenamtlich Dozent im Bereich Bauwirtschaftslehre an der THH und seit 1943 als städtischer Oberbaurat Leiter der Wiederaufbauplanung Hannovers. Seit 1948 leitete er das dortige Bauordnungsamt und war seit 1950 außerplanmäßiger Professor an der THH. Vgl. Gerken (Hg.), Catalogus Professorum, 255.
32 NHStA Nds. 423, Acc. 11/85, Nr. 722, Senatsbeschluss vom 1.11.1945.
33 Hans Högg vertrat von 1945 bis 1949 den Lehrstuhl für Städtebau und war seit 1953 Honorarprofessor an der THH; vgl. Gerken (Hg.), Catalogus Professorum, 210.
34 NHStA Nds. 423, Acc. 11/85, Nr. 722, Rektor Müller an Stadtbaurat Meffert, 15.6.1946.

Die Arbeitsgemeinschaft für Planungswesen entwickelte sich in der Folgezeit zu einem zentralen Ort der Diskussion über Durchführung und Probleme des hannoverschen Wiederaufbaus. So wurden im Rahmen von Forschungsprojekten wissenschaftliche Grundlagen für die Lösung konkreter Probleme des Wiederaufbaus erarbeitet. Kurt Gaede erstellte etwa im Auftrag der Stadt eine Untersuchung über die Trümmerräumung[35], Hans Högg bearbeitete Probleme der Dezentralisierung im Wiederaufbau[36] und die „Gruppe Ortsplanung" der Arbeitsgemeinschaft lieferte eine Analyse über die „wilden Siedlungen" am Stadtrand, die zum Teil in deren Sanierung mündete.[37] Auch fanden in regelmäßigen Abständen Tagungen, Vorträge und Diskussionsveranstaltungen zu Themen des städtischen Wiederaufbaus statt.[38] Hierbei blieb es jedoch nicht: Stadt und Hochschule setzten es sich zum Ziel, Fachkräfte für den Wiederaufbau nicht nur in den bereits vorhandenen Fächern, sondern durch einen eigens eingerichteten Studienzweig auszubilden. In Planerkursen, die auch die Bearbeitung praktischer Aufträge der Stadt beinhalteten, wurden die Studierenden sowie Angestellte der Stadt an der Technischen Hochschule für die Lösung der „gewaltigen Aufgabe des Wiederaufbaus"[39] aus- bzw. weitergebildet.[40] Die erste Studienwoche für Planungswesen fand 1949 statt; 1953 bestand an der Hochschule bereits seit fünf Semestern ein 13-wöchiges Studiensemester mit zwei laufenden Vorlesungen, 28 Sondervorträgen und sechs Exkursionen.[41]

Die Stadt profitierte von der wissenschaftlichen Zuarbeit der Professoren, Assistenten und Studierenden in erheblichem Ausmaß. Im Laufe der Jahre entstanden Wirtschaftspläne, Siedlungsnutzungskonzepte und Flächennutzungspläne für Gebiete innerhalb und außerhalb Hannovers. Der Hochschule lag auch vor dem Hintergrund immer wieder auftretender Finanzierungsschwierigkeiten daran, die Vorreiterrolle ihrer Planerausbildung und ihrer Wiederaufbau-Forschungen herauszustellen. Besonders der Wirtschaftsplan, den Wissenschaftler der Planer-AG für den gesamten Landkreis Hannover aufstellten, wurde hervorgehoben. „Es dürfte bisher der einzige Fall sein, wo für das Gebiet eines ganzen Landkreises ein beschlossener Leitplan vorliegt"[42], betonte die Arbeitsgemeinschaft. Bezeichnend für die Bedeutung der Arbeit der Planer an der TH sei es, dass ihnen „von Kom-

---

35 NHStA Nds. 423, Acc. 11/85, Nr. 722, Protokoll der Sitzung der AG für Planungswesen am 22.3.1946.
36 NHStA Nds. 423, Acc. 11/85, Nr. 722, Tagung der AG für Planungswesen, Programm, 13.–15.11.1947.
37 Vgl. Harald Schulte, *Wohnungsnot, Wohnungspolitik und Selbsthilfe – Dargestellt am Beispiel Hannovers und seiner wilden Siedlungen von April 1945 bis Juni 1948*, Hannover 1983, 204ff., 212ff.
38 NHStA Nds. 423, Acc. 11/85, Nr. 722, vgl. z. B. Richard Finsterwalder, Pressenotiz über die Tagung der AG für Planungswesen, 1.11.1946.
39 Ebd.
40 NHStA Nds. 423, Acc. 11/85, Nr. 722, Prof. Großmann an Rektor Flachsbart, 1.11.1949, Anlagen 2,3: Studienpläne für Planerkurs und Planungssemester.
41 NHStA Nds. 423, Acc. 11/85, Nr. 722, Bericht der AG für Planungswesen, 18.9.1953.
42 NHStA Nds. 423, Acc. 11/85, Nr. 722, Bericht der Gruppe Ortsplanung in der AG für Planungswesen, 27.6.1955.

munal- und Staatsbehörden mit Vorliebe solche Aufgaben übertragen werden, die besonders schwierig und durch deren eigene Kräfte nicht zu bewältigen sind."[43]

Ein planmäßiger Wiederaufbau wurde in Hannover nicht zuletzt als Gelegenheit angesehen, eine modernere Stadt zu werden und das „provinzielle" Image abzuschütteln. Gleichzeitig sollte aber auch eine Stadt entstehen, „von der wir und unsere Kinder sagen: Heimatstadt. Also eine Stadt mit eigenem Gesicht, das jeder als charakteristisch, also als Hannover empfinden wird"[44], wie Stadbaurat Rudolf Hillebrecht erklärte. Der Wiederaufbau sollte nach Auffassung der hannoverschen Stadtplaner nicht einfach versuchen, Altes wieder herzustellen, sondern etwas Neues schaffen:

> „Andererseits wollen wir Hannover wohl nicht einfach wiederhaben in dem Sinne einer Kopie des Alten, der Formen, deren innerste Voraussetzung – das Leben, das sie prägte – nicht mehr besteht. Wir können weder vergangenes Leben noch dessen Formen kopieren; allein technisch-materiell wäre das unmöglich."[45]

Einzelne Stadtplaner, darunter Vertreter der Technischen Hochschule, sahen in der Zerstörung der Stadt Hannover eine Chance für eine solche Neuausrichtung. So schrieb beispielsweise Baurat Hans Högg, der auch an der Hochschule lehrte:

> „Der Wiederaufbau bietet die einmalige Gelegenheit zur dringenden Erneuerung unserer Städte. Von seinem Gelingen hängt Entscheidendes für den Gedeih des Wirtschafts- und Soziallebens unseres Volkes ab."[46]

Die „Aufbaugemeinschaft Hannover", die den Wiederaufbau unter Rudolf Hillebrecht[47] maßgeblich mitorganisierte und nicht mit der Arbeitsgemeinschaft für Planungswesen zu verwechseln ist, verfolgte dabei eine radikale Abbruchstrategie, die nicht zuletzt auf Überlegungen aus dem Stab von Albert Speer während der letzten Kriegsjahre zurückging. Die Aktivitäten Hillebrechts und seiner „Aufbaugemeinschaft" waren nicht nur ein Beispiel für die Nutzbarmachung und Umkontextualisierung von wissenschaftlichen bzw. planerischen Konzepten nach 1945, sondern auch für das Funktionieren persönlicher Netzwerke über das Kriegsende hinaus. Rudolf Hillebrecht holte für den Wiederaufbau unter anderem Konstanty Gutschow nach Hannover, in dessen Hamburger Büro er von 1937 bis 1944 gearbeitet hatte.[48] Gutschow hatte gemeinsam mit Rudolf Hillebrecht zum

---

43 Ebd.
44 „Wir brauchen Architektur-Kritiker! Es geht um Hannovers zukünftiges Gesicht – Ein offenes Wort von Stadtbaurat Hillebrecht", Hannoversche Presse vom 2.7.1949.
45 Ebd.
46 NHStA Nds. 423, Acc. 11/85, Nr. 722, Hans Högg an den Minister für Aufbau, Arbeit und Gesundheit, 19.8.1948.
47 Vgl. z. B. P. Paul Zalewski, „Rudolf Hillebrecht und der autogerechte Wiederaufbau Hannovers nach 1945", in: Rita Seidel (Hg.), *Universität Hannover 1831–2006. Festschrift zum 175-jährigen Bestehen der Universität Hannover, Band 1*, Hildesheim/Zürich/New York 2006, 89–102.
48 Vgl. Werner Durth, *Deutsche Architekten. Biographische Verflechtungen 1900–1970*, 2. Aufl. Braunschweig, 119. Gutschows Büro hatte seit 1939 „kriegswichtige" Aufträge bearbeitet; unter anderem entstanden im Auftrag Albert Speers Rüstungsbauten für die Luftwaffe (ebd., 175).

„Baustab Speer"[49] gehört. Hier hatten beide bis Kriegsende nicht zuletzt an der Wiederaufbauplanung Hamburgs gearbeitet, der sich auch am Konzept der „aufgelockerten und gegliederten Stadt" und der „Ortsgruppe als Siedlungszelle" orientieren sollte.[50]

Der 1946 pensionierte Stadtbaurat Karl Elkart, der auch Vorlesungen an der TH Hannover hielt, war ebenfalls ständiges Mitglied im Albert Speer unterstellten Wiederaufbau-Stab[51] gewesen. Elkart hatte aber vor allem auch die Durchsetzung der NS-Politik, insbesondere die „Arisierungen" in Hannover, aktiv mit betrieben.[52] Er unterhielt enge Beziehungen zur TH Hannover und setzte sich 1951 gemeinsam mit Hillebrecht für die Einrichtung eines dortigen Institutes für Städtebau ein.[53]

Auch der 1950 an die Technische Hochschule berufene Professor für Städtebau Werner Hebebrand hatte einem weiteren Kreis ständiger Berater Albert Speers im Rahmen des „Arbeitsstabes Dr. [Rudolf] Wolters" (Wiederaufbaustab) angehört; gleiches galt für den 1956 berufenen Professor für Städtebau Wilhelm Wortmann[54], der seit 1949 Mitarbeiter von Hillebrecht war.[55] Zum Kreis um den Stadtbaurat Hillebrecht gehörte auch der Architekt Hans Stosberg. Stosberg wurde von Hillebrecht nach Hannover geholt und zum Leiter des Stadtplanungsamtes ernannt: Er formulierte 1950/51 „städtebauliche Grundlagen für einen planmäßigen Ausbau des Hochschulbezirkes der Stadt Hannover".[56] Vor 1945 hatte Stos-

---

49 Ebd., 175. Gutschow organisierte auch die Aufräumarbeiten nach alliierten Bombenangriffen. Dabei teilte er Hamburg in verschiedene Zonen ein. In der hermetisch abgeriegelten „toten Zone", in der es die größten Zerstörungen und die meisten Todesopfer gab, mussten KZ-Häftlinge und Zwangsarbeiter die Leichen bergen; sie mussten auch in einem Lager in diesem Gebiet leben (vgl. Karola Fings, *Krieg, Gesellschaft und KZ: Himmlers SS-Baubrigaden*, Paderborn 2005, 121).
50 Durth, Deutsche Architekten, 188, 195.
51 Ebd., 211.
52 Vgl. Rüdiger Fleiter, „Stadtbaurat Karl Elkart und seine Beteiligung an der NS-Verfolgungspolitik", in: *Hannoversche Geschichtsblätter 60 (2006)*, 135–149. Fleiter bilanziert: „Er [Elkart, F.S.] suchte jede Gelegenheit, jüdisches Eigentum in den Besitz der Stadt zu überführen, er beteiligte sich an Diskriminierungsmaßnahmen gegenüber Juden, die selbst durch die NS-Gesetze nicht gedeckt waren; er vertrat in der Diskussion um die Verpflegungssituation von schlecht ernährten Kriegsgefangenen eine härtere Linie als der NSDAP-Kreisleiter." (Ebd., 149).
53 NHStA Nds. 423, Acc. 11/85, Nr. 76, Protokoll einer Besprechung im Kultusministerium, 18.7.1951.
54 Durth, Deutsche Architekten, 212. 1950 sollte eigentlich Konstanty Gutschow an die TH berufen werden; er stand vor Wilhelm Wortmann und Werner Hebebrand auf der Vorschlagsliste der Fakultät für Bauwesen. Ein Referent des Kultusministeriums verhinderte Gutschows Berufung in Zusammenarbeit mit dem Betriebsrat der TH Hannover, so dass schließlich der drittplazierte Hebebrand berufen wurde, der als am geringsten politisch belastet galt (vgl. Kapitel 5).
55 Zalewski, Rudolf Hillebrecht, 91.
56 Vgl. Hans Stosberg, „Die städtebaulichen Grundlagen für einen planmäßigen Ausbau des Hochschulbezirkes Hannover", in: Jahrbuch 1950/51, 137–143. Vgl. a. Günter Nagel/Wolfgang Pietsch, „Universität im Wandel: Entwicklungsschübe – Planungsschwerpunkte", in: Auffahrt/Pietsch (Hg.), Universität Hannover, 25–46, hier 29; Friedrich Lindau, *Ar-*

berg als „Chefarchitekt" die Gestaltung der Stadt Oswiecim/Auschwitz als „deutsche Musterstadt" geplant.[57] Mit diesem Netzwerk alter Kollegen und Freunde aus der NS-Zeit organisierte Rudolf Hillebrecht den Wiederaufbau Hannovers; dieser wurde über die Grenzen Deutschlands hinaus diskutiert und oft als besonders modern eingeschätzt.[58]

Ab April 1951 war Hillebrecht Honorarprofessor an der TH Hannover.[59] Er arbeitete mit mehreren Wissenschaftlern der TH eng zusammen. Hannoversche Professoren veröffentlichten ihre Beiträge in der Reihe „Studien für den Wiederaufbau Hannovers"[60] und berieten den Stadtbaurat, der auch regelmäßig an den Sitzungen der AG für Planungswesen teilnahm und als Redner bei deren Tagungen und Studienwochen auftrat.[61] Auch für den Wettbewerb, den die Stadt 1949 zur Klärung städtebaulicher Fragen beim Wiederaufbau ausschrieb, stimmte sich Hillebrecht mit der Technischen Hochschule ab: mit ihm waren auch die Wissenschaftler Hermann Deckert, Hans Högg und Friedrich Oesterlen[62] im Preisgericht vertreten.[63] Und auch die Gestaltung eines der Großprojekte Hillebrechts, des Leibniz-Ufers, erfolgte unter Beteiligung von Angehörigen der TH Hannover, die einige der dortigen Gebäude planten und bauten.[64] So entwarf etwa Gerhard Graubner das Verwaltungsgebäude der Preussag. Auch Graubner war kein Unbekannter, denn er war während des Krieges mit Neuplanungen für die Städte Düs-

---

chitektur und Stadt. Erinnerungen eines neunzigjährigen hannoverschen Architekten, Lamspringe 2005, 215ff.; Durth, Deutsche Architekten, 320.

57 Vgl. „Eine deutsche ‚Musterstadt'. Die Geschichte von Auschwitz im Zweiten Weltkrieg oder: Zwischen Alltag und Massenmord", Frankfurter Rundschau vom 29.8.2000.

58 Vgl. „Das Wunder von Hannover", DER SPIEGEL 13/Nr. 23 vom 3.6.1959, wo u. a. die Berichterstattung italienischer Zeitungen über den Wiederaufbau Hannovers zitiert wird.

59 Gerken (Hg.), Catalogus Professorum, 204.

60 Vgl. z. B. StAH, HR 2, Nr. 49, Vergleichsberechnung zum Wohnungsbau. Aufgestellt von der Arbeitsgruppe Städtebau bei der AG für Planungswesen an der Technischen Hochschule Hannover, Studien für den Wiederaufbau Hannovers Nr. 3, Hannover 1949.

61 Vgl. z. B. NHStA Nds. 423, Acc. 11/85, Nr. 722, Programm der Studienwoche der AG für Planungswesen, Thema: „Der Stadtrand und das Vorfeld der Stadt", 25.9.–30.10.1954, Vortrag des Stadtbaurates Hillebrecht: „Die amerikanische Entwicklung von Stadt und Vorfeld unter dem Einfluß der Motorisierung". Die enge Zusammenarbeit mit der AG für Planungswesen betont auch Zalewski, Rudolf Hillebrecht, 93ff.

62 Hermann Deckert, geboren 1899, war von 1949 bis zu seinem Tod 1955 ordentlicher Professor für Bau- und Kunstgeschichte und Rektor der THH von 1951 bis 1952. Friedrich Oesterlen, geboren 1874, war von 1913 bis 1939 Professor für Wasserkraftmaschinen und vertrat seinen Lehrstuhl bis 1949. Vgl. Gerken (Hg.), Catalogus Professorum, 83, 369f.

63 StAH, HR 13, Nr. 60, Protokoll der Sitzung des Preisgerichts vom 18.2.1949.

64 Rudolf Hillebrecht, „Das ‚Leibnizufer' – Eine neue Hauptstrasse der Landeshauptstadt", in: *Jahrbuch der Technischen Hochschule Hannover 1952, hrsg. von Rektor und Senat, Düsseldorf 1952*, 59–63. Professoren, die an der TH lehrten, waren z.B. am Bau des Arbeitsamtes (Friedrich Oesterlen) und des Verwaltungsgebäudes der Preussag (Gerhard Graubner) beteiligt.

seldorf und Stuttgart befasst gewesen und hatte in der NS-Zeit mit dem Büro Konstanty Gutschows zusammen gearbeitet.[65]

Stadtbaurat Rudolf Hillebrecht schätzte den Wert der Arbeiten der Planer-AG als sehr hoch ein:

> „Ohne diese wissenschaftlichen Vorarbeiten der Technischen Hochschule und ihrer Arbeitsgemeinschaft hätte die Aufbauplanung der Stadt weder qualitativ noch zeitlich so durchgeführt werden können, daß bereits Ende 1949 dem Rat der Stadt beschlußreife Pläne vorgelegt werden konnten."[66]

Die Konzepte, die Vertreter der Arbeitsgemeinschaft in die Diskussion über die Wiederaufbaumaßnahmen einbrachten, deckten sich in manchem Punkt mit denen Hillebrechts. Er schrieb beispielsweise über eine Studie, die die Wissenschaftler in seinem Auftrag durchgeführt hatten:

> „Die Untersuchung kommt zu dem Ergebnis, daß unter den zur Zeit obwaltenden Voraussetzungen (...) der Neubau auf neu erschlossenem Gelände dem Wiederaufbau in den zerstörten Gebieten wirtschaftlich überlegen ist."[67]

Wenngleich die Vorstellungen Hillebrechts öffentlich nicht unumstritten waren[68], kann angenommen werden, dass sie zumindest von einem Teil der Professorenschaft der TH unterstützt wurden.[69]

Festzuhalten ist, dass im Zusammenhang mit dem Wiederaufbau ein umfangreicher Wissenstransfer zwischen Hochschule und Stadt zustande kam, von dem Hannover erheblich profitierte. Die These Helmut Böhmes, die Technischen Hochschulen hätten nur wenige Berührungspunkte mit den Städten und deren „Grundbedürfnissen", kann für die unmittelbare Nachkriegszeit also auch auf diesem Gebiet nicht bestätigt werden.

Die Technische Hochschule in der städtischen Öffentlichkeit

Nicht nur als Impulsgeberin für den Wiederaufbau war die Technische Hochschule nach 1945 in der Stadt Hannover präsent. Von Anfang an bemühte man sich auch, einer breiteren Öffentlichkeit durch Vorträge und Veranstaltungen wissenschaftliche Themen nahe zu bringen. Diese Veranstaltungen spielten eine wichtige

---

65 Durth, Deutsche Architekten, 217. Zu Gerhard Graubner und seinem Konzept der „wehrhaften Stadt" vgl. Kapitel 2.
66 Rudolf Hillebrecht, „Hochschule und städtische Bauverwaltung beim Aufbau der Hauptstadt Hannover", in: Jahrbuch 1949/50, 121–122, hier 121.
67 StAH, HR 2, Nr. 49, Vergleichsberechnung zum Wohnungsbau. Aufgestellt von der Arbeitsgruppe Städtebau bei der AG für Planungswesen an der Technischen Hochschule Hannover. Studien für den Wiederaufbau Hannovers Nr. 3, Hannover 1949, 2.
68 Hierauf verweisen etwa Lindau, Architektur und Stadt, 214ff. sowie Zalewski, Rudolf Hillebrecht, 90.
69 Auch Zalewski geht von einer „intensiven Kooperation" Hillebrechts mit den TH-Professoren aus (Zalewski, Rudolf Hillebrecht, 100).

Rolle für die kulturellen und sozialen Beziehungen zwischen Stadt und Hochschule.

Neben der anfangs von Kurt Gaede geleiteten Pressestelle, die die Aufgabe hatte, die Zeitungen Hannovers regelmäßig mit Informationen über das Hochschulleben zu versorgen[70], war das Außeninstitut für die Darstellung der Hochschule in der Öffentlichkeit maßgeblich verantwortlich. Gegründet 1922 auf Anordnung des preußischen Kultusministeriums sollte es durch öffentliche Veranstaltungen vor allem „eine Mehrung des Ansehens der Hochschule"[71] bewirken. Daneben wollte man auch die Allgemeinbildung der Studierenden durch diese Vorträge verbessern.[72] Sie wurden im Semester regelmäßig angeboten und waren für die Studierenden kostenlos. Im Wintersemester 1949/50 und im Sommersemester 1950 gab es beispielsweise insgesamt 51 Vorträge, bei denen die Besucherzahl regelmäßig zwischen 200 und 300 lag. Die Veranstaltungen fanden in der Regel in den Räumen der TH statt, was ZuhörerInnen von außen nicht abschreckte: im genannten Zeitraum kam etwa die Hälfte des Publikums nicht aus der Hochschule.[73] Die Vielfalt der Themen und gelegentliche Auftritte sehr bekannter Redner sicherten den Vortragsreihen diese öffentliche Aufmerksamkeit: So sprach T. S. Eliot am 4. November 1949 über "The Idea of a European Society". Professor Alfred Bentz, dem durch seine Rolle in der NS-Erdölpolitik öffentliche Beachtung sicher war[74], referierte über „Stand und Aussichten der Erdölsuche in Deutschland" und der Göttinger Historiker Werner Conze untersuchte „Das Bevölkerungsproblem in Europa".[75]

Besondere Beachtung fand auch ein Vortrag des Rektors Otto Flachsbart über „Technik und abendländische Kultur" am 27. November 1946, der im April 1947 aufgrund des großen Interesses wiederholt wurde.[76] Die Presse schenkte diesen

---

70 Vgl. NHStA Nds. 423, Acc. 11/85, Nr. 186, Senatsprotokoll vom 23.8.1946.
71 NHStA Nds. 423, Acc. 11/85, Nr. 129, Prof. Jensen an das niedersächsische Kultusministerium, 30.8.1946, Anlage: Satzung des Außeninstituts (alt), undatiert.
72 Ebd.
73 NHStA Nds. 423, Acc. 11/85, Nr. 129, Bericht des Außeninstituts ans Kultusministerium, 30.10.1950; Liste der Vorträge im WS 1949/50 und SS 1950.
74 Alfred Bentz, 1897–1964, war seit 1935 Honorarprofessor der THH und leitete von 1940 bis 1945 das Reichsamt für Bodenforschung in Berlin, sowie von 1945 bis 1951 das Amt für Bodenforschung in Hannover (vgl. Gerken (Hg.), Catalogus Professorum, 32). Bentz war im Rahmen von Hermann Görings Vierjahresplan „Bevollmächtigter für die Förderung der Erdölgewinnung" und war im Reichsamt für Bodenforschung auch für die Erkundung von Erdölvorkommen in Deutschland und den besetzten Ländern zuständig (Rainer Fröbe/Claus Füllberg-Stolberg u.a., *Konzentrationslager in Hannover. KZ-Arbeit und Rüstungsindustrie in der Spätphase des Zweiten Weltkriegs*, Teil I Hildesheim 1985, 132 f.). Öffentliche Aufmerksamkeit für die Erdölpläne der Nationalsozialisten enstand etwa anläßlich einer im September 1947 stattfindenden „Erdölkonferenz", an der auch Bentz teilnahm (Vgl. „Es geht um das deutsche Öl. Wird die Erdölkonferenz die Enteignung der Erdölkonzerne fordern?", Niedersächsische Volksstimme vom 9.9.1947).
75 NHStA Nds. 423, Acc. 11/85, Nr. 129, Bericht des Außeninstitutes ans Kultusministerium, 30.10.1950; Liste der Vorträge im WS 1949/50 und SS 1950.
76 NHStA Nds. 423, Acc. 11/85, Nr. 129, Bericht des Außeninstitutes ans Kultusministerium, 17.6.1947, Vortragsliste.

Ausführungen, in denen Flachsbart versuchte, eine ethische, christlich orientierte Techniksicht zu entwerfen, kritische Aufmerksamkeit: „Wir dürfen Prof. Flachsbarth (sic!) für seinen Appell herzlich danken", schrieb ein Journalist.

> „Seine Stimme läßt uns hoffen, daß nun von den Hochschulen selbst nicht nur Naturwissenschaften und Technik gelehrt werden, sondern auch zugleich die Erkenntnis: Was die Technik nicht sein kann, welche Gefahren in ihr liegen (...). Wir sehen in dem Aufruf des Wissenschaftlers Flachsbarth einen guten Auftakt für die Neugestaltung unserer technischen Hochschule."[77]

Dieses Beispiel zeigt, dass Vertreter der Technischen Hochschule daran interessiert waren, die Debatten, die sie über die gesellschaftliche Rolle der Technik führten, zum Teil auch in die Stadtöffentlichkeit zu tragen.[78] Es deutet aber auch an, dass die Vertreter der „veröffentlichten Meinung" Hannovers sehr aufmerksam verfolgten, was für Leitbilder unter den Wissenschaftlern diskutiert wurden. Die Technische Hochschule fand sich nach 1945 in einer Situation wieder, in der Universitäten und Hochschulen zum Teil massiv kritisiert wurden[79] und war so gezwungen, an einer positiven Außendarstellung zu arbeiten. Obwohl ihr das zu gelingen schien, gab es auch interne Kritik am Erscheinungsbild der Hochschule in der Stadtöffentlichkeit. So beklagte Professor Eugen Doeinck im Sommer 1947, als Otto Flachsbart das Amt des Rektors von Conrad Müller übernehmen sollte, die Öffentlichkeit habe von dem bevorstehenden Rektoratswechsel kaum Notiz genommen. Früher sei die „kulturelle Bedeutung" der Hochschule größer gewesen, so Doeinck. Er forderte, das alte Ritual der feierlichen Übergabe der Amtskette durch den Minister wieder einzuführen, auf das man diesmal verzichten wollte.[80] Es gab also Kräfte innerhalb der Hochschule, die die Ausstrahlungsfähigkeit der Hochschule und ihrer Repräsentationsformen anzweifelten und die Wiedereinführung traditioneller Rituale für einen wichtigen Faktor der öffentlichen Selbstdarstellung hielten.

Allgemein kann die Sichtbarkeit der Hochschulfeierlichkeiten in der städtischen Öffentlichkeit indessen als hoch eingeschätzt werden. So fanden wichtige Inszenierungen der Hochschule an öffentlichen Orten der Stadt außerhalb der Hochschulgebäude statt. Die Feier des Rektoratswechsels im Sommer 1947 wurde nach Doeincks Intervention im Beethovensaal der Stadthalle nachgeholt und war Gegenstand ausführlicher Berichterstattung.[81] Auch die 125-Jahr-Feier der Hoch-

---

77 „Christentum und Technik", Hannoversche Neueste Nachrichten vom 3.5.1947.
78 Näheres zur Technik-Diskussion vgl. Kapitel 4.
79 Ein Beispiel dafür war etwa die kritische Berichterstattung über die politische Einstellung der Göttinger Studierenden. Vgl. z.B. „Der Kurier bemerkt: Universitäten", Neuer Hannoverscher Kurier, 30.11.1945. Der „Kurier" beklagte, die „politische Linie" der Göttinger Studenten sei „von Nazi-Anschauungen geformt". Vgl. hierzu Kapitel 3.
80 NHStA Nds. 423, Acc. 11/85, Nr. 41, Protokoll der Versammlung der Fakultätskollegien, 25.7.1947, 1. Näheres zur Repräsentations- und Festkultur an der Hochschule vgl. Kapitel 6.
81 Vgl. z.B. „Vom Spezialistentum zu Allgemeinbildung und Menschlichkeit. Würde der Wissenschaft und Würde des Menschen – Richtungsweisende Rektoratsübernahme", Deutsche Volkszeitung vom 29.8.1947; „Technik als soziale Aufgabe. Rektoratswechsel an der Technischen Hochschule Hannover", Hannoversche Neueste Nachrichten, 27.7.1947.

schule im Jahre 1956 wurde als gesellschaftliches Ereignis wahrgenommen. Mit einem Fackelzug durch die Innenstadt zeigten Studierende und Professoren hier öffentliche Präsenz.[82]

Zusammenfassend kann festgestellt werden, dass die Beziehungen zwischen der Technischen Hochschule und der Stadt Hannover vielfältig und eng waren. Sie waren geprägt von einem hohen Grad an öffentlicher Sichtbarkeit, Mitgestaltung städtischer Angelegenheiten und wechselseitigem Profitieren aufgrund interessenbezogener Berührungspunkte. Die Vertreter der Technischen Hochschule schrieben sich in stadtrelevante Diskussionen und Entscheidungsprozesse ein, ließen die Stadtöffentlichkeit soweit es im Interesse der Hochschule lag, an ihren eigenen Debatten teilhaben und stellten Diskussionsräume für die interessierte Stadtöffentlichkeit (bzw. bestimmte, meinungsbildende Gruppen) her. Dabei waren sie für die Neuausrichtung ihres Image als Wissenschaftler auf diese Beziehungen ebenso angewiesen wie die Stadt von den ökonomischen und kulturellen Vorteilen und dem know-how profitieren konnte, das die Hochschule bereitstellte.

1.2 IM ZEICHEN DER FINANZNOT: DIE TH HANNOVER UND DIE LANDESREGIERUNG IM RINGEN UM DEN WIEDERAUFBAU UND DIE ERHALTUNG DER HOCHSCHULE

Die Beziehungen der Technischen Hochschule Hannover zur Landesregierung, insbesondere zum Finanz- und zum Kultusministerium, gestalteten sich in den ersten Nachkriegsjahren weniger harmonisch als diejenigen zur Stadt Hannover. Dies lag vor allem daran, dass die Regierung für die Finanzierung des Wiederaufbaus verantwortlich war, der aufgrund der angespannten Haushaltslage immer wieder ins Stocken geriet.

Den Rahmen für das ministerielle Handeln bestimmte zwar anfangs noch die britische Militärregierung – bis zur Währungsreform nahm sie die Rohstoffzuteilung an die Hochschule vor und legte anfangs auch die Zulassungszahlen fest. Der frühe Übergang der Finanzhoheit an die Provinzial- bzw. Landesregierungen führte indessen dazu, dass es nicht in erster Linie die Briten waren, mit denen die Hochschule sich über die knappen Mittel auseinandersetzen musste, sondern die deutschen Entscheidungsträger. Der für die Hochschule zuständige britische University Control Officer (UCO) Geoffrey Carter, der auch die Technische Hochschule Braunschweig und die Bergakademie Clausthal-Zellerfeld betreute, unterstützte die TH Hannover vor allem organisatorisch beim Wiederaufbau und kümmerte sich daneben vorrangig um Fragen der Entnazifizierung, der Hochschulreform und der Studierenden.[83]

---

82 Vgl. Kapitel 6.
83 Näheres zur Tätigkeit des Universitäts-Kontrolloffiziers Carter in den Kapiteln 2, 3 und 5.

Verzögerter Wiederaufbau

In einem ersten Bericht über den Zustand der Hochschule, den der neu gewählte Rektor Müller im Oktober 1945 an die britische Militärregierung sandte, gab er den Zerstörungsgrad des Hauptgebäudes mit fünfzig Prozent an. Unter der Voraussetzung einer umgehenden Belieferung mit Glas würden 12 Hörsäle hier benutzbar sein; die Heizung sei zu siebzig Prozent wiederhergestellt.[84] Einen Eindruck vom desolaten Zustand des Welfenschlosses gibt ein Bericht über eine Baubesichtigung durch Vertreter des Staatshochbauamtes und des Finanzministeriums im November 1946. Über den Westflügel hieß es:

> „Gewölbe und die alte Holzbalkendecke sind völlig durchnässt und drohen herabzustürzen, ebenfalls sind die neuen Hohlsteildecken durch Frost schwer gefährdet, wenn es nicht gelingt, das Dach (...) vor Eintritt der Frostperiode aufzustellen."[85]

Noch stärker zerstört waren zum Beispiel die Räume des Lehrstuhls für Hochfrequenztechnik sowie das Institut für Werkstoffkunde und das Institut für Werkzeugmaschinen, die beide nur noch zu 25 Prozent nutzbar waren. Einzelne Institute hatten durch Evakuierungen zumindest einen Teil ihrer Ausrüstung vor der Zerstörung bewahren können.[86] Vor allem zwischen 1945 und 1947 erschwerte neben der Haushaltslage des Landes auch der Mangel an Facharbeitern und Baumaterialien den Wiederaufbau.[87] Im Jahre 1946 stellte das Finanzministerium fest:

> „Die Schäden an den [...] Hochschulen sind so umfangreich, daß zu ihrer Beseitigung bei sorgfältiger Planung eine Reihe von Jahren erforderlich ist. Die angespannte Finanzlage und die Schwierigkeiten in der Bauwirtschaft zwingen dazu, den Aufbau planmässig zu gestalten und auf mehrere Jahre möglichst gleichmässig zu verteilen."[88]

Die Technische Hochschule Hannover hatte ihrerseits vor allem ihre unmittelbaren Interessen im Blick und wies immer wieder auf die prekäre Lage ihrer Angehörigen hin. Der Lehrbetrieb behielt lange einen provisorischen Charakter. Schäden, die nicht behoben wurden, zogen neue Probleme nach sich. So litt auch der Gesundheitszustand der MitarbeiterInnen unter den Mängeln.[89]

Die Gesamtsumme der Bauschäden wurde 1946 noch auf 5.575.100 Reichsmark geschätzt; in den Jahren 1945 und 1946 konnten jedoch nur 598.000 RM für

---

84 NHStA Nds. 423, Acc. 11/85, Nr. 156, Basic report submitted by the acting Rector Technische Hochschule Hannover 1st Oct. 1945.
85 NHStA Nds. 423, Acc. 11/85, Nr. 531, Protokoll einer Baubesichtigung durch Vertreter von Staatshochbauamt und Finanzministerium, 8.11.1946.
86 Vgl. z.B. NHStA Hann 146 A, Acc. 125/84, Nr. 70, Verlagerung des Instituts für Werkzeugmaschinen nach Lindau 1943/44.
87 Wolters, Wiederaufbau, 125.
88 NHStA Nds. 423, Acc. 11/85, Nr. 563, Finanzminister, Hochbauverwaltung an Regierungspräsidium Hannover, 18.11.46.
89 Die MitarbeiterInnen der Bibliothek beklagten etwa gesundheitliche Schäden aufgrund des Gebäudezustandes. Vgl. NHStA Nds. 423, Acc. 11/85, Nr. 564, Leunenschloss an Rektor Müller, 3.12.1945.

Baumaßnahmen beschafft werden.⁹⁰ Immer wieder gab es unter den Vertretern der einzelnen Hochschulinstitute Unmut über den schleppenden Fortgang der Arbeiten. Die Situation verschärfte sich, als die Landesregierung die Mittel für den Wiederaufbau der Technischen Hochschule im Jahre 1949 nochmals drastisch zusammenstrich. Die Gelder wurden von 1.200.000 DM auf nur noch 500.000 DM gekürzt, also um 58 Prozent.⁹¹ Rektor Otto Flachsbart bezeichnete die Situation der Hochschule im Frühjahr 1949 gegenüber dem Kultusministerium als „katastrophal".⁹² Umfangreiche Baumaßnahmen mussten verschoben werden. Die Wiederherstellung der Bibliothek und die Erneuerung behelfsmäßiger Dachkonstruktionen aus der unmittelbaren Nachkriegszeit wurden ebenso gestoppt wie die Renovierung des physikalischen Flügels des Hauptgebäudes und des Instituts für Bauingenieurwesen.⁹³ Angesichts der radikalen finanziellen Streichungen von 1949 kam es zu offenen Unmutsäußerungen: Im Jahrbuch 1949/50 beklagte Bauleiter Paul Wolters⁹⁴, nur der Technischen Hochschule Hannover seien die beantragten Baumittel Jahr für Jahr gekürzt worden, und zwar „im Gegensatz zu anderen Hochschulen".⁹⁵ Der Vorwurf, die Technische Hochschule Braunschweig werde zu Ungunsten der Hannoveraner bevorzugt, stand im Raum. Tatsächlich wurden der TH Braunschweig im Jahre 1946 1,4 Millionen Reichsmark für den Wiederaufbau zur Verfügung gestellt, der TH Hannover dagegen nur 400.000.⁹⁶ Es waren vor allem diese Disproportionalitäten bei der Mittelverteilung, die der Befürchtung, die Existenz der TH Hannover stehe zur Disposition, immer wieder neue Nahrung gaben.

Der Kampf gegen die Schließung der Technischen Hochschule

Mehr noch als die angespannte Finanzlage belastete die Diskussion über eine mögliche Schließung der Hochschule das Verhältnis zwischen ihr und der Regierung. Konkrete Absichtserklärungen der Landesregierung fehlten zwar, doch war die Leitung der Hochschule durch die Kürzung von Haushaltsmitteln und die Beschränkung der Studierendenzahl beunruhigt. Bereits im August 1946 wandten sich Vertreter der Technischen Hochschule an den Bezirkstag. Der Geodät Richard Finsterwalder formulierte in seinem Antrag, es gebe Hinweise darauf, dass das Land nicht zwei Technische Hochschulen werde tragen können:

90 NHStA Nds. 423, Acc. 11/85, Nr. 539, Rektor an Kultusministerium, 15.3.1946.
91 NHStA Nds. 423, Acc. 11/85, Nr. 539, Rektor an Kultusministerium, 26.4.1949.
92 Ebd.
93 Ebd.
94 Der Architekt Paul Wolters, geboren 1913, war von 1937 bis 1940 und von 1945 bis 1949 Assistent an der TH Hannover. Seit 1949 war er im niedersächsischen Staatsdienst tätig und leitete hier u.a. das Staatshochbauamt I (vgl. Alfons Schmidt, *Hauptstadtplanung in Hannover seit 1945*, Hannover 1995, 345).
95 Wolters, Wiederaufbau, 126.
96 NHStA Nds. 423, Acc. 11/85, Nr. 41, Protokoll der Versammlung der Fakultätskollegien, 25.7.1947, 3.

„[A]us den getroffenen Maßnahmen, die seit Monaten die Technische Hochschule Hannover bedrücken, geht hervor, dass die Technische Hochschule Hannover für die Schließung ins Auge gefasst ist. Die Maßnahmen sind eine ansonsten unerklärliche Beschränkung der Zulassungszahl für Studierende und die praktische Einstellung der Instandsetzungsarbeiten der Gebäude (...)."[97]

Alle Fraktionen des Bezirkstages schlossen sich Finsterwalders Forderung nach einem Dementi der Landesregierung an; auch forderten sie in ihrem Beschluss die Erhöhung der Zulassungszahlen und eine Beschleunigung der Baumaßnahmen an der TH Hannover. Der Gedanke einer Schließung der Hochschule sei „endgültig fallenzulassen".[98] Ihr Anliegen bekräftigte die TH Hannover 1946 durch die Veröffentlichung einer Denkschrift, der sie auch Unterstützungsschreiben zahlreicher Industrieunternehmen beifügte.[99]

Zwar dementierte Kultusminister Adolf Grimme (SPD) im September 1946, dass es Pläne zu einer Schließung gebe; weder von deutscher noch von britischer Seite werde dies in Erwägung gezogen. Der Wiederaufbau verzögere sich nur aufgrund der allgemeinen Situation; die Zulassungszahlen könnten erst erhöht werden, wenn dieser in Gang komme.[100] Trotz des klaren Dementis wurde in den folgenden Jahren aber weiter über eine Gefährdung der Technischen Hochschule spekuliert. Neue Nahrung erhielten die Befürchtungen durch die Aufforderung des Kultusministeriums an die Technischen Hochschulen in Hannover und Braunschweig, zu überprüfen, ob durch eine stärkere Abstimmung der Lehrgebiete Spareffekte erzielt werden könnten.[101] Diese Bitte bezog sich ausdrücklich nicht auf die Grundfächer, die an beiden Hochschulen vertreten waren, sondern auf Spezialisierungen in Randgebieten, die möglicherweise auf eine der Lehranstalten beschränkt werden könnten.[102] Obwohl in den schriftlichen Äußerungen des Ministeriums zu dieser Frage jeder Hinweis auf eine eventuelle Schließung einer Hochschule fehlt, fühlten sich die Rektoren veranlasst, klar zu stellen: „Sachliche Gründe für die Auflösung der einen oder anderen Hochschule können seitens der beteiligten Hochschulen nicht anerkannt werden."[103] In einer stärkeren Abstimmung der Lehrgebiete wurde kaum Sparpotenzial gesehen. Die Rektoren Gustav Gassner und Otto Flachsbart betonten die bereits existierende enge Kooperation zwischen beiden Hochschulen und betonten in einem Schreiben an den Minister: „Die Ersparnis in wirtschaftlicher Hinsicht ist gering, der ideelle Schaden aber

---

97 NHStA Nds. 423, Acc. 11/85, Nr. 155, Prof. Dr. Richard Finsterwalder, Antrag an den Bezirkstag, Sitzung am 27.8.1946.
98 NHStA Nds. 423, Acc. 11/85, Nr. 155, Prof. Finsterwalder an Rektor Müller, 28.8.1946.
99 *Denkschrift der Technischen Hochschule Hannover*, hrsg. von Rektor und Senat, Hannover 1946.
100 NHStA Nds. 423, Acc. 11/85, Nr. 155, Hannoversche Neueste Nachrichten, 21.9.1946: „TeHo nicht gefährdet. Minister Grimme über das Schicksal der Technischen Hochschule Hannover".
101 NHStA Nds. 423, Acc. 11/85, Nr. 154, Kultusministerium an Rektor Flachsbart, 8.8.1947.
102 Ebd.
103 NHStA Nds. 423, Acc. 11/85, Nr. 154, Entwurf einer Antwort beider Rektoren an das Ministerium, undatiert, ohne Verf.; vermutlich nach der Besprechung beider Rektoren am 18.9.1947 (Ebd., Aktennotiz).

unverhältnismäßig groß."[104] Da sie immer noch eine Zusammenlegung beider Hochschulen befürchteten, argumentierten die Rektoren auch mit den vermeintlichen Nachteilen einer dann entstehenden Großhochschule:

> „Es kann keinem Zweifel unterliegen, daß die Qualität der Hochschulabsolventen an kleinen und mittleren Hochschulen besser ist als an großen Hochschulen, wo es an dem wünschenswerten Kontakt der Studenten mit den akademischen Lehrern naturgemäß fehlt."[105]

Der Historiker Rainer Maaß hat in seiner Arbeit über die Nachkriegsstudierenden der TH Braunschweig darauf hingewiesen, dass in diesem Zusammenhang auch deren bessere politische Kontrollierbarkeit an einer kleineren Hochschule in die Waagschale geworfen wurde.[106] So findet sich auch in der Denkschrift der TH Hannover das Argument, die „Einflußnahme auf die politische Haltung der Studierenden"[107] sei an einer kleineren Hochschule leichter als an einer großen, „wo es nur zu leicht zu Ansammlungen politischer Zündstoffe kommt".[108] Die Besorgnis von Teilen der Öffentlichkeit und der Besatzungsmacht über rechtsradikale Potenziale unter Studierenden wurde in diesem Zusammenhang also als politisches Argument gegen eine Zusammenlegung genutzt.

Allen Protesten zum Trotz holte die Landesregierung in den folgenden Jahren mehrere Gutachten über eine Zusammenlegung einzelner Lehrgebiete ein; auch wurde öffentlich weiterhin über eine Gefährdung der TH Hannover spekuliert.[109] Zu der fortbestehenden Unruhe trug nicht nur die schlechte Finanzlage bei, sondern auch die Tatsache, dass Ministerpräsident Kopf die Schaffung einer „Grünen Hochschule" in Hannover erwog, unter deren Dach er die Forsthochschule Hannoversch-Münden, die Landwirtschaftliche Fakultät der Universität Göttingen, die Tierärztliche Hochschule Hannover und die gerade neu gegründete Gartenbauhochschule in Sarstedt vereinigt sehen wollte.[110] Nach Einschätzung des Rektors Flachsbart war es daher vor allem der Ministerpräsident persönlich, der eine Schwächung oder Schließung der TH Hannover in Betracht zog. Auf einer Konferenz der niedersächsischen Hochschulrektoren mit dem Kultusminister sprach Flachsbart diesen Verdacht im Jahre 1949 aus:

> „Ich habe mir erlaubt, [...] den Verdacht auszusprechen, daß dieser neuen Idee des Herrn Ministerpräsidenten möglicherweise der Gedanke zugrunde liege, auf einem Umweg die Techni-

---

104 NHStA Nds. 423, Acc. 11/85, Nr. 154, Stellungnahme der Rektoren Gassner und Flachsbart, an das niedersächsische Kultusministerium, 28.10.1947.
105 Ebd.
106 Rainer Maaß, *Die Studentenschaft der Technischen Hochschule Braunschweig in der Nachkriegszeit*, Husum 1996, 29. Hintergrund waren rechtsradikale Tendenzen unter den Studierenden der Nachkriegsjahre, die etwa an der Universität Göttingen für besonderes Aufsehen sorgten und nicht nur der britischen Besatzungsmacht Anlass zur Sorge waren. Vgl. a. Kapitel 3.
107 Denkschrift der THH, 5.
108 Ebd.
109 NHStA Nds. 401, Acc. 92/85, Nr. 437, Hannoversche Presse, 21.9.1949: „Hannover spricht davon: Ist die Technische Hochschule gefährdet?"
110 NHStA Nds. 423, Acc. 11/85, Nr. 154, Rektor Flachsbart an Prof. Dr. ing. Reisner, Essen, 13.5.1949.

sche Hochschule Hannover zu verkleinern oder aber zum Verschwinden zu bringen. Der präsidierende Kultusminister konnte diesen Verdacht nicht entkräften, wies aber mit Nachdruck darauf hin, daß eine solche Absicht in seinem Ministerium auf Widerstand stoßen würde."[111]

Flachsbart hatte erfahren, dass Kopf das Kultusministerium gebeten erneut gebeten hatte, Möglichkeiten einer Zusammenlegung beider Hochschulen am Standort Braunschweig zu prüfen. „Wir müssen uns darum wieder einmal unserer Haut wehren"[112], resümierte der Rektor. Da Ministerpräsident Kopf keineswegs sofort dementierte, entschloss sich die Technische Hochschule, noch einmal die städtische Öffentlichkeit gegen die vermeintlichen Pläne der Landesregierung zu mobilisieren. Um ihrem Anliegen Gewicht und publizistische Aufmerksamkeit zu verschaffen, gingen die Wissenschaftler wie schon drei Jahre zuvor den Weg über die Gremien der Stadt. Nachdem am 21. September 1949 alle Fraktionen des Stadtrates der Technischen Hochschule den Rücken gestärkt hatten und darin von der Presse Hannovers breit unterstützt worden waren, ließ Hinrich Wilhelm Kopf erklären, es bestehe nicht die Absicht, die Hochschule zu schließen.[113] Wenig später bekräftigte er:

„Die Technische Hochschule Hannover darf bei ihren Bemühungen, ihren Platz und ihren Ruf zu behaupten, auf die nachhaltige Unterstützung der Staatsregierung rechnen."[114]

Neben den Schließungsgerüchten beunruhigte die Vertreter der TH Hannover jahrelang die mögliche Gründung einer weiteren Technischen Hochschule in Dortmund.[115] Dies wurde von vielen Professoren als unerwünschte Konkurrenz gewertet. Nicht nur stammte in der Nachkriegszeit ein bedeutender Teil der hannoverschen Studierenden aus Nordrhein-Westfalen[116], auch bemühte man sich um einen engen Kontakt zur dortigen Industrie, die die TH Hannover sowohl in ihrem Kampf gegen die Schließung als auch finanziell beim Wiederaufbau unterstützte.[117] Wieder war es der Geodät Richard Finsterwalder, der die Stimmung an der

---

111 Ebd.
112 Ebd.
113 StAH: Niederschrift über die ordentliche Ratsversammlung am 21.9.1949, 5.
114 „Geleitwort von Ministerpräsident Kopf und Kultusminister Voigt", in: Jahrbuch der Technischen Hochschule Hannover 1949/50, hrsg. von Rektor und Senat, Düsseldorf 1950, 7.
115 Im Juli 1947 informierte der Rektor die Fakultätskollegien darüber, dass die Schaffung einer solchen Hochschule in Nordrhein-Westfalen erwogen werde. (Vgl. NHStA Nds. 423, Acc. 11/85, Nr. 41, Protokoll der Versammlung der Fakultätskollegien, 25.7.1947, 2). Die Diskussion um eine neue Hochschule dauerte in NRW bis 1965. Die Idee, in Dortmund eine neue TH entstehen zu lassen, wurde zugunsten der Gründung der Ruhr-Universität Bochum im Jahre 1965 fallen gelassen (vgl. Kai Handel, „Innovationen in Bildung und Ausbildung an den bundesdeutschen Hochschulen? Hochschulgründungen und Studienreformen", in: Johannes Abele/Gerhard Barkleit/Thomas Hänseroth (Hg.), *Innovationskulturen und Fortschrittserwartungen im geteilten Deutschland*, Köln 2001, 279–299, hier 283ff.).
116 Im Wintersemester 1950/51 bildeten Studierende aus Nordrhein-Westfalen nach jenen aus Niedersachsen mit 21,6 Prozent die größte Gruppe an der THH. Vgl. Niedersächsisches Amt für Landesplanung und Statistik, *Die Hochschulen in Niedersachsen im Wintersemester 1950/51. Mit einem Überblick über die Entwicklung seit 1945*, Hannover 1952, 19.
117 Vgl. Denkschrift der THH, 35ff. Von den 14 dort abgedruckten Stellungnahmen von Unternehmen stammte die Hälfte nicht aus dem Raum Hannover. So stellten sich etwa die I.G.

Technischen Hochschule auf den Punkt brachte, als er 1947 formulierte: „Wir sind die Technische Hochschule des Ruhrgebietes."[118]

Die langsame Konsolidierung nach 1949/50

Nachdem die niedersächsische Landesregierung 1949 endgültig von etwaigen Schließungsplänen Abstand genommen hatte, verbesserte sich die finanzielle Situation der TH Hannover langsam. Gegenüber der Summe, die die Regierung im Jahre 1949 zur Verfügung gestellt hatte, war zum Beispiel in den Jahren 1951 bis 1953 mit jeweils einer Million DM das Doppelte an Wiederaufbaumitteln vorhanden.[119] Dennoch erreichte diese Summe nicht die jährlichen drei bis vier Millionen DM, die einer Schätzung von 1950 zufolge für einen raschen Wiederaufbau nötig sein würden.[120]

Spenden der Industrie, Kredite der Stadt und eine größere Zuwendung der McCloy-Stiftung für ein Studenten-Clubhaus trugen zwar zu einer Entspannung der Lage bei.[121] Zusätzlicher Unmut entstand jedoch durch die offensichtliche Diskrepanz zwischen der finanziellen Ausstattung der TH Hannover und derjenigen anderer Hochschulen. So berichtete der Chemieprofessor Werner Fischer nach einem Gespräch mit dem Rektor der RWTH Aachen, dass dort im Haushaltsjahr 1952 6,5 Millionen DM für den Wiederaufbau zur Verfügung gestanden hätten. Die Universitäten Bonn und Münster hätten jeweils zehn Millionen DM erhalten.[122] Es kann an dieser Stelle nicht geklärt werden, ob diese Angaben stimmen bzw. ob es sich allein um Mittel der Landesregierung handelte oder ob Spenden und Kredite bereits eingerechnet waren; die genannten Zahlen weisen aber auf eine deutlich bessere finanzielle Situation dieser Hochschulen hin. Bei öffentlichen Feierstunden demonstrierten die Vertreter der Technischen Hochschule Hannover indessen ihr Einvernehmen mit der Landesregierung und signalisierten Verständnis für die finanzielle Lage. So wandte sich Rektor Hensen auf der akademischen Jahresfeier 1953 an den im Publikum sitzenden Kultusminister:

Farben (Leverkusen), die Gutehoffnungshütte (Oberhausen) und der Wasserrohrkesselverband Düsseldorf schriftlich hinter die Hochschule. Zur finanziellen Unterstützung durch Spenden aus der Industrie s.u.

118 NHStA Nds. 423, Acc. 11/85, Nr. 41, Protokoll der Versammlung der Fakultätskollegien, 25.7.1947.
119 NHStA Nds. 401, Acc. 92/85, Nr. 68, Bl. 135, Finanzministerium an Hochbauamt, 18.4.1952.
120 NHStA Nds. 423, Acc. 11/85, Nr. 593, Telegramm des THH-Rektorates an den Deutschen Forschungsrat, 17.2.1950. Das gesamte verbleibende Wiederaufbauvolumen (ohne Neubauten) wurde in diesem Schreiben auf acht Millionen DM geschätzt.
121 Zum Thema Spenden siehe unten.
122 NHStA Nds. 423, Acc. 11/85, Nr. 539, Prof. Fischer an Rektor Hensen, 24.2.1953.

„Wir freuen uns [...], daß alle ihre Herren im Ministerium immer offene und willige Ohren für unsere Wünsche haben. Ihr Unvermögen, unseren Wünschen zu entsprechen, erkennen wir durchaus als nicht gewollte Unmöglichkeit an."[123]

Obwohl die schwierige Haushaltslage weiterhin ein Thema blieb, konnte die Technische Hochschule Hannover sich nach 1949/50 der Förderung durch die Landesregierung sicher sein. So unterstützte Ministerpräsident Kopf nun persönlich die Einrichtung neuer Institute und Lehrstühle. In den Jahren 1951 und 1952 setzte er sich beispielsweise dafür ein, dass an der Fakultät für Maschinenwesen eine Abteilung für Schiffbau eingerichtet wurde, die das entsprechende Institut an der Technischen Hochschule Danzig beerben sollte. Man war sich sicher, dass der Schiffbau eine große Rolle für den wirtschaftlichen Aufschwung spielen könnte, wie der Hannoveraner Rektor Hermann Deckert betonte: „Ich brauche nur drei Schlagworte zu nennen: Weltgeltung, Devisen, Arbeitsmarkt."[124]

Wenngleich sich diese Einschätzung im Falle des Schiffsbaus anfangs als zu optimistisch erwies, liegt in ihr doch ein Hinweis auf die Ursachen der Wende, die sich in der Politik der Landesregierung und insbesondere des Ministerpräsidenten gegenüber der Technischen Hochschule ergeben hatte. Hinrich Wilhelm Kopf war, als er seine „Grüne Hochschule" plante, davon ausgegangen, vor allem die dort vertretenen Fachrichtungen könnten zur Besserung der Ernährungslage beitragen und dies sei eine der wichtigsten Zukunftsaufgaben der deutschen Wissenschaft.[125] Eine solche Einschätzung führte zwar letztlich nicht zur Gründung einer eigenständigen neuen Hochschule, wohl aber zur intensiven Förderung der bestehenden Hochschule für Gartenbau in Sarstedt, die 1952 schließlich als vierte Fakultät in die TH Hannover integriert und durch Neubauten in Herrenhausen vergrößert wurde.[126] Die Reaktionen der regionalen und überregionalen Industrie auf die vermeintliche Absicht, die Technische Hochschule zugunsten einer „Grünen Hochschule" aufzugeben, waren einhellig ablehnend.[127] Die Wirtschaftsvertreter sahen die technischen und naturwissenschaftlichen Fachrichtungen als zukunfts-

---

123 „Auszug aus dem Jahresbericht des Rektors Prof. Dr. ing. W. Hensen für das Amtsjahr 1952/53", in: *Jahrbuch der Technischen Hochschule Hannover 1953/54*, hrsg. von Rektor und Senat, Hannover 1954, 20–24, hier 23.
124 „Auszug aus dem Jahresbericht des Rektors Prof. Dr. phil. H. Deckert für das Amtsjahr 1951/52", in: Jahrbuch 1953/54, 1–12, hier 1.
125 Vgl. Heinrich Wiepking, „Fakultät für Gartenbau und Landeskultur: Abteilung für Gartenbau, Abteilung für Landespflege. Geschichte der Fakultät", in: *Festschrift zur 125-Jahr-Feier der Technischen Hochschule Hannover*, hrsg. von Rektor und Senat, Hannover 1956, 209-212, hier 210f. Kopf regte die Bildung einer über die neue Gartenbau-Hochschule hinausreichenden „Grünen Hochschule" demzufolge nach Gründung des Landes Niedersachsen an. Nachdem festgestellt worden war, der finanzielle Aufwand sei hierfür zu groß, erfolgte eine Konzentration auf die Neubauten der Gartenbau-Hochschule und der Plan wurde fallen gelassen (vgl. ebd., 211).
126 Bis 1953 wurden für die Neubauten der Fakultät für Gartenbau in Herrenhausen 1,2 Millionen DM ausgegeben; für Neubauten in Sarstedt waren es 1,45 Millionen DM (vgl. NHStA Nds. 423, Acc. 11/85, Nr. 563, Mitteilung des Staatshochbauamtes an Rektor Hensen, 25.4.1953).
127 Denkschrift der THH, 27ff.

trächtig und unverzichtbar an. Dabei dachten sie über Ländergrenzen hinweg, wie etwa das Engagement des westdeutschen Bergbaus für die Einrichtung entsprechender Fachrichtungen an der TH Hannover zeigte.[128] Auch der deutsche Stahlbau-Verband (DStV) setzte sich Anfang der 1950er Jahre für einen Stahlbau-Lehrstuhl an der TH Hannover ein.[129] Insbesondere für die Regierung eines Agrarlandes, das am Beginn eines tiefgreifenden intersektoralen Strukturwandels stand, waren die Zukunftserwartungen der Wirtschaft, die die Wissenschaft als Innovationsfaktor betrachtete, von großer Bedeutung. Gleichwohl setzte die niedersächsische Landesregierung in den 1950er Jahren im Bereich der Landwirtschaft zunächst weiter auf die Modernisierung und die „systematische Erschließung bisher nicht nutzbarer Flächen"[130] und hielt trotz des Strukturwandels am „Bekenntnis zur bäuerlichen Landwirtschaft"[131] fest. Insbesondere die in der Fakultät für Gartenbau betriebene Saatgutforschung sowie auch die Fachrichtung Landesplanung sollten der Modernisierung und „inneren Kolonisation" förderlich sein. Die in den anderen drei Fakultäten betriebenen technischen und naturwissenschaftlichen Fachrichtungen konnten indessen ebenfalls für bestimmte Infrastrukturprojekte von Bund und Land, wie zum Beispiel die verkehrliche Erschließung des Emslandes oder die Modernisierung der Wasserwirtschaft, eine Rolle spielen.[132] So hatte der Geodät Richard Finsterwalder schon im August 1946 eine Erweiterung des Lehrgebietes Vermessungswesen angemahnt, da auf dieses im Zusammenhang mit der Wiederaufbau- und Siedlungspolitik sowie mit einer Bodenreform „Riesenaufgaben" zukämen.[133] Zudem musste die Landesregierung ein Interesse daran haben, neben ihrer Konzentration auf die Modernisierung der Landwirtschaft auch eine vielfältige und konkurrenzfähige Industrie an Standorte wie Hannover zu binden. Ohne gut ausgebildete Fachkräfte und Ingenieure, die vor Ort blieben und nicht in die Industrieregionen im Westen abwanderten, war dieses Ziel nicht zu erreichen. Damit sind einige Faktoren genannt, die dazu beitrugen, dass die starke Förderung der Gartenbauhochschule zwar nicht fallen gelassen wurde, diese aber nicht mehr die Existenz der Technischen Hochschule gefährdete.

---

128 NHStA Nds. 423, Acc. 11/85, Nr. 41, Protokoll der Versammlung der Fakultätskollegien, 25.7.1947, 3f.
129 NHStA Nds. 423, Acc. 11/85, Nr. 62, Deutscher Stahlbau-Verband an die TH Hannover, 27.2.1952. Ähnlich appellierte der niedersächsische Verband der Bauindustrie e.V. an das Ministerium, einen Lehrstuhl für Bauwirtschaftslehre einzurichten, die bisher nur durch Lehraufträge vertreten werde (NHStA Nds. 423, Acc. 11/85, Nr. 62, Niedersächsischer Verband der Bauindustrie e.V. an die TH Hannover, 10.2.1954).
130 Karl Heinz Schneider, „Der langsame Abschied vom Agrarland", in: Bernd Weisbrod (Hg.), *Von der Währungsreform zum Wirtschaftswunder. Wiederaufbau in Niedersachsen*, Hannover 1998, 133–160, hier 147.
131 Ebd.
132 Zu den Emslandprojekten vgl. z. B. Thomas Südbeck, „Regionalisierung und Zentralisierung: Infrastruktur und Verkehrspolitik in den 50er Jahren", in: Weisbrod (Hg.), Von der Währungsreform zum Wirtschaftswunder, 183–194.
133 NHStA Nds. 423, Acc. 11/85, Nr. 62, Memorandum Richard Finsterwalders an das Oberpräsidium, 14.8.1946.

Insgesamt kann festgestellt werden, dass die Beziehungen zwischen Landesregierung und Hochschule häufiger von einem Aushandeln unterschiedlicher Interessen als von einer Interessenidentität bestimmt waren. Dies lag zum größeren Teil daran, dass die Technische Hochschule auf die finanzpolitischen Entscheidungen der Regierung angewiesen war, zum kleineren Teil auch an unterschiedlichen Einschätzungen und Interessen innerhalb der Regierung. Gerade an der Diskussion über eine mögliche Schließung der Technischen Hochschule lässt sich ablesen, dass die Regierungsvertreter zeitweise unterschiedliche Prioritäten setzten. Während Kultusminister Grimme sich sehr um den Erhalt der Hochschule bemühte und immer wieder beteuerte, diese solle nicht geschlossen werden, schien Ministerpräsident Kopf zeitweise tatsächlich mit dem Gedanken an eine Zusammenlegung der TH Hannover mit der TH Braunschweig zu spielen. Wie noch zu zeigen sein wird, beeinflusste daneben auch die ablehnende Haltung vieler Professoren gegen jegliche Einflußnahme des Staates das Verhältnis zwischen Hochschule und Landesregierung.[134]

1.3 VERMITTLUNGSINSTANZ UND INTERESSENVERTRETUNG: DIE HANNOVERSCHE HOCHSCHULGEMEINSCHAFT ALS „CLEARINGSTELLE" ZWISCHEN HOCHSCHULE UND INDUSTRIE

Angesichts der von Rektor Flachsbart als „katastrophal"[135] beschriebenen Gesamtsituation der Technischen Hochschule Hannover mussten zusätzliche Finanzierungsmöglichkeiten für den Wiederaufbau erschlossen werden. Zwar erhielten einzelne Institute Zuwendungen von Wirtschaftsunternehmen; auch konnte die Hochschule durch Forschungsaufträge von außen zusätzliche Erträge erwirtschaften, wie am Beispiel der Planungen zum Wiederaufbau deutlich wurde. Es fehlte jedoch unmittelbar nach dem Krieg an einer koordinierten Einwerbung von Spenden. Seit 1921 hatte die Hannoversche Hochschulgemeinschaft diese Aufgabe übernommen. Dabei handelte es sich um einen Freundeskreis, der enge Kontakte zur regionalen und überregionalen Wirtschaft gepflegt und zuletzt auch ein Büro in Berlin unterhalten hatte.[136] Nach 1945 war diese Organisation, der Hochschulangehörige und Vertreter der Industrie angehörten, nicht sofort wieder genehmigt worden. Seit Ende des Jahres 1947 verhandelten die Professoren jedoch bereits über ihr Wiederaufleben und benannten schließlich einen kommissarischen Vorstand; im Januar 1949 kam die offizielle Wiedergründung zustande.

Im ersten Vorstand waren neben Rektor Otto Flachsbart und seinem Vorgänger Conrad Müller führende Männer aus der hannoverschen Wirtschaft vertreten. Es handelte sich um Christian Kuhlemann, den Direktor der Portland-Cement-Fabrik, Max Gentsch, den Direktor der Niederdeutschen Bankgesellschaft und

---

134 Hierzu vgl. Kapitel 5.
135 NHStA Nds. 423, Acc. 11/85, Nr. 539, Rektor an Kultusministerium, 26.4.1949.
136 NHStA Nds. 423, Acc. 11/85, Nr. 695, Protokoll der Vorstandssitzung der Hannoverschen Hochschulgemeinschaft am 26.10.1948.

Heinz Steiner, der den Technischen Überwachungsverein leitete.[137] Noch vor der offiziellen Wiedergründung verschickte die Hochschulgemeinschaft 1948 im Rahmen einer Mitgliederwerbekampagne fünfhundert Satz Werbematerial an Firmen. Daneben setzte man auf die Nachfolgeorganisationen der noch nicht wieder zugelassenen Korporationen: an sie wurden dreihundert Satz Werbematerial verteilt, um ihre oft sehr einflussreichen Alten Herren zum Engagement für den Förderverein zu bewegen.[138]

Im Sommer 1949 fand ein Treffen mit regionalen Industrievertretern statt. Es gelang, eine Initiative zur Unterstützung der Technischen Hochschule ins Leben zu rufen, von der beide Seiten profitieren konnten. Einzelne Betriebe erklärten sich bereit, in die Wiederherstellung ihnen fachlich nahestehender Institute zu investieren. Hörsäle, deren Instandsetzung infolge der Kürzungen noch nicht hatte geleistet werden können, sollten von der Industrie finanziert werden und den Namen ihres Stifters tragen.[139] Bald fand sich beispielsweise die Firma Bahlsen bereit, den Hörsaal Nr. 127 zu renovieren.[140] August Oetker spendete im Dezember 1949 12.000 DM für die Erneuerung von Hörsälen; auch er bat ausdrücklich um die Nennung seines Namens als Stifter.[141] Die Aktivitäten der Hannoverschen Hochschulgemeinschaft führten dazu, dass umfangreiche Spenden eingeworben werden konnten.[142] Dabei setzte man nicht nur auf die niedersächsische Wirtschaft: auch in Nordrhein-Westfalen knüpfte ein „Verbindungsmann" für die

---

137 Ebd. Neben dem Vorstand hatte die Hochschulgemeinschaft einen mindestens 30-köpfigen Verwaltungsrat, in den die Fakultäten Vertreter entsandten. Amtierende und frühere Rektoren hatten einen ständigen Sitz im Verwaltungsrat; auf der jährlichen Hauptversammlung hatten alle Fakultäten das Stimmrecht (vgl. NHStA Nds. 423, Acc. 11/85, Nr. 695, Mitteilung der Hannoverschen Hochschulgemeinschaft an Rektor Flachsbart, 19.11.1948).
138 NHStA Nds. 423, Acc. 11/85, Nr. 695, Protokoll der Sitzung des Vorstandes der Hannoverschen Hochschulgemeinschaft am 26.10.1948.
139 NHStA Nds. 423, Acc. 11/85, Nr. 539, Heinz Steiner an Rektor Flachsbart, 2.8.1949.
140 NHStA Nds. 423, Acc. 11/85, Nr. 539, Hans Bahlsen an Rektor Flachsbart, 30.7.1949.
141 NHStA Nds. 423, Acc. 11/85, Nr. 539, August Oetker an Heinz Steiner, 23.12.1949.
142 So stiftete etwa im Jahre 1950 die Continental-AG 20.000 DM für einen Lesesaal im Hauptgebäude; die Herrichtung des dortigen Dozentenlesesaales wurde von der Accumulatoren-Fabrik mit 5000 DM unterstützt. Weitere 5000 DM für die Instandsetzung der Bibliotheks-Ausleihe erhielt die Hochschule von der Wollwäscherei Döhren. Der eiserne Dachstuhl der Maschinenbauhalle wurde von der Firma MAN (Augsburg) mit 9000 DM gesponsert, die Firma Bernhard Sprengel & Co. war Stifterin und Namensgeberin der Sprengelstuben im Hauptgebäude und die Hannoversche Allgemeine Zeitung beteiligte sich gemeinsam mit der Norddeutschen Zeitung durch eine Spende von 1000 DM am Bau der Mensa-Eingangshalle im Welfengarten 1a (vgl. NHStA Nds. 423, Acc. 11/85, Nr. 563, Staatshochbauamt II, Neubaubüro Technische Hochschule: Zusammenstellung der in Ausführung begriffenen Stiftungen für den Wiederaufbau der TH Hannover, 15.11.1950). Eine Summe von 881,79 DM trug im selben Jahr die Redaktion der Zeitung „Die Welt" bei, die in einem Artikel mit dem Titel „Arbeit durch Wissenschaft" anderthalb Jahre zuvor zu Spenden aufgerufen und hiernach 21.808 DM an die deutschen Universitäten und Hochschulen zu verteilen hatte (vgl. NHStA Nds. 423, Acc. 11/85, Nr. 165, Johannes Kayser, Hauptschriftleitung der „Welt" an den Rektor, 16.5.1950).

Hochschulgemeinschaft Kontakte zu Unternehmen.[143] Bis 1950 waren rund 300 000 DM gespendet worden[144]; bis 1955 waren es 1.060.000 DM.[145] Verglichen mit der zwischen 1951 und 1953 von der Regierung zur Verfügung gestellten Summe von jeweils jährlich einer Million DM wird deutlich, wie bedeutsam diese Spenden für den Wiederaufbau waren.

Die Hannoversche Hochschulgemeinschaft bemühte sich auch um die Vermittlung von Geldern aus den zuständigen Ministerien. Zum Beispiel gelang es Vorstandsmitglied Christian Kuhlemann im Jahre 1949, für die Instandsetzung eines Chemie-Praktikumsraumes 25.000 DM als Vorschuss vom Finanzministerium zu beschaffen. So konnte die wegen Platzmangels drohende Exmatrikulation mehrerer Studierender verhindert werden.[146]

In ihrer Außendarstellung, zum Beispiel in Artikeln oder öffentlichen Reden, betonten die Vertreter des Freundeskreises besonders den „Geist", in dem die Hochschulgemeinschaft wieder gegründet worden sei. So schrieb Vorstandsmitglied Christian Kuhlemann im Jahr 1959 rückblickend, niemals seit der Gründung der Hochschulgemeinschaft habe

> „das Aufeinander-Angewiesen-Sein von Wirtschaft und Wissenschaft, das Eintreten des einen für den anderen so sichtbar wieder Ausdruck gefunden, wie in der Arbeit für den Wiederaufbau der Hochschule nach dem 2. Weltkrieg. Nicht die Tatsache der Geldsammlung für diesen Zweck ist dabei allein das Ausschlaggebende gewesen. Vielmehr ist es der Geist, der aus der Hergabe der notwendigen Geldmittel sprach: die Wichtigkeit des Bestehens der Technischen Hochschule zu dokumentieren, dem Wissenschaftler die Voraussetzung für seine Arbeit wiederzugeben und dem Studenten Hörsäle und Einrichtungen zur Verfügung zu stellen."[147]

Der ebenfalls an der Wiedergründung beteiligte Leiter des Technischen Überwachungsvereins, Heinz Steiner, sprach 1950 von der „Opferfreudigkeit"[148] der beteiligten Firmen und betonte die Rolle einzelner Persönlichkeiten:

> „In stetem Einsatz ist es einigen Männern gelungen, durch immer wieder neuen Antrieb dieser Arbeit jenen weiten Rahmen zu geben, der nahezu die gesamte westdeutsche Industrie und Wirtschaft umfaßt."[149]

Durch eine solche Außendarstellung konnte der Eindruck entstehen, die Industrie handle ohne eigene Interessen. Die beteiligten Einzelpersonen erschienen dement-

---

143 NHStA Nds. 423, Acc. 11/85, Nr. 695, Dipl. Ing. Weber, Düsseldorf, an Heinz Steiner, 15.5.1951.
144 Otto Flachsbart, „Jahresbericht 1949–1950. Erstattet bei der Jahresfeier und Rektoratsübergabe am 1.7.1950", in: Jahrbuch 1950/51, 15–22, hier 17.
145 NHStA Nds. 423, Acc. 11/85, Nr. 545, Rektor Schönfeld an das Kultusministerium, 14.12.1955.
146 NHStA Nds. 423, Nr. 539, Fakultätsbeschluss betr. Praktikumsraum der organischen Chemie, 29.6.1949; sowie ebd., Theilacker an Großmann, 29.9.1949.
147 Christian Kuhlemann, „Die Hochschulgemeinschaft", in: *Hochschulführer 1959*, Hannover 1959, 32–35, hier 32f.
148 Heinz Steiner, „Die Hannoversche Hochschulgemeinschaft. Vereinigung von Freunden der Technischen Hochschule Hannover e.V.", in: Jahrbuch 1949/50, 132–134, hier 134.
149 Ebd.

sprechend als reine Wohltäter. Das Eingebundensein der Akteure in Interessenstrukturen und politische Kontexte trat in solchen Erzählungen über „edle Spender" in den Hintergrund.

Ein Beispiel für dieses Eingebundensein war Christian Kuhlemann. Der Direktor der Portland-Zement-Fabrik war auch Bundestagsabgeordneter der Deutschen Partei (DP) und spielte nach 1945 eine entscheidende Rolle bei der Reorganisation der bundesdeutschen Arbeitgeberverbände. Auch war er Alter Herr der hannoverschen Korporation „Saxonia".[150] Selbstverständlich hatten die beteiligten Unternehmer nicht nur einen eigenen politischen Standpunkt, sondern handelten auch im eigenen Interesse, indem sie Fachrichtungen unterstützten, auf deren gut ausgebildete Absolventen sie angewiesen waren. Die Tatsache, dass die Hochschulgemeinschaft ab 1953 die Pressestelle der Hochschule sowohl personell als auch finanziell verwaltete[151] und so den Kontakt zur Presse und die Außendarstellung der Hochschule wesentlich beeinflussen konnte, zeigt, dass ihre Mitglieder im Gegenzug für ihre umfangreichen finanziellen Leistungen auch Einflussmöglichkeiten an der TH für sich in Anspruch nahmen. „Opferfreudigkeit" stellt also nur einen, freilich öffentlich besonders gern gezeigten Aspekt der Tätigkeit des Freundeskreises dar. Treffender ist die Beziehung zwischen den Akteuren der Industrie und der Hochschule mit dem Begriff der Interessenkompatibilität beschrieben; beide profitierten wechselseitig voneinander.

Dies wurde auch dort deutlich, wo Unternehmen, die Mitglieder in der Hochschulgemeinschaft waren oder zumindest gespendet hatten, bei der Auftragsvergabe für konkrete Bau- und Installationsvorhaben an der TH Hannover bevorzugt wurden. Freiherr von Cosel, Vorstandsmitglied der Hochschulgemeinschaft, drängte den Rektor im April 1951, überhaupt keine Firmen mehr zu beauftragen, die keine Spende geleistet hatten. So sei es abzulehnen, dass eine bestimmte Firma Büromöbel an die Hochschule liefern dürfe, ohne sich vorher großzügig gezeigt zu haben. „Es scheint daher in diesem Falle so, als ob der gute Wille bei dieser Firma mangelt und man dort glaubt, ohne Spenden bei der Hochschule im Geschäft bleiben zu können"[152], so von Cosel. In Zukunft werde die Hochschulgemeinschaft den Instituten von vornherein Mitglieds- bzw. Spenderbetriebe nennen, damit diese bei der Auftragsvergabe bevorzugt werden könnten. Im Juli 1952 sah sich die Hochschulgemeinschaft nochmals veranlasst, auf ihr gewünschtes

---

150 Am 9.10.1964 sagte der ehemalige Rektor der THH, Walter Großmann anlässlich der Stiftung des Kuhlemann-Doktorandenstipendiums: „Mein Bericht wäre unvollständig, würde ich nicht die innigste Klammer nennen, die Kuhlemann mit der Hochschule verband. Es war die ‚Saxonia'. Sie war sozusagen sein Laibkorps, das sich ihm und dem Rektor, wann immer es nötig war, zur Verfügung stellte." (Vgl. StAH, Handakten Rudolf Hillebrecht, Nr. 231 a-c, Stiftung des Kuhlemann-Doktorandenstipendiums, 9.10.1964).
151 Heinz Steiner, „Bericht der Hannoverschen Hochschulgemeinschaft. Vereinigung von Freunden der Technischen Hochschule e.V.", in: Jahrbuch 1953/54, 34–36, hier 35. Steiner schrieb: „So ist die Hochschulgemeinschaft vor einem Jahr gerne dem Wunsch der Technischen Hochschule gefolgt, personell und finanziell das Presseamt der Hochschule zu betreuen." (Ebd.).
152 NHStA Nds. 423, Acc. 11/85, Nr. 695, Freiherr von Cosel an den Rektor, 20.4.1951.

Auswahlverfahren hinzuweisen, als es um Installationen und andere Arbeiten am neuen Studentenwohnheim ging. Heinz Steiner schrieb an den Rektor, die Mitgliederfirmen der Hochschulgemeinschaft würden nicht ausreichend berücksichtigt:

> „Leider finden wir bei dem bauleitenden Architekten, Herrn Baurat Wolters, nicht das notwendige Verständnis. Herr Wolters hält es für ausreichend, wenn ein Mitglied der Hannoverschen Hochschulgemeinschaft aufgefordert wird und er die übrigen aufzufordernden Firmen aus einem anderen Kreise wählt."[153]

Der Rektor bat daraufhin die Bauleitung, sich in Zukunft die mit Aufträgen zu versehenden Firmen gleich vom Freundeskreis nennen zu lassen.[154] Die beteiligten Firmen profitierten also nicht nur, was ihr öffentliches Image anging, etwa durch die Nennung ihrer Namen an den Hörsälen; eine Spende konnte sich auch wirtschaftlich lohnen.

Angesichts dieser Praxis ist es nicht verwunderlich, dass die Hochschule und die beteiligten Firmen Wert auf Diskretion legten. Die Reaktion des hannoverschen Rektors auf eine Anfrage des Kultusministers an die niedersächsischen Hochschulrektoren zeigt dies deutlich. Dort war man daran interessiert zu erfahren, welche Unternehmen bisher wie viel Geld gestiftet hatten. Der Kultusausschuss des Landtages hatte sich mit der Frage beschäftigt, ob von Seiten des Ministeriums „Schritte bei der niedersächsischen Industrie eingeleitet werden sollen, die diese zu Spenden und Zuschüssen für die wissenschaftlichen Hochschulen des Landes veranlassen würden."[155] Rektor Hermann Deckert antwortete, die Regierungsverantwortlichen hätten offenbar die Nöte der Hochschulen erkannt; hierfür sei er durchaus dankbar. Allerdings habe er Bedenken gegen das Vorhaben, „von offizieller Seite" an die Industrie heranzutreten. „Diese Maßnahme", so Deckert,

> „würde m. E. dazu führen können, dass die Industrie die Wünsche und Bitten, die ihr bisher von den Institutsdirektoren persönlich vorgetragen wurden, in Zukunft nicht mehr so freudig erfüllen wird, ohne dass die Gewähr gegeben ist, dass auf dem Behördenwege größere Erfolge erzielt werden könnten. Es darf auch auf die psychologische Seite hingewiesen werden, dass die Geber der Zuschüsse ihre persönliche Verbindung mit den Hochschul-Instituten pflegen möchten."[156]

Die Spenden seien der Hochschule bisher über die Hannoversche Hochschulgemeinschaft zugeflossen, „die ich verständlicherweise nicht zu einer Offenlegung ihrer Bücher veranlassen kann". Es liege zudem „im Willen und im Sinne der Stifter, nicht mit ihren Gaben im einzelnen genannt zu werden"[157], so der Rektor. Noch eine andere Sorge beschäftigte Deckert:

> „Wird an die niedersächsische Industrie herangetreten, so bleibt nicht aus, dass dabei zur Sprache kommt, dass die Technische Hochschule Hannover auch aus anderen Ländern des

---

153 NHStA Nds. 423, Acc. 11/85, Nr. 695, Heinz Steiner an den Rektor, 9.7.1952.
154 NHStA Nds. 423, Acc. 11/85, Nr. 695, Rektor an Bauleitung, 16.7.1952.
155 NHStA Nds. 423, Acc. 11/85, Nr.162, Kultusministerium an die Rektoren der niedersächsischen Hochschulen, 15.11.1951.
156 NHStA Nds. 423, Acc. 11/85, Nr.162, Rektor Deckert an das Kultusministerium, 31.12.1951.
157 Ebd.

„Existenzkampf", Interessenvertretung und Legitimation: Die TH im Wiederaufbau   61

> Bundesgebietes mit Zuschüssen und Spenden versehen wird. Dadurch könnten entweder die Hochschulen der anderen Länder oder auch die Industrie von Kreisen ihres Landes zu der Überlegung gebracht werden, sich in erster Linie ihrer Landeshochschulen anzunehmen. Erschwerend wäre auch, dass manche Firmen nicht nur in Niedersachsen, sondern auch in anderen Gebieten ansässig sind."[158]

Der Leitung der Technischen Hochschule lag also daran, über die Ländergrenzen hinweg Spenden einwerben zu können, was beispielsweise über den erwähnten Mittelsmann der Hochschulgemeinschaft in Nordrhein-Westfalen auch gelang. Da die Rektoren der anderen niedersächsischen Hochschulen sich der Position des Hannoveraner Rektors anschlossen, verfolgte das Ministerium die Angelegenheit nicht weiter. Die Listen, aus denen die Spenden einzeln hervorgingen, waren nur für den internen Gebrauch bestimmt; bei Feiern und anderen Anlässen wurden nur Gesamtsummen und die Namen jener Spender genannt, die dies wünschten.

Insgesamt ist festzustellen, dass es sich bei der Hannoverschen Hochschulgemeinschaft um eine Art „Clearingstelle" für wechselseitige Interessen von Wissenschaft und Industrie handelte. Sowohl die Firmen als auch die Hochschule profitierten von der Arbeit des Freundeskreises. Die Öffentlichkeitsarbeit der Hochschulgemeinschaft war darauf ausgerichtet, nicht die Interessenkompatibilität von Wissenschaft und Wirtschaft, sondern eine als „Opferfreudigkeit" (Heinz Steiner) dargestellte Wohltätigkeit in den Vordergrund zu stellen. Noch 1981 wurde im Begleitband zu einer Ausstellung über die Technische Hochschule allein die „Opferbereitschaft"[159] der Mitglieder der Hochschulgemeinschaft hervorgehoben.

1.4 DIE AUSEINANDERSETZUNG MIT DEM BAULICHEN ERBE: PRIORITÄTENSETZUNGEN UND RICHTUNGSENTSCHEIDUNGEN IM WIEDERAUFBAU

Obwohl die Jahre nach 1949/50 an der TH Hannover als Beginn einer Konsolidierungs- und Ausbauphase gesehen wurden, verlief der Wiederaufbau der Hochschule weiterhin nicht störungsfrei. Immer wieder mussten notwendige Baumaßnahmen aus finanziellen Gründen zurückgestellt werden. Laut einem Bericht des Staatshochbauamtes II vom November 1950 fehlte es in vielen dezentral gelegenen Instituten noch immer an Fußbodenbelägen, Möbeln und Raum für ausreichend Arbeitsplätze. Nach wie vor waren Baustoffe wie Klinker und Gips knapp.[160]

Trotz der nach wie vor angespannten Finanzlage wurde seit 1949 wieder konkret über Erweiterungsmöglichkeiten und über eine langfristige bauliche Gesamtpla-

---

158 Ebd.
159 Rita Seidel/Franz Rudolf Zankl, „Zur Entwicklung der Universität in ihrer Stadt", in: Dies., *150 Jahre Universität Hannover 1831–1981. Zur Entwicklung der Universität Hannover in ihrer Stadt. Begleitheft zur Ausstellung im Historischen Museum*, Hannover 1981, 7–22, hier 19.
160 NHStA Nds. 423, Acc. 11/85, Nr. 563, Kostenvoranschlag für notwendige Reparaturarbeiten, Staatshochbauamt II, 16.11.1950.

nung nachgedacht. Bereits 1948 hatte der Senat die Architekturabteilung aufgerufen, Entwürfe für die Wiederherstellung des Hauptgebäudes auszuarbeiten.[161] Der Abteilungsvorsteher, Prof. Otto Fiederling, hatte jedoch unter Hinweis auf den personellen „Notstand" im Spätsommer einräumen müssen, dass in dieser Hinsicht noch nichts geschehen sei.[162]

Gesamtplanungen für die Stadthochschule

Bauleiter Paul Wolters stellte 1951 eine Gesamtplanung für die Technische Hochschule vor, die auf Beratungen des Bauausschusses der Hochschule und der Regierung sowie auf Gespräche mit den einzelnen Professoren zurückging. Auch die Neuplanungen, die die Professoren Friedrich Fischer, Otto Fiederling und Gerhard Graubner 1942 aufgestellt und aufgrund des Krieges nicht realisiert hatten, wurden in die Überlegungen einbezogen.[163]

Wolters stellte fest, dass weitgehende Einigkeit in der Absicht bestehe, den Lehrbetrieb und die studentische Freizeitgestaltung räumlich stärker zu trennen, als dies bisher aufgrund der beengten Verhältnisse der Fall gewesen sei. Zu den geplanten Räumen für die Freizeitgestaltung zählten etwa Wohnheime und Sportanlagen. Dem Welfenschloss als Hauptgebäude maß Wolters zentrale Bedeutung als Mittelpunkt des gesamten Hochschulbereichs bei; er setzte auf „ein Zusammenwachsen der verschiedenen einzelnen Institute um das Hauptgebäude".[164]

Angesichts absehbar steigender Studentenzahlen beschränkten sich die Erweiterungsplanungen jedoch nicht auf das Hauptgebäude. So war z. B. an die Vergrößerung der Institute und Werkstätten der Fakultät für Maschinenwesen ebenso gedacht wie an die Erweiterung der Abteilung für Bauingenieurwesen.[165] Auch „Umnutzungen" vormals kriegswichtiger Anlagen musste man organisieren: hierzu zählten die Entmilitarisierung der Torpedoversuchsanstalt und ihr Umbau zu einem Versuchsfeld für Schmiedearbeiten.[166]

Gemeinsam mit der Bauverwaltung der Stadt Hannover plante Bauleiter Paul Wolters die Einbindung seiner Erweiterungspläne in ein städtebauliches Gesamtkonzept.[167] Nicht zuletzt wollte er den Hochschulbereich vereinheitlichen; Ziel war es die Außenanlagen so umzubauen, dass die Verbindung zur Stadt verbessert würde. Bezüglich der Grünflächen von Prinzen- und Welfengarten strebe man eine „[g]emeinsame Berücksichtigung der Bedürfnisse des studentischen Eigenle-

---

161 NHStA Nds. 423, Acc. 11/85, Nr. 563, Rektor an Architekturabteilung und Bauausschuss, 20.5.1948, Senatsbeschluss vom 30.4.1948.
162 NHStA Nds. 423, Acc. 11/85, Nr. 563, Prof. Fiederling an den Rektor, 6.9.1948. Fiederling selbst vertrat zu diesem Zeitpunkt zwei Lehrstühle und verwaltete das Praktikantenamt.
163 NHStA Nds. 423, Acc. 11/85, Nr. 563, Paul Wolters, Gesamtplanung, 1.2.1951.
164 Ebd.
165 NHStA Nds. 423, Acc. 11/85, Nr. 557, Stadtbaurat Högg an den Rektor, 6.9.1949.
166 NHStA Nds. 423, Acc. 11/85, Nr. 539, Kultusministerium an Rektor, 6.1.1950.
167 NHStA Nds. 423, Acc. 11/85, Nr. 557, Stadtplanungs- und Vermessungsamt an das Kultusministerium, 1.6.1949.

bens und der Öffentlichkeit"[168] an. Und auch in der weiteren Planung wurde deutlich, dass die Hochschule nicht die Absicht hatte, sich von der Stadt Hannover zu isolieren, sondern im Gegenteil dem guten Verhältnis zur Stadt auch räumlich Ausdruck verleihen wollte. Stadtbaurat Hans Högg, der auch Lehrbeauftragter an der TH war, schrieb 1949 an den Rektor:

> „Die städtebauliche Lage der Technischen Hochschule ist im Vergleich zu anderen Städten günstig. Als Ziel wird ein ungestörter, alle zugehörigen Bau- und Freiflächen übersichtlich und sinnvoll verbindender ‚Hochschulbereich' angesehen, dessen Beziehung zum Stadtorganismus allerdings wesentlich verbessert werden könnte, wenn, wie schon in den Planungen von 1942 vorgeschlagen, das Gelände um den Königsworther Platz der Hochschule für ihre baulichen Zwecke vorbehalten bliebe und durch geeignete Umbauung mit Hochschulanlagen, die sich mehr der Stadtöffentlichkeit zuwenden, als ‚Vorraum des Hochschulbereichs' ausgebildet werden könnte."[169]

Die Planer wollten den Wiederaufbau dazu nutzen, alte Strukturen und ihre räumlichen Formen zu korrigieren. So wollten sie eine äußerlich sichtbare Öffnung und ein stärkeres Zusammenwachsen der einzelnen Institute erreichen.

Das Hauptgebäude: Lichthof und Auditorium Maximum

Für die Hochschulleitung und die Vertreter der Hannoverschen Hochschulgemeinschaft, die maßgeblich an den Wiederaufbauplanungen beteiligt waren, stand vor allem die Wiederherstellung repräsentativer Säle im Hauptgebäude im Vordergrund: dass Orte für Feiern und Tagungen noch fehlten, galt als besonderer Mangel. Neben dem Lichthof kam dem Bau eines Auditorium Maximum oberste Priorität zu; dabei musste man die absehbar steigenden Studierendenzahlen berücksichtigen.[170] Hans Bahlsen von der Hochschulgemeinschaft bat den Kultusminister um die Gewährung zusätzlicher Mittel für diesen Zweck: „Es würde wohl keinen würdigeren Anlass geben, als die Feier des 125-jährigen Bestehens der Hochschule in dem neu zu erstellenden Saal durchzuführen"[171], schrieb er im März 1953 an den Minister.

Im Kultusministerium teilte man die Auffassung, dass die Wiederherstellung bzw. der Ausbau der repräsentativsten Säle der Hochschule zum Jubiläumsjahr besonders dringlich sei. Nicht nur das Auditorium Maximum sollte bis 1956 fertig gestellt sein; das Ministerium beabsichtigte, das gesamte Hauptgebäude einschließlich des Lichthofes bis zu diesem Zeitpunkt wieder in einen möglichst repräsentativen Zustand zu versetzen. Ministerialdirigent Gollert räumte gegenüber dem Unternehmer Hans Bahlsen von der Hochschulgemeinschaft ein, dass der

---

168 K. Krüger (Bauverwaltung), „Die bauliche Entwicklung der Technischen Hochschule Hannover", in: Festschrift zur 125-Jahrfeier, 261–270, hier 267.
169 NHStA Nds. 423, Acc. 11/85, Nr. 557, Stadtbaurat Högg an den Rektor, 6.9.1949.
170 NHStA Nds. 423, Acc. 11/85, Nr. 563, Kostenaufstellung Staatshochbauamt II, 18.2.1953.
171 NHStA Nds. 423, Acc. 11/85, Nr. 545, Hans Bahlsen an Minister Voigt, 24.3.1953.

Eingangsbereich „für eine Hochschule wirklich nicht würdig"[172] sei. Auch wenn das Ministerium Entgegenkommen in finanziellen Fragen signalisierte, achtete man von Seiten der Hochschule darauf, für die Bauvorhaben im Hauptgebäude Gründe anzuführen, von denen bekannt war, dass sie dem Ministerium politisch wichtig waren. So erläuterte Rektor Hensen in einem Schreiben an den Minister, ein Auditorium Maximum fehle vor allem bei den Veranstaltungen des Studium Generale[173] und solchen Anlässen, die sich an eine breitere Öffentlichkeit richteten, wie etwa Kooperationsveranstaltungen mit den Volkshochschulen. Bezüglich des Lichthofes gab Hensen zu bedenken:

> „Ferner ist der Ausbau des Lichthofes in einer auch als Aula für akademische Veranstaltungen geeigneten Gestalt ein besonderes Anliegen der Hochschule, da davon eine notwendige Stärkung des Gedankens der ‚civita academica' erwartet werden kann."[174]

Im Welfenschloss beabsichtigten Bauleiter Paul Wolters und der Bauausschuss eine Korrektur der verschachtelten Struktur mit ihren vielen Fluren; es gelte, diese „freier" zu gestalten. Die Institute sollten sich nicht mehr so „abschließen" können, wie dies bisher der Fall gewesen sei.[175] Eine Arbeitsgemeinschaft aus den Architekten Ernst Zinsser und Otto Fiederling war mit dem Vorentwurf für den Lichthof beschäftigt[176]; Gerhard Graubner wurde 1953 um einen Entwurf für das Auditorium Maximum gebeten.[177] An eine bloße Wiederherstellung des alten Welfenschlosses war nicht gedacht; vielmehr nutzte man die Erfordernisse des Wiederaufbaus für eine „grundrissliche Bereinigung".[178] Ernst Zinsser[179] entfernte beim Neubau des Lichthofes das Treppenhaus zwischen den beiden Innenhöfen. Den entstandenen Freiraum legte er höher und überdeckte ihn mit einem Glas-

---

172 NHStA Nds. 423, Acc. 11/85, Nr. 545, Ministerialdirigent Gollert an Hans Bahlsen, 30.3.1953.
173 Hierzu vgl. Kapitel 5.
174 NHStA Nds. 423, Acc. 11/85, Nr. 545, Rektor Hensen an Kultusminister Voigt, 30.5.1953.
175 NHStA Nds. 423, Acc. 11/85, Nr. 563, Paul Wolters, Gesamtplanung, 1.2.1951. Zur Geschichte des Welfenschlosses vgl. a. Wolfgang Pietsch, „Vom Welfenschloss zum ‚Campus Center' – die Geschichte ständiger Nutzungsänderungen, in: Auffahrt/Pietsch, Universität Hannover, 95–104.
176 NHStA Nds. 423, Acc. 11/85, Nr. 545, Programm zur Aufstellung von Vorentwürfen für den Ausbau einer Aula im Hauptgebäude (Krüger), 1.10.1953.
177 NHStA Nds. 423, Acc. 11/85, Nr. 545, Programm für den Vorentwurf für den Physikflügel des Hauptgebäudes (Krüger), 6.10.1953.
178 NHStA Nds. 423, Acc. 11/85, Nr. 545, Programm zur Aufstellung von Vorentwürfen für den Ausbau einer Aula im Hauptgebäude (Krüger), 1.10.1953.
179 Prof. Ernst Zinsser (1904–1985), 1947–1971 Professor für Entwerfen und Gebäudekunde an der THH, daneben freier Architekt, vgl. Gerken (Hg.), Catalogus Professorum, 581, sowie Ralph Haas, *Ernst Zinsser. Leben und Werk eines Architekten der 1950er Jahre in Hannover, Bd. 1*, Hannover 2000. Ernst Zinsser war laut seinem Entnazifizierungs-Fragebogen während der NS-Zeit „tätig für den Baubevollmächtigten und für die Rüstungsindustrie"; er war laut seiner Auskunft nicht in der NSDAP, aber in den Jahren 1933 und 1934 in der SA gewesen und war zum Zeitpunkt seiner Berufung in Kategorie V (unbelastet) eingestuft (NHStA Nds. 423, Acc. 11/85, Nr. 200, Dekan der Fakultät für Bauwesen, Richard Finsterwalder, an den Rektor, 30.5.1947).

„Existenzkampf", Interessenvertretung und Legitimation: Die TH im Wiederaufbau 65

dach. Darunter wurde eine offene Kassettendecke eingebaut. Von einem Podest führen seither zwei einander gegenüberliegende Treppenanlagen auf die umlaufende Galerie. Den hellen Fußboden gestaltete Zinsser mit einem schwarzen „bandartigen" Muster.[180] Durch die Beseitigung der stark zerstörten „Ehrenhalle" und der Überdachung der Innenhöfe, die auf den Studenten Peter Gleichmann noch „düster"[181] gewirkt hatten, und durch die Ausgestaltung als lichtoffenes Entrée wurde Zinsser den Forderungen nach einer offeneren Gestaltung gerecht. Bei der Neugestaltung des Hauptgebäudes wurden Elemente entfernt, die zu dieser Ausrichtung nicht mehr zu passen schienen, so etwa dort ausgestellte Büsten und antike Ausgrabungsstücke sowie auch die zerstörte Kapelle im Ostflügel.[182] Auch der Edda-Fries, der 1859 von Friedrich Wilhelm Engelhard geschaffen worden war und ein „nordisches Heldenleben"[183] darstellen sollte, gehörte zu den Teilen des Welfenschlosses, die im Zuge des Wiederaufbaus zerstört wurden. Seine Form und sein Inhalt, der „in das national-patriotische Gedankengut Aufnahme gefunden"[184] hatte, waren nicht in das neue Konzept des Lichthofes integrierbar. Dieser stand schließlich für das moderne Image der Technischen Hochschule in der jungen Bundesrepublik. Auch das von Gerhard Graubner[185] entworfene Auditorium Maximum, das im März 1957 Richtfest feierte[186], repräsentierte mit seiner praktisch-funktionalen Ausgestaltung diese Zielsetzung.

Neben diesen demonstrativ modernen Elementen des Hauptgebäudes wurde aber auch ein Teil der Tradition im Wiederaufbau bewahrt: Vor dem Welfenschloss wurde 1956 das restaurierte „Sachsenross" wieder aufgestellt; es war bereits 1953 „gerettet" worden, wie die Presse begeistert vermerkt hatte.[187] Dieses Standbild des niedersächsischen Wappentieres knüpfte nicht nur an die auch in Gestalt des Schlosses repräsentierte Welfentradition an[188], sondern stellte auch ein

---

180 Haas, Ernst Zinsser, 115.
181 Peter R. Gleichmann, „Ansichten eines historischen Soziologen. Sozial-räumliche ‚Funktionalität' von Universitätsbauten", in: Auffahrt/ Pietsch (Hg.), Universität Hannover, 231–237, hier 234.
182 NHStA Nds. 423, Acc. 11/85, Nr. 545, Programm für den Vorentwurf für den Physikflügel des Hauptgebäudes (Krüger), 6.10.1953: „Wenn gleich die Erhaltung der früheklektistischen Kapelle wünschenswert wäre, so ist ihre grundrissliche Einbeziehung in das geforderte Raumprogramm nicht möglich und ihr Abriss (...) vorgesehen."
183 Rita Seidel, „Bilder, Figuren, Denkmäler", in: Auffahrt/ Pietsch (Hg.), Universität Hannover, 105–118, hier 113.
184 Ebd.
185 Gerhard Graubner (1899–1970) war von 1940 an ordentlicher Professor für Entwerfen und Gebäudekunde an der THH, 1953 Gastprofessor an der TH Istanbul; vgl. Gerken (Hg.), Catalogus Professorum, 154. Zu Graubners Entnazifizierungsverfahren vgl. Kapitel 2.
186 NHStA Nds. 423, Acc. 11/85, Nr. 545, Handwerkssprüche zum Richtfest des Auditorium Maximum, 14.3.1957.
187 NHStA Nds. 423, Acc. 11/85, Nr. 671, „Das Sachsenroß wird gerettet!", HAZ 11./12.4.1953. Die Kosten für die Instandsetzung des beschädigten Standbildes wurden in dem Artikel mit 10.700 DM angegeben. Im Januar 1956 wurde es vollständig restauriert der Hochschulverwaltung übergeben (NHStA Nds. 423, Acc. 11/85, Nr. 545, Aktennotiz vom 21.1.1956).
188 Vgl. Seidel: Bilder, 109. Das Sachsenross tauchte erstmals in altsächsischen Überlieferungen auf und war später Hauptfigur des Landeswappens von Hannover. 1861 wurde das Reiter-

Bekenntnis zum neu gebildeten „Kunstland"[189] Niedersachsen und der Konstruktion seines „Heimatbewusstseins" dar.[190]

Im Prozess des Wiederaufbaus nutzte die Hochschule Gelegenheiten, die durch die Zerstörung des Alten geschaffen worden waren. Ein Umbau des Hauptgebäudes, die Arrondierung der einzelnen Hochschulbereiche und der Versuch einer stärkeren Einbeziehung des Königsworther Platzes, um nur einige Punkte zu nennen, hätten sicher einen längeren Zeitraum in Anspruch genommen, wenn die Zerstörung nicht als Chance begriffen worden wäre. Die dabei gewählten Gestaltungsformen hatten zum Teil die Zerstörung wertvoller Bausubstanz zur Folge, wie etwa im Fall der Kapelle im Hauptgebäude. Die Neu- und Umbauten, die gewählt wurden, um das Alte zu ersetzen, hatten eine erhebliche Bedeutung für die Darstellung und Inszenierung der Hochschule nach innen und in der Öffentlichkeit der neuen Bundesrepublik. Besonders die konsequente Beseitigung des düsteren Eingangsbereiches im Hauptgebäude mit seinen Büsten und antiken Tempelteilen in den Gängen und die Ausgestaltung des Lichthofes machen deutlich, wie sehr der Hochschule daran gelegen war, sich als modern und offen darzustellen, auch wenn diese äußere Gestaltung keineswegs immer im Einklang mit ihrer inneren Verfasstheit stand.

1.5 VERGANGENHEITS- UND GESCHICHTSPOLITISCHE WEICHENSTELLUNGEN IN DER ZEIT DES WIEDERAUFBAUS

Neben den unmittelbaren Problemen des Wiederaufbaus beschäftigte viele Professoren der TH Hannover auch die Frage, wie die Hochschule mit ihrer NS-Vergangenheit umgehen sollte. Dies war nicht zuletzt eine Frage der Imagepolitik. Neben der positiven Selbstpräsentation in der städtischen Öffentlichkeit konnte auch die Darstellung des Verhaltens der Wissenschaftler in der NS-Zeit bedeutsam für das öffentliche Ansehen der zeitweise in ihrer Existenz verunsicherten Hochschule sein. Daneben gab es Vorgaben der Militärregierung, die einzuhalten waren und die eine Beschäftigung mit der Geschichte der Hochschule zwischen 1933 und 1945 notwendig machten. Hierzu zählte die Entnazifizierung, die im zweiten Kapitel dieser Studie ausführlich untersucht wird. Auch die intensiv geführte Debatte über die Rolle der Technik ging zu einem großen Teil auf die Notwendigkeit der Legitimation technikwissenschaftlichen Handelns nach 1945 zurück; sie ist Gegenstand des vierten Kapitels.

Zu den vergangenheits- und geschichtspolitischen Weichenstellungen der Wiederaufbaujahre, die im Folgenden betrachtet werden, zählen die Rehabilitatio-

---

standbild für das im Bau befindliche Welfenschloss von Georg V. in Auftrag gegeben und 1866 fertig gestellt (ebd., 109f.).
189 Bernd Weisbrod, „Der schwierige Anfang in den 50er Jahren: Das ‚Wirtschaftswunder' in Niedersachsen", in: Ders. (Hg.), Von der Währungsreform zum Wirtschaftswunder, 11–27, hier 15.
190 Ebd., 14. Vgl. a. Everhard Holtmann, „Heimatbedarf in der Nachkriegszeit", in: Weisbrod (Hg.), Von der Währungsreform zum Wirtschaftswunder, 31–45.

nen verfolgter Professoren, der Umgang der Hochschule mit Gebäuden, die vor dem Holocaust Juden gehört hatten, sowie die richtungweisende Ansprache Richard Finsterwalders vor dem Bezirkstag Ende August 1946, in der er zur NS-Vergangenheit der Hochschule Stellung nahm.

Vergangenheitspolitik durch den Senat

Der Senat der Technischen Hochschule, der noch vor der Wiedereröffnung seine Arbeit aufnahm, bestand anfangs mehrheitlich aus Männern, die nicht der NSDAP angehört hatten.[191] Zum Zeitpunkt der Wiederaufnahme der Arbeit waren 16 Hochschulangehörige entlassen und 8 suspendiert worden, wie Rektor Müller am 1. November 1945 berichtete.[192]

Zu den ersten Amtshandlungen des neuen Senats gehörte die Rehabilitierung von Hochschulangehörigen, die durch die Nationalsozialisten verfolgt worden waren. An der Technischen Hochschule Hannover waren während des Nationalsozialismus fünf Hochschullehrer aus „rassischen" und/oder politischen Gründen entlassen worden. Dies entsprach knapp über fünf Prozent des Lehrpersonals.[193] Diese vergleichbar geringe Zahl[194] hatte ihre Ursache darin, dass an der Technischen Hochschule Hannover schon lange vor dem 30. Januar 1933 jüdische Dozenten ausgegrenzt worden waren. Der Philosoph Theodor Lessing war bereits in der Weimarer Republik Opfer einer massiven antisemitischen Hetzkampagne von Studenten und Lehrkörper geworden, die 1926 dazu führte, dass er seine Lehrtätigkeit einstellen musste.[195] Lessing wurde am 31. August 1933 im Exil in Marienbad von sudetendeutschen Nationalsozialisten ermordet.[196] Ludwig Klein, Rektor der Technischen Hochschule von 1931 bis 1933, gab bereits 1932 gegenüber dem Ministerium in Berlin als Begründung für seine Vorbehalte gegen die geplante Berufung des jüdischen Honorarprofessors Hugo Kulka auf den Lehrstuhl für Wasser- und Eisenbrückenbau an:

---

191 Der erste Senat bestand aus Conrad Müller und Konrad Braune, die nicht organisiert gewesen waren, sowie Kurt Gaede und Karl Humburg, beide ehemalige Mitglieder im Dozentenbund (NSDDB), und den Wahlsenatoren Finsterwalder, Neumann und Hölscher, sowie den außerordentlichen Professoren Streck und Geilmann. Hölscher, Streck und Geilmann waren Parteimitglieder gewesen. (Vgl. NHStA Nds. 423, Acc. 11/85, Nr. 192, Senatsprotokoll vom 1.11.1945). Zu den Organisationszugehörigkeiten vgl. Michael Jung, „,... voll Begeisterung schlagen unsere Herzen zum Führer". Die Technische Hochschule Hannover und ihre Professoren im Nationalsozialismus, Ms. Hannover 2002, 162ff.
192 NHStA Nds. 423, Acc. 11/85, Nr. 192, Senatsprotokoll vom 1.11.1945.
193 Anikó Szabó, Vertreibung, Rückkehr, Wiedergutmachung. Göttinger Hochschullehrer im Schatten des Nationalsozialismus, Göttingen 2000, 40.
194 Von der Universität Göttingen wurden z. B. 23 Prozent der Lehrenden durch die Nazis vertrieben (vgl. ebd., 44).
195 Vgl. Rainer Marwedel, Theodor Lessing. 1872–1933. Eine Biographie, Darmstadt/Neuwied 1987, 259ff. Vgl. a. Cord Meckseper, „Spurensuche zu Theodor Lessing", in: Auffahrt/Pietsch (Hg.), Universität Hannover, 173–175.
196 Marwedel, Theodor Lessing, 357.

"Wir haben meines Wissens in unserem Lehrkörper bisher nur einen Herren jüdischer Abstammung gehabt und mit diesem (Prof. Dr. Lessing) so schlechte Erfahrungen gemacht, daß es erklärlich ist, wenn hier Bedenken aufsteigen, obgleich der Charakter des Herrn Kulka besser beurteilt wird."[197]

Kulka wurde also genau wie Lessing bereits vor der NS-Zeit Opfer des Antisemitismus unter den hannoverschen Professoren. Er floh 1933 mit seiner Familie in die Niederlande. Hier starb Kulka am 12. Oktober desselben Jahres nach einer zu spät vorgenommenen Operation, die er wegen der Emigration hatte aufschieben müssen.[198]

Unter den Nationalsozialisten wurden der Privatdozent für Chemie Günther Schiemann, der ordentliche Professor für Maschinenbau Otto Flachsbart, der nichtbeamtete außerordentliche Professor für Kunstgeschichte Alexander Dorner, der Lehrbeauftragte Richard Woldt und der Assistent Felix Breyer Opfer antisemitischer oder politischer Verfolgung. Schiemann, der keine „arische Abstammung" nachweisen konnte, war von der Entlassungswelle des Jahres 1933 aufgrund der „Frontkämpferklausel" nicht betroffen. 1935 wurde sein Vertrag als Oberassistent jedoch nicht verlängert. Im Dezember desselben Jahres wurde er per ministerieller Anordnung an der Abhaltung eines Colloquiums gehindert, woraufhin er sich beurlauben lassen musste, um als Chemiker in der Industrie Geld verdienen zu können. Eine Urlaubsverlängerung wurde nicht gewährt; Schiemann verlor 1937 seine venia legendi.[199]

Otto Flachsbart wurde am 29. Juni 1937 mit der Begründung in den Ruhestand versetzt, seine Ehefrau sei „jüdischer Abstammung".[200] Flachsbart leitete ab 1938 die Forschungsabteilung der Gutehoffnungs-Hütte in Oberhausen/Sterkrade. Er litt während der NS-Zeit unter der Angst um seine Ehefrau, deren Vater ins Konzentrationslager kam und deren Mutter sich das Leben nahm.[201]

Alexander Dorner, der die Kunstabteilung des Niedersächsischen Provinzialmuseums leitete, wurde aufgrund seiner Kunstauffassung und durch eine Intrige eines nationalsozialistischen Kollegen in die Emigration getrieben; er ging 1938 in die USA.[202]

Richard Woldt, der als Honorarprofessor in Münster lehrte und daher an der Technischen Hochschule Hannover beurlaubt war, wurde bereits 1933 aufgrund seiner SPD-Mitgliedschaft die Lehrbefugnis entzogen.[203]

Auch Felix Breyer, seit 1936 planmäßiger Assistent bei dem Physiker Rudolf Hase, wurde entlassen. Breyer, der sich an der Fakultät I habilitieren wollte, hatte

---

197 Rektor Klein in einem Schreiben an Ministerialrat Rottenburg, 21.9.1932. Zit. n. Szabó, Vertreibung, 41.
198 Szabó, Vertreibung, 42.
199 Ebd., 42f.
200 Ebd., 43.
201 E. Pestel/ S. Spiering/E. Stein, „Otto Flachsbart. Mitbegründer der Gebäude-Aerodynamik", in: Seidel, Rita (Schriftltg.), *Universität Hannover 1831–1981. Festschrift zum 150jährigen Bestehen der Universität Hannover, Bd. 1*, Stuttgart u.a. 1981, 225–236, hier 226.
202 Szabó, Vertreibung, 42.
203 Ebd., 43.

sich geweigert, in die NSDAP und den NS-Dozentenbund einzutreten und geriet in einen Streit mit Parteimitgliedern.[204]

Am 1. November 1945 rehabilitierte der Senat Otto Flachsbart und Günther Schiemann: Das Gremium beschloss die Wiedereinstellung Flachsbarts und befürwortete den Wiedereinsetzungsantrag Schiemanns. Für ihn sollte eine Stelle als außerplanmäßiger Professor beantragt werden.[205] Ab April 1946 erhielt er einen vergüteten Lehrauftrag. 1950 ging Schiemann an die Universität Istanbul, 1956 wurde er Professor an der Technischen Hochschule Hannover und Direktor des Instituts für Technische Chemie.[206]

Zur Vertreibung der anderen Dozenten und zum Schicksal Theodor Lessings hat sich die Hochschule im untersuchten Zeitraum nie offiziell geäußert. Über die Rehabilitierungen hinaus zeigte der Senat in den ersten Nachkriegsjahren nur vereinzelt „vergangenheitspolitische" Aktivität. Neben der obligatorischen Einsetzung des Entnazifizierungs-Unterausschusses und des Ausschusses für die politische Überprüfung der Studierenden gab es gelegentliche Stellungnahmen zu den Entnazifizierungsverfahren einzelner Hochschulangehöriger.[207]

1946 beschloss der Senat, die Ehrendoktorverleihungen aus den Jahren 1933 bis 1945 zu überprüfen; außerdem schloss man sich der Regelung des Landes Nordrhein-Westfalen an, das Abitur von Napolas (Nationalpolitischen Lehranstalten) und Adolf-Hitler-Schulen nicht anzuerkennen.[208]

Die beiden Ehrensenatoren-Titel, die die TH Hannover während des Krieges verliehen hatte, wurden indes weder zurückgenommen noch kommentiert. So besaß Rudolf Diels[209] Anfang der 1950er Jahre noch immer die Würde eines Ehren-

---

204 Ebd.
205 NHStA Nds. 423 Acc. 11/85, Nr. 192, Senatsprotokoll vom 1.11.1945.
206 Szabó, Vertreibung, 100. Schiemann musste aufgrund seiner SA-Mitgliedschaft, die durch die Gleichschaltung seines Vereins ehemaliger Offiziere zustande gekommen war, um seine Wiedergutmachungsansprüche lange kämpfen. Er hatte einen Austritt nicht gewagt, da seine Familie durch die Verfolgung bereits in Gefahr war. Schiemanns Mutter starb 1944 in einem Konzentrationslager; seine beiden Schwestern begingen Selbstmord. Schiemann erhielt erst 1958 Wiedergutmachung als ordentlicher Professor zugesprochen (Ebd., 326). Alexander Dorner kehrte nicht nach Hannover zurück; er wurde 1948 Professor in Vermont/USA (Ebd.). Felix Breyer blieb als Physiker in der Industrie und kehrte nicht an die Technische Hochschule zurück; bei seinem Wiedergutmachungsverfahren wurde nicht anerkannt, dass er die Hochschule aus politischen Gründen hatte verlassen müssen (Ebd., 533). Richard Woldt, der als Mitglied der Widerstandsgruppe um Wilhelm Leuschner 1933 und 1940 in Berlin in Haft gewesen war, wurde 1945 Mitglied der sächsischen Landesverwaltung und war von 1945 bis zu seiner Emeritierung im Jahre 1949 ordentlicher Professor für Arbeitswissenschaft bzw. Geschichte der Technik an der TH Dresden (Ebd. 658).
207 Vgl. Kapitel 2.
208 NHStA Nds. 423, Acc. 11/85, Nr. 186, Senatsprotokoll vom 6.9.1946.
209 Rudolf Diels (1900–1957) war der erste Chef des am 26.4.1933 eingerichteten Geheimen Staatspolizeiamtes (Gestapa), ab Herbst 1933 Polizeipräsident von Berlin und SS-Standartenführer, später Oberführer. Diels wurde nach Konflikten mit anderen NS-Funktionären 1936 Regierungspräsident von Hannover, ab 1942 war er im Stab des SS-Hauptamtes. Da Diels wieder in Konflikt mit anderen Nationalsozialisten geriet und zweimal von der Gestapo verhaftet wurde, konnte er nach dem Krieg im Anschluss an seine Internie-

senators.[210] Als die Hochschulleitung 1952 alle Ehrensenatoren einladen und ihnen eine Plakette verleihen wollte, zog man sich aus der Affäre, indem man feststellte, Diels sei „vermutlich tot".[211] Dieser starb jedoch erst 1957 und publizierte in den 1950er Jahren unter seinem richtigen Namen u. a. im SPIEGEL, wobei er sich trotz seiner Beteiligung an der Judenverfolgung zum NS-Gegner stilisierte.[212] Auch dem Industriellen und Freund von Heinrich Himmler, Ewald Hecker[213], erkannte man den Titel nicht ab, sondern lud ihn einfach nicht ein und entschied sich nach seinem Tode am 12. Februar 1954, „in Anbetracht der besonderen Verhältnisse"[214] kein Beileidsschreiben zu senden.

Auch die Verleihungen der Karmarsch-Gedenkmünze an Julius Dorpmüller (1938) und Fritz Todt (1941) hielt die Technische Hochschule Hannover kommentarlos aufrecht und führte beide anlässlich des Jubiläums von 1956 in der Liste der geehrten Personen auf, und zwar als „Meister des Verkehrswesens" (Dorpmüller) und „Meister der Ingenieurwissenschaften" (Todt).[215]

Zur Vergangenheitspolitik der TH Hannover gehörte auch, dass man sich an der von der Westdeutschen Rektorenkonferenz eingerichteten „Zentralunterstützungskasse für Hochschullehrer ohne Amt" beteiligte. Dabei handelte es sich um eine Hilfskasse für jene, die Hochschullehrer in den nun sowjetisch besetzten Gebieten gewesen waren. Aber auch solche Professoren, deren Entnazifizierungsverfahren (noch) zu ihren Ungunsten verlief, profitierten von den Geldern.[216] Trotz

---

rung für die Alliierten arbeiten. Als „131er" wurde er vom Land Niedersachsen zeitlebens versorgt und machte durch die Veröffentlichung von Artikeln, u. a. im SPIEGEL auf sich aufmerksam, wobei er sich trotz seiner Beteiligung an der Judenverfolgung stets zum Widerstandskämpfer stilisierte (http://motlc.learningcenter.wiesenthal.org/text/x06/xm0606.html, abgerufen am 10.8.2007).

210 NHStA Nds. 423, Acc. 11/85, Nr. 141, Liste der Ehrensenatoren seit 1931, 24.9.1952.
211 Ebd.
212 Anm. 209.
213 Ewald Hecker (1879–1954) war Präsident der hannoverschen Industrie- und Handelskammer (IHK), Direktor der Ilseder Hütte und SS-Brigadeführer. Er gehörte zu dem Kreis der Industriellen, die den Reichspräsidenten Paul von Hindenburg 1933 per Eingabe baten, Hitler zum Reichskanzler zu ernennen und war Teil des Freundeskreises von Heinrich Himmler, der diesen durch umfangreiche Spenden unterstützte (Nuernberg Military Tribunal, Vol. VI, p. 287, Aussage von Wilhelm Keppler: Liste der Mitglieder des „Freundeskreises Reichsführer SS", http://www.mazal.org/archive/nmt/06/NMT06-T0287.htm, abgerufen am 10.8.2007).
214 NHStA Nds. 423, Acc. 11/85, Nr. 141, Todesanzeige Ewald Heckers mit handschriftlicher Notiz, 1954.
215 Festschrift zur 125-Jahr-Feier, 273. Fritz Todt (1891–1942) war seit 1940 Reichsminister für Bewaffnung und Munition und leitete u. a. den Bau der Autobahnen. Julius Dorpmüller (1869–1945) war von 1937 bis 1945 Reichsverkehrsminister. Vgl. z. B. Erhard Schütz/Eckart Gruber, *Mythos Reichsautobahn. Bau und Inszenierung der „Straßen des Führers" 1933–1941*, Berlin 1996; Alfred B. Gottwald, *Julius Dorpmüller, die Reichsbahn und die Autobahn: Verkehrspolitik und Leben des Verkehrsministers bis 1945*, Berlin 1995.
216 Darauf wies 1952 auf einer Sitzung der Westdeutschen Rektorenkonferenz der Braunschweiger Professor Dr. Koessler hin. Die TH Braunschweig zahle zur Zeit keine Beiträge an die Kasse mehr; schließlich befänden sich unter den unterstützten Personen solche mit „Namen, bei denen man Gänsehaut kriegt." (NHStA Nds. 423, Acc. 11/85, Nr. 515, Auszug aus dem Protokoll der Sitzung der WRK vom 1.8.1952 in Kiel).

der finanziellen Probleme und der schlechten Lebensbedingungen in den ersten Nachkriegsjahren wurden bis 1947 Abzüge vom Lohn des Lehrpersonals der TH Hannover einbehalten, die „zur Unterstützung der Hochschullehrer ohne Amt" verwendet wurden.[217] 1948 schlug der Senat dann vor, dem Lehrpersonal mit Ausnahme der Privatdozenten zwei Prozent ihrer Brutto-Dienstbezüge abzuziehen und diese der Unterstützungskasse zuzuführen.[218]

Zwar muss festgehalten werden, dass die Rehabilitierung Günther Schiemanns und Otto Flachsbarts zu den ersten Amtshandlungen des neuen Senats nach dem 8. Mai 1945 gehörten. Eine inhaltliche Auseinandersetzung mit der politischen Verantwortung der Hochschule als Institution, mit der Ausgrenzung und Vertreibung Hochschulangehöriger oder auch mit der Etablierung des Führerprinzips an der Hochschule fand im Senat der TH Hannover jedoch in den ersten Nachkriegsjahren nicht statt. Man ging nicht über die Maßnahmen hinaus, die von der Besatzungsmacht vorgeschrieben waren.[219]

Vergangenheitspolitik hinter den Kulissen: Der Umgang mit den „arisierten" Grundstücken der Technischen Hochschule nach 1945

Als die Technische Hochschule Hannover trotz der finanziellen Engpässe wieder über bauliche Erweiterungen nachdachte, wollte man auch auf dem Gelände hinter dem Heiz- und Kraftwerk neue Gebäude errichten. Nach „Bereinigung des Geländes"[220] sollten hier ein handwerkstechnisches Institut, eine Halle für das Institut für Fördertechnik und ein Neubau des Instituts für Werkstoffkunde entstehen.[221] Dazu würde der Abriss mehrerer Häuser in der direkt am Heiz- und Kraftwerk gelegenen Straße Am Puttenser Felde notwendig sein. Vor ihrem Abbruch musste die Hochschule einige dieser Gebäude aber erst noch kaufen; andere befanden sich bereits in ihrem Besitz.[222] Zu den Flächen, die für die Erweiterung benötigt

---

217 NHStA Nds. 423, Acc. 11/85, Nr. 186, Senatsprotokoll vom 17.10.1947. Ab 1.4.1947 wurden die Beträge nicht mehr einbehalten. Der verbleibende Rest sollte laut Senatsvorschlag dem Rektor „als Dispositionsfonds für personelle Zwecke" zur Verfügung stehen.
218 NHStA Nds. 423, Acc. 11/85, Nr. 190, Senatsprotokoll vom 6.10.1948. Am 6.5.1949 beschloss der Senat, 50 Prozent des Geldes in der Unterstützungskasse an die Universität Göttingen weiterzuleiten. (NHStA Nds. 423, Acc. 11/85, Nr. 188, Senatsprotokoll vom 6.5.1949). Die Kasse wurde auf Initiative der Westdeutschen Rektorenkonferenz (WRK) eingerichtet und in Göttingen verwaltet (Vgl. NHStA Nds. 423, Acc. 11/85, Nr. 515, Zentralunterstützungskasse).
219 Bei dieser Einschätzung muss berücksichtigt werden, dass es sich bei den Protokollen des Senats um Ergebnis-, nicht aber um Diskussionsprotokolle handelt. Es kann also nicht ausgeschlossen werden, dass es unter den Mitgliedern zu Diskussionen über die politische Vergangenheit kam; diese mündeten jedoch nicht in Beschlüsse, Erklärungen oder Vorschläge.
220 NHStA Nds. 423, Acc. 11/85, Nr. 563, Baurat Paul Wolters: Gesamtplanung, 1.2.1951.
221 Ebd.
222 NHStA Nds. 423, Acc. 11/85, Nr. 563, Bauamt: Lageplan II über abzubrechende hochschuleigene Gebäude und abzubrechende fremde Gebäude nach Erwerb des Grundstücks, Oktober 1950.

wurden, gehörte auch das Grundstück Am Puttenser Felde 4. Es war seit 1941 Eigentum der Stadt Hannover, die es auf Wunsch der Technischen Hochschule für deren Zwecke erworben hatte. Die TH verwaltete das Grundstück seit 1941. Das darauf erbaute viergeschossige Wohnhaus wurde später durch einen Bombenangriff zerstört. Eigentümer von Haus und Grundstück war bis zum Verkauf der jüdische Kaufmann Emil Nussbaum gewesen. Ende Oktober 1941 hatte er es an das Ministerium für Wissenschaft, Erziehung und Volksbildung zum Preis von 15.000 RM verkauft. Im Kaufvertrag wurde festgelegt, dass der Kaufpreis nach dem Eintrag ins Grundbuch in bar ausbezahlt werden sollte.[223] Dieser Eintrag erfolgte jedoch erst im August 1942. Die Summe überwies man, wie bei solchen Käufen üblich, nicht an die Familie Nussbaum, sondern auf ein Sperrkonto. Zu diesem Zeitpunkt war Emil Nussbaum bereits tot. Er war 18 Tage nach dem Verkauf am 16. November 1941 in Hannover gestorben.[224] Vermutlich hatte er gehofft, die Kaufsumme seinen Angehörigen vermachen zu können, nachdem die nationalsozialistischen Behörden bereits vorher begonnen hatten, sich Teile seines Vermögens anzueignen.[225] Nussbaum und seine Angehörigen, die bis zum Verkauf 1941 in dem Haus Am Puttenser Felde 4 gelebt hatten, waren vermutlich stattdessen gezwungen, in eines der hannoverschen „Judenhäuser" zu ziehen.[226] Vier Wochen nach Emil Nussbaums Tod, am 15. Dezember 1941 wurden vier seiner sechs Schwestern nach Riga deportiert. Fanny und Emma Seligmann waren 52 und 54 Jahre alt[227]; Rosa Grünhut war 62, Henriette Brill 59 Jahre alt.[228] Keine

---

223 NHStA Nds. 423, Acc. 11/85, Nr. 547, Kaufvertrag vom 29.10.1941 zwischen Emil Nussbaum und Oberregierungsrat Dr. Stoll.

224 NHStA Nds. 423, Acc. 11/85, Nr. 547, Schreiben des Rechtsanwalts Grosse-Hagenbrock an das Landesamt für die Beaufsichtigung gesperrten Vermögens, 22.1.1951.

225 Dies geht aus der Antwort der Niederdeutschen Bankgesellschaft (Nachfolgerin der Dresdner Bank) auf eine Anfrage der einzigen Überlebenden der sieben Nussbaum-Geschwister, Ida Ritter in Tel Aviv, hervor. Die Bank gab 1949 an, 1938 und 1939 seien rund 1500 bzw. 2600 RM „Judenvermögensabgabe" von Emil Nussbaums Konto an das Finanzamt Hannover überwiesen worden. Im April, Juni und August 1942, als der Kontoinhaber bereits tot und seine Erben deportiert worden waren, waren nochmals insgesamt über 7000 RM von der Oberfinanzkasse Hannover und der Reichshauptkasse Berlin „beschlagnahmt" worden. Die Bank schrieb an Ida Ritter: „Sowohl das laufende Konto als auch das Wertpapierdepot des Herrn Emil Nussbaum wurden durch diese Überweisungen ausgeglichen." (NHStA Nds. 401, Acc. 112/83, Nr. 801, Bl. 8, Niederdeutsche Bankgesellschaft an Ida Ritter, 22.7.1949).

226 Laut den Adressbüchern der Stadt Hannover lebten in dem Haus 1939 nur Emil Nussbaum und eine seiner Schwestern, die Witwe Rosa Grünhut. 1941 wohnten außerdem Henriette/Jenny Brill und zwei Rentner aus der Familie Seligmann – C. und B. – hier (Adressbücher der Stadt Hannover, 1939 und 1941, 211 bzw. 223). Die Adressbücher spiegeln auch die Verschärfung der Verfolgung der Juden und den damit verbundenen sozialen Abstieg wider: 1939 ist „Nussbaum, E., Kaufm." zu lesen; 1941 „Nussbaum, E., Israel, Arbeit.". Zu den „Judenhäusern" in Hannover vgl. Marlis Buchholz, *Die hannoverschen Judenhäuser. Zur Situation der Juden in der Zeit der Ghettoisierung und Verfolgung 1941 bis 1945*, Hildesheim 1987.

227 Peter Schulze, *Dokumentation der jüdischen Opfer des Nationalsozialismus aus Hannover – Zielsetzung, Arbeitsweise und Ergebnisse und Liste der Namen der jüdischen Opfer (Februar 1993)*, Hannover 1993, 98.

von ihnen überlebte den Holocaust; auch Emil Nussbaums Ehefrau Elfriede, seine fünfte Schwester Malchen Goldschmidt, Fanny Seligmanns Ehemann Adolf und Emma Seligmanns Mann Paul mit Tochter Ursula kehrten nicht zurück und wurden vom Amtsgericht Stadthagen 1945 für tot erklärt.[229]

Die einzige der sieben Geschwister, die überlebte, war Ida Ritter. Sie emigrierte nach Tel Aviv und war zusammen mit Werner Brill (Buenos Aires) und Ilse Broch, geborene Grünhut (London) Erbin von Emil Nussbaums Eigentum. Brill, vermutlich Sohn von Nussbaums Schwester Henriette oder zumindest mit ihr verwandt, beauftragte 1950 einen Rechtsanwalt mit der Wahrnehmung seiner Interessen. Dieser stellte gegenüber dem niedersächsischen Amt für Wiedergutmachung und dem Rektor der Technischen Hochschule klar, dass Brill keine finanzielle Entschädigung akzeptieren werde und das Grundstück zurückerhalten wolle.[230] Gegenüber dem Zentralamt für Vermögensverwaltung gab Brill an, der Wert des Grundstücks liege bei etwa 50.000 RM; der Verkauf sei einst durch Nötigung erfolgt.[231]

Die Leitung der Technischen Hochschule, die spätestens seit 1942 die Mieten der neuen Bewohner des Hauses Am Puttenser Felde 4 erhalten[232] und dieses Gelände in ihre Erweiterungsplanungen einbezogen hatte, stellte sich gegenüber dem Kultusministerium auf den Standpunkt, man habe bis 1948 von den Umständen des Kaufs nichts gewusst. Rektor Flachsbart schrieb: „Dass es sich um ehemaligen jüdischen Besitz im Sinne der Verordnung Nr. 52 der Militärregierung handelt, ist der Hochschule erst jetzt bekannt geworden."[233] Möglicherweise stimmte dies in Flachsbarts Fall, der zum Zeitpunkt des Kaufs gar nicht an der TH hatte lehren dürfen. Sein Stellvertreter Eugen Doeinck war sich der auf die Hochschule zukommenden Problematik aber durchaus bewusst. Er hatte die Angelegenheit mit dem Syndikus der TH und dem ehemaligen „Bauführer" Schäfer bereits zwei Monate bevor die Hochschule offiziell zur Anzeige von Grundstücken aus ehemals jüdischem Besitz aufgefordert wurde, beratschlagt.[234]

Offensichtlich hatte man seit 1938 mit dem Oberbürgermeister der Stadt Hannover über Grundstückskäufe für eine Erweiterung der Hochschule verhandelt.

---

228 Ebd., 16 und 37.
229 NHStA Nds. 423, Nr. 547, RA Grosse-Hagenbrock an das Wiedergutmachungsamt, 22.1.1951. Die letztgenannten Personen finden sich nicht in der von Peter Schulze erstellten Dokumentation; über ihr Schicksal sind keine näheren Informationen verfügbar. Möglicherweise wohnten sie zum Zeitpunkt ihrer Verschleppung nicht mehr in Hannover.
230 NHStA Nds. 423, Acc. 11/85, Nr. 547, RA Grosse-Hagenbrock an das Wiedergutmachungsamt, Abschrift an den Rektor der TH Hannover, 22.1.1951.
231 NHStA Nds. 423, Acc. 11/85, Nr. 547, Formular des Zentralamtes für Vermögensverwaltung in der Britischen Zone, 28.12.1949.
232 NHStA Nds. 423, Acc. 11/85, Nr. 547, Schreiben der TH Hannover an die Mieter Linke, Backhaus, Schwochow, August 1942.
233 NHStA Nds. 423, Acc. 11/85, Nr. 547, Entwurf einer Stellungnahme an das Kultusministerium, 21.7.1948.
234 NHStA Nds. 423, Acc. 11/85, Nr. 547, Prof. Doeinck an Amtsgerichtsrat Heim, 5.6.1948 sowie ebd., Oberregierungsrat Rilke, Kultusministerium, an alle niedersächsischen Hochschulen, 14.8.1948.

Doeinck schloss sich der Ansicht des früheren „Bauführers" der TH an, es habe sich bei dem Kauf von 1941 um einen „regulären Erwerb" durch das von der Stadt vertretene Ministerium gehandelt. Hierfür spreche auch der durchaus angemessene Kaufpreis von 15.000 RM. Doeinck war, was den Ausgang der Angelegenheit betraf, noch zuversichtlich: Erben der Nussbaums seien schließlich nicht bekannt und niemand habe bisher Ansprüche angemeldet.[235]

Das Verfahren vor der Wiedergutmachungskammer I beim Landgericht Hannover, das die Erben einleiteten, zog sich bis 1952 hin. Die Technische Hochschule wehrte sich gegen die Rückerstattungsansprüche. Hermann Deckert, inzwischen Rektor der TH, schrieb im Februar 1952 an das Wiedergutmachungsamt, die Erben legten ein „aggressives Vorgehen" an den Tag. Auch lägen nicht alle Erbnachweise vor.[236] Die hatten jedoch sowohl die Wiedergutmachungskammer als auch die Hochschule bereits Anfang des Jahres 1951 von Brills Anwalt erhalten.[237] Rektor Deckert gelangte indessen bereits 1952 zu der Auffassung, die Erweiterung der Hochschule werde auch ohne das brachliegende Grundstück durchführbar sein.[238] Er betonte, es komme nunmehr darauf an „gegen Herausgabe des Grundstücks einen möglichst hohen Ersatz für die Aufwendungen der Hochschule, die sie an das Grundstück gewandt hat, zu erlangen."[239]

Mit dieser Strategie hatte er Erfolg. Als das Wiedergutmachungsamt den Erben von Emil Nussbaum am 15. Juli 1952 das Grundstück Am Puttenser Felde 4 zusprach, wurde ihnen eine Zahlung von 860 DM an die TH Hannover auferlegt, die bis zum 1. September 1955 bei vierprozentiger Verzinsung zu leisten war. Zur Sicherheit für die Antragsgegner (die Technische Hochschule und das Land Niedersachsen) wurde eine Sicherungshypothek über 860 DM ins Grundbuch der Stadt Hannover eingetragen.[240] Rektor Deckert war hiermit hochzufrieden: Exakt 860 DM waren für die Trümmerräumung auf dem Grundstück aufgewendet worden, wie er dem Ministerium zu berichten wusste.[241] Die Hochschule und das Land hatten außerdem beim Wiedergutmachungsamt beantragt, dass ihnen etwaige Entschädigungsansprüche bezüglich des damals gezahlten Kaufpreises von 15.000 RM übertragen würden. Diese Summe war nicht an die Nussbaums gegangen, sondern auf ein Sperrkonto, von wo das Deutsche Reich sie eingezogen hatte. Auch in diesem Punkt erhielt man Recht; etwaige Entschädigungsansprüche

---

235 Ebd.
236 NHStA Nds. 423, Acc. 11/85, Nr. 547, Rektor Deckert an das Wiedergutmachungsamt, 14.2.1952.
237 NHStA Nds. 423, Acc. 11/85, Nr. 547, Rechtsanwalt Grosse-Hagenbrock an Wiedergutmachungsamt, Abschrift an Rektor Großmann. Anlage: Testamentsakte Emil Nussbaums, Todeserklärungen der anderen Familienmitglieder, 22.1.1951.
238 NHStA Nds. 401, Acc. 112/83, Nr. 801, Bl. 23, Rektor Deckert an das Kultusministerium, 14.2.1952.
239 Ebd.
240 NHStA Nds. 401, Acc. 112/83, Nr. 801, Bl. 42ff., Entscheidung des Wiedergutmachungsamtes vom 15.7.1952, an Amtsgerichtsrat Heim, hier Bl. 43.
241 NHStA Nds. 401, Acc. 112/83, Nr. 801, Bl. 31, Kultusministerium an Finanzministerium, 12.8.1952.

gegenüber dem deutschen Staat wurden nun dem Regierungspräsidium bzw. der Hochschule übertragen.²⁴² Auch wurde festgestellt, dass die Hochschule für etwaige Kapitalaufwendungen für Haus oder Grundstück weitere Erstattungen fordern könne.²⁴³

Aufgrund dieses fragwürdigen Vorgehens waren die Erben also mit Geldforderungen konfrontiert. Diese wurden ihnen schließlich zu hoch, zumal das unbebaute Grundstück keine Erträge abwarf. Das Regierungspräsidium beklagte 1954, dass die Erbin Ida Ritter ihre Zinsschulden aus der Hypothek bei der Stadt Hannover nicht beglichen habe.²⁴⁴ Die Erbengemeinschaft kam zu dem Schluss, dass es besser sei, das Grundstück zu veräußern.

Inzwischen hatte sich die Position der Technischen Hochschule jedoch wiederum verändert. Prof. Hans Schönfeld, seit dem 1. Juli 1954 Rektor, erläuterte dem Kultusministerium, die Flächen Am Puttenser Felde würden nun doch „dringend" für den Ausbau der Institute der Fakultät für Maschinenwesen und des Heizwerkes benötigt. Das Land solle alle verfügbaren Flächen zu diesem Zweck kaufen. Einen Sonderfall stelle das Grundstück Nr. 4 dar. Hier empfahl Schönfeld aus taktischen Gründen zu warten:

> „Der Vermögensverwalter der Nussbaumschen Erben bemüht sich schon seit langem um den Verkauf dieses Grundstücks. Es ist zu erwarten, dass er seine Kaufpreisforderung erhöht, sobald er erfährt, dass die Hochschule heute an dem Grundstück interessiert ist."²⁴⁵

Schönfeld ging davon aus, dass der Minister nicht im Einzelnen über die Angelegenheit unterrichtet war und schilderte ihm den gesamten bisherigen Verlauf. In seinem Bericht über den Anfang der Geschichte nahm der Rektor eine Änderung gegenüber der bisherigen Darstellung vor: man habe das Grundstück samt Haus „im Oktober 1940 (...) von dem inzwischen verstorbenen Kaufmann Israel Nussbaum erworben (...)".²⁴⁶ Nicht nur verwendete Schönfeld den zur Kennzeichnung und Diskriminierung der Juden von den Nationalsozialisten diktierten Vornamen „Israel" anstelle von „Emil". Auch datierte er den Kauf des Grundstücks um ein Jahr vor. Es kann nicht mit Sicherheit festgestellt werden, was Schönfeld – abgesehen von einem einfachen Irrtum – dazu bewog. Es ist möglich, dass der Rektor den Eindruck erwecken wollte, die Transaktion habe mit den deutlich intensivierten Verfolgungen und Deportationen des Jahres 1941 nichts zu tun gehabt, auch wenn es schon vorher zu Zwangsverkäufen gekommen war.

---

242 Vgl. NHStA Nds. 401, Acc. 112/83, Nr. 801, Bl. 42–47, Beschluss vom 15.7.1952. Im Dezember 1958 wurde ein diesbezüglicher Antrag an das Verwaltungsamt für innere Restitutionen eingereicht; sein Ausgang ist nicht dokumentiert. (Vgl. ebd., Bl. 81, Regierungspräsidium Hannover an das Kultusministerium, 15.4.1959)
243 NHStA Nds. 401, Acc. 112/83, Nr. 801, Bl. 42–47, Beschluss vom 15.7.1952.
244 NHStA Nds. 401, Acc. 112/83, Nr. 801, Bl. 59, Regierungspräsidium an das Kultusministerium, 10.6.1954.
245 NHStA Nds. 401, Acc. 112/83, Nr. 801, Bl. 99, Rektor Schönfeld an den Kultusminister, 14.3.1955.
246 Ebd.

Wie die Verhandlungen um das Grundstück letztlich ausgingen, war nicht zu ermitteln; für einen Ausbau der Hochschule wurde es jedenfalls nicht verwendet. Noch heute ist es bis auf eine Garage unbebaut.

Ein weiteres Haus, das vor der Nutzung durch die Technische Hochschule „arisiert" worden war, war das Haus Brühlstraße 7 (heute Nr. 27), auch „Villa Simon" genannt. Das Haus befand sich seit dem Jahre 1895 im Besitz Joseph Berliners, des Eigentümers der „J. Berliner Telephon- und Mikrophon-Fabrik".[247] Joseph Berliner starb im Jahre 1938; viele Familienmitglieder emigrierten. Zurück blieb Berliners Tochter Klara, die während des Krieges Verwandte sowie von den Nationalsozialisten „eingewiesene" jüdische Familien in der Villa aufnahm. Im November 1941 verkaufte Klara Berliner Haus und Grundstück an die Stadt.[248] 27 jüdische Bewohner mussten in das bereits mit 80 Personen überfüllte Haus Körnerstraße 27 ziehen; 23 von ihnen wurden am 15. Dezember 1941 in das Ghetto von Riga deportiert. Klara Berliner wohnte zunächst im jüdischen Altersheim und wurde am 16. März 1943 nach Theresienstadt verschleppt, wo sie am 16. Dezember 1941 starb.[249] Die Stadt stellte der Hochschule im Jahre 1942 die mietfreie Nutzung der Villa Brühlstraße 7 in Aussicht. Es war geplant, die Räumlichkeiten für das nationalsozialistische „Langemarck-Studium" der Hanns-Simons-Gedächtnisstiftung zu nutzen.[250] Vorsitzender der Stiftung war als Rektor der TH zu diesem Zeitpunkt Helmut Pfannmüller. An ihn wandte sich der Leiter des Langemarck-Lehrgangs, Dr. Clausen, im Juli 1942, um die „Nutzbarmachung" der Räumlichkeiten zu beschleunigen:

> „In der Brühlstraße 7 wohnt bis jetzt noch eine halbjüdische Familie. Da uns das Haus von der Hanns-Simons-Gedächtnis-Stiftung zur Nutznießung überlassen werden soll, bitten wir um die rechtzeitige Entfernung dieser Familie aus dem Haus, da wir solange gar nichts mit dem Haus anfangen können, wie hier Nichtarier sich darin aufhalten. Gegebenenfalls muss diese Familie herausgeklagt werden."[251]

Über das Schicksal der betroffenen Familie ist nichts bekannt. Seit Mai 1943 wurde die Villa Simon für das „Langemarck-Studium" benutzt.[252] Nach Kriegsende waren kurzzeitig sowjetische Soldaten und ehemalige ZwangsarbeiterInnen in

---

247 Herbert Obenaus, „Brühlstraße 27: Die Villa Simon", in: Auffarth/Pietsch (Hg.), Universität Hannover, 239–146, hier 240. Joseph Berliner gründete mit der „Deutschen Grammophongesellschaft" 1898 (später „Poligramm" bzw. „Universal") und der „Hackethal-Drahtgesellschaft" 1900 zwei weitere bedeutende Firmen. Joseph Berliner verwertete die Erfindungen seines Bruders Emil, der die Schallplatte und das Grammophon entwickelte (ebd.).
248 Der Kaufpreis betrug 94.000 RM, der „Friedenswert" von Haus und Grundstück wurde auf 186.620 RM geschätzt (vgl. Obenaus, Villa Simon, 241).
249 Obenaus, Villa Simon, 241. Vgl. a. Buchholz, Judenhäuser, 26ff. Im Februar 1941, als Klara Berliner zum Verkauf aufgefordert wurde, wohnten in dem Haus 39 Personen in 27 Räumen (ebd.).
250 Das Langemarck-Studium war ein Vorstudium, das nationalsozialistischen mittellosen, begabten Männern das Hochschulstudium ermöglichen sollte; die Auswahl der Studierenden trafen die NSDAP bzw. ihre Gliederungen, die Wehrmacht und der Reichsarbeitsdienst (vgl. Obenaus, Villa Simon, 241f.).
251 NHStA Nds. 423, Acc. 11/85, Nr. 689, Dr. Clausen an Rektor Helmut Pfannmüller, 8.7.1942.
252 Vgl. Obenaus, Villa Simon, 243.

"Existenzkampf", Interessenvertretung und Legitimation: Die TH im Wiederaufbau 77

dem Haus untergebracht. Nach deren Auszug richtete man eine Unterkunft für 30 bis 40 Studierende der Technischen Hochschule ein. Auch das Geographische Institut erhielt einige Zimmer; außerdem siedelten sich der "Kulturring" und der "Akademische Klub" hier an. Der Keller war anfangs gewerblich vermietet.[253] Das Studentenwerk, dem das Gebäude von der Stadt hauptsächlich für Wohnzwecke überlassen worden war, wollte, dass die Hochschule die Verwaltung wieder selbst übernehme. Auch kannte man im Studentenwerk die Geschichte des Hauses und vermutete, dass es eine Auseinandersetzung mit den Erben der ehemaligen Eigentümer geben würde. Es sei daher

> "notwendig, dass von Seiten der Hochschule bzw. der Nachfolge der Hanns-Simons-Gedächtnisstiftung grundsätzlich geprüft wird, in welchem Umfange von den Erben der ehemaligen Besitzer des Hauses Ansprüche auf Rückgabe nach den Wiedergutmachungsgesetzen für die Juden berechtigt sind und wann möglicherweise mit einer Räumung des Hauses zu rechnen ist."[254]

Die Nachforschungen der Hochschulleitung ergaben, dass der Mietvertrag zwischen der Hochschule und dem Oberbürgermeister 1942 ohne Vereinbarung einer Mietzahlung zustande gekommen war. Die Verwaltung rechnete nunmehr damit, dass es Entschädigungsansprüche geben werde und die Hochschule das Haus räumen müsse.[255] Als das Verfahren vor dem Wiedergutmachungsamt eingeleitet wurde, hatte die Nachfolgerin der Simons-Stiftung, die Stiftung zur Förderung des akademischen Nachwuchses, die Verwaltung des Grundstücks wieder übernommen.[256] Genau wie zum Zeitpunkt des Vertragsabschlusses im Jahr 1942 war der außerordentliche Professor für Betriebswirtschaftslehre Wilhelm Hennig für die Verwaltung der Stiftung zuständig. Er betonte, dass die Hochschule das Gebäude vor dem "Verfall" bewahrt habe und bemerkte, dass sich im Mai 1945 in dem Gebäude "Russen eingenistet"[257] hätten.

Im Juni 1950 meldeten die Erben von Klara Berliner ihren Rückerstattungsanspruch beim Landgericht Hannover an.[258] Für den 8. März 1951 wurde ein erster Gütetermin vereinbart.[259] Am 14. Juni 1952 kam es zu einer persönlichen Besprechung zwischen dem Rektor der Technischen Hochschule, Hermann Deckert, Prorektor Walter Hensen und dem Erben von Klara Berliner, Prof. Siegfried Berliner, der in Chicago lebte. Berliner bot der Hochschulleitung an, ihr das Haus, das ihm in der Zwischenzeit zugesprochen worden war, zu vermieten oder zum Preis von 100.000 DM zu verkaufen. Dies sei ein "Ausnahmepreis", so Berliner – von ande-

---

253 NHStA Nds. 423, Acc. 11/85, Nr. 550, Studentenwerk: Aufstellung über die Nutzung des Hauses Brühlstraße 7 (Entwurf), 16.4.1947. Mieter waren die Firma Dippel & Götze, sowie einzelne Handwerker.
254 NHStA Nds. 423, Acc. 11/85, Nr. 550. Studentenwerk an Rektor Flachsbart, 21.2.1948.
255 NHStA Nds. 423, Acc. 11/85, Nr. 550. Aktennotiz vom 8.4.1948.
256 NHStA Nds. 423, Acc. 11/85, Nr. 550, Aktennotiz des Rektors Flachsbart, 23.4.1949.
257 NHStA Nds. 423, Acc. 11/85, Nr. 550, Prof. Hennig an Stadtkämmerer Weber, 18.9.1950.
258 NHStA Nds. 423, Acc. 11/85, Nr. 550, Bescheid des Landgerichts Hannover, Wiedergutmachungsamt, vom 23.6.1950.
259 NHStA Nds. 423, Acc. 11/85, Nr. 550, Ladung zu einem Gütetermin am 8.3.1951, Landgericht Hannover.

ren Kaufinteressenten werde er 180.000 DM fordern.[260] Der vom Staatshochbauamt II geschätzte Wert von Grundstück, Haus und Schuppen zusammen betrug 175.840 DM.[261] Rektor Deckert riet zum Kauf; bei der von Berliner vorgeschlagenen Summe handele es sich tatsächlich um einen „Ausnahmepreis" – zudem habe man angesichts der Raumnot keine andere Wahl.[262] Der Kaufvertrag kam am 22. Juli 1952 zwischen Siegfried Berliner und dem Land Niedersachsen, vertreten durch Rektor Walter Hensen, zustande.[263] Berliner hatte zur Bedingung gemacht, dass ein Schild an der Villa angebracht werden sollte, das an Joseph Berliner erinnerte.[264] An Rektor Hensen schrieb Berliner diesbezüglich betont zurückhaltend:

> „Es soll ja nur ein bescheidenes Erinnerungszeichen an einen tüchtigen Hannoverschen Industriellen und nebenbei sehr feinen Menschen sein, ohne irgendwelche Propagandaabsichten. Ich nehme an, dass es nicht schwierig fallen wird, Größe und Schrift des Schildes dementsprechend zu gestalten. Ich danke Ihnen nochmals für die angenehmen Stunden, die ich mit Ihnen verbringen konnte und verbleibe mit besten Grüßen Ihr sehr ergebener S. Berliner."[265]

Seine Sympathie für die Technische Hochschule machte Siegfried Berliner auch deutlich, indem er eine größere Spende zu ihren Gunsten ankündigte. Von den 30.000 DM, die die Stadt ihm für die Benutzung der Villa Simon schuldete, wollte er 10.000 DM der TH schenken.[266] Rektor Hensen war hierüber sehr erfreut und schrieb an Berliner, mit einer solchen Spende habe er nicht gerechnet. Auch brachte er seine Sympathie für den Emigranten zum Ausdruck: „Es hat mich sehr gefreut, Ihre Bekanntschaft zu machen, die, wie ich hoffe, nicht bei den kurzen Stunden unseres Beisammenseins bleiben wird."[267]

Bei der Untersuchung des Umgangs der Technischen Hochschule mit den Nachfahren der Holocaust-Opfer, die Rückerstattungsforderungen für „arisierte" Grundstücke stellten, erweist sich, wie stark dieser von Personen abhängig war. Die Rektoren Hermann Deckert und Hans Schönfeld kommunizierten, als sie mit den Rückforderungen der Erben der Familie Nussbaum konfrontiert wurden, niemals persönlich mit diesen. Auch fehlt jeglicher Hinweis auf eine Anerkennung der Rechtmäßigkeit der Forderungen und eine Reflexion der Umstände, unter de-

---

260 NHStA Nds. 423, Acc. 11/85, Nr. 551, Aktennotiz Syndikus Heim, 18.6.1952.
261 NHStA Nds. 423, Acc. 11/85, Nr. 551, Staatshochbauamt II, Berechnung des Wertes von Grundstück und Bebauung, 16.7.1952.
262 NHStA Nds. 423, Acc. 11/85, Nr. 551, Rektor an Kultusministerium, 31.6.1952.
263 NHStA Nds. 423, Acc. 11/85, Nr. 551, Kaufvertrag zwischen Prof. Berliner und dem Land Niedersachsen, Kultusministerium, vertreten durch Rektor Hensen, 22.7.1952.
264 Das geht aus einem Schreiben des Rektors an das Staatshochbauamt II vom 20.5.1959 hervor, in dem die Bauleitung aufgefordert wird, das Schild nach dem Ende von Renovierungsarbeiten wieder anzubringen, „da die Hochschule sich bei Ankauf des Grundstücks vom letzten Besitzer des Hauses, Herrn Prof. Dr. Berliner, gegenüber verpflichtet hat, für die Anbringung der Plakette zu sorgen." (NHStA Nds. 423, Acc. 11/85, Nr. 550, Rektor an das Staatshochbauamt II, 20.5.1959). Die Tafel mit der Aufschrift „Kommerzienrat Joseph Berliner 1858–1938" befindet sich im Eingangsbereich des Hauses.
265 NHStA Nds. 423, Acc. 11/85, Nr. 551, Prof. Berliner an Rektor Hensen, 25.7.1952.
266 Ebd.
267 NHStA Nds. 423, Acc. 11/85, Nr. 551, Rektor Hensen an Prof. Berliner, 28.7.1952.

nen Haus und Grundstück Am Puttenser Felde 4 in den Besitz der TH Hannover gelangt waren. Im Vordergrund standen stattdessen Bemühungen, Geld für die eigenen Aufwendungen an das gekaufte Grundstück von der Familie zurückzuerhalten. Ein durch finanzielle Interessen bestimmtes Taktieren bestimmte das Handeln von Rektor Schönfeld, als er die Nussbaumschen Erben 1955 darüber im Unklaren lassen wollte, dass die Hochschule Interesse am erneuten Kauf des Grundstücks hatte.

Rektor Walter Hensen traf dagegen wegen der Villa Simon mehrmals mit Siegfried Berliner in Hannover zusammen. Hierbei kam es, hält man die Sympathiebekundungen in den Briefen beider Männer nicht für bloße Höflichkeitsfloskeln, zu einem freundlichen Austausch zwischen dem Emigranten und dem hannoverschen Rektor. In einem Schreiben an einen Mieter der Brühlstraße 7 im Jahre 1953 erkannte Hensen zudem an, dass der Kauf 1942 nicht unter „normalen Umständen" erfolgt sei und hielt fest, das Grundstück sei „im Zuge der seinerzeitigen Arisierung"[268] verkauft worden. Es lassen sich indessen keine stichhaltigen Aussagen darüber machen, ob das unterschiedliche Verhalten der Rektoren mehr aus dem persönlich-biographischen oder aus dem situativen Kontext resultierte.

Geschichtspolitik in der Öffentlichkeit: Die Schließungsdiskussion als Chance zur politischen Neupositionierung der Technischen Hochschule

Während sich die Auseinandersetzung um die Rehabilitierungen von Hochschullehrern und die Entschädigung jüdischer Grundstücksbesitzer weitgehend unter Ausschluss der Öffentlichkeit abspielten, bemühte sich die Technische Hochschule Hannover auf anderen Feldern durchaus um eine aktive öffentliche Darstellung ihrer politischen Vergangenheit. Die Diskussion über die Schließung der Hochschule wurde zum Anlass genommen, ihre Bedeutung als gesellschaftliche Institution in den Vordergrund zu rücken und ihre Rolle für Gegenwart und Zukunft neu festzulegen. Bereits in der ersten Bezirkstags-Sitzung zu diesem Thema im August 1946 ergriff der Professor für Vermessungswesen Richard Finsterwalder die Gelegenheit, die Unersetzlichkeit der Technischen Hochschule und ihres Personals zu betonen und mit übergeordneten Zielen, wie etwa der Wiedererlangung deutscher Souveränität und ökonomischer Stabilität, in Beziehung zu setzen. Durch Rückbezüge auf die Vergangenheit der TH im Nationalsozialismus wollte er dabei sowohl positive Kontinuitäten als auch Brüche deutlich machen. Da es sich bei Finsterwalders Rede um die ausführlichste öffentliche Auseinandersetzung eines Professors der Technischen Hochschule mit ihrer politischen Rolle im Nationalsozialismus in dieser frühen Zeit handelte, soll sie genauer untersucht werden.

Richard Finsterwalder selbst fiel nach 1945 als derjenige Ordinarius auf, der sich mit am stärksten für das öffentliche Image der TH Hannover einsetzte. Wie

---

268 NHStA Nds. 423, Acc. 11/85, Nr. 551, Entwurf einer Räumungsklage gegen den Mieter Franz Rudolph, Darstellung der Eigentumsverhältnisse, Rektor Hensen, 12.3.1953.

noch zu zeigen sein wird, war es auch der Geodät Finsterwalder, der die meisten „Persilscheine" in Entnazifizierungsverfahren schrieb und diese stets mit einer generellen Verteidigung der Hochschule verband.[269] Der 1899 geborene Professor genoss von Anfang an sowohl bei der britischen Besatzungsmacht als auch bei den deutschen Stellen großes Vertrauen.[270] Da bekannt war, dass seine Ehefrau im Sinne der Nationalsozialisten jüdische Vorfahren hatte, ging man von einer Distanz Finsterwalders zum Nationalsozialismus aus.[271] Auch der Professor selbst berief sich nach 1945 auf die Tatsache, dass der „Ariernachweis" seiner Frau beanstandet worden war[272]; in seinem Entnazifizierungsverfahren stufte man ihn als „nicht betroffen" ein.[273] Obwohl er während des Nationalsozialismus keine dokumentierten Nachteile erlitten hatte, bemühte er sich, diesen Eindruck zu erwecken. Als Leiter eines Teams von Wissenschaftlern auf der deutschen Expedition zum Nanga-Parbat (Himalaya) im Jahre 1934 hatte Finsterwalder über die Fachkreise hinaus Berühmtheit erlangt.[274] Die Teilnahme an der Expedition, die von dem Geodäten als Gelegenheit zur nationalen Profilierung gewertet[275] und von den Nationalsozialisten ideologisch aufgeladen wurde[276], half Finsterwalder auf seinem weiteren Karriereweg. Der Nanga Parbat wurde zum „Schicksalsberg der Deutschen"[277] stilisiert; die Personen, die ihn bestiegen hatten, galten als Helden.

Richard Finsterwalder war seit 1930 an der TH Hannover als Oberassistent und Lehrbeauftragter tätig und wurde 1939 außerplanmäßiger Professor.[278] Als er zum Ordinarius für Vermessungswesen berufen werden sollte, war der „Ariernachweis" seiner Frau kein Hindernis. Vom 1. November 1942 an war er ordentlicher Professor für Vermessungswesen und Leiter des Geodätischen Instituts.[279] Bereits im August 1937 hatte das Reichserziehungsministerium der TH Hannover mitgeteilt:

---

269 Vgl. Kapitel 2.
270 Bereits ein erster Bericht des Rektors Conrad Müller an die Militärregierung vom Oktober 1945 zählte Finsterwalder zu denjenigen Professoren, die der NSDAP „innerlich ablehnend" gegenüber gestanden hätten (Vgl. NHStA, Nds. 423, Nr. 156, Basic Report, submitted by the acting Rector Technische Hochschule Hannover 1st Oct. 1945).
271 Finsterwalders Frau war für die Nationalsozialisten „Halbjüdin", da ihre früh gestorbene katholische Mutter jüdische Eltern gehabt habe (Jung, Professoren, 143). Jung bezweifelt, dass diese Tatsache den Finsterwalders vorher überhaupt bekannt gewesen sei.
272 Finsterwalder gab in seinem Fragebogen vom 28.3.1947 an: „Ich bin im Sinne der NS-Gesetze nichtarisch verheiratet (...)." (NHStA 171 Hannover, Nr. 85826, Fragebogen Richard Finsterwalder, 28.3.1947).
273 NHStA Nds. 171 Hannover, Nr. 85826, Notiz des Öffentlichen Klägers Dr. Nonne, 6.8.1948.
274 Vgl. Gerken (Hg.), Catalogus Professorum, 114; Peter Mierau, *Nationalsozialistische Expeditionspolitik. Deutsche Asien-Expeditionen 1933–1945*, München 2006, 95ff. Das wissenschaftliche Ziel der Expedition, bei der mehrere Männer starben, war die Anfertigung einer Karte des Nanga Parbat-Gebietes (ebd., 98).
275 Vgl. Mierau, Expeditionspolitik, 96. Mierau stellt fest, Finsterwalder habe einen „Wissenschaftsnationalismus" propagiert.
276 Vgl. ebd., 193ff.
277 Ebd.
278 Gerken (Hg.), Catalogus Professorum, 114.
279 Ebd.

„Nach der mir zugegangenen Mitteilung des Stellvertreters des Führers vom 25. Mai 1937 hat der Führer entschieden, dass bei Prof. Finsterwalder im Hinblick auf seine Teilnahme an der Nanga-Parbat-Expedition eine Ausnahme zu machen ist, so daß er ausnahmsweise in das Beamtenverhältnis berufen und auf einen planmäßigen Lehrstuhl gestellt werden kann."[280]

Finsterwalder genoss also die Unterstützung höchster Stellen des NS-Systems. Im Zusammenhang mit der Auswahl des Expeditionsteams hatte er schon 1934 Kontakt zum „Stellvertreter des Führers" Rudolf Heß gehabt.[281] Finsterwalder engagierte sich auch für die expansionistischen Ziele der Diktatur, indem er sein Fachwissen dem „Kolonialpolitischen Amt" der Partei als Leiter der karthografischen Afrikaforschungen zur Verfügung stellte.[282] Dieses Amt wurde von Ritter von Epp geleitet und diente der Vorbereitung eines nationalsozialistischen Kolonialreiches. Epp war Finsterwalder bereits bekannt, da dieser das Freikorps geführt hatte, in dem der Geodät nach dem Ersten Weltkrieg an der „Befreiung von München und Hamburg" (Finsterwalder), also am Kampf gegen die Revolution, teilgenommen hatte.[283]

Obwohl sich Finsterwalder in nationalistischen und nationalsozialistischen Belangen also durchaus engagiert hatte, kam ihm als vermeintlich „Unbelastetem" nach 1945 eine bedeutende Rolle bei der Etablierung eines positiven Hochschulimages zu. Vor seinem Weggang an die Technische Hochschule München im Jahre 1948 war er ein engagierter „Öffentlichkeitsarbeiter", der mit prägnanten Formulierungen („Wir sind die Technische Hochschule des Ruhrgebiets") den Nerv seiner Kollegen traf. Und so war er es, der im August 1946 vor dem hannoverschen Bezirkstag den Antrag der Hochschule gegen die vermeintlichen Schließungspläne der Landesregierung begründete:

„Die Technische Hochschule Hannover bildet als bedeutendste Hochschule der britischen Zone die Grundlage für die Entwicklung der Friedensindustrie, der Wirtschaft und Technik sowie der Arbeiterwohlfahrt in Nord-Westdeutschland."[284]

Finsterwalder stellte also einen unmittelbaren Zusammenhang zwischen der Existenz der Technischen Hochschule Hannover und der Entwicklung der deutschen Wirtschaft her. Der Verweis auf die „Friedensindustrie" sollte die Bereitschaft der Hochschule betonen, am friedlichen Wiederaufbau mitzuwirken. Implizit enthielt

---

280 NHStA Hann. 146 A, Acc. 10/85, Nr. 15, Berufungsantrag der Fakultät für Allgemeine Wissenschaften an das Reichserziehungsministerium, 20.6.1940. Anlage: Schreiben des Ministeriums an den Rektor der THH vom 5.8.1937.
281 Vgl. Mierau, Expeditionspolitik, 97. Mierau betont, dass Finsterwalder sich für die höhere Gewichtung fachlicher gegenüber „rassischen" Kriterien eingesetzt habe, erwähnt aber auch, dass Finsterwalder über die angebliche „kommunistische Vergangenheit" eines möglichen Expeditionsteilnehmers „empört" gewesen sei (ebd., 97).
282 Diese ehrenamtliche Funktion bekleidete Finsterwalder seit 1938. Daneben war er seit 1939 auch Mitglied des Beirates für Vermessungstechnik und Kartografie im Reichsministerium des Innern (vgl. NHStA Hann. 146 A, Acc. 10/85, Nr. 15, Berufungsantrag der Fakultät für Allgemeine Wissenschaften an das Reichserziehungsministerium, 20.6.1940).
283 NHStA Hann. 146 A, Acc. 10/85, Nr. 70, Lebenslauf von Richard Finsterwalder, 29.5.1940.
284 NHStA Nds. 423, Acc. 11/85, Nr. 155, Antrag Prof. Finsterwalders an den Bezirkstag, Sitzung am 27.8.1946, 1.

er auch den Bruch mit dem gleichwohl nicht offen eingeräumten Dienst der TH Hannover an der Kriegsindustrie. Der Legitimitätsanspruch, den Finsterwalder hier geltend machte, wurde durch den Verweis auf das Wohl der Arbeiterschaft zusätzlich auf eine breitere Grundlage gestellt. Deutlich wurde dieser Aspekt in folgendem Appell:

> „Es geht dabei nicht um uns und die Hochschule, es geht um den Arbeiter der Hanomag, der Conti, den Arbeiter an Rhein und Ruhr, um die Ostflüchtlinge, die wieder Arbeit und Brot und eine Existenz erhalten müssen. Es geht um die Zukunft des deutschen Volkes!"[285]

Finsterwalders Argumentationsgang ist ein Beispiel dafür, wie Sinnstiftungs- und Legitimationsstrategien aus der NS-Zeit nach 1945 ersetzt bzw. modifiziert wurden. Ging es bis Kriegsende für die meisten Wissenschaftler darum, zur Wahrung eigener Interessen den Nutzen der eigenen Disziplin oder einzelner Hochschulen für das „deutsche Volk" oder den „deutschen Sieg" herauszustellen, wurde nun zusätzlich eine Art internationales „Wettbewerbsethos" verbreitet, das letzten Endes der Hebung der „Kultur" aller Völker dienen sollte:

> „Aufgabe der Hochschulen ist es vor allem, im Dienste des eigenen Volkes, aber auch aller anderen Völker der Erde, Wissenschaft und Technik zu fördern und dabei in vornehmer Zusammenarbeit wie in edlem Wettstreit zwischen allen Wissenschaftlern und Hochschulen der Erde das Beste für die Kultur der Menschheit zu erreichen."[286]

Wissenschaft und Technik erschienen so als rein positive, zeitunabhängige Zivilisationsfaktoren. Die rhetorische Einbindung der Wissenschaft in einen friedlichen internationalen Zusammenhang ermöglichte es ihren Protagonisten, diese in einen neuen Sinnkontext zu stellen und dabei die Mitarbeit vieler Wissenschaftler am deutschen Vernichtungskrieg zu verschweigen.[287]

Die von Finsterwalder vorgetragenen Überlegungen bezogen auch den an der Technischen Hochschule auszubildenden Ingenieur ein. Er wurde, wie bereits nach dem Ersten Weltkrieg, zu einem „Führer aus der Krise"[288] stilisiert:

> „Dass heute für uns in Deutschland von dem Können dieser Ingenieure die Möglichkeit abhängig ist, eine mit dem Ausland konkurrenzfähige Ausfuhrindustrie zu entwickeln und gleichzeitig die Wohlfahrt des Deutschen Arbeiters auf der Höhe zu halten, ist leicht einzusehen und damit auch die lebenswichtige Bedeutung, welche die Technischen Hochschulen gerade heute in Deutschland haben. Sie sind eine der wichtigsten Grundlagen für das künftige Leben unseres Volkes."[289]

Der Verweis auf die Bedeutung der Ingenieure für die künftige Exportstärke der deutschen Wirtschaft diente nicht zuletzt dazu, die niedersächsische Landesregie-

---

285 Ebd., 4
286 Ebd., 1
287 Vgl. zur Diskussion um die Rolle technischer Wissenschaften nach 1945 Kapitel 4.
288 Vgl. Anette Schröder, *Vom Nationalismus zum Nationalsozialismus. Die Studenten der Technischen Hochschule Hannover von 1925 bis 1938*, Hannover 2003, 95ff.
289 NHStA Nds. 423, Acc. 11/85, Nr. 155, Antrag Prof. Finsterwalders an den Bezirkstag, Sitzung am 27.8.1946, 1.

rung daran zu erinnern, dass gerade die Wirtschaft gegen eine Schließung der Technischen Hochschule war.

Bei der Thematisierung der NS-Vergangenheit setzte Finsterwalder auf die damals weit verbreitete Darstellung der Deutschen als Kriegsopfer. In seiner Antragsbegründung wurde deutlich, dass deutsche Kriegsopfer im Zentrum der Nachkriegsdiskurse standen:[290]

> „Reiche Ernte hat der Tod in den Reihen der jungen Forscher im Kriege [...] gehalten. Das Ausland, mit dem wir in friedlichem Wettstreit auf dem Gebiet der Forschung und Wissenschaft, in Technik und Industrie bestehen müssen, wenn wir als Kulturvolk und Kulturstaat im Herzen Europas weiterbestehen wollen, hat nicht entfernt unter solchem Mangel gelitten und solche Verluste gehabt."[291]

Finsterwalder behauptete nicht nur, die Deutschen und insbesondere die Wissenschaftler seien vor allem Kriegsopfer; in seiner Darstellung hatten sie sogar die höchsten Verluste erlitten. Daneben versuchte er, positive Kontinuitäten zu konstruieren. Nicht nur der Bruch mit der Vergangenheit und der Wille zum Frieden wurden von Finsterwalder zum Zwecke der Legitimation herausgestellt; auch die Bewahrung dessen, was als erhaltenswert und positiv an der Vergangenheit erscheinen sollte. Der Geodät formulierte den Wunsch, Deutschland möge „als Kulturvolk und Kulturstaat im Herzen Europas weiterbestehen", als hätten diese Legitimitätsformeln durch den Nationalsozialismus keinen Schaden erlitten. Finsterwalder wusste sich hierin einig mit den meisten westdeutschen Universitätsrektoren, die an alte, vermeintlich unbeschädigte nationale Ideale appellierten, um sich symbolisch vom NS-System zu distanzieren.[292] Er kam nicht nur an dieser Stelle auf die politische Vergangenheit zu sprechen, sondern widmete ihr große Teile seiner Rede. Einen ganzen Abschnitt seiner Ausführungen stellte Finsterwalder unter die Überschrift: „Die Technische Hochschule Hannover in der Zeit seit 1933".[293] „Aber sind die Technischen Hochschulen nicht die Stätten für die Entwicklung der Technik des Krieges und ist nicht die Technische Hochschule dabei führend gewesen?"[294] fragte der Professor, um den VolksvertreterInnen anschließend seine Interpretation der Geschichte der Universitäten in der Zeit des Nationalsozialismus zu erläutern:

> „Aus vielen Reden und Dokumenten ist bekannt, wie sehr der Nationalsozialismus der Intelligenz, der Wissenschaft und dem Wissenschaftler misstraut hat. Die Gründe dafür liegen klar in den Grundsätzen der Wissenschaft: 1.) ihrem unbedingten Streben nach Wahrheit, 2.) dem

---

290 Hierzu vgl. z. B. Robert G. Moeller, *War Stories: The search for a usable past in the Federal Republic of Germany*, Berkeley 2001. Zur Bedeutung des Opferdiskurses an den westdeutschen Universitäten vgl. Ralph Boch, *Exponenten des „akademischen Deutschland" in der Zeit des Umbruchs: Studien zu den Universitätsrektoren der Jahre 1945 bis 1950*, Marburg 2004, 295.
291 NHStA Nds. 423, Acc. 11/85, Nr. 155, Antrag Prof. Finsterwalders an den Bezirkstag, Sitzung am 27.8.1946, 3.
292 Vgl. Boch, Exponenten, 297f.
293 NHStA Nds. 423, Acc. 11/85, Nr. 155, Antrag Prof. Finsterwalders an den Bezirkstag, Sitzung am 27.8.1946, 2
294 Ebd.

Grundsatz von Freiheit in Lehre und Forschung, und 3.) dem Grundsatz von der unbedingten Öffentlichkeit jeder wahren Wissenschaft. Diese Grundsätze widersprachen völlig den Praktiken des Nationalsozialismus. Deshalb fanden die Hochschulen keine Förderung im Dritten Reich, auch die Technischen Hochschulen nicht."[295]

Finsterwalder konstruierte so einen Gegensatz zwischen Nationalsozialismus und Wissenschaft: beide erschienen als unvereinbar. Wissenschaft wurde zu einer an sich positiven, unbestechlichen, aus Zusammenhängen politischer Verantwortung lösbaren Größe stilisiert. Ihre Beteiligung an den nationalsozialistischen Verbrechen wurde auf diesem Wege rhetorisch zum Verschwinden gebracht.[296]

Richard Finsterwalder betonte dementsprechend, die eigentliche Kriegsforschung habe im Wesentlichen in außeruniversitären Einrichtungen stattgefunden. Die Hochschulen hätten hingegen „ein kümmerliches Dasein"[297] gefristet. Die TH Hannover habe auch nach 1933 an einer „friedlichen Ausrichtung ihrer Lehr- und Forschungstätigkeit festgehalten".[298] Für die Lehre hat jedoch die Historikerin Anette Schröder feststellen können, dass diese sowohl „wehrtechnischen" als auch zum Teil sonstigen ideologischen Forderungen des NS-Regimes angepasst wurde und somit nicht als unberührt vom Nationalsozialismus dargestellt werden kann.[299] Auf dem Gebiet der Forschung belegen die Untersuchungsergebnisse Michael Jungs die Unhaltbarkeit von Finsterwalders Thesen: für den Zeitraum zwischen 1940 und 1945 konnte Jung „mindestens 175 als kriegswichtig bezeichnete Forschungs- und Entwicklungsarbeiten"[300] der TH Hannover nachweisen. Dabei war nicht nur das vom Chef des Planungsamtes im Reichsforschungsrat Werner Osenberg geleitete Institut für Werkzeugmaschinen („Osenberg-Institut") für den deutschen Angriffskrieg tätig, das seit 1940 „fast ausschließlich"[301] für die Wehrmacht forschte und dafür u. a. die „Torpedo-Versuchsanstalt" errichtet hatte. „Nahezu alle technisch-naturwissenschaftlichen Institute"[302] der Hochschule waren in die Forschung für den Krieg eingebunden.

Richard Finsterwalder betonte indessen im Jahre 1946, dass auch neu eingerichtete Professuren wie etwa das Ordinariat für landwirtschaftlichen Wasserbau und

---

295 Ebd.
296 Vgl. hierzu z.B. Herbert Mehrtens, „Kollaborationsverhältnisse: Natur- und Technikwissenschaften im NS-Staat und ihre Historie", in: Christoph Meinel/Peter Voswinckel, *Medizin, Naturwissenschaft, Technik und Nationalsozialismus. Kontinuitäten und Diskontinuitäten*, Stuttgart 1994, 13–32; Ders., „,Mißbrauch'. Die rhetorische Konstruktion der Technik nach 1945", in: Walter Kertz (Hg.), *Technische Hochschulen und Studentenschaft in der Nachkriegszeit*, Braunschweig 1994, 33–50. Zu ähnlichen Argumentationssträngen unter westdeutschen Hochschulrektoren vgl. Boch, Exponenten, 287, 314ff. Vgl. a. Kapitel 4.
297 NHStA Nds. 423, Acc. 11/85, Nr. 155, Antrag Prof. Finsterwalders an den Bezirkstag, Sitzung am 27.8.1946, 2.
298 Ebd.
299 Schröder, Studenten, 241ff.
300 Adelheid von Saldern/Anette Schröder/Michael Jung/Frauke Steffens, „Geschichte als Zukunft. Die Technische Hochschule in den Umbruchzeiten des 20. Jahrhunderts", in: Seidel (Hg.), Festschrift zum 175-jährigen Bestehen der Universität Hannover, 205–228, hier 217.
301 Ebd., 216.
302 Ebd., 217.

jene für „ziviles Vermessungswesen"[303] „bestimmt nicht militärischen"[304] Zwecken gedient hätten. Mit letzterer Professur meinte er seinen eigenen Lehrstuhl. Dass auch Wissenschaften, die unter anderen politischen Umständen tatsächlich „zivil" genutzt wurden, sich in vielfältiger Weise an den Handlungen der Nationalsozialisten beteiligten, ist hinreichend belegt[305] und dokumentiert die politische Multivalenz von Wissenschaft und Technik.[306] Auch Finsterwalders karthografische Forschungen dienten, wie erwähnt, zum Teil nationalsozialistischen Zielen. Die beiden Institute der TH Hannover, die nach 1942 durch die Förderung der Nationalsozialisten eingerichtet wurden, nämlich das Institut für Erdölforschung und das Institut für Kautschukforschung, nahm Finsterwalder in Schutz, da sie „für die Friedensindustrie von dauerhaftem Wert"[307] seien. Ihren Beitrag zur Kriegsforschung, der im Falle des Erdölinstituts etwa in der Verbesserung der Einsatzfähigkeit von Versorgungsfahrzeugen an der „Ostfront" gelegen hatte,[308] erwähnte er nicht.

Auch die Tatsache, dass an mindestens einem Institut der TH Hannover ZwangsarbeiterInnen eingesetzt wurden, war nach 1945 kein Thema; weder Finsterwalder noch seine Kollegen räumten diesen Umstand jemals ein. Dabei hatte das Institut für Werkzeugmaschinen unter Werner Osenberg neben zeitweise 45 belgischen und französischen sogenannten „Fremdarbeitern"[309] auch 23 Russinnen beschäftigt[310], die als Metall-Hilfsarbeiterinnen ausgebeutet wurden und deren Situation deutlich schlechter war als die der ArbeiterInnen aus Westeuropa.[311]

---

303 NHStA Nds. 423, Acc. 11/85, Nr. 155, Antrag Prof. Finsterwalders an den Bezirkstag, Sitzung am 27.8.1946, 2.
304 Ebd.
305 Genannt seien beispielsweise die Fächer Medizin, Landesplanung und Architektur. Vgl. etwa: Angelika Ebbinghaus/Klaus Dörner (Hg.), *Vernichten und Heilen. Der Nürnberger Ärzteprozess und seine Folgen*, Berlin 2001; Gert Gröning/Joachim Wolschke-Bulmahn, *Die Liebe zur Landschaft. Teil III: Der Drang nach Osten*, München 1987; Durth, Deutsche Architekten.
306 Vgl. Mitchell G. Ash, „Verordnete Umbrüche - Konstruierte Kontinuitäten: Zur Entnazifizierung von Wissenschaftlern und Wissenschaften nach 1945", in: *Zeitschrift für Geschichtswissenschaft 43 (10) 1993*, 903–923, hier 932.
307 NHStA Nds. 423, Acc. 11/85, Nr. 155, Antrag Prof. Finsterwalders an den Bezirkstag, Sitzung am 27.8.1946, 2.
308 Von Saldern u. a., Geschichte als Zukunft, 217.
309 NHStA Hann. 146 A, Acc. 125/84, Nr. 9, Institut für Werkzeugmaschinen, Reinecke, an die Deutsche Arbeitsfront, 1.12.1943. Demnach handelte es sich um 41 Belgier und 4 Franzosen.
310 Ebd.
311 Mark Spoerer, „Die soziale Differenzierung der ausländischen Zivilarbeiter, Kriegsgefangenen und Häftlinge im Deutschen Reich 1938–1945", in: Militärgeschichtliches Forschungsamt (Hg.), *Das Deutsche Reich und der Zweite Weltkrieg, Bd. 9. Die deutsche Kriegsgesellschaft 1939 bis 1945; Halbband 2: Ausbeutung, Deutungen, Ausgrenzung*, Stuttgart 2005, 485–576, hier 498f. Die ArbeiterInnen aus Westeuropa wurden unter mehr oder weniger großem Druck „angeworben" und konnten z. B. im Urlaub nach Hause fahren. Vertragsfreiheit bestand aber auch für sie nicht. Von den „OstarbeiterInnen" wurde fast die Hälfte des Lohns als „Ostarbeiterabgabe" einbehalten (ebd.). Eine russische Arbeiterin hatte zum Beispiel am Institut für Werkzeugmaschinen der TH Hannover im Januar 1944 151,20 RM für 270 Arbeitsstunden verdient; davon blieben nach Abzug von Verpflegung und „Ostarbeiterzulage"

Die sogenannten „Ostarbeiter" mussten an ihrer Kleidung die Aufschrift „OST" tragen; im August 1943 verfügte die Kreisverwaltung Hannover der Deutschen Arbeitsfront (DAF) zudem, dass diese Kennzeichnung bei „schlechter Führung" weiterhin auf der rechten Brust, bei „guter Führung" am linken Oberarm zu tragen sei.[312] Die Russinnen wurden in einem vom Institut für Werkzeugmaschinen als „Lager"[313] eingerichteten Haus in der Warstraße 20 b, also in unmittelbarer Nähe der Technischen Hochschule, gefangen gehalten. Für die Bewachung des Lagers war nicht etwa eine NS-Organisation zuständig. Das Institut heuerte dafür einen privaten Sicherheitsdienst, den „Wachdienst Niedersachsen" an.[314] So lag die Entscheidung über die Behandlung der Frauen durch die Wachmänner in der Hand des Instituts für Werkzeugmaschinen. Ein Vertreter des Instituts zeichnete ein Dokument ab, das Vorschriften über ihre Bewachung festlegte. Es sei streng darauf zu achten, dass niemand „ohne besondere schriftliche Genehmigung des Instituts das Lager verlässt."[315] Weiter hieß es:

> „Die Wachmänner haben sich von den sowjetischen Arbeitskräften strengstens fernzuhalten und dürfen mit ihnen ausserhalb des Dienstes kein überflüssiges Wort sprechen; sie haben den Lagerinsassen gegenüber energisch aufzutreten. Bei den geringsten Anzeichen von Widersetzlichkeit und Ungehorsam ist rücksichtslos durchzugreifen."[316]

Die Frauen durften die Tür der Toilette im Lager niemals schließen, da sonst „Fluchtgefahr" bestehe.[317] Als es zu nicht durch diese Vorschriften abgedeckten weiteren Schikanen durch einen Wachmann kam, veranlasste das Institut, dass dieser ausgetauscht wurde; schließlich seien die Frauen „gerecht" zu behandeln.[318] Auf dem Gelände des in Zusammenarbeit mit der Continental Gummi AG eingerichteten Instituts für Kautschukforschung sollten im März 1944 500 weibliche KZ-Häftlinge aus Neuengamme untergebracht werden, die bei der Conti arbeiten mussten. Dies geschah aber offensichtlich nicht, nachdem Rektor Helmut Pfannmüller und verschiedene Professoren die Befürchtung ausgedrückt hatten, es werde zu „Diebstählen und Sabotageakten"[319] durch Häftlinge kommen. Außerdem

---

54 RM übrig (NHStA Hann. 146 A, Acc. 125/84, Nr. 97, Lohnaufstellung für 20 russische Arbeiterinnen, Januar 1944).
312 NHStA Hann. 146 A, Acc. 125/84, Nr. 9, Schreiben der DAF-Kreisverwaltung Hannover vom 13.8.1943.
313 NHStA Hann. 146 A, Acc. 125/84, Nr. 9, Institut für Werkzeugmaschinen, Reinecke, an die Deutsche Arbeitsfront, 1.12.1943. Danach waren zu diesem Zeitpunkt noch 16 Frauen im Lager untergebracht; vier befanden sich bereits in Lindau, wohin das Institut nach den Bombenangriffen auf Hannover ausgelagert wurde.
314 NHStA Hann. 146 A, Acc. 125/84, Nr. 61, Aktennotiz vom 10.3.1943.
315 NHStA Hann. 146 A, Acc. 125/84, Nr. 61, Wachvorschriften Warstr. 20 b, abgezeichnet vom Institut für Werkzeugmaschinen, 19.1.1943.
316 Ebd.
317 Ebd.
318 Ebd., Aktennotiz vom 10.3.1943. Laut dieser Notiz hatte ein Wachmann des „Wachdienstes Niedersachsen" den Frauen unter anderem verweigert, sich zu waschen.
319 NHStA Hann. 146 A, Acc. 10/85, Nr. 185, Gustav Keppeler an den Rektor, 13.10.1944, vgl. a. den Schriftwechsel zwischen Rektor Pfannmüller und Direktor Assbroicher von der Continental AG (NHStA Hann. 146 A, Acc. 10/85, Nr. 186, Schriftwechsel Assbroicher/ Pfann-

hatte die Hochschule sich geweigert, den Frauen vorübergehenden Zutritt zu ihren Luftschutzräumen zu gewähren[320]; die Conti brachte daraufhin die Häftlinge wahrscheinlich nicht auf dem von ihr als „Lager Welfengarten"[321] bezeichneten Gelände unter; es wurde stattdessen eine unbekannte Zahl ausländischer Zwangsarbeiter hier festgehalten.[322]

Trotz der intensiven Beteiligung der Technischen Hochschule Hannover an der Kriegsforschung, in deren Rahmen auch ZwangsarbeiterInnen ausbeutet wurden, hielt Richard Finsterwalder nach 1945 an der Auffassung fest, militärische Forschung sei an der TH „teils freiwillig, teils gezwungen, teils scheinbar"[323] betrieben worden. Finsterwalders Auffassung zufolge war dabei „durch die Politik eines Wahnsinnigen unsere Friedensarbeit z. T. missbraucht"[324] worden.

Die Darstellung der Wissenschaft als Opfer eines „Wahnsinnigen" befand sich im Einklang mit den Interpretationen vieler Universitätsrektoren, deren sym-

---

müller vom 7.7.1944 und 12.7.1944). Pfannmüller hatte gegen die Unterbringung der KZ-Häftlinge auf dem Hochschulgelände ebenfalls Bedenken angemeldet; diese richteten sich aber lediglich auf das Äussere und auf etwaige „charakterliche" Mängel der Häftlinge (ebd.).

320 Vgl. NHStA Hann. 146 A, Acc. 10/85, Nr. 185, Continental AG an Rektor, 31.3.1944. Die Conti bat darum, vorübergehend die Luftschutzräume der THH für die Häftlinge zu öffnen; Pfannmüller lehnte dies unter dem 3.4.1944 ausdrücklich ab, da eine „schärfste Trennung" zwischen Häftlingen und Hochschulangehörigen bestehen müsse.

321 NHStA Hann. 146 A, Acc. 10/85, Nr. 185, Rektor an Continental AG, 3.4.1944.

322 NHStA Hann. 146 A, Acc. 10/85, Nr. 186, Pfannmüller schrieb am 12.7.1944 an Direktor Assbroicher: „Ich entnehme Ihrem Schreiben, daß das Kautschuk-Institut als Lager eine Muster-Einrichtung werden soll und daß damit die Gewähr gegeben ist, daß nur ausgesuchte ausländische Belegschaftsmitglieder untergebracht werden." Dass hier Zwangsarbeiter untergebracht wurden, geht auch aus diversen Beschwerden von Hochschulangehörigen über „Sicherheitsmängel" und ausländische Arbeiter, die sich in Hochschulgebäuden aufhielten, hervor (NHStA Hann. 146 A, Acc. 10/85, Nr. 185, Schriftwechsel des Rektors mit einzelnen Professoren). Die Zwangsarbeit an der TH Hannover ist bisher nicht untersucht worden, weshalb nicht ausgeschlossen werden kann, dass auch weitere Institute ZwangsarbeiterInnen einsetzten. Die Erforschung der Zwangsarbeit an anderen deutschen Hochschulen und Universitäten steht erst am Anfang. Ergebnisse liegen z. B. aus Köln, Freiburg und Tübingen vor (vgl. Andreas Freitäger, *Zwei belgische „Zivilarbeiter" am Institut für Angewandte Physik der Universität Köln 1943–1944. Ein Beitrag zur Geschichte der Zwangsarbeit an Universitäten*, Köln 2006; Dieter Speck, „Zwangsarbeit in Universität und Universitätsklinikum Freiburg", in: *Jahrbuch für Universitätsgeschichte 6 (2003)*, 205–233; Arbeitskreis Universität Tübingen im Nationalsozialismus: *Zwangsarbeit an der Universität Tübingen im Nationalsozialismus* (http://www.uni-tuebingen.de/uni/gvo/pm/pm2007/download/bericht_zwangsarbeiter.pdf, abgerufen am 5.10.2007). Die Aufarbeitung der Zwangsarbeit an deutschen Universitäten verläuft nicht immer konfliktfrei. So wurde ein früherer, von der Universität Tübingen bereits im Jahre 1999 in Auftrag gegebener Bericht zu diesem Thema nicht veröffentlicht oder von der Universität kommentiert (ebd., 3). Gegen die Untersuchung der Zwangsarbeit am Universitätsklinikum Göttingen gab es Widerstände (Heidi Niemann, „Zwangsarbeiter im Klinikum Göttingen – Widerstände gegen die Aufarbeitung", in: *Ärzte Zeitung online*, 26.7.2005 (http://www.aerztezeitung.de/docs/2005/07/26/137a0301asp?cat=/magazin/ethik_in_der_medizin, abgerufen am 05.10.2007).

323 NHStA Nds. 423, Acc. 11/85, Nr. 155, Antrag Prof. Finsterwalders an den Bezirkstag, Sitzung am 27.8.1946, 3.

324 Ebd.

bolische Distanzierung vom Nationalsozialismus nach 1945 häufig unter Berufung auf „katastrophische"[325] Darstellungen einer „kulturlosen"[326] „Diktatur der Ungebildeten"[327] vorgenommen wurde. Der Opferdiskurs vermischte sich bei Finsterwalder mit der Darstellung des Verhältnisses von Wissenschaft und Diktatur als „Missbrauch", die von der historischen Forschung zugunsten einer differenzierten Darstellung der gegenseitigen Mobilisierung von Ressourcen zurückgewiesen wird.[328]

Der sogenannte „Fall Osenberg" war für Richard Finsterwalder von zentraler Bedeutung. Osenberg, der im seit 1942 von Hermann Göring geleiteten Reichsforschungsrat unter anderem für die Koordination der Rüstungsforschung zuständig war[329], habe die Technischen Hochschule Hannover in den Ruf gebracht, „eine Art geistiges Rüstungs- und Waffenarsenal"[330] zu sein. Dies sei jedoch ein falscher Eindruck; Osenbergs Aktivitäten hätten sich schließlich außerhalb der Hochschule abgespielt. Da das Institut für Werkzeugmaschinen Teil der Technischen Hochschule war und Osenberg hier beispielsweise noch bis kurz vor Kriegsende an einer neuen Flakrakete forschte, für die das Institut für Aerodynamik ebenfalls spezielle Untersuchungen durchführte[331], war diese Darstellung falsch. Finsterwalder diente sie aber dazu, seine später anlässlich mehrerer Entnazifizierungsverfahren von Kollegen wiederholte These zu bekräftigen, es habe sich beim nationalsozialistischen Engagement der Professoren um einige bedauerliche Einzelfälle gehandelt. Die Hervorhebung vermeintlicher Einzelfälle diente auch an anderen Universitäten der Entlastung.[332]

Finsterwalder ging noch weiter, indem er die nationalsozialistische Einflussnahme an der Hochschule, die hinreichend dokumentiert ist[333], leugnete und behauptete, die TH sei in der NS-Zeit demokratisch organisiert gewesen: „Die ungebrochene Kraft de[s] nach der alten demokratischen Hochschulverfassung organisierten

---

325 Boch, Exponenten, 289.
326 So Georg Schreiber, Rektor der Universität Münster 1945/46, vgl. ebd., 297.
327 So Joseph Kroll, Rektor der Universität Köln 1945–1949, vgl. ebd., 297.
328 Vgl. Mehrtens, „Mißbrauch"; Ders., Kollaborationsverhältnisse; sowie z. B. Mitchell G. Ash, „Wissenschaft und Politik als Ressourcen für einander", in: Rüdiger vom Bruch/Brigitte Kaderas (Hg.), *Wissenschaften und Wissenschaftspolitik – Bestandsaufnahmen zu Formationen, Brüchen und Kontinuitäten im Deutschland des 20. Jahrhunderts*, Stuttgart 2002, 32–51.
329 Werner Osenberg (1900–1974) war seit 1938/39 Ordinarius für Werkzeugmaschinen an der TH Hannover und seit 1943 Leiter des Planungsamtes des Reichsforschungsrates. Von 1954 bis 1970 war er Leiter des Instituts für Fertigungsmaschinen an der THH; vgl. Gerken (Hg.), Catalogus Professorum, 372. Nach dem Krieg war Osenberg zunächst interniert.
330 NHStA Nds. 423, Acc. 11/85, Nr. 155, Antrag Prof. Finsterwalders an den Bezirkstag, Sitzung am 27.8.1946, 3.
331 Von Saldern u. a., Geschichte als Zukunft, 217.
332 Noch häufiger als der Verweis auf das Fehlverhalten von Kollegen war zum Beispiel unter deutschen Universitätsrektoren die Trennung zwischen der „Verrohung" und dem „lärmende[n] Treiben" der Nationalsozialisten, von denen sich die Akademiker symbolisch abgrenzten (Vgl. Boch, Exponenten, 297).
333 Vgl. Von Saldern u. a., Geschichte als Zukunft; Schröder, Studenten; Jung, Professoren.

Lehrkörpers"[334] habe eine nationalsozialistische Einflussnahme von außen verhindert. Gemeint war die Hochschulverfassung von 1880. Selbst wenn diese Verfassung jedoch nach 1933 noch ungehindert in Kraft gewesen wäre, könnten Wahlen in der nationalsozialistischen Diktatur, an der ohnehin nur „Arier" teilnehmen durften, nicht als „demokratisch" bezeichnet werden. Diese Darstellung diente Finsterwalder jedoch dazu, eine positive Kontinuität zur NS-Zeit herzustellen und die Behauptung, die TH Hannover habe bis auf wenige Ausnahmen „friedlich" gearbeitet, zu unterstützen. Ein Blick auf die von Michael Jung untersuchten Berufungsverfahren nach 1933 belegt indessen, dass die TH Hannover entgegen Finsterwalders Ausführungen kein Opfer der „Gleichschaltung" war, sondern eher eine „Selbst-Gleichschaltung"[335] vornahm: Mehr als zwei Drittel dieser Berufungen wurden einvernehmlich mit dem Reichserziehungsministerium und im Einklang mit den nationalsozialistischen Hochschulgesetzen vorgenommen.[336]

Richard Finsterwalder nahm ausdrücklich auch diejenigen Professoren in Schutz, die Mitglieder in der NSDAP und anderen nationalsozialistischen Organisationen gewesen waren und sich hier oft auch engagiert hatten. Im Jahre 1941 waren fünfzig Prozent der hannoverschen Ordinarien in der NSDAP; rechnet man die Mitglieder des Nationalsozialistischen Deutschen Dozentenbundes hinzu, ergibt sich ein Organisationsgrad der Professoren von 70 Prozent.[337] Finsterwalder räumte ein, er wolle „nicht sagen, dass unter den Professoren der Technischen Hochschule Hannover keine Nationalsozialisten waren, es waren aber keine Nazis, sondern ehrliche Menschen."[338] Der Geodät nahm also eine Trennung zwischen dem nationalsozialistischen Engagement einer Person und ihrem sonstigen Wirken bzw. ihrer Persönlichkeit vor – eine Herangehensweise, die auch in vielen Entnazifizierungsverfahren eine große Rolle spielte und von den entsprechenden Ausschüssen oft positiv sanktioniert wurde.[339] Richard Finsterwalder resümierte seine Ausführungen schließlich mit den Worten:

> „Im wesentlichen aber führt auf allen Gebieten der Technischen Hochschule Hannover die Lehre und Forschung eine gerade Linie ohne Zugeständnisse an den Nationalsozialismus aus der Zeit vor 1933 durch die Finsternis des Dritten Reiches in die Gegenwart. [...] So steht die Technische Hochschule innerlich gesund an der Schwelle einer neuen Zeit. Sie ist erfüllt von dem Bewusstsein der Größe ihrer Aufgaben auf wissenschaftlichem, pädagogischem und politischem Gebiet."[340]

Die Darstellung der Hochschule als „innerlich gesund" war dabei ebenso repräsentativ wie die Umschreibung der NS-Zeit als „Finsternis": Formulierungen wie

---

334 NHStA Nds. 423, Acc. 11/85, Nr. 155, Antrag Prof. Finsterwalders an den Bezirkstag, Sitzung am 27.8.1946, 3.
335 Jung, Professoren, 148.
336 Ebd.
337 Ebd., 189.
338 NHStA Nds. 423, Acc. 11/85, Nr. 155, Antrag Prof. Finsterwalders an den Bezirkstag, Sitzung am 27.8.1946, 3.
339 Vgl. Kapitel 2.
340 NHStA Nds. 423, Acc. 11/85, Nr. 155, Antrag Prof. Finsterwalders an den Bezirkstag, Sitzung am 27.8.1946, 3.

die von den „dunklen Jahren" oder von einem „Unheil" in das man passiv „geraten" sei, tauchten auch in den von Ralph Boch untersuchten Rektoratsreden diverser Universitäten auf.[341]

Für die Technische Hochschule Hannover war es indessen außergewöhnlich, dass Finsterwalders Rede in dieser Form und Ausführlichkeit überhaupt gehalten wurde.[342] Und auch im Vergleich mit den Rektorenreden der unmittelbaren Nachkriegszeit kann die Themenwahl Finsterwalders als ungewöhnlich direkt gelten. Von den achtzig Rektoren, die Ralph Boch untersucht hat, erwähnten weniger als die Hälfte in ihren Texten und Reden den Nationalsozialismus – wenn dies geschah, dann meist in entkonkretisierender, „katastrophischer" Form.[343] Richard Finsterwalder sah im August 1946 vor dem Hintergrund einer möglichen Hochschulschließung nicht nur die Notwendigkeit, die politische Vergangenheit zu rechtfertigen; er entschied sich auch dafür, lieber offensiv eine „günstige" Version dieser Geschichte ins öffentliche Bewusstsein zu bringen, als zu schweigen. An die so aufgebaute „falsche Konkretheit" (Franz Neumann) ließ sich eine legitimatorische Perspektive anknüpfen. Da Finsterwalder im Dezember des Jahres 1946 in Anwesenheit der auf der Tribüne versammelten Professoren, Studierenden und Betriebsratsvertreter sprach, sollten seine Ausführungen nicht nur dazu dienen, die politischen Parteien vom Anliegen der Hochschule zu überzeugen, sondern auch eine sinnstiftende Standortbestimmung „nach innen" vornehmen. Finsterwalders Rede ist ein Beispiel dafür, dass es in der unmittelbaren Nachkriegszeit nicht einfach zu einem „Beschweigen" und „Verdrängen" der politischen Vergangenheit kam, sondern unter Einhaltung der Sagbarkeitsregeln ein aktives Aushandeln von Deutungsmustern und -kompetenzen anstand, bei dem vielfältige Anstrengungen unternommen wurden, diese Narrative für gegenwartsbezogene Zwecke anknüpfungsfähig zu machen.[344]

ZUSAMMENFASSUNG

Die Erfordernisse des Wiederaufbaus beschränkten sich für die Technische Hochschule Hannover nach 1945 nicht allein auf materielle Fragen. Neben der praktischen Organisation der Bauarbeiten und dem Kampf um ihre Erhaltung stand für die Hochschule die Neubestimmung ihrer Beziehungen zu Stadt und Land im Vordergrund. Diese gestalteten sich zum Teil konflikthaft, zum Teil aber auch problemlos und für beide Seiten lohnend. Nicht zuletzt hieß „Wiederaufbau" aber auch, die finanzielle Potenz der Hochschule auf eine Grundlage zu stellen, die die

---

341 Vgl. Boch, Exponenten, 295; zur Selbstdarstellung als „gesund" vgl. z. B. a. Axel Schildt, „Im Kern gesund? Die deutschen Hochschulen 1945", in: Helmut König/Wolfgang Kuhlmann/Klaus Schwabe, *Vertuschte Vergangenheit: Der Fall Schwerte und die westdeutschen Hochschulen*, München 1997, 223–240.
342 Weitere ausführliche öffentliche Stellungnahmen zu konkreten Abschnitten der NS-Geschichte in der Hochschule liegen aus dieser Zeit nicht vor.
343 Vgl. Boch, Exponenten, 289.
344 Vgl. z. B. die diesbezügliche Untersuchung von Eike Wolgast, *Die Wahrnehmung des Dritten Reiches in der unmittelbaren Nachkriegszeit (1945/46)*, Heidelberg 2001.

einseitige Abhängigkeit von der Landesregierung durch die Einbeziehung der Industrie relativieren konnte und gemeinsam mit der Industrie an einem positiven, zukunftsweisenden Image von Wissenschaft, Wirtschaft und ihrer nun nichtkriegerischen Zwecken dienenden Kooperation zu arbeiten.

Beim materiellen Wiederaufbauprozess der Hochschule wurden bauliche Chancen genutzt, die durch die Zerstörung entstanden waren. Dabei setzten ihre Leitungspersonen auf ein modernes Image, wie etwa an der Gestaltung des Lichthofes deutlich wurde; sie antizipierten dabei die durch steigende Studierendenzahlen entstehenden Bedarfe, indem sie zum Beispiel ein großes Auditorium Maximum bauen ließen. Ferner erneuerten sie eine als „unbeschädigt" geltende Tradition, indem sie mit der Restaurierung des „Sachsenrosses" vor dem Welfenschloss an die – freilich vordemokratischen – Heimatsymbole des neuen Landes Niedersachsen anknüpften.

Innerer und äußerer „Wiederaufbau" in geistiger und materieller Hinsicht geschahen vor dem Hintergrund einer Vergangenheits- und Geschichtspolitik, die Elemente des Beschweigens enthielt: Weder die Zwangsarbeit an der Hochschule noch die Vertreibung von Theodor Lessing waren jemals ein Thema, und nationalsozialistische Preisträger und Ehrensenatoren wurden nicht mit der Aberkennung ihres Titels sanktioniert. Das Beschweigen der NS-Vergangenheit genügte jedoch nicht, um ein positives Image der Hochschule zu schaffen, das für die Hannoveraner TH vor dem Hintergrund einer möglichen Schließung wohl noch bedeutsamer war als für andere Hochschulen. Wie an der Rede Richard Finsterwalders im August 1946 deutlich geworden ist, arbeitete die Hochschule offensiv an ihrem Image, indem sie sich als Opfer der nationalsozialistischen „Gleichschaltung" präsentierte. Neben dem Verschweigen bedeutsamer Teile der NS-Vergangenheit stand also eine legitimatorische Sinnstiftung, an die sich auch zukünftige (hochschul-)politische Forderungen anknüpfen ließen.

2. „UNPOLITISCHE WISSENSCHAFT": DIE ENTNAZIFIZIERUNG DER PROFESSOREN AN DER TH HANNOVER

Im Jahre 1925, als die antisemitische Kampagne gegen Theodor Lessing einen ersten Höhepunkt erreichte, traf sich im Konzertsaal am Hannoveraner Hohen Ufer der „Kampfausschuss" gegen den jüdischen Professor der Technischen Hochschule. Der stellvertretende Rektor Conrad Müller versprach den gleichgesinnten Studierenden und Dozenten, er werde Lessing notfalls eigenhändig an der Abhaltung seiner Vorlesungen hindern, falls das Ministerium den Philosophen an der Hochschule belasse.[1]

Zwanzig Jahre später wurde Conrad Müller in Absprache mit der britischen Besatzungsmacht zum ersten Nachkriegsrektor der Technischen Hochschule Hannover gewählt. Erklärtes Ziel der Militärregierung war die Besetzung der Leitungsposten an den Hochschulen mit ausgewiesenen Demokraten. Conrad Müller galt den Briten als geeignete Leitungsperson für den Neubeginn an der TH Hannover, weil er während der NS-Zeit in keiner nationalsozialistischen Organisation aktiv gewesen war. Die Briten hätten aufwändig recherchieren müssen, um zu diesem Zeitpunkt Kenntnisse über Müllers Rolle bei der Vertreibung Lessings gewinnen zu können. Sie waren somit auf Informationen aus der Hochschule angewiesen – diese blieben jedoch aus.

Das Beispiel Müllers wirft ein Licht auf die Probleme der politischen Säuberung an der TH Hannover nach dem Zweiten Weltkrieg. In diesem Kapitel wird untersucht, ob es sich hierbei um einen Einzelfall handelte oder ob auch für diese

---

1 Rainer Marwedel, *Theodor Lessing 1872–1933. Eine Biographie*, Darmstadt/Neuwied 1987, 259. Die Kampagne gegen Theodor Lessing, der die Nationalisten u. a. durch einen kritischen Artikel über Paul von Hindenburg verärgert hatte, gipfelte in einem Boykott seiner Vorlesungen und einer Hetzjagd von Studenten, die Lessing durch den Georgengarten trieben. Schließlich fuhren hunderte Studierende in einem Sonderzug nach Braunschweig: Sie skandierten antisemitische Parolen und drohten, sich an der TH Braunschweig zu immatrikulieren, falls Lessing die TH Hannover nicht verlasse (ebd., 271ff., 293). Lessings Lehrauftrag wurde schließlich im Zuge eines „Kompromisses" mit dem Ministerium in einen Forschungsauftrag umgewandelt (ebd., 306). Lessing wurde 1933 im tschechischen Exil in Marienbad von sudetendeutschen Nationalsozialisten ermordet (ebd. 341). Vgl. a. Jörg Wollenberg, „‚Juden raus!' Der Fall Lessing in den Akten des Preußischen Ministeriums für Wissenschaft, Kunst und Volksbildung", in: Theodor Lessing, *Ausgewählte Schriften*, Bd. 2, Bremen 1997, 247–274. Vgl. a. Walter Grab, „Theodor Lessings Kampf gegen den antisemitischen Nationalismus in Deutschland", in: Ders. (Hg.), *Zwei Seiten einer Medaille: Demokratische Revolution und Judenemanzipation*, Köln 2000, 183–191.

Institution das Wort vom "Fiasco of denazification"[2] zutreffend ist. Zudem sollen die individuellen Rechtfertigungsstrategien der Professoren und ihre Bedeutung für die professionellen Beziehungen innerhalb der Institution Hochschule untersucht werden. So kann ein Beitrag zur Analyse akademischer Vergangenheitspolitik geleistet werden. Zu diesem Zweck wurden die Entnazifizierungsakten der beamteten Professoren, die im Jahre 1945 an der TH Hannover im Amt waren, ausgewertet. Auf die Einbeziehung der nicht beamteten Wissenschaftler musste verzichtet werden, da sie den Rahmen dieser Untersuchung sprengen würde. Nicht berücksichtigt wurden auch solche Personen, die 1945 bereits emeritiert waren oder kurz nach Kriegsende starben. Zudem wurden nur jene Wissenschaftler vollständig untersucht, die Mitglieder in nationalsozialistischen Organisationen gewesen waren. Die Analyse richtet sich hiermit zwar nach den Kriterien der Briten, die in ihrer Gleichsetzung von NS-Mitgliedschaften und angenommener politischer Belastung bzw. der mangelnden Aufmerksamkeit für antidemokratische und national(sozial-)istische Haltungen unter Unorganisierten Probleme aufwarf. Jedoch ergeben andererseits Stichproben, dass Entnazifizierungsakten der Nichtorganisierten nicht sehr ergiebig bzw. oft gar nicht vorhanden sind; meist wurden diese als vom Entnazifizierungsrecht „nicht betroffen" eingestuft.

2.1 ZWISCHEN POLITISCHER SÄUBERUNG UND PRAGMATISMUS: DIE ENTNAZIFIZIERUNG DER HOCHSCHULEN IN DER BRITISCHEN BESATZUNGSZONE

Die Entnazifizierung[3] in der britischen Besatzungszone ist in drei Phasen einteilbar. Vom Beginn der Besatzungszeit bis zum Dezember 1945 fand die politische Säuberung unter alleiniger Kontrolle der Militärregierung statt. Ab Ende des Jahres 1945 wurde sie in Zusammenarbeit mit den deutschen Stellen durchgeführt; nun errichtete man beratende Entnazifizierungsausschüsse in Betrieben und Behörden.[4] Mit der Verordnung Nr. 110 vom 1. November 1947 ging die Verantwortung für die Entnazifizierung dann in deutsche Hände über.[5]

In den Beschlüssen von Potsdam hatten die Alliierten angekündigt, alle Personen, die mehr als „nominelle" Mitglieder der NSDAP gewesen waren, aus dem

---

2   So die These eines Aufsatzes von John H. Herz, der im amerikanischen OSS (Office of Strategic Services) arbeitete: "The Fiasco of Denazification in Germany", in: *Political Science Quarterly, Vol. LXIII, No. 4 (Dec. 1948)*, 569–594.
3   Der Begriff „Entnazifizierung" ist vom englischen (amerikanischen) Wort "Denazification" abgeleitet und sollte für die personelle politische Säuberung und die Beseitigung der nationalsozialistischen Ideologie aus allen Bereichen des öffentlichen Lebens stehen (vgl. Wolfgang Benz, *Deutschland unter alliierter Besatzung 1945–1949/55. Ein Handbuch*, Berlin 1999, 114).
4   Irmgard Lange (Bearb.), *Entnazifizierung in Nordrhein-Westfalen. Richtlinien, Anweisungen, Organisation*, Siegburg 1976, Dok. 18, 101ff. (Instruktion Nr. 28).
5   Clemens Vollnhals (Hg.), *Entnazifizierung. Politische Säuberung und Rehabilitierung in den vier Besatzungszonen 1945–1949*, München 1991, 31f.

öffentlichen Dienst und führenden Positionen in der Wirtschaft zu entfernen.[6] Die vom US State Department herausgegebene Direktive JCS 1067[7] enthielt eine Liste mit Personengruppen die „automatisch zu verhaften" seien ("automatic arrest category"), sowie Anweisungen über solche, die „automatisch zu entlassen" oder „nach Gutdünken zu entlassen" waren.[8]

Die Phase der britischen Alleinkontrolle über die Entnazifizierungsmaßnahmen war trotz der Gebundenheit an die gemeinsam mit den anderen Alliierten formulierten Ziele von einer großen Eigenständigkeit geprägt.[9] Eine einheitliche Entnazifizierungspolitik in allen vier Zonen gab es unter anderem deshalb nicht, weil sowohl die Amerikaner als auch die Sowjets, wenn auch ausgehend von unterschiedlichen Zielen, in der Entnazifizierung ein Mittel zur gesellschaftlichen Veränderung ("artificial revolution") sahen, während die Briten zwar auch eine gründliche politische Säuberung anstrebten, aber von Anfang an betonten, die Aufrechterhaltung der öffentlichen Ordnung nicht durch Massenentlassungen gefährden zu wollen.[10] Clemens Vollnhals stellt hierzu fest:

---

6   Ullrich Schneider, *Britische Besatzungspolitik 1945. Besatzungsmacht, deutsche Exekutive und die Probleme der unmittelbaren Nachkriegszeit, dargestellt am Beispiel des späteren Landes Niedersachsen von April bis Oktober 1945*, Phil. Diss. Hannover 1981, 122.
7   Vollnhals, Entnazifizierung, Dok. 10, 98–101.
8   Ebd. Daneben basierte die Entnazifizierung auf der am 12.1.1946 vom Alliierten Kontrollrat erlassenen Direktive Nr. 24 über die „Entfernung von Nationalsozialisten und Personen, die den Bestrebungen der Alliierten feindlich gegenüberstehen, aus Ämtern und verantwortlichen Stellungen" (vgl. Vollnhals, Entnazifizierung, Dok. 15, 107–118) sowie auf der Direktive des Kontrollrats Nr. 38, die die „Verhaftung und Bestrafung von Kriegsverbrechern, Nationalsozialisten und Militaristen" sowie „Internierung, Kontrolle und Überwachung von möglicherweise gefährlichen Deutschen" regeln sollte (vgl. R. Hemken, *Sammlung der vom Alliierten Kontrollrat und der Amerikanischen Militärregierung erlassenen Proklamationen, Gesetze, Verordnungen, Befehle*. Bd. 1, Stuttgart o. J., unpag.).
9   Laut Wolfgang Jacobmeyer wird die Eigenständigkeit der britischen Entnazifizierungspolitik häufig übersehen und eine weitgehende Identität mit der amerikanischen Praxis angenommen (vgl. Wolfgang Jacobmeyer, „'Handover to the Germans' 1947/48: Ausgangslagen für die zweite Entnazifizierung in Niedersachsen", in: Paul Leidinger/Dieter Metzler, *Geschichte und Geschichtsbewusstsein. Festschrift für Karl-Ernst Jeismann*, Münster 1990, 467–491, hier 467). Joachim Gödde konstatiert für die britische Zone gar ein „völlig eigenes Säuberungssystem" (vgl. Joachim Gödde, „Entnazifizierung unter britischer Besatzung. Problemskizze zu einem vernachlässigten Kapitel der Nachkriegsgeschichte", in: *Geschichte im Westen Jg. 6 (1991), H. 1*, 62–73, 64). Zur Entnazifizierung in Niedersachsen entsteht eine Dissertation von Julie Boeckhoff (Jena).
10 Schneider, Besatzungspolitik, 118. Schneider gibt folgende Äußerung des Chefs der Militärregierung für den Regierungsbezirk Hannover, Colonel Hume, aus einer Rede vom 16.7.1945 wieder: "[...] it is not the intention of Military Government to dislocate the administrative machine by a holocaust of sudden dismissals." (Ebd., 252, Anm. 5). Ian Turner belegt die Haltung vieler britischer Regierungsvertreter gegenüber den amerikanisch geprägten Bestimmungen mit folgender Äußerung von Con O'Neill (German Department des Foreign Office) vom 28.1.1946, die sich auf die Kontrollratsdirektive Nr. 24 bezieht: "We have seen and deplored this paper before. It now remains for our people in Germany to ignore the letter of the law and act in the spirit of common sense." (Ian Turner, "Denazification in the British

„Der britischen Säuberungspolitik lag kein missionarischer Eifer zugrunde; die ersten Planungen hatten lediglich die Auflösung der NSDAP und ihrer Gliederungen vorgesehen, während der staatliche Beamtenapparat möglichst unversehrt und geschlossen in den Dienst der Besatzungspolitik gestellt werden sollte."[11]

Einer Untersuchung von Stefan Brüdermann zufolge lag die Eigenständigkeit der britischen Säuberungspolitik unter anderem in der geringeren Zahl der untersuchten Personen. Während die Überprüfung in der amerikanischen Besatzungszone sehr breit angelegt war, konzentrierten sich die Briten auf einen begrenzteren Kreis von Personen. Deutsche, die einfachen Erwerbstätigkeiten nachgingen, konnten in der britischen Zone einem Verfahren daher leichter entgehen, was zu politisch motivierten „Wanderungsbewegungen" in dieses Gebiet führte.[12]

In den ersten Wochen konzentrierten sich die britischen Personalsäuberungen im späteren Niedersachsen auf die Verwaltungsbehörden; erst nach etwa einem halben Jahr begannen Entnazifizierungsmaßnahmen in der Privatwirtschaft. Im Herbst 1945 gab es hier Entlassungen aufgrund eingereichter Fragebögen.[13] Jeder Angehörige des öffentlichen Dienstes, der vor dem 1. Januar 1938 eine höhere Stelle als die eines Büroangestellten innegehabt hatte, war ebenfalls verpflichtet, einen Fragebogen auszufüllen.[14] Die Fragebögen bestanden aus 116, später aus 133 einzelnen Fragen, von denen sich 55 auf Mitgliedschaften in nationalsozialistischen Organisationen bezogen. Während der Besatzungszeit waren drei unterschiedliche Versionen teilweise gleichzeitig in Gebrauch.[15] Neben der Mitgliedschaft in NS-Organisationen wurde auch nach anderen, von den Besatzungsmächten als Kriterien für politische Belastung definierten Anhaltspunkten gefragt, so etwa nach dem Einkommen, nach Grundstücks- oder Hauserwerb von Verfolgten,

Zone", in: Ders. (Hg.), *Reconstruction in Post-War Germany. British Occupation Policy and the Western Zones, 1945–55*, Oxford 1989, 239–267, 252).
11 Vollnhals, Entnazifizierung, 24.
12 Stefan Brüdermann, „Entnazifizierung in Niedersachsen", in: Dieter Poestges (Red.), *Übergang und Neubeginn. Beiträge zur Verfassungs- und Verwaltungsgeschichte Niedersachsens in der Nachkriegszeit*, Göttingen 1997, 97–118, hier 109. Dieses Phänomen wurde auch in einem Bericht der amerikanischen Militärregierung kritisiert; vgl. Office of Military Government for Germany, *Denazification (Cumulative Review). Report of the Military Governor* (April 1, 1947-April 30, 1948), No. 34, 13. Hier hieß es über die Entnazifizierungspraxis in der britischen Zone: "While all personnels in public office and important private positions were investigated in the British Zone, it was possible for Nazis who held no position and who had applied for none to escape the screening and the application of sanctions." (Ebd.)
13 Brüdermann, Entnazifizierung in Niedersachsen, 99. Schneider berichtet allerdings von einer Initiative des Oberbürgermeisters Gustav Bratke, der in Zusammenarbeit mit dem Antifaschistischen Ausschuss bereits im Juni 1945 eine Liste für die personelle Säuberung der Privatwirtschaft ausarbeitete, die der Militärregierung zuging. „Die Gesamtheit solcher und ähnlicher Ansätze blieb jedoch Episode", so Schneider (Schneider, Besatzungspolitik, 128).
14 Dies war geregelt durch die undatierte „Anweisung der Militärregierung, Finanzabteilung, an finanzielle Unternehmen und Regierungsfinanzbehörden Nr. 3". Ursprünglich für die Entnazifizierung der deutschen Finanzverwaltung und des öffentlichen wie privaten Finanzwesens gedacht, blieb sie bis August 1946 die maßgebliche Grundlage der Säuberungsmaßnahmen (vgl. Lange, Entnazifizierung in Nordrhein-Westfalen, Dok. 2, 66–79).
15 Brüdermann, Entnazifizierung in Niedersachsen, 103.

oder auch nach Kirchenaustritten und Mitgliedschaften in akademischen Verbindungen.[16] Die deutschen Behördenleiter überprüften den Fragebogen und versahen ihn mit einer vorläufigen Einstufung in eine der drei Entlassungskategorien ("mandatory/compulsory removal"; "discretionary removal"; "no objections"); die endgültige Entscheidung traf die Militärregierung. Bis zum 31. Dezember 1945 wurden in der britischen Zone 538.806 Fragebögen ausgewertet. Als entlassungspflichtig ("compulsory/mandatory removal") galten 43.288 Personen, bei 28.585 wurde die Entlassung empfohlen ("discretionary removal"). Weiteren 41.486 Personen von 419.492, die sich um eine Stelle bewarben, wurde die Einstellung verweigert.[17]

Im Dezember 1945 ermöglichte die britische Militärregierung eine begrenzte Mitwirkung deutscher Stellen an der Entnazifizierung. Mit der Instruktion Nr. 28[18] wurden beratende Entnazifizierungsausschüsse eingerichtet.[19] Die am 12. Januar 1946 erlassene Kontrollratsdirektive Nr. 24, die die Entnazifizierung aller vier Besatzungszonen vereinheitlichen sollte, enthielt auf Drängen der Briten eine Klausel, die es ermöglichte, jene Personen im Amt zu belassen, die Beweise dafür erbringen konnten, dass sie nur „nominelle" Parteimitglieder statt „überzeugte Militaristen" gewesen waren.[20] Ab April 1946 musste den Betroffenen eine Begründung für die Entnazifizierungs-Entscheidung mitgeteilt werden; auch das Einlegen von Berufung war jetzt gestattet. Die deutschen Ausschüsse, die nun gebildet wurden, bestanden entsprechend der Größe und Einwohnerzahl der jeweiligen Kreise und Regierungsbezirke aus 6 bis 16 Personen. Sie waren von den hier eingesetzten Ratsvertretungen zu ernennen, jedoch durften ihre Mitglieder nicht in diesen Räten vertreten sein. Ebenso wenig sollten die Ausschüsse von einer politischen Partei oder sozialen Schicht dominiert werden. Zudem mussten ihre Mitglieder politisch unbelastet sein. Zusätzlich richtete man für die verschiedenen Berufsgruppen Unterausschüsse in Firmen, Behörden etc. ein.[21] Dem Fragebogen kam in den Verfahren eine zentrale Rolle zu, da die deutschen Ausschüsse kaum zu eigenen Nachforschungen ermächtigt und in der Lage waren.[22] Die Unterausschüsse zwar persönliche Befragungen durchführen; weiter gehende Nachforschungen waren jedoch der Militärregierung vorbehalten.

---

16 Ebd.
17 Vollnhals, Entnazifizierung, 26.
18 Lange, Entnazifizierung in NRW, Dok. 18, 101–103.
19 Vollnhals, Entnazifizierung, 24. Die im Vergleich zur amerikanischen und auch zur sowjetischen Entnazifizierungspraxis zögerliche Übertragung von Verantwortung an die Deutschen wird von Clemens Vollnhals als allgemeines Charakteristikum der britischen Besatzungspolitik gekennzeichnet; politische Parteien wurden erst im September 1945 zugelassen, die ersten Landtagswahlen fanden fast ein halbes Jahr später statt als in der amerikanischen Zone, nämlich Ende April 1947.
20 Brüdermann, Entnazifizierung in Niedersachsen, 101.
21 Lange, Entnazifizierung in NRW, 235f.
22 Brüdermann, Entnazifizierung in Niedersachsen, 104.

Gemäß der Zonen-Exekutiv-Anweisung Nr. 54[23] wurden die Betroffenen in die Belastungskategorien eingeteilt. Den deutschen Ausschüssen stand hierbei nur die Einordnung in die Kategorien III bis V zu. Personen, die in die Kategorien I (Kriegsverbrecher) und II (Nazi-Übeltäter) fielen, sollten von den Spruchkammern der Internierungslager abgeurteilt werden.[24] Die „minderbelasteten" Nationalsozialisten in Kategorie III belegte man mit dem Entzug des aktiven und passiven Wahlrechts sowie mit einer Meldepflicht. Außerdem waren sie von allen leitenden und aufsichtsführenden Stellungen auszuschließen; zudem wurde eine Vermögenssperre verhängt. In Kategorie IV wurden Anhänger und „Mitläufer" eingereiht. Ihnen konnte auch das passive Wahlrecht aberkannt werden; Vermögenssperren und Einschränkungen der Freizügigkeit waren ebenfalls möglich. Nach Ermessen konnten die Ausschüsse auch gegen die „Mitläufer" Berufsbeschränkungen verhängen. Ohne Sanktionen blieben die „Entlasteten" der Kategorie V.[25]

Für den Bereich Erziehung und Wissenschaft existierten in der ersten Phase der Entnazifizierung Listen und Personenbeschreibungen, die es den Besatzungsoffizieren erleichtern sollten, über Entlassung oder Verbleib von Lehrpersonen zu entscheiden.[26] Das "Technical Manual on Education and Religious Affairs"[27], gedacht als „Leitfaden" für die Säuberungspraxis der Anfangsphase, legte ursprünglich drei Kategorien fest. In die „schwarze Kategorie", die eine sofortige Entlassung vorsah, fielen ehemalige Funktionäre aller Grade in NS-Lehrer- und Dozentenbund. Auch SS-Mitglieder, sowie SA-Mitglieder ab dem Rang eines Sturmbannführers fielen in diese Gruppe. Hinzu kamen die Rektoren der Hochschulen, die ebenfalls sofort zu entlassen waren.[28] Die Angehörigen der „grauen Kategorie" sollten während der gegen sie laufenden Untersuchung suspendiert werden. Das betraf alle Professoren, die ihre Stelle nach dem 30. Januar 1933 erhalten hatten, sowie alle NSDAP-Mitglieder, Propagandisten in Wort und Schrift, sowie alle, gegen die weitere begründete Verdachtsmomente vorlagen.[29] Die „weiße Kategorie" schloss „unbelastete" Personen bzw. Nazigegner ein. Sie sollten ermutigt werden, Funktionen in der universitären Selbstverwaltung zu übernehmen. Mitglieder dieser Kategorie sollten bis zu den ersten Senatswahlen als "acting rectors" fungieren.[30] Mit Inkrafttreten des Befreiungsgesetzes und der britischen Zonen-Exekutiv-Anweisung Nr. 3 im März 1946 wurden auch an den

---

23 Lange, Entnazifizierung in NRW, Dok 117, 269–296.
24 Zu den Spruchkammerverfahren in den Internierungslagern vgl. Heiner Wember, *Umerziehung im Lager. Internierung und Bestrafung von Nationalsozialisten in der britischen Besatzungszone Deutschlands*, Essen 1991.
25 Kategorisierungs- und Sanktionstabelle bei Lange, Entnazifizierung in NRW, 280ff.
26 Ullrich Schneider, „Zur Entnazifizierung der Hochschullehrer in Niedersachsen 1945–1949", in: *Niedersächsisches Jahrbuch für Landesgeschichte 61 (1989)*, 325–346, hier 330.
27 Auszüge bei Günther Paschkies, *Umerziehung in der Britischen Zone 1945–1949. Untersuchungen zur britischen Re-education-Politik*, Frankfurt a. M. 1979, 348ff.
28 Ebd., 350.
29 Ebd., 351f.
30 Ebd., 352.

Hochschulen Unterausschüsse gebildet, die Empfehlungen an die Militärregierung erarbeiteten. Die Unterausschüsse blieben auch bestehen, als die Mitwirkung der Deutschen an der Entnazifizierung ausgeweitet wurde: Sie erarbeiteten nun Empfehlungen an die deutschen Hauptausschüsse. Die Unterausschüsse konnten Betroffene und Zeugen auch persönlich befragen. Ihre Neubildung nach der Übergabe der Verantwortung an die deutschen Behörden war meist rein formal; im Regelfall wurde auf die bereits eingesetzten Personen zurückgegriffen.[31] Neu war das Amt des Öffentlichen Klägers: Er beantragte das jeweilige Verfahren.[32]

Die Entnazifizierungskategorien wurden indessen immer großzügiger ausgelegt. So hatte der niedersächsische Inspekteur für die Entnazifizierung Heuer im Oktober 1947 hinsichtlich der Einstufung in Kategorie V noch klar gestellt:

> „Es wird außerdem nochmals darauf hingewiesen, dass in Kategorie V nur wirklich Nichtbetroffene und völlig Entlastete eingestuft werden. Wenn jemand nominell belastet ist, ist er in Kategorie IV vorzuschlagen, nur wenn er nachweisbar aktiven Widerstand gegen das Naziregime geleistet hat und dadurch starke Nachteile erlitten hat, kann er trotz seiner nominellen geringen Belastung in Kategorie V eingestuft werden. Mitglieder der NSDAP oder deren Gliederungen, die nur formal belastet sind, haben aber durch ihre Mitgliedschaft wenn auch nicht aktiv, den Nationalsozialismus geduldet und daher kein Recht in die Kategorie V, in die Kategorie der Nichtbetroffenen, der Unbelasteten und Entlasteten zu kommen."[33]

Nur drei Monate später, im Januar 1948, teilte der Inspekteur den Ausschüssen nach Rücksprache mit der Militärregierung mit:

> „Da der Nachweis über die gesinnungsmäßige Einstellung, die zum Widerstand gegen die NSDAP führte und damit Nachteile nach sich zog, nicht immer zu erbringen ist, wird diese Einstellung unterstellt, wenn der Betroffene erst nach dem 1. Mai 1937 in die NSDAP eingetreten ist und in ihr kein Amt ausübte und durch Zeugenaussagen sich als Gegner des Systems ausweisen kann. Der Betroffene kann unter diesen Voraussetzungen gleichfalls in die Kategorie V eingestuft werden."[34]

Damit ist auch das Problem der Zeugenaussagen und sogenannten „Persilscheine" angesprochen. Die Leumundszeugnisse, die Betroffene zur Entlastung in einem Entnazifizierungsverfahren beibringen konnten, spielten in allen Phasen der Entnazifizierung eine entscheidende Rolle. Zunehmend wurde der exkulpierende Charakter dieser „Persilschein"-Praxis deutlich. So war es üblich, dass belastete Personen durch Zeugnisse von Freunden entlastet wurden, deren Aussagen mit dem eigentlichen Tatbestand wenig zu tun hatten. Je größer der berufliche „Aktionsradius" eines Betroffenen war, desto mehr „Persilscheine" konnte er zudem vorlegen. Lutz Niethammer hat nachgewiesen, dass nur ein Zehntel der insgesamt in Bayern vorgelegten 2,5 Millionen Zeugnisse von Menschen stammten, die in der NS-Zeit verfolgt worden waren oder Widerstand geleistet hatten; genauso

---

31 Jacobmeyer weist nach, dass durchschnittlich 59 Prozent der Mitglieder bereits unter britischer Leitung Entnazifizierungsausschüssen angehört hatten (Jacobmeyer, „Handover", 486).
32 Brüdermann, Entnazifizierung in Niedersachsen, 114.
33 NHStA Nds. 171 Hannover, Nr. 313, Bl. 41, Rundverfügung Nr. 15 des Inspekteurs für die Entnazifizierung im Regierungsbezirk Hannover vom 9.10.1947.
34 NHStA Nds. 171 Hannover, Nr. 313, Bl. 25, Rundverfügung Nr. 20 des Inspekteurs für die Entnazifizierung im Regierungsbezirk Hannover vom 9.1.1948.

selten wiesen solche Entlastungsschreiben ein widerständiges Verhalten der überprüften Personen nach.[35]

An den niedersächsischen Hochschulen fiel die Bilanz der Entnazifizierung folgendermaßen aus: Bei einem Gesamtpersonalbestand von 2237 Personen am 1. Mai 1945[36] wurden im Zeitraum zwischen Mai 1945 und Juli 1947 355 Personen zeitweise oder endgültig entlassen, was dreizehn Prozent des Lehrpersonals entsprach. 73 Personen wurden bereits in diesem Zeitraum aufgrund erfolgreicher Widersprüche wieder eingestellt.[37]

Die Tendenz zur Rehabilitierung, die die Entnazifizierungspraxis schon länger bestimmte, wurde unter deutscher Leitung auch in den materiellen Bestimmungen immer weiter formalisiert. Nach und nach hob man Meldeauflagen und Vermögenssperren auf – und schließlich wurden Betroffene nach Ablauf bestimmter Fristen automatisch in die Kategorie V „überführt". Mit der Verabschiedung des Gesetzes zum Artikel 131 GG im Mai 1951 und dem niedersächsischen „Gesetz zum Abschluß der Entnazifizierung" vom 18. Dezember 1951 wurde die Entnazifizierung endgültig „abgewickelt". Es wurden keine neuen Verfahren mehr aufgenommen. Beamte, die am 8. Mai 1945 im Öffentlichen Dienst gestanden hatten und ihr Amt verloren hatten, galten als Beamte zur Wiederverwendung und hatten Anspruch auf ein gleichwertiges Amt bzw. Wartegeld in Höhe des Ruhegehalts.[38] Auch die niedersächsischen Hochschulen waren jetzt verpflichtet, politisch Belastete bei Berufungsverfahren zu berücksichtigen; Entscheidungen gegen solche Personen mussten beim Ministerium begründet werden.[39] Die Berufungschancen von Remigranten und solchen Personen, die als Verfolgte und Widerständige keine übliche akademische Laufbahn hinter sich hatten, verschlechterten sich damit erheblich.

2.2 DIE ENTNAZIFIZIERUNG AN DER TECHNISCHEN HOCHSCHULE HANNOVER: FAKULTÄTEN UND FALLBEISPIELE

Die folgenden Beispiele sollen dazu dienen, sowohl die Resultate der Entnazifizierung an der Technischen Hochschule Hannover, als auch die individuellen Strategien der politischen Entlastung darzustellen und zu bewerten. Im Interesse

---

35 Lutz Niethammer, *Entnazifizierung in Bayern. Säuberung und Rehabilitierung unter amerikanischer Besatzung*, Frankfurt a. M. 1972, 613ff. (Die zweite Auflage erschien 1982 unter dem Titel „Die Mitläuferfabrik. Die Entnazifizierung am Beispiel Bayerns").
36 Schneider, Entnazifizierung der Hochschullehrer, 337.
37 Ebd., 338, 340.
38 Georg Anders, *Gesetz zur Regelung der Rechtsverhältnisse der unter Artikel 131 des Grundgesetzes fallenden Personen*, 3. Aufl. Stuttgart/Köln 1954; *Abschluß der Entnazifizierung und Durchführung des Gesetzes zu Art. 131 in Niedersachsen. Bd. 1: Gesetz zum Abschluß der Entnazifizierung im Lande Niedersachsen*. Bearb. v. Johannes Schulz und Willy Müller, Göttingen 1952; zur automatischen „Überführung" in Kategorie V vgl. ebd., 20.
39 Anikó Szabó, *Vertreibung, Rückkehr, Wiedergutmachung. Göttinger Hochschullehrer im Schatten des Nationalsozialismus*, Göttingen 2000, 296.

eines möglichst breiten Überblicks werden aus jeder Fakultät ein bis zwei Fälle näher untersucht.

2.2.1 Fakultät I für Naturwissenschaften und Allgemeine Wissenschaften

In der Fakultät I gab es 1945 sieben ordentliche Professoren, die Mitglieder in NS-Organisationen gewesen waren und sich damit automatisch einem Entnazifizierungsverfahren unterziehen mussten. Zwei Personen wurden in Kategorie III eingestuft: es handelte sich um die Physiker Rudolf Hase und Teodor Schlomka. Beide waren zuvor entlassen worden. Auf Rudolf Hase soll unten ausführlich eingegangen werden. Schlomka, der zunächst in Hannover und dann von 1939 bis 1945 an der TH Prag gelehrt hatte, wurde wegen seiner SA-Mitgliedschaft zunächst nicht erneut an der TH Hannover eingestellt.[40] Bereits 1947 sprach sich aber der Unterausschuss der Technischen Hochschule für seine Wiedereinstellung aus; Schlomka wurde im April 1949 schließlich in Kategorie V eingereiht und war ab 1951 Professor „zur Wiederverwendung" nach dem „131er"-Gesetz.[41]

Der Mathematiker Horst von Sanden hätte nach den Vorgaben der Briten ebenfalls entlassen werden können, da er von 1934 bis 1937 das Amt des Rektors bekleidet hatte. Von Sanden bejahte jedoch in seinem im Dezember 1945 eingereichten Bogen die Frage, ob er jemals wegen Widerstandes gegen die Nationalsozialisten ein Amt verloren habe: Er sei 1937 wegen „politischer Unzuverlässigkeit" durch Intervention von Partei und Dozentenbund aus seinem Amt als Rektor entfernt worden.[42] Es sind keine Zeugenbefragungen hierzu dokumentiert. Von Sanden wurde während der Entlassungsphase 1945/46 an der Hochschule belassen, ohne dass das genaue Verfahren oder die Stellungnahme des Unterausschusses der Hochschule nachvollzogen werden können. Erst 1949 wurde das Kategorisierungsverfahren gegen von Sanden geführt. Professor Otto Flachsbart, damals bereits Rektor und als ehemaliger Verfolgter für die Briten und für deutsche Stellen eine glaubwürdige Vertrauensperson, hatte sich für von Sanden eingesetzt. In einer eidesstattlichen Erklärung aus dem Mai 1949 gab Flachsbart an, von Sanden, der wohl wegen der „militärischen Zucht und [...] [dem] Geist der Aktivität" in die Partei eingetreten sei, habe sich nach seinem Ausscheiden als Rektor vom Nationalsozialismus distanziert und auch den Kontakt zu Flachsbart nach dessen Entlassung nie abgebrochen.[43] Weitere Zeugen wurden nicht gehört. Von Sanden

---

40 NHStA Nds. 171 Hannover, Nr. 11440, Schreiben der Zentralstelle für Flüchtlingslehrerhilfe vom 2.2. 1946.
41 NHStA Nds. 171 Hannover, Nr. 11440, Empfehlung des Unterausschusses der TH Hannover, 18.6.1947, sowie Entscheidung des Hauptausschusses für besondere Berufe vom 19.4.1949; Vgl. Horst Gerken (Hg.), *Catalogus Professorum. Festschrift zum 175-jährigen Bestehen der Universität Hannover,* Bd. 2, Hildesheim/Zürich/New York 2006, 445.
42 NHStA Nds. 171 Hannover, Nr. 21507, Fragebogen, 20.12.1945.
43 NHStA Nds. 171 Hannover, Nr. 21507, Eidesstattliche Erklärung von Prof. Otto Flachsbart, 27.5.1949.

wurde schließlich vom Entnazifizierungs- Hauptausschuss für besondere Berufe am 30. Mai 1949 für „entlastet" erklärt.[44]

Der Physiker Hans Bartels, der 1937 aus der SA ausgetreten war, wurde bereits in seinem ersten Verfahren in Kategorie V eingestuft. Der Chemiker Werner Fischer und der Mathematiker Lothar Collatz wurden zunächst in die Kategorie der Mitläufer (IV) eingeteilt und wenig später entlastet. Fischer war erst 1940 in die NSDAP eingetreten; Collatz war Mitglied der NSDAP gewesen und gehörte bis zum Kriegsbeginn der SA an.[45]

Ausführlicher werden hier die Fälle der Physiker Rudolf Hase und Johannes Jensen behandelt. Rudolf Hase ist beachtenswert, weil er der einzige Professor war, der auch eine eigene Firma besaß und dessen Verfahren sich dementsprechend auch auf seine Tätigkeit als Industrieller bezog. Johannes Jensen wird einbezogen, da er unter den untersuchten Lehrpersonen der einzige war, der seine Teilnahme am antifaschistischen Widerstand nachweisen konnte.

Rudolf Hase: Forscher und Industrieller

Rudolf Hase, geboren 1888, war ab Oktober 1935 ordentlicher Professor für Technische Physik; seit 1937 leitete er das Institut für Technische Physik und Elektrowärme.[46] Er gehörte einer dreiköpfigen Gruppe von Physikern an, mit der 1934/35 die nationalsozialistische Besetzung der Physik in Hannover abgesichert werden sollte.[47] Hase, der am 1. Mai 1933 in die NSDAP eingetreten war, bekleidete von 1939 bis 1945 an der TH Hannover das „Amt für Wissenschaft" des Nationalsozialistischen Deutschen Dozentenbundes (NSDDB). Er war Mitgesellschafter des „Pyro-Werkes GmbH" in Wennigsen und seit 1943 NSDAP-Ratsherr der Stadt Gehrden bei Hannover.[48]

Der unmittelbare Grund für Hases Entlassung aus der Hochschule war seine politische Tätigkeit für den Dozentenbund. Ermittlungsergebnisse der Entnazifizierungsausschüsse der Stadt Gehrden und seines Betriebes belasteten ihn zusätzlich. Bei den Ermittlungen im Pyro-Werk stand sein Umgang mit den Arbeitern im Vordergrund. Bald nach Eröffnung des Verfahrens erhoben Mitarbeiter Vor-

---

44 NHStA Nds. 171 Hannover, Nr. 21507, Entscheidung des Hauptausschusses für besondere Berufe im schriftlichen Verfahren, 30.5.1949.
45 Vgl. die Entnazifizierungsakten von Hans Bartels (NHStA Nds. 171 Hannover, Nr. 15665), Werner Fischer (NHStA Nds. 171 Hannover, Nr. 7936), und Lothar Collatz (NHStA Nds. 171 Hannover, Nr. 11574).
46 Seidel, Rita (Schriftltg.), *Catalogus Professorum 1831-1981. Festschrift zum 150jährigen Bestehen der Universität Hannover*, Bd. 2, Stuttgart u.a. 1981, 101.
47 Dieses „Physikerpaket" wurde von Hans Bartels durchgesetzt, indem er sich selbst den Lehrstuhl für Experimentalphysik und dem fachlich umstrittenen Teodor Schlomka ein Extraordinariat für Theoretische Physik sicherte, sowie zur Berufung Hases beitrug (Michael Jung, „... *voll Begeisterung schlagen unsere Herzen zum Führer". Die Technische Hochschule Hannover und ihre Professoren im Nationalsozialismus*, Ms. Hannover 2002, 155, 173).
48 NHStA Nds. 171 Hannover, Nr. 22840, Bl. 116, Fragebogen vom 1.11.1945.

würfe gegen Hases Führungsstil. Der Mechaniker Rudolf Prochnow bezeichnete diesen als „autoritativ".[49] Als Beispiel führte er einen Vorfall aus dem Jahre 1932 an. Damals habe der Betriebsrat sich geweigert, der Kündigung eines Mitarbeiters zuzustimmen. Hase habe daraufhin kurzerhand den gesamten Betrieb still gelegt und die „Kündigung der gesamten Belegschaft" ausgesprochen. Die Landesregierung habe damals ausdrücklich festgestellt, dass dies rechtswidrig sei.[50]

Rudolf Prochnow wehrte sich auch gegen eine ihn direkt betreffende Aussage Hases. Hase hatte im August 1945 angegeben, Prochnow habe „wegen politischer Betätigung" von 1933 bis 1936 in einem Konzentrationslager gesessen. Er, Hase, habe sich um Prochnows Freilassung bemüht und ihn gleich danach „gegen den Willen der Partei" wieder eingestellt.[51] Der Mechaniker wies diese Darstellung entschieden zurück. Hase hatte dessen Zeit im KZ um drei Jahre vordatiert. Prochnow war von 1936 bis 1940 im Konzentrationslager; erst 1941 wurde er wieder eingestellt. Von Bemühungen Hases um seine Freilassung war ihm nichts bekannt; auch seine Frau habe während seiner vierjährigen Haftzeit keine Unterstützung durch Hase erfahren. Prochnow schrieb: „Es ist bitter zu sehen, wie die Nazis jetzt versuchen, Antifaschisten zu ihrer Entlastung vor ihren Karren zu spannen."[52]

Der Unterausschuss des Pyro-Werkes, dem auch drei Betriebsräte angehörten, ermittelte indessen hauptsächlich aufgrund eines Vorfalls im September 1933 gegen Rudolf Hase. Einige seiner Mitarbeiter hatten damals Verträge mit einer französischen Firma unterschrieben, um dort zu arbeiten. Der Ausschuss stellte fest: „Jedoch wurde dieses von H. Professor Hase unterbunden in der Form, dass er die Kollegen durch die SA verhaften liess, diese durch die Gestapo vernehmen [liess] und [diese] 8 Tage in Haft blieben."[53] Mehrere Zeugen könnten dies bestätigen. Einer der Betroffenen, der Ingenieur Densch, schrieb im März 1947 an die Allgemeine Gewerkschaft in Hannover, ihm sei früh bewusst geworden, dass der „Untergang Deutschlands" bevorstehe. Er habe sich deshalb bei der französischen Firma beworben und sei aufgefordert worden, noch zwei weitere Facharbeiter mitzubringen. Densch habe daraufhin ordnungsgemäß im Pyro-Werk gekündigt. Nach seiner von Hase veranlassten Festnahme habe er in Einzelhaft gesessen und sei nur durch die Fürsprache eines leitenden Gefängnisbeamten freigekommen. Eine weitere Tätigkeit Hases an der Universität müsse unbedingt verhindert werden.[54]

---

49 NHStA Nds. 171 Hannover, Nr. 22840, Bl. 82, Prochnow an den Entnazifizierungs-Hauptausschuss des Landkreises Hannover.
50 Ebd.
51 NHStA Nds. 171 Hannover, Nr. 22840, Bl. 35, Rudolf Hase an Major Beattie, 6.8.1945.
52 NHStA Nds. 171 Hannover, Nr. 22840, Bl. 82, Rudolf Prochnow an den Entnazifizierungs-Hauptausschuss des Landkreises Hannover.
53 NHStA Nds. 171 Hannover, Nr. 22840, Bl. 94 Unterausschuss der Firma Pyro-Werk GmbH, Verhandlungsbericht vom 2.9.1946.
54 NHStA Nds. 171 Hannover, Nr. 22840, Bl. 84, Dipl. ing. Densch an die Allgemeine Gewerkschaft in Hannover, 3.3.1947. Densch kritisierte auch die laxe Einstufungspraxis in der briti-

Gegen seine Entlassung legte Rudolf Hase im August 1945 Widerspruch ein. Er habe sich weder als Hochschullehrer noch als Privatperson politisch betätigt. Seine zeitweilige Einsetzung als Dozentenbundführer sei eine „Interimslösung" gewesen.[55] Das Amt für Wissenschaft habe er nur zu fachlichen Zwecken ausgeübt. An der Technischen Hochschule habe es kaum Nationalsozialisten gegeben. Die einzigen Ausnahmen seien Helmut Pfannmüller und Dietrich Kehr.[56]

Zuständig für Hases Verfahren war der Hauptausschuss des Landkreises Hannover. Dieser beschloss im Dezember 1946 eine erste Empfehlung an die Militärregierung: Danach sollte die Entlassung aufrechterhalten werden. Im Fall der drei verhafteten Facharbeiter wurde entschieden, dass Hases Behauptung, man habe sich gegen Werkspionage schützen wollen, nichts an der Tatsache ändere, dass die SA an der Verhaftung beteiligt gewesen sei. Zudem habe es sich um eine politische Aktion gehandelt, weil die Verhafteten Antifaschisten gewesen seien. Nach Zeugenaussagen sei Hase außerdem als „Herrenmensch"[57] aufgetreten und habe Untergebenen des Öfteren mit der Meldung beim Rüstungskommando gedroht. Der Physiker habe durch viele Handlungen bewiesen "that he confessed to the criminal idea of Hitler and agreed to the policy of NSDAP."[58] Auch entlastende Aussagen könnten daran nichts ändern. Private Freunde hatten Hase bescheinigt, er habe sich „nichtöffentlich" gegen die NSDAP geäußert.[59]

Mehrere Professoren der Technischen Hochschule unterstützten Rudolf Hase im Juni 1946 durch ein schriftliches Gesuch an die Militärregierung: es handelte sich um Hermann Braune, Otto Flachsbart, Richard Finsterwalder und Johannes Jensen. Sie äußerten sich zwar nicht zu Hases politischer Orientierung, appellierten aber an die Militärregierung, den Professor bis zur endgültigen Endscheidung an der Hochschule lehren zu lassen. Durch den Ausfall seiner Lehrveranstaltungen auf dem Gebiet der Technischen Physik sei an der TH eine „untragbare Lücke" entstanden.[60]

Am 25. Juni 1947 reihte der Hauptausschuss Hase nach der nun in Kraft getretenen Kategorisierung in die Gruppe III ein. Damit war er als "ardent Nazisupporter" von jeder leitenden Stellung weiterhin ausgeschlossen.[61] In seinem Berufungsverfahren wurde Hase am 6. November 1948 schließlich in Kategorie IV eingestuft. In der Entscheidung hieß es:

---

schen Zone. Er sei für die SPD in der amerikanischen Zone an Spruchkammerverfahren beteiligt gewesen; dort wäre Hase seiner Einschätzung nach in Kategorie II eingereiht worden.
55 NHStA Nds. 171 Hannover, Nr. 22840, (unpag.), Hase an Major Beattie, 6.8.1945.
56 NHStA Nds. 171 Hannover, Nr. 22840, Bl. 71, Hase an die Militärregierung, 31.5.1946.
57 NHStA Nds. 171 Hannover, Nr. 22840, Bl. 102, Hauptausschuss Landkreis Hannover, Opinion Sheet, 11.12.1946.
58 Ebd.
59 NHStA Nds. 171 Hannover, Nr. 22840, Bl. 62, Heckmann an Dekan Braune, 10.9.1945.
60 NHStA Nds. 171 Hannover, Nr. 22840, Bl. 20, Gesuch der Professoren Braune, Flachsbart, Finsterwalder, Jensen an die Education Branch, 18.6.1946.
61 NHStA Nds. 171 Hannover, Nr. 22840, Bl. 103, Entscheidung des Hauptausschusses, 25.6.1947.

„Prof. Dr. Hase hat den Nationalsozialismus unterstützt, ohne dass eine wesentliche Förderung des NS vorliegt. [...] Er wird als hervorragender Wissenschaftler beurteilt [...]. Nur wenige Zeugnisse lauten zu seinen Ungunsten und es ist immer fraglich, ob diese als voellig unparteiisch zu bewerten sind. Die Dozentenschaft der Technischen Hochschule wuenscht im Interesse der Wissenschaft die Rueckkehr Professor Hases auf seinen Lehrstuhl."[62]

Zuvor hatte der niedersächsische Kultusminister Adolf Grimme (SPD) aufgrund der personellen Engpässe an der Hochschule um eine bevorzugte Behandlung des Falles Hase gebeten.[63] Der Entnazifizierungs-Unterausschuss der Technischen Hochschule hatte im Juli 1947 entschieden, das Amt für Wissenschaft im NSDDB sei „kein politisches Amt" gewesen. Die Hochschule habe durch Hases Ausscheiden „einen fast unersetzlichen Verlust" erlitten; auch das Pyro-Werk verliere mit Rudolf Hase seinen „geistigen Kopf" und sei so von Konkurrenzunfähigkeit und Auflösung bedroht.[64] Auch Rektor Otto Flachsbart hatte sich nochmals für Hase eingesetzt. Dieser habe sich ab 1935 „deutlich von der Partei distanziert" und gehöre zu jenen Kollegen, „die auch nach 1933 die Beziehungen zu mir unverändert aufrechterhalten haben", so Flachsbart.[65] Im Pyro-Werk fanden sich ebenfalls Entlastungszeugen. So erklärte Direktor Bühmann, Hase habe gegen den nationalsozialistisch orientierten Betriebsrat die Wiedereinstellung Prochnows nach dessen KZ-Haft ermöglicht; dass dieser den Professor jetzt belaste, sei unerklärlich.[66] Prochnow selbst ließ sich vom Vorsitzenden des Betriebsrates dazu bewegen, aus pragmatischen Gründen nicht länger gegen Hases Wiederzulassung als Firmenchef zu kämpfen. Er schrieb im Oktober 1947 an den Berufungsausschuss:

„Nach der am heutigen Abend stattgefundenen eingehenden Aussprache mit dem am 1.5.45 eingesetzten Betriebsratvorsitzenden des Pyrowerkes G.m.b.H. Karl Preuss, der bereits 25 Jahre der Firma angehört, habe ich eingesehen, dass zur Fortentwicklung der Firma die weitere Tätigkeit Herrn Dr. Hase[s] notwendig ist, und bleibe daher der Verhandlung am Sonnabend fern."[67]

Seine Aussagen halte er „vollinhaltlich aufrecht". Er sei „überzeugt, dass eine Weiterbeschäftigung Dr. Hase[s] im Staatsdienst als Erzieher der Akademischen Jugend im demokratischen Sinne nach seiner politischen Grundeinstellung ab 1932 (...) unmöglich"[68] sei.

---

62 NHStA Nds. 171 Hannover, Nr. 22840 (unpag.), Entscheidung des Berufungsausschusses II beim Regierungsbezirk Hannover, 6.11.1948.
63 NHStA Nds. 171 Hannover, Nr. 22840 (unpag.), Kultusministerium an Hauptausschuss, 23.7.1948.
64 NHStA Nds. 171 Hannover, Nr. 22840, Bl. 95, Empfehlung des Entnazifizierungs-Unterausschusses der TH Hannover an den Entnazifizierungs-Berufungsausschuss II, 31.7.1947.
65 NHStA Nds. 171 Hannover, Nr. 22840 (unpag.), Eidesstattliche Erklärung Otto Flachsbart, 7.11.1947.
66 NHStA Nds. 171 Hannover, Nr. 22840 (unpag.), Protokoll der Zeugenvernehmung im Berufungsverfahren Hase, 13.12.1947.
67 NHStA Nds. 171 Hannover, Nr. 22840, Bl. 118, Schreiben Rudolf Prochnows an den Berufungsausschuss, 23.10.1947.
68 Ebd.

Hases Vermögen wurde 1949 entsperrt.[69] Er wurde allerdings nicht sofort als ordentlicher Professor wieder eingestellt, sondern 1952 zunächst Honorarprofessor in der Fakultät für Maschinenwesen. Im Oktober 1953 wurde er emeritiert, arbeitete aber als stellvertretender Leiter des Instituts für Elektrowärme weiter. 1958 ging Hase in die USA und wurde dort Leiter eines Amateurastronomenteams des Smithsonian Astrophysical Observatory. Er starb 1967 in Gehrden.[70]

Johannes Jensen: Antifaschist und Nobelpreisträger

Johannes Jensen, geboren 1907, war bis 1941 Assistent an der Universität Hamburg und lehrte von 1941 bis 1947 theoretische Physik an der TH Hannover, wo er zunächst außerordentlicher und dann ordentlicher Professor war.[71] Jensen war seit Mai 1937 in der NSDAP; in den NS-Lehrerbund bzw. NSDDB trat er bereits 1933 ein.[72]

Das Entnazifizierungsverfahren gegen Jensen begann im Jahre 1947. Der Unterausschuss der TH Hannover stufte ihn als politisch tragbar ein.[73] Jensen bemühte sich erst um Entlastungszeugnisse, als ihm bewusst wurde, dass seine Parteizugehörigkeit ein formales Belastungskriterium darstellte. Er war bis dahin davon ausgegangen, dass er als konsequenter Nazigegner bekannt gewesen sei und dass dies für eine Einstufung in die Kategorie V reichen werde. Außerdem sei ihm das Einholen von Gutachten zu seiner Entlastung als „ein wenig würdelos" erschienen.[74]

Da die Entnazifizierung aber auf formalen Kriterien fußte, gab Jensen nun ausführlich Auskunft und brachte Zeugnisse bei, die ihm als einzigem Professor der TH Hannover Widerstandshandlungen gegen den Nationalsozialismus nachwiesen.

Jensen gab an, er habe vor und nach 1933 in engem Kontakt mit linksgerichteten Antifaschisten gestanden, so unter anderem mit dem Hamburger Lehrer Albert Fleischer, der den Gang der KPD in die Illegalität mit organisiert hatte. Er, Jensen, habe Geldsammlungen für antifaschistische Gruppen organisiert, Beiträge für eine linke Studentenzeitung verfasst, sowie Matrizen für illegale Flugblätter hergestellt. Dies habe er auch nach dem 30. Januar 1933 weiterhin getan. Außerdem hätten er und seine Ehefrau Elisabeth weiter mit Fleischer in Kontakt gestanden: Sie hätten Geld und Kleidung für Verfolgte gesammelt und von der Gestapo gesuchte Antifaschisten in ihrer Wohnung versteckt. Jensen und seine Frau seien mit Albert Fleischer zusammen gewesen, als die Gestapo diesen habe verhaften

---

69 NHStA Nds. 171 Hannover, Nr. 22840 (unpag.), Aktenvermerk vom 29.1.1949.
70 Catalogus Professorum 1981, 101.
71 Ebd., 130.
72 NHStA Nds. 171 Hannover, Nr. 14370, Fragebogen vom 22.5.1945.
73 NHStA Nds. 171 Hannover, Nr. 14370, Entscheidung des Unterausschusses der TH Hannover, 21.5.1947.
74 NHStA Nds. 171 Hannover, Nr. 14370, Schreiben Jensen an Unterausschuss der TH Hannover, 10.6.1947.

wollen. Das Ehepaar habe Fleischer später bei seiner Flucht nach Dänemark geholfen.[75] Da der Lehrer ihnen im Interesse ihrer Sicherheit geraten habe, die Verbindung zu organisierten Untergrundzellen abzubrechen und individuell weiterzuarbeiten, hätten sie dies getan. Jensen habe weiterhin gemeinsam mit seiner Frau verfolgten und verhafteten Antifaschisten geholfen. Außerdem habe er Kontakte zwischen Emigranten und ihren zurückgebliebenen Familien organisiert; zu diesem Zweck sei er häufig nach Kopenhagen gereist. Er habe in dort in den Jahren 1933 und 1937 auf internationalen Physikerkonferenzen auch jüdische Emigranten getroffen. In vielen Gesprächen habe er sich immer wieder gegen den Nationalsozialismus gewandt und im Ausland vor den Gefahren für Europa gewarnt.[76]

Im Frühjahr 1937 habe der Gauleiter allen Beamten Hamburgs Antragsformulare für den Eintritt in die NSDAP namentlich zustellen lassen; der überwiegende Teil der Hamburger Beamtenschaft sei unter diesem Druck eingetreten. Zu diesem Zeitpunkt arbeitete Jensen an der Universität Hamburg als Assistent an seiner Habilitation. Seine Situation wurde dadurch erschwert, dass seine Frau gezwungen wurde, ihr Medizinstudium zu unterbrechen, da jemand in alten Akten eine von ihr unterzeichnete linke AStA-Kandidatenliste gefunden und sie denunziert hatte. Entsprechend misstrauisch sei Jensen auch von der Dozentenführung beurteilt worden. Er erklärte:

> „Die Frage meines Parteieintritts war deshalb für mich praktisch identisch mit der meines Verbleibens im deutschen Hochschulleben. Dies war kein ökonomisches Problem, (da ich als politisch-emigrierter oder als Industrie-Physiker in Deutschland eine wirtschaftlich bessere Position gehabt hätte als ein Hochschuldozent), sondern es war ein Problem der politischen Taktik, in welcher Form ich im antifaschistischen Sinne am besten wirken konnte."[77]

Der Physiker begründete seinen Parteieintritt hier also ausdrücklich nicht mit seiner ökonomischen Situation, wie das andere Kollegen taten. Jensen betonte, dass er durch die NSDAP-Mitgliedschaft an der Hochschule bleiben und so Einfluss auf die Studierenden habe ausüben können. Er habe außerdem durch seine Position verfolgten Kollegen helfen können. In Zusammenarbeit mit den Göttinger Professoren Houtermans und Becker habe er den jüdischen Physiker Richard Gans vor der Deportation nach Polen bewahren können.[78]

Im Juni 1947 schrieben verschiedene Entlastungszeugen an den Entnazifizierungs-Hauptausschuss in Hannover, um Johannes Jensen zu unterstützen. Darunter befand sich kein Hannoveraner Kollege. Professor Becker von der Universität Göttingen gab an, Jensen sei immer offen gegen den Nationalsozialismus aufgetreten; er habe sich noch nicht einmal an physikalischen Arbeiten, die dem Kriegseinsatz hätten dienen können, beteiligen wollen.[79] Professor Houtermans, ebenfalls aus Göttingen, bestätigte Jensens Darstellung hinsichtlich der Rettung

---

75 Ebd. Eine schriftliche Aussage Albert Fleischers findet sich nicht in der Akte; Jensen gab aber in dem zitierten Brief dessen genaue Adresse in Kopenhagen an.
76 Ebd.
77 Ebd.
78 Ebd.
79 NHStA Nds. 171 Hannover, Nr. 14370, Prof. Becker an den Hauptausschuss, 26.6.1947.

von Richard Gans. Jensen habe auch Viktor Moritz Goldschmidt in Oslo Beistand geleistet.[80] Houtermans berichtete, dass er selbst 1933 aus rassistischen Gründen entlassen wurde. Er sei geflohen, im Jahre 1940 jedoch unfreiwillig zurückgekehrt und sei danach in Gestapohaft gewesen. Seiner Einschätzung nach habe Johannes Jensen durch seine Kontakte und seine Unterstützung des Widerstandes ein Anknüpfen deutscher Wissenschaftler an alte Beziehungen im Ausland erleichtert.[81]

Dr. Kopfermann, ebenfalls von der Universität Göttingen, gab an, Jensen im Kopenhagener Kreis um Niels Bohr kennen gelernt zu haben. Jensens Mut, mit dem er sich für verfolgte Juden und Ausländer eingesetzt habe, sei zu bewundern.[82] Auch Werner Heisenberg bestätigte Jensen, ein Gegner der Nazis gewesen zu sein.[83] Der polnische Wissenschaftler Dr. Edwin Gorà sagte ebenfalls für Jensen aus. Gorà, der als wissenschaftlicher Assistent in Bombay, Lemberg/Lviv und Warschau gearbeitet hatte, war 1939 nach Deutschland gekommen. Ende 1940 sei ihm jegliche wissenschaftliche Arbeit verboten worden. 1941 sei er kurze Zeit in Gestapohaft gewesen; danach habe er als Straßenbahnschaffner gearbeitet. Im Jahre 1942 habe Jensen von ihm gehört und ihm einen Forschungsauftrag sowie Stipendien verschafft. Zwar habe er nicht am physikalischen Institut der Universität Hamburg arbeiten können, sei aber durch Jensens Hilfe in der Lage gewesen, seine Forschungen privat fortzusetzen. Gorà wurde 1943 zu einer „Arbeitskompanie" eingezogen. Jensen sei der einzige deutsche Wissenschaftler gewesen, der sich ihm gegenüber offen antifaschistisch geäußert habe.[84]

Martha Flacke, Mutter eines ehemaligen Hamburger Studenten, beschrieb, wie Jensen ihr und ihrem Sohn Walter half, der wegen antifaschistischer Aktionen in Gestapohaft war. Seit dessen Verhaftung im Herbst 1933 habe Jensen ihr regelmäßig Kleidung und Lebensmittel geschickt, die Walter Flacke sogar unter seinen Mitgefangenen habe verteilen können. Vierteljährlich habe Jensen ihr zudem Geld gegeben, damit sie ihren Sohn besuchen konnte. Nach Walter Flackes Entlassung im Jahr 1937 habe der Physiker diesen bei sich aufgenommen und ihm geholfen, sich wieder eine Existenz aufzubauen.[85]

Der niederländische Oberstleutnant Pieter van Loo, nach dem Sieg der Alliierten Leiter eines DP-Lagers in Egestorf, hatte bereits 1945 gemeinsam mit weiteren ehemaligen niederländischen Zwangsarbeitern eine Erklärung zugunsten Elisabeth Jensens verfasst, die Johannes Jensen seinem Brief an den Ausschuss bei-

---

80 Viktor Moritz Goldschmidt, Professor für Mineralogie in Göttingen, war vor den Nationalsozialisten nach Oslo geflohen. Nach der Besetzung Norwegens wurde er 1942 ins KZ Berg verschleppt. Durch die Hilfe seiner Kollegen konnte seine Deportation nach Polen verhindert werden; Goldschmidt gelang die Flucht nach Schweden und später nach England (Vgl. Szabó, Vertreibung, 75).
81 NHStA Nds. 171 Hannover, Nr. 14370, Prof. Houtermans an den Hauptausschuss, 13.6.1947.
82 NHStA Nds. 171 Hannover, Nr. 14370, Dr. Kopfermann an den Hauptausschuss, 21.6.1947.
83 NHStA Nds. 171 Hannover, Nr. 14370, Prof. Heisenberg an den Hauptausschuss, 14.7.1947.
84 NHStA Nds. 171 Hannover, Nr. 14370, Dr. Gorà an den Hauptausschuss, 14.6.1947.
85 NHStA Nds. 171 Hannover, Nr. 14370, Eidesstattliche Erklärung v. Martha Flacke, 16.6.1947. Walter Flacke selbst konnte hierzu keine Angaben machen, da er sich in sowjetischer Kriegsgefangenschaft befand.

fügte. Dr. Elisabeth Jensen, die Ärztin in Egestorf war, habe sich oft für die dortigen Zwangsarbeiter eingesetzt; mindestens zwei Niederländer verdankten ihr das Leben. Die ehemaligen Zwangsarbeiter unterstrichen: „Es bestand der größte Unterschied zwischen der Behandlung durch sie [Elisabeth Jensen, F.S.] und die übrigen Deutschen [...]."[86]

Der hannoversche Entnazifizierungs-Hauptausschuss, dem all diese Stellungnahmen vorlagen, beschloss seine Empfehlung an die Militärregierung am 10. September 1947. Man richtete sich streng nach den formalen Belastungskriterien und empfahl, Johannes Jensen als „nominellen Naziunterstützer" in Kategorie IV einzureihen; er sei schließlich Parteimitglied gewesen.[87] Die Einstufung durch die Militärregierung lautete daraufhin ebenfalls auf Kategorie IV, allerdings wurde keine Vermögenssperre angeordnet. Die anderen vorgesehenen Sanktionen wurden jedoch verhängt. Jensen wurde das passive Wahlrecht entzogen, er durfte die britische Zone ohne Erlaubnis nicht verlassen.[88] Jensen ging nicht in Berufung. Im Mai 1949 wurde er schließlich vom deutschen Hauptausschuss in Kategorie V eingereiht.[89] Im Jahre 1947 ging er als Honorarprofessor zurück nach Hamburg und wurde 1949 ordentlicher Professor in Heidelberg. Jensen war 1952 Gastprofessor in Wisconsin und Princeton und erhielt 1963 den Nobelpreis für Physik. Er starb 1973 in Heidelberg.[90]

2.2.2 Fakultät II für Bauwesen

In der Fakultät II für Bauwesen lehrten im Jahre 1945 insgesamt zwölf beamtete Professoren, die einer nationalsozialistischen Organisation angehört hatten.[91] Alle wurden im Rahmen der Entnazifizierung überprüft. Vier beamtete Professoren der Fakultät II wurden entlassen. Es handelte sich um Dietrich Kehr, Helmut Pfannmüller, Burchard Körner und Gerhard Graubner.

Kehr, Professor für Siedlungswasserwirtschaft, wurde am 23. Juli 1945 entlassen. Seit dem 1. Mai 1933 NSDAP-Mitglied, war er in den Jahren 1935 und 1936 zunächst Blockleiter und von 1938 bis 1943 Ortsgruppenhauptstellenleiter gewesen. Außerdem war Kehr von 1933 bis 1935 in der SA. An der Hochschule

---

86 NHStA Nds. 171 Hannover, Nr. 14370, Erklärung von Pieter van Loo, Artillerieoffizier der niederländischen Armee, und drei weiteren ehemaligen Zwangsarbeitern, eidesstattlich bestätigt vom Assessor Franz Kissel, 29.11.1945 (Abschrift).
87 NHStA Nds. 171 Hannover, Nr. 14370, Entscheidung des Hauptausschusses, 10.9.1947.
88 NHStA Nds. 171 Hannover, Nr. 14370, Einstufungsbescheid der Militärregierung, 5.11.1947.
89 NHStA Nds. 171 Hannover, Nr. 14370, Entscheidung des Hauptausschusses, 14.5.1949.
90 Catalogus Professorum 1981, 130.
91 Jung, Professoren, 162ff. Nicht berücksichtigt werden Paul Kanold, der 1946 starb und über den keine Entnazifizierungsakte existiert, sowie Eugen Michel, Ernst Vetterlein und Curt Risch, die 1945 bereits emeritiert waren. Über sie existieren ebenfalls nur Personalakten, aus denen nicht hervorgeht, ob ein Verfahren stattfand.

"Unpolitische Wissenschaft": Die Entnazifizierung der Professoren an der TH Hannover 109

war er von 1943 bis 1945 kommissarischer Dozentenführer.[92] Vorher verwaltete er von 1940 bis 1942 das Presseamt des NSDDB an der TH Hannover.[93] Durch diese Funktionen fiel Kehr in die Gruppe der nach dem "Technical Manual on Education" zu entlassenen Personen. Am 24. Juli 1945 wurde er interniert.[94] Seine Einstufung lautete zunächst auf Kategorie III.[95] Nachdem sich viele Kollegen für Kehr eingesetzt hatten, wurde er im Januar 1949 in einem Berufungsverfahren in Kategorie IV eingestuft und im Mai 1950 in die Kategorie V „überführt".[96]

Helmut Pfannmüller, Professor für Statik und Stahlbau sowie Rektor von 1943 bis 1945, wurde am 22. November 1945 entlassen und war von Juni 1945 bis November 1947 in Hersbruck und Neuengamme interniert.[97] Pfannmüller war spätestens seit dem 1. Februar 1933 NSDAP-Mitglied,[98] außerdem war er seit 1933 Rottenführer in der SA. An der TH Hannover war Pfannmüller von 1939 bis 1943 Dozentenführer.[99] 1949 wurde er in die Kategorie IV eingereiht: Der Hauptausschuss entzog ihm das passive Wahlrecht für zehn Jahre und setzte sein Besoldungsdienstalter um fünf Jahre herab.[100] Pfannmüller war von einigen Kollegen unterstützt worden. Es war ihm gelungen, sich als „unpolitisch" darzustellen. So hatte er beispielsweise die Tatsache, dass er sehr oft in brauner Uniform in der Hochschule aufgetreten war, folgendermaßen gerechtfertigt: „Die Uniform trug ich, weil mir das Tragen der Stiefel angenehm war, nicht aus parteipolitischem Interesse."[101] Es ist davon auszugehen, dass Pfannmüller ebenso wie seine Kollegen nach Ablauf der in den Abschlussverordnungen festgelegten Fristen automatisch in die Entlastungskategorie V „überführt" wurde. Obwohl die Fakultät für Bauwesen sich für seine Wiedereinstellung einsetzte, wurde Pfannmüller vom Kultusministerium 1951 zunächst in die rechtliche Stellung eines Wartestandsbeamten versetzt – er behielt also alle durch seine Übernahme ins Beamtenverhältnis erworbenen Rechte und bezog ein Wartegeld in Höhe des ihm zu-

---

92 NHStA Nds. 171 Hannover, Nr. 30917, Fragebogen vom 28.1.1946. Laut Michael Jung war Kehr ab August 1943 ordentlicher Dozentenführer (Vgl. Jung, Professoren, 172).
93 Jung, Professoren: 172.
94 NHStA Nds. 171 Hannover, Nr. 30917, Schreiben Rechtsanwalt Pfad an Militärregierung, 17.9.1945.
95 NHStA Nds. 171 Hannover, Nr. 30917, Einstufungsbescheid der Militärregierung, 13.11.1947.
96 NHStA Nds. 171 Hannover, Nr. 30917, Kehr an Hauptausschuss Regierungsbezirk Hannover, Antrag auf Überführung, 13.5.1950 (das Schreiben trägt den Stempel „Überführt" vom 26.5.1950).
97 NHStA Nds. 171 Hannover, Nr. 36926, Fragebogen vom 1.12.1947.
98 NHStA Nds. 171 Hannover, Nr. 36926, Protokoll der mündlichen Verhandlung vor dem Spruchausschuss VI, 3.9.1949.
99 Jung, Professoren, 172.
100 NHStA Nds. 171 Hannover, Nr. 36926, Hauptausschuss Regierungsbezirk Hannover, Entscheidung vom 19.3.1949. Die Herabsetzung des Besoldungsdienstalters wurde bereits im September 1949 zurückgenommen. (NHStA Nds. 171 Hannover, Nr. 36926, Entscheidung des Spruchausschusses VI vom 3.9.1949).
101 NHStA Nds. 171 Hannover, Nr. 36926, Protokoll der mündlichen Verhandlung vor dem Spruchausschuss VI, 3.9.1949.

stehenden Ruhegehalts.[102] Pfannmüller, der 1948 ein eigenes Ingenieurbüro eröffnet hatte, wurde 1953 der Lehrstuhl für Stahlbau übertragen.[103]

Burchard Körner, Professor für Grund- und Wasserbau, wurde am 30. August 1945 entlassen und war von Juli bis Oktober 1945 interniert.[104] Körner, Parteimitglied seit dem 1. Mai 1933 und seit 1942 „Vertrauensmann der Kriegsmarine" an der TH,[105] war bekennender Antisemit, und zwar seiner Darstellung nach

> „wegen ungünstiger Familienerfahrungen und auf Grund des Studiums des Einflusses des Judentums auf das deutsche Wirtschafts- und Geistesleben (...), das ich während meiner Studentenzeit und in der Zeit des Zusammenbruchs der Wirtschaft nach dem ersten Weltkriege betrieben habe."[106]

Da der Geodät Richard Finsterwalder Körner bescheinigte, „dass er aus innerer Überzeugung die guten Seiten des Nationalsozialismus zu fördern bestrebt war"[107] und Rektor Conrad Müller die „Lauterkeit seines Charakters"[108] hervorhob, gelangte Körner 1948 in Kategorie IV.[109] 1949 wurde er in Kategorie V eingereiht[110] und 1951 emeritiert.[111]

Der Professor für landwirtschaftlichen Wasserbau Otto Uhden, NSDAP-Mitglied seit dem 1. Mai 1933, wurde 1947 in Kategorie IV eingereiht, im Mai 1949 entlastet. Ebenso erging es Alfred Troche, SA-Mitglied seit 1933 – er wurde bereits 1947 entlastet.[112]

Der Innenarchitekt Otto Fiederling, die Geodäten Richard Finsterwalder und Walter Großmann, sowie der Bauhistoriker Uvo Hölscher wurden jeweils bereits im ersten Verfahren in Kategorie V eingestuft.[113] Als vom Entnazifizierungsrecht

---

102 NHStA Nds. 171 Hannover, Nr. 36926, Kultusministerium an Pfannmüller, 30.4.1951.
103 Catalogus Professorum 1981, 231.
104 NHStA Nds. 171 Hannover, Nr. 6975, Schreiben Rektor Müller an Oberpräsidium, Abt. Wissenschaft, 18.4.1946.
105 NHStA Nds. 171 Hannover, Nr. 6975, Entscheidung des Unterausschusses der TH Hannover, 23.1.1947.
106 NHStA Nds. 171 Hannover, Nr. 6975, Schreiben Körner an Rektor Müller, 16.1.1946.
107 NHStA Nds. 171 Hannover, Nr. 6975, Erklärung von Eugen Doeinck und Richard Finsterwalder.
108 NHStA Nds. 171 Hannover, Nr. 6975, Rektor Müller an das Oberpräsidium Hannover, Abt. Wissenschaft, Kunst, Volksbildung, 18.4.1946.
109 NHStA Nds. 171 Hannover, Nr. 6975, Entscheidung des Berufungsausschusses im schriftlichen Verfahren, 17.12.1948. Der hannoversche Berufungsausschuss war der Ansicht, Körner sei „nur insoweit Antisemit als es sich um die Bekämpfung des juedisch-mammonistisch-materialistischen Geistes handelt. Eine Betaetigung in dieser Richtung ist ihm jedoch nicht nachzuweisen." (Ebd.)
110 NHStA Nds. 171 Hannover, Nr. 6975, Entscheidung des Hauptausschusses, 13.5.1949.
111 Catalogus Professorum 1981, 156.
112 Vgl. die Entnazifizierungsakten von Otto Uhden (NHStA Nds. 171 Hannover, Nr. 41918) und Alfred Troche (NHStA Nds. 171 Hannover, Nr. 11632).
113 Vgl. die Entnazifizierungsakten von Otto Fiederling (NHStA Nds. 171 Hannover, Nr. 14244), Richard Finsterwalder (NHStA Nds. 171 Hannover, Nr. 85826), Walter Großmann (NHStA Nds. 171 Hannover, 13958) und Uvo Hölscher (NHStA Nds. 171 Hannover, Nr. 14144).

„nicht betroffen" sah die Militärregierung den Professor für Massivbau Kurt Gaede an.[114]

Als Beispielfall wird der Architekt Walther Wickop untersucht. Wickop wirkte als Architekt an der „Neuordnung der Ostgebiete" mit, ohne parteipolitisch aktiv zu sein; an seinem Fall wird die einseitige Fixierung des Verfahrens auf Organisationszugehörigkeiten deutlich. Daneben wird die Entnazifizierung des Architekten Gerhard Graubner ausführlich dargestellt, weil er mit der entschiedensten Gegnerschaft von Hochschulkollegen konfrontiert war.

Walther Wickop: „Vertrauensarchitekt" für Heinrich Himmler

Walther Wickop, geboren 1890, war Professor für Baukonstruktion an der Technischen Hochschule Hannover. Laut seinem am 8. Dezember 1946 ausgefüllten Fragebogen trat er am 1. Mai 1933 in die NSDAP ein. Er war außerdem seit 1935 Mitglied im NS-Dozentenbund.[115]

Nach Auslandsreisen gefragt, gab Wickop den „Warthegau" als Ziel an. Dorthin habe er „4-5 Einzelreisen als Sachverständiger für ländliches Bau- und Siedlungswesen" unternommen.[116] Auf Frage 128 („Welche Personen und Organisationen haben Sie besucht?") antwortete Wickop:

> „Die Behörden und Behördenleiter in Posen, die mit der bäuerlichen Siedlung im ‚Warthegau' zu tun hatten; auch die Direktoren der Siedlungsgesellschaften ‚Posen' und ‚Hohensalza', als Auftraggeber der sog. ‚Dorf-Versuchsplanungen'."[117]

Hinter dem Begriff „Dorf-Versuchsplanungen" verbarg sich die Planung von Ansiedlungsräumen für „Volksdeutsche" nach der Vertreibung von Polen aus ihren Dörfern. Diese Planungen wurden im Auftrag des Chefs der „Planungsabteilung des Reichskommissars für die Festigung deutschen Volkstums" und späteren Professors an der TH Hannover, Konrad Meyer durchgeführt. Sie waren ein Teil des „Generalplan Ost", den Meyer maßgeblich entworfen hatte und der als „Endziel" die „völlige Neuschöpfung einer nationalsozialistischen Gesellschaft im eroberten Osten"[118] vorsah. Dahinter stand ein groß angelegtes „Programm" der „Umsiedlung", „Aussiedlung" und „Eindeutschung", das die Vernichtung ganzer Bevölkerungsgruppen nicht nur in Kauf nahm, sondern vorsah.[119] Walther Wickop agierte in diesem Rahmen nicht einfach als „Sachverständiger", wie er angab, sondern führte eine Gruppe von Architekten und Planern, die entsprechende Konzepte für

---

114 Vgl. Entnazifizierungsakte Kurt Gaede (NHStA Nds. 171 Hannover, Nr. 85779).
115 NHStA Nds. 171 Hannover, ZR-Nr. 43217, Fragebogen vom 8.12.1946.
116 Ebd.
117 Ebd.
118 Mechthild Rössler/Sabine Schleiermacher, „Der ‚Generalplan Ost' und die ‚Modernität' der Großraumordnung. Eine Einführung, in: Dies. (Hg.), *Der „Generalplan Ost". Hauptlinien der nationalsozialistischen Planungs- und Vernichtungspolitik*, Berlin 1993, 7–11, hier 8.
119 Ebd.

Dörfer im „Warthegau" entwickelten.[120] Wickop durfte sich in diesem Rahmen „Vertrauensarchitekt des Reichskommissars [Heinrich Himmler, F.S.] für die ersten Neuplanungs-Hauptdorf-Bereiche im Warthegau"[121] nennen.

Die planerische Nebentätigkeit des Architekturprofessors war lukrativ. Aus den Angaben in seinem Fragebogen aus dem Jahr 1946 geht hervor, dass Wickop als Hochschulprofessor bis über 15.000 RM pro Jahr verdiente. Getrennt davon sind seine Einkünfte als freier Architekt aufgeführt. Diese lagen bis Kriegsbeginn ebenfalls regelmäßig um die 15.000 RM pro Jahr. In den Jahren 1941 bis 1944 stiegen diese Verdienste aus Tätigkeiten außerhalb der Hochschule auf Beträge um 25.000 RM an.[122]

In Erwartung des Entnazifizierungsverfahrens von Walther Wickop setzte sich der Oberpräsident der Provinz Hannover, Hinrich Wilhelm Kopf, persönlich für diesen ein. Kopf schrieb bereits im August 1945 an Rektor Müller, er sei darauf aufmerksam gemacht worden, „dass Herr Professor Wickop in Sorge ist, wegen seiner Zugehörigkeit zur NSDAP seit dem 1.5.1933 entlassen zu werden."[123] Daher wolle er bereits jetzt ein gutes Wort für Wickop einlegen. Der Professor habe sich während seiner Tätigkeit als Landesbaupfleger große Verdienste um die landwirtschaftliche Bauweise in Niedersachsen erworben. Walther Wickop sei „alles andere als ein aktiver Nazi gewesen."[124]

Wickop selbst bemühte sich ebenfalls noch bevor sein Verfahren eingeleitet wurde um Entlastung. Im Sommer 1945 fand ein längeres Gespräch zwischen ihm und Rektor Conrad Müller statt. Als Nachtrag zu dieser Unterredung schrieb Wickop am 13.8.1945 einen achtseitigen Rechtfertigungsbrief an Müller, in dem er in „Frage und Antwort"-Form versuchte, seine Beweggründe zu erklären. Wickop gab an:

> „In die Partei trat ich am 1.5.33[125] [...] vorwiegend aus sozialer Hilfsbereitschaft ein und dann, weil ich glaubte, es der Zusammenarbeit mit der akademischen Jugend, also meiner Lebensarbeit, schuldig zu sein. [...] Ich hielt ihn [den Nationalsozialismus, F.S.] für eine

---

120 Niels Gutschow, „Stadtplanung im Warthegau 1939–1944", in: Rössler/Schleiermacher, „Generalplan Ost", 232–258, hier 233.
121 Dies geht nicht aus seinem Fragebogen, sondern aus einem Artikel Wickops für die Zeitschrift „Neues Bauerntum" aus dem Jahre 1942 hervor, der seiner Personalakte beiliegt. Walther Wickop, „Grundsätze und Wege der Dorfplanung. Der Arbeitsgang bei der Neuplanung von Dörfern im Warthegau", in: *Der Landbaumeister. Beilage der Zeitschrift „Neues Bauerntum" für alle Fragen ländlichen Gestaltens*, H. 6/1942, 2–8, hier 7 (Personalakte Wickop, NHStA, Hannover 146 A, Acc. 88/81, Nr. 403).
122 NHStA Nds. 171 Hannover, ZR-Nr. 43217, Fragebogen vom 8.12.1946.
123 NHStA Nds. 171 Hannover, ZR-Nr. 43217, Schreiben des Oberpräsidenten an Rektor Müller, 17.8.1945.
124 Ebd.
125 Aus Wickops Personalakte geht ein anderes Eintrittsdatum hervor, nämlich der 1.4.1933 (Personalakte Wickop, NHStA Hannover 146 A, Acc. 88/81, Nr. 403). Auch Michael Jung gibt auf Grundlage der NSDAP-Mitgliederkartei (Bundesarchiv Berlin) den 1.4.1933 als Eintrittsdatum an (Jung, Professoren, 164).

„Unpolitische Wissenschaft": Die Entnazifizierung der Professoren an der TH Hannover 113

Volksbewegung und nicht für eine neue Partei und wollte in dieser Bewegung zu meinem Teil für das Gute eintreten und Übertreibungen bekämpfen."[126]

Allerdings habe sich seine Haltung später verändert:

„Die Methoden der Durchführung der N.S.-Ideen waren mir aber dann sehr bald unheimlich, und ich geriet in eine zwiespältige Lage. Im besonderen habe ich die Brutalität der Lösung der Judenfrage seit jenem ‚Scherben-Sonntag' mit Abscheu abgelehnt und oft – auch Parteigenossen gegenüber – ausgesprochen, dass sie für ein unmenschliches Unrecht hielte, das seiner Sühne nicht entgehen würde. Ja, ich hatte damals von Hitler erwartet, daß er einschreiten würde."[127]

Dennoch habe er sich nicht vom Nationalsozialismus distanzieren können:

„Trotzdem: Ich hatte einmal mein Ja-Wort gegeben und war auf den Führer und auf das unbedingte Eintreten für das neue Deutschland als Hochschul-Professor vereidigt worden. Ich wollte daher mein Wort ehrlich und diszipliniert halten, bis zu den Grenzen, an denen mich mein Gewissen warnte."[128]

Den Beginn des Krieges bezeichnete Wickop als den „schwersten Tag" seines Lebens, da er „Deutschlands Untergang" habe kommen sehen. Der anfängliche Kriegsverlauf habe ihm sodann jedoch wieder „Mut gemacht":

„Nachdem der Krieg aber einmal geführt werden musste, habe ich bewusst das Banner bis zuletzt hochgehalten und alles von mir ferngehalten, was meine Widerstandskraft schwächen konnte (z. B. ausländische Sender). Über die Beendigung des Kampfes hatte nicht ich, sondern nur die oberste Heeresleitung zu befinden."[129]

Seinem im Dezember 1946 ausgefüllten Fragebogen legte Wickop eine Erklärung über seine Tätigkeit im „Warthegau" bei:

„Meine Tätigkeit als freier Sachverständiger und Architekt im Warthegau war ausschließlich technischer und künstlerischer Art. Sie erfolgte nach Einzelaufträgen [...] und nach Programmstellung des Planungsamtes des Reichskommissars für die Festigung deutschen Volkstums in Berlin, später – für drei Dorfversuchsplanungen – im Auftrage der zuständigen örtlichen Siedlungsgesellschaften."[130]

Er habe diese Arbeit übernommen „in dem Wunsche, den deutschen Umsiedlern mit meinem Können zu dienen und meine eigenen Erfahrungen für mein Lehrgebiet Landwirtschaftliches Bauen zu erweitern."[131]

Obwohl die Alliierten nicht zuletzt durch das Verfahren gegen Konrad Meyer im Rahmen der Nürnberger Prozesse bereits über umfassende Kenntnisse über den „Generalplan Ost" besaßen[132], war Wickops Tätigkeit als „Vertrauensarchi-

---

126 NHStA Nds. 171 Hannover, ZR-Nr. 43217, Schreiben Wickop an Rektor Müller, 13.8.1945.
127 Ebd.
128 Ebd.
129 Ebd.
130 NHStA Nds. 171 Hannover, ZR-Nr. 43217, Anlage zum Fragebogen, 8.12.1946.
131 Ebd.
132 Vgl. z. B. die Anklageschrift gegen Meyer in: BA Koblenz AllProz 1, Rep 501, XXXXIV M, Nr. 6, Closing Brief Meyer Hetling, Translation, 27.1.1948. Es wurde festgestellt, dass Meyer durch seine Tätigkeit den Mord an Polen und Juden aktiv unterstützt habe (vgl. ebd., 17ff.). In der Anklageschrift wurden auch die von Meyer durchgeführten Planungen und seine Kontak-

tekt" Himmlers nicht Gegenstand seines Entnazifizierungsverfahrens. Das Verfahren konzentrierte sich also auch in seinem Fall auf Organisationszugehörigkeiten und -aktivitäten.

Der Unterausschuss der Technischen Hochschule Hannover sprach sich im Januar 1947 für eine Weiterbeschäftigung Wickops aus. Dieser sei politisch „tragbar" und gelte nur als „nominelles Parteimitglied".[133] Der Entnazifizierungs-Hauptausschuss des Regierungsbezirkes reihte Wickop im Februar 1947 in die Kategorie IV ein. Damit war ihm das passive Wahlrecht entzogen; auch seine Freizügigkeit wurde zunächst eingeschränkt. Eine Vermögenssperre wurde allerdings nicht verhängt. Wickop sei als „gering belasteter Mitläufer" anzusehen. Der Ausschuss folgte in seiner Begründung ausdrücklich Wickops eigener Darstellung:

> „Prof. W. ist zwar 1933 aus Überzeugung der Partei beigetreten, hat sich aber kurze Zeit darauf durch die brutale Durchführung des Parteiprogramms angewidert gefühlt und hat sich von allem zurückgehalten, was mit der Partei zusammenhing."[134]

Wickops Tätigkeit im „Warthegau" spielte in dem Verfahren keine Rolle; seine eigene, ungewollt aussagekräftige Erklärung hierzu wurde nicht einbezogen. Auch seine Publikationen wurden nicht untersucht. So hätte eine Durchsicht seines Artikels in der von Konrad Meyer herausgegebenen Zeitschrift „Neues Bauerntum", der 1942 unter dem Schwerpunkt „Das Dorf im Osten und sein Lebensraum" erschien, die Bewertung seines Engagements für den NS-Staat beeinflussen können. Wickop schrieb über seine planerische Tätigkeit:

> „Freilich, das Leben selbst läßt sich nicht machen. Aber gesunde Voraussetzungen für das Leben lassen sich regeln, sie lassen sich planen. (...) Auf eine Aussaat der Menschen in der richtigen Dichte und der besten Mischung der Arten kommt es bei der Neuplanung bäuerlicher Bereiche an! (...) Aber gerade im Osten des Warthegaues, im ehemaligen ‚Russenraum', gibt es weite Bereiche, auf denen heute außer einigen durchgehenden Straßen kaum irgend etwas erhaltenswürdig ist. (...) [G]erade dort aber, wo man planend auf nichts Rücksicht zu nehmen hat als auf gegebene Gemarkungsgrenzen, vorhandene Verkehrsstraßen und die nackte Erde selbst, ihre Bodenwerte und ihre Oberflächengestaltung, gerade dort wird man zur *klarsten Herausarbeitung des grundsätzlich erwünschten* (Herv. i. O., F.S.) gezwungen. Das dient auch als Maßstab für die Umplanung zu erhaltender Dörfer."[135]

---

te zu Heinrich Himmler ausführlich dargestellt (vgl. BA Koblenz AllProz 1, Rep. 501, XXXXIV M, Nr. 6, Closing Brief Meyer Hetling, Translation, 27.1.1948, 12, 18, 23). Das Gericht sprach Meyer letzten Endes jedoch von den meisten Anklagepunkten frei und hielt ihm zugute, dass die meisten seiner Planungen nicht zur Durchführung gekommen seien. Zur juristischen Beurteilung des „Generalplan Ost" nach 1945 vgl. Mechthild Rössler, „Konrad Meyer und der ‚Generalplan Ost' in der Beurteilung der Nürnberger Prozesse", in: Rössler/Schleiermacher, „Generalplan Ost", 357–364.

133 NHStA Nds. 171 Hannover, ZR-Nr. 43217, Empfehlung des Unterausschusses der TH Hannover, 27.1.1947.
134 NHStA Nds. 171 Hannover, ZR-Nr. 43217, Entscheidung des Hauptausschusses beim Regierungsbezirk Hannover, 19.2.1947.
135 Wickop, Dorfplanung, 2f.

"Unpolitische Wissenschaft": Die Entnazifizierung der Professoren an der TH Hannover 115

Nach Abschluss des Verfahrens wurde Wickop von anderer Seite erneut belastet. Im August 1947 schrieb der Laatzener Ingenieur Werner Schützler an den Staatssekretär Gläser im niedersächsischen Ministerium für Arbeit, Aufbau und Gesundheit. In Laatzen sei ein Architektur-Wettbewerb zum Wiederaufbau der Stadt ausgelobt worden; Walther Wickop trete hier als Preisrichter auf. Schützler fragte:

> „Ist ferner bekannt, dass Wickop Vertrauensarchitekt des Reichskommissars SS Himmler für die Festigung des deutschen Volkstums im Osten war? Und wird Professor Wickop für geeignet gehalten, *heute als Preisrichter* (Herv. i. O., F.S.) maßgeblichen Einfluß auf die Entwicklung des zukünftigen Städtebaus zu nehmen?"[136]

Das Ministerium legte Wickop daraufhin nahe, als Preisrichter zurückzutreten, falls die Vorwürfe nicht entkräftet werden könnten. Der Professor legte sein Amt als Preisrichter bei dem Architektur-Wettbewerb in Laatzen noch im Dezember 1947 nieder; er begründete dies mit einer Erkrankung seiner Ehefrau.[137]

Wickops Fall erregte nun die Aufmerksamkeit des Inspekteurs für die Entnazifizierung im Regierungsbezirk Hannover, Regierungsrat Heuer. Heuer wandte sich im Dezember 1947 direkt an das Hauptquartier der Kontrollkommission für die britische Zone, Abteilung Public Safety. Wickops formale Belastung sei zwar gering, aber seine Äußerungen ließen daran zweifeln, ob er als Hochschullehrer geeignet sei. Heuer urteilte über Wickop:

> „Seine heutige Mentalität fusst noch völlig in den Begriffen einer unverantwortlichen militärischen Ideologie. (...) Solch ein Mann, der 12 Jahre lang und vor allen Dingen in den letzten Jahren des Krieges derartige Scheuklappen getragen hat und so wenig politischen Instinkt und keinerlei Verantwortlichkeit zur Klärung seiner eigenen aufsteigenden Zweifel gehabt hat, ist untragbar als Hochschullehrer und Bildner der neuen zur Friedensgesinnung zu erziehenden Jugend der Demokratie."[138]

Dies war ein Versuch, andere Bewertungsmaßstäbe anzulegen als die der reinen Organisationszugehörigkeit. Heuer schlug vor, im Rahmen der Kategorie IV ein Beschäftigungsverbot zu verhängen. Wickop werde als guter Architekt keine Probleme haben, freiberuflich zu arbeiten.[139] Auch die Tätigkeit im „Warthegau" geriet nach Abschluss des Verfahrens ins Blickfeld. Bei Regierungsrat Heuer ging eine Anfrage ein, ob Wickop „in den Akten zum Ausdruck gebracht hat, dass er seinerzeit Sonderbeauftragter der SS für den Wiederaufbau im Warthegau gewesen ist."[140] Die Militärregierung sandte daraufhin sämtliche Unterlagen über Wickop an den Inspekteur Heuer und den Öffentlichen Kläger, Dr. Nonne, zurück. Aufgrund der Hinweise sollte eine neuerliche Überprüfung Wickops statt-

---

136 NHStA Nds. 171 Hannover, ZR-Nr. 43217, Schreiben Werner Schützler an Staatssekretär Gläser, 28.8.1947.
137 NHStA Nds. 171 Hannover, ZR-Nr. 43217, Aktennotiz Prorektor Eugen Doeinck, 12.12.1947.
138 NHStA Nds. 171 Hannover, ZR-Nr. 43217, Regierungsrat Heuer an HQ CCG (B.E.)/Public Safety Branch, 1.12.1947.
139 Ebd.
140 NHStA Nds. 171 Hannover, ZR-Nr. 43217, Schreiben an Regierungsrat Heuer, Absender nicht ersichtlich, 25.11.1947.

finden.[141] Der Verlauf dieser Untersuchung ist nicht dokumentiert; jedenfalls kam es nicht zu der von Heuer angeregten Suspendierung bzw. Entlassung. Im Februar 1949 stellte der Öffentliche Kläger beim Entnazifizierungs-Hauptausschuss seine Ermittlungen gegen Wickop ein.[142] Zu den SS-Verbindungen Wickops waren offenbar keine neuen Zeugen gehört worden.

Im Dezember 1948 wurde Wickop hochschulintern erneut belastet. Diesmal ging es um eine Diskussion über Täuschungsversuche in Examina. Ein Student hatte erklärt, ausschließlich politisch linksgerichtete Studenten würden im Examen „tricksen". Zeugen, darunter Friedrich Lindau, der im Senat und im Betriebsrat der Architekturabteilung saß, bestätigten, dass Wickop dieser Äußerung nicht widersprochen, sondern seine Zustimmung signalisiert habe.[143] Wickop leugnete den Vorfall.[144] Prorektor Eugen Doeinck strebte eine interne Klärung des Vorwurfes an; es fanden verschiedene Aussprachen statt. Betriebsrat Friedrich Lindau hielt dieses Vorgehen für den falschen Weg. Er sah es als nutzlos an, Wickop als Einzelnem sein Verhalten vorzuwerfen. Lindau wollte stattdessen eine Diskussion über den Umgang der Hochschule mit ehemaligen Nationalsozialisten und die gesellschaftliche Öffnung der TH anregen. Wickop sei hier schließlich nur ein Negativbeispiel unter anderen, so Lindau.[145] Doch der Versuch scheiterte. Man beschuldigte Lindau, den Professor verleumden zu wollen.[146] Prorektor Eugen Doeinck schlug dem Rektor im Juni 1949 vor, den Betriebsrat der Architekturabteilung zu bitten, Lindau künftig nicht mehr als Vertreter in den Senat zu entsenden.[147] Der verzichtete schließlich auf eine weitere Diskussion des Vorfalls.[148]

Walther Wickop, der 1954 die neue Turnhalle der TH Hannover baute, starb 1957 wenige Wochen nach seiner Emeritierung.[149] Der „Wickop-Weg" am Zentrum für Hochschulsport ist nach ihm benannt.

Gerhard Graubner: Planer der „wehrhaften Stadt"

Der Architekt Gerhard Graubner wurde 1899 in Dorpat geboren. Er arbeitete von 1925 bis 1932 als Assistent von Paul Bonatz in Stuttgart und hatte von 1939 bis 1942 die technische Leitung der Stadtplanungsgesellschaft Düsseldorf inne; 1940 wurde er ordentlicher Professor für Entwerfen und Gebäudekunde an der TH Han-

---

141 NHStA Nds. 171 Hannover, ZR-Nr. 43217, Militärregierung, Public Safety/Special Branch, an Heuer und Nonne, 20.12.1947.
142 NHStA Nds. 171 Hannover, ZR-Nr. 43217, Dr. Nonne an Rektor Flachsbart, 5.2.1949.
143 NHStA Nds. 171 Hannover, ZR-Nr. 43217, Doeinck an Lindau, 30.12.1948.
144 NHStA Nds. 171 Hannover, ZR-Nr. 43217, Wickop an Doeinck, 5.4.1949.
145 NHStA Nds. 171 Hannover, ZR-Nr. 43217, Lindau an Doeinck, 8.1.1949.
146 NHStA Nds. 171 Hannover, ZR-Nr. 43217, Doeinck an den Syndikus der THH, Amtsgerichtsdirektor Heim, undatiert.
147 NHStA Nds. 171 Hannover, ZR-Nr. 43217, Doeinck an Rektor, 7.6.1949.
148 NHStA Nds. 171 Hannover, ZR-Nr. 43217, Protokoll einer Besprechung zwischen Rektor Flachsbart, Wickop, Lindau, Prorektor Großmann, 30.11.1949.
149 Catalogus Professorum 1981, 340.

nover.¹⁵⁰ Graubner war als freier Architekt an den Bauten für die Olympiade 1936 beteiligt. Damals war er jedoch nicht nationalsozialistisch organisiert. Erst im November 1939 trat er in die NSDAP ein, 1940 wurde er Mitglied des NSBDT (Nationalsozialistischer Bund Deutscher Technik) und 1944, also vergleichsweise spät, Mitglied des NS-Dozentenbundes.¹⁵¹

Am 5. Dezember 1945 wurde Graubner von der Militärregierung entlassen, da er im Verdacht stand, Nutznießer der Partei gewesen zu sein. Im Februar 1946 wurde er als Hochschullehrer wieder zugelassen, weil sich der Verdacht aus Sicht der Briten nicht erhärtet hatte.¹⁵²

Gegen die Wiedereinsetzung Graubners liefen die anderen Professoren der TH Hannover Sturm. Was ihm von Seiten seiner Kollegen vorgeworfen wurde, geht aus der Entscheidung des Unterausschusses der TH Hannover vom Februar 1947 hervor. Graubner sei vom Hannoveraner Gauleiter Lauterbacher ausgewählt worden, die Neugestaltung der durch Bombenangriffe zerstörten Stadt Hannover zu planen. Die von Graubner daraufhin vorgelegten Pläne seien „Musterbeispiele für die Auswüchse nationalsozialistischen Geistes auf städtebaulichem Gebiet"¹⁵³ gewesen. Inhalt der Pläne, die dem Ausschuss vorlägen, sei es gewesen, die Stadt Hannover zwischen den Benther Berg und den Deister zu verlagern und durch unterirdische, in die Berge versetzte Bauten Sicherheit im Krieg zu gewährleisten. Diese Pläne, die der „Wehrhaftmachung" der Stadt gedient hätten, seien wegen ihres aggressiven Charakters „eine Gefahr für die Jugend, die nach neuen Wegen und Zielen sucht."¹⁵⁴ Graubner sei zudem für die Idee eines „Wehrbürgertums" eingetreten, das eine permanente Kriegsbereitschaft bedeute. Seine Karriere habe er der NSDAP zu verdanken. Der Ausschuss griff auch ein Gerücht auf, wonach Graubner dem Einsatzstab Alfred Rosenbergs angehört habe; hierfür fanden sich jedoch keine Belege.

Bereits im November 1945 hatte ein „Bereinigungsausschuss" aus Professoren, der bereits vor der Einsetzung des Unterausschusses existierte, Graubner belastet. Da dieser Ausschuss in keinem anderen Verfahren erwähnt wird, ist es denkbar, dass er nur für den „Fall Graubner" ins Leben gerufen worden war. Das Gremium erhob den Vorwurf, der Architekt habe im Auftrag des Rektors Pfannmüller vertrauliche Besprechungen unter Kollegen ausspioniert. Graubner habe außerdem Kontakt zu „amtlichen Stellen der deutschen Ostkolonisation" gehalten und Planungsaufträge für deutsche Siedlungen im besetzten Osten durchgeführt.¹⁵⁵

---

150 Ebd., 85.
151 NHStA Nds. 171 Hannover, Nr. 27748, Fragebogen vom 25.10.1946.
152 NHStA Nds. 171 Hannover, Nr. 27748, Entscheidung des Unterausschusses der TH Hannover, 13.2.1947.
153 Ebd.
154 Ebd. Diese Planungen Graubners erwähnt auch Werner Durth, Deutsche Architekten. Biographische Verflechtungen 1900–1970, 2. Aufl. Braunschweig 1987, 217f.
155 NHStA Nds. 171 Hannover, Nr. 27748, Stellungnahme des "Bereinigungsausschusses" der TH Hannover, November 1945.

Graubner hatte also zahlreiche Gegner an der TH Hannover. Während in allen anderen untersuchten Fällen eine große Bereitschaft zur Verteidigung von Kollegen bestand, oder – im Falle weniger angesehener Personen – zumindest eine Tendenz zur Zurückhaltung dokumentiert werden kann, sagten die Professoren nahezu geschlossen gegen Graubner aus. Walther Wickop gab an, dieser habe sich „zum Werkzeug der Partei innerhalb der Hochschule gemacht"[156]; Richard Finsterwalder warf Graubner vor, politischen Druck auf die Architekturabteilung ausgeübt und sich „überheblich" verhalten zu haben. Bei Graubner handele es sich, so Finsterwalder „um den einzigen Fall, dass Parteieifer die eigentliche Wissenschaft verdorben hat (im Bereich der Hochschule Hannover)."[157] Hartnäckig hielt sich zudem der Vorwurf, Graubner habe an seiner Bürotür ein Schild angebracht, das ihn als „Beauftragten des Führers" auswies. Graubner bestritt dies. Der ehemalige Rektor Pfannmüller gab an, dieses Schild habe nie existiert – andernfalls hätte er es entfernen lassen, da der unterstellte Inhalt schließlich nicht den Tatsachen entsprochen habe.[158] Richard Finsterwalder schrieb an den Rektor Müller, Graubner habe sich in einem öffentlichen Vortrag über seine Pläne zur Verlegung Hannovers geäußert.[159] Otto Fiederling bestätigte dies und erneuerte auch die anderen Vorwürfe. Er bemerkte außerdem:

> „[E]s fällt in diesem Zusammenhang auf, daß die Studierenden, die schon vor der Wiedereinsetzung Graubners im Geruche standen noch mehr oder weniger starke Reste nationalsozialistischer Anschauung zu tragen, sich um Graubner sammeln; meiner Meinung nach nicht verabredet, sondern rein instinktmäßig."[160]

Die Hochschule trat auch nach der Entscheidung der Militärregierung, Graubner wieder zuzulassen, weiterhin geschlossen gegen ihn auf und wehrte sich aktiv gegen seine Weiterbeschäftigung. Im März 1946 schrieb Rektor Müller an den Oberpräsidenten der Provinz Hannover, eine Wiedereinstellung Graubners komme nicht in Frage.[161] Im Juni bekräftigten Rektor und Senat dies in einem gemeinsamen Schreiben ans Oberpräsidium. Graubners Verbleiben im Amt werde als „eine untragbare Belastung für die Hochschule selbst und ihre Stellung in der Öffentlichkeit empfunden".[162] Fünfzehn Professoren unterzeichneten eine gleichlautende Erklärung. Man empfinde es als „eine untragbare Zumutung, mit Herrn Graubner einem Kollegium angehören zu sollen"; dessen Wiedereinsetzung be-

---

156 NHStA Nds. 171 Hannover, Nr. 27748, Aussage Walther Wickop, 4.2.1947.
157 NHStA Nds. 171 Hannover, Nr. 27748, Aussage Richard Finsterwalder, 5.2.1947.
158 NHStA Nds. 171 Hannover, Nr. 27748, Helmut Pfannmüller an den Öffentlichen Kläger beim Berufungsausschuss des Landkreises Hannover, 15.12.1948.
159 NHStA Nds. 171 Hannover, Nr. 27748, Richard Finsterwalder an Rektor Müller, 14.5.1946.
160 NHStA Nds. 171 Hannover, Nr. 27748, Otto Fiederling an den Unterausschuss der TH Hannover, 16.1.1947.
161 NHStA Nds. 171 Hannover, Nr. 27748, Rektor Müller an das Oberpräsidium, 6.3.1946.
162 NHStA Nds. 171 Hannover, Nr. 27748, Rektor und Senat der TH Hannover an das Oberpräsidium.

deute ein Hindernis für die „politische Gesundung" der Hochschule.[163] Der Dekan der Fakultät für Bauwesen, Richard Finsterwalder, berichtete im Juli 1946 dem Rektor, er könne sich „nicht entschließen, Herrn Graubner zu den Fakultätssitzungen einzuladen."[164]

In mehreren Artikeln widmete sich die Hannoversche Presse den Vorwürfen gegen Graubner. Der spektakuläre Plan, Hannover zu verlegen, wurde ausführlich aufgegriffen. Die anderen Vorwürfe wurden ebenfalls wiederholt:

> „Wer an seinem Amtszimmer ein Schild anbringen darf ‚Beauftragter des Führers' der wird natürlich nicht Soldat. Während die Dummen an der Ostfront sterben, entwirft Graubner im Rahmen des ‚Einsatzstabes Rosenberg' ihre Friedhöfe."[165]

Kurz nach dem Erscheinen dieses Artikels stellte Gerhard Graubner sein Amt bis zur Klärung der Vorwürfe zur Verfügung.[166] Im Dezember 1947 reihte der Hauptausschuss ihn in Kategorie IV ein. Graubner wurde untersagt, als Hochschullehrer zu arbeiten; gegen eine freie Tätigkeit sei allerdings nichts einzuwenden.[167] Von Graubner als Hochschullehrer sei zwar keine demokratische Erziehung zu erwarten; er sei aber durch seinen späten Parteieintritt nur gering belastet.

Wegen der anhaltenden Angriffe gegen den Architekten äußerten die Ausschussmitglieder die Vermutung, dass an der Hochschule „ein starker persönlicher Interessenkampf" stattfinde.[168] Der Ausschuss betonte, dass Graubner viele Leumundszeugnisse vorweisen konnte, die nicht von seinen Professorenkollegen stammten. Seine Sekretärin, die inzwischen bei der Militärregierung arbeitete, hatte bereits 1946 ausgesagt, Graubner habe gewusst, dass ihr Großvater Jude gewesen sei – er habe auch Verständnis für ihre antifaschistische Einstellung gehabt.[169] Mehrere Mitarbeiter bestritten außerdem die Existenz des fraglichen Türschildes. Eine weitere ehemalige Sekretärin Graubners berichtete, dass dieser von 1943 bis 1945 Sina Kaufmann als Haushälterin beschäftigt habe, die „die Witwe des im K.Z. Lager zu Auschwitz umgekommenen jüdischen Kaufmanns" gewesen sei.[170]

Gerhard Graubner beantragte im August 1948 seine Einstufung in Kategorie V aufgrund der neuen Rechtslage.[171] Im Dezember wurde er für „entlastet" er-

---

163 NHStA Nds. 171 Hannover, Nr. 27748, Schreiben von 15 Professoren an Rektor Müller, 28.6.1946. Die Unterzeichner waren u. a. Johannes Jensen, Otto Flachsbart, Kurt Gaede und Richard Finsterwalder.
164 NHStA Nds. 171 Hannover, Nr. 27748, Finsterwalder an Rektor Müller, 31.7.1946.
165 „Widerspruch in der Entnazifizierung. Ein kritischer Beitrag zur ‚politischen Säuberung'". Hannoversche Presse vom 31.1.1947.
166 „Graubner geht." Hannoversche Presse vom 4.2.1947.
167 NHStA Nds. 171 Hannover, Nr. 27748, Stellungnahme des Hauptausschusses, 17.12.1947.
168 Ebd.
169 NHStA Nds. 171 Hannover, Nr. 27748, Margarete Gerke, Eidesstattliche Erklärung vom 30.3.1946.
170 NHStA Nds. 171 Hannover, Nr. 27748, Anna Lippert-Meyersiek an die Militärregierung, 23.11.1945.
171 NHStA Nds. 171 Hannover, Nr. 27748, Rechtsanwalt Söhl an den Öffentlichen Kläger beim Berufungsausschuss des Landkreises Hannover, 8.8.1948.

klärt.[172] Das Kultusministerium hatte sich für eine Beschleunigung des Verfahrens eingesetzt.[173]

Die Situation an der Hochschule beruhigte sich danach allerdings noch immer nicht. In der Fakultät für Bauwesen wurde, mit Unterstützung des Betriebsrates, nach weiteren Zeugen für das umstrittene Türschild und nach dem Redemanuskript des Vortrags zur Verlegung Hannovers gesucht. Zwei Tage vor Ablauf der in der Abschlussverordnung festgesetzten Antragsfrist beantragte der Minister für die Entnazifizierung die Wiederaufnahme des Verfahrens; der Antrag wurde jedoch später zurückgenommen.[174] Die Beweislage wurde im Ministerium für zu dünn befunden; das Redemanuskript blieb verschwunden und die Zeugenaussagen widersprachen einander weiterhin. Schließlich wurde Rektor Flachsbart im April 1949 zu Staatssekretär Hofmann ins Kultusministerium geladen; hier war man daran interessiert, dass „die Sache zur Ablage" komme.[175] Nach dem Gespräch entschied sich Flachsbart, seine Beteiligung an der zitierten Erklärung der fünfzehn Professoren zurückzuziehen. Er betonte, dass durch eine weitere Behandlung des Falles die Öffentlichkeit nur „unnötig erregt"[176] werde.

Gerhard Graubner ging bereits im Januar 1949 für einige Zeit an die Universität München, kehrte jedoch wieder zurück. 1952 schienen sich die Wogen soweit geglättet zu haben, dass Graubner Wahlsenator werden konnte – dies war sicherlich auch der Tatsache geschuldet, dass einige seiner schärfsten Gegner, wie etwa Richard Finsterwalder, nicht mehr an der TH Hannover lehrten.[177] Graubner, der 1953 Gastprofessor an der Technischen Universität Istanbul wurde und 1967 an der TH Hannover entpflichtet wurde, baute etliche Theater in der Bundesrepublik sowie das neue niedersächsische Kultusministerium. Im Jahre 1970 nahm sich Graubner das Leben.[178]

---

172 NHStA Nds. 171 Hannover, Nr. 27748, Entscheidung des Berufungsausschusses Hannover, II. Spruchausschuss, 15.12.1948.
173 NHStA Nds. 171 Hannover, Nr. 27748, Aktenvermerk 16.11.1948: „Es wird besonders hervorgehoben, dass der jetzt ausgeschiedene Kultusminister Grimme ebenfalls sehr groessten Wert auf eine baldige Wiedereinsetzung des [...] Prof. Grau[b]ner legt."
174 NHStA Nds. 171 Hannover, Nr. 27748, Schriftwechsel zwischen Ministerium für die Entnazifizierung und Landesauschuss für die Entnazifizierung, 14.3.1949 und 12.5.1949.
175 NHStA Nds. 171 Hannover, Nr. 27748, Kultusministerium: Aktenvermerk 4.4.1949.
176 NHStA Nds. 171 Hannover, Nr. 27748, Kultusministerium: Aktenvermerk 12.5.1949.
177 NHStA Nds. 171 Hannover, Nr. 27748, Kultusministerium: Aktenvermerk 12.1.1949, sowie NHStA Nds. 423, Acc. 11/85, Nr. 189, Senatsprotokoll vom 11.7.1952; NHStA Nds. 423, Acc. 11/85, Nr. 41, Liste des Lehrkörpers vom 1.11.1953.
178 Interview der Verfasserin mit Dipl. Ing. Friedrich Lindau.

2.2.3 Fakultät III für Maschinenwesen

In der Fakultät III waren 1945 zehn amtierende ordentliche Professoren Mitglieder in der NSDAP und/oder in anderen NS-Organisationen gewesen.[179] Fünf Professoren wurden in den Jahren 1945 und 1946 entlassen. Es handelte sich um den ehemaligen Rektor Alexander Matting, der als Beispielfall behandelt wird, sowie um die Professoren Harry Weißmann, Albert Vierling, Wilhelm Schulz und Werner Osenberg. Osenberg und Vierling wurden interniert.

Harry Weißmann, Professor für elektrische Anlagen und NSDAP-Mitglied seit dem 1. Dezember 1932,[180] berief sich auf sein „Pflichtgefühl" und gab an, „politisch unreif" gewesen zu sein.[181] Man konnte ihm zwar nachweisen, dass er überzeugter Nationalsozialist gewesen war und 1938 als österreichischer Staatsbürger extra in sein Heimatland gereist war, um für den „Anschluss" zu stimmen[182], reihte ihn aber 1949 in Kategorie IV ein. Er wurde 1951 in Kategorie V „überführt."[183]

Albert Vierling, Professor für Fördertechnik, NSDAP-Mitglied seit dem 1. Mai 1933 und SA-Mitglied seit dem 10. Mai 1933[184], war während des Krieges bei der Inspektion von Rüstungsbetrieben in Frankreich tätig.[185] An der Hochschule war er Dozentenbundführer. Der Unterausschuss der TH Hannover stufte ihn nach seiner Entlassung als untragbar ein[186]; er wurde aber im Oktober 1948 aufgrund von Entlastungszeugnissen in Kategorie IV eingeordnet[187] und im November 1950 in Kategorie V „überführt".[188] Vierling kam im April 1949 zurück an die Technische Hochschule, wurde im Jahre 1963 Rektor und 1967 emeritiert.[189]

Der Professor für Strömungsmaschinen Wilhelm Schulz, seit 1932 in der NSDAP, seit 1933 in der SA und förderndes Mitglied der SS, war von 1940 bis 1944 Verwalter der Hochschulpressestelle.[190] Schulz wurde nach seiner Entlas-

---

179 Nicht berücksichtigt werden Georg Dettmar und Hermann Potthoff, die beide 1945 bereits emeritiert waren.
180 NHStA Nds 171 Hannover, Nr. 9985, Bl. 82, Entscheidung des Unterausschusses der TH Hannover, 10.3.1947.
181 NHStA Nds 171 Hannover, Nr. 9985, Bl. 84, Schreiben Weißmann an Entnazifizierungs-Hauptausschuss Stadtkreis Hannover, 9.9.1946.
182 NHStA Nds 171 Hannover, Nr. 9985, Bl. 82, Entscheidung des Unterausschusses der TH Hannover, 10.3.1947.
183 NHStA Nds 171 Hannover, Nr. 9985, Stempel: „gem. VO v. 30.6.49 in Kat. V überführt", 1.8.1951.
184 NHStA Nds. 171 Hannover, ZR-Nr. 42065, Fragebogen vom 3.10.1946.
185 NHStA Nds. 171 Hannover, ZR-Nr. 42065, Albert Vierling an Entnazifizierungs-Hauptausschuss, 25.7.1946.
186 NHStA Nds. 171 Hannover, ZR-Nr. 42065, Entscheidung des Entnazifizierungs-Unterausschusses der TH, 24.3.1947.
187 NHStA Nds. 171 Hannover, ZR-Nr. 42065, Entscheidung Hauptausschuss, 25.10.1948.
188 Ebd., Stempel: „In Kategorie V überführt", 21.11.1950.
189 Catalogus Professorum 1981, 325.
190 NHStA Nds. 171 Hannover, Nr. 15466, Fragebogen 18.5.1946.

sung vom TH-Unterausschuss als nicht tragbar eingestuft[191], hatte aber die Unterstützung des Rektors Müller, der ihn nicht für einen aktiven Nationalsozialisten hielt.[192] Schulz selbst bestand darauf, dass seine Aktivitäten „unpolitischer Natur"[193] gewesen seien. Er wurde 1948 in die Kategorie IV eingeordnet; zu den üblichen Sanktionen kam ein Lehrverbot für zwei Jahre.[194] In einem weiteren Verfahren wurde diese Beschränkung im Mai 1949 aufgehoben. Im Juni 1949 gelangte Schulz in die Kategorie V.[195] Er lehrte bis zum Jahr 1972 an der TH Hannover.[196]

Werner Osenberg, seit 1938 Lehrstuhlinhaber für Werkzeugmaschinen und ab Sommer 1944 Prorektor, war Leiter des Planungsamtes des Reichsforschungsrates gewesen. Er gehörte in dieser Eigenschaft ehrenamtlich der Abteilung III C 1 im RSHA (Naturwissenschaften und Wehrforschung) an und war seit 1933 Mitglied in der NSDAP und in der SS. Das Planungsamt koordinierte seit 1943 die gesamte universitäre Forschung in Deutschland.[197] „Ohne ihn [Osenberg, F.S.] scheint damals nichts gegangen zu sein. Von der Forschung über optimale Torpedoantriebe bis zu der über Atomwaffen"[198], so Michael Jung. Außerdem unterhielt der "obscure Professor"[199] ein regelrechtes Spitzelnetz in deutschen Forschungsinstitutionen. Bekannt wurde die „Osenberg-Aktion" mit der ca. 2500 deutsche Wissenschaftler (nach Osenbergs Angaben 5000 Personen) von der Front zurückgeholt wurden. Osenberg war lange interniert und wurde von den Alliierten als Informationsquelle über die deutsche Forschung genutzt.[200] Er kehrte 1954 an die Technische Hochschule Hannover zurück.[201]

Die restlichen Professoren der Fakultät III, die in NS-Organisationen Mitglied gewesen waren, waren Friedrich Mölbert, Kurt Neumann, Harald Schering, Karl Humburg und Karl Röder. Humburg und Schering (beide ehemalige Mitglieder des NSDDB) galten als vom Entnazifizierungsrecht nicht betroffen. Mölbert, der 1942 Dezernent des Reichsverkehrsministeriums für elektrische Betriebe in Lodz

---

191 NHStA Nds. 171 Hannover, Nr. 15466, Entscheidung Unterausschuss TH, 17.4.1947.
192 NHStA Nds. 171 Hannover, Nr. 15466, Rektor Müller an die Militärregierung, 22.8.1945.
193 NHStA Nds. 171 Hannover, Nr. 15466, Schulz an die Militärregierung, Gesuch um Rücknahme der Entlassung, 8.8.1945.
194 NHStA Nds. 171 Hannover, Nr. 15466, Entscheidung Hauptausschuss, 11.11.1948.
195 NHStA Nds. 171 Hannover, Nr. 15466, Entscheidung Berufungsausschuss, 24.6.1949.
196 Catalogus Professorum 1981, 471.
197 Jung, Professoren, 175ff., 163. Vgl. a. Ruth Federspiel, „Mobilisierung der Rüstungsforschung? Werner Osenberg und das Planungsamt im Reichsforschungsrat 1943–1945", in: Helmut Maier, *Rüstungsforschung im Nationalsozialismus. Organisation, Mobilisierung und Entgrenzung in den Technikwissenschaften*, Göttingen 2002, 72–105; Notker Hammerstein, *Die Deutsche Forschungsgemeinschaft in der Weimarer Republik und im Dritten Reich. Wissenschaftspolitik in Republik und Diktatur 1920–1945*, München 1999, 434.
198 Jung, Professoren, 176.
199 Samuel A. Goudsmit, *Alsos. The History of Modern Physics Vol. 1*, Los Angeles/San Francisco 1986 (erstmals New York 1947), 187.
200 Ebd., 197ff.
201 Catalogus Professorum 1981, 223.

und Krakau gewesen war, und Neumann, beide NSDAP-Mitglieder seit 1939 bzw. 1933, wurden in ihrem ersten Verfahren in Kategorie V eingereiht.[202] Als Fallbeispiel wird hier der ehemalige Rektor Alexander Matting behandelt.

Alexander Matting: Rektor unterm Hakenkreuz

Alexander Matting, geboren 1897, war Professor für Werkstoffkunde und von 1940 bis 1943 Rektor der Technischen Hochschule Hannover.[203] Am 7. Januar 1946 wurde er von der britischen Militärregierung aus seinem Amt als ordentlicher Professor entlassen.[204] Matting gehörte seit dem 1. Mai 1933 der NSDAP an. Er war seit 1935 im NSDDB und war Mitglied des NSBDT, des NS-Altherrenbundes und des Werberates der deutschen Wirtschaft.[205]

Matting legte gegen seine Entlassung Widerspruch ein. Er gründete am 15. Januar 1946 ein eigenes Ingenieurbüro und beantragte beim Entnazifizierungsausschuss, eine eigene Schweißwerkstatt eröffnen zu dürfen, was ihm gewährt wurde. Bezüglich dieses Antrages wurde Matting in die Kategorie IV eingeordnet; dies galt allerdings nur für seine freiberufliche Tätigkeit.[206]

Der Ingenieur brachte in diesem ersten Entnazifizierungsverfahren mehrere Entlastungszeugnisse bei. Sein ehemaliger Assistent Koch versicherte, Matting habe einen jüdischen Studenten namens Seefeld auf eigene Verantwortung „1936 oder 1937" zu den Vorlesungen zugelassen. Dieser sei von Matting und seinen Mitarbeitern behandelt worden wie die anderen Studenten und sei auch zu „Kameradschaftsabenden" eingeladen worden. Später habe Matting Seefeld für dessen geplante Auswanderung nach Australien ein Empfehlungsschreiben ausgestellt.[207] Der ehemalige Student Peter Engelbrecht schrieb am 29. Mai 1946 an Matting:

> „Als 25% jüdischer Mischling wollte ich im September 1940 mein Studium an der Technischen Hochschule Hannover beginnen, doch konnte ich nicht eingeschrieben werden, da gerade die Zulassung der unter die sog. Nürnberger Gesetze fallenden Studenten von einer Genehmigung des Reichs-Erziehungs-Ministeriums abhängig gemacht worden war. Sie haben damals als Rektor mir gestattet, auf Ihre Verantwortung hin die Vorlesungen zu besuchen, bis nach etwa einem Monat die Zulassung eintraf. Für dieses Ihr Verhalten, wie auch die überaus zuvorkommende persönliche Haltung Ihrerseits, bin ich Ihnen noch heute dankbar und hoffe mit meiner Aussage zu ihrer Entlastung beitragen zu können."[208]

---

202 Vgl. die Entnazifizierungsakten von Mölbert (NHStA 171 Hannover, Nr. 14133), Schering (NHStA 171 Hannover, Nr. 93370), Neumann (NHStA 171 Hannover, Nr.66692), Humburg (NHStA 171 Hannover, Nr. 64063).
203 Catalogus Professorum 1981, 190.
204 NHStA, Nds. 171 Hannover, Nr. 11411, Schreiben Prof. Matting an den Entnazifizierungs-Hauptausschuss Stadtkreis Hannover, Juli 1946.
205 NHStA, Nds. 171 Hannover, Nr. 11411, Stellungnahme des Entnazifizierungs-Hauptausschusses Stadtkreis Hannover vom 1.9.1946.
206 Ebd.
207 NHStA, Nds. 171 Hannover, Nr. 11411, Schreiben Koch an Hauptausschuss, 21.6.1946.
208 NHStA, Nds. 171 Hannover, Nr. 11411, Schreiben Peter Engelbrecht an Matting, 29.5.1946.

Der Diplomingenieur Ernst Rube aus Erfurt gab an, er sei nach den Nürnberger Gesetzen „Mischling ersten Grades" und so eigentlich vom Studium ausgeschlossen gewesen. Matting habe ihm das Maschinenbaustudium durch „Fürsprache bei höchsten Reichsstellen" ermöglicht.[209] Daneben sagte ein Rechtsanwalt aus, er sei während des Krieges damit beauftragt gewesen, französische und belgische Kriegsgefangene in Sabotageprozessen zu verteidigen. Matting sei hierbei öfter als Gutachter bestellt worden. Nach seiner Einschätzung habe Matting entscheidenden Anteil daran gehabt, dass diese Gefangenen oft freigesprochen worden seien.[210]

Seitens der Hochschule wurden im Jahre 1946 zahlreiche Bescheinigungen über Mattings fachliche Eignung auf dem Gebiet der Schweißtechnik und Werkstoffkunde eingereicht; seine Entlassung bedeute einen wissenschaftlichen Verlust. Das Institut für Werkstoffkunde sandte ein von mehreren Institutsmitgliedern unterzeichnetes Schreiben gleichen Inhalts an den Hannoveraner Entnazifizierungsausschuss.[211]

Richard Finsterwalder äußerte sich im September 1946 ebenfalls zugunsten Mattings. Als Leiter des Außeninstituts, das die Hochschule „auch in weltanschaulicher und politischer Sicht" in der Öffentlichkeit repräsentiert habe, habe Matting auch Nazigegner als Redner eingeladen; die Vorträge seien außerdem nie parteipolitisch ausgerichtet gewesen. Mattings Wiedereinstellung sei wünschenswert; dieser werde sich auch am „demokratischen Aufbau" beteiligen, so Finsterwalder.[212] Der Entnazifizierungs-Unterausschuss der Hochschule sprach sich am 24. März 1947 jedoch gegen die Wiederzulassung Mattings aus. Er sei „politisch untragbar" (Gruppe M).[213] Die Häufung von Ehrenämtern lasse darauf schließen, dass er mehr als nur „nominelles Mitglied" gewesen sei. Weiterhin wurde Matting von den Ausschussmitgliedern zur Last gelegt, dem Faschisten Roberto Farinacci, der damals italienischer Staatssekretär war, die Ehrendoktorwürde verliehen zu haben.[214]

Auch die Aussage des ersten Nachkriegsrektors, Conrad Müller führte zu Mattings negativer Einstufung. Dieser bescheinigte seinem Vorgänger, Nationalsozialist aus Egoismus und Geltungssucht gewesen zu sein. Da Matting kein starker Charakter sei, sei sein Verlust für die Hochschule durchaus tragbar.[215] Kurt Neumann, ein Fakultätskollege Mattings, gab über diesen zu Protokoll: „Wo es für ihn vorteilhaft erschien, trat er als Vertreter der Partei auf, sonst hielt er sich

---

209 NHStA, Nds. 171 Hannover, Nr. 11411, Erklärung Ernst Rube, 18.6.1945.
210 NHStA, Nds. 171 Hannover, Nr. 11411, Aktennotiz Hauptausschuss.
211 NHStA, Nds. 171 Hannover, Nr. 11411, Schreiben des Instituts für Werkstoffkunde an Hauptausschuss, 16.1.1946.
212 NHStA, Nds. 171 Hannover, Nr. 11411, Schreiben Prof. Richard Finsterwalder an Hauptausschuss, 2.9.1946.
213 NHStA, Nds. 171 Hannover, Nr. 11411, Stellungnahme des Unterausschusses der TH Hannover, 24.3.1947.
214 Ebd.
215 NHStA, Nds. 171 Hannover, Nr. 11411, Aktennotiz über die Vernehmung Prof. Müllers am 10.3.1947.

im Hintergrunde."²¹⁶ Außerdem sei es zu bezweifeln, ob Matting ohne die Nationalsozialisten Karriere gemacht hätte; seine fachlichen Leistungen seien nicht überragend.²¹⁷

Alexander Matting selbst verfasste ein vierseitiges Schreiben mit dem Titel: „Versuch einer politischen Rechtfertigung".²¹⁸ Darin erklärte er:

„Ich kann nicht leugnen, dass ich der Bewegung in den Jahren 1933 bis 1938 eine gewisse Sympathie entgegenbrachte, da ich den Eindruck hatte, daß sich unsere wirtschaftliche Lage besserte. [...] Meine zustimmende Einstellung zur Partei erhielt ihren ersten empfindlichen Stoß durch die unerhörten Judenverfolgungen, denen auch ein eigener Vetter als Mischling 1. Grades ausgesetzt war. Ferner stimmten mich die Sudetenkrise, die Errichtung des Protektorates und eigene Beobachtungen und Erlebnisse anlässlich einer Übung im Jahre 1938 so bedenklich, daß ich mich innerlich weit von den Zielsetzungen der Partei zu entfernen begann und in eine Periode skeptischer Kritik eintrat, die bis zum 22. Juni 1941 währte. Zu diesem Zeitpunkt war ich noch nicht der Ansicht, daß eine offene Ableh[n]ung am Platze sei. Ich wollte helfen, Schlimmeres zu verhüten, und war der Überzeugung, daß die Anständigen die Partei von innen her stützen müssten, um zu retten, was zu retten ist."²¹⁹

Er sei dem Gauleiter Hartmann Lauterbacher unangenehm aufgefallen. Dieser habe Mattings Wiedereinziehung zur Wehrmacht veranlasst, „so dass ich im Winter 1941/42, vierundvierzigjährig, mit nur achttägiger Frist vom Rektor einer Hochschule [zum] Führer einer Radfahr-Kompanie in einer für den Osten bestimmten Division wurde."²²⁰

Am 15. Oktober 1947 ordnete der deutsche Entnazifizierungs-Hauptausschuss des Regierungsbezirkes Hannover Alexander Matting in Kategorie III ein und empfahl die Aufrechterhaltung seiner Entlassung.²²¹ Matting sei weit über das „von ihm als Dozenten- und Wirtschaftsführer geforderte Mass hinaus in der Oeffentlichkeit als Nationalsozialist hervorgetreten".²²² Dies könne auch durch die Entlastungszeugnisse nicht entkräftet werden. Matting habe sich außerdem selbst dadurch belastet, dass er versucht habe, seine Fragebögen zurückzuziehen.²²³ Die Militärregierung schloss sich der Einstufung in Kategorie III an.²²⁴ Matting legte Berufung ein, über die am 3. Februar 1949 entschieden wurde. Der Berufungsausschuss stufte Matting in die Kategorie IV ohne Beschränkungen ein. Zur Begründung hieß es, dieser sei in freier Wahl Rektor geworden; es lägen keine Hinweise auf eine politische Einflussnahme seinerseits vor. Matting habe sein Rektoramt

---

216 NHStA, Nds. 171 Hannover, Nr. 11411, Aktennotiz über die Vernehmung Prof. Neumanns am 10.3.1947.
217 Ebd.
218 NHStA, Nds. 171 Hannover, Nr. 11411, Prof. Alexander Matting: „Versuch einer politischen Rechtfertigung", 10.8.1947.
219 Ebd.
220 Ebd.
221 NHStA, Nds. 171 Hannover, Nr. 11411, Stellungnahme Hauptausschuss Regierungsbezirk Hannover, 15.10.1947.
222 Ebd.
223 Ebd.
224 NHStA, Nds. 171 Hannover, Nr. 11411, Einreihungsbescheid Public Safety/Special Branch, 28.1.1948.

auch nicht zur Verbreitung nationalsozialistischen Gedankengutes genutzt. In diesem Verfahren wurden auch die Zeugnisse der ehemaligen Studenten zugunsten Mattings berücksichtigt. Nach den Bekundungen des Instituts für Werkstoffkunde stelle seine Entlassung außerdem einen wissenschaftlichen Verlust dar; es gebe auch keinen Grund anzunehmen, er werde sich nicht in den demokratischen Staat „einfügen."[225] Matting habe zwar den Nationalsozialismus unterstützt, ihn jedoch nicht „wesentlich gefördert".[226] Wie in diesen Fällen üblich, wurde Matting vermutlich wenig später in Kategorie V „überführt". Er wurde 1966 emeritiert und leitete bis zu seinem Tod im Jahre 1969 kommissarisch das Institut für Werkstoffkunde.[227]

2.3 ZUR BILANZ DER ENTNAZIFIZIERUNG AN DER TH HANNOVER

Wie bereits dargestellt, waren die Entlassungen durch die britische Besatzungsmacht nicht von Dauer. Die „Überführungen" in die Kategorie V, die noch in der früheren Phase nur jenen Personen vorbehalten war, die sich als Gegner der Nationalsozialisten ausweisen konnten, und spätestens das „131er-Gesetz" machten es jedem Professor möglich, zumindest seine vollen Ansprüche wiederzuerhalten. Und in der Regel war auch die Wiedereinstellung als aktiver Lehrer möglich. Einige Professoren kehrten aus Altersgründen nicht zurück und wurden emeritiert; andere überbrückten die Zeit des Unwillkommenseins mit einem Lehrauftrag im Ausland oder auch mit freiberuflichen Tätigkeiten. Unter den Professoren litt wohl kaum einer so unter der Entnazifizierung, wie es in der einschlägigen Protestliteratur dieser Zeit dargestellt wurde.[228] Jene, die nicht entlassen wurden, kamen mit den geschilderten Sanktionen davon. Sieben Professoren mussten durch die Einstufung in Kategorie IV Meldeauflagen und den temporären Entzug des passiven Wahlrechts hinnehmen; aber nur bei zwei Personen, nämlich bei Teodor Schlomka und Wilhelm Schulz, wurde die in dieser Kategorie mögliche Vermögenssperre verhängt. In sechs Fällen lautete die Ersteinstufung auf Kategorie III, bei zehn auf Kategorie IV und bei elf im ersten Verfahren auf Kategorie V. Je später das Verfahren geführt wurde, desto größer war die Wahrscheinlichkeit, schnell in Kategorie V zu gelangen.

Die zuständigen Hauptausschüsse, die für die Bearbeitung der Fälle wenig Zeit und personelle Kapazitäten hatten, hielten sich bei der Bewertung der Fälle meist an die Vorgaben in den jeweils gültigen Verordnungen und weiteten auch bei den Professoren die Definitionen der Kategorien IV und V immer mehr aus. Die vorliegenden Urteile aus der frühen Phase der Beteiligung deutscher Aus-

---

225 NHStA, Nds. 171 Hannover, Nr. 11411, Berufungsausschuss Hannover, Entscheidung im schriftlichen Verfahren, 3.2.1949.
226 Ebd.
227 Catalogus Professorum 1981, 190.
228 Beispielhaft Herbert Grabert, *Hochschullehrer klagen an. Von der Demontage deutscher Wissenschaft*, 2. Aufl. Göttingen 1952.

schüsse lassen in vielen Fällen noch einen größeren Willen zu ernsthaften Ermittlungen erkennen. Zeugenaussagen wurden stärker gewichtet, Widersprüche in den Aussagen ausführlicher thematisiert. Später wurde dann die Formulierung „Der Betroffene hat den Nationalsozialismus unterstützt, aber nicht wesentlich gefördert" zum Standardsatz in der „Mitläufer"-Kategorie IV.

In der Phase der Abwicklung der Entnazifizierung, in die viele Berufungsverfahren fielen und in der der Gesetzgeber eine schnelle Erledigung noch offener Verfahren angeordnet und damit den Druck auf die überlasteten Ausschüsse vergrößert hatte, wurden die Begründungen für die Einstufungen insgesamt deutlich schematischer und kürzer. Die meisten Professoren hatten es dank guter Anwälte und weitgespannter beruflicher und privater Beziehungen wohl leichter als andere Berufsgruppen, günstige Ergebnisse im Entnazifizierungsverfahren zu erzielen. Auffällig ist indessen, wie wenig relevant die tatsächliche Tätigkeit mancher Professoren für die ermittelnden Ausschüsse war. Vor allem eine Häufung von Ämtern in nationalsozialistischen Organisationen konnte sich belastend auswirken; auch Zeugnisse, die nationalsozialistische Äußerungen belegen sollten, fielen ins Gewicht. In keinem einzigen Fall wurden jedoch Publikationen, die, wie anhand des Falles Wickop gezeigt, aufschlussreich hätten sein können, herangezogen.

2.4 „NIEDERE ELEMENTE FERNHALTEN": DIE DEUTUNGS- UND RECHTFERTIGUNGS-STRATEGIEN DER PROFESSOREN

Von den 27 Entnazifizierungsakten, die ausgewertet wurden, enthielten 16 nicht nur Fragebögen und Leumundszeugnisse, sondern auch teilweise umfangreiche Rechtfertigungsschreiben der Betroffenen bzw. ihrer Anwälte. Im Folgenden sollen die verschiedenen Argumente, die von diesen Professoren verwendet wurden, dargestellt und untersucht werden. Da die zur Verfügung stehenden Informationen über die Einzelpersonen meist ausschließlich aus den Entnazifizierungs- und Personalakten gewonnen wurden, kann nicht zweifelfrei geklärt werden kann, ob die Aussagen der Betroffenen „wahr" oder „falsch" sind. Dennoch kann bei Personen, denen nationalsozialistische Mitgliedschaften und/oder Aktivitäten nachgewiesen wurden, mindestens von der Akzeptanz des Nationalsozialismus ausgegangen werden, wenn keine Belege für antifaschistische Aktivitäten vorliegen, die etwa hätten getarnt werden müssen. Funktionärstätigkeiten, wie etwa im Nationalsozialistischen Deutschen Dozentenbund, können in der Regel als Beitrag zur Systemstabilisierung gewertet werden. Dennoch muss die folgende Analyse weniger nach der individuellen Schuld der handelnden Personen, als nach ihrer Interpretation der NS-Vergangenheit und nach ihrer Darstellung der eigenen Rolle in dieser Zeit fragen. Dies eröffnet auch die Möglichkeit, die überindividuelle Funktion solcher Erzählungen im Kontext der Institution Universität und ihres Beziehungsgeflechts zu reflektieren. Aus der Tatsache, dass das Bewusstsein sich zwar individuell äußert, aber durch vielfältige Bezüge mit gesellschaftlichen Gegebenheiten und Diskursen verbunden ist, ergibt sich zudem die Frage nach Gemeinsamkeiten in der Argumentation der Professoren, die auf die solche Rückbindung an zeitgenössische Diskurse der Vergangenheitsdeutung bei gleichzeitiger Mitgestaltung derselben hinweisen.

Sieben Personen, darunter der ehemalige Rektor und Dozentenführer Helmut Pfannmüller, bezeichneten sich selbst bzw. ihr Amt als „unpolitisch". Zwei Personen, nämlich Harry Weißmann und SS-Mitglied Wilhelm Schulz, nahmen darüber hinaus eine weit gehende Unwissenheit für sich in Anspruch. Weißmann gab an, die „wahren Zusammenhänge"[229] nicht gekannt zu haben. Schulz behauptete, die Wahrheit über den Nationalsozialismus habe ihm gar nicht bekannt sein können, da er schließlich niemals die Zeitung gelesen habe. Dennoch betonte Schulz, nach dem „Röhm-Putsch" „misstrauisch" geworden zu sein.[230] Auch fünf weitere Professoren periodisierten den Zeitraum der nationalsozialistischen Herrschaft in verschiedene „Zustimmungsphasen". So gaben Alexander Matting und Walther Wickop an, sie seien ab 1938 „skeptisch" gegenüber den Nationalsozialisten geworden. Wickop nannte, wie dargestellt, den 9. November 1938 als den Zeitpunkt, zu dem er ein „Skeptiker" geworden sei und sich dennoch entschieden habe, „Wort zu halten", da er schließlich einen Eid auf den „Führer" abgelegt habe.[231] Rudolf Hase behauptete, seit 1935 „innerlich Gegner" der NSDAP gewesen zu sein[232]; Dietrich Kehr gab die Bildung des Protektorates Böhmen und Mähren und „das barbarische Judenpogrom" als den Zeitpunkt an, an dem er „wachgeworden" sei[233], Lothar Collatz nannte die Flucht eines Kollegen im Jahre 1939 als Wendepunkt.[234]

Sechs der untersuchten Professoren, darunter die ehemaligen Rektoren Horst von Sanden und Alexander Matting, begründeten ihren Parteieintritt oder ihr sonstiges nationalsozialistisches Engagement mit der Behauptung, sie hätten „Schlimmeres verhindern" wollen. So gab Professor Weißmann an, er habe „niedere Elemente" fernhalten wollen[235]; der ehemalige Gehrdener NSDAP-Ratsherr Rudolf Hase nahm für sich in Anspruch, das Amt für Wissenschaft im NS-Dozentenbund angenommen zu haben, um „radikale Einflüsse" zu stoppen[236], und auch Himmlers „Vertrauensarchitekt" Walther Wickop sagte aus, er habe „Übertreibungen" stets bekämpft.[237]

Die Behauptung, man hätte ohne den Parteieintritt die eigene Berufslaufbahn nicht weiterführen können, findet sich bei vier Personen, Johannes Jensen nicht eingeschlossen. Hinweise auf Konflikte mit Parteifunktionären, insbesondere mit

---

229 Vgl. NHStA Nds. 171 Hannover, Nr. 9985, Bl. 84, Weißmann an Hauptausschuss, 9.9.1946.
230 Vgl. NHStA Nds. 171 Hannover, Nr. 15466, Aktennotiz Vernehmung Prof. Schulz, 17.4.1947.
231 NHStA Nds. 171 Hannover, ZR-Nr. 43217, Schreiben Wickop an Rektor Müller, 13.8.1945.
232 Vgl. NHStA Nds. 171 Hannover, Nr. 22840, Bl. 71, Hase an Rektor Müller, 31.5.1946.
233 NHStA Nds. 171 Hannover, Nr. 30917, Dietrich Kehr: Politischer Lebenslauf, 27.4.1946.
234 NHStA Nds. 171 Hannover, Nr. 11574, Protokoll der mündlichen Verhandlung vor dem Hauptausschuss, 28.10.1948.
235 NHStA Nds. 171 Hannover, Nr. 9985, Bl. 62, Weißmann an Hauptausschuss, 22.7.1946.
236 NHStA Nds. 171 Hannover, Nr. 22840, Bl. 35, Hase an Major Beattie, HQ Mil. Gov., 6.8.1945.
237 NHStA Nds. 171 Hannover, ZR-Nr. 43217, Schreiben Wickop an Rektor Müller, 13.8.1945.

dem Gauleiter Hartmann Lauterbacher, kommen in den Rechtfertigungsschreiben noch häufiger vor; acht Personen führten solche Auseinandersetzungen als entlastend für sich an. Der Hinweis, man habe vertraulich und im privaten Kreis Kritik an den Nationalsozialisten geübt, fehlt sehr selten. Drei Personen, nämlich Teodor Schlomka, Gerhard Graubner und Harry Weißmann, gaben außerdem an, sich Juden gegenüber „freundlich" verhalten zu haben. Burchard Körner, der sich offen zum Antisemitismus bekannte, unterstrich: „Niemals bezog sich mein Antisemitismus auf die einzelne Person jüdischer Rasse [...]."[238]

Die häufigste Begründung für nationalsozialistische Mitgliedschaften bzw. Aktivitäten waren indessen Darstellungen der politischen, sozialen und ökonomischen Situation am Ende der Weimarer Republik; oft kommt hier der Hinweis auf die „chaotischen" politischen Zustände vor. Zehn Personen stützten sich auf derartige Argumente; oft mit Hinweis auf die „bolschewistische Gefahr", die gedroht habe. Viele Professoren nahmen so für sich in Anspruch, aus „idealistischen Motiven" und in gutem Glauben Nationalsozialisten geworden zu sein. Auffällig ist hier nicht nur die häufige Deckungsgleichheit von Argumenten untereinander, sondern auch die vielfache Übereinstimmung der Angaben mit zeitgenössischen Diskursen.[239] Die reklamierte „Unwissenheit" und die Erklärung des nationalsozialistischen Engagements mit den gesellschaftlichen Umständen am Ende der Weimarer Republik kommen z. B. auch in den von Lutz Niethammer ausgewerteten bayerischen Entnazifizierungsakten in allen Bevölkerungsschichten vor.[240] Die Periodisierung ihrer Zustimmung zum Nationalsozialismus nahmen ebenfalls nicht nur Akademiker vor. Obwohl es nicht unwahrscheinlich ist, dass es bei vielen Individuen solche unterschiedlichen „Zustimmungsphasen" tatsächlich gab, hat diese Interpretation und ihre öffentliche Tradierung zu dem Eindruck beigetragen, „gute Phasen" der nationalsozialistischen Herrschaft seien scheinbar vorhanden gewesen und somit von den „schlechten Phasen" isolierbar.

Während die genannten Argumente also diskursives Allgemeingut waren, gab es auch einige Besonderheiten unter den Professoren. Vier Begründungen weisen auf gruppen- bzw. milieuspezifische Funktionen hin. Zu nennen ist der Verweis auf die Intention „Schlimmeres verhindern" bzw. „niedere Elemente" fernhalten zu wollen. Diese Argumentationsfigur verweist zum einen auf die Unterscheidung zwischen einem nationalsozialistischen „Pöbel" und den „anständigen Nazis", die viele Nationalsozialisten aus den Eliten nachträglich verwendeten, um sich von

---

238 NHStA Nds. 171 Hannover, Nr. 6975, Körner an Rektor Müller, 16.1.1946.
239 Zu nennen sind z. B. die einflussreichen Vorgaben für die Vergangenheitsinterpretation, die etwa die Kirchen früh entwickelten (vgl. Eike Wolgast, *Die Wahrnehmung des Dritten Reiches in der unmittelbaren Nachkriegszeit (1945/46)*, Heidelberg 2001, 179ff.) oder auch die zeitgenössischen Diskussionen in politischen Zeitschriften (Vgl. etwa: Eugen Kogon, „Das Recht auf den politischen Irrtum", in: *Frankfurter Hefte 2 (1947)*, 641–655). Vgl. a. Ralph Boch, *Exponenten des „akademischen Deutschland" in der Zeit des Umbruchs: Studien zu den Universitätsrektoren der Jahre 1945 bis 1950*, Marburg 2004.
240 Vgl. Niethammer, Entnazifizierung in Bayern, 538ff.

den Staatsverbrechen der Nationalsozialisten abzugrenzen.[241] Jürgen Habermas schrieb hierzu in Bezug auf die sich zuspitzenden Verhältnisse kurz vor dem 30. Januar 1933: „Wäre der Ungeist nicht in Stiefeln aufgetreten, hätte man ihn vollends als Geist vom eigenen Geiste verstehen (und missverstehen) können."[242] Zum anderen korrespondieren diese Darstellungen auch mit der Argumentation, nach der eine korrupte „Führungsclique" der Nationalsozialisten von der restlichen Bevölkerung getrennt werden könne, die vor allem für die Vergangenheitspolitik der Adenauer-Ära wirkungsmächtig wurde.[243] Durch das Einnehmen dieser Position trugen die Professoren dazu bei, dass die teilentlastende Abspaltung einer bestimmten Gruppe nationalsozialistischer Aktivisten von den restlichen Deutschen zu einem gängigen Topos werden konnte. Die Wissenschaftler konnten so zudem die Wiederherstellung des Status Quo in ihrer Institution sichern, die eben durch den Eingriff dieser „Führungscliquen" beschädigt worden sei – auf diese Funktion wird im Zusammenhang mit der Hochschulreform-Diskussion noch näher einzugehen sein.

Ein nur bei Walther Wickop explizit ausgesprochenes Rechtfertigungsargument, das aber mindestens bei den anderen an „Dorfversuchsplanungen" beteiligten Architekten[244] eine Rolle für ihre Zustimmung zum Nationalsozialismus gespielt haben dürfte, ist das der erweiterten Spielräume wissenschaftlicher Tätigkeit. Wie dargestellt, wollte Wickop bei den Dorfversuchsplanungen nicht zuletzt seine „eigenen Erfahrungen [...] erweitern."[245] Die Entgrenzung der Möglichkeiten wissenschaftlicher Arbeit durch das Fehlen normativer und ethischer Schranken eröffnete vielen Forschern Chancen, direkt vom Unrechtsstaat zu profitieren. Diese Motivation kann als gruppenspezifisch charakterisiert werden, da sie besonders bei Akademikern eine Rolle spielte. Ein Beispiel hierfür war etwa die Medizin. Dass der Antrieb, angesichts der günstigen Gelegenheit das eigene Wissen erweitern zu wollen, hier als entlastend angeführt wird, ist ein Hinweis darauf, wie wenig Wickop seine Rolle im Nachhinein reflektierte.

Bedeutsam ist auch der Rekurs auf die „reine Wissenschaft", die man stets aufrechterhalten und gegen den Nationalsozialismus verteidigt habe. Dieses Argument kam sehr häufig vor: Zwölf Personen verwendeten es explizit. Es verweist auf die Trennung von Wissenschaft und gesellschaftlicher Verantwortung und auf die nach 1945 weit verbreitete Auffassung von der „reinen Wissenschaft", die als

---

241 Vgl. bes. Boch, Exponenten, 297, der deutsche Rektoren mit Äußerungen zur NS-Diktatur zitiert, welche diese als „Verrohung", „lärmendes Treiben", „Herrschaft der Ungebildeten" u.ä. charakterisieren (ebd.). Diese Aussagen hätten der nachträglichen „symbolischen Distanzierung" der Akademiker von den Nationalsozialisten gedient, so Boch (ebd.).
242 Jürgen Habermas, „Die deutschen Mandarine", in: Ders., *Philosophisch-politische Profile*, erw. Ausgabe Frankfurt a. M. 1987, 465.
243 Vgl. z. B. Helmut Dubiel, *Niemand ist frei von der Geschichte. Die nationalsozialistische Herrschaft in den Debatten des Deutschen Bundestages*, München/Wien 1999, bes. 40ff.
244 Neben Gerhard Graubner war auch der emeritierte Ernst Vetterlein hier aktiv (Vgl. Gutschow, Stadtplanung, 235). Vetterlein hatte als Rektor auch die Vertreibung Lessings mit organisiert (Vgl. Marwedel, Theodor Lessing, 260). Eine Entnazifizierungsakte existiert nicht.
245 NHStA Nds. 171 Hannover, ZR-Nr. 43217, Anlage zum Fragebogen, 8.12.1946.

bloße „Grundlagenforschung" nicht korrumpiert worden sei.[246] Diese Argumentation ließ sich im Falle technischer Wissenschaften besonders leicht aufrechterhalten, da einem Ingenieur anhand seiner Publikationen seltener als etwa einem Geisteswissenschaftler oder Arzt Rassismus nachgewiesen werden konnte.[247] Als verwerflich galten den Akademikern meist nur ideologisch motivierte Umformungen von Wissenschaft, wie sie etwa in der „Deutschen Physik", der „arttypischen Mathematik" oder der „Rassenbiologie" zutage traten. Die Indienstnahme technischen und vermeintlich „ideologiefreien" wissenschaftlichen know-hows für Zwecke des Vernichtungskrieges geriet so aus dem Blick bzw. wurde bewusst ausgeblendet.[248]

Das Argument schließlich, man sei „unpolitisch" gewesen, steht in engem Bezug zu vorgenannten Rechtfertigungsargumenten. Der „reine Wissenschaftler" ist in diesem Denken immer auch der „unpolitische Wissenschaftler".[249] Wolfgang Abendroth hat darauf hingewiesen, dass die traditionsreiche Selbstbeschreibung von Akademikern als „unpolitisch" bestimmte politische Denk- und Handlungsstrukturen, wie etwa den Antikommunismus und die völkische Ideologie enthalten und legitimieren kann.[250] Entscheidend ist in diesem Denken vor allem die Abwehr der Demokratie durch ihre etwa bei Thomas Mann exemplifizierte Identifikation mit „dem Politischen" schlechthin, das den Deutschen „wesensfremd" sei.[251] Der Rekurs auf das „unpolitische" Bewusstsein der Akademiker

---

246 Hierzu vgl. z. B. Herbert Mehrtens, „Kollaborationsverhältnisse: Natur- und Technikwissenschaften im NS-Staat und ihre Historie", in: Christoph Meinel/Peter Voswinckel, *Medizin, Naturwissenschaft, Technik und Nationalsozialismus. Kontinuitäten und Diskontinuitäten*, Stuttgart 1994, 13–32, hier 14ff.

247 Gerd Hortleder hat daher auch die Ingenieure als „Sieger in der Niederlage" bezeichnet: „Der Ingenieurberuf gilt als sach-orientiert, seine Leistungen für das Dritte Reich hatten ihn nicht wie die Vertreter anderer Berufe kompromittiert." (Gerd Hortleder, *Das Gesellschaftsbild des Ingenieurs. Zum politischen Verhalten der Technischen Intelligenz in Deutschland*, Frankfurt a. M. 1970, 140). Vgl. a. Kapitel 4.

248 Mehrtens, Kollaborationsverhältnisse, 17f.

249 Diese Darstellung wurde zum Teil auch von den Entnazifizierungsausschüssen akzeptiert und gestützt, wie z. B. die Begründung des Öffentlichen Klägers, Dr. Nonne, für seinen Antrag, Lothar Collatz in Kategorie V einzustufen, zeigt. Nonne erklärte verallgemeinernd: „Der beste Entlastungsbeweis für ihn ist, dass gesagt wird, er sei ein guter Mathematiker. Wir haben auch aus der Verhandlung erkannt, dass ein deutscher Mathematiker gar nicht in der Lage war, die Politik genau zu kennen. Die Mathematiker sind sehr einseitig und weitere Gebiete berühren sie im allgemeinen nicht." (NHStA Nds. 171, Nr. 11574, Protokoll der mündlichen Verhandlung gegen Prof. Dr. Collatz vor dem Entnazifizierungs- Hauptausschuss für besondere Berufe, 28.10.1948).

250 Wolfgang Abendroth„Das Unpolitische als Wesensmerkmal der deutschen Universität", in: *Universitätstage 1966. Nationalsozialismus und die Deutsche Universität*, Veröffentlichung der Freien Universität Berlin, Berlin 1966, 200f.

251 Gemeint ist die einflussreiche Schrift Thomas Manns, *Betrachtungen eines Unpolitischen*, Frankfurt a. M. 1956 (1. Aufl. 1918); zit. n. Abendroth, Das Unpolitische, 195f. Abendroth weist darauf hin, dass Mann, im Gegensatz zu vielen anderen, in der Lage gewesen sei, seine Position später zu revidieren und „den weiten Weg von dieser Geisteshaltung zur Wiederbelebung wirklich humanen Denkens zurückzulegen" (ebd., 194).

hatte nicht nur eine individuell entlastende Funktion. Dieses Argument verband sich häufig auch mit der Darstellung, dass der Nationalsozialismus den Universitäten vor allem durch Staatseingriffe geschadet habe. Daran ließen sich die Forderung nach der Wiederherstellung weitreichender Autonomierechte und die Verhinderung durchgreifender Reformen im Hochschulbereich anknüpfen. Auf diesen Zusammenhang wies bereits 1949 Leonard Krieger hin. Er identifizierte die Selbstdarstellung von gesellschaftlichen Institutionen (Kirchen, Verwaltung, Wirtschaftsverbänden, Universitäten) als „unpolitisch" als Hebel der Eliten (bei Krieger "middle classes"), ihre Macht nach dem „Zusammenbruch" wieder herzustellen:

> "They argued that as nonpolitical these institutions were non-Nazi, that they were permanent, neutral agencies performing essential functions for German society under any political rule. (...) In justification of their claims, they pronounced political activity to be dangerous; they pointed to the pressure of Nazi politics upon their respective activities (...); they lamented and feared the vacuum in the control mechanism and urged that they be permitted to resume business-as-usual as quickly as possible for the maintenance of the social order."[252]

Die Professoren konnten sich mit Hilfe der dargestellten Argumentationsstränge als Unbeteiligte am NS-System deuten; ihnen gelang es überwiegend, ihre eigene Rolle in jener Zeit und die systemstabilisierende Funktion ihrer Tätigkeit zu verschleiern und zu verharmlosen. Damit war nicht nur das Verbleiben dieser Männer an der Hochschule gesichert, sondern es wurde auch die Erkenntnis der bedeutsamen Funktion von Technik und Wissenschaft im NS-System behindert und für die Zukunft erschwert. Ob die dargestellten Rechtfertigungen im Einzelfall aus Verdrängungen resultierten, kann nicht zureichend untersucht werden. Es sei jedoch auf die Feststellung Theodor W. Adornos hingewiesen, dass „Verdrängung" nicht zwingend unbewusst stattfindet: „Die Tilgung der Erinnerung ist eher eine Leistung des allzuwachen Bewußtseins als dessen Schwäche gegenüber der Übermacht unbewußter Prozesse."[253] Die so verstandene „Verdrängung" dient realen Interessen. Das Interesse der meisten Wissenschaftler lag neben der Rechtfertigung des eigenen Handelns in der rhetorischen „Reinwaschung" der eigenen Profession – dies nicht nur als Selbstzweck, sondern auch, um die gesellschaftli-

---

252 Leonard Krieger, "The Interregnum in Germany: March-August 1945", in: *Political Science Quarterly, Vol. LXIV, No. 4 (Dec. 1949)*, 507–532, hier 511. Im Gegensatz zu diesen bürgerlichen Institutionen habe die Arbeiterklasse ihre Organisationen nicht nur neu aufbauen müssen; sie sei auch von Alliierten wie Deutschen wieder als im negativen Sinne „politisch" stigmatisiert worden – und Politik sei für den "average German" etwas Schlechtes gewesen, "associated (...) with Nazism, which was bad, or with Weimar, which was worse." (Ebd., 510). Auch Wolfgang Abendroth hat darauf hingewiesen, dass die Aufrechterhaltung des „Unpolitischen" und der „unpolitischen, reinen Wissenschaft" als positive Leitbilder ihre Funktion u. a. auch in der Disqualifizierung der Arbeiterbewegung und des Sozialismus als politisch und „unwissenschaftlich" hatte (Abendroth, Das Unpolitische, 191). Zur Blockierung von Reformversuchen im Hochschulbereich vgl. Kapitel 5.
253 Theodor W. Adorno, „Was bedeutet: Aufarbeitung der Vergangenheit", in: Ders., *Eingriffe. Neun kritische Modelle. Gesammelte Schriften, Bd. 10/2*, Darmstadt 1998, 555–572, hier 558.

che Position, das eigene Ansehen und die damit meist verbundene Macht sichern zu können.

2.5 „NICHT-SYMMETRISCHE DISKRETION"? DIE ENTNAZIFIZIERUNG IM GRUPPENGEFÜGE DER HOCHSCHULE

Neben den Rechtfertigungsstrategien der Professoren soll noch ein weiterer Aspekt der Entnazifizierungspraxis an der TH Hannover untersucht werden, nämlich der Umgang der Wissenschaftler untereinander in all jenen Fällen, in denen es um die gegenseitige Belastung oder Entlastung ging. Auch dieses Interagieren wirft ein Licht auf die Art der „Vergangenheitsbewältigung", die mit Detlef Garbe als Versuch verstanden werden kann, „sich der Vergangenheit gewaltig zu zeigen"[254].

Hermann Lübbe stellte in seinem umstrittenen Aufsatz „Der Nationalsozialismus im deutschen Nachkriegsbewußtsein"[255] im Jahre 1983 die These auf, dass es nach der Befreiung vom Nationalsozialismus an den Hochschulen zwischen politisch belasteten Professoren und solchen, die nicht politisch belastet bzw. Opfer des NS-Systems waren, eine Form des „kommunikativen Beschweigens" gegeben habe:

> „Die Rechtfertigung und Verteidigung des Nationalsozialismus wurde niemandem zugebilligt. Daß der Widerständler gegen seinen Ex-Nazi-Kollegen Recht behalten hatte, war gleichfalls öffentlich nicht bestreitbar, und wieso der Kollege einst Nationalsozialist geworden war – das war (...) keinem der Beteiligten einschließlich der studentischen Ex-Pimpfen ein Rätsel. Eben deswegen wäre es auch ganz müßig gewesen, dieses Nicht-Rätsel als Frage universitätsöffentlich aufzuwerfen (...). Der im Widerstand bewährte Kollege wurde Rektor. Um so mehr verstand es sich, daß er seinem sich gebotenerweise zurückhal[t]enden Ex-Nazi-Kollegen gegenüber darauf verzichtete, die Situation, die sich aus der Differenz ihrer politischen Biographien ergab, in besonderer Weise hervorzukehren oder gar auszunutzen. Kurz: Es entwickelten sich Verhältnisse nicht-symmetrischer Diskretion. In dieser Diskretion vollzog sich der Wiederaufbau der Institution, der man gemeinsam verbunden war, und nach zehn Jahren war nichts vergessen, aber einiges schließlich ausgeheilt."[256]

Lübbes Begründung für die unterstellte Entwicklung ist sehr fragwürdig. Nur weil etwas kein „Rätsel" ist, die Beteiligten es sich subjektiv also erklären können, erscheint es hier auch als nicht diskussionswürdig. Doch inspiriert Lübbes Aussage zur Überprüfung der These, dass diejenigen Professoren, die nicht als politisch belastet galten, in der Beurteilung ihrer Kollegen zurückhaltend waren. Daran schließt sich die Frage nach den Gründen hierfür an. Aufschlussreich ist auch der Blick auf die Grenzen dieser Zurückhaltung: Welche als politisch belastet gelten-

---

254 Detlef Garbe, „Äußerliche Abkehr, Erinnerungsverweigerung und ‚Vergangenheitsbewältigung': Der Umgang mit dem Nationalsozialismus in der frühen Bundesrepublik", in: Axel Schildt/Arnold Sywottek (Hg.), *Modernisierung im Wiederaufbau. Die westdeutsche Gesellschaft der 50er Jahre*, Bonn 1993, 693.
255 Hermann Lübbe, „Der Nationalsozialismus im deutschen Nachkriegsbewußtsein", in: *Historische Zeitschrift Bd. 236 (1983)*, 579–599.
256 Ebd., 587.

den Kollegen war man bereit, weiter lehren zu lassen und wieso waren andere nicht mehr tragbar?

Für die Technische Hochschule Hannover lässt sich zunächst feststellen, dass der Unterausschuss, der über diese Fragen zu entscheiden hatte, mit Personen besetzt wurde, die unter den Nationalsozialisten gelitten hatten bzw. als politisch unbelastet galten. Es handelte sich um den von den Nazis entlassenen Otto Flachsbart sowie um Kurt Gaede und Hermann Braune, deren Entnazifizierungsverfahren sie als „unbelastet" auswies. Anhand der Durchsicht aller einbezogenen Entnazifizierungsakten kann festgestellt werden, dass dieser Unterausschuss Personen, die bereits vor ihrem Verfahren von den Briten entlassen und oft auch interniert worden waren, fast immer in die Gruppe „M" (untragbar, zu entlassen) einstufte.[257] Dass jedoch ein Professor, den die Militärregierung wieder zugelassen hatte, seinen Kollegen nach wie vor als untragbar galt, kam außer im Fall Gerhard Graubners nicht vor. Der Unterausschuss ging in seinen Empfehlungen also in der Regel nicht über die Fakten, die die Säuberungsmaßnahmen der Besatzungsmacht geschaffen hatten, hinaus.

Neben diesen quantitativen Beobachtungen über die Begutachtungen des Ausschusses gibt die Durchsicht der einzelnen Belastungszeugnisse und „Persilscheine" genaueren Aufschluss über die Frage nach dem Vorhandensein und den Gründen der „nicht-symmetrischen Diskretion". Dabei zeigt sich zum Beispiel, dass Otto Flachsbart, der von den Nationalsozialisten aus dem Amt gejagt worden war, keine grundlegende Umstrukturierung des Lehrkörpers nach politischen Gesichtspunkten anstrebte. Direkte Belastungszeugnisse stellte er nur Alexander Matting und Gerhard Graubner aus. Er setzte sich aber andererseits, mit Ausnahme seines Eintretens für Rudolf Hase, auch nicht aktiv für ehemalige Nationalsozialisten ein. Außer im Fall Graubner hielt sich Flachsbart als Rektor auch dann zurück, als Kollegen, die vom Unterausschuss unter seiner Beteiligung in Gruppe „M" eingereiht worden waren, wieder zur Tätigkeit an der Hochschule zugelassen wurden. Eduard Pestel, der seit 1949 Assistent an der TH Hannover war und im Jahre 1969 Rektor der Technischen Universität Hannover wurde, beschrieb im Jahre 1981 Flachsbarts Haltung in der Entnazifizierungsphase folgendermaßen:

> „Er half, wo er es vor sich verantworten konnte. Haß und Vergeltung waren ihm fremd. Als schließlich Anfang der 1950er Jahre der Kollege rehabilitiert wurde, der ihm knapp 15 Jahre zuvor in kaltherziger Distanz seine Entlassungsurkunde ausgehändigt hatte, setzte [s]ich Flachsbart in der ersten Fakultätssitzung, an der dieser teilnahm, ostentativ neben ihn, um seine Wiedereingliederung in den Lehrkörper zu erleichtern."[258]

---

257 Nur im Fall Rudolf Hase, der von den Briten entlassen worden war, bat der Unterausschuss im Juli 1947 den Berufungsausschuss, Hase wegen seiner wissenschaftlichen Qualifikation wieder zuzulassen (vgl. NHStA Nds. 171 Hannover, Nr. 22840, Bl. 95, Empfehlung des Entnazifizierungs-Unterausschusses der TH Hannover an den Entnazifizierungs-Berufungsausschuss II, 31.7.1947).

258 E. Pestel/S. Spiering/E. Stein, „Otto Flachsbart. Mitbegründer der Gebäude-Aerodynamik", in: Rita Seidel (Schriftltg.), *Universität Hannover 1831–1981. Festschrift zum 150jährigen Bestehen der Universität Hannover, Bd. 1*, Stuttgart u.a. 1981, 225–236, hier 234.

Johannes Jensen, der aktiv Widerstand geleistet hatte, hielt sich indessen aus den Entnazifizierungsverfahren der Kollegen weitgehend heraus. Er schrieb weder belastende Zeugnisse noch „Persilscheine". Einzig die gemeinsame Erklärung gegen die Wiedereinsetzung Graubners unterzeichnete er.

Der Geodät Richard Finsterwalder, der stets betonte, Gegner der Nationalsozialisten gewesen zu sein[259], stellte mit Abstand die meisten „Persilscheine" aus: er bemühte sich um die Entlastung von mindestens sechs Kollegen und äußerte sich nur über Gerhard Graubner negativ. Finsterwalder setzte sich zum Beispiel für den ehemaligen Rektor Alexander Matting, für Rudolf Hase und Albert Vierling, sowie für den bekennenden Antisemiten Burchard Körner ein. Dabei verband er seine Entlastungszeugnisse meist mit einem Hinweis auf die Integrität der Technischen Hochschule Hannover an sich. Finsterwalder behauptete, es habe sich bei Gerhard Graubners Aktivitäten um den einzigen Fall gehandelt, „dass Parteieifer die eigentliche Wissenschaft verdorben hat".[260]

Anders verhielt sich lediglich der Professor für Massivbau Kurt Gaede, der in keiner NS-Organisation mit Ausnahme des NSDDB Mitglied gewesen war. Gaede schrieb in den Fällen Graubner, Kehr, Körner und Pfannmüller, also bei jenen, die an der Hochschule als exponierte Nationalsozialisten gegolten hatten, belastende Zeugnisse an die Ausschüsse. Er setzte sich außerdem als Einziger im Senat für die schnelle Neubesetzung der vakanten Lehrstühle ein, was jedoch ohne Erfolg blieb.[261]

Insgesamt ist eine hohe Bereitschaft der Hannoveraner Professoren zur „Integration" der belasteten Wissenschaftler festzustellen. Deren Wiederzulassung zur Hochschule wurde hingenommen bzw. mit dem Hinweis auf ihre wissenschaftliche Qualifikation letztlich begrüßt. Mit Ausnahme von Gerhard Graubner stand keiner der ehemaligen Nationalsozialisten ohne Fürsprecher aus dem Kollegium da. Der Fall Graubners bildete somit eine beachtenswerte Ausnahme. Graubner war der Einzige, der auch auf längere Sicht nicht mit der aktiven Solidarität oder passiven Akzeptanz der überwiegenden Mehrheit der Kollegen rechnen konnte. Wie dargestellt, wehrte sich das Kollegium geschlossen und per Senatsbeschluss gegen die Wiederzulassung des Architekten. Dabei wurden zum Teil Ablehnungsgründe ins Feld geführt, die nicht bewiesen werden konnten. Bei Gerhard Graubner hatte die „nicht-symmetrische Diskretion" also ihre Grenzen erreicht – selbst Johannes Jensen beteiligte sich an dem Protest gegen dessen Rückkehr an die Hochschule.

Graubner hatte sich nicht mehr zuschulden kommen lassen als viele seiner Kollegen. Durch NS-Mitgliedschaften und Beziehungen zu einflussreichen Nationalsozialisten hatte er seine Karriere vorangebracht, wie dies etwa auch Richard Finsterwalder getan hatte; er hatte sich an „Dorfversuchsplanungen" beteiligt, wie

---

259 Richard Finsterwalder betonte in vielen seiner Entlastungsschreiben, dass er im Sinne der Nazi-Gesetze „nichtarisch verheiratet" gewesen war. Zur Einschätzung Finsterwalders, der u. a. im „Kolonialpolitischen Amt" der NSDAP gewirkt hatte, vgl. Kapitel 1.
260 Vgl. NHStA Nds. 171 Hannover, Nr. 27748, Aussage Richard Finsterwalder, 5.2.1947.
261 Vgl. NHStA Nds. 423, Acc. 11/85, Nr. 186, Senatsprotokoll 28.1.1947.

auch Walther Wickop sie als Himmlers „Vertrauensarchitekt" durchgeführt hatte; und er hatte nichts dazu beigetragen, Widerstand gegen den Nationalsozialismus zu organisieren, was auf fast alle anderen Professoren ebenfalls zutraf. Damit hätte sich die weitgehende Solidarität der Kollegen auch auf ihn erstrecken können. Graubner unterschied sich jedoch in wichtigen Punkten von den anderen Professoren. Zum einen war er durch die Förderung der Nationalsozialisten Professor geworden, was ihn vor und nach 1945 zum Außenseiter machte. Zum anderen zog er als Einziger nach Kriegsende eine erhebliche öffentliche Aufmerksamkeit auf sich. Der der Presse bekannt gewordene Plan, das zerstörte Hannover zwischen Benther Berg und Deister unterirdisch als „wehrhafte Stadt" wieder aufzubauen, war hinreichend spektakulär.[262]

Die Hochschule war bereit, das nationalsozialistische Engagement anderer Professoren innerhalb der Institution zu „beschweigen" bzw. zunächst durch den Unterausschuss zu sanktionieren und dann die Rückkehr der betreffenden Professoren zu fördern, indem zum Beispiel Lehrstühle frei gehalten wurden. Das Herausdringen der Details des nationalsozialistischen Engagements aus dem geschützten, um Autonomie und Integrität ringenden Raum der Institution forderte die Grenze dieser „Diskretion" des Lehrkörpers heraus. Während man bemüht war, glaubhaft zu machen, die Wissenschaft, die Hochschule und die eigene Person stünden „innerlich gesund an der Schwelle einer neuen Zeit"[263], war ein öffentliches Bild von einem Wissenschaftler, der düstere faschistische Zukunftsvisionen ausbrütete, denkbar kontraproduktiv. Graubner hatte also gleich gegen mehrere Gesetze des akademischen Betriebes verstoßen. Andere hatten zwar die Wissenschaft ebenfalls in den Dienst des Nationalsozialismus gestellt und von ihrer ethischen Entgrenzung profitiert, doch gelang es ihnen, den (nachträglichen) Schein der objektiven Wissenschaft zu wahren – diese (Schein-) Grenze hatte Graubner mit seinem Plan und dessen öffentlichem Bekanntwerden überschritten.

„Graubner geht!"[264] verkündete die Presse nach der Entscheidung des Professors, zunächst nicht an die TH Hannover zurückzukehren. An der Hochschule war man froh, dass die negative Presseaufmerksamkeit jetzt ein Ende haben würde. Um das zu gewährleisten, zog Rektor Otto Flachsbart letztendlich seine Beteiligung am Protest der Professoren zurück und beugte sich somit dem Willen des Ministeriums, dem daran gelegen war, dass die Öffentlichkeit nicht durch eine Verlängerung der Auseinandersetzung „unnötig erregt"[265] werde.

Graubners Fall macht nicht nur deutlich, wie angewiesen Betroffene bei der Entnazifizierung auf ihr berufliches Umfeld waren und wo die Grenzen der Grup-

---

262 Werner Durth berichtet, dass Graubners Planungen, die ein Leben „in verbunkerten, unterirdisch miteinander verbundenen Türmen" und unterirdische Straßen vorsahen, sogar dem NS-Architekten Konstanty Gutschow seinerzeit „zu weit" gegangen seien (Durth, Deutsche Architekten, 217f.). Graubners Schrift „Der Wehrgedanke als Grundlage der Stadtgestaltung und Stadtplanung" befindet sich im Archiv für Städtebau von Niels Gutschow (ebd.).
263 NHStA Nds. 423, Acc. 11/85, Nr. 155, Antrag Prof. Finsterwalders an den Bezirkstag, Sitzung am 27.8.1946, 3.
264 „Graubner geht." Hannoversche Presse, 4.2.1947.
265 Vgl. NHStA Nds. 171 Hannover, Nr. 27748, Kultusministerium: Aktenvermerk 12.5.1949.

pensolidarität lagen. Er zeigt auch eine weitere Dimension der „Verdrängung" auf: nicht nur wurden individuell politische Handlungen aus der Zeit des Nationalsozialismus (bewusst oder unbewusst) verdrängt. Auch Kollegen wie Graubner, die die Außendarstellung der Hochschullehrerschaft negativ belasteten, konnten verdrängt werden, um die Institution an sich vor einem Imageschaden zu bewahren und den Eindruck zu erzeugen, man habe sich energisch von der politischen Vergangenheit gelöst.

Eine andere Form von Gruppenzusammenhalt und „Diskretion" wird dort deutlich, wo Informationen, die für die Einschätzung einer Person durch die Besatzungsmacht bzw. die Hauptausschüsse wichtig gewesen wären, von der Hochschule bzw. dem Unterausschuss gar nicht an diese weitergegeben wurden. Die einstige Rolle von Rektor Conrad Müller bei der Vertreibung Theodor Lessings kann an der Hochschule nicht unbekannt oder „vergessen" gewesen sein. Man hielt Müllers antisemitische Aktivitäten aber nicht für ausschlaggebend für die Entscheidung, wer in Absprache mit den Briten Rektor werden sollte. Eine Auseinandersetzung mit der antisemitischen „Tradition" der Hochschule war nicht beabsichtigt.

Die Professoren der Technischen Hochschule Hannover waren nicht „diskret" im Sinne Hermann Lübbes, weil sie sich das „Nicht-Rätsel" der verschiedenen Nazi-Vergangenheiten erklären konnten und es deshalb, wie Lübbe meint, „keinen Anlass" zur Auseinandersetzung gab, sondern weil auch jenen, die als politisch nicht belastet galten oder selbst unter den Nationalsozialisten gelitten hatten, die Wiederherstellung der Integrität und Machtposition ihrer Institution, die Rückkehr zum Status Quo und die Vermeidung radikaler Reformen an den Hochschulen näher lagen als die Auseinandersetzung mit den ehemaligen Nationalsozialisten und der antisemitischen Vergangenheit der Hochschule. Zudem ist auch zu bedenken, dass die Lebenswege der Nicht-Nationalsozialisten zu verschieden waren, als dass eine Gruppenkohäsion unter ihnen hätte entstehen können. Die Auseinandersetzung mit der NS-Vergangenheit der Hochschule hätte nicht zuletzt auch zu einer ernsthaften Reflexion der Funktion der Wissenschaften im Nationalsozialismus führen müssen, die das Wissenschafts- und Selbstverständnis der Professoren erheblich gestört hätte.

ZUSAMMENFASSUNG

In der historischen Forschung besteht weit gehende Einigkeit darüber, dass die Entnazifizierung gemessen an ihren weit reichenden schriftlichen Vorgaben scheitern musste. Umstritten ist nach wie vor, ob sie dennoch ihren Zweck erfüllte: Cornelia Rauh-Kühne etwa weist darauf hin, dass es schließlich keine „Renazifizierung" Deutschlands gegeben habe.[266] Lutz Niethammer hat betont, dass passives Mitläufertum durch die Praxis der Entnazifizierung indessen positiv sanktio-

---

266 Cornelia Rauh-Kühne, „Die Entnazifizierung und die deutsche Gesellschaft", in: *Archiv für Sozialgeschichte 35 (1995)*, 69.

niert wurde, was den „autoritären" Charakter des Adenauer-Staates stabilisiert habe.[267]

Für die Technische Hochschule Hannover kann festgestellt werden, dass das politische Problem tatsächlich nicht in einer Wiederkehr nationalsozialistischer Ideologieverbreitung bestand, sondern in der Tatsache, dass die Entnazifizierung nicht zu einer kritischen Auseinandersetzung mit der eigenen politischen Vergangenheit führte. Entscheidend für die Hochschulen war zudem, dass der ausgebliebene Elitenwechsel, der als Ziel zugunsten des Versorgungsgedankens des „131er-Gesetzes" aufgegeben wurde, auch das Scheitern der Versuche zur Hochschulreform beförderte. Für die Betonung dieses Zusammenhangs spricht, dass auch die Mitglieder der Erziehungsabteilung in der britischen Militäradministration die Entnazifizierung nicht isoliert, sondern in Zusammenhang mit der angestrebten Hochschulreform verfolgten. Auch wenn das Scheitern der Reformbemühungen nicht allein auf die missglückte politische Säuberung zurückgeführt werden kann, so kann doch festgestellt werden, dass der ausgebliebene Elitenaustausch diese erschwerte. Zudem wurden die durch das Scheitern der Entnazifizierung positiv sanktionierten Rechtfertigungsargumente, wie etwa die Konstruktion der Wissenschaft als „unpolitisch", auch zur Verhinderung von Reformen genutzt.[268]

Die Phase der Entnazifizierung wurde indessen als missliebiger, vorübergehender Eingriff von außen erlebt. Eine Auseinandersetzung mit der NS-Vergangenheit der Hochschule und ihrer Akteure schien mit der gesetzlichen „Abwicklung" der Maßnahmen nicht mehr notwendig zu sein. Hatten die Alliierten ursprünglich beabsichtigt, Institutionen zu entnazifizieren, schien es nun so, als könnten Personen „entnazifiziert" werden: symptomatisch hierfür war etwa die Bitte des Professors für elektrische Anlagen Harry Weißmann an den Entnazifizierungs-Hauptausschuss, ihn „in die Gruppe der Entlasteten einzureihen und damit die frühere Zugehörigkeit zur NSDAP zu löschen".[269]

---

267 Niethammer, Entnazifizierung in Bayern, 665f. Dies betont auch Hans Hesse, *Konstruktionen der Unschuld. Die Entnazifizierung am Beispiel von Bremen und Bremerhaven 1945–1953*, Bremen 2005, 480ff. Zeitgenössische Analysen zu den Problemen der Entnazifizierung wurden z. B. von Leonard Krieger, John H. Herz, Franz L. Neumann und Hannah Arendt verfasst. Vgl. Herz, "Fiasco"; Krieger, Interregnum; Franz L. Neumann, „Die Umerziehung der Deutschen und das Dilemma des Wiederaufbaus", in: Ders., *Wirtschaft, Staat, Demokratie. Aufsätze 1930–1954* (Hg. v. Alfons Söllner), Frankfurt a. M. 1978, 290–308; Hannah Arendt, „Besuch in Deutschland (1950)", in: Dies., *Zur Zeit. Politische Essays*, Berlin 1986, 43–70, hier bes. 53ff. Aufschlussreich auch Alwin Johnson, Denazification, in: *Social Research Vol. 14 (1947)*, 59–74, sowie die Antwort von Karl Loewenstein auf Johnson, Comment on "Denazification", in: *Social Research Vol. 14 (1947)*, 365–369. Zu den Alternativen zur Entnazifizierungspraxis, die im amerikanischen Geheimdienst OSS (Office of Strategic Services) unter der Leitung Franz Neumanns entwickelt wurden vgl. Alfons Söllner, *Zur Archäologie der Demokratie in Deutschland. Analysen von politischen Emigranten im amerikanischen Außenministerium 1943–1945, Bd. 1*, Frankfurt a. M. 1982, 154ff.
268 Vgl. hierzu Kapitel 5.
269 NHStA Nds. 171 Hannover, Nr. 9985, Prof. Weißmann an den Entnazifizierungs-Hauptausschuss, 22.7.1946.

Durch das Scheitern der Entnazifizierung wurde nicht zuletzt auch die Berufung ehemaliger Nationalsozialisten an die Technische Hochschule in den folgenden Jahren erleichtert. Dabei konnten alte Netzwerke reaktiviert werden: Konrad Meyer, verantwortlich für den „Generalplan Ost", verdankte seine Berufung im Jahre 1956 beispielsweise Heinrich Wiepking, der die Abteilung Landespflege an der TH Hannover leitete – Wiepking hatte unter Meyers Leitung im Planungsstab des Reichskommissars für die Festigung deutschen Volkstums gearbeitet und hatte diesem bereits durch eine umfangreiche entlastende Aussage vor dem alliierten Gericht in Nürnberg geholfen.[270]

Der ausgebliebenen kritischen Auseinandersetzung mit der nationalsozialistischen Vergangenheit und mit der noch älteren antisemitischen Vorgeschichte der Hochschule ist es wohl auch zuzuschreiben, dass im Jahre 1951 die Veröffentlichung eines Artikels im offiziellen Jahrbuch nicht beanstandet wurde, in dem ein Student über eine Reise nach Sarajewo berichtete, auf den dortigen Märkten werde „wie auf dem Judenmarkt gehandelt".[271]

Erst mit der Studentenbewegung in den 1960er und 1970er Jahren begann die Auseinandersetzung mit der politischen Vergangenheit der TH Hannover und ihrer Wissenschaftler: Heinrich Wiepking etwa sah sich nun mit kritischen Fragen der Studierenden konfrontiert, die im „Anti-Wiepking-Saal" der Fachschaft Gartenbau seine politische Vergangenheit diskutierten.[272]

---

[270] Vgl. Ursula Kellner, *Heinrich Friedrich Wiepking (1891–1973). Leben, Lehre und Werk*, Diss. rer. hort. Hannover 1998, 286; BA Koblenz, AllProz 1, Rep. 501, XXXXIV, M 5, Dokumentenbuch Nr. IV fuer Prof. Dr. Konrad Meyer Hetling.

[271] Eberhard Neuse, „Ein Student reist nach Jugoslawien", in: *Jahrbuch der Technischen Hochschule Hannover 1950/51*, hrsg. von Rektor und Senat, Düsseldorf 1951, 52–55, hier 54.

[272] Kellner, Wiepking, 1.

3. WIRTSCHAFTLICHE NOT, LEISTUNGSDRUCK UND POLITIK: STUDIERENDE AN DER TH HANNOVER NACH 1945

„Wer sich über den Tagesablauf eines Studenten Gedanken macht, wird feststellen, daß es eines verbissenen Willens bedarf, um die Studentenjahre durchzustehen"[1], vermerkte ein Bericht des Hannoveraner Studentischen Hilfswerkes aus dem Mai 1950. Fünf Jahre nach Kriegsende hatte ein großer Teil der Studierenden noch immer mit existenziellen Sorgen zu kämpfen, die teils Folgen des Krieges waren und teils durch die Währungsreform hervorgerufen oder verschärft worden waren. Im folgenden Kapitel soll untersucht werden, wie sich ihre soziale Situation durch den Krieg verändert hatte und was für Auswirkungen dies auf den studentischen Alltag hatte. Besonderes Augenmerk liegt auf denjenigen Studierenden, die als Minderheiten an die Technische Hochschule kamen: hierzu zählten Studentinnen, aber auch NS-Verfolgte und sogenannte Displaced Persons. Außerdem werden das studentische Selbstverständnis, die Reorganisation studentischer Vereinigungen nach 1945 und das Verhältnis der Studierenden zu politischen und gesellschaftlichen Fragen der Zeit untersucht. Vor dem Hintergrund der zeitgenössischen, von dem Soziologen Helmut Schelsky entwickelten These von der „skeptischen Generation"[2] wird unter anderem danach zu fragen sein, wie „unpolitisch" die Studierenden tatsächlich waren.

3.1 STUDIUM ALS PRIVILEG UND KAMPF UMS ÜBERLEBEN: NACHKRIEGSSEMESTER IN HANNOVER ZWISCHEN WIRTSCHAFTLICHER NOT UND LEISTUNGSDRUCK

Die soziale Situation der Studierenden

Im Jahre 1948 lag der Altersdurchschnitt der Studierenden an der Technischen Hochschule Hannover bei 27,4 Jahren. Von den 1463 immatrikulierten Männern waren 369 bereits verheiratet, was einem Anteil von 25,2 Prozent entsprach; bei den Frauen waren es 2 von 48.[3] Von diesen Studierenden hatten sechzig Prozent

---

1   NHStA Nds. 423, Acc. 11/85, Nr. 472, Bericht des Studentischen Hilfswerkes an den Rektor der TH Hannover, 22.5.1950.
2   Helmut Schelsky, *Die skeptische Generation. Eine Soziologie der deutschen Jugend*, 2. Aufl. Düsseldorf/Köln 1958.
3   NHStA Nds. 423, Acc. 11/85, Nr. 419, Ergebnisse der Erhebung der Göttinger Universität unter Studierenden der TH Hannover, 22.7.1948. Nach dieser Untersuchung waren von 1511 einbezogenen Immatrikulierten nur 28 männliche und vier weibliche Studierende unter 21 Jahre alt. 351 Männer und 24 Frauen waren zwischen 21 und 25, 808 Männer und 19 Frauen

ein oder mehrere Kinder, wodurch sich ihre materielle Situation teilweise erheblich verschlechterte.[4] Vor diesem Hintergrund war ein grundlegender Wandel des sozialen und lebensweltlichen Profils der Studierenden zu konstatieren, den der Hannoveraner Dozent Franz Schwerdtfeger im Jahre 1950 beschrieb:

> „An die Stelle des sorglosen, frei dahinlebenden Musensohns, der Kneipe, Bummel und Paukboden regelmäßiger besuchte als Vorlesungen und Seminare (der im übrigen schon 1919 museumsreif geworden und durch einen sehr ernsthaften Studenten verdrängt worden war) trat der besorgte Familienvater, der alleinstehende Ostflüchtling, der Heimkehrer, der nach zehn Jahren Krieg und Gefangenschaft erst mit dem Aufbau eines eigenen Lebens beginnen konnte."[5]

Tatsächlich hatten von den 1463 Männern, die im Juli 1948 an der TH Hannover immatrikuliert waren, 1195 Wehrdienst geleistet. Dies entsprach einem Anteil von rund 81,7 Prozent. Von diesen Studierenden waren 704 über fünf Jahre lang Soldaten gewesen[6], also ca. 48 Prozent. Unter den Kriegsteilnehmern an der TH Hannover befanden sich im Sommer 1948 siebzig frühere aktive Offiziere (4,6 Prozent der insgesamt 1511 Studierenden), sieben frühere aktive Unteroffiziere (0,46 Prozent) und 784 Reserveoffiziere bzw. -unteroffiziere (51,9 Prozent).[7] Zusammen waren das rund 57 Prozent. Der überwiegende Teil der männlichen Studenten von 1948 war also nicht nur durch Kriegserlebnisse geprägt[8], sondern hatte

---

    zwischen 25 und 30, sowie 276 Männer und eine Frau über dreißig Jahre alt. 76 der 369 verheirateten männlichen Studierenden hatten erwerbstätige Ehefrauen. Während diese Zählung von 1511 Immatrikulierten ausgeht, führt das statistische Landesamt für das Sommersemester 1948 1238 bzw. für das Wintersemester 1948/49 1458 Studierende auf (Vgl. Niedersächsisches Amt für Landesplanung und Statistik, *Die Hochschulen in Niedersachsen im Wintersemester 1950/51, mit einem Überblick über die Entwicklung seit 1945*, Hannover 1952, 3). Daher ist davon auszugehen, dass die Göttinger Untersuchung AusländerInnen, Displaced Persons und evtl. GasthörerInnen einbezog.

4 NHStA Nds. 423, Acc. 11/85, Nr. 472, Franz Schwerdtfeger, Das Studentische Hilfswerk als Beispiel studentischer Gemeinschaftsarbeit, Bericht von 1950.
5 Ebd.
6 NHStA Nds. 423, Acc. 11/85, Nr. 419, Ergebnisse der Erhebung der Göttinger Universität unter Studierenden der TH Hannover, 22.7.1948.
7 Ebd. Unter den 748 ehemaligen Reserveoffizieren waren 351 Unteroffiziere und 433 Offiziere.
8 Die starke Prägung der Studierenden durch Kriegseinwirkungen zeigt sich auch daran, dass nach Angaben des Studentenwerkes im Jahre 1949 unter den Studierenden der hannoverschen Hochschulen 21 Prozent Amputierte, 22 Prozent Flüchtlinge, 25 Prozent Kriegswaisen und zehn Prozent Tbc-Kranke bzw. sog. Tbc-„Verdächtige" waren. (Vgl. Bericht des Studentenwerkes an den Rektor vom 2.4.1949, in: NHStA Nds. 423, Acc. 11/85, Nr. 472). Gesundheitliche Schäden durch Mangelernährung war in den ersten Nachkriegsjahren unter den Studierenden weit verbreitet. Die tägliche Kartoffelration in der Mensa betrug im Herbst 1946 160 Gramm. Jede zweite Woche konnten die Studierenden hier eine Fleischmarke im Wert von 50 Gramm einlösen: Gemüse hingegen stand nur alle drei Wochen in ausreichendem Maß zur Verfügung (Bericht des Studentenwerkes vom 30.9.1946, NHStA Nds. 423, Nr. 471).

auch höhere militärische Ränge bekleidet. Von den Studierenden waren 21,4 Prozent körperlich versehrt; rund 18 Prozent waren Flüchtlinge.[9]

Im Vordergrund des studentischen Lebens stand für viele die Sorge um das materielle Überleben. Mangelernährung war in der ersten Zeit nach dem Krieg auch unter den Studierenden ein häufiges Phänomen. Die britischen Universitäts-Kontrolloffiziere, die in dieser ersten Zeit vor allem mit Versorgungsaufgaben beschäftigt waren[10], hielten auf einer gemeinsamen Konferenz im Jahre 1947 fest, man könne die Situation der deutschen Studierenden nur verstehen, wenn man gesehen habe, was sich in den überfüllten Hörsälen abspiele:"[S]tudents [are] falling asleep or fainting through lack of food."[11]

Im Jahre 1948 gaben 631 Studierende in einer Befragung an, sie hätten „dringenden Bedarf an sämtlichen Kleidungsstücken".[12] Die schlechte Versorgung der Studierenden wurde auch daran deutlich, dass nur 314 Studierende überhaupt ausreichend Papier zum Mitschreiben besaßen; alle anderen 1026 zu diesem Punkt Befragten beklagten drei Jahre nach Kriegsende noch immer den Mangel an Schreibutensilien.[13] Zudem war die Sorge um die Folgen der Währungsreform für die Fortführung des eigenen Studiums groß; sehr viele Studierende hatten Angst, das Studium nach der Umstellung abbrechen zu müssen.[14]

Typisch für die allgemeine Situation der Nachkriegsstudierenden ist die Geschichte des Studenten Klaus M. Der angehende Diplomingenieur M. studierte von 1942 bis 1943 an der TH Hannover und musste sein Studium wegen des Wehrdienstes unterbrechen. Er geriet in sowjetische Gefangenschaft, kam dann aber frei und konnte sein Studium von 1946 bis 1949 an der Technischen Hoch-

---

9   NHStA Nds. 423, Acc. 11/85, Nr. 419, Ergebnisse der Erhebung der Göttinger Universität unter Studierenden der TH Hannover, 22.7.1948.
10 Vgl. z. B. David Phillips, "Introduction: The Work of the British University Officers in Germany", in: Heinemann, Manfred (Hg.), *Hochschuloffiziere und Wiederaufbau des Hochschulwesens in Westdeutschland. Teil 1: Die britische Zone*, Hildesheim 1990, 11–40.
11 PRO FO 1050/1233, 8. Konferenz der Universitäts-Kontrolloffiziere, Berlin, 24./25.3.1947.
12 NHStA Nds. 423, Acc. 11/85, Nr. 419, Ergebnisse einer Umfrage des AStA unter Studierenden der TH Hannover, 22.7.1948. Zu diesem Punkt gaben ausserdem 489 Studierende an, ihnen fehle „ausreichend" Kleidung; 231 erklärten sich für genügend versorgt.
13 Ebd.
14 NHStA Nds. 423, Acc. 11/85, Nr. 419, Ergebnisse einer Umfrage des AStA unter Studierenden der TH Hannover, 22.7.1948. Mit 1065 Personen war die überwiegende Zahl der Befragten der Meinung, ihr Studium werde nach der Währungsreform nicht mehr gesichert sein. Nur 269 Personen gingen davon aus, dass sie weiter studieren könnten. Auch die Hochschulleitung zeigte sich besorgt über die Folgen der Reform und versuchte sicherzustellen, dass die Studierenden noch vor dem Inkrafttreten dringende ärztliche Behandlungen, z. B. beim Zahnarzt, durchführen lassen konnten (NHStA Nds. 423, Acc. 11/85, Nr. 418, Besprechung zwischen Prof. Doeinck und dem Göttinger Rektor, Niederschrift vom 15.4.1948). Es wurde vorgeschlagen, studentische Küchen finanziell zu unterstützen, um den Vorratskauf von Lebensmitteln zu ermöglichen, sowie Schenkungen an bedürftige Studierende von der Steuer zu befreien (ebd.). Letztendlich kehrten im Wintersemester 1948 aber nur 21 Studierende nicht zur Hochschule zurück; bei den meisten nahm die Hochschulleitung finanzielle Not als Grund hierfür an (NHStA Nds. 423, Acc. 11/85, Nr. 418, Rektor Flachsbart an G. T. Carter, 20.11.1948).

schule fortsetzen. In einem Brief an Rektor Hans Schönfeld schilderte M. 1956 seine Lebenssituation:

> „Infolge der Gefangenschaft war ich in den Jahren 1946/46 sehr krank. Wassersucht, herzkrank, Darmkrämpfe. Dies verlor sich erst nach Jahren. (...). Ich hatte im Kriege geheiratet. (...) Bei der Währungsreform war uns auch das Barvermögen genommen worden. Wir besaßen buchstäblich nichts mehr. Von da an habe ich neben dem Studium bis zur Beendigung desselben den Lebensunterhalt für meine Familie verdienen müssen. 1947 war ein Junge geboren worden. (...) In diesen Jahren hatte ich unbeschreibliche Schwierigkeiten für den Aufbau einer Existenz. (...) Die Umstände bewirkten, dass ich nunmehr mit 40 Jahren erst am Anfang meiner beruflichen Laufbahn stehe (Examen mit 33 Jahren!) und heute bereits gesundheitlich und vor allem nervlich außergewöhnlich angeschlagen bin."[15]

Mehrere Jahre lang blieb die Wohnungsnot ein zentrales Problem. Wohnraum wurde den Studierenden in den Nachkriegsjahren vom Hannoveraner Hauptwohnungsamt zugeteilt. Die Kriegszerstörungen und der Zuzug von Flüchtlingen machten ihn zu einem knappen Gut.[16] Die meisten Studierenden wohnten bei ihren Familien oder zur Untermiete.[17] Mitte der 1950er Jahre hatte sich die studentische Wohnsituation noch immer nicht entspannt, sondern durch steigende Immatrikulationszahlen verschärft. Das Studentenwerk konnte zwar Zimmer vermitteln; da durch die Neubauprogramme der Stadt jedoch vor allem kleinere Wohnungen entstanden, fehlte es an Wohnraum zur Untermiete. Die anhaltende Wohnungsnot, die einige Bewerber sogar zum Verzicht auf ihren Studienplatz veranlasste, war der Hauptgrund für den Bau des ersten Studentenwohnheims im Welfengarten, das mit Beihilfen aus dem amerikanischen McCloy-Fonds gebaut wurde.[18]

---

15 NHStA Nds. 423, Acc. 11/85, Nr. 470, Dipl. ing. Klaus M. an Rektor Schönfeld, 26.9.1956. M. schrieb an den Rektor, weil er seine Schulden an das Studentenwerk, die während seiner Studienzeit durch ein monatliches Darlehen von 100 DM entstanden waren, nicht vollständig begleichen konnte.

16 NHStA Nds. 423, Acc. 11/85, Nr. 418, Besprechung zwischen Rektor Flachsbart und Oberstadtdirektor Bratke, 8.12.1947. Flachsbart beklagte, dass das Wohnungsamt der Vergabe von Wohnraum an Studierende oftmals andere Belange vorziehe. Die Richtlinien des Wohnungsamtes waren aufgrund der Wohnungsnot streng: Studierende, die sich länger als drei Wochen ausserhalb Hannovers aufhielten, verloren laut einer Anordnung von 1946 ihr Wohnrecht (vgl. NHStA Nds. 423, Acc. 11/85, Nr. 471, Schreiben des Rektors Müller an das Studentenwerk, 26.3.1946). Zur Wohnungsnot in Niedersachsen vgl. z. B. Holger Lüning, *Das Eigenheim-Land. Der öffentlich geförderte soziale Wohnungsbau in Niedersachsen während der 1950er Jahre*, Hannover 2005, 44 ff.; Ders., „Zwischen Tür und Angel. Wohnungsbau für Vertriebene und Flüchtlinge in Niedersachsen", in: Adelheid von Saldern (Hg.), *Bauen und Wohnen in Niedersachsen während der 1950er Jahre*, Hannover 1999, 67–95.

17 Der studentische Wohnraum konzentrierte sich 1949/50 vor allem auf die Stadtteile Herrenhausen/Stöcken (20,6 Prozent), Limmer (12,2 Prozent) und die Südstadt (11,0 Prozent); vgl. NHStA Nds. 423, Acc. 11/85, Nr. 472, Studentenwerk an Ministerpräsident Kopf, Statistiken über die TH Hannover. Verteilung studentischen Wohnraums der TH Hannover im Stadtbezirk von Hannover im WS 1949/50, 2.3.1950.

18 Vgl. NHStA Nds. 423, Acc. 11/85, Nr. 473 und Nr. 562. Vor allem für Flüchtlingsstudenten sollte der Bau von Wohnheimen Hilfe bringen, wie Rektor Großmann betonte (NHStA Nds 423, Acc. 11/85, Nr. 473, Großmann an das Hauptamt für Sozialhilfe, 23.6.1951). Angesichts der steigenden Immatrikulationszahlen entstanden weitere Studentenwohnheime, wie z. B. in

Angesichts der materiellen Situation der meisten Studierenden verwundert es nicht, dass zwei Drittel von ihnen schnell mit dem Studium fertig werden wollten, um Geld verdienen zu können.[19] Die Angst vor Arbeitslosigkeit verstärkte diesen Trend. Im Juni 1947 waren ca. 16 Prozent derjenigen, die ihr Studium an der TH Hannover seit 1945 abgeschlossen hatten, arbeitslos; immerhin ca. 84 Prozent hatten jedoch seit dem Ende ihres Studiums eine Anstellung gefunden.[20]

Zwar waren die dargestellten Notlagen, Schwierigkeiten und Ängste gemeinsame Erfahrungen sehr vieler Studierender. Im Hinblick auf ihre soziale Situation gab es aber auch deutliche Unterschiede zwischen ihnen. Dies zeigt ein Blick auf die studentischen Vermögensverhältnisse kurz vor der Währungsreform. Während ein durchschnittlicher Studierender im Jahre 1948 mit 155 Reichsmark im Monat auskommen musste, besaß eine Gruppe von 82 Studierenden (5,4 Prozent) ein Vermögen von jeweils über 10.000 RM[21]; Sparkassenguthaben von über 10.000 RM besaßen 139 Studierende (9,2 Prozent). Weitere 183 Studenten (12,1 Prozent) hatten Rücklagen zwischen 5000 und 10.000 RM.[22] Von den einbezogenen 1511 Studierenden gaben 432 an, ihre soziale Situation habe sich aufgrund der Zeitumstände nicht wesentlich verschlechtert; das entspricht einem Anteil von 28,6 Prozent. Acht Personen (0,5 Prozent) stellten sogar eine Verbesserung fest.[23] Dass die Möglichkeit zur Aufnahme eines Studiums im ersten Jahrzehnt nach Kriegsende entscheidend von den Vermögensverhältnissen der Eltern abhing, zeigt die Tatsache, dass im Wintersemester 1950/51 die meisten niedersächsischen Studierenden ihr Studium ausschließlich über ihre Eltern finanzierten, nämlich 41,2 Prozent. Weitere 22 Prozent bezahlten das Studium zum Teil aus elterlichen Mitteln. 15,9 Prozent finanzierten sich ausschließlich durch Erwerbsarbeit, nur 1,7 Prozent durch Stipendien.[24]

---

der Wilhelm-Busch-Straße (NHStA Nds. 423, Acc. 11/85, Nr. 470, Jahresbericht des Studentenwerkes 1955/56, 6).

19 NHStA Nds. 423, Acc. 11/85, Nr. 419, Ergebnisse einer Umfrage des AStA unter Studierenden der TH Hannover, 22.7.1948.

20 NHStA Nds. 423, Acc. 11/85, Nr. 418, Rektor Müller an G.T. Carter, 3.6.1947. Ergebnis einer Befragung der 78 Absolventen, die die TH Hannover seit 1945 verlassen hatten; geantwortet hatten 55 Personen. Die Anfrage bei den ehemaligen Studierenden war durch eine Anregung des britischen Universitäts-Kontrolloffiziers Carter zustande gekommen.

21 NHStA Nds. 423, Acc. 11/85, Nr. 419, Ergebnisse der Erhebung der Göttinger Universität unter Studierenden der TH Hannover, 22.7.1948. Die Vermögensverhältnisse wurden vor der Währungsreform erhoben. Es wurde zwischen Vermögen und Reineinkommen unterschieden. Ein Reineinkommen über 200 RM besaßen danach nur 98 Personen.

22 Ebd.

23 NHStA Nds. 423, Acc. 11/85, Nr. 419, Ergebnisse einer Umfrage des AStA unter Studierenden der TH Hannover, 22.7.1948. 906 Personen gaben eine Verschlechterung ihrer Lebensumstände an (60 Prozent). 448 Studierende (29,6 Prozent) hatten durch den Krieg Wohnungsverluste erlitten und 647 Personen (42,8 Prozent) Vermögensverluste.

24 Niedersächsisches Amt für Landesplanung und Statistik, Hochschulen, 15. Einbezogen wurden nur die wissenschaftlichen, nicht die pädgogischen Hochschulen. Weitere angegebene Finanzierungsarten waren: sonstige Verwandte (1,6%), Ersparnisse (0,8%), Renten (3,1%) und andere Kombinationen (13,4%).

Auch was die soziale Herkunft der Studierenden angeht, gab es Unterschiede. Im Jahre 1948 kamen 311 Studierende, also rund 20,6 Prozent, aus Akademikerfamilien. Die Väter von 144 Studierenden waren Unternehmer, leitende Angestellte oder Freiberufler (9,5 Prozent); 462 Studenten gaben an, ihr Vater sei mittlerer Beamter (30,6 Prozent). Diese Statistik von 1948, die auf der Befragung der Studierenden beruht, fasst bei der Frage nach dem Beruf des Vaters Arbeiter, Bauern, Kaufleute und untere Beamte zusammen und kommt so auf eine Zahl von 434 (28,7 Prozent).[25] Da so zum Beispiel nicht zwischen Arbeitern und unteren Beamten unterschieden wird, geben die Zahlen nur beschränkt Aufschluss über die soziale Schichtung der Studierenden. Ein klareres Bild ergibt sich für die folgenden Semester. Zehn Jahre nach Kriegsende, im Wintersemester 1955/56, kamen von 3490 Studierenden 919 aus Akademikerhaushalten. Das entsprach einem Anteil von 28 Prozent. Es handelte sich bei ihren Vätern vor allem um Beamte mit Hochschulbildung (7,9 Prozent) und Freiberufler (6,5 Prozent).[26] Die Väter von 2358 Personen, also 72 Prozent, hatten kein Hochschulstudium abgeschlossen. Unter ihnen bildeten Beamte mit 24,5 und Angestellte mit 21,4 Prozent die größten Gruppen. Der Anteil der Kinder aus Arbeiterhaushalten lag bei 4,3 Prozent.[27] Vor allem die Söhne von Angestellten und Beamten waren also die Gewinner der Nachkriegsentwicklung an der TH Hannover; und auch der Akademikeranteil war gestiegen.

Bundesweit fand eine Bildungsexpansion vor allem unter Söhnen von Angestellten statt. Zwischen 1949/50 und 1962/63 hatte sich ihr Anteil an der westdeutschen Gesamtstudentenschaft von 20,1 Prozent auf 30,0 Prozent erhöht. Als „die einzigen Gewinner, die eine Modernisierung der Beschäftigungsstruktur andeuteten" bezeichnet Konrad H. Jarausch dementsprechend die Angestelltensöhne.[28] Noch deutlichere Veränderungen, die vor allem diese Modernisierung der Beschäftigungsstruktur widerspiegeln, ergeben sich im Vergleich zur Weimarer Republik. Während im Jahre 1928 21,2 Prozent Akademikerkinder an der TH Hannover studiert hatten und 79 Prozent der Studierenden Väter ohne Hochschulbildung hatten[29], gab es Mitte der 1950er Jahre sieben Prozent mehr Akademikerkinder an der Hochschule. Auch der Anteil von Kindern aus Arbeiterfamilien war,

---

25 NHStA Nds. 423, Acc. 11/85, Nr. 419, AStA: Aufstellung der Ergebnisse der Umfrage durch die Göttinger Universität und der internen Studierendenbefragung, 22.7.1948.
26 NHStA Nds. 423, Acc. 11/85, Nr. 562, Statistik WS 1955/56. Unter die Kategorie der Akademiker fielen ausserdem Angestellte (6 Prozent), Geistliche (1,8 Prozent), Handel- und Gewerbetreibende (0,95 Prozent), Landwirte (0,65 Prozent) sowie Hochschullehrer (0,70 Prozent) und Lehrer (3,5 Prozent).
27 NHStA Nds. 423, Acc. 11/85, Nr. 562, Statistik WS 1955/56. Handel und Gewerbe waren hier mit 11,1 Prozent, Freie Berufe mit 5,1 Prozent, Landwirte mit 3,8 Prozent und sonstige Berufe mit 1,8 Prozent vertreten.
28 Vgl. Konrad H. Jarausch, *Deutsche Studenten 1800–1970*, Frankfurt a. M. 1984, 216. Zwischen 1949/50 und 1962/63 vergrößerten die Arbeiterkinder dagegen ihren Anteil von 3,7 auf 6,0 Prozent, die Quote der Akademikerkinder stieg von 26,4 auf 32,4 Prozent (Ebd., 217).
29 Anette Schröder, *Vom Nationalismus zum Nationalsozialismus. Die Studenten der Technischen Hochschule Hannover von 1925 bis 1938*, Hannover 2003, 289.

wenn auch nach wie vor auf niedrigem Niveau, signifikant von 0,4[30] auf 4,3 Prozent gestiegen. Die deutlichste Veränderung ist aber bei den Angestellten ohne Hochschulbildung zu verzeichnen: hatte ihr Anteil unter den Vätern der Studierenden 1928 noch 7,1 Prozent[31] ausgemacht, lag er nun bei 21,4 Prozent.[32]

Der Alltag der Studierenden an der TH Hannover

Der Alltag der meisten Studierenden war von einem hohen Arbeitspensum bestimmt. Viele hielten sich den ganzen Tag in der Hochschule auf. Sie besuchten nicht nur die Vorlesungen und Übungen, sondern aßen gemeinsam in der Mensa, arbeiteten in der Bibliothek und nutzten die Angebote der studentischen Vereinigungen. Oftmals wohnten die Studierenden zur Untermiete in kleinen Zimmern und hatten zu Hause keinen Platz zum Arbeiten und Lernen; andere wohnten außerhalb der Stadt und fuhren nur abends heim.[33]

Wie sehr die Hochschule auch über die Vorlesungen hinaus zum Lebensmittelpunkt der Studierenden werden konnte, zeigt sich an der Nutzung des zur Verfügung stehenden (und anfangs noch knappen) Raumes. Zeitzeugen, die in der Architekturabteilung studierten, berichten von „Saalgemeinschaften" in den Zeichensälen, in denen man bis zu zehn Stunden täglich verbracht habe. Jeder hatte hier ein eigenes Zeichenpult und konnte persönliche Gegenstände verstauen. Alle Übungen und Vorlesungen fanden meist im selben Saal statt; für manch einen diente der Zeichensaal unmittelbar nach dem Krieg sogar als provisorischer Schlafplatz.[34] Die Tatsache, dass die Studierenden viel Zeit in den Räumen der Hochschule verbrachten, trug einerseits zu einem engen Kontakt untereinander und zum Teil auch zu den Lehrenden bei; andererseits war so die Überwachung und Disziplinierung der Studierenden leichter möglich. Einige Professoren legten dabei noch viel Wert auf althergebrachte Bräuche und Umgangsformen. Sie ließen ihren Studierenden zum Teil nicht einmal kleine Auffälligkeiten durchgehen. So beschwerte sich der Chemieprofessor Werner Fischer 1952 bei Rektor Deckert, dass in einer Vorlesung Studierende ihr Missfallen statt des offenbar üblichen Scharrens mit den Füßen durch Zischen ausgedrückt hätten:

> „Ich meine, daß vom Zischen nur noch ein geringer Schritt bis zum Pfeifen auf Schlüsseln – wie bei einer Boxveranstaltung – besteht, und würde es begrüßen, wenn durch gelegentlichen Hinweis der Kollegen in den Vorlesungen und insbesondere durch Eingreifen des AStA jene Unsitte ausgerottet würde, ehe sie sich endgültig eingebürgert hat."[35]

---

30 Ebd.
31 Ebd.
32 S.o.
33 781 von 1336 auskunftsbereiten Studierenden wohnten 1948 ausserhalb von Hannover. Vgl. NHStA Nds. 423, Acc. 11/85, Nr. 419, Ergebnisse einer Umfrage des AStA unter Studierenden der TH Hannover, 22.7.1948.
34 Interview der Verfasserin mit dem ehemaligen Studenten G.
35 NHStA Nds. 423, Acc. 11/85, Nr. 411, Prof. Fischer an Rektor Deckert, 24.6.1952.

Ein anderes Beispiel für Disziplinierungsversuche war der Umgang mit den neu gebauten Studentenwohnheimen. Auch hier zeigte sich einerseits der unmittelbar positive Effekt für die unter der Wohnungsnot leidenden Studierenden. Andererseits waren an die Nutzung der neu geschaffenen Räume auch Bedingungen geknüpft, die den Freiraum der Nutzerinnen und Nutzer einschränkten und ihnen ein bestimmtes Verhalten vorschrieben. Dabei entschied nicht allein die Hochschulleitung über die Kriterien der Aufnahme in ein Wohnheim. Der Wohnheimausschuss des Studentenwerkes, indem auch Studierende vertreten waren, vertrat klare Vorstellungen über die „Würdigkeit" solcher KommilitonInnen, die in den Genuss eines Wohnheimplatzes kommen sollten. Im September 1952 unterbreitete er dem AStA und der Hochschulleitung einen Vorschlag über die Hausordnung des neuen Wohnheimes im Welfengarten. Danach sollten nur solche Personen aufgenommen werden, die „auf Grund ihrer sittlichen und menschlichen Haltung die Gewähr dafür bieten, ein studentisches Gemeinschaftsleben zu pflegen. Sie müssen sich auch durch gute wissenschaftliche Leistungen hervorheben."[36] Das mit dem Wohnheim im Welfengarten verbundene Studentische Clubheim, in dem die studentischen Vereinigungen Platz für ihre Aktivitäten haben sollten, war ebenfalls nicht nur ein neuer Raum für die Studierenden, sondern ermöglichte es der Hochschule auch, die Entwicklung der Vereinigungen besser beobachten zu können.[37]

Trotz der offenkundigen Ambivalenz der engen Bindung vieler Studierender an den „Lebensraum" Hochschule lassen sich auch Beispiele dafür finden, wie Räume durch Zweckentfremdung für die Erweiterung eigener Freiräume genutzt wurden. Der oben erwähnte Zeichensaal, der für die Arbeit, für Freundschaften und wechselseitige Unterstützung, aber auch für Disziplin und Kontrolle stand, wurde nach dem Krieg unterschiedlich von den Studierenden und Dozenten angeeignet. Nicht nur wurde er gelegentlich zweckentfremdet und als Schlafraum genutzt. In der unmittelbaren Nachkriegszeit fanden hier in der ehemaligen Geschäftsbücherfabrik in der Schloßwender Str. 1, in der seit 1937 die Architekten untergebracht waren, berühmt gewordene Kostümfeste statt. Bei diesen Gelegenheiten ging es so ungezwungen und freizügig zu, dass der Alltagszweck des Raumes konterkariert wurde. In der Erinnerung des ehemaligen Studenten Peter Gleichmann hätte der Kontrast zum disziplinierten Hochschulalltag nicht größer sein können:

„[D]er aus Kriegszerstörungen und Nachkriegsarmut überkommene Gebäudezustand und die extreme Enge haben auch Vorteile. In jedem Januar werden fast alle Flure und Räume des dreigeschossigen Baues für das ‚Kostümfest' dekoriert. Zeichentische, Holzböcke und Reißbretter werden beiseite gestellt. Sämtliche Wände und Decken werden großzügig mit bemalten Papieren behängt (...). Die Lampen werden abgenommen oder stark abgedunkelt. Der alte Fabrikholzboden bleibt zum Tanzen. An den Wänden wird er mit schlechten Matratzen belegt. Darauf sitzen anfangs die jungen Paare. Später am Abend liegen sie längst beieinander.

---

36 NHStA Nds. 423, Acc. 11/85, Nr. 562, Wohnheimausschuss an AStA, Rektor und Senat, 12.9.1952.
37 Zur Diskussion um die Entwicklung der studentischen Vereinigungen nach 1945 siehe unten.

Die Nachkriegs-Wohnverhältnisse schließen den ‚Damen- oder Herrenbesuch' zuhause meist aus. (...) Oft dauert das Kostümfest der Architekten mehrere Tage."[38]

Neben der Zentralität des Hochschulraumes für den eigenen Alltag war die Erwerbsarbeit ein weiteres prägendes Element des studentischen Alltags. Von 1334 auskunftsbereiten Studierenden der TH hatten 503 Personen (37,7 Prozent) im Sommer 1948 einen Nebenjob.[39] Trotz des Leistungsdruckes im Studium und der Zentralität des Hochschulraumes für das studentische Leben lag damit ein wesentlicher Teil der alltäglichen Erfahrung außerhalb der Hochschule. Wer Glück hatte, konnte in seinem Studiengebiet arbeiten und so auch fachlich von seiner Erwerbsarbeit profitieren. So ging es zum Beispiel jenen angehenden Architekten und Bauingenieuren, die, häufig vermittelt über die Arbeitsgemeinschaft für Planungswesen, an stadtplanerischen Projekten mitwirken und so Kontakte zu Architektenbüros aufbauen konnten. Viele Studenten mussten jedoch auch in der Kneipe, als Schreibkräfte und in anderen studentischen Nebenjobs arbeiten. So blieb ihnen oft nicht mehr viel Zeit für Freizeit und Feiern: für „ein Bier und dann ins Bett"[40] habe es häufig nur noch gereicht, berichtet ein ehemaliger Student.

3.2 DER HOCHSCHULZUGANG ALS NADELÖHR

Bereits die Zulassung zur Hochschule stellte für die meisten Bewerberinnen und Bewerber eine große Herausforderung dar. Infolge der beschränkten Kapazitäten regelten zunächst von der Militärregierung festgesetzte Quoten den Andrang. Für das Wintersemester 1945/46 sah der Numerus Clausus 1260 Studienplätze vor; diese Regelung blieb bis Ende 1948 erhalten.[41] Zehn Prozent der Studienplätze

38 Vgl. Peter Gleichmann, Ansichten eines historischen Soziologen – Sozialräumliche Funktionalität von Universitätsbauten im Generationenverlauf, in: Sid Auffahrt/Wolfgang Pietsch (Hg.), Die Universität Hannover: ihre Bauten, ihre Gärten, ihre Planungsgeschichte, Petersberg 2003, 231– 237, hier 232.
39 NHStA Nds. 423, Acc. 11/85, Nr. 419, Ergebnisse einer Umfrage des AStA unter Studierenden der TH Hannover, 22.7.1948. Laut einer Berechnung des statistischen Landesamtes waren im WS 1950/51 34,3 Prozent der Studierenden an niedersächsischen Hochschulen (ohne Pädagogische Hochschulen) erwerbstätig (Vgl. Niedersächsisches Amt für Planung und Statistik, Hochschulen, 15).
40 Interview der Verfasserin mit dem ehemaligen Studenten G.
41 Im Februar 1949 lag die Aufnahmekapazität laut Rektor Flachsbart bereits bei 1800. Im Wintersemester 1947/48 waren nur die deutschen Studierenden gezählt worden, außerdem fielen exmatrikulierte Diplomanden aus der Zählung heraus. Auf diese Weise konnte die tatsächliche Zahl der Studierenden auf rund 1650 gesteigert werden. Im Dezember 1948 hatte der Universitäts-Kontrolloffizier Geoffrey Carter die Zulassung weiterer 100 Studierender genehmigt. Im Februar 1949 waren 1745 Personen an der TH Hannover eingeschrieben. Die Hochschulleitung ging zu diesem Zeitpunkt davon aus, jährlich nur etwa 410 Personen zulassen zu können, denen 1500 bis 2500 BewerberInnen gegenüber standen (NHStA Nds. 423, Acc. 11/85, Nr. 416, Bericht des Rektors Flachsbart an das Kultusministerium). Die Auseinandersetzung, die die niedersächsischen Hochschulen mit dem Kultusministerium und der Besatzungsregierung um die Zulassungszahlen führten, wird hier nicht ausführlich untersucht. Rainer Maaß hat sie in seiner Studie über die Nachkriegsgeschichte der Braunschweiger Stu-

waren zudem für Displaced Persons frei zu halten.⁴² Immer wieder wurden seitens der Hochschule Forderungen nach einer Erhöhung des Numerus Clausus geäußert. Andernfalls würden die Kriegsjahrgänge „abgedrängt" und es könne längerfristig eine Nachwuchslücke entstehen. Dies werde sich auf den Wiederaufbau der deutschen Industrie verheerend auswirken, so gab Rektor Conrad Müller im Jahre 1947 zu bedenken. Seine Argumentation baute nicht zuletzt auf der absehbaren Verschiebung der Volkswirtschaft auf, die zunehmend von der (Export-) Stärke der Industrie und weniger von der Landwirtschaft abhängig sein werde:

> „[W]egen der Verluste der agrarischen Ostprovinzen wird das deutsche Volk noch mehr als bisher darauf angewiesen sein, seinen Lebensunterhalt durch Export von hochwertigen Industrieerzeugnissen zu verdienen."⁴³

Neben den strengen Quoten wartete auf alle StudienbewerberInnen die Hürde der politischen Überprüfung durch einen auf Anweisung der Briten vom Senat eingesetzten Ausschuss.⁴⁴ Die Kategorien, in die die zukünftigen Studierenden eingeordnet wurden, entsprachen nur zum Teil denen der allgemeinen Entnazifizierung. In die Kategorie a i fielen Personen, die in jeglicher Hinsicht als unbelastet galten. Das waren im Wintersemester 1946/47 laut einer internen Statistik von 1166 zugelassenen Studierenden 55 Personen, also 4,7 Prozent.⁴⁵ Der weitaus überwiegende Teil der Studierenden fiel in die Kategorie a ii. Hier wurden Bewerber eingruppiert, die zwar Anwärter oder nicht aktive Mitglieder der Partei bzw. einer ihrer Gliederungen gewesen waren, jedoch nach dem 1. Januar 1919 geboren waren und somit unter die von den Briten erlassene Jugendamnestie des Jahres 1946 fielen.⁴⁶ Dabei handelte es sich um 846 Studenten (72,5 Prozent). 265 Studierende

---

dentenschaft gründlich erforscht. Vgl. Rainer Maaß, *Die Studentenschaft der Technischen Hochschule Braunschweig in der Nachkriegszeit*, Husum 1996, 48ff.

42 NHStA Nds 423, Acc. 11/85, Nr. 12, Anweisung der britischen Militärregierung an die Rektoren der TH Hannover, der Tiermedizinischen Hochschule Hannover und der Bergakademie Clausthal-Zellerfeld vom 1.11.1945: "On the reopening of any German university or college 10 percent of all vacancies will be reserved for former prisoners of war and former conscripted workers of allied nationality." Zur Situation der Displaced Persons an der TH Hannover siehe unten.

43 NHStA Nds. 423, Nr. 418, Rektor Müller an das Kultusministerium, 6.2.1947.

44 Seit dem 9. Juli 1948 bestand der Ausschuss aus Rektor Flachsbart und den Professoren Humburg und Obst, sowie dem Gewerkschaftsangestellten Brünger und dem Tierarzt Dr. Dunker als „Vertreter der Öffentlichkeit" (NHStA Nds. 423, Acc. 11/85, Nr. 414, Rektor Flachsbart an den Entnazifizierungs-Hauptausschuss Hannover, 16.7.1948). Anfang des Jahres 1950 wurde der Ausschuss aufgelöst (NHStA Nds. 423, Acc. 11/85, Nr. 414, Aktennotiz vom 8.2.1950).

45 NHStA Nds. 423, Acc. 11/85, Nr. 414, Statistik über die politische Überprüfung der Studierenden im WS 1946/47, 2.5.1947.

46 Ebd. Der niedersächsische Kultusminister Grimme (SPD) war ein entschiedener Fürsprecher einer Jugendamnestie, die er auch im Zonenbeirat beantragte. (Vgl. GStA PK, VI. HA, Familienarchive und Nachlässe, Nachlass Adolf Grimme, Nr. 1156, „Amnestie für die deutsche Jugend", Zeitungsbericht vom 2.6.1946). Grimme führte im Mai 1946 aus: „Ausdruck dafür, daß man mit ihr [der Jugend, F.S.] nicht rechten, sondern rechnen will, ist, daß man unter ihre politische Vergangenheit einen großzügigen Schlußstrich zieht, ihr gegenüber also von einem

(22,7 Prozent) waren Anwärter bzw. Mitglieder der NSDAP oder ihrer Gliederungen gewesen und fielen nicht unter die Amnestie (Kategorien b i und b ii).[47] Die Anweisung der Briten hinsichtlich der Auslegung der politischen Kriterien lautete unmissverständlich, solche Personen bevorzugt zuzulassen, die als vollkommen unbelastet eingestuft wurden.[48]

Ein Blick auf die Praxis der Studienplatzvergabe zeigt, dass dieses Ziel nicht immer umgesetzt wurde. Für die Zulassung zum Sommersemester 1947 wurden 2188 Bewerber und 97 Bewerberinnen politisch überprüft. Davon hatten 432 Männer und 8 Frauen (19,3 Prozent) bereits ein Studium begonnen und wollten dieses nun an der TH Hannover fortsetzen. Unter die Jugendamnestie fielen 2051 Männer und 96 Frauen, was einem Gesamtanteil von 94 Prozent entsprach. Unter den 119 Personen (115 Männer und vier Frauen) die der Ausschuss auswählte, waren 16 Männer, die nicht amnestiert waren.[49] Da ihre Leistungen für die Zulassung zum Studium sprachen, wurden sie den amnestierten BewerberInnen und insbesondere der großen Zahl „unbelasteter" Frauen vorgezogen.

In der niedersächsischen Zulassungsordnung vom 5. April 1948 war neben der politischen Überprüfung auch eine Beurteilung der BewerberInnen nach ihrem persönlichen Erscheinen vor einem Immatrikulationsausschuss vorgesehen.[50] Aufgrund der beschränkten Aufnahmekapazitäten wurde eine „besondere Begabung" für das gewählte Studienfach vorausgesetzt. Auch versuchte diese Regelung, weitere, außerfachliche Kriterien für die Studienzulassung festzulegen, umschrieben als „geistige Beweglichkeit, Urteilsfähigkeit, geistiges Niveau, Weite des geistigen Horizontes", sowie „die menschlich-charakterliche Eignung für die Ausübung des gewählten akademischen Berufs und für eine verantwortungsbewusste Mitarbeit im öffentlichen Leben".[51] Angesichts knapper Studienplätze reichte die fachliche Eignung also nicht aus; BewerberInnen mussten sich des Privilegs, studieren zu können, auch als „würdig" erweisen.

Bevor diese Zulassungsordnung in Kraft trat, legte die Leitung der Technischen Hochschule eigene Aufnahmekriterien fest. Ein Merkblatt, das noch vor der eigentlichen Wiedereröffnung der Hochschule entworfen worden war, sah angesichts der materiellen Notlage zunächst vor, neben den bereits immatrikulierten Studierenden Angehörige bestimmter Gruppen bevorzugt zuzulassen. Hierzu soll-

---

bestimmten Geburtsjahrgang an Generalamnestie erläßt und nur die wirkliche Führung ausnimmt." (GStA PK, VI. HA, Familienarchive und Nachlässe, Nachlass Adolf Grimme, Nr. 426, 2./3.5.1946, 3. Sitzung des Zonenbeirates in Hamburg, Redemanuskript, 3).
47 NHStA Nds. 423, Acc. 11/85, Nr. 414, Statistik über die politische Überprüfung der Studierenden im WS 1946/47, 2.5.1947. Unter den 1166 deutschen Studierenden dieser Zählung befanden sich 10 ehemalige aktive und 325 ehemalige Reserveoffiziere.
48 NHStA Nds. 423, Acc. 11/85, Nr. 414, undatierte Aktennotiz über die Anweisungen der Briten für die Zulassung neuer Studenten.
49 NHStA Nds. 423, Acc. 11/85, Nr. 418, Bericht des Rektors Flachsbart an Geoffrey Carter, 23.7.1947.
50 NHStA Nds. 423, Acc. 11/85, Nr. 416, Zulassungsordnung für die niedersächsischen Hochschulen, 5.4.1948, § 1, 1.
51 Ebd., § 5, 3.

ten neben Studierenden in den Abschlusssemestern „Kriegerwitwen" sowie Versehrte „ab Stufe II" zählen.[52] Männer, die durch Kriegsdienst mehr als drei Jahre verloren hatten, sollten ebenfalls bevorzugt werden. Auch Opfer des Nationalsozialismus wurden berücksichtigt, allerdings nur „solche, die, aus rassischen oder politischen Gründen am Studium verhindert, drei oder mehr Jahre verloren haben."[53] Auch eine Stellungnahme der Abteilungsvorsteher aus dem Jahr 1947 versuchte die BewerberInnen zu kategorisieren: demnach sollte die Zulassung über ein Punktverfahren geregelt werden. Für das Abiturzeugnis wurden die meisten und für bestimmte Kriterien weitere Punkte vergeben. So beabsichtigte man, den Kandidaten für eine Kriegsverletzung pro Versehrtenstufe einen Punkt anzurechnen, „wirklich verlorene Jahre (Kriegsdienst, Gefangenschaft, pol. KZ)" sollten je Jahr 0,5 Punkte „wert" sein. Der Nachweis einer eigenen Wohnung konnte in Zeiten der Wohnungsnot dagegen einen Punkt bringen.[54] Kriegsdienst, Gefangenschaft und Konzentrationslager wurden nach diesem Vorschlag, der die einstimmige Billigung der Abteilungsvorsteher fand[55], gleich gewichtet. Die Opfer des Nationalsozialismus wurden so den Soldaten des deutschen Angriffskrieges gleichgestellt.

Als das Zulassungsverfahren im Jahre 1948 einheitlich durch das Kultusministerium geregelt wurde, wurden die Opfer nationalsozialistischer Verfolgung stärker und anders berücksichtigt, als es die Abteilungsvorsteher der TH Hannover vorgesehen hatten. Die Zulassungsordnung vom 5. April 1948 sah vor, BewerberInnen, die „Anrecht auf politische Wiedergutmachung"[56] hatten, bei gleicher Eignung den Vorzug zu geben. Zwar ist auch diese Formulierung nicht unproblematisch, da sie die erfolgreiche Anmeldung von Ansprüchen auf Wiedergutmachung zur Voraussetzung der Zulassung machte und das Kriterium der „gleichen Eignung" Umgehungsmöglichkeiten schuf. Doch es wurde zumindest

---

52 NHStA Nds. 423, Acc. 11/85, Nr. 416, Merkblatt für Studierende, Entwurf vom 1.10.1945.
53 Ebd.
54 NHStA Nds. 423, Acc. 11/85, Nr. 416, Besprechung der Abteilungsvorsteher, 21.8.1947. Anwesend waren Hans Bartels (Experimentalphysik), Lothar Collatz (Mathematik), Werner Fischer (Chemie), Uvo Hölscher (Baugeschichte), Karl Humburg (Elektrotechnik), Friedrich Mölbert (Maschinenbau) und Alfred Troche (Bautechnik). Nicht anwesend war Richard Finsterwalder (Geodäsie).
55 Der Vorschlag wurde von Alfred Troche und Karl Humburg ausgearbeitet und laut Protokoll einstimmig angenommen (ebd.).
56 NHStA Nds. 423, Acc. 11/85, Nr. 416, Zulassungsordnung für die niedersächsischen Hochschulen, 5.4.1948. Witwen von Soldaten fanden hier keine bevorzugte Berücksichtigung mehr. Spätere Versuche einzelner Gruppen, die Kriterien auszuweiten, scheiterten. So versuchte der Verein Deutsche Kriegsopferhilfe e.V. im Jahre 1950, eine generelle Bevorzugung von Spätheimkehrern vor allen anderen BewerberInnen zu erwirken. Diesem Anliegen erteilte der Prorektor der TH Hannover, Prof. Walter Großmann, eine klare Absage. Den Spätheimkehrern werde bereits durch Berücksichtigung der Kriegsdienstzeiten und die Lockerung von Bewerbungsfristen geholfen; auf die „wissenschaftliche Reife" könne auch bei ihnen nicht verzichtet werden (NHStA Nds. 423, Acc. 11/85, Nr. 416, Antwort des Prorektors Großmann auf eine Anfrage des Kultusministeriums vom 18.2.1950, 9.3.1950).

auf die Punktevergabe nach Verfolgungsdauer verzichtet, die im Entwurf der Hochschule enthalten gewesen war.

3.3 GEDULDET, NICHT WILLKOMMEN: STUDENTINNEN AN DER TH HANNOVER NACH 1945

In ihrer Untersuchung über die Studierenden der Technischen Hochschule Hannover im Zeitraum von 1925 bis 1938 charakterisiert Anette Schröder die Hochschule als eine „akademische Männergesellschaft".[57] Für einen kurzen geschichtlichen Moment schien dies in manchen Bereichen der Hochschule während des Krieges nicht mehr zu gelten. Von 46 Personen, die im Wintersemester 1944/45 für das Fach Chemie eingeschrieben waren, waren 30 Frauen, also weit über fünfzig Prozent.[58] Im Jahre 1930 hatte der Anteil der Studentinnen an der TH Hannover bei 2,3 Prozent und 1938 bei 1,9 Prozent gelegen. Im Wintersemester 1945/46 betrug er 7,6 Prozent.[59] Die Hochschule als Ganzes hatte also nie aufgehört männlich dominiert zu sein. Der Anstieg der Studentinnenzahlen während des Krieges und das Beispiel des Fachbereichs Chemie zeigen den Ausnahmecharakter der Kriegssituation. Die Politik der Nationalsozialisten, die wenigen Frauen, die vor 1933 studierten, aus den Universitäten heraus zu drängen, war angesichts des Fachkräftemangels nicht mehr durchzuhalten gewesen.[60]

Die Rückkehr vieler Männer aus Krieg und Gefangenschaft beendete diese Entwicklung. Bereits die Zulassung zum Studium stellte für Frauen bald wieder eine Hürde dar. In den ersten Semestern nach dem Krieg wurde den männlichen Heimkehrern der Vorzug gegeben. Die Zahl der Studentinnen an der TH Hannover sank bis zum Sommersemester 1951 auf nur noch 3,3 Prozent und erreichte zwischendurch ihren niedrigsten Stand bei 2,5 Prozent im Wintersemester 1948/49.[61] Ein Blick auf die Studentinnenzahlen der TH Braunschweig zeigt, dass diese Entwicklung kein Automatismus war. Dort lag der Frauenanteil bereits 1930 bei 7,3 Prozent, fiel dann bis 1938 auf 4,3 Prozent und lag kurz nach Kriegsende, im Wintersemester 1945/46, bei 9 Prozent. Der höchste Frauenanteil zwischen 1945 und 1951 wurde im Sommersemester 1948 mit 11 Prozent erreicht; im Som-

---

57 Schröder, Studenten, 7. Im Sommersemester 1932 waren z. B. 2,1 Prozent der Studierenden Frauen; diese verteilten sich auf die Fächer Architektur, Chemie und auf die Fakultät für Allgemeine Wissenschaften (Ebd., Anm. 7).
58 NHStA Nds. 423, Acc. 11/85, Nr. 418, Liste der Studierenden an der TH Hannover im WS 1944/45. Die durchschnittliche Semesterzahl lag unter diesen Chemikerinnen bei rund sechs Semestern. Die Gesamtzahl der Studierenden in den beiden Fachschaften Naturwissenschaft und Technik betrug in diesem letzten Kriegssemester insgesamt 234; darunter befanden sich 6 Ausländer und 43 Frauen, von denen vier bereits verheiratet waren (Ebd.).
59 Niedersächsisches Amt für Landesplanung und Statistik, Hochschulen, 3.
60 Vgl. z. B. Florence Hervé, *Studentinnen in der BRD. Eine soziologische Untersuchung*, Köln 1973; Sigrid Metz-Göckel, „Frauenstudium nach 1945 – Ein Rückblick", in: *Aus Politik und Zeitgeschichte, B 28/29, 7.7.1989*, 13–21; Elisabeth Dickmann/Eva Schöck-Quinteros (Hg.), *Barrieren und Karrieren: Die Anfänge des Frauenstudiums in Deutschland*, Berlin 2000.
61 Niedersächsisches Amt für Landesplanung und Statistik, Hochschulen, 3.

mersemester 1951 studierten mehr als dreimal so viele Frauen in Braunschweig wie in Hannover, nämlich 10,2 Prozent.[62] Bundesweit waren 1951 16 Prozent Frauen an den Universitäten und Hochschulen eingeschrieben; im Jahre 1961 waren es 22,2 Prozent.[63]

Die Argumente, die für die Bevorzugung männlicher Studienbewerber vorgebracht wurden, bezogen sich anfangs vor allem auf die materielle Situation nach Kriegsende. Bei männlichen Bewerbern ging man davon aus, dass sie Familien ernähren würden. Zudem war die Auffassung, dass ehemalige Soldaten „verlorene Jahre" aufzuholen hätten, wesentlich verbreiteter als die Erkenntnis, dass dies auch von vielen Frauen so wahr genommen wurde, die ebenfalls Kriegsdienste geleistet, gearbeitet und unter dem Krieg gelitten hatten. Auch wurde der Andrang der Frauen an den deutschen Hochschulen mit dem Krieg als einer Ausnahmesituation assoziiert, so dass eine Rückkehr der meisten Frauen in ihre traditionelle Rolle als Teil einer wünschenswerten „Normalisierung" erscheinen konnte. Die genannten Begründungen wurden dabei keineswegs nur von Männern vorgetragen. Die Studentin Gisela van Doornick unterstrich im Dezember 1945 in der Göttinger Universitätszeitung, eine bevorzugte Immatrikulation von Männern sei „nur zu gerecht, denn viele sind durch den Krieg um Jahre zurückgekommen in ihrem Studium, andere sind längst aus dem sonst üblichen Alter des Studenten heraus und müssen sich jetzt eine Existenzmöglichkeit schaffen."[64] Vielen Studentinnen unterstellte sie, diese hätten ohnehin nur studiert, „um sich vor dem totalen Kriegsdienst zu drücken".[65] Van Doornick betonte, dass die weitaus meisten Frauen nach dem Studium keinen Beruf ausüben, sondern heiraten würden. Sie grundsätzlich vom Studium abzuhalten hieße andererseits jedoch, „auf die Zeit vor der Emanzipation zurückgreifen zu wollen".[66] Bei der Erfüllung „der Aufgabe [...], die ihr von der Natur gegeben ist: zu heiraten, Mutter und damit Trägerin der Familie zu sein"[67], könne Frauen die höhere Bildung zudem nur nützlich sein. Schließlich seien sie dazu da, als Mütter „Menschen zu bilden, die durch ihre Persönlichkeit der Vermassung unserer Zeit entgegentreten".[68] In der Argumentation van Doornicks vermengte sich ein konservatives, elitäres Gesellschaftsbild mit einerseits traditionellen und andererseits auch von Vertreterinnen der bürgerlichen Frauenbewegung vertretenen Rollenzuschreibungen.[69]

---

62 Ebd. Hierbei ist allerdings zu beachten, dass es an der TH Braunschweig z. B. das Fach Pharmazie gab, in dem das Studium von Frauen höhere Akzeptanz genoss als in vielen anderen technischen und naturwissenschaftlichen Fächern. Der Anteil der Studentinnen an der Braunschweiger TH sank zudem bis zum Wintersemester 1960/61 auf nur noch 5,7 Prozent und stieg danach langsam auf 7,6 Prozent im WS 1965/66 und 13,6 Prozent im WS 1970/71 an (Vgl. Maaß, TH Braunschweig, 102).
63 Jarausch, Deutsche Studenten, 216.
64 Gisela van Doornick, „Frauenstudium", in: *GUZ Nr. 1, 11.12.1945*, 11–12, hier 11.
65 Ebd.
66 Ebd., 12.
67 Ebd.
68 Ebd.
69 Vgl. z. B. Barbara Greven-Aschoff: *Die bürgerliche Frauenbewegung in Deutschland 1894–1933*, Göttingen 1981, 31ff.; Irene Stoehr, „Organisierte Mütterlichkeit. Zur Politik der deut-

Allerdings gab es unter den Studierenden auch solche, die gerade diese unkritische Fortführung des bisherigen Rollenverständnisses und die bloße Anpassung des Studiums der Frauen an die Erfordernisse der bürgerlichen Familie zumindest teilweise in Frage stellten. Gerda Wilmanns, ebenfalls Studentin in Göttingen, gab sich mit den Ausführungen ihrer Kommilitonin nicht zufrieden und stellte fest:

> „Der Nationalsozialismus brachte in seiner Ideologie eine ungeheure Abwertung der weiblichen Aufgaben im Beruf und öffentlichen Leben. Vor dem weiblichen Ideal der ‚Hausfrau und Mutter' schien die berufstätige Frau als eine im Grunde doch recht bedauernswerte Gestalt. Diese Auffassung, in mehr oder minder krasser Form durch zwölf Jahre eingehämmert, hat von uns Besitz ergriffen, gerade von unserer Kriegsgeneration, deren Schicksal es doch ist, zu einem anormal großen Prozentsatz unverheiratet bleiben zu müssen oder als Kriegerwitwe einen Beruf zu ergreifen. Soll uns nun das Studium und der spätere Beruf nur Surrogat sein für verwehrtes Glück? Wollen wir uns nicht lieber von der grundsätzlichen Verengung des Frauenbildes lösen und mit Entschiedenheit und Dankbarkeit den Raum zur Wirkung und Entfaltung unserer Kräfte suchen auf der Universität und im späteren Beruf?"[70]

Wilmanns schwächte ihren Vorstoß im Folgenden allerdings ab und warnte davor, etwa in einen Konkurrenzkampf mit Männern zu treten; schließlich müsse man „den weiblichen Charakter rein erhalten".[71] Statt einer Beteiligung der Frauen am beruflichen Wettbewerb setzte sie auf eine „gerechte Ritterlichkeit" der Männer, die den Frauen ihren Platz an den Universitäten und im Berufsleben „ihrem Leistungsvermögen entsprechend" einräumen sollten.[72] Im Rahmen der Diskussionen um das Frauenstudium, die von diesen konservativen Leitbildern geprägt waren, erwies sich der Rekurs auf die angebliche „Natur" und den „Charakter" der Frau als besonders einflussreich. Die Konstruktion eines weiblichen Sozialcharakters als „weich", „irrational", „familienorientiert" etc. hatte den Krieg unbeschadet überlebt und wurde, trotz der etwa bei Wilmanns durchaus vorhandenen Reflexion der nationalsozialistischen Frauenbilder, in den 1950er Jahren eher noch gestärkt.[73] Wie stark gerade diese Deutungsmuster zum Teil noch mit nationalkon-

schen Frauenbewegung um 1900", in: Karin Hausen (Hg.), *Frauen suchen ihre Geschichte*, Bd. 2, München 1982, 225–253. Zur Diskussion um „Persönlichkeit" und „Masse" vgl. a. Kapitel 4 und 5. Die Rolle des „Masse-" Begriffs im konservativen Denken beleuchten u. a. Paul Nolte, *Die Ordnung der deutschen Gesellschaft. Selbstentwurf und Selbstbeschreibung im 20. Jahrhundert*, München 2000, 273ff.; Jost Hermand, *Kultur im Wiederaufbau. Die Bundesrepublik Deutschland 1945–1965*, Frankfurt a. M./Berlin 1989, 251ff.; Axel Schildt, *Konservatismus in Deutschland von den Anfängen im 18. Jahrhundert bis zur Gegenwart*, München 1998, 217 ff.

70 Gerda Wilmanns, „Noch einmal Frauenstudium", *GUZ Nr. 9, 10.5.1946*, 16.
71 Ebd.
72 Ebd.
73 Vgl. z. B. Ilse Costas, „Professionalisierungsprozesse akademischer Berufe und Geschlecht: ein internationaler Vergleich", in: Dickmann/Schöck-Quinteros (Hg.), Barrieren, 13–32, hier 13; Ingrid Langer, „Die Mohrinnen hatten ihre Schuldigkeit getan... Staatlich-moralische Aufrüstung der Familien", in: Dieter Bänsch, *Die 1950er Jahre. Beiträge zu Politik und Kultur*, Tübingen 1985, 108–129; Karin Kleinen, „‚Frauenstudium' in der Nachkriegszeit (1945–1950): Die Diskussion in der britischen Besatzungszone", in: *Jahrbuch für Historische Bildungsforschung, Bd. 2 (1995)*, 281–300; Hervé, Studentinnen, 22ff. Hervé betont besonders die Relevanz der geschlechtsspezifischen Erziehung entsprechend den genannten Konstrukti-

servativen Ideologiefragmenten verknüpft waren, zeigt ein Beispiel aus Würzburg. Hier ließ Prof. Georg Wünderle im Februar 1946 in der ersten Immatrikulationsrede nach Kriegsende verlauten, dass man bei der Auswahl der Studenten grundsätzlich „die Spreu vom Weizen trennen"[74] müsse. Dies gebiete die „strenge, aber durchaus gerechte Demokratie an der Universität"[75], und vor diesem Hintergrund sei auch das Frauenstudium zu diskutieren:

> „Die Sichtung muß hier zweifellos noch viel tiefer greifen und dies nicht zuletzt auch im Interesse des Volksbestandes. Es ist an der Zeit, wieder den fast altmodisch gewordenen Unterschied zwischen gebildeter und studierter Frau zur Kenntnis zu bringen. Die Bildung wünschen wir jeder Frau, und zwar so tief als es ihr nur möglich ist; sie wird den eigentlichen Beruf als Gattin und Mutter nur erleichtern. Vom Universitätsstudium kann das zweifellos nicht ohne weiteres gesagt werden."[76]

Wünderle hielt Frauen also nicht zuletzt für Garantinnen des „Volksbestandes"; Bildung – und nicht eine akademische Ausbildung – war für ihn nur in dem Maße erwünscht, wie sie der Erfüllung dieser Aufgabe dienlich war. Dass es sich bei dieser noch von völkischen Leitbildern geprägten Äußerung weder um eine Einzelmeinung noch etwa um ein Übergangsphänomen der Nachkriegszeit handelte, zeigt zum Beispiel die Politik des von 1953 bis 1962 amtierenden Bundesfamilienministers Wuermeling, der die Mehrkinderfamilie nicht nur als wünschenswerteste Familienform ansah, in der „christliche Werte" zu vermitteln seien, sondern die Rolle der Frau explizit als Hausfrau und Mutter definierte und förderte.[77]

Bereits früh hatte die britische Militärregierung erkannt, dass gerade diese Leitbilder und die starke Festlegung der Rolle der Frau ein Hindernis für den angestrebten Demokratisierungsprozess sein konnten. Als ein wichtiges Ziel der Reeducation-Politik wurde daher festgelegt:

> "[E]ncouraging German women to play a part in local government, public services and the economic and social life of the community. This is a wholly new and progressive idea for German women who before the war were content to be mere 'haus frau'."[78]

Vertreter der Militärregierung appellierten an die deutschen Frauen, mehr Verantwortung im öffentlichen Leben zu übernehmen:

---

onen eines „weiblichen" und eines „männlichen Charakters". Zur Konstruktion eines weiblichen „Charakters" in der bürgerlichen Frauenbewegung des 19. Jahrhunderts vgl. z. B. Greven-Aschoff, Bürgerliche Frauenbewegung, 39ff. Die bügerliche Frauenbewegung habe die Konstruktion eines Geschlechtscharakters nicht fallen gelassen: „Empfindungs- und Liebesfähigkeit als Inbegriff des ‚Weib-Seins' erschien als Gegenpol zum rationalistisch-analytischen Erkennen und Handeln." (Ebd., 41).

74 Georg Wünderle, *Das Ideal der neuen deutschen Universität. Rede zur ersten feierlichen Verpflichtung der Studenten am 5. Februar 1946*, Würzburg 1946, 9.
75 Ebd.
76 Ebd.
77 Vgl. Langer, Mohrinnen, 119ff..
78 PRO FO 936/308, Establishment Branch, Report Nr. 115: Education Branch, Women's Affairs Section, 27.1.1948.

> "Many excellent German housewives listening to me will point to their shining floors, their spotless linen, their neat and tidy children and will ask: 'What more can we do?' Much more. It is not enough to sweep the rubble from your own front door."[79]

Die Förderung des Frauenstudiums und ebenso der Dozentinnen[80] war Teil der Politik der britischen Education Branch (Erziehungsabteilung). Doch wurden erhebliche Widerstände gegen das Studium von Frauen festgestellt, die nicht nur materiell begründet waren. Die Antworten, die der von den Briten initiierte deutsche Studienausschusses für Hochschulreform 1948 auf die Frage nach der Notwendigkeit einer Förderung des Frauenstudiums von den Hochschulen erhielt, sprechen hier eine deutliche Sprache. Neben rund 27 Prozent eher positiven Stellungnahmen[81] reichten die ablehnenden Bemerkungen von der Forderung des Heidelberger Professors Hoepke „Frauen nicht mehr als 30 %"[82] bis zu der Äußerung des Bonner Professors Rothacker, der anmerkte, „die hübschen, häuslichen usw." Studentinnen müssten eigentlich höhere Gebühren zahlen, da sie ohnehin bald „weggeheiratet" würden.[83]

Anfangs gab es dieser weit verbreiteten Ablehnung zum Trotz die Chance, dass Frauen bei der Zulassung zum Studium verstärkt berücksichtigt werden würden. So machte die Militärregierung gegenüber dem Göttinger Rektor Rudolf Smend deutlich, „die Zulassung von Frauen habe sich ausschließlich nach politischen Gesichtspunkten zu richten, selbst für den Fall, dass dadurch die Zahl der weiblichen Studierenden die der männlichen übertreffe."[84] Wenn es also mehr politisch unbelastete Frauen als Männer gebe, waren sie nach dieser Anweisung zu bevorzugen. Praktisch wurde dieser Gedanke an der TH Hannover nicht annähernd umgesetzt. Als im Jahre 1947 96 von 97 Bewerberinnen unter die Jugendamnestie fielen, von denen acht bereits ein Studium an einer anderen Hochschule aufgenommen hatten, schafften es wie erwähnt nur vier, eine Zulassungsempfehlung des Ausschusses für die politische Überprüfung zu erhalten; 16 nicht amnestierte Männer wurden dagegen zugelassen.[85]

Hochschuloffizier Geoffrey Carter erwies sich als besonders engagierter Fürsprecher des Frauenstudiums. Allerdings hatte er mit seinen Initiativen nicht den gewünschten Erfolg an der Technischen Hochschule Hannover. Carter beklagte die mangelnde Bereitschaft der meisten Professoren, Frauen zu fördern:

> "The UCO [University Control Officer, F.S.] has come to feel that Rektors and Senates are opposed in general to women students studying in Hochschulen. This is noted with regret by

---

79 PRO FO 1050/1298 Women's Affairs Section, 13.2.1946, Manuskript für die erste Wochenschaubotschaft von Miss Davies und Major Smith.
80 Vgl. Kapitel 5.
81 David Phillips, *Pragmatismus und Idealismus. Das „Blaue Gutachten" und die britische Hochschulpolitik in Deutschland 1948*, 83. Vgl. a. Kapitel 5.
82 Ebd., 82.
83 Ebd.
84 NHStA Nds. 423, Acc. 11/85, Nr. 427, Rektor Rudolf Smend an die Rektoren der britischen Zone, 10.4.1946.
85 Vgl. NHStA Nds. 423, Acc. 11/85, Nr. 418, Bericht des Rektors Flachsbart an G.T. Carter, 23.7.1947, s. o.

Education Branch Military Government whose intention it is to increase the numbers of women studying at Hochschulen. (…) It is desired, however, to introduce a good principle, which all civilized nations are coming more to realize, into the reeducation of Germany."[86]

Der britische Hochschuloffizier begründete dies nicht mit dem grundsätzlichen Recht der Frauen auf den gleichberechtigten Hochschulzugang, wie dies z. B. der SPD-Parteivorstand im selben Jahr tat.[87] Er argumentierte, ähnlich wie viele deutsche FürsprecherInnen des Frauenstudiums mit der Rolle, die Frauen als Erzieherinnen des Nachwuchses einnahmen. Weiter führte er aus:

"In the first place it is felt that, except for the practical advantage to woman of her being financially more independent and the less to rely on marriage it is the man who will receive the benefit – and ultimately the whole of society. Secondly a public life which does not give due regard to the equality of women is coming more and more in the opinion of the thinkers of many nations to lay itself open to the lack of the ability to compromise and this latter is part of the tragedy of Germany."[88]

Carter dachte also auch an einen positiven Einfluss von Frauen auf das öffentliche Leben. Damit wusste er sich mit den Thesen der bürgerlichen Frauenbewegung einig, die unter Beibehaltung eines dualistischen Geschlechterbildes ebenfalls auf Beteiligung der Frauen an einer „sittlichen Erneuerung der Gesellschaft" bestanden hatte[89] und nach 1945 etwa im Rahmen der Mütterbewegung wieder aufleb-

---

86   PRO 1050/1296, Carter an Rektor Müller, 2.10.1946.
87   NHStA Nds. 401, Acc. 92/85, Nr. 148, SPD-Parteivorstand an die Kultusminister der drei Westzonen und die Kulturdezernate der freien Städte, 18.11.1946. Der Parteivorstand unterbreitete den folgenden Antrag, der auf der Frauen-Arbeitstagung in Frankfurt a. M. vom 5./6.11.1946 verabschiedet worden war: „‚Bei der Zulassung von Studierenden zu den Universitäten hat sich gezeigt, dass Frauen, selbst wenn sie die besten geistigen Voraussetzungen mitbringen, kaum noch zum Universitätsstudium zugelassen werden. Die Versammlung der sozialistischen Frauen betrachtet diese Zurücksetzung als einen unerträglichen Eingriff in die menschlichen Freiheitsrechte und die verfassungsmäßig garantierte Gleichberechtigung der Frauen. Wir beauftragen den Parteivorstand, von allen massgebenden Stellen mit aller Entschiedenheit zu verlangen, dass Frauen zu allen Fakultäten mindestens in gleicher Zahl wie männliche Studierende in Zukunft und zwar bereits zu dem Wintersemester 1946 zugelassen werden.' Der Parteivorstand schließt sich vorbehaltlos diesem Antrag an und erwartet, dass auch im Hochschulbetrieb der Gleichberechtigung der Frauen ohne jede Einschränkung Rechnung getragen wird. In vorstehendem Antrag der Frauen-Arbeitstagung ist keinesfalls eine papierne Resolution zu erblicken, sondern eine ernste Forderung, der das politische Gewicht der SPD erforderlichenfalls den nötigen Nachdruck zu verleihen im Stande ist."
88   PRO 1050/1296, Carter an Rektor Müller, 2.10.1946.
89   Greven-Aschoff, Bürgerliche Frauenbewegung, 43. Die Selbstbeschränkung bürgerlicher Frauenrechtlerinnen in der Weimarer Republik, die im Zeichen der von Helene Lange 1914 propagierten „mütterlichen Politik" vor allem den weiblichen „Kultureinfluß", aber nicht die generelle Gleichberechtigung in allen gesellschaftlichen Bereichen fördern wollten, betont auch Ute Frevert, *Frauen-Geschichte. Zwischen bürgerlicher Verbesserung und Neuer Weiblichkeit*, 1. Aufl. Frankfurt a. M. 1986, 165 f. Zur Reorganisation der alten Frauenbewegung nach 1945 vgl. Irene Stoehr, „Traditionsbewußter Neuanfang. Zur Organisation der alten Frauenbewegung in Berlin 1945–1950", in: Renate Genth/Reingard Jäkl/Rita Pawlowski/Ingrid Schmidt-Harzbach/Irene Stoehr (Hg.), *Frauenpolitik und politisches Wirken von Frauen im Berlin der Nachkriegszeit*, Berlin 1996, 193–228.

te.⁹⁰ Das uneingeschränkte Recht auf einen eigenen Beruf und die Verwirklichung des Gleichberechtigungspostulats spielten in Geoffrey Carters Argumentation keine Rolle. Hier muss allerdings unklar bleiben, ob dies tatsächlich seiner Überzeugung entsprach – oder ob der Hochschuloffizier, der die deutschen Diskussionen verfolgt hatte, zum Teil taktisch argumentierte, um die konservativen Akademiker zu überzeugen. Ein sehr wichtiger Unterschied zu den Argumenten vieler deutscher BefürworterInnen des Frauenstudiums war, dass der Hochschuloffizier eine Konkurrenz zwischen Männern und Frauen nicht ablehnte: die zitierte „Ritterlichkeit" war nicht Teil seines Konzeptes. Im Gegenteil: Vorstellungen von einer "cavalier campaign"⁹¹ erteilte Carter eine klare Absage: Frauen seien durchaus in der Lage, ihre Interessen selbst zu vertreten. An dieser Stelle wird deutlich, dass manche Vertreter der britischen Besatzungsmacht trotz guter Kenntnisse der deutschen Kultur die Langlebigkeit bestimmter Diskurse unterschätzten. Geoffrey Carter ermahnte Rektor und Senat der Technischen Hochschule Hannover, den Anteil der zugelassenen Frauen zu erhöhen und drohte sogar damit, eine Quote einzuführen:"This will (...) avoid the embarassment of a minimum percentage of women students having to be laid down by Military Government."⁹² Wie sich herausstellen sollte, war dieser Vorstoß nicht unbedingt von den britischen Prinzipien der "indirect rule" gedeckt, die ja auch in anderen Bereichen zum Tragen kam.⁹³ Die schlechte materielle Situation der Universitäten rang den Briten zudem Verständnis für das Vorgehen der deutschen Rektoren ab:

> "It was agreed that nothing could be done at this point to stop the Germans limiting the number of women entrants; and that to a point it was justifiable at the present time in view of the fact that men are returning to civilian life."⁹⁴

Geoffrey Carters Initiativen für das Studium von Frauen wurden an der TH Hannover weitgehend ignoriert. Auf sein langes Schreiben zum Thema Frauenstudium, in dem er die Professoren ausdrücklich zu Stellungnahmen aufforderte, ist keine Reaktion überliefert.

Nur für die ersten Jahre nach 1945 erklären die Nachkriegsengpässe und die bewusste Bevorzugung männlicher Studienbewerber die geringe Bildungsbeteiligung von Frauen. Noch lange Zeit hemmte aber auch die unzureichende öffentliche Studienfinanzierung ein von den Eltern unabhängiges Studium. Viele Familien konnten nicht mehreren Kindern den Hochschulbesuch finanzieren und gaben häufig ihren Söhnen den Vorzug, nicht zuletzt weil diese bessere Berufsaussichten hatten. Hinzu kam das spätestens seit dem Ende der vierziger Jahre wieder propa-

---

90   Vgl. z. B. Irene Stoehr, „Der Mütterkongreß fand nicht statt. Frauenbewegung, Staatsmänner und Kalter Krieg 1950", in: *Werkstatt Geschichte 17/1997*, 66–82; hier 67ff.
91   PRO 1050/1296, Carter an Rektor Müller, 2.10.1946.
92   PRO 1050/1296, Carter an Rektor Müller, 2.10.1946.
93   Vgl. a. die Bemühungen der Briten um eine Hochschulreform (Kapitel 5).
94   PRO FO 1050/1298 Women's Affairs Section. 3. Sitzung des Kommitees für Frauenbildung, 8.10.1945.

gierte und staatlich unterstützte traditionelle Frauen- und Familienbild.[95] Ein Indiz für die Stärke dieses Rollenbildes war die Tatsache, dass das Heiratsalter im Laufe der 1950er Jahre sogar nochmals sank.[96] Die volle Erwerbstätigkeit von verheirateten Frauen und besonders von Müttern wurde häufig öffentlich verurteilt[97]; nur als Zuverdienst in Notlagen wurde sie akzeptiert.[98] Jene Rollenbilder, die Frauen vor allem als glückliche Mütter und Hausfrauen sehen wollten, führten zu einer Verengung der Perspektive junger Frauen, die selbst oftmals nicht erkannten, welchen ideologischen Einschränkungen sie unterlagen. Evamaria Schmitz, Politikstudentin aus Bonn, verkündete 1952 auf einer Tagung des Verbandes deutscher Studentenschaften (VDS):

> „Wir müssen uns doch darüber klar sein, dass das abstrakt logische Denken, das die wissenschaftliche Arbeit erfordert, dem Wesen der Frau fremder ist als dem Wesen des Mannes. Und daran kann keine Hochschulreform etwas ändern!"[99]

Nicht selten hatten die propagierten Rollenklischees und Einschränkungen psychische Folgen für jene Frauen, die allen Widerständen zum Trotz ein Studium aufnahmen. Selbst, wenn ihre männlichen Kommilitonen ihnen nicht ablehnend begegneten, fühlten sich laut einer Umfrage von 1954/55 viele Studentinnen minderwertig und an deutschen Universitäten fehl am Platz.[100] Die Faktoren, die den gleichen Hochschulzugang für Frauen hemmten, wirkten sich auch auf ihr tägliches Leben als Studentinnen aus, so zum Beispiel auf ihre Beteiligung an der studentischen Selbstverwaltung. Frauen waren meist nur im Kultur- oder später auch im Sozialressort des AStA der Technischen Hochschule Hannover zu finden.[101] Im Kulturreferat waren sie beispielsweise mit der Beschaffung ermäßigter Theaterkarten für Studierende beschäftigt. Es waren also vor allem „Wohlfahrtsaufgaben" mit denen die Studentinnen betraut wurden. Das anfangs existierende Frauen-Referat, deren Vertreterin nur von den Studentinnen der Hochschule gewählt

---

95 Vgl. z. B. Frevert, Frauen-Geschichte, 268, die darauf hinweist, dass auch das Bürgerliche Gesetzbuch und die entsprechenden Urteile das Leitbild der Hausfrauen-Ehe zementierten. Zur Frauen- und Familienpolitik der 1950er Jahre vgl. a. Robert G. Moeller, *Geschützte Mütter. Frauen und Familien in der westdeutschen Nachkriegspolitik*, München 1997, bes. 176ff., 288ff. Auch Rainer Maaß sieht die öffentliche Förderung der traditionellen Geschlechterrollen als wesentliches Hemmnis des Frauenstudiums an, vgl. Maaß, TH Braunschweig, 102.
96 Bei den Männern sank das Heiratsalter zwischen 1950 und 1960 von 28,1 auf 25,9 Jahre, bei den Frauen von 25,4 auf 23,7 Jahre ab. Vgl. Axel Schildt, „Von der Not der Jugend zur Teenager-Kultur: Aufwachsen in den 50er Jahren", in: Axel Schildt/Arnold Sywottek (Hg.), *Modernisierung im Wiederaufbau. Die westdeutsche Gesellschaft der 50er Jahre*, Bonn 1993, 335–348, hier 340. Schildt betont, dass die Heirat zudem häufig als einziges Mittel galt, der Enge des Elternhauses zu entfliehen. Vgl. a. Merith Niehuss, „Kontinuität und Wandel der Familie in den 50er Jahren", in: Schildt/Sywottek, Modernisierung, 316–334, hier 322ff.
97 Niehuss, Kontinuität, 326f.
98 Frevert, Frauen-Geschichte, 256f.
99 Zit. n. Maaß, TH Braunschweig, 103.
100 Ebd.
101 Vgl. NHStA Nds. 423, Acc. 11/85, Nr. 419–421, AStA 1946–1948 und 1952–1957, Listen der ASten (für 1949–1951 liegen keine AStA-Akten vor).

wurde[102], wurde nach kurzer Zeit auf Antrag der letzten Frauenreferentin abgeschafft[103] – nicht zuletzt deshalb, weil Hochschuloffizier Carter sich dafür ausgesprochen hatte. Er formulierte in einem Brief an Rektor Flachsbart:

> „Die Gepflogenheit, den Mann sowohl als ‚vir' als auch als ‚homo' zu betrachten, die Frau dagegen nur als ‚femina' und nicht als ‚homo', ist reaktionär. Eine Vertreterin für Frauenangelegenheiten in einer vermutlich aufgeklärten Institution wie eine(r) Universität ist genauso überflüssig wie ein Vertreter für Männerangelegenheiten." [104]

Für Carter war es also wichtig, dass männliche und weibliche Studierende gleichermaßen als Menschen und nicht nach ihrem Geschlecht beurteilt wurden; eigene Vertretungen für die Frauen hielt er daher für überflüssig. Seit dem Wintersemester 1947 galt eine Regelung, nach der die weiblichen Studierenden zwar immer noch eine eigene Vertreterin in den AStA der TH wählten; diese sollte aber das Sozialressort verwalten. Dafür wurde ihr als zweiter, gleichberechtigter Amtsinhaber ein Kommilitone zur Seite gestellt.[105] Von nun an konnten Frauen sich ausserdem innerhalb ihrer Fachschaft für die Wahl zur studentischen Kammer bewerben und als gewählte Kammermitglieder für jedes andere AStA-Referat kandidieren.[106] Davon wurde in den folgenden Jahren allerdings nur im Bereich Kultur Gebrauch gemacht.

Über das Engagement von Frauen in studentischen Vereinigungen ist wenig bekannt. Die meisten Vereinigungen, die an der TH Hannover existierten, waren ihnen zudem verschlossen, da es sich um Burschenschaften und Corps handelte.[107] Weitere Benachteiligungen erfuhren Frauen an der TH Hannover beispielsweise dann, wenn es um die begehrten Plätze in diversen Austauschprogrammen mit dem Ausland ging. Der AStA, der mit der Begutachtung von Bewerbungen für einen Arbeitseinsatz in der Schweiz befasst war, legte z. B. für die Auswahlrunde 1949 fest, dass von insgesamt 31 Plätzen nur einer an eine Studentin gehen sollte; beworben hatten sich fünf Frauen.[108] Unter den Auserwählten für den Aufenthalt an der Universität Bristol befand sich regelmäßig auch eine Studentin mit hervorragenden Leistungen, wie z. B. für das Sommersemester 1950 die 26-jährige Chemikerin Sigrid K., die an dritter Stelle der 12-köpfigen Vorschlagsliste des AStA stand.[109] Es war der Leiter des German Department in Bristol, Prof. August

---

102 Im ersten AStA war die Architekturstudentin Lore Pracht für das „Amt W (Weibliche Studenten)" zuständig. (Vgl. NHStA Nds. 423, Acc. 11/85, Nr. 419, Ernst Otto Rossbach, AStA-Vorsitzender, an Rektor Müller, 1.10.1946). Im AStA von 1947 waren Ursula Günther als Frauenreferentin und Wilma Nordmeyer als Kulturreferentin vertreten; beide studierten an der Fakultät I für Allgemeine Wissenschaften (Vgl. NHStA Nds. 423, Acc. 11/85, Nr. 419, Werner Rehder, AStA-Vorsitzender, an Rektor Müller, 24.3.1947).
103 NHStA Nds. 423, Acc. 11/85, Nr. 419, AStA an Rektor Flachsbart, 20.9.1947.
104 NHStA Nds. 423, Acc. 11/85, Nr. 17, Carter an Rektor Flachsbart, 14.7.1947.
105 NHStA Nds. 423, Acc. 11/85, Nr. 419, AStA an Rektor Flachsbart, 20.9.1947.
106 Ebd.
107 Zu den Korporationen s. u.
108 NHStA Nds. 423, Acc. 11/85, Nr. 429, Bollmann, AStA-Auslandsreferent, an Rektor Flachsbart, 16.2.1949.
109 NHStA Nds. 423, Acc. 11/85, Nr. 429, AStA an Rektor Flachsbart, 17.12.1949.

Closs, der wiederholt durch persönliche Schreiben an Vertreter der TH Hannover einzelnen weiteren Studentinnen einen Auslandsaufenthalt ermöglichte.[110]

Trotz der strukturellen Nachteile ist festzuhalten, dass die konkrete Situation der Studentinnen stark davon abhängig war, mit welchen Professoren sie es zu tun hatten. Einige nahmen Doktorandinnen auf; andere, wie der Architekturprofessor Walther Wickop, weigerten sich bereits, wenn es darum ging, die versammelten Studentinnen und Studenten anders anzusprechen als mit „Meine Herren!".[111] Das Klima unter den Studierenden scheint dennoch in der Architekturabteilung vergleichsweise günstig für Frauen gewesen zu sein. Diese waren hier nicht nur zahlreicher vertreten als in anderen Fächern. Auch soll der Einfluss der Burschenschaften und Corps, die in ihren Männerbünden keine Frauen duldeten und diese auf ihren Veranstaltungen nur als „Couleurdamen" gern sahen, in diesem Bereich besonders gering gewesen sein.[112] Ehemalige Studentinnen der Architektur geben an, sich „nicht diskriminiert" gefühlt zu haben.[113] Ein früherer Student berichtet sogar, in der Architekturabteilung seien die Studenten stolz auf ihren vergleichsweise hohen Frauenanteil und ihre Modernität gewesen.[114]

Beachtenswert ist in diesem Zusammenhang auch die Entwicklung des Immatrikulationseides, den die neuen Studierenden an der TH Hannover leisten mussten.[115] Als Rektor Otto Flachsbart ihn 1947 erstmals formulierte, lautete er noch so:

> „Sie geloben (...) das Bekenntnis zu den ewigen Werten der Menschenwürde und der Freiheit des Menschen, zum Dienst an der Wissenschaft im Geist der Wahrhaftigkeit und Pflichttreue, zur Kameradschaft ohne Ansehen von Stand, Glaube, Rasse und Geschlecht, zur Achtung vor den Gesetzen, Regeln und Anweisungen, die das Leben der Hochschule ordnen."[116]

Diese Formulierung weist nicht nur darauf hin, dass der zweite Nachkriegsrektor Otto Flachsbart Studentinnen weniger Vorbehalte entgegen brachte als seine Nachfolger. Er war auch durch seine Betonung der Gleichheit aller Menschen bemerkenswert und unterschied sich darin von den Verpflichtungserklärungen an anderen Hochschulen. An der Universität Göttingen wurden die Studierenden zum Beispiel auf den „Dienste an der Wissenschaft", die „Hilfsbereitschaft gegenüber Hilfsbedürftigen ohne Ansehen seiner Person" und auf eine „besondere Pflicht zur Wiederherstellung des Ansehens unseres Vaterlandes" vereidigt.[117] Der Braun-

---

110 NHStA Nds. 423, Acc. 11/85, Nr. 429, Schriftwechsel Flachsbart-Closs, 28.12.1949, 4.1.1950, sowie November 1950.
111 So geschildert von dem ehemaligen Studenten Wickops Peter Gleichmann (Gleichmann, Ansichten, 232).
112 Laut Auskunft des ehemaligen Architekturstudenten W. befand sich in seinem Semester, zu dem er lebenslangen Kontakt hielt, kein Mitglied eines Corps oder einer Burschenschaft (Interview der Verfasserin mit dem ehemaligen Studenten W.).
113 Interviews der Verfasserin mit den ehemaligen Studentinnen I. und R.
114 Interview der Verfasserin mit dem ehemaligen Studenten G.
115 Vgl. zur Interpretation der hier verwendeten Wertbegriffe Kapitel 5.
116 NHStA Nds. Acc. 11/85, Nr. 427, Rede des Rektors Otto Flachsbart bei der feierlichen Immatrikulation zum Sommersemester 1947, 15.8.1947.
117 Zit. n. Maaß, TH Braunschweig, 41, Anm. 70.

schweiger Neuimmatrikulierte musste schwören, „den akademischen Behörden und Vorschriften Gehorsam zu leisten, den akademischen Lehrern die schuldige Achtung zu erweisen, einen seiner würdigen Lebenslauf zu führen, seinem Studium mit Eifer zu obliegen, sowie in seinen Handlungen das Ansehen der Universität zu wahren."[118]

An der „Kameradschaft ohne Ansehen von Stand, Glaube, Rasse" hielt man an der Technischen Hochschule Hannover auch in den nächsten Jahren offiziell fest. Die Verpflichtung auf die Gleichbehandlung von Frauen, die Otto Flachsbart formuliert hatte, überdauerte die nächsten Jahre dagegen nicht. Bereits sein Nachfolger Walter Großmann verwendete den Eid anlässlich der Immatrikulation im Jahre 1951 wortgleich und entfernte nur das Wort „Geschlecht".[119] In dieser Form wurde der Schwur bis mindestens 1961 gebraucht.[120]

3.4 AM RANDE: DISPLACED PERSONS UND NS-VERFOLGTE ALS STUDIERENDE AN DER TH HANNOVER

Das Studium der Displaced Persons

Wie bereits erwähnt, existierte an der TH Hannover auf Anordnung der Briten anfangs eine Zehn-Prozent-Quote für sogenannte Displaced Persons, die im Juni 1947 auf zwei Prozent gesenkt wurde.[121] Bei den DP's handelte es sich um ehemalige ZwangsarbeiterInnen und Kriegsgefangene, die zumeist aus osteuropäischen Ländern stammten und nach 1945 in Deutschland überwiegend in Lagern lebten. In ganz Deutschland gab es unmittelbar nach dem Krieg zwischen sieben und zehn Millionen Displaced Persons.[122] Bis Dezember 1945 gelang es den Alli-

---

118 Zit. n. ebd., 41.
119 Vgl. Bericht des Rektors Prof. Dr. ing. Großmann über das Amtsjahr 1950/51, in: Jahrbuch der Technischen Hochschule Hannover 1952, Düsseldorf 1952, 11–16. Hier lautet der betreffende Passus: „Ich verpflichte Sie (...) zur Kameradschaft ohne Ansehen von Glaube, Stand und Rasse (...)." (Ebd., 16). So formulierte es auch der Eid von 1957 (vgl. Johannes Schlums, „Bericht über das Rektoratsjahr vom 1. Juli 1956 bis zum 30. Juni 1957", in: *Jahrbuch der Technischen Hochschule Hannover 1955–1958*, Braunschweig 1958, 80–87, hier 87). Gleiches gilt für die Jahre 1960 (vgl. „Bericht des Rektors Dr. ing. Egon Martyrer über sein Amtsjahr vom 1. Juli 1959 bis 30. Juni 1960", in: *Jahrbuch der Technischen Hochschule Hannover 1960–1962*, hrsg. von Rektor und Senat, Braunschweig 1962, 9–22, hier 21) und 1961 („Bericht des Rektors Prof. Dipl. ing. W. Wortmann über sein Amtsjahr vom 1. Juli 1960 bis 30. Juni 1961", in: *Jahrbuch der Technischen Hochschule Hannover 1960 – 1962*, hrsg. von Rektor und Senat, Braunschweig 1962, 28–41, hier 40). Dazwischen ist der Eid nicht in den Jahrbüchern abgedruckt worden.
120 Ebd.
121 Vgl. NHStA Nds. 423, Acc. 11/85, Nr. 17, Carter an Rektor Müller, 9.6.1947.
122 Angelika Königseder/Juliane Wetzel, *Lebensmut im Wartesaal. Die jüdischen DP's im Nachkriegsdeutschland*, Frankfurt a. M. 1994, 7; Lüning, Eigenheim-Land, 40. Zur Situation der Displaced Persons und zur DP-Politik der Alliierten und der Deutschen vgl. Mark Wyman, *DPs. Europe's Displaced Persons, 1945–1951*, 2. Ed. Ithaca 1998; Christian Pletz-

ierten trotz großer Schwierigkeiten, annähernd sechs Millionen Menschen zu repatriieren. Damit blieben ungefähr eine Million Displaced Persons übrig, die als nicht repatriierbar galten und versorgt werden mussten.[123] In Niedersachsen lebten im Jahre 1951 noch 40.495 Displaced Persons, was 0,6 Prozent der Gesamtbevölkerung ausmachte.[124] Die Lebenssituation dieser Menschen war prekär. Zusätzlich zu vielen Problemen, die sich aus der Ungewissheit ihrer Zukunft ergaben, hatten sie häufig mit der Ablehnung durch die deutsche Bevölkerung zu kämpfen.[125]

Wie angespannt die Lage in Hannover war, lässt sich an einer Diskussion des Stadtrates im September 1949 deutlich machen. Während der CDU-Abgeordnete Hummel den Displaced Persons pauschal unterstellte, sie hätten „in ihren Heimatländern zu jenen Subjekten gehört, die die Oktoberrevolution in Russland maßgeblich durchgeführt hätten"[126], schlug der KPD-Abgeordnete Hehnen in eine andere Kerbe. Er behauptete:

> „Diese sog. Verschleppten, die heute ihr Unwesen in Deutschland trieben, seien es, die Hitler unterstützt hätten; sie hätten sich dadurch an ihrem eigenen Volke vergangen. Die tatsächlichen Zwangsverschleppten hätten sofort nach der Kapitulation ihr Bündel gepackt und seien in ihre Heimat zurückgegangen (...)."[127]

Hehnen unterschied nicht zwischen den verschiedenen Gruppen von Displaced Persons[128] und verkannte, absichtlich oder nicht, die Tatsache, dass viele von ihnen keinen Ort mehr hatten, an den sie hätten zurückkehren können oder wollen. Dass Vertreter vollkommen entgegengesetzter politischer Lager aggressiv gegen die Displaced Persons polemisierten, ist ein Indiz für die Vorbehalte der Bevölkerung gegen diese Gruppe.

Sowohl Briten als auch Deutsche wollten die DP`s angesichts steigender Kosten, knapper Ressourcen und häufiger Spannungen mit der deutschen Bevölkerung zwar mittelfristig zum Verlassen des Landes bewegen. Doch um den ehemaligen Zwangsarbeitern und Gefangenen eine Zukunftsperspektive zu ermöglichen, wurde ihnen die Zulassung zu den deutschen Universitäten erleichtert. Die briti-

---

ing/Marianne Pletzing (Hg.), *Displaced Persons. Flüchtlinge aus den baltischen Staaten in Deutschland*, München 2007.
123 Ebd., 18.
124 Gisela Eckert, *Hilfs- und Rehabilitierungsmaßnahmen der West-Alliierten des Zweiten Weltkrieges für Displaced Persons (DPs). Dargestellt am Beispiel Niedersachsens 1945–1952*, Braunschweig 1995, 224.
125 Vgl. z.B. Königseder/Wetzel, Lebensmut, 135ff.
126 StAH, Niederschrift über die ordentliche Ratssitzung am 21.9.1949, 19.
127 Ebd., 20.
128 Königseder und Wetzel unterscheiden drei Gruppen von DP's, die nicht in ihre Heimatländer zurückkehrten. Zum einen waren dies ehemalige ZwangsarbeiterInnen aus Polen und der Sowjetunion, die aus politischen Gründen nicht in ihre kommunistischen Heimatländer zurück wollten. Hinzu kamen Juden, die häufig wegen des einheimischen Antisemitismus und des totalen Verlustes ihrer heimatlichen Bindungen nicht zurückkehrten und oft auf eine Auswanderung nach Palästina hofften. Die dritte Gruppe umfasste Polen, Ukrainer, Russen und Balten, die den Deutschen, u. a. in der SS, freiwillig gedient hatten (Vgl. Königseder/Wetzel, Lebensmut, 18).

schen Erziehungsoffiziere waren sich allerdings einig, man müsse darauf achten, dass Displaced Persons nicht „unnütze" Fächer wie deutsches Recht studierten.[129]

Eine Liste vom Wintersemester 1945/46 weist 33 Studierende an der Technischen Hochschule Hannover als Displaced Persons aus.[130] Im Sommersemester 1948 waren es 78.[131] Diese Studierenden wurden in der Regel mit 25 RM pro Woche unterstützt; außerdem wurde für sie ein Gebührenerlass vereinbart.[132] Diese Unterstützungsleistungen liefen Ende der vierziger Jahre schrittweise aus. Im Wintersemester 1949/50 sollten nur noch diejenigen DP-Studenten gebührenfrei studieren können und finanzielle Unterstützung erhalten, die Aussicht hatten, ihre Schlussprüfung am Ende des Wintersemesters 1949/50 abzulegen.[133] Nach dieser Regelung kamen laut dem Rektor der TH Hannover noch elf Studierende in Be-

---

129 PRO FO 1050/1233, 10. Konferenz der UCO's, Berlin, 24./25.9.1947.
130 NHStA Nds. 423, Acc. 11/85, Nr. 160, Liste der DP-Studierenden im WS 1945/46.
131 NHStA Nds. 423, Acc. 11/85, Nr. 416, Aufstellung der Studentenzahlen für das Sommersemester 1948, 24.6.1948. Im WS 1948/49 studierten 20 DP's Bauingenieurwesen, 18 Elektrotechnik, 11 Architektur, zehn Maschinenbau, acht Chemie und einer Geodäsie; es gab 13 Diplomkandidaten unter den DPs (Ebd., Aufstellung der Studentenzahlen für das WS 1948/49, 9.12.1948).
132 Vgl. NHStA Nds. 401, Acc. 112/83, Nr. 771, Schriftwechsel zwischen dem Kultusministerium und den niedersächsischen Hochschulen. 1947 wurde der Haushaltsmittelbedarf, der durch Unterstützungen und Gebührenerlasse an Displaced Persons entstand, auf 100.000 RM an der TH Hannover und auf 782.800 RM an allen niedersächsischen Universitäten und Hochschulen geschätzt. Im Monat August 1947 wurden an der THH 59 DP-Studenten mit 17.700 RM unterstützt, 12.120 RM Gebühren wurden erlassen (Ebd., Bl. 164). Die Unterstützungen wurden aus dem Notstandshaushalt der Landesregierung finanziert. Bezüglich der Gebührenerlasse legte die Militärregierung ihr Veto ein und verlangte von den Hochschulen, die daraus entstehenden finanziellen Belastungen selbst zu tragen. Man war der Ansicht, dies sei "the University's share in the difficult overall DP problems." (NHStA Nds. 401, Acc. 112/83, Nr. 770, Bl. 31, PW/DP Branch, HQ Niedersachsen, Senior Control Officer [DPs] H. A. Clinton, an das nds. Finanzministerium, 12.1.1948). Versuche des Universitäts-Kontrolloffiziers Carter, die Unterstützung für die DP's auf die Semesterferien auszudehnen, scheiterten am einhelligen Widerstand der Finanzdivision der Militärregierung und des Finanzministeriums (Vgl. NHStA Nds. 401, Acc. 112/83, Nr. 771, Bl. 103–106, Schriftwechsel zwischen Finanzministerium, Kultusministerium und Financial Division der Militärregierung, Juni/Juli 1947).
133 NHStA Nds. 401, Acc. 92/85, Nr. 375, Bl 150, handschriftlicher Vermerk des Oberregierungsrates Rilke, Kultusministerium, auf einem Schreiben der jugoslawischen Studentengruppe Göttingen, 30.11.1949. Für das WS 1949/50 wurde der finanzielle Bedarf der THH für Unterstützungen der DPs mit 12.000 DM, der Ausfall von Gebühren mit 4800 DM beziffert (Ebd., Bl. 145, Kultusministerium an Militärregierung, DP Branch, 15.11.1949). Auf ein Ende der Unterstützung der DP's hatte der niedersächsische Finanzminister schon 1948 gedrungen: „Ich bitte, der bekannt schwierigen Finanzlage des Landes Rechnung zu tragen und die Kontrollkommission veranlassen zu wollen, von ihren Anordnungen auf Gewährung gebührenfreien Studiums und Zahlung von Unterstützungen für DP-Studenten zu Lasten öffentlicher Mittel baldigst abgehen zu wollen." (Ebd., Bl. 101, Finanzministerium an Militärregierung, Financial Division, 13.11.1948).

tracht.¹³⁴ Zusätzlich wurden „sämtliche DP-Studenten daraufhin überprüft (...), ob sie sich des Vorzugs ihrer Zulassung zum Studium als würdig erwiesen haben."¹³⁵

Die Gründe der abnehmenden Bereitschaft zur Unterstützung und Förderung der DP's auf deutscher Seite waren vielfältig. Neben einer möglicherweise rassistisch oder auch durch Schuldverdrängungsbedürfnisse in Bezug auf die NS-Verbrechen motivierten Ablehnung spricht vieles dafür, dass es in Zeiten knapper Ressourcen und Studienplätze vor allem darum ging, möglichst viele davon für Deutsche, die im Land bleiben würden, zu sichern. Jene einflussreichen Diskursfragmente, die die Notwendigkeit eines raschen wirtschaftlichen und politischen „Wiedererstarkens" betonten und die angesichts der deutschen Gebietsverluste stark empfundene Dringlichkeit eines wissenschaftsgestützten Strukturwandels trugen zu dieser Prioritätensetzung bei. Zudem verlangte auch die britische Militärregierung Nachweise des akademischen Fortkommens der DP's.¹³⁶

Hochschuloffizier Carter engagierte sich allerdings besonders für die Betroffenen in seinem Zuständigkeitsbereich. Er erwirkte in einigen Fällen die Verlängerung ausgelaufener Förderungen und schrieb ausführliche Begutachtungen zur Lage einzelner Displaced Persons an seine Vorgesetzten. Durch seinen Einsatz wurden beispielsweise acht DP's weiterhin unterstützt, die promovieren wollten.¹³⁷ Carter bestärkte die DP-Studenten auch darin, sich an der Hochschule zu organisieren, allerdings so, dass eher offene Clubs mit der Möglichkeit des Austausches mit deutschen Studenten zustande kommen sollten.¹³⁸ Er hatte beobachtet, dass viele von ihnen nicht leicht Anschluss fanden:"Polish students often seem lonely (...)."¹³⁹

Carter ermunterte die DP's auch, sich der Vereinigung ausländischer Studenten anzuschließen statt weitere Einzelgruppen zu gründen. Viele taten dies – und konnten neben geselligen Zusammenkünften und dem internationalen Erfahrungsaustausch gemeinsam mit anderen ausländischen Studierenden eine wichtige hochschulpolitische Initiative zum Erfolg führen, die auch für künftige Kommilitonen von Bedeutung war. Nachdem die studentische Kammer eine Satzung verabschiedet hatte, in der nur deutsche Studierende als Mitglieder der Studentenschaft der TH Hannover definiert wurden, vertraten sie ihre Interessen und forder-

---

134 NHStA Nds. 401, Acc. 92/85, Nr. 375, Bl. 65, Rektor Flachsbart an das Kultusministerium, 10.11.1949. Es handelte sich um sieben Bauingenieure, einen Architekten und drei Maschinenbauer, alle Prüfungskandidaten.
135 NHStA Nds. 401, Acc. 92/85, Nr. 376, Bl. 77, Kultusministerium, Vermerk, 26.7.1949.
136 Vgl. z. B. NHStA Nds. 423, Acc. 11/85, Nr. 6, Schreiben Carters an die Rektoren der TH's Hannover und Braunschweig, 27.10.1948, in dem es heißt: "I should like to know, for example, if Rectors are satisfied with the work of DP students in general, and to hear if exmatriculations are necessary in certain cases."
137 NHStA Nds. 401, Acc. 92/85, Nr. 376, Bl. 8, 68, Schriftwechsel zwischen dem Rektor der THH und dem Kultusministerium, Februar/August 1949.
138 Vgl. NHStA Nds. 423, Acc. 11/85, Nr. 17, Carter an Rektor Müller, 30.5.1947: "The club should NOT work in any way which will hinder the mixing and free exchange of ideas between DP students, allied students and German students all of whom should mix and join each others clubs."
139 NHStA Nds. 423, Acc. 11/85, Nr. 18, Carter an Rektor Flachsbart, 24.11.1947.

ten, dass nicht zwischen Deutschen und Ausländern unterschieden werden dürfe.[140] Auch mit ihrem mangelnden Einfluss in der studentischen Kammer wollten sich viele ausländische Studenten und Displaced Persons nicht abfinden. Die 144 AusländerInnen und DP's argumentierten, sie hätten rein rechnerisch Anspruch auf einen Vertreter pro 30 Personen, also auf vier Sitze in der Studentenvertretung. Ausländer und DP's seien aber so ungünstig auf die Fakultäten verteilt, dass eine angemessene Repräsentation nie zustande komme; daher müsse es gesonderte Wahlen wie für die weiblichen Studierenden geben.[141] Sowohl Rektor Flachsbart als auch Universitätsoffizier Carter unterstützten die ausländischen Studierenden. Carter stellte in Gesprächen mit deutschen Vertretern des AStA und der studentischen Kammer fest, dass es Vorbehalte gegen eine Satzungsänderung gab. Er fühle sich durch die ablehnende Haltung einzelner Studentenvertreter entmutigt, sich weiterhin für den internationalen Studentenaustausch einzusetzen, schrieb er warnend an den Rektor: schließlich stehe diese im Widerspruch zum erklärten Willen der Studenten zu diesem Austausch.[142] Letztendlich gab die studentische Kammer, die eigens zur Klärung dieser Frage einen Arbeitsausschuss eingesetzt hatte, den ausländischen Studierenden recht. Fortan hieß es in der Satzung der Studentenschaft der TH Hannover: „Die Studentenschaft der Technischen Hochschule Hannover umfasst alle immatrikulierten Studenten."[143] Wie gefordert erhielten die ausländischen Studenten pro 30 Personen einen Vertreter in der Kammer.[144] Damit konnten auch die AusländerInnen und Displaced Persons unter den Studenten gleichberechtigt an der studentischen Selbstverwaltung teilhaben.

NS-Verfolgte mit deutscher Staatsangehörigkeit

Getrennt von der Situation der Displaced Persons müssen die NS-Verfolgten mit deutscher Staatsangehörigkeit betrachtet werden. 1949 galten laut einer Liste des AStA dreizehn Studenten als NS-Verfolgte.[145] Darunter waren der Widerstandskämpfer Hartmann Raschke und die Brüder Walter und Joachim von Stülpnagel, deren Vater im Zusammenhang mit dem 20. Juli von den Nationalsozialisten hin-

---

140 NHStA Nds. 423, Acc. 11/85, Nr. 419, Vereinigung der ausländischen Studenten an der TH und der Tierärztlichen Hochschule Hannover an Rektor Flachsbart, 2.7.1947. Die vorgeschlagene Satzungsänderung lautete: „Die Studentenschaft der TeHo Hannover umfaßt alle Immatrikulierten ohne Rücksicht auf Nationalität, Rasse und Konfession." Unterzeichnet war das Schreiben von Vertretern der ukrainischen, polnischen, lettischen, estnischen, litauischen und jugoslawischen Studenten.
141 Ebd.
142 NHStA Nds. 423, Acc. 11/85, Nr. 18, Carter an Rektor Flachsbart, 2.8.1947.
143 NHStA Nds. 423, Acc. 11/85, Nr. 419, AStA an Rektor Flachsbart, 20.9.1947.
144 NHStA Nds. 423, Acc. 11/85, Nr. 419, Kammer an Rektor und Senat, 17.11.1947, Entschließungen der Sitzung vom 13.11.1947.
145 NHStA Nds. 423, Acc. 11/85, Nr. 460, AStA an Rektor, 14.11.1949. Die Liste war eine Aufzählung der Personen, die sich beim Studentenwerk und beim Immatrikulationsamt als ehemalige politisch Verfolgte eingetragen hatten.

gerichtet worden war.¹⁴⁶ Fünf dieser NS-Opfer wurden durch Gebührenerlasse, Stipendien oder Mensa-Freitische gefördert.¹⁴⁷ Im Oktober 1949 betonte der Staatssekretär im Kultusministerium Rilke, dem Ministerium sei daran gelegen, Opfer der Nazis besonders zu fördern. Unlängst habe man einem jüdischen Studenten, der fünf Jahre in Konzentrationslagern verbracht habe und dessen gesamte Familie ermordet worden sei, durch Sonderzahlungen das Weiterstudium ermöglicht. Der Staatssekretär regte dazu an, ihm ähnliche Fälle zu melden. Rilke stellte allerdings klar:

> „Um keine Zweifel aufkommen zu lassen, darf ich noch einmal betonen, dass eine solche außergewöhnliche Fürsorge nicht jedem politisch verfolgten und geschädigten Studenten zugute kommen soll, sondern nur Studenten, deren persönliche und wissenschaftliche Qualifikation die besondere Berücksichtigung des ihnen angetanen schweren Unrechts zu einer besonderen Pflicht macht."¹⁴⁸

Rektor Otto Flachsbart empfahl fünf Personen für eine finanzielle Förderung. Dies waren neben Joachim von Stülpnagel, der im siebten Semester Architektur studierte und gute bis sehr gute Leistungen vorweisen konnte, die ehemaligen Zwangsarbeiter Günter H. und Hans-Günther S., beide Studenten des Maschinenbaus. Der Vater von Günter H. sei Jude und lebe von einer schmalen Rente; Hans-Günther S. sei „Mischling 1. Grades" und lebe vom Einkommen seiner Ehefrau, einer Postangestellten. Neben diesen drei, die bereits unter den von der Hochschule unterstützten Personen gewesen waren, schlug Flachsbart noch die Brüder Jürgen und Eckard O. für eine Förderung durch das Ministerium vor. Jürgen O. studierte Architektur im 8. Semester und erbrachte gute Leistungen. Eckard O. war Student der Chemie im zweiten Semester. Er hatte als Soldat wegen „parteifeindlicher Äußerungen" im Zuchthaus gesessen; der Vater der beiden Studenten war drei Jahre in Haft gewesen.¹⁴⁹

Auch in den folgenden Jahren wurden einzelne Opfer des NS-Systems dem Ministerium für eine finanzielle Förderung vorgeschlagen. Im Wintersemester 1952/53 galten noch vier Männer als politisch Verfolgte, darunter auch Eckard O.¹⁵⁰ Egon Martyrer, Professor für Maschinenelemente und bis 1945 Rektor der Technischen Hochschule Danzig¹⁵¹, überredete Rektor Walter Hensen allerdings, nur noch einen dieser Studierenden für eine finanzielle Unterstützung durch das Ministerium vorzuschlagen. Martyrer lehnte eine Förderung der anderen Männer aufgrund ihrer in seinen Augen nicht ausreichenden Leistungen ab. Eckard O. hatte seine Vorprüfung mit „genügend" bestanden, ein weiterer in Frage kommender Student musste die Hälfte der Prüfungen wiederholen. Doch Martyrer hatte noch etwas anderes im Sinn, als er dem Rektor empfahl, nur einen dieser

---

146 Ebd.
147 Ebd.
148 NHStA Nds. 423, Acc. 11/85, Nr. 460, Staatssekretär Rilke an Rektor Flachsbart, 1.10.1949.
149 NHStA Nds. 423, Acc. 11/85, Nr. 460, Rektor Flachsbart an Staatssekretär Rilke, 15.11.1949.
150 NHStA Nds. 423, Acc. 11/85, Nr. 460, Schwerdtfeger an Rektor Hensen, 16.10.1952.
151 Vgl. Horst Gerken (Hg.), *Catalogus Professorum. Festschrift zum 175-jährigen Bestehen der Universität Hannover*, Bd. 2, Hildesheim/Zürich/New York 2006, 317.

vier NS-Verfolgten für die finanzielle Unterstützung des Kultusministers zu empfehlen. Ihm sei

> „bekannt, dass das Kultusministerium die Mittel für die Unterstützung der Nazigeschädigten aus den Förderungsmitteln, die der jeweiligen Hochschule zustehen, abzweigt. Wenn wir lediglich einen Studenten aus dieser Kategorie vorzuschlagen haben, würde der Restbetrag sicherlich noch nachträglich der Hochschule für die allgemeine Förderung zugewiesen werden."[152]

Es handelte sich also um ein von finanziellen Interessen bestimmtes Taktieren Martyrers zu Ungunsten der NS-Opfer. Zudem trennte der Professor zwischen diesen und den restlichen Studierenden, für die er Fördergelder abzweigen und sie damit bevorzugen wollte. Rektor Hensen ging auf Martyrers Anregung ein und empfahl nur den Studenten Sch. – zusätzlich wies er das Ministerium noch darauf hin, dass dieser bereits „Sonderleistungen" erhalte und daher mit nicht mehr als 200 DM zu fördern sei.[153]

Die Bereitschaft der Technischen Hochschule, DP's und deutsche Opfer der Nazis gesondert zu fördern, war mit wachsendem zeitlichem Abstand zum Krieg und mit dem abnehmenden britischen Druck geringer geworden. Bei der Förderung dieser Personengruppen stand allein das Leistungsprinzip im Vordergrund. Überlebende der Konzentrationslager, ehemalige Zwangsarbeiter und Kriegsgefangene grundsätzlich nach anderen Maßstäben zu fördern als die übrigen Studenten kam weder für die Hochschulvertreter noch für das Ministerium in Frage. Einen anderen Weg wählte zum Beispiel das Land Hessen. Hier machte der Kultusminister im Juli 1948 deutlich, dass die Zulassung von Opfern der NS-Herrschaft nicht nach denselben Leistungskriterien erfolgen sollte wie bei anderen Bewerbern. Per Erlass wurde angeordnet, dass alle, die als politisch, „rassisch" oder religiös Verfolgte anerkannt seien,

> „ohne Anwendung des Punkt-Zulassungssystems oder anderer Einschränkungen zum Studium an den hessischen Universitäten und Hochschulen zugelassen werden, wenn sie im Besitze eines Reifezeugnisses oder eines anderen zum Hochschulstudium berechtigenden Zeugnisses sind."[154]

Nicht nur den Professoren der Technischen Hochschule lag das Engagement für NS-Verfolgte, das in den geschilderten Grenzen von den Zulassungsbestimmungen der Besatzungsmacht und der Landesregierung vorgesehen war, eher fern. Der hannoversche Landesbischof August Marahrens versuchte durch ein Schreiben an die Erziehungsabteilung der Militärregierung im April 1946, Einfluss auf die Aufnahmekriterien für Studierende zu nehmen. Der Bischof, der 1933 zunächst das politische Engagement von Pastoren für den NS-Staat befürwortet und ihnen dann ab 1934 „Zurückhaltung" empfohlen hatte, war gleichwohl ein entschieden antikommunistisch denkender Unterstützer des nationalsozialistischen

---

152 NHStA Nds. 423, Acc. 11/85, Nr. 460, Prof. Martyrer an Rektor Hensen, 12.11.1952.
153 NHStA Nds. 423, Acc. 11/85, Nr. 460, Rektor Hensen an das Kultusministerium, 27.11.1952.
154 Vgl. NHStA Nds. 401, Acc. 92/85, Nr. 147, Bl. 13: Erlass des hessischen Kultusministers Stein vom 8.7.1948.

Angriffskrieges gewesen.¹⁵⁵ In seinem Brief an die Briten sprach Marahrens sich 1946 sehr deutlich gegen eine Bevorzugung von NS-Verfolgten und von politisch als unbelastet eingestuften StudienbewerberInnen aus. Durch diese Bestimmungen würden viele Personen zugelassen, die „nur zufällig unbescholten"¹⁵⁶ seien und trotz fehlender wissenschaftlicher Eignung nun studieren könnten. Schließlich, so der Bischof, habe es in der NS-Zeit auch Menschen gegeben, die nicht aus politischen, sondern aus „charakterlichen Gründen"¹⁵⁷ aus der NSDAP ausgeschlossen gewesen seien:

> „Es handelt sich hier um Naturen, die für jede Gemeinschaft unerwünscht sind. (....) Jugendliche, die auf Grund körperlicher Schwächen und Fehler zum Dienst in der Jugendbewegung nicht tauglich waren. Es handelt sich hier oft um vitalschwache Naturen, die sich auch sonst im Leben nur schwer durchsetzen und behaupten können. (...) Jugendliche, die jede Gemeinschaftsbildung ablehnen. Es handelt sich hier oft um egoistische, eigenwillige und asoziale Naturen. (...) Die Bevorzugten erscheinen so betrachtet als ein zweifelhafter Gewinn für die Hochschulen und damit für die akademischen Berufe."¹⁵⁸

Marahrens übernahm in seiner Argumentation explizit Wertungen der NS-Ideologie, deren Menschenbild von ihm unkritisch weiter transportiert und damit nachträglich gerechtfertigt wurde. NS-Verfolgte, Widerstandskämpfer und Menschen, die keine Mitglieder in NS-Organisationen gewesen waren, diskreditierte der Landesbischof, indem er ihnen „charakterliche Mängel" unterstellte. Personen, die aufgrund politischer Belastungen vom Studium ausgeschlossen waren, hatten dagegen seine volle Unterstützung:

> „Vom Studium ausgeschlossen werden auf diese Weise vor allem viele Idealisten, die zwar früher überzeugte Anhänger des Nationalsozialismus gewesen sein können, aber immer nur das Gute wollten und durch die Enthüllung der wahren Verhältnisse zu überzeugten Gegnern des vergangenen Systems und damit zu besonders wertvollen Vorkämpfern einer neuen Zeit geworden sind."¹⁵⁹

Marahrens vergaß nicht, darauf hinzuweisen, dass die „Ausschaltung der Jugend" durch die Entnazifizierung deren Empfänglichkeit für „bolschewistische Bestrebungen" erhöhen werde.¹⁶⁰ Sein Versuch der Einflussnahme über die Briten ist ein

---

155 Hans Otte, „Ein Bischof im Zwielicht. August Marahrens", in: Heinrich Grosse/Hans Otte/Joachim Perels (Hg.), *Bewahren ohne Bekennen? Die hannoversche Landeskirche im Nationalsozialismus*, Hannover 1996, 179–221, hier 198ff., 208. Vgl. a. Ders., „Die hannoversche Landeskirche nach 1945: Kontinuität, Bruch und Aufbruch", in: Heinrich Grosse/Hans Otte/Joachim Perels (Hg.), *Neubeginn nach der NS-Herrschaft? Die hannoversche Landeskirche nach 1945*, Hannover 2002, 11–48, hier 41. Zur Darstellung der Geschichte der niedersächsischen Landeskirche im NS-Staat nach 1945 vgl. Joachim Perels, „Die hannoversche Landeskirche im Nationalsozialismus als Problem der Nachkriegsgeschichte", in: Grosse u.a. (Hg.), Neubeginn, 49–60, sowie Gerhard Lindemann, „Landesbischof August Marahrens (1875–1950) und die hannoversche Geschichtspolitik", in: Grosse u.a. (Hg.), Bewahren, 515–543.
156 PRO FO 1050/1296, Bischof Marahrens an die Militärregierung, Education Branch, 4.4.1946.
157 Ebd.
158 Ebd.
159 Ebd.
160 Ebd.

Beispiel für die mangelnde Bereitschaft vieler Angehöriger der deutschen Eliten, die nicht selten selbst politisch belastet waren, NS-Verfolgten Hilfe und Solidarität zu bieten. Der ehemalige Rektor der Danziger Technischen Hochschule, Egon Martyrer, befand sich mit seinem geschilderten Taktieren zu Ungunsten der NS-Opfer im Einklang mit dieser ablehnenden Stimmung.

3.5 EINE „SKEPTISCHE GENERATION"? STUDIERENDE NACH 1945 ZWISCHEN SELBSTDEUTUNGEN UND FREMDZUSCHREIBUNGEN

Unpolitisch, skeptisch, suchend? Selbst- und Fremddeutungen der Nachkriegssemester

„Wir Studenten von heute sind illusionslos; wir sind skeptisch geworden gegen die intellektuelle Arbeit."[161] So charakterisierte der Tübinger Philosophiestudent Bruno Heck 1947 die Studierenden an den deutschen Nachkriegshochschulen. In Hannover hatte man zur ersten „Konferenz der Studenten deutscher Länder" eingeladen und suchte dem weit verbreiteten Bedürfnis nach Standortbestimmung gerecht zu werden. Der „skeptische" Grundton, der wenig später mit Helmut Schelskys Zuschreibung[162] zum vermeintlichen Signum für eine ganze Jugendgeneration werden sollte, bestimmte auch die Ausführungen des Eröffnungsredners und ersten AStA-Vorsitzenden der Universität Göttingen Axel von dem Bussche. Von dem Bussche, der als ehemaliger Widerstandskämpfer bei vielen Studierenden ein hohes Ansehen genoss[163], konstatierte:

> „Es wird sich herausstellen, ob unsere schematisch erzogene, ausgerichtete Generation, d. h. die Masse der derzeitigen studierenden Jugend wirklich noch im Bereich technisch-organisatorischen Denkens befangen ist, oder ob sie der Träger einer eigenen geistigen Gedankenwelt ist."[164]

Die beiden Zitate können als Versuch einer geistigen Standortbestimmung gelesen werden, wobei von dem Bussche mehr als Heck über die anderen Vertreter seiner „Generation" spricht als über sich selbst.

---

161 NHStA Nds. 423, Acc. 11/85, Nr. 419, Konferenz der Studenten der deutschen Länder, 10.–12.10.1947 in Hannover, Redemitschriften.
162 Vgl. Schelsky, Skeptische Generation. Näheres zu Schelskys Thesen s.u.
163 Zur Person von dem Bussches vgl. Waldemar Krönig/Klaus-Dieter Müller, *Nachkriegs-Semester. Studium in Kriegs- und Nachkriegszeit*, Stuttgart 1990, 64f; Herbert Obenaus, „Geschichtsstudium und Universität nach der Katastrophe von 1945: das Beispiel Göttingen", in: Rudolph, Karsten/Wickert, Christl (Hg.), *Geschichte als Möglichkeit. Über die Chancen von Demokratie. Festschrift für Helga Grebing*, Essen 1995, 307–337, hier 317. Von dem Bussche hatte Hitler bei der Vorführung neuer Uniformen mit einer Sprengladung töten wollen (ebd.).
164 NHStA Nds. 423, Acc. 11/85, Nr. 419, Konferenz der Studenten der deutschen Länder, 10.–12.10.1947 in Hannover, Redemitschriften.

Versteht man den Begriff der „Generation" vor allem unter dem Aspekt der kollektiven Selbstwahrnehmung und -stilisierung[165], lässt sich an den studentischen Diskussionen nach Kriegsende ablesen, was diese „Studentengeneration" über sich selbst öffentlich dachte und für prägend hielt. Wenn eine Generation als konstruierte Erfahrungsgemeinschaft angenommen wird, so tritt in der Nachkriegsstudierendenschaft nicht nur aufgrund der Altersunterschiede die Vielfalt der unterschiedlichen Erfahrungen klar zutage. Während ein großer Teil der Studierenden am Krieg teilgenommen hatte, hatte eine wachsende Zahl der Studentenschaft den Nationalsozialismus nur als Kind erlebt – und war als „Hitlerjugend-Generation" besonders von ihm geprägt worden.[166] Spätestens mit Beginn der 1950er Jahre verließ der Großteil der Kriegsteilnehmer dann die Hochschulen. Weibliche Studierende hatten – ob als Erwachsene an der „Heimatfront", als Schülerinnen oder BDM-Mitglieder eigene, andere Erfahrungen im nationalsozialistischen System gemacht als ihre männlichen Kommilitonen. Flüchtlinge brachten wiederum andere Erfahrungen mit. Und diejenigen Studierenden, die als ehemalige Verfolgte des NS-Systems, als vormalige Zwangsarbeiter, als Remigranten und KZ-Überlebende an die deutschen Hochschulen kamen, sind in eine konstruierte Erfahrungsgemeinschaft der „Studentengeneration" nach 1945 erst recht nicht einzuordnen.

Berücksichtigt man die dargestellten Einschränkungen, so wird deutlich, dass das Reden der Studierenden über sich selbst von den hegemonial wirkenden Deutungsmustern einzelner Akteursgruppen bestimmt wurde. Das, was man dementsprechend als die „veröffentlichte Meinung" (Franz Böhm) der Studierenden charakterisieren kann, gilt also längst nicht für alle, lässt aber dennoch Schlüsse über dominante oder zumindest einflussreiche Deutungs- und Erzählmuster unter den Studierenden im ersten Jahrzehnt nach Kriegsende zu. Zwei Schwerpunkte werden in den beiden eingangs zitierten Aussagen deutlich: der bereits genannte „Skeptizismus", der ein Element von politischer Desillusionierung enthält und die

---

165 Das Generationskonzept wurde zunächst von Wilhelm Dilthey thematisiert und dann nach dem Ersten Weltkrieg von Karl Mannheim weiter entwickelt (Karl Mannheim, „Das Problem der Generationen", in: *Kölner Vierteljahreshefte für Soziologie, Bd. 7, 1928*). Vgl. a. Helmut Fogt, *Politische Generationen. Empirische Bedeutung und theoretisches Modell*, Opladen 1982. Im Gegensatz zum Begriff „Kohorte" geht es beim Generationenbegriff weniger um die Einheitlichkeit der Geburtsjahrgänge, als vielmehr um den Aspekt der gemeinsamen Erfahrung und der Selbstdeutung als „Generation", insbesondere infolge historischer Umbrüche wie dem Zweiten Weltkrieg. Hierzu vgl. z. B.: Gabriele Rosenthal (Hg.), *„Als der Krieg kam, hatte ich mit Hitler nichts mehr zu tun". Zur Gegenwärtigkeit des „Dritten Reiches" in Biographien*, Opladen 1990, 16 ff; Ute Daniel, *Kompendium Kulturgeschichte. Theorien, Praxis, Schlüsselwörter*, Frankfurt a. M. 2001, 330ff. Vgl. a.: Jürgen Reulecke (Hg.), *Generationalität und Lebensgeschichte im 20. Jahrhundert*, München 2003. Hier betont u. a. Ulrich Herbert das Element der „generationellen Selbststilisierung" im Hinblick auf die „politischen Generationen" im 20. Jahrhundert (Ulrich Herbert, „Drei politische Generationen im 20. Jahrhundert", in: Reulecke, Generationalität, 95–114, hier 103).
166 Rolf Schörken, *Jugend 1945. Politisches Denken und Lebensgeschichte*, Opladen 1990; Gabriele Rosenthal, *Die Hitlerjugendgeneration. Biographische Thematisierung als Vergangenheitsbewältigung*, Essen 1986.

Sorge um das Maß des Einflusses der nationalsozialistischen Erziehung auf die eigene „Generation". Das Resultat dieser Erziehung wurde von dem Jurastudenten Axel von dem Bussche vor allem als „technisch-organisatorisches" dem erwünschten eigenen „geistigen" Denken gegenübergestellt. Dies konnte besonders für Studierende technischer Fachrichtungen eine Herausforderung sein.[167]

Das „Wir", das beide Redner auf der Studentenkonferenz konstruierten, wurde in der Zeit nach 1945 nicht nur auf solchen Zusammenkünften und den Versammlungen der Studentenvertreter, sondern auch über akademische Medien thematisiert. Ob nun in überregionalen Medien wie der Göttinger bzw. Deutschen Universitätszeitung (GUZ bzw. DUZ) oder lokal in den Jahrbüchern der Technischen Hochschule Hannover, überall war ein Bedürfnis nach geistiger Standortbestimmung erkennbar, das vor dem Hintergrund des „Zusammenbruchs", wie das Kriegsende häufig genannt wurde, und der damit verbundenen individuellen Erfahrungen gelesen werden muss. Die Spanne der mit dem Ende des Nationalsozialismus verbundenen Emotionen reichte unter Jugendlichen und jungen Erwachsenen von Wut und Enttäuschung bis zu Aufbruchstimmung und Erleichterung über die Möglichkeit eines Neuanfangs.[168] In den frühen Schriften von Studierenden spielte das Kriegsende als Zäsur dementsprechend eine überragende Rolle. Die erste Ausgabe der Göttinger Universitätszeitung vom 11. Dezember 1945 machte mit einem Artikel des Jurastudenten Wolfgang Zippel auf, der schrieb:

> „Wir Studenten, die wir zum größten Teil aus dem Felde zurückgekehrt die Universität bezogen haben und enttäuscht, vielleicht auch verbittert aus dem verlorenen Krieg und den hinter uns liegenden Jahren heraustreten, sind unsicher geworden in Vielem, was bislang unserem Leben Maß und Ziel setzte. Wir wollen darangehen, zu sichten, was der schweren Probe standhielt."[169]

Diese „geistige Krise" und die damit verbundene Suche nach neuen Werten wurden häufig betont. Auch unter den hannoverschen Studierenden war dieses Kri-

---

167 Zur Technikdiskussion vgl. Kapitel 4.
168 Vgl. z. B. Schörken, Jugend 1945; Rosenthal, Hitlerjugendgeneration; Dies., „Wenn alles in Scherben fällt...". Von Leben und Sinnwelt der Kriegsgeneration, Opladen 1987, sowie Friedhelm Boll, Auf der Suche nach Demokratie: Britische und deutsche Jugendinitiativen in Niedersachsen nach 1945, Bonn 1995. Schörken schildert in seiner autobiographisch gefärbten Arbeit die Suche der „Flakhelfergeneration" (der Angehörigen der Jahrgänge 1927 bis 1929) nach neuen Leitbildern und kommt zu dem Schluß, die Jugendlichen und jungen Erwachsenen der Nachkriegsjahre hätten „mit wahrem Heißhunger" alles Neue aufgenommen (s. Schörken, Jugend, 142). Rosenthals Arbeiten bieten eine detaillierte Untersuchung autobiographischer Strategien in bezug auf die NS-Zeit. Friedhelm Boll konstatiert eine „ambivalente, ja widersprüchliche Grundbefindlichkeit der ‚jungen Generation von 1945'". Neben „Empfindungen des Trotzes, der Müdigkeit, des allgemeinen Enttäuscht- und Getäuschtwordenseins" sei eine „große, manchmal euphorische Bereitschaft für neue Orientierungen" festzustellen (Boll, Auf der Suche, 15). Ernst Friedländer bildete bereits 1947 fünf Reaktionstypen der deutschen Jugend, an die er sich in fiktiven Reden wandte. Dies waren neben den „Müden", den „Trotzenden" und den „Traditionsgebundenen" auch die „Suchenden" und die „Skrupellosen" (Ernst Friedländer, Deutsche Jugend. Fünf Reden, Darmstadt 1947).
169 F.H. Rein/Wolfgang Zippel, „Zum Geleit", in: GUZ Nr. 1, 11.12.1945, 1.

senbewusstsein weit verbreitet. Ein angehender Architekt schrieb im Jahrbuch der TH von 1950:

> „Jeder (sic) Kern, der einmal die geistige und dem Leben Gehalt und Sinn verleihende Sphäre des Menschen kennzeichnete, liegt noch zertrümmert da (...) Alle Kerne – Ideen, Weltanschauungen u. dergl. – haben der Belastungsprobe der jüngsten Vergangenheit nicht standgehalten und sind (...) als Täuschungen erkannt worden, so dass ein Vakuum eingetreten ist, das danach drängt, wieder gefüllt zu werden."[170]

Man porträtierte sich selbst häufig als eine durch die Handlungen der Älteren verführte und beschädigte Generation, die, getäuscht und zu Recht misstrauisch geworden, hart arbeitend auf der Suche nach „ehrlichen" neuen Werten war.

Aspekte der „Skepsis" und des „Suchens" tauchen auch in vielen auf die Studierenden bezogenen Fremdzuschreibungen auf. Als äußeres Echo und Resonanzelement konnten sie das Selbstverständnis einer Altersgruppe bzw. ihrer Meinungsführer als „Erfahrungsgemeinschaft" und „Generation" mit prägen. Auch für die Älteren hatten Beschreibungen dessen, was „die Jugend" und damit auch „die Studierenden" vermeintlich auszeichnete, eine selbstdefinitorische Funktion. Jürgen Reulecke weist darauf hin, dass „die Jugend" auch in der deutschen Nachkriegsgesellschaft das war, was sie fast durchweg in der jüngeren deutschen Geschichte gewesen sei:

> „[E]in Objekt, an dem sich die gesellschaftliche Selbstvergewisserung und Sinnstiftung abarbeitete und in das vieles an Erwartungen und Ängsten der älteren Generation mit entsprechenden Zumutungen hineinprojiziert wurde."[171]

Als einflussreiche Zuschreibung von außen ist hier die bereits erwähnte, 1957 erstmals erschienene Studie Helmut Schelskys zu nennen, in der auch die Studierenden in die Diagnose von der „skeptischen Generation" einbezogen waren. Die Jugendlichen und jungen Erwachsenen beschrieb Schelsky als politisch desinteressiert bis pragmatisch, sowie familien-, berufs- und aufstiegsorientiert.[172] Im Mittelpunkt des Lebens hätten für sie nach 1945 vor allem „die eigene Familie, die Berufsausbildung und das berufliche Fortkommen, die Meisterung des Alltags"[173] gestanden. Der politische „Skeptizismus" der „Jugend" sei eine Absage an politische Romantik. Die junge Generation und damit auch die Studierenden seien „bestimmt durch einen geschärften Wirklichkeitssinn und ein unerbittliches Realitätsverlangen"[174], wie der Soziologe Schelsky positiv wertend schrieb. Seine

---

170 Hans Ulrich Hartmann, „Zeit der Entscheidung", in: *Jahrbuch der Technischen Hochschule Hannover 1950/51*, hrsg. von Rektor und Senat, Düsseldorf 1951, 55–56, hier 55.
171 Jürgen Reulecke, „ ‚Laßt der Jugend Zeit!' Jugend und Jugendpolitik nach 1945", in: Ders., *„Ich möchte einer werden so wie die..." Männerbünde im 20. Jahrhundert*, Frankfurt a. M./New York 2001, 195–213, hier 213.
172 Schelsky, Skeptische Generation, 86. Zur Familienorientierung bes. 130f.
173 Ebd. Ein Anzeichen hierfür war Schelsky zufolge auch ein zweckorientiertes Verhältnis zu Bildung und besonders zur Schule. Letzteres sah er charakterisiert durch eine „mit einer kritisch-objektiven Distanzierungsfähigkeit verbundene zweckbewußte Bejahung des Schulbesuchs durch den heutigen Oberschüler." (Ebd., 304f.).
174 Ebd., 88.

These, die „unpolitische" Einstellung der Studierenden sei vor allem auf die Enttäuschung über totale „Planungssysteme"[175] und ihre Folgen zurück zu führen, war vor dem Hintergrund einer vereinfacht totalitarismustheoretischen Konzeption positiv gerichtet. Für Schelsky waren, entsprechend diesem wirkungsmächtigen Konzept, die „Ismen" als „soziale Planungsforderungen"[176] historisch erledigt; der „Glaube"[177] der Jugend an sie und ihre grundsätzliche „politische Glaubensbereitschaft"[178] seien erschüttert. Die „Ismen" hätten alle „den Glauben an eine durch planmäßige Eingriffe endgültig zu ordnende und zu harmonisierende Welt" vermittelt: „Kommunismus, Nationalismus, Sozialismus, Konservativismus usw. und jegliche Form ihrer Kombination, von der ja dann der Nationalsozialismus die aufdringlichste wurde".[179] Bedeutsam ist hier nicht nur, dass Schelsky durch die deutliche Verwendung eines (vereinfachten) totalitarismustheoretischen Ansatzes das Spezifische am Nationalsozialismus analytisch zum Verschwinden bringt, sondern auch, dass er sämtliche anfangs genannten politischen Ideen als „intellektualistische Ordnungsbilder"[180] charakterisiert. Die Jugend erteilt in seiner Darstellung somit nicht nur politischen Ideologien, sondern implizit politischen Ideen an sich und „intellektualistischem" Denken eine Absage. Affirmiert wird das sogenannte „Pragmatische" und „Unpolitische". Dies geschieht nicht zuletzt auch dadurch, dass Schelsky auf der Grundlage eines idealtypischen Modells verschiedener „Generationsgestalten"[181] die Jugend der Weimarer Republik und des Nationalsozialismus als „politische Jugend"[182] charakterisiert und somit den Begriff des Politischen an sich tendenziell in die Nähe der von ihm so genannten „aufdringlichste[n]"[183] Ideologie rückt.[184]

---

175 Ebd., 75.
176 Ebd.
177 Ebd.
178 Ebd., 85.
179 Ebd., 75.
180 Ebd.
181 Ebd., 57.
182 Ebd., 66f. Schelsky unterschied die „Generation der Jugendbewegung", die seit Anfang des 20. Jahrhunderts aufgetreten sei, die „politische Generation" seit Anfang der 20er Jahre und die „skeptische Generation" nach 1945.
183 Ebd., 75.
184 Zur Kritik an Schelskys Konzept u. a. Herbert, Generationen, 102ff., sowie Boll, Auf der Suche, 13f. Herbert betont, dass Schelsky die vermeintlich unpolitische „Skepsis" der jungen Generation positiv interpretiert. Boll plädiert dafür, die Mentalität und die Handlungen der Jugendlichen und jungen Erwachsenen nach 1945 genauer zu untersuchen und nicht auf einige wenige hervorstechende Merkmale zu reduzieren. Zur Kritik an Schelsky vgl. a. Michael Buckmiller, „Die ‚skeptische Generation' – eine kritische Nachbemerkung", in: Ders./Joachim Perels (Hg.), *Opposition als Triebkraft der Demokratie. Bilanz und Perspektiven der zweiten Republik*, Hannover 1998, 13–26. Buckmiller betont, die Diagnose der „skeptischen Generation" habe dieser nicht zuletzt eine „enorme Entlastung" von der intensiven politischen Auseinandersetzung mit der NS-Vergangenheit angeboten (vgl. ebd., 20). Die Zukunftsprognose Schelskys, die von ihm porträtierte Generation werde politisch nie revolutionär oder leidenschaftlich agieren, sondern stattdessen die Demokratie „geräuschlos" verteidigen, bezeichnet Buckmiller als „zynisch ins Gegenteil pervertierte Funktionsbestimmung eines mo-

Helmut Schelskys Studie über die „skeptische Generation", wurde nachträgliche Namensgeberin all jener Akzentsetzungen, die bereits von Anfang an die Diagnosen von Hochschullehrern, Regierungsvertretern, Publizisten und auch Vertretern der Besatzungsmächte bestimmten und, je nach eigenem politischen Standort, Anlass zu Warnungen oder zu positiven Kommentaren boten. Viele äusserten Verständnis für die vermeintliche Distanz der Jungen zu politischem Handeln. Wilhelm Treue, der später als Historiker an der Technischen Hochschule Hannover lehrte und das Historische Seminar mit aufbaute, betonte die Fremdbestimmung und Indoktrination in der Zeit des Nationalsozialismus, als er 1946 um Verständnis für die Studierenden warb:

> „Diese Menschen sind (...) so einseitig wie nur möglich erzogen, unterrichtet und belehrt worden. Ist es da richtig vorauszusetzen, daß sie von heute auf morgen aus einem Soldaten-,Nazi' zu einem Nazifresser werden? (...) Soll man gleich Umpolitisierung fordern? Sollte man nicht im ersten und bei vielen Menschen auch im letzten Stadium mit der Entpolitisierung zufrieden sein?"[185]

Der Soziologe Alfred Weber beschrieb die Studenten als „sehr abgekühlt, sehr nüchtern, sehr skeptisch (...) zurückgekommen".[186] Das Wort „zurückgekommen" betonte die Relevanz des Kriegserlebnisses für die Einstellung der Studierenden, in der Weber sie bestärken wollte: „Ich halte den Standpunkt skeptischer Nüchternheit für fruchtbar, für einen gesunden Ausgangspunkt jeder studentischen Beschäftigung mit Politik."[187] Die studentische Jugend habe schließlich nicht die Tendenz zur „Voreiligkeit der Zwischenkriegszeit"[188], behauptete Weber und dokumentierte so, wie entscheidend die Sicht auf die Jugend und ihr Verhalten in der Weimarer Zeit für die Einschätzung der „jungen Generation" nach 1945 sein konnte. Die Interpretation der politischen Radikalisierung in der Weimarer Republik als Phänomen der Jugend kam später auch bei Schelsky deutlich zum Tragen, wenn er gerade die Nicht-Existenz politischer Bewegungen in der jungen Generation nach 1945 für eine positive Weiterentwicklung hielt und sie der „politischen Jugend" der Weimarer Zeit positiv gegenüber stellte.[189]

An diesen zeitgenössischen Stimmen der Älteren wird deutlich, dass eigene Erfahrungen, Ängste, Wünsche und Interessen auf die „Jugend" projiziert wurden. Die These, politische Radikalität und „Voreiligkeit" (Alfred Weber) hätten die Jugendlichen zum Nationalsozialismus gebracht, konnte daneben auch für politische Interessen, insbesondere für den Antikommunismus, fruchtbar gemacht werden. So war es im Rahmen einer vereinfacht totalitarismustheoretischen Rhetorik

---

dernen demokratischen Gemeinwesens als einer rein privaten Angelegenheit, wo die angeblich skeptische Haltung der angepassten Bürger sich offenbar nur noch auf eine ‚geräuschlose Öffentlichkeit', d. h. auf ein Nichts beziehen könnte." (Vgl. ebd., 26).
185 Wilhelm Treue, „Umpolitisierung oder Entpolitisierung?" In: GUZ Nr. 3, 10.1.1946, S 7–8, hier 7f.
186 Zit. n. Krönig/Müller, Nachkriegs-Semester, 65. Es handelte sich um eine Rede Webers vor dem ersten Studententag der US-Zone in Heidelberg im Frühjahr 1947.
187 Zit. n. ebd., 66.
188 Zit. n. ebd., 65f.
189 Schelsky, Skeptische Generation, 66ff., 75ff.

nicht schwer, die zeitgenössischen Studierenden, die häufig engagiert Kritik am Stalinismus übten, gegen den Kommunismus an sich als ebenfalls radikalem politischen Experiment einzuschwören.

Nicht nur die deutschen Akteure beschäftigten sich nach 1945 mit den Studierenden und ihrer politischen Haltung. Die britische Besatzungsmacht beobachtete die Entwicklung ebenfalls sehr genau. Internationale Begegnungen, die als Mittel der „re-education" von den Alliierten gefördert wurden, boten reichlich Gelegenheit dazu. Ein Bericht über die Internationale Studentenkonferenz, die zum Jahreswechsel 1946/47 in Münster stattfand, zeigt, wie differenziert viele britische Beobachter die Situation der deutschen Studierenden betrachteten:

> "The conference showed there exists among the student body nationalism, apathy, a sense of frustration and hopelessness, an ignorance of events outside Germany and the usual tendency towards 'abstractism' rather than objective, constructive thought. On the other hand, the conference showed there is a real desire among those students present to understand the past in all its implications, to renounce those things which have resulted in the present situation and to begin something new. Apathy and enthusiasm for democratic reconstruction right side by side."[190]

Der hier erwähnte Nationalismus unter deutschen Studierenden war zu diesem Zeitpunkt Gegenstand von Sorge und öffentlicher Kritik.[191] Der DGB-Vorstand Niedersachsen machte etwa bei der Mehrheit der westdeutschen Studierenden „antidemokratische Einstellung[en]" sowie „übersteigerten Nationalismus"[192] aus und auch die englische Presse kritisierte die politische Orientierung der Studie-

---

190 PRO FO 1050/1233, Konferenz der britischen Universitäts-Kontrolloffiziere, Berlin, 24./25.3.1947. Anhang zum Protokoll: Report on the International Students' Conference, Münster 31.12.1946–6.1.1947.
191 So zitierte die Frankfurter Rundschau 1946 die Einschätzung eines Göttinger Studenten, 20 Prozent der Göttinger Studierenden seien „reine Nazis". Aus Göttingen und anderen westdeutschen Universitäten wurden Unmutsäußerungen gegen Vortragende, die den Nationalsozialismus kritisierten, berichtet; auch wurde in den ersten Semestern nach dem Krieg unter studierenden ehemaligen Offizieren ein „aufgeblasener Offiziersdünkel" beobachtet. Vgl. Maaß, TH Braunschweig, 23ff. Vgl. a. die öffentlichen Reaktionen auf nationalistische Äußerungen Göttinger Studenten, z. B. Neuer Hannoverscher Kurier vom 30.11.1945: „Der Kurier bemerkt: Universitäten". Der Einschätzung von Rainer Maaß zufolge bildeten die rechtsradikalen Studierenden eine Minderheit, deren Einfluss mit der Zeit immer weiter abnahm (Maaß, Studenten, 27).
192 Vgl. NHStA Nds. 401, Acc. 92/85, Nr. 147, Bl. 167: DGB-Bezirksvorstand Niedersachsen, Stellungnahme der Gewerkschaften zur Umgestaltung der Zulassungsausschüsse an den Universitäten: „Wir sind uns bewusst, dass es sich hier nicht nur um die Universität Göttingen handelt, sondern dass die Entwicklung im wesentlichen an allen Universitäten die gleiche ist. Die Gewerkschaftsbewegung hat – im Hinblick auf die jüngste Vergangenheit – besonders schwerwiegende Gründe, ihr Augenmerk auf diese Entwicklung des Hochschullebens zu richten. (....) Wir erwarten von der Studentenschaft 1. eine demokratische Gesinnung, ferner Schluss zu machen mit de[m] Chauvinismus und endgültig mit der Nazi-Ideologie zu brechen verbunden mit einer Bereitschaft am Neuaufbau Deutschlands aktiv und positiv mitzuwirken; 2. die soziale Struktur der Universität zu ändern".

renden – wenngleich man hier besonderes Augenmerk auf den Einfluss „ultra recht[er]" Professoren legte.[193]

Explizite Hinweise auf Rechtsradikalismus unter den Studierenden der TH Hannover finden sich nur vereinzelt. Vermutlich von 1947 stammt eine Notiz des Kultusministeriums über einen Vorfall, den Studierende dem Minister berichtet hatten:

> „Nach der Beendigung des Nürnberger Prozesses kursierte in einem Kreise von Studenten ein Schreiben mit den letzten Erklärungen einzelner Angeklagter, und dieses geschah ganz offensichtlich zu Verherrlichung eben dieser Verurteilten. Ein Student erfreut sich der Verachtung einiger Kommilitonen, weil er heftig protestierte, als diese im Verlaufe eines politischen Gespräches für die Vergasung auch noch der überlebenden ‚Lumpen aus dem KZ' eintraten."[194]

Daneben sei „der Fall eingetreten, dass Ankündigungen von Ausstellungen moderner Maler mit unflätigen Bemerkungen verschmiert wurden, und wer es wagt, sachlich und nüchtern über die moderne Malerei zu sprechen, setzt sich der Gefahr aus, unter den Tisch zu fallen."[195] Als die Hannoversche Presse im Dezember 1947 berichtete, dass die Deutsche Rechtspartei (DRP) deutsche Studenten anwerben wolle und daher zu befürchten sei, dass die Universitäten „wieder Festungen der Reaktion zu werden drohen"[196], wies die Studentische Kammer der TH Hannover diese Einschätzung zurück; sie entbehre „jeder Grundlage".[197]

In der zitierten Stellungnahme der Hochschuloffiziere von 1947 wurde neben nationalistischen Tendenzen und neben einer gewissen Apathie und Hoffnungslosigkeit auch ein Interesse vieler Studierender an der Mitgestaltung eines neuen demokratischen Gemeinwesens ausgemacht. Die Besatzungsvertreter hoben jedoch auch das Misstrauen und die Skepsis der jungen Akademiker gegenüber politischen Diskussionen hervor:

> "The German student does not want to be talked down to: he is suspicious both of Mil. Gov. and his fellow countrymen, including his seniors, who talk politics."[198]

Der erste Göttinger Universitätsoffizier Sutton formulierte mit Sympathie für die Studierenden:

> "In the main, the surprising thing about the students is not the numbers which are hostile, but the very large numbers, both men and women, which (though they may not know how to go about it) definitely want to play their part in building a decent and peacable new Reich."[199]

---

193 Vgl. GStA PK, VI. HA, Nachlass Adolf Grimme, Nr. 774, „Gefährliche Universitäten", Tribune vom 3.10.1947 (übersetzter Text).
194 GStA PK, VI. HA, Familienarchive und Nachlässe, Nachlass Adolf Grimme, Nr. 774, Bericht über die Haltung der Studenten an der Technischen Hochschule Hannover, undatiert, vermutlich 1947.
195 Ebd.
196 „Wieder Freikorpsgeist und Fememorde? Deutsche Rechtspartei will Studenten an den Hitler-Eid binden", HP vom 4.12.1947.
197 „Freikorpsgeist und Fememorde?", HP vom 11.12.1947.
198 PRO FO 1050/1233, Konferenz der britischen Universitäts-Kontrolloffiziere, Berlin, 24./25.3.1947. Anhang zum Protokoll: Report on the International Students' Conference, Münster 31.12.1946–6.1.1947.

Eine gewisse emotionale und spirituelle Leere gelte es schnell auszufüllen, so Sutton: "It is scarcely an exaggeration to say that the most urgent task is to find people to give the students an aim and an object."[200]

Viele Briten waren gerade angesichts der elitären Rekrutierungsformen, der rechtsradikalen Vorfälle an einigen Universitäten und des hohen Anteils an Offizieren in den ersten Nachkriegssemestern misstrauisch. Festgestellt werden kann aber – gerade unter den jungen Universitäts-Kontrolloffizieren, die häufig selbst als Studierende deutsche Universitäten besucht hatten – ein ernsthaftes Bemühen, die Studierenden zu verstehen und zu unterstützen. Je größer der Erfolg dieser Bemühungen sein würde, desto stabiler und als Bündnispartner verlässlicher würde Westdeutschland sein.

„Gesellschaftliche Verantwortung": Politische Appelle an die „unpolitischen Studenten"

Der Diskurs „Studenten und Politik" wurde nicht allein aus Selbstdarstellungen, Analysen und Zustandsbeschreibungen von außen konstituiert. Die Betonung der angeblichen politischen Abstinenz der Studierenden nach 1945 und ihre weit gehend positive Interpretation bedeuteten nicht, dass sie als Träger künftiger Führungspositionen nicht ganz konkreten Politisierungsversuchen ausgesetzt waren. Offene und weniger offene politische und gesellschaftliche Funktionszuschreibungen wurden an die zukünftige „Elite" gerichtet.

Der Rektor der Technischen Hochschule Hannover Otto Flachbart sprach im August 1947 zu den neu immatrikulierten Studierenden und appellierte an sie als Träger gesellschaftlicher Verantwortung:

> „Führen Sie Ihr Studium so, dass Sie (...) vor dem Urteil der Geschichte bestehen können. Denn in Ihnen wächst ein Gutteil kommender Geschichte. Sie sind berufen, schon in kurzer Zeit in führende Stellungen einzurücken. Wo Sie dann auch stehen mögen, nirgends wird es sich um Technik, Naturwissenschaft oder Verwaltung als Selbstzweck handeln, überall geht es um den Menschen, um das Wohl der Menschheit. Machen Sie sich klar, dass Sie sich für soziale Aufgaben im weitesten Sinne vorbereiten. Sie werden Ihre Aufgabe nur erfüllen können, wenn Sie in der Lage sind, fachliches Können im Bewußtsein sittlicher Verantwortung einzusetzen. Denken Sie daran, dass es auf jeden einzelnen von Ihnen ankommt, wenn es gelingen soll, Frieden und Wohlstand in diese Welt zu bringen."[201]

In Flachsbarts Appell kam ein hoher moralischer Anspruch zum Ausdruck, der einerseits von der Vorstellung einer das „Wohl der Menschheit" bestimmenden Elite geprägt war, andererseits aber auch von dem Konzept einer sozialen Verantwortung der Adressaten. Otto Flachbart war selbst unter den Nationalsozialisten aus dem Amt gejagt worden.[202] Seine eigene biographische Erfahrung hatte

---

199 PRO FO 1050/1372, Report No. 1, UCO Göttingen, Sutton, 31.10.1945.
200 Ebd.
201 NHStA Nds. 423, Acc. 11/85, Nr. 427, Otto Flachsbart, Rede bei der feierlichen Immatrikulation zum Sommersemester 1947, 15.8.1947, 4f.
202 Vgl. Kapitel 1.

Einfluss auf seine Erwartungen an die Studierenden. Die jungen Akademiker sollten sich nicht nur des Privilegs bewusst sein, das sie angesichts knapper Studienplätze erworben hatten, sondern ihre Tätigkeit daran messen, ob sie zur Schaffung von „Frieden und Wohlstand" dienen könne – ein Anspruch, der auch als Aufforderung gelesen werden konnte, gerade nicht politisch desinteressiert zu sein. In eine ähnliche Richtung zielte beispielsweise eine Immatrikulationsrede des Rektors der Mainzer Universität Johannes Schmid, der ebenfalls an die soziale Verantwortung als Teil der „Mission des Akademikers"[203] appellierte:

> „Es gilt die Gleichgültigkeit gegen die Nöte der Gemeinschaft zu überwinden und mitzuhelfen, die zerrissene Welt aus dem Geiste der Menschlichkeit und der Demut der Brüderlichkeit neu aufzubauen. [...] Es geht um die Verantwortung und um die Gemeinschaft mit allen Menschen und Völkern. Und es ist unsere, ja die akademische Verpflichtung überhaupt, zu helfen, die durch Krieg, Politik, Haß und soziale Ungerechtigkeit getrennten Menschen miteinander zu vereinen und die Bande mit anderen Völkern wieder herzustellen. Wir alle, und gerade Sie, meine jungen Akademiker, müssen in diesem Sinne zu Aposteln aufbauender, versöhnender und verbindender Kräfte werden. Das ist Ihre große menschliche Aufgabe. Sie verlangt Auseinandersetzung mit der Welt, mit Politik, Wirtschaft, sozialem Leben, Wissenschaft, Kultur und Religion."[204]

Mit dem Pathos moralischen Sendungsbewusstseins schrieb Schmid den neu eingeschriebenen Studierenden eine zentrale Rolle beim Wiederaufbau einer Welt zu, die durch „Haß", „Krieg" und „Politik" zerrissen sei. Der essentialistische Sprachgebrauch steht für einen Umgang mit der NS-Vergangenheit, der sie in allgemeine, negativ konnotierte und „katastrophische"[205] Begriffe kleidet und so um die konkrete Definition politischer Verantwortung und der Ursachen des Krieges herumkommt. Der Appell Schmids an christliche Werte („Menschlichkeit und Demut") steht für den Rückgriff auf vermeintlich unbeschädigte „christlich-abendländische" Werte, in dem für viele Konservative die Lösung der „Gegenwartskrise" nach Kriegsende lag. Axel Schildt analysiert diesen westdeutschen Nachkriegsdiskurs als von „theologisierenden und metaphysischen Interpretationsmustern eindeutig dominiert"[206]; er sei das „Medium für die Revitalisierung eines christlich geprägten Konservatismus" gewesen, „der sich allmählich zum entlastenden Widerpart des alliierten re-education-Ansatzes entwickelte"[207]. Dieser Rückgriff ermöglichte es, für einen „neuen Anfang" zu sein, ohne die Auffassungen der Besatzungsmächte im Einzelnen teilen zu müssen. Vor allem junge Menschen sollten in diesen selbstdefinitorischen Elitendiskurs eingebunden werden:

---

203 Josef Schmid, *Die Mission des Akademikers*, Mainz 1947.
204 Ebd., 17.
205 Ralph Boch, *Exponenten des „akademischen Deutschland" in der Zeit des Umbruchs: Studien zu den Universitätsrektoren der Jahre 1945 bis 1950*, Marburg 2004, 289.
206 Schildt, Konservatismus, 215. Vgl. zu diesem Zusammenhang auch Hermand, Kultur, bes. 77ff., 228ff.; Eike Wolgast, *Die Wahrnehmung des Dritten Reiches in der unmittelbaren Nachkriegszeit (1945/46)*, Heidelberg 2001, bes. 65ff., 126ff., 208ff. u. 285ff.
207 Schildt, Konservatismus, 215.

> „Was wir jetzt und heute brauchen, das ist eine Jugend mit gediegener Bildung und reiner Seele, eine Jugend voll tatenfroher Begeisterung, eine Jugend, die den Schwachen und Schwankenden Halt zu geben vermag. Wir brauchen Menschen, die Vorbild und Wegweiser sind, zu sich selbst und einem allgemeinen Menschentum. Nur wer diese Mission in sich fühlt und sich als Vorbild bereitet, Helfer zu sein – und sei es auch im kleinsten Kreise – ist in Zukunft wert, Akademiker zu heißen."[208]

Sowohl Otto Flachsbart als auch Josef Schmid appellierten an das Bedürfnis der Studierenden nach Identifikation und Orientierung. Dies geschah nicht mehr mit einem volksgemeinschaftlich-nationalistischen Pathos, sondern im Ton eines religiös legitimierten universalistischen und elitären Sendungsbewusstseins. Der internationale Bezug diente, verbunden mit den inkonkreten Verweisen auf den Krieg, nicht zuletzt dazu, Unterschiede zwischen Deutschland als Aggressor und den anderen am Zweiten Weltkrieg beteiligten Nationen rhetorisch einzuebnen. So sollte der Weg für neue positive Identifikationen frei sein: Wissenschaft und Technik würden dazu beitragen können, „das gepeinigte und zerfleischte Europa"[209] zu befrieden, hoffte Otto Flachsbart.

Adolf Grimme, der spätere sozialdemokratische Kultusminister Niedersachsens, betonte im Dezember 1945 noch einen weiteren Aspekt, der deutlich zeigt, wie stark der Einfluss konservativer Kulturkritik an der „Massengesellschaft" quer durch alle politischen Lager ging.[210] Der „Vermassung" der Studierenden wollte Grimme entgegenwirken und die Studierenden zum Kampf gegen die „allgemeine Entgeistung der Welt" aufrufen. Aufgabe des Studenten sei eine „Persönlichkeitsgestaltung", die darin bestehe

> „daß er selbst die Augen aufmacht, auf keines Meisters Worte schwört, am wenigsten auf die irgend eines Demagogen, und daß er so heraustritt aus dem Kollektivdenken irgend einer Gruppe oder Klasse. Sonst bleibt er einfach Masse."[211]

Ein Aufruf zur Mündigkeit also, der dennoch auch bei dem Sozialdemokraten Grimme Spuren eines Kulturpessimismus erkennen lässt, für den der Nationalsozialismus nicht zuletzt ein Resultat der „Massengesellschaft" und auch der Säkularisierung war.[212]

In einer Gesellschaft, in der die Vertreter fast aller sozialen Gruppen vor allem in der internationalen Wahrnehmung politisch diskreditiert waren, wurde es als besonders dringlich angesehen, durch eine positive Außenwirkung der jüngeren Generation, zu deren weitgehender politischer Amnestierung die Besatzungsmächte sich auch formal bereit gefunden hatten, diskursive Legitimationsgewinne für die deutsche Bevölkerung insgesamt zu erzielen. Otto Flachsbart rief den Stu-

---

208 Schmid, Mission, 18.
209 NHStA Nds. 423, Acc. 11/85, Nr. 427, Otto Flachsbart, Rede bei der feierlichen Immatrikulation zum Sommersemester 1947, 15.8.1947, 5.
210 Zum Einfluss konservativer Kulturkritik und ihrer langsamen Marginalisierung im Zuge einer „Deradikalisierung" des deutschen Konservatismus vgl. Nolte, Ordnung, 286ff.
211 Adolf Grimme, „Was heißt Student sein heute? Die doppelte Verpflichtung des Studenten", in: *GUZ Nr. 2, 24.12.1945*, 2–5, hier 2.
212 Zur zeitgenössischen Diskussion um den Begriff „Masse" vgl. z.B. Nolte, Ordnung, 273ff., Hermand, Kultur, 251ff., Schildt, Konservatismus, 217, sowie Kapitel 4.

denten zu, sie könnten helfen „Reste von Mißverstehen zu beseitigen und Brücken zu schlagen".[213] Der Freiburger Prorektor Franz Büchner gab den Studenten bei der Jahresfeier der Universität am 1. Juni 1946 als Auftrag die Hebung des deutschen Ansehens mit auf den Weg, den er mit einer lediglich relativen Distanzierung zum Nationalsozialismus verband:

> „Wir erwarten keine Wunder von Ihnen. Aber wir erwarten voller Zuversicht, daß Sie mit Ihren jungen Kräften ein reineres, maßvolleres und edleres Bild des jungen Deutschen aus sich heraus entwickeln, als es in der Zeit des Nationalsozialismus im Vordergrund der Wertung stand."[214]

Die gesellschaftspolitischen Appelle an die Studierenden als Mitglieder neuer Eliten sind in den vorgenannten Beispielen noch eher indirekter, allgemeiner Natur und beziehen sich auf eine politische Situation, in der es noch keinen souveränen westdeutschen Staat gab und in der es vielen Akteuren vor allem darauf ankam, zumindest Teile des Selbst- und Fremdbildes vom „Kulturvolk" zu retten und die Wiederaufnahme Deutschlands in die „Völkerfamilie" vorzubereiten.

Die Konsolidierung der politischen Situation Deutschlands und vor allem der Kalte Krieg machten es jedoch möglich, auch direktere politische Funktionszuschreibungen vorzunehmen. Rektor Hans Schönfeld wies den Studierenden auf dem Festkommers zur 125-Jahrfeier der Technischen Hochschule im Juni 1956 die Rolle zu, „die Zukunft unseres Vaterlandes richtig zu gestalten" und „die große Tradition der europäisch-christlichen Kultur auch in Zukunft [zu] wahren und [zu] erhalten".[215] Was Schönfeld für die „richtige" Gestaltung der deutschen Zukunft hielt, ließ er zwar offen. Die Forderung, die „europäisch-christliche" Kultur zu erhalten, stellt aber vor dem Hintergrund des Kalten Krieges eine politische Festlegung auf die Abgrenzung vom Sowjetkommunismus dar.

Im Kontext des Kalten Krieges standen manchmal noch unverhülltere politische Werbungsversuche auf der Tagesordnung. Ein Beispiel für eine besonders offensive rhetorische Indienstnahme der Studierenden durch politische Interessenvertreter war die Ansprache des Bundesinnenministers Robert Lehr (CDU), der als Vorsitzender des Universitätsbundes Marburg anlässlich des 424. Gründungstages der dortigen Universität im Juni 1951 verkündete, die „akademische Jugend" müsse sich am Kampf gegen die „Ideologie des asiatischen Kollektivismus" beteiligen.[216] Diese habe zum „Großangriff auf unsere staatliche Ordnung ausgeholt": Den mit „Unterminierungs- und Aushöhlungsarbeit" beschäftigten „asiatischen Gegnern" sei schließlich ebenfalls klar, „daß derjenige, der über das europäische Potential verfügt, damit der Herr der Welt ist. So will man [....] uns

---

213 NHStA Nds. 423, Acc. 11/85, Nr. 427, Otto Flachsbart, Rede bei der feierlichen Immatrikulation zum Sommersemester 1947, 15.8.1947, 5.
214 Franz Büchner, *An die Studenten. Ansprache des Prorektors bei der Jahresfeier der Universität Freiburg am 1. Juni 1946*, Freiburg i. Br. 1946, 14.
215 Der Festkommers am 29. Juni, in: Jahrbuch 1955–1958, 33.
216 NHStA Nds. 423, Acc. 11/85, Nr. 411, Ansprache des Bundesinnenministers Dr. Dr. h.c. Robert Lehr, anlässlich des 424. Gründungstages der Universität Marburg am 10.6.1951.

das Wertvollste entfremden, was wir besitzen, unsere Jugend."[217] Jeder Studierende müsse „an seiner Stelle, wohin ihn das Leben gestellt hat" gegen die „fortschreitende Vermassung" kämpfen. Die Alternativen lägen dabei klar auf der Hand: „kollektive Tyrannei" auf der einen und die „Erhaltung und Fortführung abendländischer Kultur und abendländischen Geistes" auf der anderen Seite.[218] In dieser Frontrhetorik des Kalten Krieges war für Lehr der Platz der Studierenden klar: strikt antikommunistisch und ausgestattet mit den Tugenden der „abendländischen Kultur" hatten sie als zukünftige Elite „das von den vorangegangenen Generationen überkommene Kulturerbe zu erhalten" und „im studentischen Gemeinschaftsleben das Vorbild des Dienstes in der größeren Gemeinschaft in Volk und Staat"[219] zu entwickeln. Der Bundesinnenminister schrieb den Studierenden als Teil der künftigen bundesdeutschen Eliten also eine führende Funktion als Vertreter eines aggressiven Antikommunismus und als Träger eines konservativ-elitistischen Staats- und Gesellschaftsbildes zu.

Alle zitierten Redner sprachen die Studierenden als eine künftige Elite an. Weit verbreitet war der Anspruch „ganze Akademiker" aus ihnen machen zu wollen – gerade für die um gesellschaftliche Anerkennung ringenden Techniker und Ingenieure war es wichtig, nicht als bloße „Fachschüler"[220] zu gelten. Es muss auf manche neu immatrikulierte Studierende einschüchternd gewirkt haben, bei der Immatrikulation per Handschlag vereidigt zu werden und zuvor von Rektor Flachsbart mit den folgenden Worten ermahnt zu werden:

> „Ich weiß auch nicht, ob jeder von Ihnen aus wirklichem Hang zur Wissenschaft seinen Antrag auf Einreihung in die akademische Gemeinschaft gestellt hat. Sehr wahrscheinlich hat mancher das Studium begonnen, weil er es als Vorbereitung auf einen bürgerlichen Beruf ansieht und ihm die Aussicht auf die vermutete Sicherung durch den erhofften Beruf zunächst das Wesentliche war. In allen solchen Fällen kann ich nicht dringend genug zur Selbsterziehung und Selbstkontrolle raten. Entweder gelingt es Ihnen, sich in die Anforderungen und den Geist wissenschaftlicher Arbeit einzuleben, dann ist es in Ordnung. Oder aber es gelingt Ihnen nicht, Sie fühlen eine Fremdheit mit dem, was hier gelehrt und geforscht wird; dann gibt es nur einen Rat: die akademische Gemeinschaft zu verlassen."[221]

Diese Ansprüche an wissenschaftliches Arbeiten und die in die Studierenden projizierte Angst vor dem „geistigen Vakuum" – die zwar häufig als Angst vor dem Rechtsradikalismus formuliert wurde, aber auch gegen eine befürchtete politische Radikalisierung von links gerichtet war – machten den Stellenwert des Studium

---

217 Ebd.
218 Ebd.
219 Ebd. Lehr warnte die Studierenden auch vor dem Rechtsradikalismus; dies allerdings vor allem, weil dieser eine „schwere Schädigung (...) des Zutrauens unserer ehemaligen Gegner zu der inneren Stärke unseres Staates" darstelle (ebd.).
220 Der Begriff des „Fachschülers" diente als Kennzeichen der Abgrenzung technischer Akademiker gegen Techniker ohne Abitur und zur Betonung der Gleichstellung der THs mit den Universitäten (vgl. Kapitel 4 und 5).
221 NHStA Nds. 423, Acc. 11/85, Nr. 427, Rede des Rektors Flachsbart zur feierlichen Immatrikulation am 15.8.1947, 2.

Generale aus. In dessen Rahmen sollten durch allgemeinbildende Vorlesungen „Erziehungsaufgaben" wahrgenommen werden.[222]

Zunehmend erfuhren die Studierenden aber auch Widersprüche zwischen den rhetorisch an sie gestellten Anforderungen und jenen in der Praxis. Rhetorisch wurde der Anspruch, auch technische Akademiker sollten Raum für Allgemeinbildung und die Beschäftigung mit geisteswissenschaftlichen Themen als Selbstzweck haben, aufrechterhalten. In der Praxis waren die Studierenden aber mit straffen Stundenplänen, sehr hohen Prüfungsanforderungen und der Drohung der Exmatrikulation bei nicht genügenden Leistungen konfrontiert.[223] Hinzu kamen die geschilderten materiellen Sorgen und die Angst vor künftiger Arbeitslosigkeit. Einerseits wurden aufstiegs- und zielorientierte Studierende mit dem Vorwurf einer „Schülermentalität" konfrontiert, die „die Wissenschaft als eine das gesamte Leben prägende Kraft" vernachlässige.[224] Andererseits waren sie durch die hohen Zulassungs- und Leistungsanforderungen gerade gezwungen, sich hauptsächlich auf ihr Fach und einen zügigen Studienabschluss zu konzentrieren.

3.6 „GEGENSEITIGE ERZIEHUNG": DIE STUDENTISCHEN VEREINIGUNGEN AN DER TH HANNOVER

Studentische Vereinigungen an der TH Hannover

Das hannoversche Hochschulleben begann nach Kriegsende zunächst mit nur wenigen organisierten Aktivitäten der Studierenden. Zum einen standen die materiellen Erfordernisse des studentischen Alltags klar im Vordergrund, zum anderen hatte die britische Besatzungsmacht anfangs alle studentischen Vereinigungen verboten. Versammlungen mussten genehmigt werden. Bald gab es erste Anträge auf Zulassung von studentischen Vereinigungen, die seit Ende des Jahres 1945 unter genauen Auflagen genehmigt wurden.[225] Dazu gehörte die Vorlage einer Satzung beim britischen Hochschul-Kontrolloffizier Geoffrey Carter, der dann die Gründung erlauben konnte. Burschenschaften und Corps blieben zunächst verboten; zugelassen waren „Akademische Arbeitsgemeinschaften zum Zwecke der

---

222 Vgl. zum Studium Generale Kapitel 5.
223 Vgl. die im November 1947 im Senat verabschiedete Regelung: „Ein Studierender, der mangelnde Leistungen aufweist, kann auch schon vor dem Vorexamen exmatrikuliert werden. Die Entscheidung trifft der Rektor auf Vorschlag des Prüfungsausschusses der Abteilung nach Anhören des AStA." (NHStA Nds.423, Acc. 11/85, Nr. 187 Senatsprotokoll vom 21. 11.1947). Ein Jahr später wurde festgehalten, dass die Exmatrikulation insbesondere dann geboten sei, wenn „auf Grund der geringen Leistungen in den Übungen anzunehmen ist, dass das schlechte Examen auf mangelhafte Begabung zurückzuführen ist." (NHStA Nds. 423, Acc. 11/85, Nr. 190, Senatsprotokoll vom 15.12.1948).
224 NHStA Nds. 423, Acc. 11/85, Nr. 411, Bericht über die Bedeutung und Möglichkeiten eines ‚Studium Generale', im Auftrag der Westdeutschen Rektorenkonferenz erstattet von Dr. G. Tellenbach, undatiert, 2.
225 NHStA Nds. 423, Acc. 11/85, Nr. 12, Verordnung 229/MG/ED/21A, Major Beattie, 21.9.1945.

Verfolgung von künstlerischen und wissenschaftlichen Interessen".[226] Besonderen Wert legte der hannoversche Hochschulkontrolloffizier darauf, dass so genannte „Alte Herren" keinen Einfluss auf entscheidende Fragen des studentischen Vereinigungswesens, wie z. B. die Entscheidung über die Mitgliedschaft, haben sollten.[227] In der Praxis stellte sich diese Hoffnung, an die keine konkreten Sanktionen geknüpft waren, bald als vergeblich heraus.[228]

An der Technischen Hochschule Hannover zählte man im Wintersemester 1949/50 17 studentische Vereinigungen.[229] Von 1321 befragten Studierenden gaben 1948 297 an, einer Vereinigung anzugehören, also 22,5 Prozent.[230] 233 Personen (17,6 Prozent) bezeichneten sich als „anderen Verkehrskreisen der Hochschule"[231] zugehörig, wobei unklar bleiben muss, welche gemeint waren. 20 Studentinnen und Studenten gaben an, einer Partei anzugehören (1,5 Prozent); die Mehrheit von 781 Studierenden (59 Prozent) verneinte die Mitgliedschaft in einer Vereinigung.[232]

Im Jahre 1959 gab es an der TH Hannover bereits 47 studentische Vereinigungen, darunter fünf in der Deutschen Burschenschaft (DB) organisierte Burschenschaften und zehn im WSC (Weinheimer Senioren-Convent) zusammengeschlossene Corps.[233] Neben verschiedenen weiteren Verbindungen, wie z. B. dem Wingolf, den im Coburger Convent organisierten vier Turnerschaften und verschiedenen katholischen Verbindungen gab es mit dem SDS (Sozialistischer Deutscher Studentenbund) in diesem Jahr nur einen Zusammenschluss erklärt politischer Provenienz.[234]

Viele Vereinigungen waren vor allem durch die gemeinsamen beruflichen und wissenschaftlichen oder auch kulturellen und sportlichen Interessen ihrer Mitglieder strukturiert. So sah es z. B. der Akademische Architektenverein als seine Aufgabe an, die angehenden Architekten untereinander und mit älteren Praktikern zu vernetzen, aber auch allgemeinbildende Veranstaltungen anzubieten.[235] Die Akademische Fliegergruppe und die Akademische Gruppe für Kraftfahrwesen sind klassische Beispiele für Gruppen, die Studium und praktische Arbeit, wissenschaftliche Fragestellungen und die Freizeitinteressen ihrer Mitglieder verban-

---

226 Ebd. Abgelehnt wurde neben der Bildung von Corps und Burschenschaften auch der Militärsport.
227 NHStA Nds. 423, Acc. 11/85, Nr. 15, Geoffrey Carter an Rektor Müller und den Akademischen Architektenverein, 21.11.1946.
228 Zu den studentischen Korporationen und Burschenschaften siehe unten.
229 Otto Flachsbart, „Neue studentische Vereinigungen", in: *Jahrbuch der Technischen Hochschule Hannover 1949/50*, hrsg. von Rektor und Senat, Düsseldorf 1950, 146–148, hier 146.
230 NHStA Nds. 423, Acc. 11/85, Nr. 419, Ergebnisse einer Umfrage des AStA unter Studierenden der TH Hannover, 22.7.1948.
231 Ebd.
232 Ebd.
233 Technische Hochschule Hannover, *Hochschulführer 1959*, Hannover 1959, 132ff.
234 Ebd., 145. Der CDH (Christlich-Demokratischer Hochschulring) existierte in diesem Jahr nicht.
235 Ebd., 136.

den.²³⁶ Besonders zu sportlichen Zwecken gegründete oder wieder aufgebaute Vereinigungen hatten häufig den Charakter bündisch orientierter Verbindungen; sie wollten mehr sein als Sportgruppen. Der akademische Seglerverein etwa bezeichnete sich als einen Bund und sah im gemeinsamen Erlebnis von „Wind, Wasser, Sonne"²³⁷ eine Möglichkeit, die mit fachlicher Spezialisierung verbundene Gefahr der „Einseitigkeit" auszugleichen.²³⁸ Die religiös motivierten Vereinigungen stellten neben dem Glauben die „formende Kraft der Gemeinschaft"²³⁹ als verbindenden „Wert" in den Vordergrund.

Seit 1958 gab es mit dem Akademischen Arbeitskreis für Atomfragen auch eine Gruppe, die vor allem einen thematischen Zusammenschluss darstellte. Primäres Anliegen dieser Vereinigung war die Aufklärung und Diskussion über Probleme der Kernkraftnutzung, vor allem durch entsprechende Veranstaltungen. Die Mehrheit ihrer Mitglieder bezeichnete sich als „Gegner jeglicher atomarer Aufrüstung".²⁴⁰ Man legte Wert darauf, parteipolitisch ungebunden zu sein.²⁴¹

„Gegenseitige Erziehung": Diskussionen um die Neugestaltung studentischer Vereinigungen nach 1945

Die Neugestaltung des studentischen „Gemeinschaftslebens"²⁴² wurde innerhalb und außerhalb der Technischen Hochschule breit diskutiert. Dies geschah nicht zuletzt vor dem Hintergrund der erwähnten öffentlichen Kritik an rechtsradikalen Tendenzen unter deutschen Studierenden. An der Debatte um die Neugestaltung studentischer Vereinigungen beteiligten sich sowohl Studierende als auch Professoren und sowie die Vertreter von Regierung und Besatzungsmacht. Je nach Präferenz legten die einen größeren Wert auf den Bildungs- und Erziehungscharakter studentischer Vereinigungen; andere betonten besonders die Heranführung an demokratische Werte.

Die britische Besatzungsmacht wollte vor allem solche Vereinigungen fördern, die wie englische Studentenclubs konzipiert und für alle Mitglieder der Studentenschaft offen sein sollten. Die alten Studentenverbindungen wurden scharf

---

236 Ebd. Die Mitglieder der Akademischen Fliegergruppe beschäftigten sich mit Luftfahrttechnik, führten Forschungsaufträge durch und flogen auch selbst mit den drei zur Verfügung stehenden Segelflugzeugen. Die AKAKRAFT (Akademische Gruppe für Kraftfahrwesen) bot ihren Mitgliedern, die aus allen Fachrichtungen kamen, die Möglichkeit, neben dem Besuch von Vorträgen und der Teilnahme an Besichtigungen und Exkursionen Motorsport zu betreiben; auch kleine Turniere wurden veranstaltet (vgl. ebd., 136f.).
237 Ebd., 138.
238 Ebd.
239 Vgl. die Vorstellung des Hochschulringes Bund Neudeutschland, in: TH Hannover, Hochschulführer 1959, 140. Vgl. a. z. B. die Selbstdarstellungen der Christlich-Akademischen Vereinigung (Ebd., 141f.) oder der Gemeinschaft katholischer Studierender und Akademiker (Ebd., 142).
240 Ebd., 135.
241 Ebd.
242 Flachsbart, Vereinigungen, 147.

kritisiert; neue Clubs sollten ohne die alten Formen auskommen und möglichst frei und transparent agieren. Ziel solcher Vereinigungen sollte unter anderem die Heranführung an Demokratie und Pluralismus sein; besonderen Stellenwert sollten z. B. politische Diskussionen unter den Studierenden haben.[243]

Viele Rektoren und Professoren setzten in ihren Beiträgen zur Diskussion um das neue studentische „Gemeinschaftsleben" rhetorisch ähnliche, doch bei näherem Hinsehen inhaltlich deutlich andere Akzente. Als primärer Auftrag von studentischen Vereinigungen galt vielen die Möglichkeit zu „gegenseitiger Erziehung".[244] Die Erziehungsziele blieben dabei oftmals vage und wurden mit Zuschreibungen wie „Charakter", „Ernsthaftigkeit" oder „akademischem Geist" gekennzeichnet. Ein häufig genanntes Ziel war der Schutz vor Vereinzelung und vor dem Aufgehen in einer anonymen „Masse".[245] Diese Gedanken wurden beispielsweise von Otto Flachsbart vertreten, der als zweiter Nachkriegsrektor in vielerlei Hinsicht einflussreich war – nicht zuletzt eben dadurch, dass er sich zu diesen und anderen gesellschaftlichen Fragen ausführlich äußerte. Flachsbart schrieb 1950 über die studentischen Vereinigungen:

> „Erziehung kann nur in kleinen Gemeinschaften geleistet werden, und wenn der Erfolg alle Studenten oder doch sehr viele von ihnen erfassen soll, bleibt nichts anderes übrig, als die Studentenschaft aufzuteilen in Gemeinschaften, in denen eben eine gegenseitige Erziehung noch möglich ist. (...) Die Studentenschaft unserer Hochschule bestand aus einer ungeordneten Menge von Einzelwesen, denen weder die Hochschule eine geistige Heimat war noch die Gesamtheit der Studierenden eine Kameradschaft. Wie die anorganische Natur eine Struktur verlangt und selbst dorthin drängt, so braucht auch die organische eine innere und äußere Ordnung, und auch sie drängt dorthin."[246]

Es ging also nicht zuletzt um den „ordnenden" Charakter studentischer Vereinigungen: sie sollten einen disziplinierenden Einfluss auf die Studierenden ausüben. Ein wichtiges Element dieser mit organologischen Metaphern operierenden Argumentation war die Ablehnung von zuviel Individualismus unter Studierenden. Wie stark beide Faktoren, der Wunsch nach Disziplinierung der Studierenden und die Ablehnung von zu viel Individualismus unter ihnen auch bei einzelnen Regierungsvertretern ausgeprägt waren, zeigen die Äußerungen des niedersächsischen

---

243 Vgl. z.B. Ullrich Schneider, „Die Hochschulen in Westdeutschland nach 1945. Wandel und Kontinuität aus britischer Sicht", in: Bernd Jürgen Wendt (Hg.), *Das britische Deutschlandbild im Wandel des 19. und 20. Jahrhunderts*, Bochum 1984, 219–240, hier 233f.; Falk Pingel, "Attempts at University reform in the British Zone", in: David Phillips (Ed.), *German Universities after the Surrender. British Occupation Policy and the Control of Higher Education*, Oxford 1983, 20–27, hier 20f.

244 Vgl. z. B. Jürgen Aschoff, „Studentische Gruppen", in: *GUZ Nr. 1, 11.12.1945*, 3–4

245 Beispielhaft hierfür z. B. F. H. Rein, „‚Entnazifizierung' und Wissenschaft", in: GUZ Nr. 1, 11.12.1945, 6–9. Rein bemerkte zum Thema „Masse": „Mensch als Masse ist die unwürdigste und deprimierendste Erscheinung der Welt, sie ist aber auch die gefährlichste, das sollten wir nunmehr alle gelernt haben, gefährlicher als Erdbeben und Stürme. Daher muß Entmassung der Hauptpunkt jedes Aufbauversuchs sein." (Ebd., 8). Zur zeitgenössischen Diskussion um den Begriff „Masse" vgl. z. B. Nolte, Ordnung, 273ff., Hermand, Kultur, 251ff., Schildt, Konservatismus, 217.

246 Flachsbart, Vereinigungen, 146.

Kultusministers Richard Langeheine (DP) in seiner Ansprache anlässlich des studentischen Festkommers zum Hochschuljubiläum 1956. Langeheine führte aus:

> „Die Eingliederung einer Masse von 3000 und mehr Studenten in den Organismus der Hochschule ist praktisch nicht realisierbar. Nur als ein in sich gegliedertes Ganzes wird die Studentenschaft zu einer echten Teilnahme am Leben der Hochschule fähig werden (...)."[247]

Deutlich sprach sich Langeheine gegen die „Vereinzelung" der Studierenden aus: wer sich mit keiner Vereinigung anfreunden könne, dürfe nicht „in der Negation verharren", sondern solle besser eine eigene Gruppe gründen.[248]

Die Ziele der „gegenseitigen Erziehung"[249] bezeichnete Rektor Flachsbart im Jahre 1950 als „Herzenstakt", „absolute Wahrhaftigkeit" und schließlich „Ehre".[250] Dabei gab es seiner Ansicht nach „nur eine Ehrenhaftigkeit (...), die nicht nach Klassen und Ständen unterscheidet."[251] An anderer Stelle nannte Flachsbart als Erziehungsziele für die „Jünger der Wissenschaft":[252]

> „Redlichkeit des Verstandes und des Herzens [...], hingebende Nüchternheit in der Arbeit, Fleiß, Selbstkritik und Verzicht auf Eitelkeit – mit einem Wort alles, was wir in dem Begriff der Wahrhaftigkeit zusammenfassen."[253]

Flachsbart lehnte einen besonderen studentischen Ehrbegriff ebenso ab wie die Entwicklung eines „Kastengeistes".[254] Damit sprach er sich gegen einen zentralen Inhalt des Selbstverständnisses der studentischen Korporationen aus.[255] Auch warnte er die Studierenden vor übertriebenem Nationalismus, und zwar weil man realistisch anerkennen müsse, dass Deutschland „aus dem Bereich der militärischen Großmächte [...] ausgeschaltet"[256] sei und nur noch „geistige Großmacht"[257] sein könne. Statt zu Dünkelhaftigkeit sollten Akademiker dazu erzogen werden, „stolz [zu] sein [...] auf die hohe Qualität unserer Facharbeiter."[258] Auch rief er die Studierenden wiederholt zur „Achtung vor der Menschenwürde und der Freiheit des Menschen"[259] auf. Politisches Engagement in der Demokratie wurde in diesen Ausführungen nicht explizit als wünschenswertes Ziel genannt. Auch blieben die von Flachsbart verwendeten Wertbegriffe zum Teil inhaltlich vage und boten so vielfältige Interpretations- und Identifikationsmöglichkeiten.

---

247 „Der Festkommers am 29. Juni 1956", in: Jahrbuch 1955–58, 31–35, hier 34.
248 Ebd.
249 Flachsbart, Vereinigungen, 146.
250 Ebd.
251 Ebd.
252 NHStA Nds. 423, Acc. 11/85, Nr. 427, Otto Flachsbart, Rede bei der feierlichen Immatrikulation zum Sommersemester 1947, 15.8.1947, 2.
253 Ebd.
254 Flachsbart, Vereinigungen, 148.
255 Zur Auseinandersetzung um die Korporationen siehe unten.
256 Flachsbart, Vereinigungen, 147.
257 Ebd.
258 Ebd., 148.
259 NHStA Nds. 423, Acc. 11/85, Nr. 427, Otto Flachsbart, Rede bei der feierlichen Immatrikulation zum Sommersemester 1947, 15.8.1947, 2.

Viele Studierende unterstrichen ebenso wie Otto Flachsbart den Charakter studentischer Vereinigungen als Erziehungsinstanzen und als Schutz gegen Vereinzelung und „Vermassung". Der spätere AStA-Vorsitzende Werner Rehder forderte anlässlich der Gründung der „Weltoffenen Vereinigung Orbis" der er vorstand und aus der bald der „Vorort Hannover-Danzig" des Verbandes der Vereine deutscher Studenten/Kyffhäuserverband werden sollte[260], die studentischen Vereinigungen sollten „zu kleinen Inseln werden, auf denen junge Menschen sich Vermassungstendenzen entziehen."[261] Der angehende Ingenieur Gerhard Hennig betonte, nachdem er das Fernziel menschlichen Zusammenlebens so abstrakt wie möglich festgelegt hatte („Der höchste Sinn des Daseins ist der Sieg des Guten.")[262], „Charakterbildung"[263] durch Selbsterziehung und gegenseitige Erziehung seien das Ziel jeder studentischen Vereinigung. Neben der „Erarbeitung einer festgegründeten und die ganze Persönlichkeit durchdringenden Welt- und Lebensanschauung"[264] müsse die „Weckung des Verantwortungsgefühls für Volk und Menschheit"[265] im Vordergrund stehen. Auch hier sind die verwendeten Begriffe so vage und unbestimmt, dass sie sich für vielfältige Interpretationen und Identifikationen eigneten. Demokratie war für den hannoverschen Studenten Hennig zumindest nicht explizit Voraussetzung für die Verwirklichung des „Guten". Anders sah dies z. B. ein Göttinger Kommilitone: der Medizinstudent Gerald Klostermann wollte in studentischen Vereinigungen durchaus ein Mittel zur „Vorbereitung verantwortungsbewusster Mitarbeit [....] zum Besten der Demokratie, zum Besten Deutschlands!"[266] sehen. Andere brachten studentischen Vereinigungen an sich ein gewisses Misstrauen entgegen und entschieden sich für das „Freistudententum" – sie schlossen sich überhaupt keiner Vereinigung an und hofften darauf, die „einseitigen, subjektiven Urteile" der „Gesinnungsgemeinschaften"[267] so vermeiden zu können.

Anfangs versuchte die Militärregierung in Gestalt ihres Hochschulkontrolloffiziers Geoffrey Carter, die Neugestaltung der studentischen Vereinigungen an der TH Hannover mittels konkreter Richtlinien zu beeinflussen. Neben dem anfänglichen Verbot der Korporationen griff man ein, wenn einzelne Vereinigungen in ihren Satzungen nicht den Demokratisierungsanforderungen zu entsprachen. Die Briten waren mit der Entwicklung der studentischen Vereinigungen nicht zufrie-

---

260 Hierzu siehe unten.
261 BA B 165, Nr. 379, Rede Werner Rehders auf der Gründungsfeier der „Weltoffenen Vereinigung Orbis", 9.12.1949.
262 Gerhard Hennig, „Gedanken über menschliche Lebensgemeinschaften. Nationalismus – Weltbürgertum – extreme und vernünftige Völkerpolitik", in: Jahrbuch 1950/1951, 44–50, hier 46.
263 Ebd.
264 Ebd., 47.
265 Ebd.
266 Gerald Klostermann, „Zur Frage eines neuen studentischen Verbindungswesens", in: *GUZ Nr. 1, 11.12.1945*, 2–3, hier 3.
267 Hans Querner, „Der Freistudent. Gegen Typenprägung in Gruppen", in: *GUZ Nr. 3, 10.1.1946*, 15.

den. Auf einer Konferenz aller Universitäts-Kontrolloffiziere der britischen Zone im März 1947 wurde festgestellt, dass die Gründung der studentischen Clubs nur schleppend anlaufe und politische, insbesondere linke Gruppen unterrepräsentiert seien.[268] Aus Hannover berichtete Geoffrey Carter, es gebe an der TH überhaupt keine politische Gruppe.[269] Falls er zu diesem Zeitpunkt tatsächlich noch nicht bestand, muss der Sozialistische Studentenbundes (SDS) an der TH Hannover allerdings kurze Zeit später gegründet worden sein[270]; gleiches gilt für den Christlich-Demokratischen Hochschulring (CDH).[271]

Ende der vierziger Jahre gab sich Carter im Umgang mit den Studentenvereinigungen überwiegend mit Fragen und Anregungen zufrieden. Er formulierte seine Einwände und signalisierte Gesprächsbereitschaft – seine Interventionen hatten meist aber keinen verbindlichen, sanktionierenden Charakter mehr. So fragte er 1949 zum Beispiel bei der katholischen Vereinigung „Westfalia" an, warum man einen weiteren exklusiven katholischen Zusammenschluss brauche und sich nicht den bereits bestehenden Vereinigungen anschließe.[272] Vom akademischen Reitclub, den er vor dem Hintergrund der finanziellen Lage der meisten Studierenden für etwas sehr Exklusives hielt, wollte Carter im selben Jahr wissen:"[H]ow would the club practically be able to further a sporting unifying university spirit?"[273] Immer wieder warnte der britische Vertreter, Studentenvereinigungen sollten nicht bloße Cliquen sein.[274]

Carter argumentierte vor dem Hintergrund der britischen Zielsetzung, die Exklusivität der alten studentischen Vereinigungen möglichst aufzubrechen. Er unterschätzte das Bedürfnis vieler Studierender, gerade eine solche elitäre Exklusivität wieder aufzubauen. Widerspruch unter den Studierenden regte sich dementsprechend vor allem gegen die Anfang des Jahres 1947 formulierte Anweisung Carters, nur Personen, die bereits vor 1945 an der TH studiert hatten, vor der Auf-

---

268 PRO FO 1050/1233, 8. Konferenz, Berlin, 24./25.3.1947, 19.
269 Carter berichtete auf dieser Konferenz, an der TH Braunschweig, für die er ebenfalls zuständig war, gebe es nur eine kleine sozialistische Studentengruppe. Aus Hamburg wurde die Existenz einer sozialistischen und einer christdemokratischen Gruppe gemeldet, ebenso aus Köln und Bonn. In Göttingen hatte laut dem dortigen Universitäts-Kontrolloffizier die sozialistische Studentengruppe etwa 40 Mitglieder; zu ihren öffentlichen Veranstaltungen kämen aber auch gelegentlich 400 Teilnehmer. In Kiel schätzte man die Mitgliederzahl der sozialistischen Gruppe auf 50 Personen. Aus Düsseldorf, Münster und Aachen wurde von der Existenz sehr kleiner sozialistischer Studentengruppen berichtet (ebd.).
270 Dies geht aus der Tatsache hervor, dass der SDS im Sommersemester 1947 in Kooperation mit dem Außeninstitut verschiedene Vorträge organisierte (Vgl. NHStA Nds. 423, Acc. 11/85, Nr. 418, Rektor Flachsbart an das Kultusministerium, 23.9.1947). Hierzu auch siehe unten.
271 Vgl. „Hochschule und Politik", HNN vom 23.10.1947. Hier wurde berichtet, dass der CDH im Sommer 1947 gegründet worden sei.
272 NHStA Nds. 423, Acc. 11/85, Nr. 8, Carter an stud. chem. Wolfgang, Vereinigung „Westfalia", 27.8.1949.
273 NHStA Nds. 423, Acc. 11/85, Nr. 8, Carter an Wolfgang I. auf dessen Antrag zur Gründung eines Akademischen Reitclubs, 27.8.1949.
274 Vgl. z.B. NHStA Nds. 423, Acc. 11/85, Nr. 15, Carter an Rektor Müller, 23.1.1947.

nahme in eine Vereinigung zu überprüfen und darüber hinaus keine Aufnahmebeschränkungen fest zu legen.[275] Der AStA-Vorsitzende Ernst Otto Rossbach schrieb im März 1947 an den Rektor, den Senat und den Kontrolloffizier:

> „Diese Grundsätze fußen auf einem Misstrauen gegen die Gründer der Vereinigungen. Der UCO [University Control Officer, F.S.] fürchtet offensichtlich, hier könnten Vereinigungen entstehen, die sich abkapseln und irgendwelchen unkontrollierbaren und unerwünschten Ideologien nachgehen. Jedoch: man fördert unsere demokratische Gesinnung und unseren guten Willen nicht, wenn man allem was wir tun misstraut und uns immer wieder nazistische, militaristische oder sonstige Tendenzen unterschiebt."[276]

Die Studierenden hätten im Gegenteil „den ernsten Willen, an sich selbst zu arbeiten und Klarheit zu schaffen" und seien „durchdrungen von der Erkenntnis, dass die Ideologien der hinter uns liegenden Jahre sich selbst das Todesurteil gesprochen haben"[277], so Rossbach. Für die akademische Jugend gebe es nur eine Konsequenz aus dieser Tatsache: „Nicht nur von Demokratie zu reden, sondern sie zu leben!"[278] Rossbach wehrte sich gegen die Vorgabe der Briten, Studentenvereinigungen müssten allen Studierenden offen stehen: schließlich könnten Personen, die „z. B. von demokratischer Gesinnung meilenweit entfernt" seien, andernfalls „mit dem Verein machen (...), was sie wollen".[279] Dieses Argument zielte in der Praxis vor allem darauf, die Mitgliederauswahl wieder selbst treffen zu können. Bald stellte sich heraus, dass viele der neu gegründeten Vereinigungen, die scheinbar den Zielsetzungen der Besatzungsmacht entsprochen hatten, „Tarnorganisationen" (Rainer Maaß) der alten Corps und Burschenschaften gewesen waren.[280]

---

275 Ebd.: "Membership should be open to all students although membership of students who studied before May 1945 is to be avoided as it involves complicated screening of problems", so Carter. Dieses Problem erledigte sich allerdings sehr schnell durch die großzügige Amnestierung deutscher Studierender. Bereits ein Jahr später verkündete Carter: "In the eyes of Military Government a student matriculated at a German university is considered unprejudiced from the political point of view." (NHStA Nds. 423, Acc. 11/85, Nr. 18, Carter an den studentischen Zonenrat, 31.1.1948).
276 NHStA Nds. 423, Acc. 11/85, Nr. 422, Brief Ernst Otto Rossbachs an Rektor, Senat und Universitäts-Kontrolloffizier Carter, 19.3.1947.
277 Ebd.
278 Ebd.
279 Ebd.
280 Vgl. Maaß, Studenten, 210. Hierzu vgl. das folgende Unterkapitel.

3.7 ZURÜCK ZU „BLUT UND PAUKBODEN"?
DIE AUSEINANDERSETZUNG UM DIE KORPORATIONEN AN DER TH HANNOVER

Die deutschen Burschenschaften und Corps hatten das studentische Leben im Kaiserreich und in der Weimarer Republik stark geprägt[281]; unter der NS-Herrschaft waren sie in Kameradschaften des NS-Studentenbundes umgewandelt worden und hatten ihre Strukturen und Netzwerke dabei häufig aufrechterhalten können.[282] Nach Kriegsende war es für sie und ihre Altherrenschaften zunächst offiziell nicht möglich, aktiv in die Neugestaltung des studentischen Lebens einzugreifen. Die Briten stellten zu Beginn der Besatzungszeit klar:

> „Die Militärregierung wird nicht die Bildung von Korporationen oder Korps nach dem alten Vorbild zulassen, auch nicht die Beibehaltung ihrer Bezeichnungen, Kleidung, Sitten, Vorrechte usw."[283]

In einer Resolution wandte sich die Westdeutsche Rektorenkonferenz 1949 gegen ein Wiederaufleben der alten Verbindungsrituale, insbesondere gegen die Mensur und das Farbentragen.[284] Die Verbindungshäuser, meist Villen, die den Altherrenverbänden gehört und auch den Angehörigen der NS-Kameradschaften als Lebensmittelpunkt gedient hatten, waren entweder zerstört oder von der Besatzungsmacht beschlagnahmt worden.[285]

---

281 Vgl. hierzu z. B. Silke Möller, *Zwischen Wissenschaft und „Burschenherrlichkeit". Studentische Sozialisation im Deutschen Kaiserreich, 1871–1914*, Stuttgart 2001, 106ff.; Dietrich Heither/Michael Gehler/Alexandra Kurth/Gerhard Schäfer, *Blut und Paukboden. Eine Geschichte der Burschenschaften*, Frankfurt a. M. 1997; Ute Frevert, *Ehrenmänner. Das Duell in der bürgerlichen Gesellschaft*, München 1991.
282 Vgl. Schröder, Studenten, 206ff. Siehe auch Michael Grüttner, *Studenten im Dritten Reich*, Paderborn/München/Wien/Zürich 1995, 288ff. Grüttner stellt dar, dass viele Korporationen nach der Ernennung Hitlers zum Reichskanzler einen regelrechten „Wettstreit" darum geführt hätten, welcher Verband sich besondere Dienste um den Nationalsozialismus erworben habe (ebd., 291). Die organisatorische „Zwangsnazifizierung" (ebd., 295) fand zwar statt, als die Korporationen als Rückgrat des deutschen Bildungsbürgertums in den NSDStB übergingen; für die TH Hannover hat Anette Schröder indessen festgestellt, dass es sich bei vielen Auseinandersetzungen zwischen Studentenbund und Korporationen um „reine Machtkämpfe" gehandelt habe (vgl. Schröder, Studenten, 279).
283 NHStA Nds. 423, Acc. 11/85, Nr. 12, Rektorat, Übersetzung der Verordnung 229/MG/ED/21A vom 21.9.1945.
284 Westdeutsche Rektorenkonferenz (Hg.), *Dokumente zur Hochschulreform 1945–1959*. Bearbeitet von Rolf Neuhaus, Wiesbaden 1961, 38.
285 Vgl. NHStA Nds. 423, Acc. 11/85, Nr. 423, Liste „Häuser der NS-Korporationen", undatiert. Hiernach gab es 17 solcher Häuser mit einem Gesamtwert von mindestens 560.400 DM. Die meisten der Gebäude waren zerstört, manche waren an die „Nachfolgeorganisationen" der Corps vermietet. So hatte das Haus am Taubenfelde 4 dem Altherrenbund des Corps Hannovera gehört und war 1949 an den „Hochschulclub Hannover" vermietet worden (vgl. ebd.,

Der Universitätskontrolloffizier Geoffrey Carter hoffte, dass die meisten Studierenden kein Interesse mehr an der Wiederbelebung der alten Männerbünde haben würden. Der Militärregierung berichtete er über das Wintersemester 1949/50:

> "As far as I can estimate from talks with students and staff there are only 20 percent who really wish for the return of the corps and Burschenschaften in their old form. Half the students are not directly interested whilst the remainder, approximately one quarter, are what might be called progressive in the sense that they wish a healthy form of new club to be started in universities in the spirit of their own post war generation. (...) It is their war generation which is thouroughly tired of outmodel forms and nationalistic sentiment. They greatly regret the reformation of the Altherrenverbände which will be in the old form and feel that, if these clubs re-form now, the whole story will begin again as it was before with no counterbalancing force once the present war-generation has left the university." [286]

Da die Briten daran interessiert waren, Clubs und Interessengemeinschaften unter den Studierenden zu fördern, gelang es vielen ehemaligen Verbindungsstudenten und Alten Herren jedoch nicht nur, ihre Kontakte wieder aufzunehmen, sondern sie nutzten die Situation auch für die Gründung von „Tarnorganisationen".[287] Besonders den Altherrenverbänden kam dabei eine tragende Rolle zu; sie waren häufig die „eigentliche Keimzelle für das Wiederaufleben des Korporationswesens".[288]

An der Technischen Hochschule Hannover traten Gruppen wie das „Collegium Academicum", der „Studentenclub", der „Hochschulclub Hannover" oder der „Studentische Bund für Technik und Kultur" nicht zuletzt durch ihre von den Briten favorisierte häufige Bezeichnung als „Club" wie Studentenvereinigungen „neuen Typs" auf und wurden sowohl von den Professoren und als auch von der Militärregierung gefördert. Nachdem die Zulassung von studentischen Vereini-

---

Rektor Großmann an das Landesamt für die Beaufsichtigung gesperrter Vermögen, 16.9.1950). Die Gebäude und Grundstücke hatten vor dem Aufgehen der Corps im NSDStB den Altherrenschaften gehört. Nach 1945 fielen sie unter Gesetz Nr. 52, da sie jetzt Eigentum der NS-Altherrenschaften waren. Nach Aufhebung des Gesetzes bemühten sich die Altherrenverbände darum, die Häuser wiederzubekommen. Die britische Militärregierung hatte ursprünglich beabsichtigt, die Häuser der gesamten Studentenschaft zur Verfügung zu stellen. Wie aus einem Schreiben des Rektors Großmann hervorgeht, unterstützte er das Bestreben der Korporationen, die Häuser wieder zu erhalten (vgl. ebd., Rektor Großmann an das Rektorat der Universität Marburg, 13.7.1950). Einige Altherrenschaften gründeten auch Hausbauvereine, um auf den Grundstücken neue Häuser zu errichten, so z. B. in der Nienburger Str. 1 a, wo der „Verein Haus Schleswig-Holstein e. V." als Rechtsnachfolger der Alten Herren des Corps Slesvico-Holsatia baute (vgl. ebd., Schreiben des Rektors Großmann an das Landesamt für die Beaufsichtigung gesperrter Vermögen, 16.9.1950).
286 PRO FO 1050/1052 Report on Universities under the aegis of the University Officer Hannover-Brunswick Winter term 1949/50, p. 5.
287 Maaß, Studenten, 210f. Vgl. a. Dietrich Heither, „Nicht nur unter den Talaren... Von der Restauration zur Studentenbewegung", in: Heither u. a. (Hg.), Blut und Paukboden, 159–186, hier 161.
288 Heither u. a. (Hg.), Blut und Paukboden, 161.

gungen seit 1950 allein bei den deutschen Hochschulen lag[289], gab es sehr viele Anträge auf Namensänderungen im Senat der Technischen Hochschule. Diesen wurde in der Regel ohne Diskussion zugestimmt. So wurden zum Beispiel aus dem Studentischen Bund für Technik und Kultur die Burschenschaft Arminia, aus dem Collegium Academicum die Burschenschaft Germania, aus dem Studentenclub die Vereinigung Saxonia und aus dem Hochschulclub Hannover das Corps Saxonia.[290]

Der Streit um die Mensur und das Farbentragen

Die Mensur und das öffentliche Farbentragen blieben auch nach der Wiederherstellung der alten Corps und Burschenschaften zunächst verboten. Hatte man vorher häufig noch die Wiederbelebung der Korporationen an sich bekämpft, gaben sich die in der Westdeutschen Rektorenkonferenz vertretenen Hochschulen in ihrer Tübinger Resolution von 1949 damit zufrieden, bestimmte Verbindungsrituale zu ächten.[291] Dabei waren sie besonders um die Außenwirkung der Universitäten besorgt. Der Syndikus der TH Hannover, Amtsgerichtsrat Heim, stellte im Sommer 1953 fest, dass es keine durch das Farbentragen in der Öffentlichkeit ausgedrückte „soziale Spaltung" geben dürfe und warnte: „Ein Couleurbummel auf der Georgstraße würde heutzutage zweifellos auf viele nicht nur lächerlich, sondern aufreizend wirken."[292] Der Rektor der Universität Marburg hatte es im März 1950 eine „Frage des Taktgefühls" genannt, dass die Studenten angesichts der „ungeheuren wirtschaftlichen und sozialen Nöte" der Deutschen keine öffentlich dokumentierte „Sonderstellung innerhalb des Volksganzen" beanspruchen dürften.[293]

Die Kritik bezog sich mit Rücksicht auf die öffentliche Meinung Anfang der 1950er Jahre also nur auf die Rituale und Formen des burschenschaftlichen Lebens, nicht auf seine Existenz. Der Beschluss von Tübingen wurde durch die Rektorenkonferenz in Bonn im August 1950 nochmals bestätigt: im Interesse des „sozialen Friedens" solle weiterhin auf die Mensur und das öffentliche Farbentragen verzichtet werden.[294] Auch viele junge Verbindungsstudenten, die häufig nicht zuletzt wegen der Aussicht auf guten und billigen Wohnraum und bessere Berufsaussichten in die Korporationen strömten, standen der Mensur kritisch gegenüber.

---

289 NHStA Nds. 423, Acc. 11/85, Nr. 423, Rektor Großmann an das Kultusministerium, 20.3.1950. Mit Aufhebung der Verordnung Nr. 122 liege die Genehmigung von Vereinigungen nunmehr beim Senat.
290 Vgl. NHStA Nds. 423, Acc. 11/85, Nr. 423, Liste der Vereinigungen mit vorherigen Namen, 1950.
291 Vgl. Westdeutsche Rektorenkonferenz (Hg.), Dokumente, 38.
292 NHStA Nds. 423, Acc. 11/85, Nr. 425, Syndikus Heim an Rektor Hensen, 14.6.1953.
293 NHStA Nds. 423, Acc. 11/85, Nr. 422, Rektor der Universität Marburg an den Studenten Bräutigam, 8.3.1950.
294 NHStA Nds. 423, Acc. 11/85, Nr. 422, Auszug aus dem niedersächsischen Schulverwaltungsblatt vom 15.10.1950.

So ging die Verwandlung der „Studentenclubs" in die alten Korporationen auch nicht immer konfliktfrei vor sich, wie das Beispiel des Corps „Slesvico-Holsatia" zeigt. Dieses Corps, dessen selbst gewählter Auftrag es vor 1933 gewesen war, „das Nationalbewußtsein und den Nationalstolz seiner Angehörigen zu pflegen und zu stärken"[295] „überwinterte" zunächst in der Studentenvereinigung Universitas. Erster Vorsitzender der Universitas, deren Mitglieder während der NS-Zeit der „Kameradschaft Paul von Hindenburg" angehört hatten, war Ernst Otto Rossbach, der auch dem ersten Nachkriegs-AStA der TH Hannover vorstand.[296] Der Leiter der niedersächsischen Hochbauverwaltung Winkelmüller, der auch den Wiederaufbau der Hochschule mitgestaltete, unterstützte die „Universitas"-Gründung als Alter Herr.[297] In den Jahren 1948/49 kam es zu einer Spaltung der Vereinigung: ein Teil blieb als „Universitas" bestehen und ein anderer Teil gründete nach dem Wegfall der britischen Kontrollbestimmungen das „Corps Slesvico-Holsatia" wieder.[298] Als Grund hierfür werden „gegensätzliche Auffassungen"[299] unter den Aktiven angegeben, die von einigen Alten Herren noch „geschürt"[300] worden seien. Es ist anzunehmen, dass es sich um Auseinandersetzungen über die künftige Ausgestaltung des Verbindungslebens handelte.

Die zeitweise unter dem Namen „Bernward-Kreis" firmierende katholische Verbindung Frisia konnte auf internen Veranstaltungen schon 1948 wieder Farben tragen. Als Alternative zu Band und Mütze wurde dabei nur der sogenannte „Bierzipfel" benutzt, da man ein „äußeres Zeichen (...) unserer Zielsetzung und unserer Freundschaft"[301] brauche. Auf Verbindungsveranstaltungen wurden bereits 1949 wieder Bänder getragen.[302] Aus dem Jahr 1950 wurde stolz berichtet: „Frisia hatte also wieder eine ‚Salonwichs'."[303] Diese katholische, nicht schlagende Verbindung gehörte allerdings auch zu denjenigen, die das Tragen von Farben in der städtischen Öffentlichkeit untereinander kritisch diskutierten und zum Beispiel auch Auseinandersetzungen um die Überarbeitung ihres Liedgutes führten.[304]

Im hannoverschen „Vorort" des Verbandes der Vereine Deutscher Studenten/Kyffhäuserverband kam es 1955 zum Rücktritt des Vorsitzenden der Alten

---

295 IfHW, Corps Slesvico-Holsatia: Corpsgeschichte Bd. 4, bearbeitet von Gerd Poppelbaum, Karlsruhe 1989, 64.
296 IfHW, Corps Slesvico-Holsatia, Corpsgeschichte Bd. 5, bearbeitet von Gerd Poppelbaum, Karlsruhe 1989, 26.
297 Ebd., 25.
298 Ebd., 29.
299 Ebd., 28.
300 Ebd.
301 Zit. n. Ansgar Schulte, „Das Wiederaufleben des Farbentragens", in: Akademische Verbindung Frisia im Cartellverband katholischer deutscher Studentenverbindungen (Hg.), *Einhundert Jahre akademische Verbindung Frisia. Beiträge zur Geschichte der AV Frisia in Hannover 1902–2002*, Hannover 2002, 173–187, hier 174.
302 Ebd., 174.
303 Ebd., 178. Gemeint war, dass Schärpen und Mützen wieder getragen wurden.
304 Ebd., 179, 180.

Herren Oelert, als die „Aktivitas" sich dagegen aussprach, auf einer öffentlichen Veranstaltung Farben zu tragen.[305]

Auch die Hannoversche Burschenschaft Arminia sah die alten Rituale kritisch. Als „Studentischer Bund für Technik und Kultur" hatte man sich im November 1949 der „Marburger Arbeitsgemeinschaft" angeschlossen, die das Fechten mit scharfen Waffen ablehnte. Als der „Neunerrat" dieses Zusammenschlusses kurz darauf das Fechten wieder für erwünscht erklärte und auf einer Tagung feststellte: „Wir können keine klingenscheue[n] Elemente in unseren Reihen gebrauchen"[306], distanzierten sich die Hannoveraner von der Arbeitsgemeinschaft. Zur Begründung ihrer Entscheidung schrieben sie an ihre Alten Herren, diese AG arbeite wohl nicht in „demokratischem Sinn".[307] Als auf der Marburger Tagung am 16. Juni 1950 die Deutsche Burschenschaft (DB) wieder gegründet wurde, gehörte die Arminia einer Minderheit an, die sich mit dem Vorschlag, die Mensur grundsätzlich zu ächten, nicht durchsetzen konnte.[308] Man gründete mit 19 anderen westdeutschen Burschenschaften einen Informationsdienst, der es sich zum Ziel setzte, „im demokratischen Sinne" auf die Ausschüsse der DB Einfluss zu nehmen.[309] Letzten Endes waren die Gegensätze aber unüberbrückbar: die Arminia beschloss am 22.6.1950, der Deutschen Burschenschaft nicht beizutreten.[310]

Ihre Position mussten die Mitglieder der Arminia gegenüber ihren Alten Herren verteidigen. Man hoffe „auf Verständnis" dafür, dass die Jüngeren zwar nicht alle Traditionen über Bord werfen würden, aber doch der „heutigen Zeit Rechnung tragen" wollten.[311] Viele Alte Herren hätten den Beitritt zur Marburger Arbeitsgemeinschaft zum „Kardinalpunkt allen Denkens" gemacht; einer von ihnen habe die Burschenschafter sogar vor die Wahl „Beitritt oder Bruch" gestellt.[312] Die jungen Verbindungsmitglieder konnten also massiv unter Druck geraten, wenn sie sich den Wünschen der Alten Herren widersetzten.

Das Schreiben der Arminia macht einen Generationskonflikt deutlich, der sich durch die finanzielle Abhängigkeit der Jungen von den Alten verschärfte. Als 1950 die Umbenennung des Studentischen Bundes für Technik und Kultur, in den laut Satzung jeder „deutsche Student" eintreten konnte, beantragt wurde, bekannte man sich zu den „Idealen der Urburschenschaft: Ehre, Freiheit, Vaterland", lehnte

---

[305] BA B 165, Nr. 574, VVDSt, Vorort Hannover Danzig, Altherrenverband, Bericht über die ordentliche Mitgliederversammlung am 12.11.1955. Oelert nahm wie folgt Stellung: „Bbr. Oelert erklärte, dass der Altherrenschaft nicht daran gelegen wäre, von der Aktivitas etwas zu erzwingen, was sie nicht von sich aus zu leisten bereit sei. (...) Der Vorgang wäre für ihn jedenfalls ein Bruch mit seiner lieben Vergangenheit und mache es ihm nicht möglich, das Amt als Vorsitzender weiterzuführen."
[306] NHStA Nds. 423, Acc. 11/85, Nr. 424, Studentischer Bund für Technik und Kultur, Informationsbrief an die Alten Herren, 1.7.1950.
[307] Ebd.
[308] Ebd.
[309] Ebd.
[310] Ebd.
[311] Ebd.
[312] Ebd.

aber die Mensur und das Farbentragen in der Öffentlichkeit ab.³¹³ Die Jungen hatten sich also durchsetzen können. Im Laufe der 1950er Jahre trat die Arminia letztlich aber doch der Deutschen Burschenschaft bei.³¹⁴ Seit 1955 verzeichneten ihre Mitgliederlisten auch wieder einen „Fechtwart".³¹⁵

Aus der internen Geschichtsschreibung der „Spinnstube" die zur „Vereinigung alter Kösener Corpsstudenten" gehörte, geht hervor, dass sich bereits 1948 der „Waffenring" wiedertraf, ein Zusammenschluss von schlagenden hannoverschen Korporationen. Bei dieser Gelegenheit sei von den Alten Herren noch eine Zurückhaltung in der Mensurfrage beschlossen worden, damit die Jüngeren selbst ihren Weg suchen könnten.³¹⁶

Wie an vielen anderen Hochschulen kam es auch an der Technischen Hochschule Hannover zu heimlichen Mensuren, obwohl man sich zunächst an die Tübinger Resolution der Rektorenkonferenz hielt. Nachdem ca. 60 Mitglieder verschiedener Verbindungen 1951 auf dem Benther Berg Mensuren geschlagen hatten und die Polizei eingegriffen hatte, wurden die Beteiligten gerügt und die betreffenden Korporationen zeitweise suspendiert.³¹⁷ Initiatoren der unerlaubten Zusammenkunft waren Alte Herren studentischer Verbindungen.³¹⁸ Die Vorsitzenden von 23 Korporationen an der Technischen Hochschule mussten danach eine Resolution unterzeichnen, in der sie einen besonderen studentischen „Ehrbegriff" ebenso ablehnten wie den „Zweikampf als Mittel zur Wiederherstellung der Ehre".³¹⁹

An der Technischen Hochschule gehörte Rektor Walter Großmann zu jenen Professoren, die versuchten, gleichzeitig den guten Kontakt zu den Korporationen und den einflussreichen, häufig finanzstarken Alten Herren aufrecht zu erhalten und dennoch die Beschlüsse von Tübingen durchzusetzen. Großmann gehörte selbst zum Altherren-Stammtisch des Verbandes der Vereine Deutscher Studenten/Kyffhäuserver-bandes und hatte 1949 die „Weltoffene Vereinigung Orbis" mitgegründet, die in der NS-Zeit zur „Kameradschaft Johannes Böttcher" gehört

---

313 NHStA Nds. 423, Acc. 11/85, Nr. 424, Schröder, Sprecher des Bundes für Technik und Kultur, an den Rektor, 1.8.1950
314 NHStA Nds. 423, Acc. 11/85, Nr. 424, Aktennotiz vom 17.4.1956. Hier wird die Arminia als Mitglied der DB geführt.
315 NHStA Nds. 423, Acc. 11/85, Nr. 424, Liste des Vorstandes vom 29.4.1955.
316 IfHW, Hundert Jahre Spinnstube, 1961, 16.
317 Dieser Vorgang wurde in einer Darstellung der Geschichte der Studentenschaft in der Jubiläumsfestschrift der THH erwähnt: drei „undisziplinierte Verbindungen" hätten damals trotz des Verbotes auf dem Benther Berg Mensuren geschlagen. Vgl. J. Nier, „Geschichte der Studentenschaft", in: *Festschrift zur 125-Jahr-Feier der Technischen Hochschule Hannover 1956*, herausgegeben von Rektor und Senat, Hannover 1956, 251–254, hier 253.
318 Ansgar Schulte, „Die Rahmenbedingungen an der TH bei der Neugründung studentischer Gemeinschaften 1945–1951", in: Akademische Verbindung Frisia (Hg.), Einhundert Jahre, 165–172, hier 169.
319 NHStA Nds. 423, Acc. 11/85, Nr. 423, Resolution der Studentenverbindungen an der THH vom 22.6.1951. Suspendiert waren zu diesem Zeitpunkt die Verbindungen Hannoverania, Saxonia und Slesvico-Holsatia (ebd.). Die Suspendierung wurde zum Wintersemester 1951/52 wieder aufgehoben (Bericht des Rektors Großmann über das Amtsjahr 1950/51, 15).

hatte und seit 1950 als „Vorort Hannover-Danzig" des VVDSt fungierte.[320] Auf eine Einladung zu einem großen Festkommers aller hannoverscher Burschenschaften antwortete er:

> „Ich selbst werde mich in der Überzeugung, dass die Studentischen Vereinigungen einen sehr positiven Faktor im Leben eine deutschen Hochschule bedeuten, gern beteiligen, wenn ich sicher sein kann, dass Angriffe auf die bekannte Tübinger Entschließung der WRK unterbleiben."[321]

Erst nachdem man ihm einen „völlig neutralen Verlauf"[322] der Veranstaltung zugesagt hatte, nahm Großmann an dem Festkommers teil. Allerdings sah er sich dazu veranlasst, während einer nicht dokumentierten Rede Kurt Weizsäckers, des Vorsitzenden des „Weinheimer Verbandes alter Corpsstudenten" (WVAC), aus Protest den Saal zu verlassen.[323] Weizsäcker, dessen „Weinheimern" eine Reihe hannoverscher Corps und ihre Altherrenvereinigungen angehörten[324], war ein glühender Befürworter der Mensur. Bei der Gründungsversammlung der Weinheimer Corpsstudentischen Arbeitsgemeinschaft, die vier Monate vor seinem Auftritt auf dem Hannoveraner Kommers stattgefunden hatte, hatte er veranlasst, dass die Mitglieder aller „Weinheimer" Korporationen auf einen Satzungspunkt einzeln ehrenwörtlich zu vereidigen waren: „Bejahung der Sportmensur. Grundsätzliche Bereitschaft, Farben zu tragen und dieses Recht auch in der Öffentlichkeit zu vertreten."[325] Von den Mitgliedern wurde also qua Satzung der aktive öffentliche Kampf gegen die Beschlüsse der Westdeutschen Rektorenkonferenz verlangt. Die „Sportmensur" auf die sich auch die vier hannoverschen Mitgliedercorps verpflichteten, kann dabei getrost als Tarnbegriff angesehen werden. Sie galt der

---

320 BA Koblenz, B 165, Nr. 379, Bericht über den Verlauf der Gründung der „Weltoffenen Vereinigung Orbis" an der TH Hannover, undatiert. Zu den Bürgen der Vereinigung zählten auch der damalige Rektor Otto Flachsbart und der ehemalige Rektor der TH Danzig, Egon Martyrer. Die Orbis bzw. der „Vorort Hannover-Danzig" des VVDSt sollte die Tradition der Verbindung aus Danzig übernehmen. Eine ähnliche „Traditionsübernahme" vollzog die Technische Hochschule Hannover übrigens für die TH Danzig. Traditionsübernahmen sollten dazu dienen, das „Erbe" der Hochschulen und Universitäten, die jetzt in osteuropäischen Ländern lagen, zu pflegen. Auch stellte die TH Hannover Ersatzurkunden und Versicherungsbescheinigungen für ehemalige Angehörige der TH Danzig aus (vgl. NHStA Nds. 423, Acc. 11/85, Nr. 152, Bericht vom 26.10.1964).
321 NHStA Nds. 423, Acc. 11/85, Nr. 423, Rektor Großmann an Dipl. ing. Fritz Laade, Verband alter Turnerschafter Hannover, 13.11.1950.
322 NHStA Nds. 423, Acc. 11/85, Nr. 423, Dipl. ing. Fritz Laade an Rektor Großmann, 17.11.1950.
323 NHStA Nds. 423, Acc. 11/85, Nr. 423, Dr. med. Delius, Vereinigung alter Burschenschafter Hannover, an Rektor Großmann, 1.12.1950.
324 Zur „Weinheimer Corpsstudentischen Arbeitsgemeinschaft" (WCA) gehörten die hannoverschen Corps Saxonia, Slesvico-Holsatia, Hannovera und Hannoverania. Ihre Alten Herren gehörten dem WVAC (Weinheimer Vereinigung alter Corpsstudenten) an, ebenso die Alten Herren der Verbindungen Alemannia, Ostfalia und Macaro-Visurgia. Vgl. NHStA Nds. 423, Acc. 11/85, Nr. 423, Liste der Mitgliedercorps im Rundschreiben von WCA und WVAC, 7.3.1951.
325 NHStA Nds. 423, Acc. 11/85, Nr. 423, Rundbrief der WCA, 18.8.1950.

Weinheimer Satzung als „Ausdrucksform des Lebensprinzips, als Mann unter Freundesaugen sich der außerhalb des eigenen Ichs liegenden Welt unmittelbar zu stellen"[326] – verbunden mit dem „Bekenntnis zum Gesinnungskreis des deutschen Volkes und zur abendländischen Kultur".[327]

An der Technischen Hochschule Hannover wurde im November 1951 eine Erklärung zur „Verbindungsfrage"[328] über die Pressestelle an die Öffentlichkeit gebracht, die laut dem Chronisten der katholischen „Frisia", Ansgar Schulte, eine „offizielle Akzeptanz von Verbindungen"[329] darstellte. Darin hieß es, die akademische Jugend solle sich „frei und ungehindert"[330] zusammenfinden und nach eigenem Ermessen Kontakt zu „erfahrenen Älteren"[331] suchen. Zusammenschlüsse von Studierenden, auch in Verbindungen, seien „natürlich und wertvoll".[332] Schulte vermutet, dass diese Erklärung nicht zuletzt auf „Diskussionen zwischen der Hochschullehrerschaft und den Freunden und Förderern der Hochschule"[333] zurückging. Die Mensur blieb in Hannover jedoch weiter umstritten. Rektor Hans Schönfeld schilderte seinem Aachener Amtskollegen Flegler im Jahre 1955, dass einzelne Verbindungsmitglieder ihn um Hilfe gebeten hätten, da die Alten Herren Druck auf sie ausübten, damit sie Mensuren schlugen.[334] Schönfeld betonte, dass „unter den vielen Dingen, die in einer Restauration wieder hergestellt werden sollen, die Satisfaktion von uns nicht geduldet werden kann, da sie den Prinzipien eines Rechtsstaates und einer Demokratie widerspricht."[335]

Die Aufweichung des von den Hochschulen einzeln zu erlassenden Mensurverbots ließ jedoch nach dem Wegfall aller Beschränkungen seitens der Besatzungsmacht und vor allem aufgrund des großen Einflusses Alter Herren an den deutschen Hochschulen nicht lange auf sich warten. Im Jahre 1953 revidierte der Bundesgerichtshof das Kontrollratsgesetz von 1946, mit dem die 1933 verfügte Straffreiheit von Mensuren aufgehoben worden war. Mensuren sind seitdem weder als Zweikämpfe noch als Körperverletzungen strafbar.[336] Spätestens seit dem Wintersemester 1953/54 gab es die „Arbeitsgemeinschaft Hannover" in der sich alle schlagenden Verbindungen der städtischen Hochschulen zusammengeschlossen hatten und gemeinsam sogenannte „Fechtsemester" abhielten.[337] Der Syndikus der Technischen Hochschule Hannover, Amtsgerichtsdirektor Heim, musste einräumen, dass es keine rechtliche Handhabe gegen die Mensur gebe und schlug

---

326 Ebd.
327 Ebd.
328 Schulte, Rahmenbedingungen, 170.
329 Ebd.
330 Ebd.
331 Ebd.
332 Ebd.
333 Ebd.
334 NHStA Nds. 423, Acc. 11/85, Nr. 425, Rektor Schönfeld an Rektor Flegler, RWTH Aachen, 5.12.1955.
335 Ebd.
336 Frevert, Ehrenmänner, 264.
337 IfHW, 75 Jahre Hannoversche Burschenschaft Teutonia 1884–1959, 46.

vor, die Studierenden nicht durch Verbote, sondern durch Aufklärung umzustimmen. Ausserdem könne es sinnvoll sein, „wenn der Lehrkörper es ablehnte, Veranstaltungen zu besuchen, in denen Farben getragen werden oder deren Mitglieder sich schlagen."[338]

Die verfasste Studentenschaft der Technische Hochschule, die sich ebenso wie die Hochschulleitung zunächst hinter die Tübinger Resolution gestellt hatte, diskutierte 1953 über die Möglichkeit, wenigstens seitens der studentischen Kammer klar Stellung gegen die Mensur zu beziehen. Es war die Fachschaft Chemie, die den Antrag stellte, die Tübinger Resolution nochmals zu bekräftigen und zu beschließen:

> „Sie [die Kammer, F.S.] sieht das Mensurenfechten und die damit verbundene Haltung als Ausdrucksform einer vergangenen Epoche an, welche nicht mehr dem Geist unserer Zeit entspricht. [...] Die Studentenschaft lehnt daher die Haltung aller Studierenden und studentischen Gruppen auf das Schärfste ab, die gegen diese Grundsätze verstossen. Sie wird mit allen ihr zur Verfügung stehenden Mitteln für die Aufrechterhaltung dieser Grundsätze eintreten."[339]

Alle Mitglieder des AStA sprachen sich gegen diese Resolution aus. Der Studentenausschuss stellte aus diesem Anlass sogar die Vertrauensfrage an die studentische Kammer. Wie schon in anderen Konfliktlagen hielt der Rektor, in diesem Fall Prof. Walter Hensen, vor der Beschlussfassung einen längeren Wortbeitrag, in dem er laut Protokoll betonte:

> „Die Unzufriedenheit innerhalb der Studentenschaft könne vermieden werden durch Toleranz der einzelnen Studenten. Die Intoleranz sei durch ein Verbot gegeben. Die Korporationen verlangten auch nicht, dass alle anderen Studenten Mensuren schlagen."[340]

Von seiten der Hochschulleitung war man also nicht mehr an einer klaren Positionierung im Sinne der Tübinger Beschlusslage interessiert. Selbst der zweite Nachkriegsrektor Otto Flachsbart, mittlerweile Staatssekretär im niedersächsischen Kultusministerium und anfangs ein entschiedener Befürworter des Mensurverbotes, hatte seine Meinung geändert. Rektor Hensen berief sich auf seinen einflussreichen ehemaligen Kollegen, als er den Studierenden erläuterte:

> „Bei einer Unterredung mit Prof. Flachsbart habe man festgestellt, dass die Zeiten sich geändert haben und ebenso die Auffassung über die sozialen Belange zu diesem Thema. Die Korporationen wollten nicht die Karl-Heinze der Vergangenheit sein, ebenso, wie der DGB nicht die DAF von damals sein wolle."[341]

Die Kammer sprach dem AStA mit großer Mehrheit das Vertrauen aus und fasste keinen Beschluss zu dem Resolutionsentwurf der ChemikerInnen. Wie in anderen

---

338 NHStA Nds. 423, Acc. 11/85, Nr. 425, Heim an Rektor Hensen, 14.6.1953. Er selbst habe, so Heim, „neulich die Einladung eines Corps abgelehnt mit dem Bemerken, dass ich mich da nicht wohlfühle, wo Farben getragen werden."
339 NHStA Nds. 423, Acc. 11/85, Nr. 420, Resolutionsentwurf der Fachschaft Chemie, Sitzung der studentischen Kammer am 18.6.1953.
340 Ebd.
341 Ebd.

politischen Fragen positionierte man sich in deutlichem Einvernehmen mit der Leitung der Hochschule.[342]

Elemente des korporationsstudentischen Selbstverständnisses

Alle studentischen Verbindungen, auch die, die anfangs nach neuen Formen des Zusammenlebens suchten, hielten nach 1945 an antiegalitären Männlichkeits- und Rollenvorstellungen fest. Seit 1949 gehörte etwa die hannoversche Altherrenvereinigung „Spinnstube" einer in Bonn gegründeten Interessengemeinschaft an, die es sich zum Ziel setzte, die Corpsstudenten zu „charakterfesten, tatkräftigen, pflichttreuen deutschen Männern zu erziehen."[343] Die Abgrenzung vom vermeintlich „Weiblichen" kann als eines der wesentlichen Prinzipien des Männerbundes gelten.[344] Die Korporierten versuchten nach Kriegsende, an zum Teil militärisch geprägte Ideale von Ehre, Tapferkeit und Kameradschaft anzuknüpfen. Der Begriff der „Ehre" war im Kaiserreich nicht an Leistung, sondern an ständische Zugehörigkeit gekoppelt gewesen. Er bildete einen elitären „Schlüsselbegriff ständischer Ordnungen"[345], an dem die Korporationsstudenten gleichwohl auch in der Demokratie festhielten. Neben der Bereitschaft zur Verteidigung der eigenen „Ehre" sollte die „Tapferkeit" im Duell unter Beweis gestellt werden und galt als zentrales Element des Männlichen.[346] Die „nicht-schlagenden Verbindungen" gaben sich mit dem Tragen von Farben und dem Männerbund-Prinzip zufrieden. „Männlichkeit" und Zugehörigkeit konnten und können daneben auch im Rahmen von Trinkritualen dokumentiert werden.[347]

---

342 Hierzu vgl. s. u.
343 Zit n. IfHW, Hundert Jahre Spinnstube, 17.
344 Vgl. z. B. Dietrich Heither, *Verbündete Männer. Die Deutsche Burschenschaft – Weltanschauung, Politik und Brauchtum*, Köln 2000, 43, 122ff., sowie z. B. Sonja Levsen, *Elite, Männlichkeit und Krieg. Tübinger und Cambridger Studenten 1900–1929*, Göttingen 2006, 83ff.
345 Frevert, Ehrenmänner, 12.
346 Vgl. a. Levsen, Elite, 253. Levsen betont: „Mit Mensuren und Schmissen betonten die Studenten (...) ihre Zugehörigkeit zu einem spezifischen Stand ebenso wie den kriegerischen Charakter des studentischen Männlichkeitsideals."
347 Vgl. die „Kneipordnung" des hannoverschen VVDSt (BA Koblenz BA 165, Nr. 363): „Das Zutrinken geschieht etwa mit den Worten: „N. N., ich komme Dir ein Stück (ein Halben usw. usw.) worauf zu erwidern ist: Prost, ehrt mich ‚sufs' oder dergleichen. (...) Jeder ist verpflichtet, ein kommentmässiges Stück bis zu einem Ganzen anzunehmen. Ein Rest, der weniger als den 4. Teil eines ¼ l. beträgt, ist nicht mehr kommentmässig (schäbiger Rest). Wer nicht annimmt wird getreten mit den Worten „N. N. getreten Prosit zu schreien, zum ersten, zum zweiten, zum dritten! (...) Der Bierskandal ist ein Zweikampf, bei dem die Waffen das Bier sind und aus dem derjenige als Sieger hervorgeht, der das bestimmte Quantum Bier zuerst vorschriftsmässig ausgetrunken hat." Diese „Kneipordnung" stammt aus dem Jahr 1902, die maschinengeschriebene Abschrift von 1950. Passagen, die einen Fechtkampf regeln, sind handschriftlich mit dem Vermerk „entfällt" gekennzeichnet („Der Säbelmops ist ein Zweikampf, der auf Fechtboden geschlagen wird. Sieger ist, wer dem Gegner innerhalb 30 Gängen die meisten Blutigen beibringt."), der Rest wurde vermutlich weiter verwendet.

Der Kameradschaftsgedanke ist „schlagenden" und „nicht-schlagenden" Verbindungen gemeinsam. Seine „leitmotivische Funktion"[348] in Erinnerungen von Soldaten des Zweiten Weltkrieges hat Thomas Kühne betont. Als „Motor männlicher Vergemeinschaftung"[349] bilde die Kameradschaft ein Gegengewicht gegen die Schrecken des Krieges und biete das Gefühl von Sicherheit und einer „familienanalogen, Wärme und Geborgenheit vermittelnden Solidargemeinschaft".[350] Die Frontkameradschaft war von den Nationalsozialisten zwar zum „Inbegriff der Mannmännlichkeit"[351] stilisiert worden. In der Nachkriegszeit habe sich dieses Bild bei den ehemaligen Soldaten aber von der „harten" zur „weichen" Kameradschaft gewandelt, also eher zur Vorstellung einer „Leidensgemeinschaft" als einer Kampfgemeinschaft; Kühne bezeichnet dies als „Feminisierung des Kameradschaftsideals".[352] Die Wahrnehmung der Kameradengemeinschaft als „Familie" sei „eine zentrale Grundlage der symbolischen Ordnung des Krieges" gewesen.[353] Legt man diese Analyse von Kameradschaft zugrunde, wird verständlicher, warum viele junge Männer der Nachkriegszeit, die häufig selbst Soldaten gewesen und das Ende des Zweiten Weltkrieges vor allem als Niederlage erlebt hatten, dieses Ideal nach wie vor erstrebenswert fanden. Kühne betont den Stellenwert der Ohnmachtserfahrung deutscher Männer:

> „Die deutschen Soldaten des Zweiten Weltkriegs waren nicht nur mit der Last des verlorenen totalen Krieges, sondern auch mit der totalen Abwertung des Militärs und alles Militärischen schlechthin konfrontiert. Diese Stigmatisierung des Militärs traf die Soldaten in den Fundamenten ihres männlichen Selbstverständnisses."[354]

Nach 1945 konnten der Zerfall der Kameradschaft in der Armee – und bei den Jüngeren in der Hitlerjugend – sowie die Erfahrung der Niederlage und Machtlosigkeit durch die Bewahrung des Ideals der Kameradschaft zum Teil aufgefangen werden. Die Korporationen boten den jungen Ex-Soldaten und ehemaligen Hitlerjungen die Möglichkeit, sich zwar nicht als Soldaten, aber oftmals doch im Zweikampf zu beweisen. Ein Stück „harte" Kameradschaft konnte hier ebenso bewahrt werden wie das beschädigte Männlichkeitsideal gestärkt werden konnte. Aber auch Elemente der von Kühne herausgearbeiteten „weichen" Kameradschaft boten die Korporationen mit ihren engen Hausgemeinschaften und der Protektion

---

348 Thomas Kühne, „Kameradschaft – ,das Beste im Leben eines Mannes'. Die deutschen Soldaten des Zweiten Weltkrieges in erfahrungs- und geschlechtergeschichtlicher Perspektive", in: *Geschichte und Gesellschaft 22 (1996)*, 504–529, hier 505.
349 Ebd., 507.
350 Ebd., 509.
351 Ebd., 511.
352 Ebd., 529.
353 Thomas Kühne, „Imaginierte Weiblichkeit und Kriegskameradschaft. Geschlechterverwirrung und Geschlechterordnung, 1918–1945", in: Karen Hagemann/Stefanie Schüler-Springorum (Hg.), *Heimat-Front. Militär und Geschlechterverhältnisse im Zeitalter der Weltkriege*, Frankfurt a. M. 2002, 237–257, hier 248.
354 Kühne, Kameradschaft, 523.

durch „Alte Herren" an. Die sogenannten „Leib-" oder „Bierfamilien"[355] sind hierfür ein beredtes Beispiel.

Die Zielsetzung der Korporationen bestand und besteht nicht zuletzt in der Bildung einer gut vernetzten Elite. Zur „Führung [zu] erziehen"[356] war für den hannoverschen „Vorort" des Kyffhäuserverbandes 1952 ein zentrales Ziel. Die sozialen und gesellschaftlichen Probleme (wie etwa die so genannte „Eingliederung des vierten Standes in die Gesellschaft"[357]) waren laut den Kyffhäusern nur von einer berufenen Führungsschicht zu lösen:

> „Welche Fülle von Aufgaben warten hier auf den Akademiker als den Verständigen und damit Verantwortlichen! (...) Aus dem geistigen Grunde unseres Verbandes sind zahlreiche Männer in führende Lebensstellungen gewachsen und das wird auch in Zukunft so sein, wenn wir unsere Aufgabe richtig erfüllen. Für diese Führungsaufgaben müssen wir unsere Bbr. [Bundesbrüder, F.S.] vorbereiten."[358]

Das auf die Herausbildung einer solchen Elite zielende Distinktionsverhalten der Korporationen drückte sich besonders in dem Tragen von Farben und der „Satisfaktionsfähigkeit" im Duell aus. Letztere könne, so Ute Frevert, auch als „Konstitutionselement sozialer Klassen" interpretiert werden.[359] Auch Eva Kreisky hat auf den Zusammenhang zwischen dem Männerbund und einer durch diesen mit fundierten politischen und sozialen Ordnung hingewiesen.[360] Die schlagenden Korporationen an den Technischen Hochschulen hatten zudem im 19. Jahrhndert eine besondere Funktion für den Kampf um die Gleichberechtigung mit den Universitäten erfüllt:

> „Für viele der unter sozialen Minderwertigkeitskomplexen leidenden TH-Studenten und früheren Polytechnikums-Schülern war es ungemein wichtig, dem Überlegenheitsanspruch der Universitätsstudenten mit dem Schläger entgegenzutreten und ihr Prestige durch dessen demonstrativ häufigen Gebrauch zu steigern."[361]

---

355 In den meisten Verbindungen ist es üblich, dass der neue „Fuchs" sich bei seiner Aufnahme einen älteren Bundesbruder als „Leibburschen" wählt, der ihn in die Verbindung einführen soll. Eine „Leibfamilie" oder „Bierfamilie" entsteht durch die intergenerationelle Forsetzung solcher „Leibburschen-Verhältnisse". Vgl. Elmar Brohl, „Frisen-Familien", in: Akademische Verbindung Frisia (Hg.), Einhundert Jahre, 301–311, hier 301. Bei Brohl sind Stammbäume von „Bierfamilien" abgedruckt, die zum Teil vierzig bis fünfzig Jahre umfassen.
356 BA Koblenz B 165, Nr. 363, Vorort Hannover-Danzig, Bd. 14: Bericht des Vorsitzenden, i.V. Karl Nagel, 25.7.1952.
357 Ebd.
358 Ebd.
359 Frevert, Ehrenmänner, 13.
360 Eva Kreisky, „Der Stoff aus dem die Staaten sind. Zur männerbündischen Fundierung politischer Ordnung", in: Regina Becker-Schmidt/Gudrun Axeli-Knapp (Hg.), *Das Geschlechterverhältnis als Gegenstand der Sozialwissenschaften*, Frankfurt a. M. 1995, 85–124. Auch Ute Frevert hat gezeigt, dass etwa in der Kaiserzeit die Duellkultur der Korporationen die Gesellschaftsstruktur entscheidend mitprägte und die Corps zu den Stützen des Gesellschaftssystems gehörten. Corpsstudenten wurden zum Beispiel besonders gern zur Offizierslaufbahn zugelassen, mit der ein hohes Prestige verbunden war. Dementsprechend erfreuten sich die schlagenden Corps großer Beliebtheit (vgl. Frevert, Ehrenmänner, 163f.).
361 Frevert, Ehrenmänner, 157.

An diese Tradition konnten die Corpsbrüder an der TH Hannover nach 1945 anknüpfen.

Bereits vor 1933 hatte auch der Antisemitismus in den studentischen Korporationen eine besondere Rolle gespielt; zahlreiche Verbindungen führten bereits in der Weimarer Republik einen „Arierparagraphen" ein.[362] Die Deutsche Burschenschaft verbot 1920 die Aufnahme von Juden, da sie „auf dem Rassestandpunkt" stehe und ihre Mitglieder „zu völkischem Bewußtsein erziehen" wolle.[363] Der Verband der Vereine Deutscher Studenten (VVDSt/Kyffhäuser-Verband) war auf diesem Gebiet besonders aktiv. Er bekannte in seiner Satzung, im Unterschied zu den meisten Korporationen, politisch auf die Studierenden einwirken zu wollen.[364] Aus dem Jahre 1952 ist die „Zielrede" eines Alten Herren des Kyffhäuserverbandes vor den hannoverschen Mitgliedern dokumentiert, der in einer Aufzählung der „Kyffhäuser-Ideale", denen man sich nach wie vor verbunden fühle, neben dem „Deutschtum" auch sogenannte „Judenfragen" erwähnt.[365] Nach 1945 wurde der Antisemitismus von den meisten Korporationen freilich nicht mehr thematisiert – auch nicht als Teil der eigenen Geschichte. Die Tatsache, dass sie nicht zuletzt durch die Verbreitung eines massiven Antisemitismus an den Universitäten zum Aufstieg des Nationalsozialismus beigetragen hatten, verschwand hinter der häufigen Darstellung von Konflikten mit NS-Funktionären, die die Korporationen gewissermaßen zu Opfern des Regimes stilisierte.[366]

Ein Kernelement des Selbstverständnisses vieler Korporationen war nach 1945 neben den althergebrachten antiegalitären Männlichkeitsidealen und tradierten Ritualen auch ein nationalkonservatives, zum Teil revanchistisches Geschichtsbild. Der hannoversche „Vorort" des VVDSt/Kyffhäuserverbandes (nach 1945 vorübergehend „Weltoffene Vereinigung Orbis") veranstaltete im Juni 1952 eine Schulungswoche auf Burg Ludwigstein, bei der man sich unter anderem mit einem „moralischen Anspruch auf den deutschen Osten"[367] befasste. An dem Bekenntnis zur „Stärkung des deutschen Volkstums"[368] hielten auch die jungen Aktiven nach 1945 fest; allerdings habe dieses eine „Läuterung erfahren".[369] Der

---

362 Hans Peter Bleuel/Ernst Klinnert, *Deutsche Studenten auf dem Weg ins Dritte Reich. Ideologien – Programme – Aktionen 1918–1935*, Gütersloh 1967, 145.
363 Ebd., 147.
364 Ebd., 145. Bleuel und Klinnert bezeichnen den VVDSt als „Missionsorden des Antisemitismus" (ebd.).
365 BA Koblenz B 165, Nr. 379, Hannoversche Nachrichten [des hannoverschen Vorortes des VVDSt/Kyffhäuserverbandes] Nr. 7/1952 vom 26.5.1952, 12: Zielrede des Alten Herren Schwarzkopf.
366 Beispielhaft sei die Darstellung der Altherren-Vereinigung Spinnstube genannt, die aus dem Jahre 1937 von Konflikten mit der Gestapo wegen „reaktionären Treibens" der Verbindungen berichtet (IfHW, Hundert Jahre Spinnstube, 1961, 14).
367 BA Koblenz B 165, Nr. 363, Vorort Hannover-Danzig, Bd. 14: Rundbrief vom 18.5.1952.
368 Ebd., Bericht des Vorsitzenden, i.V. Karl Nagel, 25.7.1952.
369 Ebd. Weiter hieß es: „Wir glauben, dass erst dann unsere Sendung als Deutsche in der Welt erfüllt ist, wenn wir nicht herrschen, sondern dienen wollen. (...) Nicht zur Entfaltung und Betätigung politischen Machtwillens, sondern aus einer rein menschlichen Haltung unsren Brüdern gegenüber und zur Stärkung deutschen Volkstums, auf das wir stolz sein dürfen, sollten

Opferdiskurs, der den Deutschen als Leidtragenden des Krieges die meiste, nicht selten die einzige Aufmerksamkeit schenkte, dominierte auch in der Geschichtsdarstellung der Korporationen. Sowohl in der Selbstdarstellung der hannoverschen Altherrenvereinigung „Spinnstube" von 1961 als auch noch in ihrer Festschrift aus dem Jahre 1986 war diese Organisation der Auffassung, nach dem Krieg seien viele deutsche Bürger in „Konzentrationslager" gesperrt worden.[370] Ein Alter Herr der Burschenschaft Teutonia. schrieb im Jahre 1952 über die Nachkriegszeit, diese sei dominiert worden von

> „einer Unrast von Gedanken, die bei Tage und bei Nacht um das Schicksal kreisen, das eine verschworene Welt unserem entwaffneten Lande zugedacht hat. In dieser Zeit kehren die ersten Kriegsgefangenen unseres Bundes heim, Männer, die nicht bereit waren, in Ergebenheit ein Vernichtungswerk hinzunehmen, das mit der Zerreißung des Landes beginnen und mit der Austilgung unseres Volkstums und unserer alten Traditionen enden soll."[371]

Das Corps „Slesvico-Holsatia" rühmte sich noch im Jahre 1989 in einer intern veröffentlichten Corpsgeschichte seiner Beteiligung an der als „Kampf der Studentenschaft"[372] bezeichneten gewalttätigen antisemitischem Hetzkampagne gegen den an der Technischen Hochschule lehrenden Philosophen Theodor Lessing in den Jahren 1925 und 1926[373], der sich zuvor schließlich in „deutschfeindlichen"[374] Zeitungen geäußert habe.

Die Stärkung der Korporationen in den 1950er Jahren

Trotz vieler Vorbehalte gegen die Korporationen waren zentrale Elemente ihres „Gemeinschaftslebens" weder für Professoren noch für Studierende diskreditiert. „Kameradschaft", „Ehre" und „Tapferkeit" als politische und das eigene Handeln strukturierende Begriffe schienen ihnen nach wie vor erstrebenswert zu sein und auch die Mensur hatte wieder ihren festen Platz im Korporationsleben. Eine dreiteilige Serie der Hannoverschen Presse, deren Reporter bei Mensuren anwesend

---

unsere Kräfte gerichtet sein." (Ebd.). In der Satzung des VVDSt hieß es 1953: „Die Vereine Deutscher Studenten stellen sich zur Aufgabe, ihre Mitglieder zu charakterlich festen deutschen Männern zu erziehen, die in der Verantwortung vor Gott sich verpflichten, jederzeit tatkräftig einzutreten für die Erhaltung des deutschen Volkstums und den Schutz der abendländischen Kultur, für die staatliche Einheit unseres Volkes im Rahmen eines freihheitlichen und friedlichen Europas und für die Überwindung der sozialen Gegensätze innerhalb der Volksgemeinschaft." (Vgl. BA Koblenz B 165, Nr. 341, Satzung des VVDSt, 1.10.1953). Die Farben des VVDSt seien schwarz-weiß-rot. Er sei nicht farbentragend und nicht schlagend (ebd.).

370 IfHW, Hundert Jahre Spinnstube, 1961, 14 sowie IfHW, Vereinigung alter Kösener Corpsstudenten „Spinnstube Hannover e. V.", AHSC zu Hannover, Festschrift zum 125-jährigen Bestehen 1861–1986, 60.
371 Zit. n. IfHW, 75 Jahre Hannoversche Burschenschaft Teutonia 1884–1959, 38.
372 IfHW, Corps Slesvico-Holsatia: Corpsgeschichte Bd. 4, 90.
373 Vgl. Kapitel 1.
374 IfHW, Corps Slesvico-Holsatia: Corpsgeschichte Bd. 4, 90.

war, sparte 1955 nicht mit blutigen Details.³⁷⁵ Im Sommersemester 1952 versicherte Rektor Hermann Deckert der Landsmannschaft Niedersachsen, die ihre Farben gern wieder in der Öffentlichkeit tragen wollte: „Die Zeit arbeitet für Sie!"³⁷⁶ In den 1950er Jahren war es nicht zuletzt die Unterstützung rechtskonservativer Alter Herren in höchsten Staatsämtern, die die Restauration des Korporationswesens förderte. So nahm Bundesinnenminister Robert Lehr (CDU) im Herbst 1952 an einem großen Altakademiker-Kommers in der hannoverschen Stadthalle teil und trug bei dieser Gelegenheit demonstrativ Band und Mütze.³⁷⁷ Auf der Veranstaltung wurde festgestellt,

> „dass keine Rektorenkonferenz noch irgendeine andere Institution über die Zukunft und das Wiedererstehen der studentischen Korporationen entscheiden könne und werde: Farben werden wieder öffentlich getragen, wenn wir es für richtig halten."³⁷⁸

Lehr, dem es wie dargestellt besonders am Herzen lag, die westdeutschen Studierenden auf den antikommunistischen Kampf einzuschwören, sprach in Hannover über die „Wiedererringung des den Korporationen gebührenden Platzes im staats- und hochschulpolitischen Leben".³⁷⁹ Die Hannoversche Presse berichtete kritisch, auf der Veranstaltung sei der „Geist der Restauration"³⁸⁰ spürbar gewesen. Dem

---

375 „,Bitte einen Blutigen feststellen zu lassen.' Abstumpfung mit scharfen Klingen. Der Gasthaussaal wird zur Arena", HP vom 6.12.1955. Über eine Mensur wird berichtet: „Diesmal ist es ernst, denn der Freund hat quer über die Schläfe einen etwa zehn Zentimeter langen Schnitt abbekommen. Der Muskel ist etwa einen Zentimeter tief angeschnitten, aus einer unterbrochenen Ader rinnt im Rhythmus des Pulsschlages dickes Blut. Der Arzt kommt, besieht sich den Schaden, bricht die Mensur ab. (...) Er nimmt Zange und Faden und näht, ohne vorher zu betäuben, die klaffende Wunde zusammen. Einem Tier billigt man wohl Spritzen zu, dem mensurschlagenden Studenten nicht. (...) Der glotzenden Umgebung wird Mannestum gezeigt und derweil beginnt im Hintergrund die nächste Mensur. (...) Mit im Spiel freilich ist Blutdurst und unterdrückte Roheit und das Ziel ist nicht Mannestum, sondern Abstumpfung."
376 IfHW, Geschichte der Landsmannschaften Niedersachsen (Hannover) und Marcho Borussia (Breslau), 1970, 73.
377 Vgl. „Offener Brief an den Bundesminister des Innern", in: *GUZ Jg. 7/Nr. 22, 17.11.1952*, 15. Anlässlich der Teilnahme des Bundesinnenministers an dem hannoverschen Altherren-Kommers schrieben Göttinger Studierende mit Bezug auf die Beschlüsse der Westdeutschen Rektorenkonferenz: „Sie, sehr verehrter Herr Minister, waren selbst mit Band und Mütze geschmückt, als Sie Ihre Rede in der Niedersachsenhalle hielten. Wir bezweifeln, ob man den jungen Studenten Achtung vor unserem demokratischen Staat beibringen kann, wenn man sich selbst als Akademiker über die Beschlüsse des vor allem berufenen Gremiums im akademischen Raum hinwegsetzt, und sei man auch der Bundesinnenminister." (Ebd.). Diesen Protestbrief, der auch den Hinweis auf nationalistische und antisemitische Äußerungen in corpsstudentischen Publikationen enthielt, unterzeichneten sowohl Vertreter des SDS (Sozialistischer Deutscher Studentenbund), des Liberalen Studentenbundes und des Bundes Demokratischer Studenten, als auch Angehörige der Göttinger Akademischen Burse, des Dramaturgischen Rings und des Vorstandes Freier Studentenvereinigungen an der Universität Göttingen.
378 „Mit alter Burschen Herrlichkeit", Hannoversche Presse vom 18.11.1952.
379 Ebd.
380 Ebd.

Bundesminister des Innern sei die Abwesenheit der schwarz-rot-goldenen Flagge bei diesem Anlass wohl nicht einmal aufgefallen.[381]

Mitte der 1950er Jahre war es den meisten hannoverschen Corps und Burschenschaften gelungen, entweder ihre alten Häuser zurück zu erhalten oder aber durch die finanzielle Unterstützung der Altherrenverbände und eigens gegründeter Hausbauvereine neue Domizile zu beziehen. Das Corps Hannovera feierte 1956 nicht nur sein 90-jähriges Jubiläum, sondern auch den Einzug in ein neues Haus in der Jägerstraße. Elf Aktive wohnten in dem ganz nach alter Tradition eingerichteten Haus:

> „Für die Pflege der Kameradschaft steht außer dem mit rot-weiß-schwarzen Farben der Verbindung geschmückten Kneipsaal ein gemütliches Klubzimmer mit Terasse zur Verfügung. Eindrucksvoll gestaltet ist die Ehrenhalle im Erdgeschoß, auf der die Namen von 89 Corpsangehörigen stehen, die in drei Kriegen fielen. Zu ihrem Gedenken wurden hier neben der Fahne der ‚Hannovera' die Fahnen der dem Corps angeschlossenen Verbindungen ‚Neo-Franconia' Breslau und ‚Berolina' Berlin aufgestellt."[382]

Die Formen des elitären Gemeinschaftslebens der Männerbünde, die man einst im Einvernehmen mit anderen Hochschulen kritisiert und sanktioniert hatte, wurden von den offiziellen Vertretern der Technischen Hochschule Hannover durch ihre zahlreiche Anwesenheit bei der Feier und die Überbringung offizieller Glückwünsche durch Prof. Alexander Matting abgesegnet.[383]

Die abnehmende Opposition der Hochschulleitungen gegen die Korporationen hing nicht zuletzt damit zusammen, dass Mitte der 1950er Jahre auch die öffentliche Akzeptanz der Burschenschaften und Corps wieder gestiegen war. So zeigte die Berichterstattung der Hannoverschen Allgemeinen Zeitung über einen Kommers der nordwestdeutschen Burschenschaften in der Stadt im Jahre 1956 wenig Distanz zum Geschehen:

> „Nach dem feierlichen Einzug der Chargen, angeführt von der Traditionsfahne der Urburschenschaft, und nach der Begrüßungsansprache des ersten Vorsitzenden der VAB [Vereinigung Alter Burschenschafter, F.S.] Hannover, Dr. Delius, gedachte Rechtsanwalt Schiedat, Alemannia-Königsberg zu Kiel, der Toten des letzten Krieges, die ihr Leben hingaben für die Freiheit unseres Vaterlandes."[384]

Diese Darstellung, nach der die Soldaten des deutschen Angriffskrieges als Kämpfer für die „Freiheit" bezeichnet wurden, wurde von der HAZ nicht kritisch kommentiert.

Vertreter der britischen Besatzungsorgane nahmen die Auseinandersetzung um die Wiederzulassung der studentischen Korporationen und den Mensurstreit zum Teil als einen Kulturkampf wahr. Anfang der 1950er Jahre hieß es in einem Bericht der Cultural Relations Group:

---

381 Ebd.
382 „In 90 Jahren vier Corpshäuser. ‚Corps Hannovera' feierte Hauseinweihung in der Theodorstraße", HAZ vom 24.1.1956.
383 Ebd.
384 „Über 1000 mit Band und Mütze. Erster Nordwestdeutscher Burschenschafterkommers seit 23 Jahre.", HAZ, vom 23.1.1956

"A hard battle against the influence of the Korporationen is being fought. We place the greatest hopes of the development in German universities on some form of College life, where fidelity to the aims of the Korporationen is impossible."[385]

Die Tatsache, dass das Wiederaufleben der Burschenschaften und Corps erst in den 1950er Jahren stattfand, schrieb man nicht nur den Maßnahmen der Militärregierung und der Rektorenkonferenz zu. Auch der Umstand, dass diejenigen Studierenden, die am Krieg teilgenommen hatten, langsam die Hochschulen verließen, wurde für entscheidend gehalten: "Above all, the ex-servicemen who were the first post-war students in Germany had no use for such childishness."[386]

Auch nach Gründung der Bundesrepublik beobachteten die Briten durch ihre Verbindungsorganisationen, was an den deutschen Hochschulen vor sich ging und bemühten sich, die Beweggründe für das Wiederaufleben der Korporationen zu verstehen. In den Analysen der „Cultural Relations Group" zu diesem Thema kommt Resignation zum Ausdruck:

"In the Verbindungen those who are conscious of having lost their roots and those who have no roots to be conscious of losing, find a kind of continuity, a base, and ready-made friends. (…) Probably many of those who join do so not because at the beginning they take the Verbindungen seriously but because they want good jobs later on."[387]

Die wichtigsten Charakteristika der Koporationen waren aus Sicht dieses Berichts:

„1. [M]aking the students (…) feel that they belong to a small minority entitled of right to dominate over the acquiescent majority. 2. It is not only a minority, but a privileged caste of a kind now regarded in normal societies as obsolete. 3. An intense unreasoning nationalism it includes. 4. Both for all concerned and for the general public, the duelling provides a vivid symbol of the mystizism of blood which seems to form part of the German psychosis."[388]

Zudem war man der Meinung, die Universitäten unterschätzten die Eingewöhnungsprobleme der Flüchtlingsstudenten: In diese Lücke könnten die Angebote der Korporationen stoßen. Die Cultural Relations Group warnte: "The final results will be seen among the extremists of the next generation."[389] Als Gegenmaßnahmen empfahl man eine Stärkung des internationalen Austausches und nicht zuletzt die Wiederbelebung der nach 1933 abgerissenen Tradition einer satirischen Auseinandersetzung mit den Korporationen:

"Nobody, either inside a German university or outside, appears capable of laughing at such institutions; that is one of the reasons why they are so dangerous."[390]

Den Kampf gegen die diagnostizierten Missstände hatten die Briten jedoch längst verloren. Ihre Bemühungen, die exklusiven Männerbünde abzuschaffen, wurden später von diesen gelegentlich ins Lächerliche gezogen. Der Chronist der hanno-

---

385 PRO FO 1050/1223, Cultural Relations Group, Quarterly Report April-June 1952.
386 PRO FO 1050/1226, Cultural Relations Group, Report on Korporationen, 1953, 1.
387 Ebd., 3.
388 Ebd.
389 Ebd., 4.
390 Ebd., 5.

verschen Burschenschaft Teutonia, die Studenten der TH Hannover und der Tierärztlichen Hochschule vereinte und an der TiHo zeitweise als „Universitas" firmiert hatte, vermerkte im Jahre 1959 lakonisch:

> „Für spätere Generationen sei als Kuriosum festgehalten, daß die Besatzungsmacht ihre Zustimmung zur Universitas erst gab, nachdem deren Satzung einen Passus erhalten hatte, daß auch weibliche Mitglieder aufgenommen werden könnten!"[391]

Die Präsenz der wieder zugelassenen Männerbünde an der TH Hannover ist als hoch einzuschätzen. Einen Hinweis darauf gibt zum Beispiel die Gestaltung der offiziellen Feierlichkeiten zur 125-Jahrfeier der Hochschule im Jahre 1956, die man mit Kommers und Fackelzug beging.[392]

Insgesamt waren 1951 laut Rektor Großmann ein Drittel der Studierenden Angehörige einer Vereinigung.[393] Da im Jahr zuvor von 23 Vereinigungen 14 Korporationen (bzw. ihre „Tarnorganisationen") waren[394], war von diesem Drittel der Studierenden ein erheblicher Teil Mitglied einer Verbindung. Im Sommersemester 1951 hatten die Korporationen die Mehrheit im AStA.[395] Für das Wintersemester 1952 gibt ein Bericht der schlagenden Turnerschaft Tuisko die Zahl der korporierten Studenten an der TH Hannover bereits mit 30 bis 40 Prozent an.[396]

Einiges spricht dafür, dass der Einfluss der Korporationen von Fachbereich zu Fachbereich unterschiedlich groß war. Dies zeigt etwa das bereits dargestellte vehemente Auftreten der Studierenden der Fachschaft Chemie gegen die Mensur. ZeitzeugInnen aus dem Fachbereich Architektur erinnern sich, sie seien als Studierende stolz darauf gewesen, das Burschenschafter und Corpsbrüder keinen Einfluss unter ihnen gehabt hätten bzw. kaum anzutreffen gewesen seien.[397]

Dass die Korporationen nach 1945 relativ schnell wieder etabliert werden konnten, lag nicht nur am frühen Rückzug der Briten aus dem deutschen Bildungswesen und einer wohlwollenden Haltung vieler Professoren den Verbindungen gegenüber. Im Falle der Technischen Hochschule Hannover kann auch von einer Art „Bringschuld" gegenüber den Alten Herren gesprochen werden, die man schließlich mit als erste nach dem Krieg um Hilfe beim Wiederaufbau gebeten hatte[398] und die, wie das Beispiel des in der Hannoverschen Hochschulgemeinschaft engagierten Alten Herren der Saxonia Christian Kuhlemann gezeigt hat[399], auch über Einfluss im Freundeskreis der Hochschule verfügten. Es waren auch die Alten Herren, die durch ihre guten Beziehungen und finanziellen Mittel die Korporationen neu organisierten. Die Unterstützung der anfangs häufig mittellosen

---

391 IfHW, 75 Jahre Hannoversche Burschenschaft Teutonia 1884–1959, 39.
392 Ablauf und Reden der verschiedenen Veranstaltungen zum Hochschuljubiläum 1956 finden sich in: Jahrbuch 1955–1958, 9–62.
393 Bericht des Rektors Großmann über das Amtsjahr 1950/51, 15.
394 Vgl. NHStA Nds. 423, Acc. 11/85, Nr. 423, Liste der Vereinigungen 1950.
395 IfHW, Geschichte der Landsmannschaften Niedersachsen (Hannover) und Marcho Borussia (Breslau), 1970, 58.
396 IfHW, 100 Jahre Turnerschaft Tuisko 1892–1992, 343.
397 Interviews der Verfasserin mit den ZeitzeugInnen G., K., I.
398 Vgl. Kapitel 1.
399 Ebd.

Studenten bis ins Berufsleben hinein sicherte ihnen oft lebenslange Loyalität. Ein Alter Herr der „Teutonia" bilanzierte im Jahre 1984:

> „Daß wir Jungen es damals schaffen konnten, haben wir einzig und allein dieser bundesbrüderlichen Gemeinsamkeit zu verdanken, die aus den Wurzeln unserer Mutterbünde entsprang, die von alten Cheruscern, Friesen und Gothen an uns weitergegeben wurde."[400]

3.8 HANNOVERSCHE STUDENTEN UND POLITIK: ZWISCHEN „UNPOLITISCHER" ZURÜCKHALTUNG UND POLITISCHER AGITATION

Politisches Engagement im engeren Sinne spielte unter den Studierenden der TH Hannover im ersten Nachkriegsjahrzehnt eine eher untergeordnete Rolle. Belegbare Aktivitäten politischer Studentengruppen waren vor allem thematische Veranstaltungen des Sozialistischen Deutschen Studentenbundes (SDS) und des Christlich-Demokratischen Hochschulrings (CDH). Der CDH organisierte zum Beispiel im Wintersemester 1947/48 eine Vortragsreihe über „Die politischen Grundlagen der Gegenwart".[401] Neben Vorträgen über die Französische Revolution und die Arbeiterbewegung des 19. Jahrhunderts gab es eine Veranstaltung zur Weimarer Republik. Ihr folgte ein Referat über die „Politische Neuwerdung" nach 1945; die NS-Zeit wurde also bei den mit prominenten VertreterInnen der CDU besetzten Veranstaltungen ausgespart.[402] Die SPD-Studierendengruppe kooperierte mit dem Außeninstitut und organisierte ebenfalls eine Reihe von Vorträgen, teilweise unter Beteiligung von Vertretern der Landesregierung. Die Auseinandersetzung mit dem Kommunismus und die Abgrenzung von der sowjetischen Politik waren Kernbestandteile der Arbeit der sozialdemokratischen Studierenden. So sprach der Minister für Wirtschaft und Verkehr Alfred Kubel (SPD) im Sommersemester 1947 über „Politik und Ethik"; Dr. Nölting referierte über „Sozialistische Planwirtschaft" und Erich Obst sprach über den „Expansionsdrang Rußlands".[403] Im Jahre 1948 schloss man sich zum Beispiel einem Aufruf des SDS-Bundesvorstandes an, der sich mit drei von der Ostberliner Humboldt-Universität relegierten Studenten – Mitgliedern von SPD und CDU – solidarisch erklärte und an die westdeutschen Universitäten appellierte, diese aufzunehmen.[404]

---

400 IfHW, Hannoversche Burschenschaft Teutonia, 3.
401 „Hochschule und Politik", HNN vom 23.10.1947.
402 Ebd. Zu den VortragsrednerInnen gehörten Adolf Cillien (MdL) Georg Strickrodt (Finanzminister 1946–1950) und Maria Sevenich (MdL).
403 NHStA Nds. 423, Acc. 11/85, Nr. 418, Rektor Flachsbart an das Kultusministerium, 23.9.1947.
404 NHStA Nds. 423, Acc. 11/85, Nr. 418, Aufruf des SDS vom 26.4.1948. Die Forderung nach besonderer Unterstützung von Studierenden, die aus der sowjetischen Zone kamen, war zur Zeit des Kalten Krieges sehr populär. Auch der Verband Deutscher Studenten (VDS) vertrat dieses Anliegen mit einer Argumentation, die sich politisch in der Logik des Systemkonfliktes bewegte: „Da es nicht gleichgültig ist, in welcher Richtung sich die studentische Jugend der Ostzone entwickelt, liesse sich diese Bevorzugung durchaus verantworten. Wenn die Freie Deutsche Jugend der Ostzone durch Rundschreiben nach Westdeutschland mitteilt, dass

Einen kritischeren Ton zum Thema Antikommunismus schlugen die Hannoveraner SDSler im Jahr 1959 an: „Wir geben uns nicht mit der Ablehnung von Kommunismus und Restauration zufrieden."[405] In der offiziellen Selbstdarstellung für den Hochschulführer jenes Jahres wandte man sich auch gegen die Affirmation des „Unpolitischen":

> „Wir sind Sozialisten, weil wir wissen, daß auch wir Studenten notwendig in der politischen Auseinandersetzung stehen. Wir wissen, daß es kein Ausweichen gibt, keinen Rückzug in einen ‚reinen', ‚privaten' und ‚unpolitischen' Bereich. Diese Flucht ist selbst schon politisches Handeln, das allerdings nur verdrängt und keine Probleme löst."[406]

Politik im engeren Sinn galt jedoch vielen Studierenden als diskreditiert. Jene Diskursfragmente, die eine Verbindung zwischen Politik im allgemeinen und Totalitarismus im besonderen herzustellen suchten und auch politisches Handeln im demokratischen Staat unter den Verdacht eines „schmutzigen Geschäfts" stellten, erwiesen sich als hegemoniefähig.[407] Der Göttinger Medizinstudent Gerald Klostermann brachte die Vorbehalte vieler Kommilitonen im Dezember 1945 auf den Punkt:

> „Wo ist das Ideal? – Die Errichtung der Demokratie? – Unsere Studentengeneration kennt die Demokratie nicht aus eigener Erfahrung. Was wir von ihr durch entstellende Propaganda und Phrasen der verflossenen Jahre erfuhren, war wenig geeignet, sie zu unserem Ideal zu erhe-

---

die Förderungsmittel für Studenten der Ostzone von 67 Millionen DM auf 85 Millionen D-Mark erhöht sind, so sind dies Zahlen, die besondere Beachtung verdienen müssen. Da die soziale Umschichtung der Studentenschaft der Ostzone nahezu vollzogen ist, bedeutet dies, dass die Studentenschaft der Ostzone allmählich zu aufrichtigen Anhängern des dortigen Systems werden wird. Wenn es vorläufig glücklicherweise noch Studenten gibt, die aus Gewissensgründen die Universitäten der Ostzone verlassen und sich nach Westdeutschland begeben, so wird dies in nicht allzu ferner Zeit gänzlich aufhören, da man diesen Kommilitonen in Westdeutschland kaum helfen kann. Die notwendigen Konsequenzen aus den herrschenden Verhältnissen wären dann, dass in vier bis fünf Jahren aus der äusseren Spaltung der Studentenschaft auch eine innere geworden ist." (NHStA Nds. 423, Acc. 11/85, Nr. 410, VDS-Vorsitzender Schwartländer an Dr. Schaar, Bundesinnenminister, 15.3.1950). Rektor Flachsbart reichte dieses Schreiben als Präsident der Westdeutschen Rektorenkonferenz (WRK) befürwortend an diese weiter (Ebd.).

405 TH Hannover, Hochschulführer 1959, 146.
406 Ebd., 145f.
407 Wolfgang Abendroth, „Das Unpolitische als Wesensmerkmal der deutschen Universität", in: *Universitätstage 1966. Nationalsozialismus und die Deutsche Universität*, Veröffentlichung der Freien Universität Berlin, Berlin 1966, 189–208. Abendroth arbeitet heraus, dass das Selbstbild der deutschen Universität und ihrer Wissenschaftler als „unpolitisch" bereits vor 1914 wirkungsmächtig gewesen sei und in der Weimarer Republik einen Höhepunkt erreicht habe, wo Thomas Manns 1918 verfassten „Betrachtungen eines Unpolitischen" auf große Zustimmung unter den deutschen Professoren getroffen seien. Darin bekundete Mann, der diese Ansichten später revidierte, der politische Geist sei „deutschfeindlich" und die Deutschen würden die Demokratie niemals „lieben" können (zit. n. ebd., 194). Zum Bedeutungsinhalt des „Unpolitischen" zählt Abendroth u. a. eine „aristokratische Entgegensetzung von ‚Geist' und ‚Politik'" und einen „Haß gegen die Demokratie und gegen jede rationale und soziologische Analyse gesellschaftlicher und politischer Prozesse", sowie auch die Auffassung, soziale Ungleichheit sei „natürlich" (ebd., 197).

ben. Was wir augenblicklich, in ihrer Geburtsstunde, an neuer politischer Bestechlichkeit und neuen Phrasen erleben, ist dazu genau so wenig geeignet. Für uns ist der Begriff Demokratie einstweilen noch mit Schmutz behaftet. (...) Es gilt, ihre reinen ursprünglichen Grundsätze für uns wiederzufinden und auch zu handhaben. Wir sind lange durch Korruption und Verlogenheit gegangen. Das Bedürfnis nach Sauberkeit, Ehrlichkeit und Objektivität haben wir dabei aber keineswegs eingebüßt."[408]

Klostermanns Zustimmung zur Demokratie stand also unter dem Vorbehalt der Schaffung vermeintlich „idealer" Zustände ohne „Schmutz". Seine Ausführungen lassen auch erkennen, dass die nationalsozialistischen Deutungen der Demokratie in Inhalt und Sprache („Schmutz" versus „Sauberkeit") noch nachwirkten.

An der Technischen Hochschule Hannover machte der AStA-Vorsitzende Ernst Otto Rossbach im März 1947 deutlich, Politik gehöre „nicht in die Hörsäle"; Studierende müssten zudem zwischen „politischer Mitverantwortung" und „Parteipolitik" unterscheiden.[409]

Die demokratisch gewählten Einrichtungen der studentischen Selbstverwaltung erfreuten sich unabhängig von häufigen Vorbehalten gegen „die Politik" einer relativ hohen Akzeptanz unter den Studierenden der Technischen Hochschule Hannover. Von 1336 Studierenden hielten 1948 844 die Studentische Kammer und den von ihr gewählten Allgemeinen Studentischen Ausschuss für „nötig", was einem Anteil von 63,2 Prozent der Studierenden entsprach. 390 Studierende (29,2 Prozent) waren der Meinung, die parlamentarische Ebene könne abgeschafft und die Studentenschaft allein durch den AStA vertreten werden; 23 (1,7 Prozent) sahen dies umgekehrt und wollten am liebsten nur das studentische Parlament als Entscheidungsträger erhalten. 45 Studierende (3,4 Prozent) erklärten, dass sie beide Institutionen ablehnten; weitere 34 (2,5 Prozent) wollten sich nicht äußern.[410] Die Studierenden der TH Hannover standen also mehrheitlich hinter dem Modell der demokratischen Selbstverwaltung oder akzeptierten es zumindest.

Der erste AStA an der TH Hannover wurde am 23. Juli 1946 gewählt und bestand aus 12 Personen, darunter befand sich eine Frau. Ernst Otto Rossbach, der wie erwähnt dem als „Universitas" wieder gegründeten Corps Slesvico-Holsatia vorstand, wurde Vorsitzender des Gremiums.[411] Rossbach, der sein Studium für den Kriegsdienst unterbrochen hatte, war während der NS-Zeit Vorsitzender des hannoverschen NS-Studentenbundes gewesen.[412] Diese personelle Kontinuitätslinie wurde von der Hochschulleitung und den Briten nicht beanstandet.

---

408 Klostermann, Verbindungswesen, 3.
409 „Entwicklung der Persönlichkeit: Immatrikulation an der Technischen Hochschule", HNN vom 19.3.1947.
410 NHStA Nds. 423, Acc. 11/85, Nr. 419, Ergebnisse einer Umfrage des AStA unter Studierenden der TH Hannover, 22.7.1948.
411 NHStA Nds. 423, Acc. 11/85, Nr. 419, Mitteilung des AStA an Rektor Müller, 29.7.1946.
412 Vgl. BA Berlin, PK K64, Mikrofilm Bild 2985. Die Personalakte, die die NSDAP über Rossbach führte, enthält hierzu nur spärliche Angaben. Offensichtlich wurde er, der der „Kameradschaft Bock" des NS-Studentenbundes (NSDStB) an der TH Hannover angehörte, irgendwann im Laufe des Jahres 1941 von der in München ansässigen Reichsstudentenführung, Abteilung Politische Erziehung, angeschrieben und erklärte sich unter dem 12.7.1941 bereit, sich

Die Aufgabe des AStA war die Vertretung der studentischen Interessen. So gab es einen Sozialreferenten, der eng mit dem Studentenwerk zusammen arbeitete. Das Referat für Kultur war für die Organisation von Veranstaltungen und z. B. für die Aushandlung von Kartenermäßigungen mit den städtischen Theatern zuständig. Der Auslandsreferent betreute ausländische Studierende und organisierte Kontakte zu ausländischen Hochschulen und Studentenschaften; auch bei der Auswahl von Bewerbern für Auslandsaufenthalte berieten er und ein hierfür zuständiger Kammerausschuss den Rektor.[413]

Für die meisten VertreterInnen der hannoverschen ASten und der studentischen Kammer war die Frage eines „politischen Mandates"[414] der Studentenschaft geklärt, bevor sie überhaupt auf der Agenda stand. Ein Recht des AStA oder der Kammer, sich zu politischen Fragen zu äußern, wurde im gesamten Untersuchungszeitraum immer wieder verneint. Besonders Mitte der 1950er Jahre, als die Kriegsteilnehmer die Hochschule mehrheitlich bereits verlassen hatten, äußerten sich AStA-Vertreter häufig in diesem Sinn. Der neue AStA-Vorsitzende von Unger verkündete zum Beispiel 1955, der Studentische Ausschuss habe nur die „sachlichen Belange"[415] der Studierenden zu vertreten, denn: „Die politische Meinung des einzelnen kann nicht durch eine Körperschaft vertreten werden."[416]

Auf der eingangs erwähnten „Konferenz der Studenten der deutschen Länder", die im Oktober 1947 stattfand und an der neben 34 StudentInnen[417] aus den

---

für eine „Führungsaufgabe" im Studentenbund zur Verfügung zu stellen, wenn er im WS 1941/42 vom Studium frei gestellt würde.
413 Vgl. NHStA Nds. 423, Acc. 11/85, Nr. 419–421, Allgemeine Studentenschaft, AStA-Protokolle.
414 Zu den Auseinandersetzungen um das „politische Mandat" vgl. z. B. Ulrich K. Preuß, *Das politische Mandat der Studentenschaft. Mit Gutachten von Robert Havemann, Werner Hofmann und Jürgen Habermas/Albrecht Wellmer*, Frankfurt a. M. 1969. Gegner des „politischen Mandates" argumentierten vor allem mit seiner Unvereinbarkeit mit dem Prinzip der staatsbürgerlichen Repräsentation in Parlamenten und der Tatsache, dass die Studentenschaft eine Zwangskörperschaft sei (vgl. ebd. 12). Andere argumentierten, dass die Positionierung in politischen Fragen tägliche Praxis in den studentischen Gremien sei und dies vor dem Hintergrund der Freiheit der Wissenschaft auch gar nicht anders sein könne (ebd., 132 f.) Im Zusammenhang mit dieser Auseinandersetzung wurde zum Beispiel eine Resolution des Konvents der FU Berlin vom dortigen Verwaltungsgericht für rechtswidrig erklärt (ebd., 128). Habermas und Wellmer begründeten ihre Ablehnung solcher Rechtsprechung wie folgt: „Eine sich selbst, ihren faktischen Bedingungen wie ihren politischen Folgen gegenüber kritische Wissenschaft verlangt (...) Einübung in Bildungsprozesse, die das falsche Bewußtsein einer unpolitischen Autonomie der Wissenschaft überwinden." (Ebd., 138).
415 NHStA Nds. 423, Acc. 11/85, Nr. 421, Protokoll der Landeskonferenz der AStA-Vorsitzenden, 3.6.1955.
416 Ebd.
417 Von den 34 studentischen VertreterInnen waren drei Frauen. (Vgl. NHStA Nds. 423, Acc. 11/85, Nr. 419, Protokoll der Konferenz der Studenten deutscher Länder vom 10.–12.10.1947 in Hannover). Damit blieb man hinter den Wünschen der britischen Militärregierung zurück, deren Hochschuloffiziere zuvor vereinbart hatten, dass jede Universität mit drei und jede Hochschule mit zwei studentischen VertreterInnen anwesend sein sollte, davon jeweils mindestens eine Frau. (Vgl. NHStA Nds. 423, Acc. 11/85, Nr. 419, Schreiben der Militärregie-

westlichen und östlichen Besatzungszonen und vier Hochschulrektoren[418] auch RegierungsvertreterInnen u. a. aus Mecklenburg und Thüringen sowie 12 VertreterInnen der britischen Education Branch in Zivilkleidung teilnahmen, bot der niedersächsische Kultusminister Adolf Grimme (SPD) den häufig als „politikfern" dargestellten Studierenden eine alternative Deutungsmöglichkeit an. Grimme nahm zwar die Vorbehalte von Hochschullehrern und Studierenden gegen politische Einflußnahmen auf die Hochschule ernst, versuchte aber, eine Brücke zwischen politischem und wissenschaftlichem Engagement zu schlagen. Er führte vor den 78 TeilnehmerInnen aus:

> „[Ein] Erschwernis liegt darin, dass unsere Universitäten, unsere Hochschulen von jeher in der Vorstellung gelebt haben, dass Wissenschaft und Politik miteinander nichts zu tun hätten, eine Vorstellung, die sich als ein verhängnisvolles Unheil für unser Volk in der Zeit der Weimarer Republik erwiesen hat. Es ist wünschenswert, dass die Hochschule sich freihält von zersetzenden politischen Kämpfen, aber es ist völlig unvorstellbar in der heutigen Zeit, dass der kommende Akademiker auf der Hochschule ohne politische Schulung ist. Was ist denn der tragende Grundsatz der Demokratie? Es ist der des Respektes, der Achtung vor der Würde des Menschen und dieser demokratische Grundsatz ist ein ethisches Axiom, und ethische Axiome gehören zum Wesen, zum Bereich und zum Denkbereich des Wissenschaftlers. (...) Uns gellt allen noch von den letzten zwölf Jahren her dieses Geschrei in den Ohren, dass gut und wahr nur das sei, was dem Volke nützt. Das ist aber weder ein demokratischer noch ein wissenschaftlicher Satz, denn das ethische Axiom, das der Wissenschaftler vor seinen Studenten zu vertreten hat, heißt so: Nur, was wahr und gut ist, nützt auch dem Volke."[419]

Grimme versuchte hier, den Wahrheitsanspruch der Wissenschaftler und ihr Verlangen nach logisch begründbaren Deutungskomplexen mit den Anforderungen der modernen parlamentarischen Demokratie zu verbinden und so den vielfach denunzierten Begriff des Politischen für die Akademiker positiv anknüpfungsfähig zu machen. Durch die in seinen Ausführungen enthaltene Umkehrung der Wertehierarchie und die Negation der von den Nationalsozialisten vertretenen obersten Priorität des Volksbegriffs, sowie durch die Betonung einer ethischen Ausrichtung als verbindendem Element zwischen Wissenschaft und demokratischer Politik wollte Grimme die Wissenschaftler zur aktiven Partizipation an der neuen Demokratie ermutigen. Grimmes Formulierung vom „Geschrei" der „letzten zwölf Jahre" appellierte zudem an die Distinktionsbedürfnisse vieler Akademiker gegenüber den vermeintlich „plebejischen" Elementen des Nationalsozialismus[420] und signalisierte so eine gemeinsame Deutungsgrundlage des sozialde-

---

rung, Education Branch an die ASten der deutschen Universitäten und Hochschulen, undatiert).

418 Es handelte sich um die Rektoren Flachsbart (TH Hannover), Trautmann (TiHo Hannover), Rein (Göttingen) und Hallstein (Frankfurt a. M.). Vgl. NHStA Nds. 423, Acc. 11/85, Nr. 419, Protokoll der Konferenz der Studenten deutscher Länder vom 10.–12.10.1947 in Hannover.

419 NHStA Nds. 423, Acc. 11/85, Nr. 419, Protokoll der Konferenz der Studenten deutscher Länder vom 10.–12.10.1947 in Hannover, Rede des niedersächsischen Kultusministers Adolf Grimme am 10.10.1947.

420 Die Distinktionsstrategien der westdeutschen Akademiker vom Nationalsozialismus untersucht u. a. Boch, Exponenten. Er bezieht 80 Rektoren von Universitäten (nicht von Technischen Hochschulen) ein und weist nach, dass die symbolische Abgrenzung der Akademiker

mokratischen Vertreters der „Parteipolitik" und den sich vom „Politikbetrieb" abgrenzenden Akademikern. Solche Überzeugungsversuche zeigten jedoch wenig Wirkung; die Zurückhaltung vieler Studierender gegenüber explizit politischem Engagement blieb noch lange bestehen. Ein interner Bericht des Kultusministeriums, der auf Gesprächen mit einem oder mehreren Studierenden der Technischen Hochschule beruhte und vermutlich im Jahre 1947 verfasst wurde, stellte fest: „Die allgemeine Haltung den Parteien gegenüber ist von einer tiefen Skepsis."[421]

Die Studierenden der TH Hannover und die „Schlüter-Affäre"

Dass die ablehnende Haltung der hannoverschen Studierenden gegen eine politische Positionierung zum Teil sogar weiter ging als an anderen niedersächsischen Hochschulen, zeigte sich am Verhalten des hannoverschen AStA und der studentischen Kammer in der sogenannten „Schlüter-Affäre". Der Fraktionsvorsitzende der FDP Leonard Schlüter, der zuvor der Deutschen Rechtspartei (DRP) angehört hatte, wurde am 26. Mai 1955 zum niedersächsischen Kultusminister der Regierung Heinrich Hellwege (DP) ernannt.[422] Der Protest der Georg-August-Universität Göttingen gegen diese Entscheidung, der bereits vor der geplanten Ernennung Schlüters einsetzte, wurde vor allem mit rechtsradikalen Äußerungen des Abgeordneten[423] und mit der Tatsache begründet, dass die von ihm geführte „Göttinger Verlagsanstalt für Wissenschaft und Politik" „exponierte NS-Autoren"[424] publizierte. Schlüter waren zudem von der britischen Militärregierung 1949 öffentliche Auftritte untersagt worden; dieses Verbot war zur Bundestagswahl wieder aufgehoben worden.[425] Den Höhepunkt der von großer öffentlicher Aufmerksamkeit begleiteten Proteste bildeten die Rücktritte des Göttinger Rektors Emil Woermann und des Senates am Tag der Ernennung Schlüters zum Minister.[426] Der Göttinger AStA unterstützte den Protest, indem er ebenfalls zurücktrat und einen Vorlesungsstreik sowie eine Solidaritätskundgebung mit Fackelzug

---

vom Nationalsozialismus nach 1945 häufig über Schilderungen einer „kulturlosen" (Georg Schreiber, Rektor der Universität Münster) „Diktatur der Ungebildeten" (Joseph Kroll, Rektor der Universität Köln) vorgenommen wurde (ebd., 297).

421 GStA PK, VI. HA, Familienarchive und Nachlässe, Nachlass Adolf Grimme, Nr. 774, „Bericht über die Haltung der Studenten an der TH Hannover", undatiert, vermutlich 1947.

422 Heinz-Georg Marten, *Der niedersächsische Ministersturz. Protest und Widerstand der Georg-August-Universität Göttingen gegen den Kultusminister Schlüter im Jahre 1955*, Göttingen 1987, 19ff., 38.

423 Auf einer kommunalen Wahlkampfveranstaltung hatte Schlüter das Jahr 1933 z. B. als „nationale Erhebung" im „schlafenden Deutschland" bezeichnet und seine Hoffnung auf ein „neues 1933" ausgedrückt. Vgl. Marten, Ministersturz, 101.

424 Ebd., 21. Verlegt wurden von Schlüter z. B. der frühere Hauptschriftleiter des SS-„Ahnenerbes" K.W. Rath sowie der erste Chef des Geheimen Staatspolizeiamtes (Gestapa) Rudolf Diels, wie der Göttinger Studentenrat dokumentierte (vgl. ebd., 44). Diels war auch nach 1945 Ehrensenator der TH Hannover (vgl. Kapitel 1).

425 Ebd., 166.

426 Ebd., 39f.

organisierte.[427] Auch der Rektor der Technischen Hochschule Braunschweig Eduard Justi trat zurück und wurde vom AStA seiner Hochschule darin ausdrücklich unterstützt.[428] Die Initiativen erfuhren breite nationale und internationale Unterstützung und führten zur Einsetzung eines Untersuchungsausschusses im niedersächsischen Landtag. Am 9. Juni 1955 erklärte Leonard Schlüter seinen Rücktritt.[429]

Anders als die Braunschweiger Studentenschaft weigerte sich die Mehrheit der Studierenden der TH Hannover, sich mit den Göttingern solidarisch zu erklären oder sich in dem Konflikt überhaupt zu positionieren. Der AStA-Vorsitzende von Unger, der vom Studentenrat der Universität Göttingen zu einer Erklärung aufgefordert worden war, begründete diese ablehnende Haltung nicht nur mit einem Mangel an Informationen über Schlüter, sondern bestritt grundsätzlich das Recht der Studierendenvertretung, sich zu dieser und ähnlichen Fragen zu äußern. Eine Woche vor Schlüters Rücktritt stellte von Unger im Namen des hannoverschen AStA klar:

„Der AStA Hannover lehnt eine Solidaritätserklärung zur Aktion Göttingen ab, da er keine politische Institution ist, sondern die sachlichen Belange der 3000 Studenten zu vertreten hat. Die politische Meinung des einzelnen kann nicht durch eine Körperschaft vertreten werden."[430]

Der AStA stellte sich hinter den Rektor und den Senat der Technischen Hochschule, die sich erst nach Aufforderungen der Presse überhaupt hatten äußern wollen. Auch die Senatoren lehnten eine eindeutige Stellungnahme ab und erklärten lediglich ihr „Verständnis [...] für die innere Haltung"[431] der Göttinger Kollegen. Man reklamierte einen „Mangel an nachprüfbaren Unterlagen"[432] zum Fall Schlüter. Die Göttinger Studierenden hatten in ihrer detaillierten Dokumentation des Schlüterschen Verlagsprogramms 1955 auch den kurze Zeit später zum ordentlichen Professor für Landesplanung an der TH Hannover ernannten Konrad Meyer, den Schöpfer des „Generalplan Ost", genannt[433]; inwiefern dies die Haltung des hannoverschen Senates beeinflusste, kann nicht geklärt werden. Auf Landesebene scheiterten die Vertreter der Göttinger Studierenden mit dem Versuch, alle ande-

---

427 Ebd., 50f.
428 Maaß, Studenten, 235f. Anders als der Göttinger AStA trat der AStA der TH Braunschweig nicht zurück, stärkte Justi aber durch eine Solidaritätserklärung und einen Fackelzug den Rücken.
429 Marten, Ministersturz, 67.
430 NHStA Nds. 423, Acc. 11/85, Nr.421, Protokoll der Landeskonferenz der AStA-Vorsitzenden Niedersachsens, 3.6.1955.
431 NHStA Nds. 423, Acc. 11/85, Nr.421, Presseinformation des Rektors Schönfeld, Mai/Juni 1955.
432 Ebd.
433 Marten, Ministersturz, 55f. Die Göttinger Studierendenvertretung hatte Konrad Meyer als Autor in Schlüters Verlagsanstalt geführt, und zwar unter der Rubrik „Professoren, die nicht wieder zur Lehrtätigkeit zugelassen wurden". Der 1956 an die TH berufene Professor für Landesplanung Konrad Meyer schrieb bereits im August 1955 an den AStA der Universität Göttingen, dies sei unrichtig und er dürfe wieder lehren (ebd., 56).

ren niedersächsischen AStA-Vorsitzenden doch noch hinter sich zu bringen. Es gelang lediglich, eine Erklärung zu verabschieden, die ebenfalls Verständnis für die „innere Haltung"[434] der Göttinger äußerte.

In der hannoverschen Kammer bot die „Schlüter-Affäre" Anlass zu einer der wenigen nachweisbaren Kontroversen. 59 Kammermitgliedern und 18 Gäste diskutierten den Bericht des AStA-Vorsitzenden von Unger. Vor allem die Tatsache, dass die Landesverbandskonferenz der AStA-Vertreter gegen die Stimmen von Göttingen und Braunschweig eine Solidaritätssammlung für die Göttinger abgelehnt hatte, erregte die Gemüter. Einzig die Vertreter der Bergakademie Clausthal-Zellerfeld und der hannoverschen TiHo stimmten nämlich gegen die Sammlung; von Unger enthielt sich. Die Abstimmung wurde jedoch durchgeführt, während der Vertreter der Wilhelmshavener Hochschule für Arbeit, Politik und Wirtschaft sich wegen eines Telefonats nicht im Raum aufhielt.[435] In der nachträglichen Aussprache in der studentischen Kammer der TH Hannover am 14. Juli 1955, also über einen Monat nach Leonard Schlüters Rücktritt, beklagten einzelne Kammermitglieder, der Vorsitzende von Unger habe in seiner Ablehnung jeglicher Solidarität mit den Göttinger Kommilitonen eigenmächtig gehandelt. Auch habe er nichts zur Information der hannoverschen Studierenden unternommen. Zudem hätte von Unger selbst nach Göttingen fahren müssen, um sich persönlich ein Bild zu machen und eventuell fehlende Hintergrundinformationen zu beschaffen.[436]

Von Unger geriet durch die Debatte, in der ihm auch ein Rücktritt nahe gelegt wurde, so unter Druck, dass er sein Bedauern zu Protokoll geben musste, die Studierenden der TH nicht früher und genauer informiert zu haben.[437] Als Kammermitglied Stegemeier aus einer Presseschau des DGB eine Stellungnahme Werner Schlüters von 1951 vorlas, verlor von Unger die Nerven und rief dazwischen, Mitteilungen des DGB seien grundsätzlich nicht diskutabel.[438] Später legte er noch nach und behauptete: „Der Verfasser [ist] ehemaliger Kommunist."[439] Der DGB hatte Schlüter mit den folgenden Worten zitiert:

> „1933 ist für uns das Jahr der nationalen Empörung, das ich und meine Gesinnungsfreunde uns jedes Jahr wieder wünschen. An dem Tag, an dem das deutsche Volk die Freiheit vom Petersberg erlangen wird, hat auch für alle Parteien und das ganze parlamentarische System die letzte Stunde geschlagen."[440]

Ausdrücklich wurde von Teilen der Kammer die Leidenschaftslosigkeit kritisiert, mit der der AStA die Angelegenheit bisher diskutiert habe. Der Argumentation von Ungers, er habe besonders „sachlich" sein wollen, wo die Presse „nicht sach-

---

434 NHStA Nds. 423, Acc. 11/85, Nr. 421, Protokoll der Landeskonferenz der AStA-Vorsitzenden Niedersachsens, 3.6.1955.
435 NHStA Nds. 423, Acc. 11/85, Nr. 421, Protokoll der Kammersitzung am 14.6.1955, Stellungnahme des Kammermitgliedes Stegemeier.
436 Ebd., Stellungnahmen der Kammermitglieder Stegemeier und Stoß.
437 Ebd., Erklärung von Ungers.
438 Ebd., Zwischenruf von Ungers.
439 Ebd., Stellungnahme von Ungers.
440 Zit. n. ebd., Stellungnahme Stegemeiers.

lich" gewesen sei[441], widersprachen einige Studenten energisch. Kammermitglied Stoß verkündete:

> „Wir Staatsbürger sollten wissen, dass eine Leidenschaft in Politik und auch in der Demokratie unbedingt notwendig sind. So hätte der AStA eine eindeutige Stellung beziehen müssen, auch wenn dabei der Kopf des Vorsitzenden hätte rollen müssen."[442]

In dieser Situation sah sich Rektor Hans Schönfeld, der wie meist gemeinsam mit dem Vertreter der Hannoverschen Hochschulgemeinschaft, dem Freiherrn von Cosel, an der Sitzung teilnahm, veranlasst, ausführlich das Wort zu ergreifen, bevor ein Beschluss gefasst werden konnte. Nachdem er erklärt hatte, mit anderen Rektoren und mit „politischen Persönlichkeiten"[443] über die Angelegenheit diskutiert zu haben und nicht genügend Informationen über Werner Schlüter zu besitzen, räumte Schönfeld lediglich ein, dieser hätte zu seinem Verlagsprogramm „Stellung nehmen" müssen, da es „starke Bedenken"[444] in der Öffentlichkeit hervorrufe. Letztlich hätten Rektor und Senat eine „Reservestellung" eingenommen, die man nur bei nicht näher spezifizierten „negativen Schritten" Schlüters zu verlassen beabsichtigt habe.[445] Der Rektor wies den Verdacht, der AStA-Vorsitzende von Unger sei von der Hochschulleitung beeinflusst worden, zurück. Schönfelds Stellungnahme enthüllt auch, dass die einflussreichen Alten Herren der Korporationen Stellungnahmen der Hochschulvertreter gegen Schlüter nicht geschätzt hätten. Im Protokoll wird Schönfeld mit folgendem Satz zitiert: „Diese reservierte Stellung [hat] sich günstig ausgewirkt auf beabsichtigte Schritte des Altherrenverbandes der Koporationen."[446]

Wenige Minuten nach den Ausführungen des Rektors wurde ein Antrag auf Schluss der Debatte angenommen. Der Vorschlag, die Kammer solle das Verhalten des AStA-Vorsitzenden rügen, scheiterte. 16 KammervertreterInnen hatten dafür gestimmt, 34 dagegen.[447] Die Studentenschaft der TH Hannover hatte sich selbst einen Maulkorb in Sachen Schlüter verpasst; am „niedersächsischen Ministersturz" hatte man keinen Anteil.

Neben der Schlüter-Affäre gibt es noch weitere Beispiele für die selbst verordnete Distanz zu politischen Stellungnahmen, die offensichtlich von der Mehrheit der TH-Studierenden getragen wurde. Als etwa die Studierenden in anderen Städten 1952 gegen die Aufführung von Filmen des ehemaligen NS-Propagandaregisseurs Veit Harlan („Jud Süß") protestierten, dabei zum Teil von den Senaten unterstützt und von der Polizei niedergeknüppelt wurden[448], ent-

---

441 Ebd., Stellungnahme von Ungers.
442 Ebd., Stellungnahme Stoß.
443 Ebd., Stellungnahme des Rektors Schönfeld.
444 Ebd.
445 Ebd.
446 Ebd.
447 Ebd., Beschlussfassung der studentischen Kammer. Vier VertreterInnen enthielten sich der Stimme.
448 Die Proteste waren auch häufig Kundgebungen für eine sog. „Aussöhnung" mit Israel. Vgl. „Wollen wir Frieden mit Israel?" O. Verf., in: *DUZ* Jg. 7/Nr. 2, 25.1.1952, 5; Ulrich Grossmann-Doerth, „Demonstration in Göttingen", in: *DUZ* Jg. 7/Nr. 3, 8.2.1952, 4, sowie „Stel-

schied man sich in Hannover wiederum für „Zurückhaltung". Die verfasste Studentenschaft hat die Problemlage nicht thematisiert.

Die Haltung der studentischen Gremien gegenüber der Restauration der Corps und Burschenschaften ist bereits dargestellt worden: Bemühungen, eine kritische Mehrheit gegen die Mensur zu bilden, scheiterten, nachdem diese auch von den Professoren wieder geduldet wurde.

Politische Stellungnahmen der „unpolitischen" Studenten

Die Tatsache, dass viele Studierende der Technischen Hochschule Hannover sich in ihren öffentlichen Äußerungen für Distanz zur (Partei)Politik aussprachen, bedeutet nicht, dass sie keine politischen Vorstellungen hatten, die sie auch aktiv in ihren Gremien und Vereinigungen vertraten. So verfochten sie beispielsweise Ansichten über ihre künftige gesellschaftliche Rolle als Akademiker, die zwar nicht „politisch" genannt wurden, es aber deutlich waren. Ein Anhaltspunkt hierfür ist das elitäre Bewusstsein zahlreicher Studenten. Viele sahen sich als Teil einer künftigen Elite, die Führungsaufgaben in der Bundesrepublik wahrnehmen werde. Berufen dazu fühlten sie sich, ähnlich wie die meisten Professoren, durch ihre fachliche Qualifikation gepaart mit ihrer „Begabung". In einem längeren Artikel über zeitgenössische politische Entwicklungen und die Aufgaben studentischer Vereinigungen schrieb der angehende Ingenieur Gerhard Hennig 1951:

> „Der Akademiker ist auf Grund seiner besonderen Begabung – die ja Voraussetzung zu seinem Studium war – zur geistigen Oberschicht zu rechnen; zumindest aber besitzt er Verstandeskräfte, die über dem Durchschnitt liegen. Ferner gehört der Akademiker aufgrund seiner beruflichen Stellung zur Führungsschicht des Volkes. Aus diesen beiden Tatsachen ergeben sich seine hohe Aufgabe und besondere Verantwortung."[449]

---

lungnahmen zum Fall Harlan", in: *DUZ Jg. 7/Nr. 3, 8.2.1952*, 21. Studentendemonstrationen gegen Veit Harlan fanden Anfang 1952 z. B. in Freiburg, Göttingen und Münster sowie in Braunschweig statt (Vgl. Maaß, TH Braunschweig, 235). Die ASten reagierten unterschiedlich: Der AStA der Universität Münster distanzierte sich von den Protesten mit der Begründung, Harlan sei „entnazifiziert" (Vgl. Stellungnahmen). Die verfasste Studentenschaft der Universität Köln erklärte in einer Resolution an den Bundesinnenminister 1952 ihre Solidarität mit den DemonstrantInnen und forderte eine Kennzeichnungspflicht für Polizisten (Vgl. Solidaritätserklärungen, in: DUZ Jg. 7/Nr. 4, 22.2.1952, 21). Auch die Studentenschaft der TH Berlin erklärte sich solidarisch (ebd.). Niedersachsens Kultusminister Richard Voigt (SPD) erklärte, er stehe „voll und ganz hinter den Motiven" der Proteste (ebd.). Eine ähnliche Erklärung gaben 48 Professoren der Universität Göttingen ab. Sie verurteilten insbesondere „Überfälle offenbar organisierter Schlägertrupps" auf die Studierenden, sowie antisemitische Äußerungen von GegendemonstrantInnen (Vgl. Stellungnahmen). Auch der Senat der Freiburger Universität unterstützte die Proteste (vgl. Silke Seemann, *Die politischen Säuberungen des Lehrkörpers der Freiburger Universität nach dem Ende des Zweiten Weltkrieges (1945–1957)*, Freiburg i. Br. 2002, 343).

449 Hennig, Lebensgemeinschaften, 46.

Die Konstruktion einer auf „Begabung" beruhenden „geistigen Oberschicht" und „Führungsschicht des Volkes" stellte ein Bekenntnis zu einem elitistischen Gesellschaftbild dar und kann damit als politische Stellungnahme angesehen werden.

Die Zweifelhaftigkeit des Postulats von der „unpolitischen" Studentenschaft zeigte sich auch dort, wo die Förderung bedürftiger Studierender und damit auch die soziale Zusammensetzung der Hochschule zur Debatte stand. Eine in dieser Hinsicht aufschlussreiche Stellungnahme gaben der AStA-Vorsitzende Joachim Kadereit und der Sozialreferent Gillmann im Dezember 1952 zu Protokoll. Zwar sei die soziale Lage der Studierenden unverändert schwierig. Die Tatsache, dass die Zahl der durch Stipendien geförderten Studierenden drastisch gesenkt worden war, nämlich von 565 im Wintersemester 1952/53 auf 263 im Sommersemester 1953 und nochmals auf nur noch 52 im Wintersemester 1953/54, war in den Augen der AStA-Vertreter jedoch Zeichen einer „sauberen sozialen Haltung"; die Studierenden gingen eben lieber arbeiten und hätten kein großes „Anspruchsdenken".[450] Gleichwohl müsse die „Heranzucht von Halbakademikern"[451], die durch zuviel Erwerbsarbeit entstehe, vermieden werden. 150 DM seien als Existenzminimum zu veranschlagen; 30 DM könne der Student selbst aufbringen, ohne das Studium zu vernachlässigen. Die Verwendung finanzieller Überschüsse des Studentenwerkes für eine Senkung der Mensapreise lehnten Kadereit und Gilmann ausdrücklich ab. Gefördert werden solle nur individuell nach Prüfung der „Würdigkeit":

> „Bei jeder allgemeinen Förderung werden neben einer kleinen Gruppe Bedürftiger und Würdiger der grosse Kreis derer unterstützt, bei denen keine Notwendigkeit vorliegt oder die als nicht förderungswürdig im Sinne unserer Betrachtung anzusehen sind."[452]

Solche Stellungnahmen zeigen, dass die Auffassung, die Studentenvertretung halte sich aus politischen Fragen heraus und vertrete nur die „sachlichen Interessen" der Studentenschaft nicht zutreffend war. Die AStA-Vertreter handelten politisch, indem sie sich für eine bestimmte soziale Struktur des Akademikernachwuchses und letztlich für eine relative soziale Abgeschlossenheit der Hochschule einsetzten. Denn wenn „Anspruchsdenken" in bezug auf die finanzielle Förderung bedürftiger Studenten in den Augen des AStA ebenso abzulehnen war wie zuviel außeruniversitäre Erwerbsarbeit, so blieb im Grunde nur noch die Gruppe derer als geeignet für ein Studium übrig, die entweder von ihren Familien finanziert werden konnten oder für eines der wenigen Begabtenstipendien in Frage kamen. Hier wurde eine Form von Politik gemacht, die aus der gebräuchlichen Definition von „Parteipolitik" heraus gehalten werden konnte.

Eine Ausnahme von der angeblichen „Politikferne" der Studierenden bildeten auch Äußerungen und Initiativen, die im Zusammenhang mit der deutschen Teilung und mit dem Protest gegen die Sowjetregierung, oftmals auch mit dem grundsätzlichen Antikommunismus, standen. Diese galten in den Augen der en-

---

450 NHStA Nds. 423, Acc. 11/85, Nr. 684, Stellungnahme des AStA zur Frage der finanziellen Förderung der Studenten, 14.12.1953.
451 Ebd., 3.
452 Ebd., 3.

gagierten Studierenden nicht als politisch, sondern wurden im Kontext der deutschen Teilung gewissermaßen als eine überpolitische nationale Aufgabe interpretiert. Edgar Wolfrum hat darauf hingewiesen, dass etwa der 17. Juni 1953 besonders in moralischen Kategorien und als Möglichkeit zur Wiederherstellung der „nationalen Ehre" rezipiert wurde.[453] Entsprechend der Resolution des 3. Deutschen Studententages der Britischen Zone, der im Juli 1947 die „Auseinanderentwicklung im Ausbildungswesen und der geistigen Haltung der vier Zonen"[454] angeprangert und von den Studierenden ein stärkeres Engagement für die deutsche Einheit verlangt hatte, bildete die Auseinandersetzung mit der deutschen Teilung und den politischen Verhältnissen in der sowjetischen Besatzungszone seit Ende der vierziger Jahre einen Schwerpunkt der Arbeit der studentischen Selbstverwaltung und vieler Hannoveraner Vereinigungen. So forderte z. B. die Studentengemeinde der Fakultät für Gartenbau im Februar 1953 in einem Rundschreiben dazu auf, ihre Partnergemeinde an der Ingenieurschule in Mittweida zu unterstützen, die durch Verhöre unter Druck stehe.[455] 1952 und 1953 führte der AStA der Technischen Hochschule Hannover in der Heimvolkshochschule Hustedt bei Celle ein Ferienseminar zum Thema: „Deutschland zwischen Ost und West. Deutschlands Wiedervereinigung und die Pflicht des Studenten als Staatsbürger"[456] durch. Solidaritätsaktionen für den antisowjetischen Aufstand in Ungarn und die Hilfe für von dort geflohene Studierende standen in der Arbeit des AStA Ende des Jahres 1956 im Vordergrund: Ein Schweigemarsch und eine Kranzniederlegung an der Aegidienkirche wurden ebenso organisiert wie Geldsammlungen.[457] Der hannoversche AStA schickte auch ein Protest-Telegramm an die sowjetische Regierung.[458] Die Solidaritätsaktion wurde auf das in der Suez-Krise von Israel, Großbritannien und Frankreich angegriffene Ägypten ausgedehnt. Auf dem hannoverschen Schweigemarsch wurden auch Transparente mitgeführt, die sich deutlich gegen die Westalliierten und Israel richteten, so etwa ein Plakat mit der Aufschrift: „Wer bestraft die neuen Kriegsverbrecher?"[459]

Die genannten Beispiele machen deutlich, dass manche politische Angelegenheit unter den Studierenden thematisiert und auch mit politischen Argumenten ausgefochten wurde. Auch wenn die meisten Studierenden sich gern als „unpolitisch" darstellten und die verfasste Studentenschaft Stellungnahmen zu politischen

---

453 Vgl. Edgar Wolfrum, *Geschichtspolitik in der Bundesrepublik Deutschland. Der Weg zur bundesrepublikanischen Erinnerung*, Darmstadt 1999, 79.
454 NHStA Nds. 423, Acc. 11/85, Nr. 419, Resolution des 3. Studententages der Britischen Zone, 18.7.1947.
455 NHStA Nds. 423, Acc. 11/85, Nr. 411, Rundschreiben der ev. Studentengemeinde Sarstedt (Fakultät für Gartenbau), Februar 1953.
456 NHStA Nds. 423, Acc. 11/85, Nr. 420, Klaus Müller, AStA-Vorsitzender, an das nds. Kultusministerium, 23.1.1953.
457 NHStA Nds. 423, Acc. 11/85, Nr. 421, Aufruf des AStA vom 5.11.1956, Protokolle der Sitzungen der Studentischen Kammer November/Dezember 1956.
458 „Studenten protestieren gegen das Unrecht in der Welt. Schweigemarsch durch Hannover. Sammlung für Ungarn und Ägypten", HP vom 6.11.1956.
459 Ebd.

Auseinandersetzungen häufig ablehnte, gab es doch deutliche Positionierungen, wie etwa das Protesttelegramm des AStA an die Sowjetregierung belegt.

Bemerkenswert an allen erwähnten Auseinandersetzungen ist, dass sich die Studierendenvertretung nie gegen die Leitungspersonen der TH positionierte. Der Rektor oder ein anderer Vertreter der Hochschulleitung war in der Regel auf den parlamentarischen Sitzungen anwesend und scheute sich auch nicht, hier ausführlich Stellung zu beziehen. Die einzige Ausnahme von dieser Eintracht zwischen Hochschulleitung und Studierendenvertretung bildete eine Auseinandersetzung mit dem Rektor Walter Hensen im Jahre 1956. Hensen hatte die Existenz der studentischen Kammer aufgrund des angeblichen Mangels an „drängenden" Themen und Problemen in Frage gestellt. Die Studierenden verteidigten ihr Parlament, wobei die Debatte vom Ungarn-Aufstand überlagert und in der Folgezeit nicht wieder aufgenommen wurde.[460]

Noch 1958 scheiterte der AStA der TH Hannover, der inzwischen ein Recht auf politische Meinungsäußerung für die verfasste Studentenschaft reklamierte, am Willen der eigens einberufenen studentischen Vollversammlung. Die AStA-ReferentInnen hatten unter dem Eindruck der Anti-Atomtod-Kampagne[461] sowie verschiedener Protestaktionen etwa der Heidelberger Studierenden beantragt, sich in der Frage der atomaren Aufrüstung deutlich zu positionieren und in einem Offenen Brief an die Bundesregierung zu appellieren:

> „Die Studentenschaft der Technischen Hochschule Hannover befürwortet, daß Kernwaffen allgemein geächtet und verboten werden. Sie bittet die Bundesregierung, in Verhandlungen zu versuchen, dies zu erreichen und zunächst auf die Ausrüstung der Bundeswehr mit Kernwaffen zu verzichten."[462]

Der Ältestenrat der studentischen Kammer stellte sich gegen diesen Antrag. Zur Begründung führte man an, eine solche Stellungnahme könne „parteipolitisch" gedeutet werden:

> „Zu einem Zeitpunkt, an dem das Problem der atomaren Aufrüstung in der Öffentlichkeit so heftig diskutiert wird, und alle Aktionen für oder gegen den Beschluß des Bundestages ihren Ursprung in parteilichen Auseinandersetzungen haben, ist es nicht zu vermeiden, daß eine diesbezügliche Erklärung der Studentenschaft von der Öffentlichkeit parteipolitisch ausgewertet wird."[463]

Mehrere Kammermitglieder warnten vor einem „Anfang zur Politisierung"[464] der Studierendenvertretung, der auf jeden Fall vermieden werden müsse. Politische Stellungnahmen könne man grundsätzlich nur „als Privatperson" abgeben, so Kammermitglied Binder.[465] Die Gegner des Antrages griffen sogar auf das dama-

---

460 Vgl. NHStA Nds. 423, Acc. 11/85, Nr. 421, Protokoll der Sitzung der studentischen Kammer am 16.10.1956.
461 Vgl. z. B. Lothar Rolke, *Protestbewegungen in der Bundesrepublik*, Opladen 1987, 187ff.
462 NHStA Nds. 423, Acc. 11/85, Nr. 417, Protokoll der Vollversammlung im Lichthof am 30.4.1958, 1.
463 Ebd., 2f.
464 So Kammermitglied Binder, ebd., 4.
465 Ebd.

lige „Totschlagargument" zurück, der sozialdemokratische Kammerpräsident Gorny habe Kontakte zur SED.[466] „Der Antrag sei so formuliert, wie es in der sowjetischen Besatzungszone üblich sei"[467], vermerkte das Protokoll. Falls er angenommen werde, was im Übrigen die Politiker „unnötig belaste"[468], werde man diesen Beschluss in der sowjetischen Besatzungszone ganz sicher „im kommunistischen Sinne auswerten[469], behauptete Kammermitglied Theodor Kranz. Kranz, der der nicht schlagenden katholischen Verbindung Gothia angehörte, war Wortführer einer Gruppe von Vertretern verschiedener katholischer Verbindungen sowie der katholischen Studentengemeinde, die hinter den Kulissen dieser Auseinandersetzung längst das getan hatten, was vielen Studierenden vermeintlich als verpönt galt: sie hatten sich zusammen getan und eine Strategie entworfen, um ihre politischen Interessen durchzusetzen.[470] Öffentlich bekannt wurde das nicht.

Der Kampf der katholischen Studenten gegen eine politische Positionierung der Kammer wurde in der Verbindungsgeschichtsschreibung noch Jahrzehnte später als „Abwehr von Missbrauch Studentischer Gremien für (partei-) politische Zwecke"[471] gerühmt. Der schließlich getroffene Beschluss gegen eine kritische Positionierung in der Atomfrage habe zehn Jahre nachgewirkt und sei „immer wenn wieder der Versuch unternommen wurde, Beschließungen zu allgemeinen politischen Fragen durchzusetzen"[472] erfolgreich ins Feld geführt worden. Dass auch die Ablehnung eines Antrages gegen die Atombewaffnung eine politische Stellungnahme war, wurde nicht reflektiert. Der Beschluss, den die Studentenschaft der Technischen Hochschule Hannover auf dem Höhepunkt der bundesweiten Protestwelle gegen Atomwaffen fasste, lautete:

> „Die Studenten der Technischen Hochschule Hannover und ihre Organe verzichten auf Stellungnahme zur atomaren Aufrüstung, um einer möglichen, unerwünschten Politisierung des Hörsaals keinen Vorschub zu leisten."[473]

Andere Studierendenvertretungen gingen einen anderen Weg: zwölf bundesdeutsche Studentenschaften beschlossen im Namen von insgesamt 48.000 KommilitonInnen Erklärungen gegen die atomare Aufrüstung der Bundeswehr.[474]

An der Technischen Hochschule Hannover scheint der oben zitierte Wunsch des Bundesinnenministers Lehr, in den Studierenden verlässliche Partner im Kampf gegen den „asiatischen Kollektivismus" zu finden, teilweise erfüllt worden zu sein: Die Politik der Angst vor der Sowjetunion hatte offenbar dazu geführt,

---

466 Ebd.
467 Ebd., 4 (Kammermitglied Kircheisen).
468 Ebd., 4 (Kammermitglied Kranz).
469 Ebd.
470 Ansgar Schulte, „Die katholischen Verbindungen und die KSG Hannover 1950–1970", in: Akademische Verbindung Frisia (Hg.), Einhundert Jahre, 188–197, hier 195.
471 Ebd., 194.
472 Ebd., 195.
473 Ebd., 4.
474 Peter Brollik/Klaus Mannhardt (Hg.), *Blaubuch 1958. Kampf dem Atomtod – Dokumente und Aufrufe*, Neuss 1988, 224. Unter diesen Studentenvertretungen waren z. B. der Studentenrat Göttingen und der AStA der Universität Hamburg (ebd., 223).

dass ein Teil der Studierenden den Kommunismus mehr fürchtete als die atomare Aufrüstung und ein anderer sich angesichts der Gefahr, mit ersterem in Verbindung gebracht zu werden, durch entsprechende Verleumdungen in Schach halten ließ. Die selbst verordneten Stillhalteklauseln befanden sich in der Tradition alter Antiparteien-Affekte, die, im Zeichen des Antikommunismus reaktiviert, nicht zuletzt gegen linke Kräfte im Innern mobilisiert werden konnten.[475]

Der politische Streit jedoch, von dem sich viele Studierende nach dem Krieg so deutlich distanziert hatten, war im Laufe der 1950er Jahre zu einer Normalität in der Studentischen Kammer geworden.

ZUSAMMENFASSUNG

Die zeitgenössische Diagnose des Soziologen Helmut Schelsky, der der „skeptischen Generation" der Nachkriegszeit eine große Distanz zur Politik attestiert, scheint für die meisten Nachkriegsstudierenden auf den ersten Blick zuzutreffen. Wie am Beispiel Hannovers gezeigt wurde, war eine zum Teil mit antikommunistischer Rhetorik verknüpfte „Skepsis" gegenüber der „Parteipolitik" tatsächlich weit verbreitet.

Gerade die regen Diskussionen über die Neugestaltung studentischer Vereinigungen, die besonders bis Anfang der 1950er Jahre sowohl überregional als auch lokal stattfanden, rechtfertigen jedoch eine Einschränkung der Thesen Schelskys. Die Studierenden der ersten Nachkriegssemester suchten, wie auch an den Konflikten der Corpsstudenten mit ihren „Alten Herren" deutlich geworden ist, zum Teil tatsächlich nach neuen Formen des „Gemeinschaftslebens" und setzten sich in diesem Zusammenhang auch mit politischen Fragen, wie etwa dem anzustrebenden Charakter der Demokratie, auseinander. Dieser Umstand legt eine Relativierung und Differenzierung der Analyse Schelskys nahe, wie sie etwa Friedhelm Boll vorgenommen hat. Der Behauptung von der politischen Indifferenz der Jugend nach 1945 stellt Boll die These von einer ernsthaften politischen „Suchbewegung" einzelner Gruppen von jungen Erwachsenen in der Nachkriegszeit entgegen und plädiert für einen weiten Politikbegriff.[476]

Zudem konnte gezeigt werden, dass die Studierenden der TH Hannover sich in bestimmten Fragen politisch verhielten und positionierten, ohne dass sie dies in ihre von der Abgrenzung zur „Parteipolitik" geprägte Politikdefinition integriert hätten. Hierzu gehörten zum Beispiel die Ablehnung einer breiten, soziale Benachteiligungen ausgleichenden Studienförderung, das gemeinsame Agieren katholischer Studenten für ihre politischen Interessen in der Frage der Atombewaffnung der Bundeswehr und das Bekenntnis zu einer Elitengesellschaft. Dieses Eintreten für eine Elitengesellschaft und das damit verbundene Selbstverständnis als

---

475 Abendroth, Das Unpolitische, 200ff.
476 Boll untersucht u.a. am Beispiel des Hannoveraner „Gespräche"-Kreises die politische Bewusstseinsbildung Jugendlicher in der unmittelbaren Nachkriegszeit. Vgl. Boll, Auf der Suche, bes. 15 ff.

Angehörige einer zukünftigen „Führungsschicht" stand dabei nur scheinbar im Widerspruch zu den geschilderten sozialen Problemen. Gerade, weil es auch von den Professoren unterstützt wurde, war es gewissermaßen ein „Wechsel auf die Zukunft".

Die Thesen Helmut Schelskys, die von vielen zeitgenössischen Beobachtern geteilt wurden, müssen neben den genannten aber noch unter anderen Aspekten kritisch betrachtet werden. Schelsky diagnostizierte die Politikferne der jungen Generation nicht nur, sondern affirmierte sie, indem er sie den von ihm so genannten „politischen Generationen" der Weimarer Republik und der NS-Zeit gegenüber stellte. Neben der Abwertung politischen Handelns enthält seine Argumentation auch die These, es habe sich bei der Politikferne nach 1945 um eine positiv zu bewertende Gegenreaktion auf den Nationalsozialismus gehandelt. An dieser Deutung sind Zweifel angebracht. Möglicherweise handelte es sich hierbei um eine von vielen Älteren aus ganz konkreten Gründen geförderte Vorstellung. Der Aspekt der Fremdbestimmung durch den Nationalsozialismus wurde von ihnen häufig betont. Dadurch, dass man diesen aber als Fremdkörper brandmarkte, schien nicht die Notwendigkeit zu bestehen, seine Urheber in den Reihen der Älteren zu suchen. Politisch engagierte Studierende, insbesondere Linke, konnten dagegen ein Potenzial für kritische Nachfragen bilden, die die Version von der Fremdbestimmung in Zweifel zogen – nach 1945 war dies von den westdeutschen Professoren meist nicht erwünscht. Indem den Studierenden signalisiert wurde, dass Desinteresse an politischen Auseinandersetzungen und insbesondere am Engagement in Parteien als etwas Positives gewertet wurde, vermied man also nicht zuletzt Konflikte. Auch konnte, wie Wolfgang Abendroth herausgearbeitet hat, das „Unpolitische" nicht zuletzt der Abgrenzung vom Kommunismus und auch von der heimischen Arbeiterbewegung als „politisch" dienen[477] – eine Funktion, die in der Atmosphäre des Kalten Krieges eine große Rolle spielte. Wirkungsvoller als eine eigene Auseinandersetzung mit dem NS-System, die angeblich zur Distanz gegenüber politischem Engagement führte, war für viele Jugendliche und junge Erwachsene also die andauernde Beeinflussung in dieser Hinsicht. Nach „Werten" zu suchen und dabei „überparteilich" und „unpolitisch" zu sein galt als positiv. Wie prägend die Affirmation des vermeintlich „Unpolitischen" für viele Studenten wurde, zeigt folgende Aussage des ehemaligen Hannoveraner Architekturstudenten G. in einem Interview:

> „Ja, man brauchte nicht kritisch zu sein. Dieser neu gegründete Staat Bundesrepublik war sowas Tolles, so was Neues und viel, viel besser, als alles was vorher war, warum sollte man da Kritik üben. Und es gab keinen Anlass, ständig nur Reformen einzuführen, es funktionierte. Und alle hielten zusammen und alle machten mit."[478]

Letztlich waren es häufig auch noch ganz andere Faktoren als eine bewusste „Skepsis" als Gegenreaktion auf den Nationalsozialismus, die Studierende von politischem Engagement abhielten. Die geschilderten sozialen Probleme und der

---

477 Abendroth, Das Unpolitische, 200ff.
478 Interview der Verfasserin mit dem ehemaligen Studenten G.

Leistungsdruck im Studium spielten hier unzweifelhaft eine große Rolle; im Vordergrund stand für viele tatsächlich die eigene berufliche Zukunft.

Ende der 1950er Jahre gab es allerdings bereits deutliche Kritik an der Haltung der meisten Studierenden. So kursierte 1957 ein kleines, maschinengeschriebenes Blättchen namens „retorte" an der TH Hannover, in dem es hieß:

> „Der Sinn für res publicae ist ertrunken im Unsinn der Streberei. Sind es eigentlich Minderwertigkeits- oder Überwertigkeitskomplexe die uns gebieten, unsere Meinung zu aktuellen Fragen hinterm Berg zu halten?"[479]

Anhand der Beispiele für Konflikte in politischen Fragen ist mit allen genannten Einschränkungen und trotz der geringen Zahl von Studierenden, die in wissenschaftlichen Untersuchungen als Personen mit „definitiv demokratischem Potential"[480] ausgemacht wurden, eine Tendenz zu konstatieren, die zumindest für einen beginnenden demokratischen Lernprozess unter den Studierenden spricht. Die Formen, in denen die letztlich eben doch häufig politischen Auseinandersetzungen geführt wurden, genossen nämlich nicht nur eine hohe Akzeptanz; sie wurden im Laufe der Jahre auch zu einem festen Bestandteil des studentischen Lebens und dienten vielen Studierenden dazu, demokratische Willensbildungs- und Entscheidungsprozesse einzuüben und durch die Mitgestaltung dieser Prozesse politisch prägende Erfahrungen zu machen.[481]

---

479 NHStA Nds. 423, Acc. 11/85, Nr. 417, „retorte". Nachrichten und Kommentare aus der hannoverschen Studentenschaft Nr. 2, Februar 1957.

480 Eine empirische Untersuchung der Frankfurter Studierenden kam 1961 beispielsweise zu dem Ergebnis, nur 9 Prozent hätten ein „definitiv demokratisches Potential". Hinzu kamen 20 Prozent mit „unprofiliertem Potential", die als „eher demokratisch" eingestuft wurden. Ein „definitiv autoritäres Potential" wurde 16 Prozent zugeschrieben; unter den „Unprofilierten" seien 20 Prozent mit „eher autoritärem Potential". Vgl. Jürgen Habermas/Ludwig von Friedeburg/Christoph Oehler/Friedrich Weltz, *Student und Politik. Eine soziologische Untersuchung zum politischen Bewußtsein Frankfurter Studenten*, 3. Aufl. Neuwied/Berlin 1969. Vgl. a. die Einschätzung von Ralf Dahrendorf, *Gesellschaft und Demokratie in Deutschland*, München 1968: „Diese Studenten sind ein angemessenes Reservoir für das Kartell der ängstlichen Autoritären an der Spitze der deutschen Gesellschaft." (Vgl. ebd., 357).

481 Wie bedeutsam die konkrete Struktur der studentischen Selbstverwaltung war, zeigt sich an der Tatsache, dass die Proteste der Studentenbewegung von 1967/68 nicht zuletzt deshalb von den Studierenden der FU Berlin ausgingen, weil es hier die weit reichendste studentische Mitbestimmung nach dem sog. „Berliner Modell" bzw. Auseinandersetzungen um ihre Erhaltung gab. Diesen Zusammenhang betont z. B. Christoph Kleßmann, *Zwei Staaten, eine Nation. Deutsche Geschichte 1955–1970*, 2. Aufl. Bonn 1997, 265. Zum „Berliner Modell" vgl. a. Siegward Lönnendonker, *Freie Universität Berlin. Gründung einer politischen Universität*, Berlin 1988, 337.

4. PATHOS UND PRAGMATISMUS: KONTINUITÄT UND WANDEL IM TECHNIKDISKURS NACH 1945

Öffentliche Diskussionen über Technik und Wissenschaft sowie die Folgen, Chancen und Risiken ihrer Entwicklung und Anwendung sind ein wichtiger Teil der Selbstverständigung moderner Industriegesellschaften. Nach dem Zweiten Weltkrieg gewannen diese Debatten, die Vorläufer im Kaiserreich, in der Weimarer Republik und auch im NS-System hatten, in Westdeutschland erneut an Relevanz.[1] Doch nicht nur hier, sondern auch in anderen Ländern erfüllte die Technik häufig eine identitätsstiftende Funktion.[2]

Technische Fortschrittserwartungen konnten den Deutschen nach 1945 zur Kompensation der Erfahrungen von Niederlage und Zerstörung dienen.[3] In der unmittelbaren Nachkriegszeit war dies verbunden mit dem Bewusstsein einer historischen Zäsur, die ungewisse soziale und politische Veränderungen nach sich ziehen würde. Häufig war von einem durch den Krieg hervorgerufenen „Kollaps der sozialen Ordnung"[4] die Rede. Auch unter Angehörigen der technischen Intelligenz[5] war ein solches Krisenbewusstsein weit verbreitet. Die damit verknüpfte Frage nach der zukünftigen Ordnung der Gesellschaft war für die Ingenieure und Wissenschaftler auch eine Aufforderung, die eigene sozialen Rolle und Bedeutung neu auszuhandeln. Damit waren für sie, ähnlich wie für andere gesellschaftliche

---

1   Vgl. Bernhard Rieger, *Technology and the Culture of Modernity in Britain and Germany, 1890–1945*, Cambridge 2005. Rieger weist darauf hin, dass die öffentliche Wahrnehmung der Technik in Deutschland und in Großbritannien ambivalent war. Einerseits wurden technische Innovationen gefeiert und als Beweis für die Exeptionalität der Epoche gewertet; andererseits hatte der technische Fortschritt für viele ZeitgenossInnen etwas Undurchschaubares und Angsteinflößendes (Ebd., 49).
2   Johannes Abele, „Innovationen, Fortschritt und Geschichte. Zur Einführung", in: Johannes Abele/Gerhard Barkleit/Thomas Hänseroth (Hg.), *Innovationskulturen und Fortschrittserwartungen im geteilten Deutschland*, Köln/Weimar 2001, 9–19, hier 9. Während deutsche Debatten nach dem Ersten Weltkrieg v. a. um den Wiederaufstieg durch technologischen Fortschritt gekreist hätten, habe man in Großbritannien eher "decline"-Diskussionen, also Auseinandersetzungen über einen Niedergang des Empire und technologische Mittel gegen den ökonomischen Bedeutungsverlust geführt (vgl. Rieger, Technology, 225ff.).
3   Vgl. Abele, Innovationen, 9ff.
4   Paul Nolte, *Die Ordnung der deutschen Gesellschaft. Selbstentwurf und Selbstbeschreibung im 20. Jahrhundert*, München 2000, 208.
5   „Technische Intelligenz" wird nachfolgend mit Karl-Heinz Ludwig gefasst als „Sammelbegriff für alle Ausübenden einer technisch-qualifizierten Tätigkeit, und zwar nicht nur im unmittelbaren Produktionsprozeß, sondern auch in staatlichen Forschungs- und Lehrinstituten sowie in der Verwaltung." (Karl-Heinz Ludwig, *Technik und Ingenieure im Dritten Reich*, Düsseldorf 1974, 30).

Gruppen, Legitimationsoptionen im Hinblick auf Vergangenheit und Zukunft verbunden:

> „Die Frage nach der Zukunft verwies also auch 1945 unmittelbar auf die Vergangenheit, und die Frage nach der möglichen sozialen Schichtung und nach der Ordnung von ‚Gesellschaft' überhaupt war nicht von dem Problem des sozialen Bewußtseins, von der Wahrnehmung und Deutung der Gesellschaft – in größeren sozialen Gruppen ebenso wie bei den intellektuellen und politischen Eliten – zu trennen."[6]

Die Protagonisten des technischen Fortschritts in Wissenschaft und Wirtschaft zählten kurze Zeit später zu den Gewinnern einer Entwicklung, die Paul Nolte so beschreibt:

> „Zehn Jahre später sah das Bild schon ganz anders aus. Die Tonlage hatte zu einem vorherrschenden Optimismus gewechselt, und die Zukunft der nunmehr westdeutschen Gesellschaft erschien in klaren Umrissen, als ein deutlich gerichteter Pfeil – und dieser Pfeil zeigte sehr oft nach ‚Amerika'."[7]

Wie gelang es den Akteuren der technischen Intelligenz, die Herausforderungen, die sich einerseits aus ihrer Rolle im NS-System und andererseits aus dem Erbe verschiedener Selbstbilder und Zuschreibungen ergaben, zu meistern und neue, den Bedingungen des bundesdeutschen Systems adäquate Selbstdefinitionen zu entwickeln? Wie konnte man sowohl dem Bedürfnis nach sinnstiftender und traditonswahrender Kontinuität innerhalb der noch jungen Profession der Ingenieure als auch der Notwendigkeit der moralischen Distanzierung vom NS-System Rechnung tragen?

Die TH Hannover hatte als bedeutende Technische Hochschule in mehrfacher Hinsicht Anteil am sich neu formierenden Technik-Diskurs nach dem Ende des Zweiten Weltkrieges. So war sie als Ausbildungsinstitution der technischen Intelligenz Teil der Diskussion über das Berufsbild und den sozialen Status von Ingenieuren, aber auch über die zukünftige gesellschaftliche Rolle von Technikern und Technik. Als Forschungsinstitution betrafen die TH Hannover unmittelbar Debatten über die mögliche und tatsächliche Nutzung technologischer Innovationen und ihre Folgen.

Im Folgenden wird zunächst ein Überblick über die Technikdeutungen während der Weimarer Republik und des Nationalsozialismus gegeben. Diese Diskurse waren von vielen nach 1945 einflussreichen Akteuren mitgestaltet worden bzw. hatten ihr Denken geprägt. Die anschließende Darstellung der Hauptlinien des Technikdiskurses in der Nachkriegszeit bezieht sich nur auf Westdeutschland bzw. die Bundesrepublik und bindet die Beiträge einzelner Professoren der Technischen Hochschule Hannover ein. Hauptsächlich anhand der Hochschuljahrbücher der Jahre 1948/49 bis 1960/62 werden Kontinuität und Wandel in den Diskussionen der hannoverschen Akteure deutlich gemacht. Welches Verständnis von Wissenschaft und Technik und welche Zukunftsentwürfe, Rollendefinitionen und Statuserwartungen die Professoren mit ihrer beruflichen Praxis verbanden

---

6   Nolte, Die Ordnung, 209f.
7   Ebd., 208.

und in die öffentlichen Diskussionen einbrachten, hatte entscheidenden Einfluß auf den sich neu ordnenden Technik-Diskurs der (west-) deutschen Nachkriegsgesellschaft. Auch, wie diese Akteure ihr Verhältnis zur „angewandten Wissenschaft" in der Industrie sahen, trug zur (Neu-) Definition ihrer gesellschaftlichen Rolle bei. Nicht zuletzt waren viele Hochschullehrer gezwungen, sich mit ihrer Rolle im NS-System auseinander zu setzen.

Anhand eines einzelnen technischen Lehr- und Forschungsgebietes sollen exemplarisch Akteure und Leitbilder vorgestellt werden. Ausgewählt wird das zur Abteilung für Bauingenieur- und Vermessungswesen in der Fakultät II (Bauwesen) gehörende Lehrgebiet Verkehrswesen, das aus dem Lehrstuhl für Eisenbahnbau- und Betrieb sowie Verkehrswesen und dem Lehrstuhl für Verkehrswirtschaft, Straßenwesen und Städtebau bestand.[8] Elemente des zuvor untersuchten, sich vor dem Hintergrund der gesellschaftlichen und ökonomischen Entwicklung wandelnden Technikdiskurses spielten in diesem von der hannoverschen Hochschulleitung zu den Fächern „von Weltbedeutung"[9] gezählten Bereich eine Rolle. Darüber hinaus handelt es sich um eine Fachrichtung, anhand derer sich die Auswirkungen der veränderten gesellschaftlichen und wirtschaftlichen Anforderungen in den Wiederaufbaujahren deutlich machen lassen.

Die genannten Fragestellungen am Beispiel einer Technischen Hochschule zu untersuchen, ist folgerichtig, denn hier können Erkenntnisse über gesellschaftliche Zukunftsentwürfe, Rollendefinitionen und Statuserwartungen der mit Technik befassten Akademiker gewonnen werden. Die ausgeprägte deutsche Tradition der Verwissenschaftlichung von Technik resultierte im 19. Jahrhundert in der Gründung und dem Aufbau der Technischen Hochschulen und im Jahre 1900 in deren formaler Gleichstellung mit den Universitäten.[10] Nicht nur fungierten die Technischen Hochschulen seither als Orte der Sozialisation und Kommunikation der technischen Intelligenz; hier wurden auch, wie in der neueren Forschung betont wird, „langfristig Praktiken und Werthaltungen der Industriegesellschaft reproduziert."[11] Als „tragende Säule[n] der Infrastruktur des Wissens"[12] besaßen und besitzen Technische Hochschulen und Universitäten vielfältige (diskursive) Verknüpfungspunkte mit anderen gesellschaftlichen Bereichen. Die Technischen Hochschulen können auch als Teil des „nationalen Innovationssystems" bzw. der

---

8 Vgl. Erwin Massute, „Eisenbahnbau und -betrieb, Verkehrswesen", in: *Festschrift zur 125-Jahrfeier der Technischen Hochschule Hannover 1831–1956*, hrsg. von Rektor und Senat, Hannover 1956, 148–152.
9 *Denkschrift der Technischen Hochschule Hannover*, hrsg. von Rektor und Senat, Hannover 1946, 8.
10 Abele, Innovationen, 13.
11 Ebd. Zu diesen zählt Abele z. B. eine Neigung zu technozentrischen Lösungsansätzen in bezug auf ökonomische und soziale Probleme. Er verweist auch auf Ähnlichkeiten in der Entwicklung in BRD und DDR, die z. T. aus dieser gemeinsamen kulturellen Tradition herrührten (Ebd.).
12 Ebd., 17.

„Innovationskultur"[13] der Bundesrepublik angesehen werden. Insbesondere die Entwicklung der "science-based industries", wie etwa der Elektrotechnik, nach dem Zweiten Weltkrieg[14] zeigt die Relevanz der Forschung und Lehre an den Technischen Hochschulen Westdeutschlands für die gesellschaftliche und ökonomische Entwicklung des Landes.

4.1 ZWISCHEN KULTURKRITIK UND MACHBARKEITSWAHN: TECHNIKDEUTUNGEN IN DER WEIMARER REPUBLIK UND IM NATIONALSOZIALISMUS

Die Deutungen von Technik und technischem Fortschritt während der Weimarer Republik waren ambivalent. Einerseits herrschten in Deutschland eine zum Teil von der Hoffnung auf weltpolitischen Wiederaufstieg getragene Zustimmung zum technischen Fortschritt, ein gutes Innovationsklima und eine zwar nicht bedenkenlose, aber doch hohe Risikotoleranz.[15] Andererseits diskutierten kulturkritische Intellektuelle Technikdeutungen, die zwischen der Dämonisierung und der Verherrlichung technischer Phänomene changierten.[16] Kulturpessimistische Deu-

---

13 Das Konzept nationaler Innovationssysteme befasst sich mit dem Innovationsgeschehen einer Nation als Folge spezifischer Interaktionsmuster der handelnden AkteurInnen. Zur Forschung über Innovationssysteme vgl. z.B. Hariolf Grupp/Iciar Dominguez-Lacasa/Monika Friedrich-Nishio, *Das deutsche Innovationssystem seit der Reichsgründung. Indikatoren einer nationalen Wissenschafts- und Technikgeschichte in unterschiedlichen Regierungs- und Gebietsstrukturen*, Heidelberg 2002. Mittlerweile steht in der historischen Forschung zunehmend der Begriff der „Innovationskultur" im Vordergrund, der das nationale Innovationsgeschehen nicht nur von „harten" Faktoren, also in erster Linie dem Zusammenspiel von Forschung, Politik und Wirtschaft, abhängig macht, sondern davon ausgeht, dass langfristig wirkende kulturelle Prägungen und Traditionen ebenfalls ausschlaggebend für das „Innovationssystem" sind: „Kultur wird zur Ressource für technische Neuerungen. Die Aneigung und Mobilisierung von Deutungsmacht wird zu einem ausschlaggebenden Faktor bei der Entwicklung und Verbreitung neuer Technologien. Die Kommunikationsfähigkeit zwischen Forschung, Produzenten und den Vorstellungswelten der Konsumentinnen und Konsumenten erweist sich als entscheidendes Kriterium für erfolgreiche Innovationen." (Abele, Innovationen, 12). Vgl. hierzu auch: Ulrich Wengenroth, Vom Innovationssystem zur Innovationskultur, in: Abele/Barkleit/Hänseroth, Innovationskulturen, 23–32, hier 23f. Als wesentliches Charakteristikum des Konzeptes nationaler Innovationssysteme bezeichnet Wengenroth den impliziten Glauben an das sogenannte „lineare Modell", demzufolge das Innovationssystem umso erfolgreicher sei, je mehr in die Forschung investiert werde. Diese eindeutige Korrelation sei aber nicht nachweisbar; im Gegenteil seien den großen Wirtschaftskrisen stets hohe Aufwendungen für wissenschaftliche Forschung und Lehre vorausgegangen, so im Kaiserreich, in den zwanziger Jahren und in den späten 1960er und frühen siebziger Jahren (Ebd., 24f.).
14 Grupp/Dominguez-Lacasa/Friedrich-Nishio, Innovationssystem, 105f.
15 Rieger, Technology, 49f., 276ff.
16 Vgl. hierzu z.B. Peter Fischer, „Zur Genealogie der Technikphilosophie", in: Ders. (Hg.), *Technikphilosophie. Von der Antike bis zur Gegenwart*, Leipzig 1996, 255–335, bes. 321ff.

tungsmuster spielten in der öffentlichen Diskussion eine große Rolle.[17] Oswald Spengler etwa prophezeite, der Mensch, der es gewagt habe, „Gottheit zu spielen"[18], habe die Technik ursprünglich für seine Verwertungs- und Erkenntnisinteressen genutzt – im Laufe des Zivilisationsprozesses werde die „faustische Technik" sich aber gegen den Menschen richten und ihn zum Sklaven seiner eigenen Schöpfung machen.[19] Da technische Innovationen als Teil des Modernisierungsprozesses wahrgenommen wurden, spielten in die Technikkritik auch Modernisierungsängste hinein. Ein zentrales Merkmal war dabei die Abgrenzung von einer als „seelenlos" bezeichneten Technik in den USA, die mit weiteren antiamerikanischen Stereotypen, wie etwa der Wahrnehmung der amerikanischen Gesellschaft als „Massengesellschaft", verbunden wurde.[20]

Die so konstruierten Antagonismen fanden ihren prägendsten Ausdruck in der Gegenüberstellung der deutschen „Kultur" zur negativ, bzw. ambivalent konnotierten US-amerikanischen „Zivilisation".[21] Sehr häufig war der Antisemitismus integraler Bestandteil dieser Deutungen.[22] Dan Diner betont außerdem, dass die USA des öfteren als eine „weibliche"[23] Gesellschaft der „Gleichmacherei"[24] charakterisiert worden seien, in der „Mechanisierung und Feminisierung"[25] Hand in Hand gingen. Darin enthalten war auch eine Abwertung unternehmerischer Tätigkeit: „Der Verlust der Männlichkeit (...) stehe mit dem Pekuniären und Merkantilen in unmittelbaren Zusammenhang."[26]

Bei vielen deutschen Intellektuellen herrschte – nicht zuletzt mit Blick auf die so häufig als „kulturlos" apostrophierten USA – eine Art „Synchronisations-

---

17 Zu Kulturkritik und Kulturpessimismus vgl. z. B. Georg Bollenbeck, *Bildung und Kultur. Glanz und Elend eines deutschen Deutungsmusters*, Frankfurt a. M. 1994; Fritz Stern, *Kulturpessimismus als politische Gefahr*, München 1986.
18 Zit.n. Ulrike Baureithel, „Zivilisatorische Landnahmen. Technikdiskurs und Männeridentität in Publizistik und Literatur der zwanziger Jahre", in: Wolfgang Emmerich/Carl Wege (Hg.), *Der Technikdiskurs in der Hitler-Stalin-Ära*, Stuttgart/Weimar 1995, 28–46, hier 28.
19 Ebd.
20 Vgl. z. B. Alf Lüdtke/Inge Marßolek/Adelheid von Saldern, „Einleitung. Amerikanisierung: Traum und Alptraum im Deutschland des 20. Jahrhunderts", in: Dies. (Hg.), *Amerikanisierung. Traum und Alptraum im Deutschland des 20. Jahrhunderts*, Stuttgart 1996, 7–33, hier 10ff. Ein weiteres Feld der Kritik war z. B. der Massenkonsum, der ebenfalls oft als amerikanisches Phänomen gedeutet wurde. Vgl. z. B. Detlef Briesen, *Warenhaus, Massenkonsum und Sozialmoral. Zur Geschichte der Konsumkritik im 20. Jahrhundert*, Frankfurt a. M. 2001, 244. Zum Antiamerikanismus vgl. a. Michael Ermath, „,Amerikanisierung' und deutsche Kulturkritik 1945–1965. Metastasen der Moderne und hermeneutische Hybris", in: Konrad H. Jarausch/Hannes Siegrist (Hg.), *Amerikansierung und Sowjetisierung in Deutschland 1945–1970*, Frankfurt a. M./New York 1997, 315–334.
21 Lüdtke/Marßolek/von Saldern, Einleitung, 14.
22 Vgl. z. B. Dan Diner, *Feindbild Amerika. Über die Beständigkeit eines Ressentiments*, München 2002, 74f.
23 Ebd., 83.
24 Ebd., 82.
25 Ebd., 83.
26 Ebd.

Panik"[27]: sie befürchteten, die gesellschaftliche und kulturelle Entwicklung könne hinter den als rasant wahrgenommenen technischen Veränderungen zurück bleiben. Vieles spricht dafür, dass die „Rückstoßwirkungen" der Modernisierungsschübe von den AkteurInnen in Deutschland als besonders heftig wahrgenommen wurden.[28] Die „Synchronisations-Panik" war beispielsweise Teil der Technikdeutungen Ernst Jüngers, der sie mit einem Rückgriff auf die vorbürgerliche Anthropologie verband.[29]

Anders als viele „alte" Konservative, die vor allem auf die Bewahrung traditioneller Werte setzten und häufig den Verlust an sozialem „Halt" durch den Untergang ständischer Ordnungen beklagten, waren die „Jungkonservativen" und jene Kräfte, die unter dem umstrittenen Sammelbegriff der „Konservativen Revolution" subsumiert werden[30], bestrebt, die traditionelle Technikkritik zu überwinden.[31] Technik und Maschinen wurden dabei oft verherrlicht und sollten als Teil der angestrebten „volksgemeinschaftlichen" „Mission" Deutschlands zwischen Ost und West wirken.[32] Der „Modernismus" der „Konservativen Revolution" und der Wille ihrer Protagonisten, etwas „Neues" zu schaffen statt wie der herkömmliche Konservatismus das „Alte" zu bewahren, waren gleichwohl entschieden antiwestlich und antidemokratisch ausgerichtet.[33]

Wie sehr der technische Fortschritt dabei die Gedankenwelt der Zeitgenossen prägte, wird etwa an der häufigen Verwendung von Metaphern aus dem Gebiet der Elektrizität im Werk des meist der „Konservativen Revolution" zugeordneten Ernst Jünger deutlich.[34] Dabei verknüpfte Jünger autoritäre Vorstellungen von „Führung" und „Gemeinschaft" mit der Darstellung moderner technischer Errungenschaften, wie Martin Lindner betont:

---

27 Helmut Lethen, „Die elektrische Flosse Leviathans. Ernst Jüngers Elektrizität", in: Emmerich/Wege, Technikdiskurs, 15–27, hier 19f. Das Konzept der unterschiedlichen Geschwindigkeiten geht auf die These William F. Ogburns vom „cultural lag" zurück (vgl. Christoph Müller/Bernhard Nievergelt, *Technikkritik in der Moderne. Empirische Technikereignisse als Herausforderung an die Sozialwissenschaft*, Opladen 1996, 67f.).
28 Lethen, Die elektrische Flosse, 19.
29 Ebd., 17.
30 Vgl. zur Kritik des von dem Politologen Armin Mohler geprägten Begriffs der „Konservativen Revolution" (welcher er sich selbst zurechnete) z. B. Stefan Breuer, *Anatomie der Konservativen Revolution*, Darmstadt 1993. Breuer bezeichnet den Begriff als „unhaltbar"; dieser habe „mehr Verwirrung als Klarheit gestiftet" (ebd., 181). Eine Gegenposition hierzu vertritt z. B. Armin Pfahl-Traughber, *Konservative Revolution und Neue Rechte. Rechtsextremistische Intellektuelle gegen den demokratischen Verfassungsstaat*, Opladen 1998, 51f.
31 Rolf Peter Sieferle, *Die konservative Revolution – Fünf biographische Skizzen*, Frankfurt a. M. 1995, 25, 86. Zur („alt-") konservativen Technikkritik vgl. z. B. Ders., *Fortschrittsfeinde? Opposition gegen Technik und Industrie von der Romantik bis zur Gegenwart*, München 1984, 155ff.
32 Zur Vorstellung einer deutschen „Mission" und eines Führungsanspruchs Deutschlands in Europa vgl. z. B. Kurt Lenk, *Deutscher Konservatismus*, Frankfurt a. M./New York 1989, 158f.
33 Vgl. ebd., 151 ff; Pfahl-Traughber, Konservative Revolution, 66ff.
34 Lethen, Die elektrische Flosse, 25.

„Inhaltlich bot das elektromagnetische Kraftfeld, das z. B. vorher chaotisch durcheinanderliegende Eisenfeilspäne regelmäßig ausrichtet, die Möglichkeit der analogen Annahme überindividuell wirksamer ‚Energien', die etwa aus ‚Massen' strukturierte ‚Gemeinschaften' formen."[35]

Das den Modernisierungsprozess begleitende „Schwindelgefühl"[36], das sich in der Synchronisations-Panik ausdrückte, habe letzlich in vielen gesellschaftlichen Bereichen eine „Sucht nach Synchronisation als Ordnungssucht"[37] hervorgebracht.

Nicht nur konservative Denker beschäftigten sich mit den gesellschaftlichen Auswirkungen des technischen Fortschritts. Der Philosoph Walter Benjamin kritisierte beispielsweise sowohl die faschistische Inszenierung der Technik, als auch den Fortschrittsoptimismus der Arbeiterbewegung. Den von den Faschisten ästhetisierten Krieg analysierte Benjamin 1930 als einen „Sklavenaufstand der Technik"[38], deren zerstörerische Potenziale sich gewaltsam Bahn brechen. Benjamin ging über die Deutung der Technik als reines „Werkzeug" hinaus. Er dämonisierte oder verherrlichte technische Lösungen jedoch nicht, sondern analysierte sie im Kontext gesellschaftlicher Symbolgehalte. Für Benjamin waren technische Artefakte und gesellschaftliche Symbolwelten miteinander verschränkt:

„So wie soziale Bedürfnisse und Wunschbilder in die Konstruktion und Verwendung technischer Gegenstände eingehen, so prägen und verändern diese umgekehrt gesellschaftliche Symbolwelten. In diesem Sinne spricht Benjamin von der ‚natürlichen Symbolgewalt technischer Neuerungen', und diese ‚Gewalt' bleibt nicht auf eine rein bildhafte Ebene beschränkt, sondern entfaltet durchaus auch materielle Wirkungen, indem sie Wahrnehmungsweisen und Bedürfnisstrukturen erfaßt."[39]

Damit verlor die Technik ihren vermeintlich „neutralen" Charakter. Den grundsätzlichen Unterschied zwischen Walter Benjamin und den Protagonisten der konservativen Kulturkritik sieht Peter Wehling in der Tatsache, dass Benjamin für eine gesellschaftliche Gestaltung von Technik plädierte und die „Geschichtlich-

---

35 Martin Lindner, *Leben in der Krise. Zeitromane der neuen Sachlichkeit und die intellektuelle Mentalität der klassischen Moderne*, Stuttgart 1994, 89.
36 Lethen, Die elektrische Flosse, 21.
37 Ebd.
38 Zit. n. Peter Wehling, „Die ‚natürliche Symbolgewalt technischer Neuerungen'. Zur Aktualität von Walter Benjamins Technikphilosophie und –soziologie", in: Nicole C. Karafyllis/Tilmann Haar (Hg.), *Technikphilosophie im Aufbruch. Festschrift für Günter Ropohl*, Berlin 2004, 41–53, hier 42. Als besonders drastisches Beispiel für die Ästhetisierung des Krieges und der Kriegstechnik zitiert Wehling aus einer Schrift des italienischen Futuristen Marinetti aus den 30er Jahren: „Der Krieg ist schön, weil er dank der Gasmasken, der schreckenerregenden Megaphone, der Flammenwerfer und der kleinen Tanks die Herrschaft des Menschen über die unterjochte Maschine begründet. Der Krieg ist schön, weil er die erträumte Metallisierung des menschlichen Körpers inauguriert. Der Krieg ist schön, weil er eine blühende Wiese um die feurigen Orchideen der Mitrailleusen bereichert. (...) Der Krieg ist schön, weil er neue Architekturen, wie der der großen Tanks, der geometrischen Fliegergeschwader, der Rauchspiralen aus brennenden Dörfern und vieles andere schafft." (Zit. n. ebd., 50).
39 Ebd., 44.

keit und Gesellschaftlichkeit"[40] von Technik und Naturwissenschaft betonte. Im Gegensatz dazu formulierte die kulturpessimistische Kritik häufig einen unüberwindlichen Gegensatz zwischen Technik und einer vermeintlich unberührten Natur bzw. dem „Leben".[41]

Die Ängste und Wünsche der ZeitgenossInnen in bezug auf den technischen Fortschritt wurden auch im Bereich kultureller Produktion deutlich. Der Historiker Dirk van Laak weist auf die Bedeutung der Science-Fiction-Literatur hin, die seit der Jahrhundertwende auch zu einem „Ersatz für entgangene Machtträume"[42] geworden sei; „[o]mnipotente Ingenieure"[43] durchzögen sie wie ein Leitmotiv. Ulrike Baureithel führt anhand des Films „Metropolis" von Fritz Lang vor, wie widersprüchlich die Elemente des Technik-Diskurses in sich sein konnten:

„Expressionistische Technik-Dämonie, vitalistische Naturalisierung der Maschine, technizistischer Schöpferkult und maschinengesteuerte Todesdrohung bilden in Metropolis die Versatzstücke einer Technik-Rezeption, die zwischen kulturpessimistischer Ablehnung, neusachlicher Affirmation und sinnstiftender Versöhnungshoffnung flottiert."[44]

Baureithel weist auch darauf hin, dass in der Diskussion über die Technik nicht selten Geschlechtermetaphern gebraucht wurden:

„Traditionell ohnehin der männlichen Sphäre zugerechnet, werden die Früchte der technischen Innovation auf dem Konto ‚männlichen Geistes' verbucht, während die negativ erlebten ‚Technikfolgen' Inbegriff des sogenannten ‚Feminisierungsprozesses' sind."[45]

Ähnlich wie in der Kontrastierung von Kultur und Zivilisation, Europa und Amerika sowie Metropole und Provinz hätten Geschlechtermetaphern in der Diskussion um Technik einen „hohen Erklärungswert"[46] für die Zeitgenossen gehabt, wobei „das Männliche" stets das positiv konnotierte Prinzip gewesen sei. Sowohl „linke" als auch „rechte" Diskurse enthielten in der Weimarer Republik Anthromorphisierungen der Technik. Diese Versuche, die Maschinen zu „beseelen", konnten unter anderem dazu dienen, die im Ersten Weltkrieg erfahrene Verletzlichkeit des männlichen Körpers durch die Maschinen zu kompensieren. Die „ver-

---

40 Ebd., 47.
41 Ebd., 45.
42 Dirk van Laak, *Weiße Elefanten. Anspruch und Scheitern technischer Großprojekte im 20. Jahrhundert*, Stuttgart 1999, 48.
43 Ebd. Vgl. zur Darstellung des „Ingenieur-Mythos" in Romanen auch Ders., *Imperiale Infrastruktur. Deutsche Planungen für eine Erschließung Afrikas 1880–1960*, Paderborn 2004, 243ff.
44 Baureithel, Zivilisatorische Landnahmen, 31. In dem Film „Metropolis" wird das Geschöpf des Helden Freder zu einer ins kapitalistische Verwertungssystem eingebundenen Mann-Maschine. Der „hybride Mann-Erfinder" agiere seinen „Schöpferwillen" an einer Maschinen-Frau aus, deren „verbrennende Kälte" schließlich die Katastrophe heraufbeschwöre. Die künstliche Frau und das „Maschinenherz" der Stadt gehen im Maschinensturm der Bewohner unter. Der Film endet mit der Hoffnung auf die Ankunft eines Führers in der neuen Metropolis (Vgl. Baureithel, Zivilisatorische Landnahmen, 31f.)
45 Ebd., 32f.
46 Ebd., 32.

lebendigte Maschine"[47] würde zwar weniger verletzbar, aber auch weniger verletzend sein.[48] Sowohl an diesem Beispiel als auch an Walter Benjamins Deutung des Krieges als „Sklavenaufstand der Technik"[49] wird deutlich, wie stark die Technikdiskussion in der Weimarer Republik von der Erfahrung der „Materialschlachten" des Ersten Weltkrieges geprägt war. Gerd Hortleder hat betont, dass sich die antitechnische Kulturkritik durch den Krieg bestätigt gefühlt habe; viele Ingenieure hätten den hochtechnisierten Krieg dagegen als Beweis ihrer eigenen Unentbehrlichkeit angesehen und für die Niederlage vor allem die mangelnde Kompetenz von Akteuren in Politik und Wirtschaft verantwortlich gemacht.[50]

Positionen der technischen Intelligenz in der Weimarer Republik

Es waren vor allem Intellektuelle und Schriftsteller, die den Technik-Diskurs nach dem Ersten Weltkrieg bestimmten. Aber auch die technische Intelligenz selbst griff in die Debatten ein und versuchte sich entsprechend den eigenen Leitbildern und Interessen zu profilieren. Bereits in der wilhelminischen Zeit hatte es eine Reihe von publizistischen Beiträgen von Ingenieuren gegeben.[51] Auch in der Weimarer Republik wollten die Angehörigen der technischen Intelligenz die Definition ihrer gesellschaftlichen Rolle nicht den traditionellen Eliten überlassen. Im Gegenteil: häufig wurde seitens der Ingenieure die Missachtung technischen Sachverstandes für soziale Mißstände und nicht zuletzt auch für den verlorenen Krieg verantwortlich gemacht.[52] Ingenieure charakterisierten sich als „Tatmen-

---

47 Ebd., 33.
48 Ebd. Zur Erfahrung der Verletzbarkeit des männlichen Körpers durch den Ersten Weltkrieg vgl. a. Sabine Kienitz, „Körper – Beschädigungen. Kriegsinvalidität und Männlichkeitskonstruktionen in der Weimarer Republik", in: Karen Hagemann/Stefanie Schüler-Springorum (Hg.), *Heimat-Front. Militär und Geschlechterverhältnisse im Zeitalter der Weltkriege*, Frankfurt a. M. 2002, 188–207. Kienitz weist auf die Bedeutung technischer Mittel zur Rekonstruktion verletzter Körperteile für den Diskurs um kriegsinvalide Männer hin. Durch den Einsatz von technisch gut funktionierenden Prothesen konnten ehemalige Soldaten ein Stück ihres männlichen Selbstbildes wieder gewinnen; „Männlichkeit und Technik" seien im „technisierten Körper verschmolzen" (ebd., 200).
49 Zit. n. Wehling, Symbolgewalt, 42.
50 Vgl. a. Gert Hortleder, *Das Gesellschaftsbild des Ingenieurs. Zum politischen Verhalten der technischen Intelligenz in Deutschland*, Fankfurt a. M. 1970, 80f.
51 Vgl. z.B. Max von Eyth, *Lebendige Kräfte. Sieben Vorträge aus dem Gebiete der Technik*, Berlin 1904; Heinrich Caro, *Gesammelte Reden und Vorträge*, Leipzig 1913; Rudolf Diesel, *Solidarismus. Natürliche und wirtschaftliche Erlösung des Menschen*, München/Berlin 1903, Max Maria von Weber, *Aus der Welt der Arbeit. Gesammelte Schriften*, Berlin 1907. Vgl. zu Diskussionen und Leitbildern der Ingenieure im Kaiserreich auch Hortleder, Gesellschaftsbild, 41ff., 72ff.; Hans-Liudger Dienel, „Zweckoptimismus und -pessimismus der Ingenieure um 1900", in: Ders. (Hg.), *Der Optimismus der Ingenieure. Triumph der Technik in der Krise der Moderne um 1900*, Stuttgart 1998, 9–24.
52 So schrieb Friedrich Dessauer in seiner „Philosophie der Technik": „Mit den sozialen, mit den Wirtschaftsfragen eines Landes ist Technik überall verflochten. Es steht objektiv fest, daß die Geringschätzung der Technik, das Entscheiden technischer Fragen durch Laien schwere

schen"⁵³, die im Gegensatz zu „Machtmenschen"⁵⁴ nicht nach Macht um ihrer selbst willen, sondern nach den „besten Möglichkeiten"⁵⁵ für die Gemeinschaft strebten. Das „Denken in optimalen Lösungen"⁵⁶ müsse an die Stelle der von Gewinninteressen dominierten Interessenkämpfe treten.⁵⁷

Nach wie vor waren den Ingenieuren, die sich doch als „Befreier von Zwängen"⁵⁸ der Natur und als „materielle Aufklärer"⁵⁹ sahen, ihr gesellschaftlicher Einfluss und ihre soziale Anerkennung zu gering. Typisch war Friedrich Dessauers Klage:

> „Wer denkt von den tanzenden Gästen des Dampfers daran, daß ihr Leben von einem unbekannten Ingenieur gehalten wird? Wenn die Menschen einsehen werden, welche Flut von Treue, Sorge, Opfer, Menschendienst auf sie einströmt, wer in dieser Stunde vielleicht der Erhalter ihres Lebens ist, dann werden sie in den Dienern der Technik etwas anderes sehen als die Bereiter von Ware. Es muß ein andächtiges Geschlecht kommen, dem Ehrfurcht nicht mehr fremd ist."⁶⁰

Vor allem an den mangelnden Aufstiegsmöglichkeiten im Staatsdienst machte sich die Weigerung der traditionellen Eliten bemerkbar, Angehörige der technischen Intelligenz, die nicht selten aus der Mittelschicht stammten, als gleichwertig anzuerkennen und ihnen die Integration in Schlüsselpositionen der verschiedenen gesellschaftlichen Machtsektoren zu ermöglichen.⁶¹ Die verbreitete Akademiker-

---

Schäden gebracht hat, zum Mindesten eine Ursache der deutschen Niederlage im Weltkrieg war." (Friedrich Dessauer, *Philosophie der Technik. Das Problem der Realisierung*, 2. Aufl. 1928, 15f. Die erste Auflage erschien 1926). Vgl. a. Hortleder, Gesellschaftsbild, 80.

53 Van Laak, Elefanten, 228.
54 Ebd.
55 Ebd.
56 Ebd., 229.
57 Vgl. a. Ludwig, Technik, 27. Ludwig weist darauf hin, dass die seit Ende des 19. Jahrhunderts entstehenden Ingenieurvereine eine „einheitliche gesellschaftspolitische Leitlinie" entwickelt hätten, die die Ingenieure als „Sachwalter eines neutralen Vermittleramts zwischen Arbeitgebern und Arbeitnehmern" verstanden habe (vgl. ebd.). Hans Liudger Dienel betont, dass das hier mit dem Wort „Tatmensch" ausgedrückte Leitbild der Ingenieure im letzten Drittel des 19. Jahrhunderts das Ideal des „Unternehmeringenieurs" gewesen sei. Um 1870 hätten Entwurf und Ausführung noch in einer Hand gelegen und diesem Leitbild entsprochen; um 1900 dagegen sei der Ingenieur zunehmend von Kaufleuten aus den Führungspositionen der Betriebe verdängt worden. Laut Dienel liegt in dieser Erfahrung eine Wurzel für die „Feindschaft von Technik und Wirtschaft" und eines „technischen Antikapitalismus". (Dienel, Zweckoptimismus, 13). Gert Hortleder hat am Beispiel des Vereins Deutscher Ingenieure (VDI) herausgearbeitet, dass die immer wieder von Ingenieuren vorgetragenen zum Teil antikapitalistischen Gemeinschaftsideale deshalb politisch wirkungslos blieben, weil die tatsächliche Praxis des VDI stets eng mit der Industrie und dem kapitalistischen Wirtschaftssystem verzahnt war (Hortleder, Gesellschaftsbild, 65).
58 Van Laak, Elefanten, 235.
59 Ebd.
60 Dessauer, Philosophie, 27.
61 Hortleder, Gesellschaftsbild, 76ff. Nach wie vor beharrten z. B. die Juristen auf ihrem Monopol im Bereich der öffentlichen Verwaltung. Vgl. a. Burkhard Dietz/Michael Fessner/Helmut Maier, „Der ‚Kulturwert der Technik' als Argument der Technischen Intelligenz für sozialen Aufstieg und Anerkennung", in: Dies. (Hg.), *Technische Intelligenz und „Kulturfaktor Tech-*

arbeitslosigkeit der Weimarer Republik konnte diese Status-Kämpfe noch verstärken.[62]

Dennoch herrschte unter vielen Ingenieuren nach 1918 eine regelrechte Aufbruchstimmung; sie hofften, sich als „Führer aus der Krise"[63] profilieren und ihr gesellschaftliches Ansehen steigern zu können, indem sie technische Innovationen und Entwicklungen als gesellschaftliche Lösungsstrategien positionierten. Anette Schröder stellt in bezug auf die Studenten der TH Hannover fest:

> „Letztlich ging es der technischen Intelligenz darum, den technischen Fortschritt als Motor für die Überwindung der ökonomischen Krise der Weimarer Republik und den (Wieder-) Aufstieg Deutschlands zu präsentieren und in Gesellschaft und Politik publik zu machen (...) Der zukünftige Ingenieur als Führer einer stolzen deutschen Nation – das entsprach offenbar den Ansprüchen und Wunschvorstellungen auch der Studenten der TH Hannover."[64]

Die kulturpessimistischen Debatten der Weimarer Zeit wurden dagegen von den hannoverschen Studierenden kaum rezipiert: ihre Veröffentlichungen zeigten sie als „durchgängig optimistisch und fortschrittsbejahend"[65], so Schröder.

Die Technikdeutungen, die bereits während des Kaiserreiches Technisierung und gesellschaftlichen Fortschritt zusammen gedacht und als zusammengehörig inszeniert hatten[66], konnten während der Weimarer Republik trotz der Präsenz des kulturkritischen Technikdiskurses an Zugkraft gewinnen. Das optimistische Gegenstück zu den Deutungen der Kulturkritiker bildete dementsprechend eine Technokratie-Diskussion, die in der vermeintlich unbestechlichen Sachlichkeit und Rationalität technischen Denkens und seiner Akteure eine Alternative zur „irrationalen" Politik erblickte.[67] Sowohl von Faschisten als auch von Sozialisten

---

nik": Kulturvorstellungen von Technikern und Ingenieuren zwischen Kaiserreich und früher Bundesrepublik Deutschland, Münster/New York 1996, 1–34, hier 1ff. Vgl. a. Ludwig, Technik, 22, 24.

62 Als einen Erklärungsfaktor für die Anziehungskraft nationalsozialistischer Neuordnungskonzepte auf Wissenschaftler nennen dies: Isabel Heinemann/Patrick Wagner, „Einleitung", in: Dies. (Hg.), *Wissenschaft, Planung, Vertreibung. Neuordnungskonzepte und Umsiedlungspolitik im 20. Jahrhundert*, Stuttgart 2006, 7–21, hier 12.

63 Anette Schröder, *Vom Nationalismus zum Nationalsozialismus. Die Studenten der Technischen Hochschule Hannover von 1925 bis 1938*, Hannover 2003, 95. Vgl. a. z. B. Thomas Hänseroth, „Fachleute für alle Fälle? Zum Neubeginn an der TH Dresden nach dem Zweiten Weltkrieg", in: Abele/Barkleit/Hänseroth, Innovationskulturen, 301–329, hier 310.

64 Schröder, Studenten, 97, 100.

65 Ebd., 101.

66 Vgl. z.B. Beate Binder, *Elektrifizierung als Vision. Zur Symbolgeschichte einer Technik im Alltag*, Tübingen 1999, 138ff.

67 Die Technokratie-Bewegung, die ihren Ursprung in den USA und ihre Hochzeit in den 30er Jahren hatte, propagierte die Lösung aller sozialen, ökonomischen und politischen Probleme durch die Technik. Vgl. Stefan Willeke, *Die Technokratiebewegung in Nordamerika und Deutschland zwischen den Weltkriegen. Eine vergleichende Analyse*, Frankfurt a. M. 1995. Vgl. a. Ludwig, Technik, 53ff. sowie van Laak, Elefanten. Van Laak zeigt anhand des 1906 in Jena gegründeten „Monistenbundes", wie Techniker und Naturwissenschaftler für eine „wissenschaftliche und an Zweckrationalität orientierte Politik" warben, die die „dilettantische" Politik der Interessenkämpfe ablösen sollte (Vgl. ebd., 36f.). Auch der amerikanische Soziologe Thorstein Veblen (1857–1929) bot mit seinem Vorschlag eines „Sowjets der Inge-

und bürgerlichen Demokraten wurden zudem vielfältige Planungsutopien diskutiert.[68] Die Rationalisierungskonzepte des Fordismus und des Taylorismus versprachen schließlich nicht nur die wissenschaftlich planbare Ausrichtung der Produktion auf die maximale Produktivität, sondern auch eine Überwindung der Interessengegensätze von Kapital und Arbeit.[69] Die Rationalisierungsanstrengungen in den USA wurden während der Weimarer Republik sowohl von den Unternehmern und Technikern als auch von den Arbeitnehmervertretern in Deutschland genauestens rezipiert. Die Konzepte Fords und Taylors fanden zunehmend Anwendung in der Büroarbeit und der Produktion; der Rationalisierungsgedanke wurde aber auch in Bezug auf die Hausarbeit und ihre zunehmende Technisierung diskutiert.[70]

Vielen Ingenieuren reichten die in allen Lebensbereichen zu findenden Belege für die große Bedeutung der Technik indessen nicht aus. Wie bereits im Kaiserreich verlangten sie die „Teilhabe an der Definitionsmacht über Kultur und Gesellschaft sowie die Übernahme gesamtgesellschaftlicher Verantwortung".[71] Als Indikator für ihren sozialen Aufstieg galt vielen Akteuren der technischen Intelligenz inner- und außerhalb der Hochschulen noch immer die Zugehörigkeit zu den Bildungseliten und die soziale Akzeptanz durch deren Angehörige: „Ihnen unwidersprochen anzugehören, schien ungeachtet des Niedergangs eben dieses ‚Bildungsadels' noch immer der Indikator vollzogenen sozialen Aufstiegs zu sein."[72]

    nieure", der unabhängig von Markt und Politik „Richtlinienkompetenz für die Lösung gesellschaftlicher Probleme" übernehmen sollte, ein Beispiel für technokratische Vorstellungen (vgl. van Laak, Elefanten, 247f.; zur Bedeutung Veblens auch: Dieter Senghaas, „The Technocrats. Rückblick auf die Technokratiebewegung in den USA", in: Ders./Claus Koch (Hg.) *Texte zur Technokratiediskussion*, Frankfurt a. M. 1970, 282–292, hier 285ff.).

68 Heinemann/Wagner, Einleitung, 15. Vgl. a.: Gabriele Metzler/Dirk van Laak, „Die Konkretion der Utopie. Historische Quellen der Planungsutopien der 1920er Jahre", in: Heinemann/Wagner, Wissenschaft, 23–43, sowie Dirk van Laak, „Zwischen ‚organisch' und ‚organisatorisch'. ‚Planung' als politische Leitkategorie zwischen Weimar und Bonn", in: Burkhard Dietz/Helmut Gabel/Ulrich Tiedau (Hg.), *Griff nach dem Westen. Die „Westforschung" der völkisch-nationalen Wissenschaft zum nordwesteuropäischen Raum (1919–1960), Bd. 1*, Münster u.a. 2003, 67–90. Vgl. a. van Laak, Elefanten, 22ff. Dieser stellt in bezug auf Großplanungsprojekte fest: „Die für technische Großplanungen grundlegende Mentalität (...) besaß ein nahezu uneingeschränktes Vertrauen in die segensreiche Kraft einer möglichst großzügigen und vorausschauenden Konzeptionierung (...)." (Ebd., 25).

69 Heinemann/Wagner, Einleitung, 15f., van Laak, Elefanten, 41ff.

70 Vgl. z. B. Michael Wildt, „Technik, Kompetenz, Modernität. Amerika als zwiespältiges Vorbild für die Arbeit in der Küche, 1920–1960", in: Lüdtke/Marßolek/von Saldern, Amerikanisierung, 78–95. Zur Rationalisierung der Büroarbeit in dieser Zeit vgl. z. B. Ursula Nienhaus, „Rationalisierung und ‚Amerikanismus' in Büros der zwanziger Jahre: Ausgewählte Beispiele", in: Lüdtke/Marßolek/von Saldern, Amerikanisierung, 67–77.

71 Hänseroth, Fachleute, 310.

72 Ebd.; vgl. a. Manfred Mai, „Moderne und antimoderne Strömungen in der Gesellschaft. Von der ‚konservativen Revolution' zur Globalisierungskritik", in: Karafyllis/Haar, Technikphilosophie, 245–258. Mai betont den Unterschied zwischen dem Kulturverständnis der humanistisch gebildeten Eliten und dem der Techniker und Ingenieure. Letztere hätten das Nützliche gegenüber dem „Guten, Schönen, Wahren" betont und seien deshalb auf den Widerstand der alten Eliten gestoßen, die ein anderes Fortschrittsverständnis vertreten hätten: „Dieser Kampf

Die Forderung nach mehr gesellschaftlicher Teilhabe, die bei den Vertretern der Technokratie-Bewegung auch den Wunsch nach politischem Einfluss enthielt, stand dabei in einem gewissen Widerspruch zu dem Leitbild des unpolitischen Experten, das für viele Angehörige technischer Berufe ein zentraler Bestandteil ihres Selbstbildes war.[73] Zudem befanden sich die Ingenieure in einem theoretischen Dilemma. Einerseits wollte man den alten Bildungseliten angehören, andererseits konnte man, schon im Interesse des eigenen Berufsprestiges und angesichts der Hoffnungen, die man in die vermeintliche Eigenrationalität des technischen Fortschritts setzte, nicht den verbreiteten, die Technik nicht selten dämonisierenden Kulturpessimismus der alten Eliten teilen. Eine Lösung bestand in der Inszenierung der Ingenieurleistung als sachlichem Dienst an der Gesellschaft, für deren politisches Handeln die technische Intelligenz aber nicht verantwortlich zu machen sei.[74] Viele Ingenieure lösten das Dilemma auch, indem sie in der von dem vermeintlichen Gegensatz zwischen „Kultur" und „Zivilisation" beherrschten kulturkritischen Debatte auf eine Zuordnung der Technik zur Sphäre der „Kultur" bestanden.[75] Damit trafen sie sich zudem mit denjenigen Weimarer Intellektuellen, die die Technik nicht dämonisierten. Die anthromorphisierende Richtung der Weimarer Technikdiskussionen, die die Maschine „beseelen" und die Technik mit dem „Leben" versöhnen wollte, schrieb der Technik eine positive, „geistspendende Kraft"[76] zu. Organologische Metaphern waren Kennzeichen einer Technikauf-

---

um die Anerkennung von Technik und Wissenschaft als kulturelle Leistungen ist auch Teil des Modernitätskonflikts. Es geht dabei auch um das Fortschrittsverständnis: Sind Dichtung und Malerei Indikatoren für das kulturelle Niveau eines Volkes oder der ‚Stand der Technik' in der industriellen Fertigung?" (Ebd., 248).

73 Dietz/Fessner/Maier, Kulturwert der Technik, 3, 8.
74 Ebd., 8.
75 Ebd., 4. Die Verfasser stellen fest: „Um nun sowohl den Prozeß der gesellschaftlichen Anerkennung der Ingenieure als auch den der kulturellen Wertschätzung zu forcieren, wurde ‚Technik' von publizierenden Ingenieuren zum tragenden ‚Kulturwert der Moderne' stilisiert und zum Gegenstand einer thematisch weit ausgreifenden Modernisierungs- und Technisierungsideologie erhoben." Vgl. a. Hortleder, Gesellschaftsbild, 83ff., Binder, Elektrifizierung, 140ff., Dienel, Zweckoptimismus, 12. Zur deutschen kulturkritischen Debatte vgl. z.B. Clemens Albrecht, „Kultur und Zivilisation. Eine typisch deutsche Dichotomie?" In: Wolfgang König/Marlene Landsch (Hg.), *Kultur und Technik: Zu ihrer Theorie und Praxis in der modernen Lebenswelt*, Frankfurt a. M. u.a. 1993, 11–29. In diesen Kontext gehören auch die Versuche zur Integration humanistischer allgemeinbildender Veranstaltungen in das Ingenieurstudium seit dem 19. Jahrhundert, wie Thomas Hänseroth deutlich macht. Vgl. Thomas Hänseroth, „Die ‚Luxushunde' der Hochschule. Zur Etablierung der Allgemeinen Abteilung im Kaiserreich als symbolisches Handeln", in: Ders. (Hg.), *Wissenschaft und Technik. Studien zur Geschichte der TU Dresden*, Köln/Weimar/Wien 2003, 109–133, hier 115ff. Heike Franz belegt ähnliche Aufstiegs- und Integrationsstrategien der Betriebswirte, die ebenfalls ins Bürgertum aufsteigen wollten. So sahen sich die Betriebswirte im Akademisierungsprozess ihrer Fachrichtung von den traditionellen Wissenschaftseliten als „Profitlehre" abqualifiziert und übernahmen ab etwa 1910 daher von diesen das neuhumanistische Postulat zweckfreier Wissenschaft, um sich nicht der „kulturlosen Zivilisation" zuordnen zu lassen. Vgl. Heike Franz, *Zwischen Markt und Profession: Betriebswirte in Deutschland im Spannungsfeld von Bildungs- und Wirtschaftsbürgertum (1900-1945)*, Göttingen 1998, 255f.
76 Baureithel, Zivilisatorische Landnahmen, 36.

fassung, die ihren Gegenstand mit Sinnstiftungen jenseits materieller Zwecke aufzuladen versuchte. Dazu gehörte auch die Ästhetisierung der Technik, die ihr eine eigene „Schönheit" zusprach.[77] Der Ingenieur wurde nicht nur zu einem Helden stilisiert, dessen Tatkraft und Energie soziales Vorbild sein sollten[78], auch sollte es eine Aufgabe der Techniker sein, eine „Wunderbrücke von Zivilisation zu Kultur [zu] schlagen".[79] Diese Auffassung vertrat etwa Franz Kollmann in seiner „Schönheit der Technik" von 1928.[80] Damit wurde auch der „schaffende Ingenieur"[81] zu einer Art Künstler stilisiert:

> „Mit der Befreiung des Begriffs Maschine von seiner mechanischen Auslegung ging gleichzeitig die mehr oder minder freiwillige ‚Befreiung' des Künstler-Ingenieurs von seiner widerspenstig gewordenen Produktions-‚Basis' einher."[82]

Die Überhöhung des Ingenieurbildes gipfelte bei präfaschistischen Lyrikern wie z. B. Arnolt Bronnen in der Aufforderung an den Techniker die „vakante Gottesposition einzunehmen".[83]

Der soziale Aufstieg und die Durchsetzung des technischen Fortschritts waren den meisten Ingenieuren in der Weimarer Republik indessen wichtiger als demokratische Mitbestimmungsrechte. Ihr Streben nach mehr gesellschaftlichem Einfluss enthielt meist nicht den Wunsch, diesen auf demokratischem Wege durchzusetzen; im Gegenteil gab es eine „Indifferenz der technischen Elite"[84] gegenüber der Weimarer Demokratie.

Technische Intelligenz und Nationalsozialismus

Neben der häufigen Gleichgültigkeit der technischen Intelligenz gegenüber der Demokratie trugen ihre oftmals negative Bewertung von Interessenkämpfen, die Bevorzugung eines nicht näher definierten „Gemeinwohls" vor vermeintlichen

---
77 Ebd.
78 Van Laak, Elefanten, 35f. Vgl. a. Hortleder, Gesellschaftsbild, 43.
79 Zit. n. Baureithel, Zivilisatorische Landnahmen, 36.
80 Franz Kollmann, *Die Schönheit der Technik*, München 1928.
81 Baureithel, Zivilisatorische Landnahmen, 36.
82 Ebd., 37. Zur Inszenierung von Ingenieuren als „Künstler" und zur Ästhetisierung technischer Artefakte vgl. a. Dietz/Fessner/Maier, Kulturwert der Technik, 13f.; Schröder, Studenten, 94f.
83 Baureithel, Zivilisatorische Landnahmen, 45. Baureithel zitiert aus einem Gedicht von Bronnen: „Wir treiben den Keil in den Block/Wir spalten und splittern und formen!/Substanz!/BIS WIR/DAS ZWEITE/HÖHERE! EDEN/KONSTRUIERT!" (Ebd.).
84 Schröder, Studenten, 99. Dietz, Fessner und Maier stellen fest: „Die Technische Intelligenz, die mehrheitlich in einer antimodernen Denkhaltung verharrte und dabei Elementen der politischen Moderne wie dem demokratischen Verfassungsstaat westlicher Prägung überwiegend ablehnend gegenüberstand, setzte in der Weimarer Republik gleichwohl fortschrittliche technisch-wissenschaftliche und architektonische Konzepte um und verband damit zugleich national-konservative Vorstellungen." (Dietz/Fessner/Maier, Kulturwert der Technik, 23). Vgl. a. Ludwig, Technik, 42ff., 50f. Gert Hortleder stellt ein gebrochenes Verhältnis der von ihm am Beispiel des Vereins Deutscher Ingenieure (VDI) untersuchten technischen Intelligenz zum Staat fest (vgl. Hortleder, Gesellschaftsbild, 72ff.).

Partikularinteressen sowie der Wunsch, Deutschland möge mit Hilfe der Technik „zu einer Weltmacht aufsteigen" zur Attraktivität des Nationalsozialismus für Ingenieure bei.[85] Das Gesellschaftsbild der Ingenieure enthielt also sowohl eine Orientierung an „sachbezogenen", effizienzorientierten Kriterien, als auch Elemente einer Gemeinschaftsideologie, die den „Egoismus" des Kapitalismus kritisierte, ohne selbständig politisch wirksam zu werden[86]; hier fanden sich für viele Ingenieure Anknüpfungspunkte im Ideologieangebot der Nationalsozialisten. Zudem schien dieses Angebot auch ein Emanzipationsversprechen an die technische Intelligenz zu enthalten; die Aussicht auf eine soziale Aufwertung der Techniker machte es für viele attraktiv.[87] Der Stolz auf technische Leistungen und seine Popularisierung waren zudem wichtige Elemente der öffentlichen Selbstdarstellung des NS-Staates.[88] Auch fordistische Rationalisierungskonzepte gewannen während des Nationalsozialismus, etwa in der Rüstungsindustrie, an Bedeutung. Dass es sich dabei um eine amerikanische „Erfindung" handelte, erwies sich nicht als ideologisches Vermittlungsproblem; es entwickelte sich eine „spezifisch rassistische Variante einer am US-amerikanischen Vorbild orientierten Modernisierung der industriellen Produktionsstrukturen"[89], die wesentlich von der Ausbeutung der ZwangsarbeiterInnen lebte.[90]

Leistung blieb eine wichtige gesellschaftliche Leitkategorie; nun sollte sie dazu dienen, die Ziele des totalitären Staates zu verwirklichen.[91] Dies bot den Technikern Gelegenheit, sich als „Helden des Fortschritts"[92] darzustellen. Tatsächlich erfuhren sie im Zusammenhang mit Projekten wie beispielsweise dem Bau der Reichsautobahnen gesellschaftliche und politische Anerkennung.[93] „Ingenieurminister" Fritz Todt gab ihnen die Möglichkeit, sich als Künstler im Dienste der „Volksgemeinschaft" zu inszenieren, wie Erhard Schütz betont hat:

---

85 Hortleder, Gesellschaftsbild, 74.
86 Vgl. z. B. Hortleder, Gesellschaftsbild, 159ff. Karl-Heinz Ludwig hat ebenfalls betont, dass das Postulat „Gemeinnutz geht vor Eigennutz", das im Programm der NSDAP stand, viele Ingenieure besonders ansprach (Ludwig, Technik und Ingenieure, 64).
87 Hänseroth, Fachleute, 313.
88 Alf Lüdtke, „Ikonen des Fortschritts. Eine Skizze zu Bild-Symbolen und politischen Orientierungen in den 1920er und 1930er Jahren in Deutschland", in: Lüdtke/Marßolek/von Saldern, Amerikanisierung, 199–210, hier 209f.
89 Rüdiger Hachtmann, „‚Die Begründer der amerikanischen Technik sind fast lauter schwäbisch-allemannische Menschen': Nazi-Deutschland, der Blick auf die USA und die ‚Amerikanisierung' der industriellen Produktionsstrukturen im ‚Dritten Reich'", in: Lüdtke/Marßolek/von Saldern, Amerikanisierung, 37–66, hier 63. Vgl. hierzu auch Tilla Siegel/Thomas von Freyberg, *Industrielle Rationalisierung unter dem Nationalsozialismus*, Frankfurt a. M./New York 1991, bes. 137ff., 319ff.
90 Hachtmann, Nazi-Deutschland, 63; Siegel/von Freyberg, Rationalisierung, 90ff.
91 Vgl. z. B. van Laak, Imperiale Infrastruktur, 219.
92 Vgl. Alexander von Plato, „Helden des Fortschritts? Zum Selbstbild von Technikern und Ingenieuren im Nationalsozialismus und in der Nachkriegszeit", in: Wilhelm Füßl/Stefan Ittner (Hg.), *Biographie und Technikgeschichte, BIOS Jg. 11 (1998) Sonderheft*, 127–165.
93 Zur Rolle der Techniker im Nationalsozialismus grundlegend Ludwig, Technik, bes. 73ff., 105ff., 344ff. Vgl. a. Hortleder, Gesellschaftsbild, 107ff.

„Die Autobahn ist nicht nur die Möglichkeit, wie Todt früh erkennt, die Perfektion deutscher Ingenieurleistung zu zeigen, sondern die Ingenieurleistung als ästhetisch-soziale Leistung zu zeigen, als Kunst. (...) In der Autobahn konvergiert die politische Autosuggestion des Nationalsozialismus mit den Ästhetikvorstellungen und Sozialwünschen von Ingenieuren."[94]

Schütz vertritt die These, dass der nationalsozialistische Technik-Diskurs lange Zeit versucht habe, die Elemente „Natur" und „Technik" ideologisch ins Gleichgewicht zu bringen. Am Beispiel des Autobahnbaus und der ihn begleitenden Propaganda um die „harmonische" Einfügung der Autobahnen in die Natur, die durch sie noch besser „erlebt" werden könne, zeigt er, dass es sich bei der Autobahn vor allem um ein „ästhetisch technisches"[95] Projekt handelte. Vor allem Fritz Todt stand für die nationalsozialistische Auffassung von Technik als Kunst.[96]

Ein wichtiges Kontinuitätsmerkmal zwischen den Technikdiskussionen nicht nur, aber vor allem der Konservativen und der Nationalsozialisten war die Verwendung organologischer Metaphern: die Autobahnen etwa wurden mit Adern verglichen „durch die Lebenssäfte strömen"[97] und die das Volk „körperlich eins werden"[98] lassen sollten. Die Ausrichtung technologischer Maßnahmen an reinen Effizienzkriterien sei erst wesentlich später erfolgt; erst durch die Zwänge des Krieges sei man von der Vorstellung, die als „deutsch" konstruierte Natur und die deutsche Technik müssten und könnten durch den Nationalsozialismus „versöhnt" werden, abgerückt.[99]

Der Technik-Diskurs des NS-Systems wies indessen eine Gemeinsamkeit mit demjenigen in der UdSSR auf: Sowohl in der stalinistischen Sowjetunion als auch im Nationalsozialismus wurde der Technik bzw. technologischen Lösungen im Rahmen instrumenteller „Machbarkeitsphantasien" eine krisenlösende Funktion zugeschrieben:

„Um das Chaos abzuwenden, in das die offenen Systeme fortwährend zu versinken drohen (Wirtschaftskrise, Liberalismus, übersteigerter Individualismus), wird (...) der Technik eine stabilisierende, ordnungsstiftende Funktion beigemessen. In Verbindung mit den Siegern der Geschichte (den Ariern bzw. den Proletariern – in beiden Fällen dem ‚faustischen Menschen')

---

94 Erhard Schütz, „Faszination der blaßgrauen Bänder. Zur ‚organischen' Technik der Reichsautobahn", in: Emmerich/Wege, Technikdiskurs, 123–145, hier 137.
95 Schütz, Faszination, 127.
96 Ebd.
97 Zit. n. ebd. 131.
98 Zit. n. ebd.
99 Ebd. Auch Frank Trommler weist darauf hin, dass die „Selbstfesselung" der Produktivkräfte durch die nationalsozialistische Ideologie, zu der auch die vermeintliche „Versöhnung" mit der Natur gehörte, die Effizienz der Kriegswirtschaft behindert habe (Vgl. Frank Trommler, „Amerikas Rolle im Technikverständnis der Diktaturen", in: Emmerich/Wege, Technikdiskurs, 159–174, hier 171ff.). Bezeichnenderweise versuchten sich Albert Speer und weitere Nationalsozialisten nachträglich vom NS-System zu distanzieren, indem sie gerade ihre Nähe zu amerikanischen Rationalisierungs- und Produktionskonzepten betonten (Ebd., 173f.). Zum Technikdiskurs im Nationalsozialismus vgl. a. Heinrich Adolf, „Technikdiskurs und Technikideologie im Nationalsozialismus", in: *GWU Nr. 7, 8/1997*, 429–444.

wird sich die Technik als Wohltat und Segen erweisen, in Verbindung mit dem sog. Weltjudentum bzw. dem Kapitalismus dagegen als Fluch."[100]

Auch die Studierenden der TH Hannover sollten in den dreißiger Jahren im Sinne der NS-Ideologie „politisiert"[101] werden, wie Anette Schröder herausgearbeitet hat. Der Ingenieur wurde, etwa in der „Niedersächsischen Hochschulzeitung" und in der Fachschaftsarbeit dieser Zeit, zu einem „Führertypus"[102] stilisiert, der im „Dienst der Nation"[103] wirken sollte. Ein wichtiges Motiv war hier die angestrebte Auflösung des tradierten Gegensatzes von Technik und „Geist": Ziel war es, die Technik durch die Synthese beider zu „erhöhen", um zu einer „technisch-wissenschaftliche[n] Gestaltung der Lebensform des Volkes"[104] zu kommen. Der Gegensatz von „Kultur" und „Zivilisation" sollte nun also unter nationalsozialistischen Vorzeichen erledigt werden und die Angehörigen der technischen Intelligenz würden als „Ingenieure der Politik"[105] den totalen Staat führend mitgestalten. Auch für solche Techniker, die sich für „unpolitisch" hielten, konnte dieses Konzept attraktiv sein. Schröder führt zudem an den Publikationen des hannoverschen Professors für Vermessungswesen Paul Gast vor, wie bereits Anfang der dreißiger Jahre „[t]echnokratische und evolutionistische Schlüsselbegriffe"[106] veschränkt wurden, also etwa „Sachlichkeit" und „Effizienz" auf der einen, sowie „Auslese" und „natürliche Begrenzung" auf der anderen Seite.[107] Ein technokratischer Denkstil, der die Auffassung enthielt, das technische Denken könne auch alle anderen gesellschaftlichen Bereiche „optimieren" helfen, verband sich mit sozialdarwinistischen und schließlich auch rassistisch-eliminatorischen Inhalten: der Hannoveraner Professor Paul Gast beschrieb als Endziel im Jahre 1934 eine „Aristokratie technisch-wissenschaftlicher Erbgut-Auslese."[108]

Die Kriegswirtschaft eröffnete dann neue, lukrative und prestigeträchtige Tätigkeitsfelder und war somit entscheidend für die „Selbstmobilisierung"[109] der technischen Intelligenz im NS-System. An der TH Hannover wurden mindestens 175 „kriegswichtige" Forschungsaufträge ausgeführt.[110] Und Werner Osenberg

---

100 Wolfgang Emmerich/Carl Wege, „Einleitung", in: Dies. (Hg.), Technikdiskurs, 1–14, hier 2.
101 Schröder, Studenten, 268.
102 Ebd., 269.
103 Ebd., 268.
104 Ebd., 273. Dieses Motiv betont auch Helmut Maier, „Nationalsozialistische Technikideologie und die Politisierung des ‚Technikerstandes': Fritz Todt und die Zeitschrift ‚Deutsche Technik'", in: Dietz/Fessner/Maier (Hg.), Kulturfaktor Technik, 253–268, hier 259f.
105 Schröder, Studenten, 272.
106 Ebd., 249.
107 Ebd.
108 Zit. n. ebd., 253.
109 Vgl. z.B. Dieter Hoffmann, „Karl Ramsauer. Die Deutsche Physikalische Gesellschaft und die Selbstmobilisierung der Physikerschaft im ‚Dritten Reich'", in: Helmut Maier (Hg.), *Rüstungsforschung im Nationalsozialismus. Organisation, Mobilisierung und Entgrenzung in den Technikwissenschaften*, Göttingen 2002, 273–303.
110 Adelheid von Saldern/Anette Schröder/Michael Jung/Frauke Steffens, „Geschichte als Zukunft. Die Technische Hochschule in den Umbruchszeiten des 20. Jahrhunderts", in: Rita

richtete sein Institut für Werkzeugmaschinen „zielstrebig auf die Bedürfnisse der NS-Politik"[111] aus, indem er eine Marine-Entwicklungsabteilung mit Torpedo-Versuchsstation aufbaute.[112] In seinem Institut waren auch 23 sowjetische Zwangsarbeiterinnen beschäftigt.[113] Als Chef des Planungsamtes im Reichsforschungsrat[114] konnte Osenberg sich als „Technikheld" inszenieren, indem er sich rühmte, durch die „Osenberg-Aktion"[115] mehrere tausend Wissenschaftler von der Front zurückgeholt und so für die Forschung „gerettet" zu haben – seine Anstrengungen für eine effizientere Forschungsorganisation im Dienste des NS-Staates wollte Osenberg noch 1956 in der Festschrift zum 125-jährigen Bestehen der TH Hannover gewürdigt wissen; schließlich sei so die „personelle Substanz" der deutschen Forschung auch für „Nachkriegsaufgaben" erhalten geblieben.[116]

Die mit NS-Herrschaft und Krieg verbundene ethische Entgrenzung[117] ermöglichte es Technikern und Wissenschaftlern schließlich auch,

> „die Realität des Virtuellen in Forschung und Entwicklung zu denken – und dies noch im Horizont eigener Lebenserwartung. Insofern führten die Experten auch ihren eigenen Krieg unter den Flaggen von Sozialemanzipation und Machbarkeitswahn."[118]

Seidel (Hg.), *Universität Hannover 1831–2006. Festschrift zum 175-jährigen Bestehen der Universität Hannover*, Band 1, Hildesheim/Zürich/New York 2006, 205–228, hier 217.

111 Günter Spur (Hg.)/Ruth Federspiel (Bearb.), *Produktionstechnische Forschung in Deutschland 1933–1945*, München/Wien 2003, 117; zur Torpedoforschung in Hannover vgl. ebd., 183ff.

112 Ebd., 116.

113 Vgl. Kapitel 1.

114 Das Planungsamt, zu dessen Leiter Hermann Göring Osenberg im Jahre 1943 ernannte, war für die Koordination der gesamten deutschen Forschung und ihre Vernetzung mit den Partei- und Wehrmachtsstellen verantwortlich. (vgl. Notker Hammerstein, *Die Deutsche Forschungsgemeinschaft in der Weimarer Republik und im Dritten Reich. Wissenschaftspolitik in Republik und Diktatur 1920–1945*, München 1999, 434). Hammerstein charakterisiert Osenberg, der der SS und dem SD angehörte, als „besessene[n] Bürokraten" (ebd., 435): „Zwar nicht bornierter, aber überzeugter Anhänger der Nationalsozialisten, suchte er seine technische Intelligenz, sein aus Zettelkasteneuphorie und bürokratischer Ordnungsmanie zusammengesetztes Weltbild dem NS-Staat zur Verfügung zu stellen." (Ebd. 436).

115 Zur „Osenberg-Aktion" vgl. Spur, Produktionstechnische Forschung, 175ff., 180ff.

116 Otto Kienzle/Werner Osenberg, „Fertigungstechnik und Werkzeugmaschinen", in: Festschrift zur 125-Jahrfeier, 184–187, hier 185.

117 Vgl. z.B. Götz Aly/Susanne Heim, *Vordenker der Vernichtung. Auschwitz und die deutschen Pläne für eine neue europäische Ordnung*, Hamburg 1991; Mechthild Rössler Sabine Schleiermacher, *Der „Generalplan Ost": Hauptlinien der nationalsozialistischen Planungs- und Vernichtungspolitik*, Berlin 1993; van Laak, Elefanten, 240ff.; Heinemann/Wagner, Wissenschaft. Heinemann und Wagner resümieren in bezug auf die „Umsiedlungs-" Konzepte des „Generalplan Ost": „Es erweist sich als Charakteristikum des Nationalsozialismus, daß er wissenschaftliche Expertise nicht nur als Legitimationsressource nutzte, sondern die Formulierung seines gesellschaftsbiologischen Programms tatsächlich weitgehend an die Praktiker des Mordens, Vertreibens und Ansiedelns einerseits und an wissenschaftliche Experten andererseits delegierte." (Vgl. Heinemann/Wagner, Einleitung, 15).

118 Hänseroth, Fachleute, 314.

Gabriele Metzler und Dirk van Laak betonen Anknüpfungspunkte, die der Rassismus, der vielen eben gar nicht als irrational galt, gerade für das rationale wissenschaftlich-technische Denken zu bieten schien. Dieser Zusammenhang war nicht auf Deutschland beschränkt und konnte an Entwicklungen der letzten Jahrzehnte anknüpfen:

> „Staatskörper und menschliche Körper wurden immer wieder an den Kategorien von Energieleistung und Motoren gemessen, was über metaphorische Zuschreibungen hinaus die Räume für ‚körperpolitische' Interventionen eröffnete. Eine an Arbeit, Effizienz und Mehrwert orientierte Leistungshierarchie führte zu einer ‚Menschenökonomie', die Individuen und ‚Bevölkerungen' in optimierte Umfelder und Beziehungen zu setzen versuchte. In diesen Zusammenhang gehörte auch der um die Jahrhundertwende sich verstärkende ‚Rasse'-Diskurs, der ebenso wie die Eugenik eine internationale Erscheinung war."[119]

Einer der Chefideologen des Nationalsozialismus, Werner Best, wollte letzten Endes den Mord an ganzen Völkern „wissenschaftlich" legitimieren, indem er ihn als juristisch begründbare „naturgesetzliche Notwendigkeit"[120] ausgab. Und der spätere Professor für Landesplanung an der Technischen Hochschule Hannover, Konrad Meyer, konnte eine Vision von einem „germanisierten" Osten entwickeln, die das wissenschaftlich-technische Machbarkeits- und Effizienzdenken auf die dort lebenden Bevölkerungen anwandte und deren geplante Ermordung bzw. Verschleppung nach Sibirien zweckrational im Rahmen der rassistischen Ziele des NS-Regimes begründete.[121] Im Rahmen dieses „Generalplan Ost" entwickelten viele Wissenschaftler von deutschen Hochschulen Konzepte für unterschiedliche Bereiche der „Neugestaltung" der besetzten Gebiete. Walther Wickop, Professor für landwirtschaftliches Bauen an der TH Hannover, wirkte in diesem Rahmen zum Beispiel an sogenannten „Dorfversuchsplanungen" mit; hier sollten Dörfer

---

119 Metzler/van Laak, Konkretion, 28. In diesen Zusammenhang gehört auch die Vorstellung einer „zivilisierenden" Wirkung der Technik auf die „wilden Völker der außereuropäischen Welt" (ebd). Vgl. zu den Konzepten von Körperpolitik und Biomacht Michel Foucault, *Der Wille zum Wissen*, Frankfurt a. M. 1977, 165ff. Foucault bringt die Entwicklung der „Disziplinen" (in Schulen, Gefängnissen, Fabriken etc.) im 19. Jahrhundert mit der fortschreitenden Entwicklung von Techniken zur Kontrolle und Steuerung des Körpers und der Bevölkerung in Zusammenhang. Der „Wille zum Wissen", für den auch Naturwissenschaft und Technik in besonderem Maße stehen, ist hier nicht „neutral", sondern Element von Herrschaftsbeziehungen, die Foucault wiederum relational fasst.

120 Vgl. Ulrich Herbert, *Best. Biographische Studien über Radikalismus, Weltanschauung und Vernunft 1903–1989*, Bonn 1996, 534.

121 Mechthild Rössler/Sabine Schleiermacher, „Der ‚Generalplan Ost' und die ‚Modernität' der Großraumordnung. Eine Einführung", in: Dies. (Hg.), „Generalplan Ost", 7–11, hier 8. Vgl. a. Michael Wildt, *Generation des Unbedingten. Das Führungskorps des Reichssicherheitshauptamtes*, Hamburg 2002, 664f. Nach dem Krieg kam Meyer zugute, dass die Planungen nicht in die Tat umgesetzt worden seien. Zur juristischen Beurteilung des Generalplan Ost nach 1945 vgl. Mechthild Rössler, „Konrad Meyer und der ‚Generalplan Ost' in der Beurteilung der Nürnberger Prozesse", in: Rössler/Schleiermacher (Hg.), „Generalplan Ost", 357–364. Zu Konrad Meyers Rolle in der NS-Zeit vgl. a. Irene Stoehr, „Von Max Sering zu Konrad Meyer – ein ‚machtergreifender' Generationenwechsel in der Agrar- und Siedlungswissenschaft", in: Susanne Heim (Hg.), *Autarkie und Ostexpansion. Pflanzenzucht und Agrarforschung im Nationalsozialismus*, Göttingen 2002, 57–90.

für deutsche „Umsiedler" entstehen.[122] Wickop kam es auf „eine Aussaat der Menschen in der richtigen Dichte und der besten Mischung der Arten"[123] an. Er betonte 1942, dass „man planend auf nichts Rücksicht zu nehmen hat als auf gegebene Gemarkungsgrenzen, vorhandene Verkehrsstraßen und die nackte Erde selbst."[124] Die ethische Schrankenlosigkeit, die der NS-Staat Wickop und anderen als Planern des neu eroberten „Lebensraums" ermöglichte, setzte die Ermordung oder Vertreibung der Bevölkerung in den neu zu gestaltenden Dörfern voraus.[125] Die Tätigkeit dieser Wissenschaftler ist ein Beispiel für die Tatsache, dass sich im nationalsozialistischen Deutungshorizont völkisches Denken und modernes Effizienzdenken keineswegs ausschlossen, sondern Hand in Hand gingen: Jeffrey Herf prägte für diesen Befund den Begriff des "Reactionary Modernism".[126]

4.2 TECHNIK, KULTUR UND CHRISTENTUM: „UNPOLITISCHE" INGENIEURE AUF DER SUCHE NACH NEUEN LEITBILDERN

Der Technik-Diskurs der unmittelbaren Nachkriegszeit und der 1950er Jahre bewegte sich zwischen technozentrischen Fortschrittserwartungen und einer nach wie vor präsenten Technikskepsis. Da die meisten Innovationsprozesse sich nicht öffentlich wahrnehmbar vollziehen und so immer eine „Kluft zwischen der Konstruktion technischer Systeme und den Rezeptionsmöglichkeiten der Öffentlichkeit und Politik"[127] besteht, verdichteten sich Technikwahrnehmung und -rezeption immer wieder „kampagnenartig"[128] auf vermeintlich repräsentative Felder. Sogenannte „Schlüsseltechnologien" dienten sowohl „als Projektionsfläche für Fortschrittsutopien, aber immer wieder auch für eine technozentrische Kulturkritik."[129] Als Beispiel hierfür können die Diskussionen um die Atomenergie in den 1950er Jahren gelten. Es ist betont worden, dass die Jahre des Wiederaufbaus und des „Wirtschaftswunders" eigentlich keine Zeit großer technischer Innovationen waren und dass es eher der Umgang mit Technik bzw. ihre massenhafte Verbreitung war, die ihr in den Augen vieler ZeitgenossInnen einen so hohen Stellenwert gab.[130]

---

122 Vgl. a. Kapitel 2.
123 Walther Wickop, „Grundsätze und Wege der Dorfplanung. Der Arbeitsgang bei der Neuplanung von Dörfern im Warthegau", in: *Der Landbaumeister. Beilage der Zeitschrift "Neues Bauerntum" für alle Fragen ländlichen Gestaltens*, H. 6/1942, 2–8, 2.
124 Ebd., 3.
125 Das RSHA errechnete 45 Millionen „Fremdvölkische" in diesen Gebieten und wollte davon 31 Millionen „aussiedeln", also ermorden oder nach Sibirien verschleppen. Vgl. Wildt, Generation des Unbedingten, 665.
126 Jeffrey Herf, *Reactionary Modernism: Technology, Culture, Politics in Weimar and the Third Reich*, Cambridge 2003.
127 Abele, Innovationen, 14.
128 Ebd.
129 Ebd.
130 Joachim Radkau, *Technik in Deutschland. Vom 18. Jahrhundert bis zur Gegenwart*, Frankfurt a. M. 1989, 313ff. Vgl. hierzu auch: Joachim Radkau, „‚Wirtschaftswunder' ohne technologi-

Das nach Kriegsende weit verbreitete Bewusstsein, in einer Art „Zeitenwende"[131] zu leben, enthielt die Annahme, dass sich die sozialen Koordinaten hin zu einer Industriegesellschaft verschoben, die weniger durch Klassenstrukturen und -auseinandersetzungen als durch Technik und Wissenschaft bestimmt sein würde. Die häufig konstatierte fortschreitende Dominanz der Technik rechtfertigte in den Augen vieler Publizisten und Wissenschaftler die Klage über einen „Kulturverfall"[132] und über das Aufgehen des Individuums in der Massengesellschaft. Hierin lag eines der Kontinuitätsmerkmale zu den Diskussionen vor 1933. Der Begriff „Masse" war ein häufig benutzter Terminus, der die Atomisierung und mangelnde „Gliederung"[133] der Gesellschaft kennzeichnen sollte.

Die zeitgenössischen Diagnosen der sozialen Veränderungen hatten ihren Bezugspunkt im tatsächlichen sozialstrukturellen Wandel der westdeutschen Gesellschaft, die sich von einer agrarisch-industriellen zu einer „urbanisierten Industriegesellschaft"[134] veränderte. Diese Diskussionen zeigten aber auch einen hohen Orientierungs- und Selbstvergewisserungsbedarf gerade unter Angehörigen der Eliten.[135] So richtete sich die „Massen-" Rhetorik häufig auch gegen die Emanzipations- und Partizipationswünsche der Lohnabhängigen und die pluralisierenden Auswirkungen des Massenkonsums, der es breiteren Schichten als jemals zuvor ermöglichte, am gesellschaftlichen Wohlstand Teil zu haben und z. B. kulturelle Erzeugnisse zu nutzen, die bisher nur wenigen Privilegierten vorbehalten gewesen waren.[136] Der Gegensatz zwischen „Elite" und „Masse" prägte das Denken der

---

sche Innovation? Technische Modernität in den 50er Jahren", in: Axel Schildt/Arnold Sywottek (Hg.), *Modernisierung im Wiederaufbau. Die westdeutsche Gesellschaft der 50er Jahre*, Bonn 1993, 129–154.

131 Nolte, Die Ordnung, 273.

132 Ebd., 274. Vgl. a. Axel Schildt, *Moderne Zeiten. Freizeit, Massenmedien und „Zeitgeist" in der Bundesrepublik der 50er Jahre*, Hamburg 1995, 324ff.

133 Ebd., 274. Der Begriff der „Masse" spielte bereits im 19. Jahrhundert eine große Rolle und gewann in der Zwischenkriegszeit z. B. durch die Arbeiten Theodor Geigers noch an Bedeutung. Zentral im Denken vieler Kulturkritiker war dabei, auch nach 1945, das „Ungegliederte" der Masse, das der technische Fortschritt befördere (vgl. ebd., 304ff.). Vgl. hierzu auch Schildt, Moderne Zeiten, 327f. Schildt betont, dass die eng mit der Debatte um Massen verknüpfte Entfremdungsdiskussion nicht nur von konservativen Denkern geprägt worden sei und nennt als Beispiele u. a. Theodor W. Adorno und Max Horkheimer (vgl. ebd., 330).

134 Nolte, Die Ordnung, 275.

135 Vgl. z. B. Lenk, Konservatismus, 197, der die Angst der Eliten vor politischer Ohnmacht als zentrale Motivation der Massen-Rhetorik bezeichnet. Axel Schildt weist auf die konkrete politische Bedeutung des „Vermassungs-" Diskurses für die Konservativen hin: „In der Zurückführung des Nationalsozialismus auf Säkularisierung und Massengesellschaft, letztlich auf die Ideen der Aufklärung, lag zugleich die Möglichkeit begründet, selbst wieder geistige Führung beanspruchen zu können." (Vgl. Axel Schildt, *Konservatismus in Deutschland von den Anfängen im 18. Jahrhundert bis zur Gegenwart*, München 1998, 217).

136 Diesen Zusammenhang betont auch Hartmut Remmers, *Hans Freyer. Heros und Industriegesellschaft. Studien zur Sozialphilosophie*, Opladen 1994. Für Freyers Schriften aus der Zeit vor 1945 stellt Remmers fest, dass dessen Kapitalismuskritik sich vor allem auf die Pluralisierung gesellschaftlicher Interessen und die Sozialstaatlichkeit beziehe (Ebd., 155). Ein Beispiel für eine elitistische, gegen die Emanzipationseffekte des Massenkonsums gerichtete Argu-

1950er Jahre; Autoren wie José Ortega y Gasset („Der Aufstand der Massen"), der sich unter den Intellektuellen der Bundesrepublik großer Beliebtheit erfreute, beförderten konservative Eliten- und Führungsvorstellungen.[137]

Vor allem, aber nicht nur von konservativer Seite wurde unter Rückgriff auf kulturkritische Erklärungsansätze der Zwischenkriegszeit der „Macht der Technik"[138] eine gesellschaftsgefährdende Rolle zugeschrieben: Die Ingenieure und Wissenschaftler wurden nach 1945 auch durch die Atombombenabwürfe in Hiroshima und Nagasaki vor neue Rechtfertigungszwänge gestellt.[139] Diese Herausforderungen wurden etwa von dem Schriftsteller Günther Anders radikal formuliert: für ihn war der Abwurf der Atombomben ein „ontologisches Unikum"[140]: die Technik sei nun zum eigentlichen Subjekt der Geschichte geworden und der Mensch könne nur noch „mitgeschichtlich" existieren, folgerte Anders.[141]

Mehr denn je war also die Ambivalenz der Technikentwicklung deutlich geworden und rechtfertigte in den Augen vieler ZeitgenossInnen eine pessimistische Technikkritik. Gleichzeitig wuchsen aber die Erwartungen an die Technik bei der Lösung ökonomischer und sozialer Aufgaben.[142] Zudem veränderte sich die Arbeit der technischen Intelligenz während der 1950er Jahre zum Teil rasant. In dem seit den 40er Jahren expandierenden „wissenschaftlich-industriell-militärischen Komplex"[143] fanden ihre Angehörigen neue Tätigkeitsfelder, zum Beispiel in staatlich geförderten Großforschungseinrichtungen.[144] Stärker denn je trat in den

---

  mentation bietet der Publizist und Science-Fiction-Autor Herbert von Stein, der 1958 beklagte, neben all ihren positiven Effekten führe die Technik zu einer „bedenkliche[n] Geschmacksverschlechterung" im Verhältnis zur Kunst, denn: „Es entbehrt nicht eines tieferen Sinnes, wenn Konzert und Theater ehedem fast ausschließlich in bevorzugten Kreisen des Adels und Bürgertums gepflegt wurden (...)." (Herbert von Stein, *Naturwissenschaft und Technik in der Kultur des Abendlandes*, München 1958, 195) Besonders unerfreulich sei es etwa, wenn durch die neuen technischen Möglichkeiten „ein anspruchsvoller Film an eine Zuhörerschaft gerät, die ihm geistig nicht gewachsen ist." (Ebd., 196).
137 Nolte, Die Ordnung, 306f.
138 Ebd., 274.
139 Vgl. z. B. Ilona Stölken-Fitschen, „Der verspätete Schock – Hiroshima und der Beginn des atomaren Zeitalters", in: Michael Salewski/Ilona Stölken-Fitschen, *Moderne Zeiten. Technik und Zeitgeist im 19. und 20. Jahrhundert*, Stuttgart 1994, 139–155, hier 143ff.
140 Zit. n. Müller/Nievergelt, Technikkritik in der Moderne, 69.
141 Vgl. z. B. Ludger Lütkehaus, *Philosophieren nach Hiroshima. Über Günther Anders*, Frankfurt a. M. 1992.
142 Nolte, Die Ordnung, 278.
143 Dietz/Fessner/Maier, Kulturwert der Technik, 10. Die Autoren weisen darauf hin, dass der technischen Intelligenz vor allem durch die Großforschung im Bereich der Kernenergie nicht nur ein riesiges neues Betätigungsfeld, sondern auch ein Gewinn an sozialem Ansehen zugewachsen sei: „Der technischen Intelligenz, welche die Entdeckung der Kernspaltung für sich reklamierte, fielen in diesem Kontext zwei Rollen zu: einerseits durch die friedliche Nutzung der Kerntechnik ‚für die Wiedererlangung unserer moralischen Geltung' zu sorgen und andererseits eine wirtschaftliche Stagnation oder gar eine Rezession (...) durch eine expansive Atomforschung zu verhindern." (Ebd., 30).
144 Ebd., 11. Vgl. a. Wolfgang König, „Umbrüche und Umorientierungen – Kontinuität und Diskontinuität – Evolution und Revolution. Zur Theorie historischer Zeitverläufe in der Wissen-

1950er Jahren auch die Vernetzung der Weltmärkte in den Vordergrund, die entscheidende Auswirkungen auf die nationale Innovationskultur hatte. Durch eben diese Vernetzung entstand scheinbar

> „eine Dynamik, wonach nur die jeweiligen Pioniere eines Verfahrens oder eines Produkts im Wettbewerb bleiben. Durch den ständigen Zwang zu Innovationen enstehen Spannungen zu allen anderen gesellschaftlichen Bereichen. Sie werden schnell zu einem Korsett, das der weiteren Entwicklung von Innovationen im Wege steht."[145]

Die technischen Akademiker standen neben anderen Akteuren im Zentrum dieser Modernisierungskonflikte. Viele von ihnen waren sich bewusst darüber, dass traditionelle Sinnangebote einerseits im Konflikt mit dem technologischen Fortschritt stehen konnten, andererseits aber für viele Menschen gerade angesichts subjektiver Gefühle von Unsicherheit in der beschleunigten und technisierten Welt eine hohe Attraktivität haben konnten. Wie schon in der Weimarer Republik zogen sich viele Ingenieure innerhalb und außerhalb der Hochschulen nicht auf ihr Fachgebiet zurück, sondern versuchten, die Debatten um technischen Fortschritt und gesellschaftliche Konsequenzen mitzugestalten und Sinnangebote zu machen, die ihren Berufsinteressen nicht entgegen standen bzw. diesen förderlich waren.

„Unpolitische Experten" auf der Suche nach Sinn

Das Bild, das Ingenieure und technische Wissenschaftler nach 1945 von ihrer Rolle und ihren Aufgaben zu zeichnen bemüht waren, orientierte sich häufig an Führungsvorstellungen aus der Zwischenkriegszeit, nicht selten ergänzt um eine konservativ-christliche Sammlungsrhetorik. Weder die Rolle technischer Experten und technologischer Lösungen etwa im „Rüstungs-Management"[146] des deutschen Vernichtungskrieges noch der „Konnex zwischen technokratischer Organisation und der Ermöglichung von Verfolgung und Judenvernichtung"[147] wurden von den meisten kritisch reflektiert. Im Gegenteil: die Art, wie die Auswirkungen der modernen Technik und des Strukturwandels auf die Gesellschaft diskutiert wurden, war dazu geeignet, eine „gewisse Ablenkungsfunktion"[148] zu erfüllen:

---

schafts- und Technikgeschichte", in: Ders. (Hg.), *Umorientierungen. Wissenschaft, Technik und Gesellschaft im Wandel*, Frankfurt a. M. 1994, 9–31, hier 19f.
145 Mai, Moderne und antimoderne Strömungen, 250.
146 Dirk van Laak, „Das technokratische Momentum in der deutschen Nachkriegsgeschichte", in: Abele/Barkleit/Hänseroth, Innovationskulturen, 89–104, hier 92.
147 Ebd., 93. Vgl. a. Zygmunt Baumann, *Dialektik der Ordnung. Die Moderne und der Holocaust*, Hamburg 1992; sowie z. B. Dirk Blasius, „Ambivalenzen des Fortschritts. Psychiatrie und psychisch Kranke in der Geschichte der Moderne", in: Frank Bajohr/Werner Johe/Uwe Lohalm (Hg.), *Zivilisation und Barbarei. Die widersprüchlichen Potentiale der Moderne. Detlev Peukert zum Gedenken*, Hamburg 1991, 253–268; Gisela Bock, „Krankenmord, Judenmord und nationalsozialistische Rassenpolitik: Überlegungen zu einigen neueren Forschungshypothesen", in: Bajohr/Johe/Lohalm, Zivilisation, 285–306.
148 Nolte, Die Ordnung, 277.

„Hier ging es eben nicht um spezifisch deutsche Probleme der Sozialstruktur, die man im Hinblick auf die Entstehung und den Erfolg des Nationalsozialismus zu interpretieren genötigt gewesen wäre, sondern um anthropologische und zivilisatorische Probleme – fast könnte man sagen: um ‚allgemein-menschliches' – die sich in dieser Zeit allen ‚Industriegesellschaften' (...) stellten."[149]

Beim öffentlichen Reden über Technik und Technologie nach 1945 wurde erneut die Identifikation mit dem „Unpolitischen" zentral.[150] Richtungsweisend war in dieser Hinsicht die Verteidigungsstrategie Albert Speers im ersten Nürnberger Kriegsverbrecherprozess. Speers Behauptung, sowohl seine Arbeit als NS-Architekt als auch als Rüstungsminister seien unpolitische Expertentätigkeiten gewesen, rettete ihm das Leben[151] und lieferte eine Vorlage für entsprechende Deutungen anderer Angehöriger der technischen Intelligenz – sowohl in Bezug auf den Nationalsozialismus als auch auf die Gegenwart. „Der Ingenieur hat hieran keine Schuld"[152] formulierte Prof. Hermann Deckert, Rektor der TH Hannover von 1951 bis 1952, vor der Elite des Vereins Deutscher Ingenieure (VDI) auf deren Hauptversammlung 1951 in Hannover. Gemeint waren die negativen Auswirkungen des technischen Fortschrittes – von Deckert in bewährtem kulturkonservativem Duktus als „die alltägliche Hast, die erlebte Entseelung, die Einebnung und Vermassung"[153] gekennzeichnet. Anknüpfungsfähig war die einflussreiche Auffassung von der Unschuld der Ingenieure aber auch für die Verweigerung jeglicher Verantwortung für die nationalsozialistische Vernichtungspolitik – und damit für die These von der „neutralen" Technik, die deren Protagonisten für Gerd Hortleder zu den „Sieger[n] in der Niederlage"[154] machte.

---

149 Ebd., 277f.
150 Vgl. z. B. Von Plato, Helden. Dieser stellt anhand lebensgeschichtlicher Interviews mit Technikern fest: „Indem ein Bild eines Technikers entworfen wird, der seine technische Innovation und damit den menschlichen Fortschritt durch die Zeiten unabhängig von Ideologie erkämpft, wird Technik nicht nur ideologiefrei, sondern mußte sich sogar immer wieder – so das Selbstbild der Nachkriegszeit – gegen borniete Politik behaupten." (Ebd., 162).
151 Vgl. Barbara Orland, „Der Zwiespalt zwischen Politik und Technik. Ein kulturelles Phänomen in der Vergangenheitsbewältigung Albert Speers und seiner Rezipienten", in: Dietz/Fessner/Maier (Hg.), Kulturfaktor Technik, 269–295, hier 273: „Vor dem internationalen Militärgericht in Nürnberg diente der ‚unpolitische Techniker' zunächst als wirkungsvolle Verteidigungsstrategie. In den darauffolgenden Jahren (...) half ihm [Albert Speer, F.S.] der Topos des ‚unpolitischen Technikers', das kollektive Bewußtsein zu prägen." Die Darstellung Speers als unpolitischer Fachmann war laut dessen eigenen späteren Angaben eine mit seinem Verteidiger abgesprochene Strategie (Vgl. ebd., 283). Zur Person und Biographie Albert Speers vgl. z. B. Gitta Sereny, *Das Ringen mit der Wahrheit. Albert Speer und das deutsche Trauma*, München 1995. Barbara Orland weist in Bezug auf die Sozialisation Speers auf die hohe Bedeutung der erwähnten bildungsbürgerlichen Kulturvorstellungen und der damit verbundenen Vorbehalte des Bildungsbürgertums gegenüber Absolventen technischer Studiengänge hin (Vgl. Orland, Zwiespalt, 273f.).
152 Hermann Deckert, „Absage an die ‚Neuzeit'. Aufgabe und Verantwortung des Ingenieurs in der modernen Welt", in: *DUZ, Jg. 6/Nr. 23 (1951)*, 8–10, hier 9.
153 Ebd.
154 Hortleder, Gesellschaftsbild, 139. Neben der Tatsache, dass Technikern und Ingenieuren seltener Rassismus direkt anhand ihrer Publikationen nachgewiesen werden konnte als etwa

Arnold Gehlens These von der „ethischen Indifferenz"[155] der Technik konnte dazu beitragen, diesen Diskurs theoretisch zu untermauern. Und auch Helmut Schelskys Deutung, die unterstellte, Herrschaft höre mit der Technisierung von gesellschaftlichen Prozessen auf zu existieren, war dazu geeignet, die Technik und ihre Akteure vermeintlich zu entpolitisieren.[156] Das Neutralitätsparadigma kann hier keiner ausführlichen Kritik unterzogen werden. Hingewiesen sei aber auf die Analyse Herbert Marcuses, der den Begriff der „technischen Vernunft" problematisierte und die Technik als ein konkretes gesellschaftlich-geschichtliches Projekt und als Ausdruck von Interessenkonstellationen fasste:

> „Der Begriff der technischen Vernunft ist vielleicht selbst eine Ideologie. Nicht erst ihre Verwendung, sondern schon die Technik ist Herrschaft (über die Natur und über die Menschen), methodische, wissenschaftliche, berechnete und berechnende Herrschaft."[157]

Auch neuere, zum Teil feministische Ansätze der Technikkritik verwerfen eine „Neutralität" technischen Handelns und kritisieren unter anderem auch das Konstrukt einer der Technik gegenüber zu stellenden unberührten „Natur".[158]

Trotz des Postulats vermeintlicher Neutralität kann für die unmittelbare Nachkriegszeit festgestellt werden, dass die Sinnstiftungsangebote, die innerhalb des Technik-Diskurses bis dahin etabliert worden waren, nicht einfach ver-

---

einem mit „Ostforschung" oder ähnlichem befassten Geisteswissenschaftler, betont Hortleder, dass die Technik nicht nur im Wiederaufbau benötigt wurde, sondern dass die mit der Teilung Deutschlands verbundene Systemkonkurrenz auch dazu führte, dass technische Leistungen als Erfolgsindikatoren des jeweiligen Systems galten (ebd., 139ff.). Auch die Tatsache, dass die Siegermächte „das naturwissenschaftlich-technische Humankapital für ihre militärisch industriellen Komplexe [nutzten]", schien die These vom „unpolitischen Experten" zu stützen (Dietz/Fessner/Maier, Kulturwert der Technik, 9).

155 Zit. n. Rainer Berger, *Politik und Technik. Der Beitrag der Gesellschaftstheorien zur Technikbewertung*, Opladen 1991, 316.
156 Ebd., 343f.
157 Herbert Marcuse, *Der eindimensionale Mensch*, Darmstadt/Neuwied 1967, 18. Zur Kritik von Marcuses Analyse vgl. Jürgen Habermas, „Technik und Wissenschaft als ‚Ideologie'", in: Ders., *Technik und Wissenschaft als „Ideologie"*, Frankfurt a. M. 1969, 48–103.
158 Vgl. z.B. Judy Wajcman, *Technik und Geschlecht: Die feministische Technikdebatte*, Frankfurt a. M. 1994. Wajcman zitiert das Beispiel von Gemeinden in Long Island/New York, deren Brücken die Befahrung mit öffentlichen Verkehrsmitteln nicht zulassen, um zu zeigen, dass technische Artefakte keineswegs politisch „neutral" seien (ebd., 162). Einen Überblick über verschiedene feministische Ansätze der Technikkritik bieten Müller/Nievergelt, Technikkritik in der Moderne, 184ff. Wie die feministische Theorie gehen auch neuere soziologische Theorien von Technik als sozialer Praxis aus. Vgl. hierzu z. B. Ingo Schulz-Schaeffer, *Sozialtheorie der Technik*, Frankfurt a. M./New York 2000, 14ff. Hier wird die Technik als ein System von gesellschaftlich produzierten „Ressourcen und Routinen" beschrieben (ebd.). Vgl. a. die Beiträge in: Peter Weingart (Hg.), *Technik als sozialer Prozeß*, Frankfurt a. M. 1989. In der neueren historischen Forschung werden Technikgenese und -anwendung ebenfalls aus einem weiteren Blickwinkel gesehen, wie z. B. die Studie Beate Binders über die Elektrifizierung als kulturellen Prozess und Resultat gesellschaftlicher Aushandlungsprozesse zeigt (Binder, Elektrifizierung, 26 ff.). Das Neutralitätsparadigma wird auch in der Ethikdiskussion verworfen; vgl. z.B. Hans Lenk/Günter Ropohl (Hg.), *Technik und Ethik*, Stuttgart 1987.

schwanden. Jene „weltanschaulichen" Elemente, mit denen die Technikdiskussionen und Sinnangebote im NS-System verwoben gewesen waren („Seele", „Blut und Boden" etc.) wurden stattdessen durch andere Identitäts- und Deutungsangebote ersetzt bzw. transformiert. Wie noch deutlicher zu zeigen sein wird, boten hier Identifikationen wie das „Christentum" oder das „Abendland" wichtige Anknüpfungspunkte. Das Bedürfnis nach Sinnstiftung und Kontinuität war nach 1945 also auch unter den Vertretern der technischen Intelligenz verbreitet. Dabei spielte gerade in den ersten Nachkriegsjahren die Notwendigkeit, sich und seine eigene Tätigkeit zu legitimieren, eine große Rolle, da durch die Maßnahmen der Entnazifizierung die ohnehin schon vorhandenen Statusängste vieler Angehöriger der technischen Intelligenz verstärkt wurden. Für die Professoren war es oft das erste Mal in ihrem Leben, dass sie mit einer ernsthaften Bedrohung ihrer beruflichen Existenz und des damit verbundenen Prestiges konfrontiert waren.[159] Die damit einhergehende Verunsicherung trug vermutlich zur erneuten Aufladung der Technikdeutungen mit kontinuitätsstiftenden Sinnangeboten bei. Zudem musste man erneut auf die Herausforderung einer konservativen wie linken intellektuellen Kulturkritik reagieren – deren Trägerschichten viele Ingenieure nach wie vor gern unwidersprochen angehören wollten.[160]

Betrachtet man die Beiträge von Dozenten in einer der frühesten Nachkriegsveröffentlichungen der TH Hannover, dem ersten Jahrbuch von 1949/50, lässt sich entsprechend diesen Überlegungen ein großes Bedürfnis nach Bilanzierung und Orientierung belegen. In vielen Artikeln spielen historische Rückblicke auf eine vermeintliche „Glanzzeit" der Technik eine große Rolle. Diese wird meist im 19. Jahrhundert verortet. Zentrales Merkmal solcher Darstellungen ist die Heroisierung von Individuen. Karl-Heinz Ludwig hat darauf hingewiesen, dass es sich bei der Stilisierung von Ingenieurpersönlichkeiten zu Leitbildfiguren („Männer der Technik") um ein wichtiges Charakteristikum der berufsständischen, von sozialen Emanzipationswünschen getragenen Selbstbeschreibung der Ingenieure handelte.[161] In einer Untersuchung von Technikerbiographien und -autobiographien vor 1945 fasst Ulrich Troitzsch deren Charakteristika folgendermaßen zusammen: „Entsagung, Sparsamkeit, Selbstdisziplin, Bescheidenheit, aber auch Tatkraft und Unbeugsamkeit sind die Kardinaltugenden großer Männer (...)."[162] Diese Art der Selbstdarstellung kann auch als Teil einer "invention of tradition" der verhältnismäßig jungen technischen Intelligenz beschrieben werden. Besonders in Krisen-

---

159 Vgl. Kapitel 2.
160 Dies zeigt sich etwa in zeitgenössischen Klagen über die Unterbewertung technischer Bildung, wie z. B. bei Herbert von Stein, der 1958 schrieb: „Die ganze große Wirklichkeit aber, die seit dem Erwachen des abendländischen Geistes durch Naturwissenschaft und Technik unser Leben entscheidend mitbestimmt, bleibt als etwas zweitrangiges abseits und gehört jedenfalls, auch wenn man ihre Bedeutung mehr oder weniger widerstrebend anerkennt, nicht zu dem, was sich der gebildete Mensch zu eigen machen müßte." (Von Stein, Naturwissenschaft, 16).
161 Ludwig, Technik, 28.
162 Ulrich Troitzsch, „Technikerbiographien vor 1945: Typologie und Inhalte", in: Füßl/Ittner, Biographie, 30–41, hier 39.

zeiten können solche und ähnliche Erzählbestände und Identitätskonstruktionen integrierend und stabilisierend wirken. Der Prozess des technischen und wissenschaftlichen Fortschritts erschien in derartigen „Heldenerzählungen" vor allem als schöpferische Leistung einzelner Genies. So schrieb der Architekt Uvo Hölscher in der ersten offiziellen Nachkriegsdarstellung der Geschichte der TH Hannover:

> „Das Zeitalter der Technik, welches eine so gewaltsame Umwälzung des gesamten Kulturlebens erbracht hat, war im 17. und 18. Jahrhundert vorbereitet [worden] durch überraschende Entdeckungen auf naturwissenschaftlichem Gebiet, die den wissenschaftlichen Forschersinn nach allen Richtungen hin angeregt hatten. (...) Der scharfsinnigen Beobachtung genialer Männer erschlossen sich Erkenntnisse von weittragender Bedeutung in der Physik und Chemie, in der Zoologie und Botanik. Überall gelangen Vorstöße in bislang unerforschte Gebiete der Natur."[163]

Die Personifizierung der Geschichte von Technik und Naturwissenschaft ermöglichte eine Sinn und Kontinuität stiftende Tradition, die auch für die Gegenwart anknüpfungsfähig war. Ein weiteres Beispiel für die Heraushebung einzelner Entdecker und Erfinder ist ein 1950 erschienener Artikel des späteren Rektors der TH Hannover Walter Großmann, der vor allem die Leistungen einzelner Wissenschaftler bei der Landvermessung und Gradmessung im 19. Jahrhundert schildert.[164] In der oben zitierten Darstellung von Uvo Hölscher ist neben der Personifizierung von Technikgeschichte auch die Inszenierung heldenhafter, aggressiver Männlichkeit beachtenswert: „geniale Männer" stoßen dank ihres Scharfsinns in die Natur vor und entreißen ihr ihre Geheimnisse. „Natur" erscheint hier als eine Konstante, die nichts künstlich Erzeugtes enthält.[165] Nach der Darstellung des Hannoveraner Professors Hölscher waren vor allem die Technischen Hochschulen Motoren des wissenschaftlichen und damit auch des gesellschaftlichen Fortschritts. Ingenieure und technische Akademiker erscheinen als Wegbereiter des wachsenden Wohlstandes konkurrierender Staaten:

---

163 Uvo Hölscher, „Die geschichtliche Entwicklung der Technischen Hochschule Hannover", in: *Jahrbuch der Technischen Hochschule Hannover 1949/50*, herausgegeben von Rektor und Senat, Düsseldorf 1950, 15–20, hier 15. Ein Paradebeispiel für eine heroisierende Sicht auf die Technik bietet noch 1958 Herbert von Stein, „Die Maschine, oft durch hundertfältiges Leid, durch Kampf und Entbehrungen errungene Quelle unzähliger Erfinderschicksale, in denen sich das uralte Gesetz vom Zwiespalt zwischen schöpferischer Kraft und Fähigkeit zur Verwertung des Geschaffenen immer von neuem erfüllte, so daß nur wenigen Glücklichen der Lohn für ihre Erfindung zuteil wurde, ist nicht mehr nur Mechanismus, sondern Verkörperung des Gedankens, dem sie ihr Dasein verdankt. Wie im mächtigen Brückenbauwerk die Planung des wagemutigen Erbauers sichtbare Gestalt annimmt (...), so ist in jeglichem Erzeugnis menschlichen Erfindungsgeistes gleichsam ein Stück des Erfinders mit enthalten (...)." (Von Stein, Naturwissenschaft, 172).
164 Vgl. Walter Großmann, „Das Geodätische Institut", in: Jahrbuch 1949/50, 77–79.
165 Die Unhaltbarkeit einer Naturdarstellung als „unberührt" kritisiert z. B. Werner Rammert, „Technisierung und Medien in Sozialsystemen. Annäherung an eine soziologische Theorie der Technik", in: Weingart, Technik als sozialer Prozeß, 128–173. Auf den Konstruktionscharakter der „Natur" und ihre häufige Konnotierung als weiblich im Verhältnis zur sie „bändigenden", männlich konnotierten Wissenschaft und Technik weist u.a. hin: Wajcman, Technik und Geschlecht, 19 f.

„Jeder derselben war bestrebt, seinen Handel durch Erwerb ferner Kolonien auszuweiten und in der Heimat Gewerbe und Verkehr zur Blüte zu bringen. Dazu mußte man nicht nur neuartige Gebäude errichten, sondern auch Straßen und Kanäle, Brücken, Bergwerke und Manufakturen anlegen und ausbauen. Ständig mehrte sich die Nachfrage nach Männern, die offene Augen für die Bedürfnisse der Zeit und zugleich Verständnis für technische Aufgaben hatten."[166]

Hölschers unkritisches Verhältnis zum Kolonialismus, das dessen vorgebliche Wohlstandseffekte verherrlicht, findet seine Entsprechung in der entkonkretisierenden Erwähnung des Zweiten Weltkrieges und der ungebrochen legitimatorischen Formel vom „deutschen Geist", mit der Hölscher seine Ausführungen schließt:

„Es wird noch manches Jahr vergehen, bis unsere Hochschule die Folgen des unseligen Krieges und des schweren Zusammenbruchs überwunden haben wird. Dann aber wird sie als eine in mancher Beziehung andere dastehen als vor dem Kriege, hoffentlich ihrer Vergangenheit nicht unwert! Das Vertrauen, das wir zur Schöpferkraft des deutschen Geistes und zum Arbeitswillen des deutschen Volkes haben, läßt uns hoffen, die Schwierigkeiten, die uns umgeben und die in Zukunft noch erstehen werden, erfolgreich zu überwinden."[167]

Auch für die Schwierigkeiten der Gegenwart wurde also vor allem auf die aus dem „deutschen Geist" erwachsende „Schöpferkraft" vertraut.

Für den Maschinenbau-Professor Egon Martyrer stand ebenso wie für Hölscher der zupackende und weitblickende männliche Ingenieur als Leitbild im Vordergrund. Dessen „starker, vorwärtsdrängender Geist und Aufbauwille"[168] war für ihn der Motor jeden technischen Fortschritts. Den Hochschullehrer stilisierte Martyrer 1950 zur Führungsfigur der technischen Intelligenz:

„In der Beschäftigung mit der Forschung erhält und erneuert der Hochschullehrer ständig seinen Kontakt mit den neuesten Erkenntnissen; er wird selbst zum Wegbereiter für den technischen Fortschritt."[169]

Robert Meldau, Patentanwalt und Dozent an der TH Hannover, betonte 1951 mit Bezug auf Oswald Spengler, es gebe eine Elite von „5-10 000 technischen Könnern, in deren Händen letztlich das Schicksal unserer Zivilisation" liege.[170] Diese „schöpferische[n] Persönlichkeiten"[171] seien „als kleine Elite auszusondern"[172]; sie gehörten „zu den vorzüglichsten Erscheinungen (...), die viel vom eigentlichen Wert und den Zukunftshoffnungen unseres Volkes ausmachen."[173]

---

166 Hölscher, Geschichtliche Entwicklung, 15.
167 Ebd., 20.
168 Egon Martyrer, „Lehre und Forschung in der Abteilung für Maschinenbau", in: Jahrbuch 1949/50, 81–84, hier 84.
169 Ebd., 81.
170 Robert Meldau, „Patentwesen", in: *Jahrbuch der Technischen Hochschule Hannover 1950/51*, hrsg. von Rektor und Senat, Düsseldorf 1951, 93–95, hier 93.
171 Ebd.
172 Ebd.
173 Ebd., 95.

In der Heroisierung des einzelnen Technikers bzw. Wissenschaftlers, der wie nach 1918 ein „Führer aus der Krise"[174] sein sollte, und der Personifizierung der Technikgeschichte werden intellektuelle Kontinuitätslinien zum Technik-Diskurs im Kaiserreich und in der Weimarer Republik deutlich. Die Stilisierung der Technik als Ausübung menschlicher und insbesondere männlicher (Gestaltungs-) Macht über die äußere Welt[175] stellt ein weiteres Kontinuitätselement dar. Maria Osietzki schildert zum Beispiel Elemente eines „Habitus des Mutbeweises"[176] unter Elektrotechnikern der Weimarer Zeit. So meinte der Elektromediziner Stefan Jellinek 1925, Unterschiede in der „Strombereitschaft"[177] der Menschen beobachten und besonders widerstandsfähige „Vollnaturen"[178] ausmachen zu können. „Ingenieure fühlten sich durch solche Analysen bestätigt, ‚Vollnaturen' zu sein", so Osietzki: „Der gefährliche Umgang mit der Elektrotechnik und die dabei geforderten Mutbeweise bekräftigten ihre Männlichkeit."[179]

Nach 1918 diente die Darstellung des Technikhandelns als Zeichen männlicher Handlungsfähigkeit nicht zuletzt dazu, die Machtlosigkeits-Erfahrung der Niederlage im Ersten Weltkrieg zu kompensieren.[180] Auch nach der Niederlage von 1945 sahen sich viele deutsche Männer im „Kern ihres männlichen Selbstverständnis"[181] getroffen. Da militärische Identifikationsangebote entwertet waren[182], konnte das technische Handeln als Medium souveräner Gestaltung der Umwelt

---

174 Schröder, Studenten, 95.
175 Vgl. z. B. Lüdtke, Ikonen, der über bildliche Darstellungen des Leitbildes vom Menschen als Beherrscher von Technik und Natur in den 20er und 30er Jahren schreibt: „Maschinen und Geräte überragten im medialen Bilder-Universum die Menschen um ein Vielfaches. Aber Menschen waren nicht ausgeblendet: Sie meisterten die Technik. Ihre gelassenen Mienen signalisierten, dass sie die Risiken kannten, aber nicht scheuten. In den Bildern verlieh das Gerät die Potenz (...)." (Ebd., 205).
176 Maria Osietzki, „‚... unser Ohr dem Nichtgesagten öffnen ...' Anmerkungen zu einer kulturhistorischen Ingenieurbiographik", in: Füßl/Ittner, Biographie, 113–126, hier 117.
177 Ebd.
178 Ebd.
179 Ebd.
180 Vgl. Baureithel, Zivilisatorische Landnahmen, 33; bezogen auf die direkte technische Intervention in kriegsverletzte männliche Körper Kienitz, Körper – Beschädigungen, 200f.
181 Vgl. z. B. Thomas Kühne, „Kameradschaft – ‚das Beste im Leben eines Mannes'. Die deutschen Soldaten des Zweiten Weltkrieges in erfahrungs- und geschlechtergeschichtlicher Perspektive", in: *Geschichte und Gesellschaft 22 (1996)*, 504–529, hier 523.
182 Ebd.

ebenfalls eine Kompensationsfunktion erfüllen[183] und zu einem Element der „Remaskulinisierung"[184] der Nachkriegsgesellschaft werden.

Das Leitbild vom „Ingenieur als Führer aus der Krise"[185] aktualisierte sich nach 1945 auch unter den Vorzeichen eines „rechtsliberale[n] Persönlichkeitsdenken[s]"[186], das der durch die Gefahr des Totalitarismus und die „Vermassung" entstandenen Krise die Kraft des vermeintlich „ideologielosen"[187] Individuums entgegensetzen wollte. Wie bereits in der Vergangenheit nahmen Vertreter der technischen Intelligenz solche bildungsbürgerlichen Debatten auf, wenn sie etwa an die Studierenden appellierten, der „Vermassung" die Persönlichkeitsbildung entgegen zu setzen.[188] Auch nach 1945 kann das als Anzeichen eines weit verbreiteten Bedürfnisses interpretiert werden, dem Bildungsbürgertum und der Führungsschicht des Landes anzugehören bzw. die Rekonstitution einer solchen mitzugestalten.[189]

Vor allem die Älteren unter den Hannoveraner Professoren waren zum Teil stark von den kulturkritischen Debatten der Zwischenkriegszeit geprägt und zogen gegen die als „Vermassung" bezeichneten gesellschaftlichen Veränderungen zu Felde. Der zentrale Unterschied zur „Vermassungs-" Kritik vieler Bildungsbürger war, dass die Ausführungen der Ingenieure nicht Pessimismus in Bezug auf die Technik an sich enthielten, sondern die Probleme auf der Handlungsebene platzierten, indem sie in der Art der Vermittlung ihrer Fächer, in der „richtigen" Ausübung ihres Berufes und in der „Auslese" geeigneten Nachwuchses gerade die Lösung der vermeintlichen Krise sahen. Hermann Deckert, Professor für Kunstgeschichte und Rektor der Technischen Hochschule Hannover von 1951 bis 1952, plädierte nicht nur in bezug auf seine eigene Fachrichtung dafür, ein „Wertbewußtsein"[190] zu lehren und der um sich greifenden Zersplitterung ein Bewusstsein

---

183 Die Tatsache, dass das technische Handeln als Zeichen männlicher Macht über die Umwelt inszeniert wurde, bedeutet allerdings keineswegs, dass es unter Ingenieurinnen diese „Beherrschungslust" nicht gegeben hätte, wie u. a. Margot Fuchs betont hat (Margot Fuchs, „Frauenleben für Männertechnik. Lebensentwürfe der ersten Studentinnen der Technischen Hochschule München konstruiert und rekonstruiert", in: Füßl/Ittner, Biographie, 174–188, hier 185). Alf Lüdtke weist ebenfalls darauf hin, dass in den 1920er und 1930er Jahren gelegentlich auch Frauen als Beherrscherinnen modernster Technik öffentlich inszeniert wurden (Lüdtke, Ikonen, 206).
184 Vgl. z. B. Frank Biess, „Männer des Wiederaufbaus – Wiederaufbau der Männer. Kriegsheimkehrer in Ost- und Westdeutschland", in: Hagemann/Schüler-Springorum, Heimat-Front, 345–365, 351ff.
185 Schröder, Studenten, 95.
186 Jost Hermand, *Kultur im Wiederaufbau. Die Bundesrepublik Deutschland 1945–1965*, Frankfurt a. M./Berlin 1989, 63.
187 Ebd., 67.
188 Vgl. Kapitel 3.
189 Vgl. z. B. Hortleder, Gesellschaftsbild, 145ff.; Hänseroth, Fachleute, 310; Mai, Moderne und antimoderne Strömungen, 248.
190 Hermann Deckert, „Kunstgeschichte, Baugeschichte, Denkmalpflege", in: Jahrbuch 1949/50, 57–59, hier 58.

des „Ganzen"[191] entgegenzusetzen. Dabei insinuierte er eine antikommunistische Ablehnung „kollektivistischer" Ordnungen:

> „Nur wer geistig und künstlerisch anspruchslos ist, nur ein Geschlecht, das keine Werte kennt, sondern in dem der Mensch Teilchen einer Masse ist und allein bestrebt, möglichst sicher und bequem zu existieren, wird den Sachernst und den Fleiß mißachten, der die Voraussetzung echter Meisterschaft ist."[192]

Die Rede von der Technik als „Kulturmacht"[193] erlebte im Kontext von Sinnstiftung und Legitimation nach 1945 nochmals eine Renaissance. Als „Kulturmacht" wurde die Technik zu einem Teil der abendländischen Tradition, der Ingenieur damit zum Träger der abendländischen Kultur stilisiert. So betonte der hannoversche Professor für Geodäsie Walter Großmann im Jahrbuch der TH Hannover von 1949/50, der „kulturelle Wert geodätischer Arbeit"[194] sei größer als deren wirtschaftliche Bedeutung. Die Aufgabe der Erdvermessung könne nur in Zusammenarbeit „aller Kulturvölker"[195] gelöst werden und Deutschland werde in dieses „große Friedenswerk" bald wieder „eingeschaltet" sein und damit einen wichtigen Beitrag zur „Versöhnung der Völker" liefern können.[196] Die seit dem Kaiserreich immer wieder zwecks Aufwertung der Ingenieure gebrauchte rhetorische Konstruktion des Technikers als Künstler lebte im Kontext der Darstellung der Technik als Kulturaufgabe ebenfalls fort. Dabei war es nicht mehr ein spezifisch deutsches Schöpfertum, das inszeniert wurde, wie die Ausführungen des zweiten Nachkriegsrektors der Technischen Hochschule Hannover, Otto Flachsbart, aus dem Jahr 1948 zeigen:

> „Da technisches Gestalten ein schöpferischer Prozeß ist, muß es seinem Wesen nach mit künstlerischem Schaffen verwandt sein. (...) Wie das künstlerische Schaffen ist technisches Gestalten ein Urtrieb der Menschen des westeuropäisch-amerikanischen Kulturkreises. Er kann gehemmt, gefördert, aber nicht vernichtet werden. (...) Mag deshalb der Nicht- Techniker sein Urteil über alles Technische mit noch soviel Skepsis belasten, er kann die Summe seelischen Gewinnes nicht aus der Welt diskutieren, die der schöpferische Prozeß in den vielen technisch Schaffenden angereichert hat und die so oder so in das Dasein des Abendlandes und seine Kultur eingeströmt ist."[197]

In Flachsbarts Äußerung ist eine Verschiebung festzustellen, die bereits eine beginnende Westorientierung andeutet: Was vielen als „abendländische Kultur" gegolten hatte, war schließlich nicht zuletzt auch in Abgrenzung gegen die „seelenlose" Zivilisation der USA gedacht worden. Flachsbarts Definition des „westeuropäisch-amerikanischen Kulturkreises" belässt dagegen nur die Abgrenzung gen Osten. Wenn man auch nicht so weit ging wie der Publizist und Science-Fiction-

---

191 Ebd.
192 Ebd.
193 Hänseroth, Fachleute, 310.
194 Großmann, Das Geodätische Institut, 79.
195 Ebd.
196 Ebd.
197 Otto Flachsbart, „Technik und abendländische Kultur", in: *Abhandlungen und Vorträge, herausgegeben von der Wittheit zu Bremen*, Bd. 17 (1948), 25–39, hier 34f.

Autor Herbert von Stein, der in seiner 1958 erschienenen Schrift „Naturwissenschaft und Technik in der Kultur des Abendlandes"[198] anderen Kulturen die Fähigkeit zu wirklichen technischen Innovationen praktisch absprach[199], waren doch viele mit von Stein davon überzeugt,

> „daß dem technisch-naturwissenschaftlichen Erfindergeist des Abendlandes eine nur ihm eigentümliche Fähigkeit innewohnt, das von ihm Geschaffene in den Dienst einer höheren Einheit zu stellen, einer Verbindung von Kultur und Zivilisation, die alte Gegensätze weitgehend aufhebt und miteinander versöhnt."[200]

Diese Deutung ist im Kontext des Kalten Krieges zu verstehen; der Begriff „Abendland" wurde hier häufig zu einem politischen Integrations- und Kampfbegriff.[201] Für Westdeutsche war es durch die rhetorische Integration in dieses Sinnkonstrukt nach der Niederlage möglich, sich als gleichrangige Partner der anderen „abendländischen" Nationen zu sehen und darzustellen; dies nicht zuletzt zugunsten der politischen Entlastung.

Wenn nun der schöpferische, mit dem Künstlerischen verwandte Erfindergeist in Naturwissenschaft und Technik als exklusives Merkmal der „abendländischen Kultur" interpretiert wurde, konnten die aktive Beteiligung ihrer Protagonisten an Nationalsozialismus und Holocaust nur in Kategorien wie derjenigen des „Mißbrauchs"[202] gedacht werden. Eine kritische Reflexion des Zusammenhangs zwischen Technikhandeln und NS-Vernichtungspolitik hätte innerhalb dieses Denkschemas zu einer Infragestellung des Konstrukts der „abendländischen Kultur" an sich führen müssen.

---

198 Von Stein, Naturwissenschaft.
199 Ebd., 23ff., 120. Laut von Stein habe erst die abendländische Kultur tatsächliche „schöpferische" Technik hervorbringen können; bei römischen Aquädukten und ägyptischen Pyramiden habe es sich z. B. um eine „handwerkliche Leistung" gehandelt, „die sich großer Mittel bedient, ohne besonderen Erfindergeist vorauszusetzen." (Ebd., 21). Von Stein folgerte: „Der schöpferische Antrieb scheint in erster Linie dem Norden vorbehalten zu sein." (Ebd., 134). Diese Ausführungen verband von Stein übrigens auch mit einem Appell, die so schöpferische „abendländische Kultur" rein zu halten: „Nur Müdigkeit konnte bei uns so uneuropäischen Strömungen wie dem Buddhismus hie und da nachgeben, nur Gedankenlosigkeit und Vergnügungssucht die weite Verbreitung von Negermusik möglich machen. Mangelndes Bewußtsein der eigenen Überlieferung mag hieran vor allem schuld sein." (Ebd., 135).
200 Ebd., 24.
201 Axel Schildt, *Zwischen Abendland und Amerika. Studien zur westdeutschen Ideenlandschaft der 50er Jahre*, München 1999, 24ff.; Hermand, Kultur, 77ff., 234ff. Schildt, Moderne Zeiten, 333ff.
202 Herbert Mehrtens, „‚Mißbrauch'. Die rhetorische Konstruktion der Technik nach 1945", in: Walter Kertz (Hg.), *Technische Hochschulen und Studentenschaft in der Nachkriegszeit. Referate beim Workshop zur Geschichte der Carolo-Wilhelmina am 4. und 5. Juli 1994*, Braunschweig 1995, 33–50.

Otto Flachsbart und die Suche nach einer religiösen Fundierung technischen Handelns

Das Bemühen um eine sinnstiftende und gleichzeitig standespolitisch günstige Verortung der technischen Intelligenz in der bundesdeutschen Gesellschaft enthielt im ersten Nachkriegsjahrzehnt häufig das Bestreben, Sinn und Legitimation unter Berufung auf die christliche Religion herzustellen. Das gelang zum Teil durch den Bezug zur traditionellen Technikphilosophie. Diese knüpfte beispielsweise an das Denken von Gottfried Wilhelm Leibniz an, der von einer letztlich gottgegebenen, „prästabilierte[n] Harmonie"[203] der Natur ausging. Häufig wurde eine bereits vorhandene, letztlich gottgegebene „Lösungsgestalt"[204] für jedes technische Problem angenommen, die durch den Menschen nur noch „gefunden" werden müsse.

Der katholische Philosoph und Naturwissenschaftler Friedrich Dessauer formulierte 1928 in seiner „Philosophie der Technik":

> „Zu Ende gedacht ergibt sich, daß für ein vollständig erkanntes und damit begrenztes Ziel nur eine beste Lösung besteht. (...) Diese Singularität der besten Lösungen aller überhaupt möglichen eindeutigen technischen Probleme bedeutet, daß die Lösungen in der Potenz schon vorhanden, also prästabiliert sind. Wir machen die Lösungen nicht, wir finden sie nur. (...) Der Techniker kann nicht anders als zugeben, daß sein Werk in dem Maße, wie es vollkommen ist, auch willkürfrei ist. Insofern also die prästabilierte Eindeutigkeit der besten Lösung alle möglichen Probleme der Technik umfaßt, bedeutet die Weiterschöpfung durch Technik: Erfüllung eines unverrückbaren Planes, die ‚Erfindung' Begegnung mit diesem immanenten Plan."[205]

Dessauer war überzeugt: „Der Befehl: Macht euch die Erde untertan (Gen.I, 28) ist der Befehl der Technik."[206] Technik sei „Begegnung mit Gott".[207]

Für den zweiten Nachkriegsrektor der Technischen Hochschule Hannover, Prof. Otto Flachsbart, war es gerade das Vergessen eines solchen Gottesbezuges der Technik, das sie zu einer zerstörerischen Kraft habe werden lassen. Flachsbart nahm dabei jedoch eine Position ein, die nicht die Legitimation allen technischen Handelns durch einen göttlichen Plan suchte. Sein erklärtes Ziel war es, „Christentum und Technik"[208] zu versöhnen und eine ethische Verantwortung des Technikers religiös zu begründen. Dies machte Flachsbart in mehreren, von Öffentlichkeit und Presse mit großem Interesse aufgenommenen Reden deutlich. Flachsbarts Vortrag „Technik und abendländische Kultur" im Rahmen des Studium Generale wurde wegen des regen Interesses mehrfach wiederholt. Abweichend von

---

203 Zit. n. Simon Moser, „Kritik der traditionellen Technikphilosophie", in: Hans Lenk/Simon Moser (Hg.), *Techne, Technik, Technologie. Philosophische Perspektiven*, Pullach 1973, 11–81, hier 32.
204 Ebd.
205 Dessauer, Philosophie, 19f.
206 Ebd., 31.
207 Ebd.
208 So der Titel eines Vortrages von Prof. Flachsbart aus dem Jahr 1947; vgl. „Christentum und Technik", Hannoversche Neueste Nachrichten vom 3.5.1947.

der üblichen Praxis neu gewählter Rektoren, anläßlich der Amtseinführung einen Vortrag aus ihrem jeweiligen wissenschaftlichen Fachgebiet zu halten, ergriff Flachsbart auch bei seiner Amtsübernahme im August 1947 die Gelegenheit, vor einem größeren Publikum seine Vorstellungen von den Aufgaben der technischen Intelligenz vorzutragen.[209] Immer wieder forderte er die Ingenieure und Studierenden auf, christliche „Demut"[210] zu üben und die Technik als „sittliche Aufgabe"[211] anzusehen. Unter Verzicht auf jegliche Konkretion in bezug auf Ursachen und Verursacher des Zweiten Weltkrieges schrieb Flachsbart 1948:

> „Über die Heimat der abendländischen Kultur ist Tod, Zerstörung, Grauen, Not und Verzweiflung gekommen und jedermann weiß, daß die Technik das schärfste Instrument in diesem Inferno gewesen ist. (...) Zweifel am vielberufenen Segen der Technik liegen wie ein Alpdruck auf der Menschheit."[212]

Die moderne Technik, die eigentlich ein zu friedlichen Zwecken geschaffenes „Wunderwerk disziplinierter geistiger Leistung"[213] sei, sei immer mehr zu einem Instrument wirtschaftlicher und politischer Macht geworden. Die ratio, die die religio im Zuge der Auklärung als herrschendes Prinzip abgelöst habe, sei „aus dem Reiche des Geistes in das der Wirtschaft"[214] verlagert worden. Ähnlich wie etwa für Hans Freyer[215] und viele andere Konservative war es für Flachsbart im Grunde die Säkularisierung, die die zerstörerischen Potentiale der Moderne und des technischen Fortschritts entfessele:

> „Die Kultur des Abendlandes wird säkularisiert. Fortan trennen sich die beiden Ströme, die die Lebensadern jeder Kultur bilden: der physische und der metaphysische, der materielle und der immaterielle oder, in gewohnter Ausdrucksweise, Zivilisation und Kultur. (...) Der Positivismus und in seinem Gefolge Naturalismus, Materialismus, Darwinismus sind dann die Absage an alle Metaphysik. Was bleibt, ist ein immer stärkerer materieller Strom." [216]

Nicht nur die Herrschaft der Religion, sondern auch die der Vernunft sah Flachsbart durch materielle Interessen abgelöst:

> „Das ist die Geschichte der abendländischen Kultur: Geworden auf heidnischem und antikem Boden, geweitet unter der Allgewalt des frühen und mittelalterlichen Christentums zu einem religiösen Weltbild von einmaliger Einheit und Tiefe, gewandelt zur Herrschaft der Vernunft, zerfallen und aufgelöst in ein Dasein intellektueller Virtuosität."[217]

---

209 „Vom Spezialistentum zu Allgemeinbildung und Menschlichkeit. Würde der Wissenschaft und Würde des Menschen – Richtungsweisende Rektoratsübernahme", Deutsche Volkszeitung vom 29.8.1947; „Technik als soziale Aufgabe. Rektoratswechsel an der Technischen Hochschule Hannover", Hannoversche Neueste Nachrichten vom 27.8.1947.
210 „Christentum und Technik", Hannoversche Neueste Nachrichten vom 3.5.1947.
211 Ebd.
212 Flachsbart, Technik und abendländische Kultur, 25f.
213 Ebd., 28.
214 Ebd., 31.
215 Remmers, Hans Freyer, 183
216 Flachsbart, Technik und abendländische Kultur, 31f.
217 Ebd., 32.

Flachsbart sah die ethische Grundlage wissenschaftlichen Denkens und Handelns zerstört; für ihn war sie nur durch eine Rückbesinnung auf die Religion wieder herstellbar:

> „Das Zeitalter der Naturwissenschaft und Technik entthront Gott durch den Kraftbegriff. Das ist das Verhängnis, denn mit der religiösen Bindung verfällt die Ethik. (...) In der Tat: nichts ist deutlicher, als daß die Menschheit in dem mitreißenden Überschwang der technischen Entwicklung die Maßstäbe ihrer sittlichen Selbstbestimmung verloren hat. Zwar haben sich Menschen und Maschinen vermehrt, naturwissenschaftlich-technische Kenntnisse gehäuft, aber auf der Schattenseite hat sich jener tiefgreifende Verlust an seelischer Substanz eingestellt, zu dessen Folgeerscheinungen das soziale Problem und das Gespenst der Weltkriege gehören."[218]

Diese Ausführungen ermöglichten es dem Zuhörer durch die wiederum entkonkretisierende Rede vom „Gespenst der Weltkriege" auch den Nationalsozialismus, den erst kurze Zeit zurückliegenden Krieg und den Massenmord an den europäischen Juden als Resultat eines Verlustes an „seelischer Substanz" und des vermeintlichen Sündenfalles der Säkularisierung anzusehen. Hier berührten sich Flachsbarts Gedanken mit einflussreichen konservativen Deutungsmustern, die genau diese Interpretation enthielten und nach 1945 in den verschiedenen Diskursen positioniert werden konnten.[219] Flachsbart hielt an der Vorstellung einer an sich neutralen Technik fest: „Der Lauf der Welt ist fragwürdig geworden. Nur: nicht Naturwissenschaft und Technik wurden fragwürdig, der Mensch ist es geworden mitten in seinem Zeitalter der Technik, dessen Schöpfer er ist."[220] Hervorzuheben ist, dass Otto Flachsbart anders als viele seiner Zeitgenossen über die rhetorische Konstruktion eines reinen „Mißbrauchs" technischer Mittel aber ausdrücklich hinausging:

> „[E]s ist keineswegs nur so, daß Maschinen, die für friedliche Zwecke entwickelt wurden, für den Krieg mißbraucht worden sind, vielmehr hat gerade die Idee der Maschine, die zerstören

---

218 Ebd., 33.
219 Vgl. z. B. Eike Wolgast, *Die Wahrnehmung des Dritten Reiches in der unmittelbaren Nachkriegszeit (1945/46)*, Heidelberg 2001, bes. 212ff., 239, 306ff. Wolgast zeigt auch für Rektorreden der unmittelbaren Nachkriegszeit den Einfluß der Interpretation von der Säkularisierung als „Sündenfall", die nicht selten mit einer Romantisierung der Agrar- und Ständegesellschaft bzw. der damit assoziierten traditionellen Bindungen einherging (ebd., 307). Vgl. a. Kurt Lenk, „Zum westdeutschen Konservatismus", in: Schildt/Sywottek, Modernisierung, 636–645, demzufolge der Begriff „Säkularisierung" häufig synonym mit den Begriffen „Dekadenz" und „Verfall" gebraucht worden sei, und zwar mit antiaufklärerischer Stoßrichtung: „Die Pointe dieser konservativen Geschichtsdeutung liegt darin, daß die Frage: ,Wie konnte es zum Totalitarismus kommen?' generalisiert bzw. umfunktioniert wird zur Frage: ,Wohin hat die Menschheit sich seit der Aufklärung verirrt und warum?'. Der Nationalsozialismus erscheint in dieser Perspektive als eine Konsequenz des Glaubensabfalls der Moderne." (Vgl. ebd., 638). Vgl. a. Hermand, Kultur, 77ff. Zur Kritik des Antirationalismus im konservativen Denken Martin Greiffenhagen, *Das Dilemma des Konservatismus in Deutschland*, München 1977, 62ff.
220 Flachsbart, Technik und abendländische Kultur, 33

soll, der Wirtschaft den unerhörten Aufstieg gebracht und dann die Katastrophe. Jedenfalls in Mitteleuropa, wo auf diese Weise die Kultur an den Abgrund geraten ist."[221]

Die konkret handelnden Akteure der technischen Intelligenz spielten in Flachsbarts Gedankengang höchstens mittelbar in Gestalt der „Idee" eine Rolle. Auch sind weder die „Maschine, die zerstören soll" noch die „Katastrophe" und der „Abgrund" zureichend konkrete Begriffsbildungen, um als Reflexion des Zusammenhangs zwischen Technik und deutschem Vernichtungskrieg gelten zu können. Es ist möglich, dass Flachsbart diesen Zusammenhang selbst nicht reflektierte. Denkbar ist aber auch, dass er mit seinen vagen Formulierungen in den Grenzen des an der Technischen Hochschule Sagbaren blieb, um bei seinen Kollegen, von denen viele an der Rüstungsforschung beteiligt gewesen waren, überhaupt Gehör für sein ethisches Anliegen zu finden. Vor dem Hintergrund des Einflusses der These vom „Mißbrauch" der Technik ist es bedeutsam, dass Flachsbart diese zurückwies. Als Konsequenz aus seinen Überlegungen appellierte Otto Flachsbart an die technische Intelligenz, zu einer religiös begründeten Ethik zu finden:

> „Man hat in Wahrheit vor lauter Technik den Menschen vergessen, so daß es eine Entdeckung zu machen gilt: den Menschen als Subjekt und Objekt sittlichen Handelns. Technik nicht nur als Aufgabe der Konstruktion und der wirtschaftlichen Organisation, Technik als *sittliche Aufgabe* [Herv. i. O., F. S.], das ist es, wie ich glaube, worauf es ankommt. Wenn diese ethische Erneuerung nicht gelingt, weiß ich nicht, wie der Untergang der abendländischen Kultur aufzuhalten sein soll."[222]

Flachsbart ließ hierbei verhältnismäßig viel Spielraum, was die genaue Art der religiösen Bindung anging, hielt diese selbst aber für unverzichtbar: Die Tätigkeit der technischen Intelligenz sei wieder rückzubinden an „Ehrfurcht und Demut vor jener höchsten Macht, die der Einzelne verehren und empfinden mag wie er will, als persönlichen Gott oder als Gottnatur, in einer kirchlichen Gemeinschaft oder konfessionell ungebunden, Ehrfurcht und Demut damit zugleich vor dem Menschenleben."[223] Flachsbart verzichtete auf weitere Festlegungen und forderte in bezug auf die Ausbildung des künftigen Ingenieurs: „Man sorge dafür, daß ihm Weite und Tiefe zum Lebensbedürfnis wird."[224] Dann könne sich die Technik hoffentlich zu dem entwickeln, „was sie ihrem Wesen nach zu sein berufen ist, als übernationale Macht die Brücke zwischen Völkern und Kontinenten und damit Trägerin der abendländischen Kultur."[225] Bemerkenswert an dieser Formulierung ist, dass der Technik eine an sich gute „Berufung" zugesprochen wurde – auch erschienen Frieden und Völkerverständigung als explizit „abendländische" Tugenden, die mittels technischen Fortschritts in der Welt verbreitet werden könnten. Somit kam dem Ingenieur auch wiederum eine tragende Rolle bei der Verbesserung der Lebensbedingungen auf der ganzen Welt zu. Hier konnten die zeitgenössischen Leser Berührungspunkte mit der Vorstellung von der technischen In-

---

221 Ebd., 28.
222 Ebd., 33f.
223 Ebd., 37.
224 Ebd., 38.
225 Ebd., 39.

telligenz als „Führer aus der Krise" und den damit verbundenen sozialen Ansprüchen finden. Auch die zitierte Kritik an der Rolle der Wirtschaft, die durch die Kriegstechnik profitiert habe, weist Berührungspunkte mit Diskursen früherer Phasen auf.

Letztlich blieben Flachsbarts Appelle wenig konkret. Die bedeutsamste Einsicht des zweiten Nachkriegsrektors war, dass es für die Techniker „kein Jenseits von Gut und Böse"[226] geben könne – damit war er etlichen seiner Kollegen einen wichtigen Schritt voraus und gab vielen anderen Protagonisten der technischen Intelligenz in bezug auf die vermeintliche „Neutralität" technischen Handelns unrecht.

Dass die Aufladung technischen Handelns mit religiösen Sinnbildungen auch zu einer simplen Immunisierung gegen Kritik an seinen Folgen brauchbar sein konnte, zeigte sich im Denken des hannoverschen Landesbischofs Hanns Lilje. Lilje, der eine enge Verbindung mit der Technischen Hochschule Hannover pflegte, verkündete vor den Honoratioren und den Multiplikatoren der Stadt und des Landes beim Festgottesdienst zum 125-jährigen Jubiläum der Hochschule am 29. Juni 1956:

> „Woher kommt die Vorstellung, daß die Welt Gottes feindlich dem gegenüberstünde, was da von Erfindern und Konstrukteuren geschaffen wird? Es ist genau umgekehrt. Jeder, der an diesem großartigen Prozeß der Bewältigung der Welt und ihrer Kräfte beteiligt ist, verrichtet einen Gottesdienst, ob er es weiß oder nicht. Denn schon auf dem ersten Blatt Heiliger Schrift steht der lapidare Gottesbefehl: ‚Machet euch die Erde untertan'. Und alles, was in der Richtung geschieht, ist Fortsetzung und Erfüllung eines göttlichen Gebots. Und es ist am besten, wenn wir überhaupt keine Zeit mit den Erwägungen vertun, da stünde etwas dagegen."[227]

Trotz der historischen Erfahrung sprach Lilje das Handeln der technischen Intelligenz gewissermaßen von jedem Zweifel frei und rechtfertigte es allein durch den Hinweis auf den „Gottesbefehl" der Schöpfungsgeschichte.[228] Simon Moser stellt die Haltlosigkeit dieser Argumentation selbst aus christlich-theologischer Sicht heraus und mahnt eine historisch-kritische Bibelauslegung an, indem er betont,

> „daß der Befehl sich an ein fruchtbares Volk von Viehzüchtern und Hirten richtet, das die Erde füllen und über die Fische im Meer, die Vögel unter dem Himmel und alles Getier, was auf Erden kriecht, herrschen soll. An die Ausbeutung der anorganischen Natur in unserem Sinne

---

226 Ebd., 38.
227 „Der Festgottesdienst in der Marktkirche und in St. Marien am 29. Juni 1956. Predigt des Herrn Landesbischof Lilje", in: *Jahrbuch der Technischen Hochschule Hannover 1955–1958*, hrsg. von Rektor und Senat, Braunschweig 1958, 11–13, hier 11. Lilje hatte sich bereits 1929 mit der Technik als philosophisch-theologischem Problem auseinandergesetzt und postuliert, die Technik brauche ebenso wie alles menschliche Handeln die Lösung von der „Lebensschuld" (vgl. Hanns Lilje, *Das technische Zeitalter*, Berlin 1929, 109).
228 Als katholische Entsprechung dieses Denkens zitiert Axel Schildt den späteren Bischof Joseph Höffner: „Im Befehl Gottes an die Menschen, sich die Erde untertan zu machen, ist der Auftrag zur Technik mit einbeschlossen." (Zit. n. Schildt, Moderne Zeiten, 339). Schildt zufolge sei der Technikoptimismus unter katholischen Theologen ausgeprägter gewesen; protestantische Diskussionen hätten häufiger auch Positionen radikaler Skepsis enthalten (vgl. ebd., 339).

und ihre Umwandlung in künstliche Stoffe – ein wesentliches Kennzeichen der modernen Technik – ist in diesen Versen überhaupt nicht gedacht."[229]

Die Beispiele für die Thematisierung der Religion machen deutlich, wie stark der Rückbezug auf das Christentum auch unter Technikern als Brückenphänomen gedeutet werden kann. Es diente gewissermaßen als eine der in dieser Zeit existierenden Brücken zwischen „Volksgemeinschaft" und demokratischer Massengesellschaft, zwischen den Bildern von „Gemeinschaft" und „Gesellschaft". Das Bekenntnis zum Christentum war nicht allein eine religiöse Angelegenheit, sondern kann analysiert werden als Integrationsidee und als Identifikationsangebot. Das Bekenntnis zu „christlichen Werten" konnte nach 1945 vielfältige Bedürfnisse befriedigen und an ganz verschiedene Inhalte und Denkmuster anknüpfen. In seinem Namen waren sowohl ein Bekenntnis zum Pazifismus und der Kampf gegen den Atomtod möglich, aber auch der Aufruf zu einem wehrhaften Kampf für die „abendländische Kultur" und gegen die Kommunisten. Einerseits konnte das Gefühl nationaler Zugehörigkeit, einer engen Gemeinschaft, aufrechterhalten werden. Andererseits konnten aber auch Gemeinsamkeiten mit anderen westlichen Staaten in Abgrenzung zur Sowjetunion herausgestellt werden. Anknüpfungspunkte zum christlichen Widerstand im NS-System konnten ebenso gesucht werden wie vermeintliche christliche Rechtfertigungen für das passive und sogar aktive Mitwirken am NS-Unrecht („Zwei-Reiche-Lehre").[230] Über die Zugehörigkeit zur christlichen Religion konnten Integrationsprozesse stattfinden, wie im Falle vieler Flüchtlinge und ehemaliger Nationalsozialisten, aber auch Exklusionsmechanismen legitimiert werden, wenn es um Anders- oder Nichtgläubige ging. Nicht zuletzt diente das Bekenntnis zum Christentum als „Anker" für viele, die unsicher waren angesichts der „nivellierenden" Tendenzen der Moderne und die überkommene Rollenverteilungen und Familienbilder aufrechterhalten wollten. Eine Gesellschaft, die von vielen als in ihren Grundfesten erschüttert wahrgenommen und von außen nicht selten als politisch gefährdet eingestuft wurde, fand nicht zuletzt im Bekenntnis zu sogenannten „christlichen Werten" in dieser Zeit eine für viele Menschen wichtige Übergangsidentifikation.

Die dargestellten Elemente des Technik-Diskurses der Nachkriegszeit zeigen, dass nach wie vor ein großes Bedürfnis bestand, den technischen Fortschritt mit Sinn aufzuladen. Wissenschaft, Erfindungen, Maschinen und technologische Verfahren entstanden für viele Protagonisten der (technischen) Intelligenz als Ergebnisse „schöpferischen Geistes" und erhielten eine übergeordnete Bedeutung als „Kulturmacht" oder auch als Teil eines als christlich apostrophierten Gemeinschafts- und Gestaltungsauftrages. Dass technischer Fortschritt unverzichtbarer Teil der kapitalistischen Wirtschaftsentwicklung sein und aus der Notwendigkeit

---

229 Moser, Kritik, 33.
230 Die „Zwei-Reiche-Lehre" bezeichnet die Auffassung, aus bestimmten Bibelstellen (Römer 13) und der entsprechenden lutherischen Interpretation könne eine Pflicht zum Gehorsam gegenüber der weltlichen Obrigkeit abgeleitet werden. F. Lau, „Zwei-Reiche-Lehre", in: Kurt Galling (Hg.), *Religion in Geschichte und Gegenwart. Handwörterbuch für Theologie und Religionswissenschaft*, Bd. 6, 3. neu bearb. Aufl. Tübingen 1962, 1945–1949.

der Steigerung der Produktivität wesentlich resultieren könnte, war für viele ein zu profaner Gedanke. Herbert von Stein beschrieb paradigmatisch, wie viele Techniker ihr Handeln gern sahen: „Wahre Technik kennt ohne Zweifel andere Ziele als die Geldfrage, und keine einzige ihrer großen Schöpfungen könnte aus bloßem Erwerbsgeist heraus erklärt werden."[231] Das Misstrauen vieler deutscher Techniker gegenüber den Vertretern der Wirtschaft hatte Tradition und stellt eine Kontinuitätslinie zu den Technikdiskursen früherer Phasen dar. So machte beispielsweise Friedrich Dessauer in seiner einflussreichen „Philosophie der Technik" von 1928 einen Unterschied zwischen „echten" – technisch sachverständigen – Unternehmern, denen es um das „Werk"[232] gehe und Kapitalisten, die nur nach Gewinn strebten, aus.[233] Die Technik erschien in seinen Ausführungen als der Wirtschaft weit überlegen. Deren Akteure beschäftigten sich einzig damit, „[d]ie Seiten des Hauptbuches mit Ziffern zu füllen",[234] während die zu Unrecht „mit den Sünden der Wirtschaft"[235] belastete Technik „[v]on ihrer eignen Natur her (...) die Freundin des Menschengeschlechtes"[236] sei. Verbindungen zu der Abwertung unternehmerischen Handelns im antiamerikanischen Diskurs vor 1933 sind unübersehbar. Auch bot dieses Denken Berührungspunkte mit der NS-Ideologie. Neben dem „Antikapitalismus" war dies die Konstruktion eines „guten" Unternehmers (der „Wurzeln" habe) und eines „schlechten" Kapitalisten, sowie die Bereitschaft, Menschen als schädlich für die Gemeinschaft zu klassifizieren.

Nach Friedrich Dessauers Ausführungen von 1928 war der „Dienstgedanke der Technik" dem „Verdienstgedanken der liberalen Wirtschaft" überlegen:

> „Er scheidet ganz klar den Wert und Unwert des Wirtschaftsmenschen für die Gesellschaft. Der Wirtschaftsmensch als Mensch des Gewinnstrebens ist der Gesellschaft wertvoll, soweit er ihr dient. Ist sein Verdienststreben ohne Dienst für die Gesellschaft, so ist er wertlos, verdient er gegen das Dienstgebot, so ist er schädlich."[237]

Wenn man bedenkt, wie die Stereotype des Antisemitismus genau solche vermeintlichen Gegensätze in Bezug auf „deutsche" und „jüdische" Akteure konstru-

---

231 Von Stein, Naturwissenschaft, 169.
232 Dessauer, Philosophie, 27.
233 Ebd. 28. Der Kapitalist, so Dessauer, wolle nicht „dienen", sondern „haben". Der echte Unternehmer, der der Welt etwas gebe, habe „Deutschland groß gemacht", sei aber immer seltener geworden. (Ebd., 27) Die Kapitalisten zeichneten sich durch mangelnden Sachverstand aus: „Während das Unternehmertum überwiegend aus Fachleuten hervorgeht, ist der kapitalistische Typ grundsätzlich unfachmännisch." (Ebd., 28). Vgl. a. ebd., 120ff.
234 Ebd., 25.
235 Ebd.
236 Ebd. Dessauer lobte die vom Ingenieur Walter Rathenau nach dem Ersten Weltkrieg konzipierte „Planwirtschaft"; diese sei gescheitert, weil „die Geister dafür noch nicht reif, und die Zeit noch nicht gekommen" sei; Planwirtschaft sei „eine Konsequenz des technischen Sachdienstgedankens" und dem „Wirtschaftsegoismus" überlegen (Ebd., 125).
237 Ebd., 127. Die Bedeutung des „Dienstgedankens" für die Mentalität der Ingenieure zu Beginn der 1930er Jahre und die Opposition vieler Techniker gegen das Weimarer Wirtschaftssystem sowie die „ineffektive" Politik im allgemeinen betont auch Ludwig, Technik, 52f. Zum Begriff „Dienst" als einer zentralen Kategorie des deutschen konservativen Denkens vgl. Greiffenhagen, Dilemma, 160.

ierten, wird deutlich, dass auch Antisemiten in Dessauers Ausführungen Anknüpfungspunkte finden konnten.

Viele Angehörige der technischen Intelligenz vollzogen nach 1945 zunächst keine Abkehr von den Sinndeutungen der vorigen Phasen, sondern modifizierten diese. Aus der unmittelbaren Beziehung zur Produktions- und Zirkulationssphäre wurde die Technik nach wie vor häufig in die Sphäre des Geistigen, Seelischen, Metaphysischen gehoben und als der Wirtschaft im Grunde überlegen dargestellt. Die Verortung der Technik in der Produktions- und Zirkulationssphäre ebenso wie im kulturellen und sozialen Raum negiert die Rolle der menschlichen Kreativität bei der Technikentwicklung jedoch gar nicht, sondern ermöglicht es im Gegenteil erst, diese als Teil gesellschaftlicher und politischer Interaktionszusammenhänge zu denken. Entwendet man die Technik ihrer – umfassend verstandenen – materiellen Basis, ist eine solche Analyse nicht mehr ohne weiteres möglich: der „Genie"-Gedanke, der in vielen der beispielhaft angeführten Aussagen mitschwingt, beansprucht ja gerade eine Unabhängigkeit von materiellen, letztlich von gesellschaftlichen und geschichtlichen Zusammenhängen. So erfüllte dieses Denken nicht nur Zwecke der Standespolitik und es war auch nicht einfach ein Zugeständnis an die Sinnstiftungs- und Selbstvergewisserungsbedürfnisse der Akteure und der übrigen Bevölkerung. Die heroisierenden Geschichten „großer Männer" der Technik, die einen wesentlichen Teil der Sinnstiftungsversuche ausmachten, müssen auch im Kontext eines einseitig idealistischen Geschichtsverständnisses betrachtet werden, dass nicht nur Technikgeschichte aus einem unkritischen Blickwinkel schreibt, sondern auch die Thematisierung von Herrschaft, Unterdrückung und sozialer Ungleichheit erschwert.[238] Nicht zuletzt lässt sich in den untersuchten Diskursen auch noch immer der Glaube an den Gegensatz zwischen „Kultur" und „Zivilisation" belegen und damit letztlich die Kontinuität eines Antiamerikanismus, der sich implizit und nicht selten auch explizit gegen diejenigen Elemente des Kapitalismus richtete, die (unter entsprechenden politischen Bedingungen) pluralisierende und demokratisierende Effekte haben können.[239]

4.3 PRAGMATISMUS STATT „KULTURFAKTOR TECHNIK": DER BEGINNENDE WANDEL DES TECHNIKBILDES IN DEN 1950ER JAHREN

Wenngleich Anfang der 1950er Jahre kaum eine gesellschaftliche Debatte an den Begriffen „Masse" und „Kultur" vorbeikam, wurde mit der schnellen Konsolidie-

---

238 Neuere Ansätze betonen demgegenüber den Einfluss von Machtverhältnissen und Kulturen auf die Technik als eine soziale Praxis. Vgl. z.B. Wajcman, Technik und Geschlecht, Binder, Elektrifizierung.
239 Die Ablehnung der als konsumorientiert wahrgenommenen amerikanischen Kultur bei gleichzeitiger Zustimmung zur Westintegration bildete ein wichtiges Spannungselement der deutschen Nachkriegsgesellschaft. Vgl. Axel Schildt, „Ende der Ideologien? Politisch-ideologische Strömungen in den 50er Jahren", in: Schildt/Sywottek, Modernisierung, 627–635, hier 632. Vgl. a. Schildt, Moderne Zeiten, 404f.

rung der westdeutschen Nachkriegsdemokratie zunehmend deutlich, dass die alten kulturpessimistischen Krisendiagnosen im Laufe der 1950er Jahre ihren Erklärungswert und damit auch ihre Anziehungskraft auf die Zeitgenossen verloren:

> „Die älteren Sichtweisen flackerten noch einmal auf, wurden jedoch, zumal von den Jüngeren, immer öfter ausdrücklich zurückgewiesen und verloren schließlich nicht nur im akademisch-intellektuellen, sondern auch im politischen Raum ihre frühere Durchschlagskraft. In der Mitte der 1960er Jahre schreckte die ‚Masse', das alte Gespenst des konservativen sozialen Denkens, niemanden mehr."[240]

Anstelle der kulturpessimistischen Ablehnung der Moderne wurde zunehmend die souveräne Beherrschung der technischen Mittel zum Leitbild[241] und vor dem Hintergrund des Paradigmas der westlichen Gemeinschaft verlor auch der Nationalismus zunehmend an politischer Relevanz.[242] Somit kann von einer Modernisierung des Konservatismus in den 1950er Jahren gesprochen werden.[243] Durch die hohe Kontinuität der Funktionseliten, die durch die Entnazifizierung nicht gebrochen werden konnte, kam es gesellschaftlich entsprechend zu einem Prozess „konservativer Modernisierung".[244] Mit den gebotenen Einschränkungen kann diese Entwicklung auch als Prozess der Angleichung an amerikanische und westeuropäische Standards und Lebensweisen interpretiert werden[245]; Pluralisierung, Ausdifferenzierung und Individualisierung kennzeichneten, wenn auch milieu-, geschlechter- und generationsabhängig unterschiedlich stark, den gesellschaftlichen Wandel.[246]

Mit der zunehmenden Akzentverschiebung zugunsten „pragmatischer" Lösungen verblassten die großen Sinnstiftungskonzepte, die von den Technikern als heroische Einzelne handelten, welche ausgestattet mit großen Schöpferkräften, der Natur ihre Geheimnisse abrangen. Dieses Leitbild wurde immer mehr abgelöst durch das eines organisierenden „Managers", der neben technischem auch ökonomischen Sachverstand mitbrachte.[247] Zunehmend wurde „Kompetenz" in der

---

240 Nolte, Die Ordnung, 278. Zur Rolle des Kulturpessimismus nach 1945 vgl. a. Ralf Dahrendorf, „Kulturpessimismus vs. Fortschrittshoffnung. Eine notwendige Abgrenzung", in: Jürgen Habermas (Hg.), *Stichworte zur „Geistigen Situation der Zeit". Nation und Republik (Bd. 1)*, Frankfurt a.M. 1979, 213–228.
241 Schildt, Ideologien, 633.
242 Ebd., 629.
243 Ebd., 633.
244 Arnold Sywottek, „Wege in die 50er Jahre", in: Schildt/Sywottek, Modernisierung, 13–39, hier 34. Vgl. zur Diskussion des Modernisierungsbegriffs in Bezug auf die westdeutsche Nachkriegsgeschichte auch z. B. Schildt, Moderne Zeiten, 20ff.
245 Vgl. Sywottek, Wege, 38, sowie Schildt, Moderne Zeiten, 398ff.
246 Bernhard Schäfers, „Die westdeutsche Gesellschaft: Strukturen und Formen", in: Schildt/Sywottek, Modernisierung, 307–315. Vgl. a. Schildt, Moderne Zeiten, 424f.
247 Van Laak, Das technokratische Momentum, 103; vgl. a. James Burnham, *Das Regime der Manager*, Stuttgart 1948. Burnhams einflußreiche Studie erschien zuerst 1941 in den USA unter dem Titel "The Managerial Revolution". Seine zentrale These war, dass die Kontrolle über die Produktionsmittel zunehmend von ihren Besitzern auf die den Produktionsprozeß organisierenden und kontrollierenden Manager übergehe, welche somit langfristig auch die Verteilung des gesellschaftlich erzeugten Reichtums und damit die sozialen Machtverhältnis-

zweiten Hälfte des 20. Jahrhunderts zu einem wichtigen sozialen Differenzkriterium.[248] Unter vielen Ingenieuren setzte sich schließlich ein „innovationsorientiertes" Standesbewußtsein durch.[249] „Antiideologische Vernunft und Effektivität"[250] konnten zu einem Leitbild und auch zu einer Verarbeitungsstrategie in bezug auf das eigene Handeln im NS-System werden.[251] Was beim Abwerfen ideologischen Ballasts nach wie vor übrig blieb, war eine Art „Führungsanspruch des technischen Denkens".[252] Die Kontinuität und systemübergreifende Gültigkeit „technokratischer" Tendenzen – verstanden hier als zunehmende Dominanz der Technik über alle Lebensbereiche – bezeichnet Dirk van Laak als ein bislang zu wenig untersuchtes „technokratische[s] Momentum"[253] in der deutschen Nachkriegsgeschichte. Die erste Hälfte des 20. Jahrhunderts war gekennzeichnet von einer immer weiter fortschreitenden Technisierung und Automatisierung sowie eines damit einher gehenden Machbarkeitsdiskurses:

> „Die dynamische Kraft der Technik schien die Normen für eine rational geplante, zunehmend technisierte Arbeits- und Alltagswelt zu setzen. Technokratische Modelle verhießen vor allem eine Neugestaltung der Arbeitsbeziehungen, über die seit dem 19. Jahrhundert so erbittert debattiert worden war. Optimierte und effektivere Arbeitsprozesse versprachen beiden Teilen, Wirtschaft und Gesellschaft, Arbeitgebern und Arbeitnehmern, Zuwächse an Zeit und an Geld."[254]

Mit diesen optimistischen Visionen von „immerwährender Prosperität" (Burkhard Lutz) schien auch die von der technischen Intelligenz immer wieder eingeklagte gesellschaftliche Aufwertung des Ingenieurs greifbar:

---

se bestimmen würden (vgl. ebd., 114ff., 125f.). Der Kapitalismus werde somit in eine „Managergesellschaft" übergehen (ebd., 332).

248 Van Laak, Das technokratische Momentum, 103. Dies bedeutet allerdings nicht, dass die „traditionellen" Wege der Elitenrekrutierung gar keine Rolle mehr spielten. Untersuchungen zur sozialen Zusammensetzung des Führungspersonals der deutschen Wirtschaft etwa zeigen, dass die Zugehörigkeit zum „gehobenen (...) und dem Großbürgertum" und die Beherrschung der damit verbundenen Kulturtechniken entscheidend für die Rekrutierung der „Wirtschaftselite" blieb (vgl. Michael Hartmann, „Soziale Homogenität und generationelle Muster der deutschen Wirtschaftselite", in: Volker R. Berghahn/Stefan Unger/Dieter Ziegler (Hg.), *Die deutsche Wirtschaftselite im 20. Jahrhundert. Kontinuität und Mentalität*, Essen 2003, 31–50, hier 34f., 43ff.) Hartmann stellt auch für die Gegenwart fest: „Die soziale Selektion hat sich im Verlauf der letzten Jahrzehnte nicht verringert, wie von den Vertretern der funktionalistischen Elitenforschung behauptet wird, sie hat vielmehr ganz im Gegenteil noch einmal spürbar zugenommen." (Ebd., 35). „Auswahl nach Leistung" könne man somit als einen „Mythos der deutschen Wirtschaftselite" bezeichnen (ebd., 34).

249 Johannes Bähr, „Innovationsverhalten im Systemvergleich", in: Abele/Barkleit/Hänseroth, Innovationskulturen, 33–46, hier 41. Dieses Standesbewusstsein konnte sich Bähr zufolge auch unter vielen DDR-Spezialisten halten.

250 Alexander von Plato, „,Wirtschaftskapitäne': Biographische Selbstkonstruktionen von Unternehmern der Nachkriegszeit", in: Schildt/Sywottek, Modernisierung, 377–391, hier 379.

251 Ebd.

252 Van Laak, Das technokratische Momentum, 89.

253 Ebd.

254 Ebd., 92.

„Der Ingenieur bot sich gleichsam als gesellschaftlicher Moderator oder Schiedsrichter an, der Kraft seines Sachverstandes Überschüsse herbeiführen hilft, die lediglich noch gerecht verteilt, aber nicht mehr erkämpft werden müssen."[255]

Dirk van Laak vermutet, dass die auf den Aufbau und das eigene Fortkommen gerichtete Mentalität der Nachkriegsdeutschen technokratiefreundliche Effekte hatte.[256] Trotz aller Kritik seien Konservative wie Linke bereit gewesen, technokratischen Lösungsansätzen hohe Problembewältigungspotenziale zuzuschreiben. Bereits durch „eine Fülle von publizistischen Beiträgen um 1950" seien die „Technikfeinde" kritisiert worden[257]; ein optimistischeres Technikbild gewann im Laufe der 50er Jahre an Akzeptanz.[258] Auf seiten der Konservativen schien „Herrschaftsdisziplin [...] durch Sachdisziplin ersetzbar zu sein".[259] Der Politik wurde oftmals eine Irrationalität und Unvollkommenheit zugeschrieben, der die technische Rationalität überlegen zu sein schien.[260]

Am entscheidendsten für ein eher positives Verhältnis der meisten Bürgerinnen und Bürger zur Technik waren indessen die Auswirkungen technischer Innovationen auf den Alltag der Menschen. Die Technisierung des Alltags wurde von vielen als revolutionär empfunden; van Laak stellt in biographischen Rückblicken eine „überstarke affektive Aufladung in der Erinnerung an erste Kühlschränke, Fahrzeuge oder Fernsehapparate"[261] fest. Die Technisierung der Arbeitswelt schien zudem über die herrschende Sozialstruktur hinauszuweisen in eine Ordnung, in der sich die Arbeiter in „hochqualifizierte Funktionsexperten"[262] verwandeln würden. Auch im gewerkschaftlichen Umfeld besaßen Thesen, die von einer technokratischen „Erledigung" des Klassengegensatzes ausgingen, aufgrund die-

---

255 Ebd.
256 Ebd., 93.
257 Schildt, Moderne Zeiten, 341.
258 Ebd., 341f.
259 Van Laak, Das technokratische Momentum, 96.
260 So war Herbert von Stein überzeugt: „Nur wenige Vorgänge der politischen Geschichte können als Versuche oder wirkliche Übergänge zu endgültigen Ordnungen gelten, zu Verhältnissen also, wie sie in der Geschichte der Naturwissenschaft und Technik selbstverständlich sind (...)." (Von Stein, Naturwissenschaft, 129).
261 Van Laak, Das technokratische Momentum, 97. Insbesondere das Automobil und die damit verbundene „freie Bahn" werden als Beispiel für affektbesetzte Konsumobjekte der Nachkriegszeit angeführt (vgl. Radkau, Technik in Deutschland, 327). Radkau konstatiert auch eine Form „kollektiver Pseudo-Erinnerung" an die NS-Zeit, die die positiv besetzten „Autobahnen gegen Auschwitz ausspielte" (Ebd., 310).
262 Nolte, Die Ordnung, 279. Nolte weist darauf hin, dass das amerikanische Vorbild auf diese Vorstellungen nicht nur in arbeitsökonomischer, sondern auch in intellektueller Hinsicht den größten Einfluss ausübte: 1950 erschien in den USA Peter F. Druckers "The New Society", das 1952 als „Gesellschaft am Fließband" auf deutsch erhältlich war und diese Gedanken unter Ablehnung utopischer Gesellschaftsentwürfe theoretisch entwickelte: „Die Idee, daß eine neue Gesellschaftsordnung nicht auf Ideologien beruht und auch nicht mehr auf ökonomischer Ungleichheit, sondern sich aus Gesetzmäßigkeiten der Technik und Arbeitsorganisation ergeben könnte, ließ Druckers Thesen in der Nachkriegszeit offenbar als sehr attraktiv erscheinen." (Vgl. ebd., 279f.).

ser Interpretation zeitweise eine hohe Attraktivität.[263] Die fordistische Rationalisierung schritt weiter voran. Rationalisierung, Technisierung und Massenproduktion waren Problemkreise, die auch Eingang in die Programme der großen Parteien fanden und Soziologen wie Sozialphilosophen beschäftigten. Zunehmend schienen gerade letztere den „normativen Ballast"[264] der Technikdebatten der Vorkriegszeit abzuwerfen. Hans Freyer und Arnold Gehlen etwa passten ihre Krisendiagnosen den neuen Umständen an, wenngleich es ihnen nach wie vor um die „kulturelle Entfremdung des Individuums angesichts technischer Imperative"[265] ging. Gehlen wurde zu einem Vertreter eines funktionalistischen Pragmatismus, der prägend für den „modernisierten" Konservatismus der Nachkriegszeit wurde.[266] Auch Hans Freyer, der einst den Nationalsozialismus als „Heraufkunft einer neuen Staatlichkeit gefeiert"[267] hatte, verabschiedete sich von der klassischen Kulturkritik, die der fortgeschrittenen Industriegesellschaft nicht mehr angemessen schien.[268] Da der technische Fortschritt nicht mehr aufzuhalten war, schwebte manchen Konservativen nun ein Bündnis mit dessen Protagonisten vor. Hans Freyer empfahl als Haltelinie gegen die mit der „Vermassung" verbundene Erosion der gesellschaftlichen Traditionsfundamente ein solches Bündnis „zwischen fortschrittsverschworenen, opferbereiten Führungskräften und einer entschieden gestrigen, konservativen Intelligenz, die über die Zugänge zu den ‚Reserven unserer Geschichtlichkeit' verfügt."[269] Das technische Denken und die Planung des Machbaren wurden seit Mitte der 1950er Jahre als adäquate Reaktionen auf die irreversible technische und gesellschaftliche Entwicklung angesehen. Dies ermöglichte nicht nur den vormaligen Vordenkern völkischer Ordnungsvorstellungen eine zweite Karriere in „nur leicht gebrochene[r] Kontinuität"[270], sondern bedeutete auch eine weitgehende Absage an transzendente wie auch utopische Sinnaufladungen technischer Artefakte. Dirk van Laak interpretiert die Technikdeutungen Hans Freyers, Arnold Gehlens und Helmut Schelskys im Kontext ihrer Generationenabfolge: Diese bezeichne den Weg „von der traditionellen Kulturkritik an der Technik über die anthropologische Begründung ihrer Notwendigkeit bis zur offensiven politischen Umdeutung von Technologie in konservativem Sinne."[271]

---

263 Ebd., 280.
264 Ebd., 281.
265 Ebd., 283.
266 Vgl. Lenk, Konservatismus, 238f., Schildt, Moderne Zeiten, 340f., Greiffenhagen, Dilemma, 325ff.
267 Remmers, Hans Freyer, 145.
268 Vgl. ebd., 173, 175ff. Remmers betont, dass Freyer nach 1945 an der Auffassung, dass der Mensch in ständischen Ordnungen noch „ganz" und nicht „vermasst" sei, dennoch festgehalten habe. Vgl. a. Jerry Z. Muller, *The Other God that Failed. Hans Freyer and the Deradicalization of German Conservatism*, Princeton 1987, 339ff. Zum Abschied Schelskys, Gehlens und Freyers von Ideen des totalen Staates und einer „Volksgemeinschaft", der in der Verkündung des „Endes der Ideologie" mündete vgl. a. Jens Hacke, *Philosophie der Bürgerlichkeit. Die liberal-konservative Begründung der Bundesrepublik*, Göttingen 2006, 190ff.
269 Remmers, Hans Freyer, 183f.
270 Nolte, Die Ordnung, 289.
271 Van Laak, Das technokratische Momentum, 95.

Während Hans Freyer vor allem für die Klage über die Dominanz der Technik in der Lebenswelt stand, definierte Arnold Gehlen die Technik bereits als „Organersatz" für das „Mängelwesen" Mensch.[272] Aber auch Gehlen sah durch die Industrialisierung die ethischen Grundlagen des menschlichen Zusammenlebens bedroht. Naturwissenschaften und Technik bildeten für ihn die Grundlage des kapitalistischen Verwertungssystems und zwangen die Institutionen, sich auf diese „Superstruktur"[273] zu beziehen und zunehmend „Zwecke statt Werte zu transportieren".[274] Entscheidend für den Nutzen von Gehlens Position für einen Übergang zu einer die Technik nicht mehr einfach ablehnenden Position war, dass Gehlen dieser „Superstruktur" eine eigene Rationalität zuschrieb, die über eine Art Kulturschwelle hinweg zu einer ganz neuen „weltumspannenden Industriekultur"[275] führen werde. Helmut Schelsky habe schließlich, so Dirk van Laak, den Ausspruch von Carl Schmitt, souverän sei, wer über den Ausnahmezustand herrsche „technokratisch umformuliert: Souverän sei, wer über die höchste Wirksamkeit der in einer Gesellschaft angewandten wissenschaftlich-technischen Mittel verfüge."[276]

Die Neoliberalen, für die Alexander Rüstow und Wilhelm Röpcke standen, förderten schließlich die Abkehr von latent antikapitalistischen Deutungsmustern alter Konservativer und sahen den Kapitalismus als positiven Bezugspunkt der sozialen Ordnung an.[277] Trotz Ludwig Erhards Rede vom „Termitenstaat"[278] und der anhaltenden Debatten über die „Entpersönlichung"[279] des Individuums in der Massengesellschaft wurde es gerade das Versprechen des Massenkonsums und des „Wohlstand[es] für alle"[280], das das bundesdeutsche Gesellschaftsmodell in den Augen vieler ZeitgenossInnen so attraktiv machte: „Als die Stabilität gewonnen war, war auch die Angst vor dem ‚Chaos' – vor ‚Kollektivierung' und ‚Vermassung' weithin verlorengegangen."[281] Und die eingangs erwähnte „Synchronisationspanik" der Weimarer Diskurse, also die Sorge um die unterschiedlichen Geschwindigkeiten von technischem Fortschritt und „Kultur", verlor wohl schon dadurch an Relevanz, dass sich letztere als Massenkonsum-Kultur erheblich dy-

---

272 Ebd. Vgl. a. Berger, Politik und Technik, 328ff. Gehlen erklärte den „Triebüberschuß", der den Menschen letztlich zu neuen Erfindungen führe, mit einer Sehnsucht nach Vollkommenheit und der Bewunderung für die Verhaltenssicherheit des Tieres (Ebd., 331).
273 Berger, Politik und Technik, 335.
274 Ebd. Vgl. a. Müller/Nievergelt, Technikkritik in der Moderne, 128f. Die „Superstruktur" bezeichnet danach die Verflechtung von Technik, Naturwissenschaft und kapitalistischer Produktion; Resultate waren Gehlen zufolge Prozesse der „Entsinnlichung und Verbegrifflichung", sowie die Ausbreitung der „experimentellen Denkart" (ebd., 129).
275 Ebd., 138.
276 Van Laak, Das technokratische Momentum, 95.
277 Nolte, Die Ordnung, 291.
278 Zit. n. ebd., 296.
279 Ebd.
280 Zit. n. ebd., 298.
281 Ebd., 298. Hinzu kam eine zunehmende wissenschaftliche Kritik am Begriff der „Masse"; René König nannte sie schließlich ein Scheinproblem und eine „optische Täuschung" (zit. n. ebd., 311).

namisierte und pluralisierte, also ebenfalls „beschleunigte". Produktivitätszuwächse und das Versprechen kontinuierlichen Wachstums erforderten von den technischen Experten keine übergeordneten Sinnangebote, sondern die Bereitstellung innovativer Lösungen zur Effizienz- und Produktivitätssteigerung in einer sich zunehmend internationalisierenden Wirtschaft. Dirk van Laak betont, dass die Technokratie als politische Forderung[282] zwar nach 1945 keine wirksame Rolle mehr spielen konnte, dass jedoch ihre Prinzipien, „Energie und Effizienz politisch aufzuladen, (...) als unterschwellige Ideologeme technischer und Verwaltungs-Eliten eine sehr viel weitergehende Gültigkeit beanspruchen"[283] konnten.

Für die westdeutsche Nachkriegsgeschichte war es entscheidend, dass das amerikanische Konzept der Modernisierung, das Zusammengehen von Produktionseffizienz und Demokratie, sich als erfolgreiches Modell erwies: „Damit gewannen die Vereinigten Staaten in den 1950er und 1960er Jahren tatsächlich Modellcharakter für die Bundesrepublik, die ihre Legitimation gleichermaßen aus der Demokratisierung und der Produktionseffizienz bezog."[284] Ökonomische Prosperität wurde von den meisten zeitgenössischen Beobachtern dabei in einem direkten, unmittelbaren Zusammenhang mit Investitionen in Forschung und Entwicklung gesehen. 1963 erschien ein Artikel im "Economist", der das „lineare Modell" der Beziehung zwischen Wissenschaft, Technik und Ökonomie, das von der direkten Beziehung zwischen Grundlagenforschung, technologischem Fortschritt und ökonomischer Prosperität ausgeht, auf den Punkt brachte: "Prosperity depends on investment, investment on technology, and technology on science. Ergo

---

[282] Gemeint ist die oben erwähnte Technokratie-Bewegung, die etwa Veblens Forderung nach einem „Sowjet der Ingenieure" hervorbrachte. Davon zu unterscheiden ist die Verwendung des Begriffs „Technokratie" als Beschreibung der Dominanz der Technik in allen gesellschaftlichen Bereichen. So hob die Technokratiediskussion der 1960er Jahre auf die Kritik an einem drohenden „technischen Staat" (Helmut Schelsky) ab (Claus Koch/Dieter Senghaas, „Vorwort", in: Koch/Senghaas, Technokratiediskussion, 5–12, hier 6). Der konservative Hermann Lübbe definierte die Technokratie 1961 folgendermaßen: „Die Technokratie entpolitisiert den Staat, zieht ihn in die Gesellschaft hinein und entpolitisiert diese dabei. (...) [D]er Staat wird zum Subjekt einer Verwaltung, die über negative Polizei- und Ordnungsfunktionen hinaus Wirtschaft und Industrie positiv organisiert. Er repräsentiert nunmehr nicht so sehr einen Herrschaftswillen, dem die Gesellschaft Ruhe und Sicherheit verdankt, als vielmehr den Willen zur Prosperität, der sich bei seinen Anordnungen nicht auf ‚Hoheit' sondern auf den ökonomischen und technischen Sachverstand seiner Organe beruft." (Zit. n. van Laak, Das technokratische Momentum, 98). Zur Kritik des Technokratie-Theorems vgl. z. B. Martin Greiffenhagen, Demokratie und Technokratie, in: Koch/Senghaas, Technokratiediskussion, 54–70. Jens Hacke hat darauf hingewiesen, dass in der konservativen Technokratie-Kritik der Dezisionismus Carl Schmitts neu kontextualisiert und rehabilitiert wurde, indem etwa von Hermann Lübbe die „Entscheidung" und das Handeln gegen die vermeintliche technokratische Erstarrung und Entpolitisierung gefordert wurde (Hacke, Philosophie, 189ff.). Zur konservativen Technokratie-Diskussion vgl. a. Lenk, Konservatismus, 240f.
[283] Van Laak, Elefanten, 249.
[284] Trommler, Amerikas Rolle, 167.

prosperity depends on science."[285] Dabei wurde in internationalen Maßstäben gedacht: die Vorstellung einer kontinuierlichen Entwicklung durch technischen Fortschritt in „unterentwickelten Ländern" bestimmte die praktische Politik. In den 1950er Jahren glaubten viele, durch einen big push in Form des Aufbaus von Schlüsselindustrien ließen sich die Probleme der „Dritten Welt" lösen; diese Planungen und Maßnahmen gerieten nicht nur immer wieder unter den Einfluß des Kalten Krieges, sie zielten auch auf die Sicherung von Einflußsphären in rohstoffreichen Erdteilen und von Absatzmärkten.[286]

Es war nicht zuletzt der Glaube an das „lineare Modell", also den Aufschwung durch Technik, der transzendente Sinnangebote in Bezug auf die Technikentwicklung immer überflüssiger machte.[287] Statt übergeordneter Sinnkonstrukte fand stattdessen ein übernational und integrierend wirkendes, gesellschaftliche Konfliktlagen tendenziell ausklammerndes Konstrukt des „Menschen" Verwendung, in dessen Dienst die Technik sich stelle.[288] In einer hoch arbeitsteiligen und immer komplexer werdenden Gesellschaft wurde die Konstruktion der einzelnen „heroischen" Ingenieurpersönlichkeit dagegen endgültig zu einem Relikt der Vergangenheit.

Anhand der sechs Jahrbücher der Technischen Hochschule Hannover, die zwischen 1949/50 und 1960/62 erschienen, lässt sich dieser Wandel nachvollziehen. Waren in den Jahrbüchern 1949/50 und 1950/51 noch viele Artikel zu finden, in denen personifizierende oder heroisierende Geschichtsrückblicke und/oder sinnstiftende Überformungen in fachspezifischen oder auch hochschulgeschichtlichen Ausführungen auftauchten, verloren solche Darstellungen im Laufe des folgenden Jahrzehnts immer mehr an Relevanz. Im Einzelnen können im Jahrbuch 1949/50 fünf von 24 fachspezifischen oder hochschulgeschichtlichen Artikeln in diese Kategorie eingeordnet werden. 1950/51 sind in sieben von 15 Texten, die sich mit Technik beschäftigen, heroisierende Geschichtsrückblicke oder sinnstiftende Konstruktionen wie etwa die der „Technik als Kulturwerk" zu finden. Hervorzuheben sind auch die traditionsstiftenden „Pioniergeschichten" im Jahrbuch 1950/51, in denen Einzelpersönlichkeiten gewürdigt werden.[289] Von 30 im Jahrbuch 1952 erschienen Artikeln enthielten noch drei personifizierende Geschichtsrückblicke oder ähnliche Sinnstiftungsbemühungen, im Jahrbuch 1954/55 noch

---

285 Zit. n. Michael Eckert/Helmuth Trischler, "Science and Technology in the Twentieth Century: Culture of Innovation in Germany and the United States, Conference at the GHI October 15–16, 2004", in: *GHI Bulletin No. 36 (Spring 2005)*, 130–134, hier 130.
286 Vgl. van Laak, Elefanten, 152ff.; vgl. a. ders., Imperiale Infrastruktur, 354ff.
287 Zum sog. „linearen Modell" und seiner Kritik vgl. Wengenroth, Innovationssystem, 24f.
288 Hortleder, Gesellschaftsbild, 159ff. Hortleder zitiert als Beispiele mehrere um das Thema „Mensch und Technik" kreisende Tagungen und Vorträge des VDI und betont die tendenzielle Ahistorizität eines abstrakt der Technik gegenüber gestellten „Menschen" (Vgl. ebd., 161). Er resümiert: „In dem abstrakten, teilweise unreflektierten Plädoyer für ‚den Menschen', ‚die Menschheit' und ‚das Gemeinwohl' liegt zugleich der Kern potentieller Unmenschlichkeit." (Ebd. 162).
289 Vgl. Johannes Körting, „Die Familie Körting in ihren Beziehungen zur Technischen Hochschule Hannover", in: Jahrbuch 1950/51, 177–178 und C.A. Schaefer, „Selbsterlebtes aus den Entwicklungsjahren der Elektrotechnik", in: Jahrbuch 1950/51, 179–183.

zwei von 30. Im Jahrbuch von 1955-58 enthalten 18 von 20 Artikeln aus den Fachgebieten technisch-wissenschaftliche Inhalte und Argumentationen, die meist vollkommen auf äußere Zweckbestimmungen verzichten; werden diese überhaupt angesprochen, beziehen sie sich auf Anforderungen der Wirtschaft und des täglichen Lebens, wie etwa im Falle eines Berichts über den Forschungsstand zur biologischen Reinigung gewerblicher Abwässer.[290] Die zwei Artikel, die im Jahrbuch von 1955-58 Spuren der alten Diskurse enthalten, beziehen sich direkt auf die Vergangenheit: Ein Nachruf für den 1957 verstorbenen Professor für Baukonstruktion und landwirtschaftliches Bauen Walther Wickop bezeichnet diesen als „Bild eines Mannes, in dem sich in seltener Weise Künstler, Organisator und Lehrer vereinen"[291]; Wickop sei von einem „starken schöpferischen Drang"[292] geprägt gewesen.

Von 24 fachwissenschaftlichen Artikeln aus den technischen Fachgebieten der Hochschule enthält im Jahrbuch 1958/60 schließlich kein einziger mehr Hinweise auf die Sinnstiftungs-Diskurse der Weimarer Republik, der NS-Zeit oder der unmittelbaren Nachkriegszeit. Für die 24 Fachartikel des Jahrbuchs 1960/62 gilt mit Ausnahme eines Artikels das gleiche. Die Ausnahme bildet ein Artikel des Rektors und ehemaligen NS-Stadtplaners Wilhelm Wortmann mit dem Titel: „Die Regeneration unserer Städte – Eine Aufgabe des Städtebaues unserer Zeit".[293] Wortmann verzichtete als einziger nicht auf die bei seinen Kollegen immer seltener werdenden bedeutungsschwangeren Metaphern und klagte über „Städte ohne Bindung, ohne Form"[294] sowie über einen durch Spekulation enstandenen „Krankheitskeim", der der „Stadtgesundung" entgegenstehe.[295] Der ehemalige NS-Architekt, der unter anderem in Albert Speers Aufbaustab gewirkt hatte, rekontextualisierte sein bereits in der NS-Zeit verwendetes Leitbild von der „,gegliederten und aufgelockerten Stadtlandschaft'"[296] unter den Vorzeichen einer an der traditionellen Familienstruktur orientierten „übersehbaren Gemeinde":[297] „Familiengefühl und Stadtgefühl sind die Grundpfeiler der Stadt. Ein sich erneuerndes Familiengefühl wird das Stadtgefühl stärken."[298] Wenn man bedenkt, dass die städtebaulichen Leitbilder der NS-Zeit auch dazu gedient hatten, Stadtteile von sogenannten „Asozialen" zu „säubern" und Gebiete, in denen zum Beispiel die Arbeiterbewegung besonders stark gewesen war, zu „bereinigen"[299], wird

---

290 Dietrich Kehr, „Über die biologische Reinigung gewerblicher Abwässer mit dem Belebungsverfahren", in: Jahrbuch 1955–1958, 131–136.
291 W. Hofmann, „Walther Wickop zum Gedächtnis", in: Jahrbuch 1955–58, 126–130, hier 130.
292 Ebd.
293 Wilhelm Wortmann, „Die Regeneration unserer Städte – Eine Aufgabe des Städtebaues unserer Zeit", in: *Jahrbuch der Technischen Hochschule Hannover 1960–1962*, hrsg. von Rektor und Senat, Braunschweig 1962, 23–27.
294 Ebd., 23.
295 Ebd., 24.
296 Ebd., 27.
297 Ebd.
298 Ebd.
299 Vgl. z. B. Werner Durth, *Deutsche Architekten. Biographische Verflechtungen 1900–1970*, 2. Aufl. Braunschweig 1987, 102ff.

deutlich, dass im Kontext der Integration der vormaligen NS-Experten in die Wissenschaftskultur der Bundesrepublik Leitbilder aus dieser Zeit neu kontextualisiert und scheinbar „entnazifiziert" werden konnten[300]: Wortmann verzichtete dabei anders als viele Kollegen allerdings auf eine Anpassung seiner nach wie vor von organologischen „Krankheits-" Metaphern durchwirkten Sprache.

Wortmann war jedoch eine deutliche Ausnahme: die meisten Kollegen beschränkten sich in den Jahrbüchern der TH Hannover nun auf das Abhandeln fachspezifischer Probleme auf der Handlungsebene. Damit waren einerseits die übergeordneten Sinnstiftungen („Christentum", „Abendland", „große Männer") so gut wie verschwunden. Andererseits gehörten aber auch Reflexionen über eine ethische Fundierung der Technik, wie sie Otto Flachsbart unternommen hatte, weitgehend der Vergangenheit an.[301] Eine Ausnahme von der zunehmend pragmatischen Ausrichtung bildeten zwar zum Teil bestimmte Appelle in den Rektorreden zur Amtsübergabe; und auch anlässlich der Jubiläumsfeierlichkeiten 1956 wurden noch einmal übergeordnete Sinnstiftungen der Technik inszeniert.[302] Auffallend ist aber gerade hier, dass dies wenn überhaupt dann noch in außeralltäglichen, fachübergreifenden Kontexten stattfand oder zunehmend an Personen delegiert wurde, die selbst keine Ingenieure waren – das zeigt das bereits zitierte Beispiel der Jubiläumspredigt von Landesbischof Hanns Lilje.

Neben den und zunehmend anstelle der metaphysischen Sinnaufladungen der Technik sind in den Jahrbüchern konkrete Reaktionen der hannoverschen Hochschulingenieure auf die Anforderungen der Wirtschaft nachweisbar. Die Kritik, die etwa der an der TH Hannover lehrende Historiker Wilhelm Treue 1951 an einer mit der Wirtschaftsorientierung von Lehre und Studium verbundenen „Verflachung"[303] und dem „Amerikanismus"[304] geübt hatte, trat immer mehr in den Hintergrund. Die Beziehungen der TH Hannover zur Industrie waren stets eng gewesen; Unternehmens- und Verbändevertreter machten 1946 in der Denkschrift gegen eine eventuelle Schließung der Hochschule deutlich, dass die Technische Hochschule unentbehrlich für die Wirtschaftsentwicklung sei[305] und setzten diese Unterstützung im Wiederaufbau jahrelang durch zum Teil umfangreiche Spenden um.[306] Dennoch war, wie anhand des Beispiels Otto Flachsbart deutlich geworden ist, eine noch immer von den Vorkriegsdiskursen beeinflusste, weniger praktische, aber doch geistige Distanz zur Wirtschaft zu beobachten gewesen. Diese schien

---

300 So auch Adelheid von Saldern, „Kommunikation in Umbruchszeiten. Die Stadt im Spannungsfeld von Kohärenz und Entgrenzung", in: Dies. (Hg.), *Stadt und Kommunikation in bundesrepublikanischen Umbruchszeiten*, Stuttgart 2006, 11–44, hier 13.
301 Eine Ausnahme von diesem Befund bildet z. B.: Walter Hensen, „Der Mensch und das Wasser", in: *Jahrbuch der Technischen Hochschule Hannover 1953/54*, hrsg. von Rektor und Senat, Hannover 1954, 13–20, der anlässlich der Übernahme des Rektorats ein Nachdenken der Wissenschaft über die Folgen ihres Handelns anmahnte (ebd., 20).
302 Vgl. zu den Amtsübergaben und der Jubiläumsfeier Kapitel 6.
303 Wilhelm Treue, „Technik und Bildung", in: Jahrbuch 1950/51, 31–36, hier 32.
304 Ebd.
305 Vgl. Denkschrift der THH, 27ff.
306 Vgl. Kapitel 1.

im Laufe des ersten Nachkriegsjahrzehnts deutlich nachzulassen. Die Nachfrage der Industrie nach betriebswirtschaftlich kompetenten Ingenieuren schlug sich zum Beispiel bereits 1947 in der Einrichtung eines Ausbildungsganges für Fertigungsingenieure nieder, der verstärkt betriebswirtschaftliche und arbeitspsychologische Inhalte integrieren und so Kompetenzen in „Werkstoffkunde, Gestaltung, Fertigung, Anlage, Organisation und Menschenführung"[307] vermitteln sollte, wie der zuständige Professor für Werkzeugmaschinen Otto Kienzle, betonte. Der Student lerne so neben den Ingenieuraufgaben auch „die kalkulatorischen Einflüsse der Lohnformen, der Stückzahlen, der wirtschaftlichen Lagermengen usw. kennen, so daß er sich auf diesem Gebiete mit jedem geschulten Betriebswirtschaftler messen kann."[308] Dementsprechend dürfe

> „die Fachrichtung für Fertigungsingenieure für sich in Anspruch nehmen, ein allgemeineres Bild von der Technik zu entwerfen als andere Fachrichtungen; denn von der gesamten Fabrikanlage bis zur Beherrschung des einzelnen tausendstel Millimeters, von der wirtschaftlichen Führung des Betriebes bis zum Arbeitsplatz des einzelnen Menschen erstreckt sich sein Gebiet."[309]

Es war also ein weit reichender Gestaltungsanspruch, der für Ingenieure wie Otto Kienzle im Vordergrund ihrer Tätigkeit stand. Technische Fachrichtungen sollten keine unverbunden nebeneinander agierenden Spezialwissenschaften sein, sondern ihre Vertreter in die Lage versetzen, die Realität in Unternehmen und damit auch die bundesdeutsche Gesellschaft mit zu prägen; Ingenieure sollten nicht nur konstruieren, sondern Arbeitswelt und damit auch Gesellschaft gestalten.[310] Dieser Anspruch war, wie zum Beispiel ein Blick auf das Planungs- und Effizienzdenken vieler Wissenschaftler in der Weimarer Republik und im Nationalsozialismus zeigt, alles andere als neu[311]; die Mittel zu seiner Umsetzung mussten jedoch immer wieder den veränderten gesellschaftlichen und betriebswirtschaftlichen Realitäten angepasst werden. Nicht zuletzt die psychologischen Vorlesungen von Wilhelm Hische sollten die angehenden Ingenieure auf diese gestaltenden Manageraufgaben vorbereiten. Ihren Zweck in bezug auf die spätere Berufspraxis beschrieb Otto Kienzle folgendermaßen:

> „Das Freimachen der seelischen Kräfte in jedem Mitarbeiter durch Beseitigung von Hemmungen, die Förderung der Arbeitsfreudigkeit, die Hebung des Arbeitsstolzes, das Entspannen in der Mitverantwortung, gerechte Entlohnung, Aussicht auf Vorwärtskommen; das alles

---

307 Otto Kienzle, „Die Ausbildung von Fertigungsingenieuren", in: Jahrbuch 1949/50, 93–102, hier 102.
308 Ebd., 99.
309 Ebd., 96.
310 Auch bundesweit schlugen sich Veränderungen des Ingenieurbildes immer wieder in Diskussionen über eine Studienreform nieder. Häufig war von der Notwendigkeit die Rede, einen „neuen Typ" Ingenieur auszubilden, der eine gründlichere wissenschaftliche Ausbildung mit der Fähigkeit zum selbständigen Konstruieren verbinden sollte (vgl. Kai Handel, „Innovationen in Bildung und Ausbildung an den bundesdeutschen Hochschulen? Hochschulgründungen und Studienreformen", in: Abele/Barkleit/Hänseroth, Innovationskulturen, 279–299, hier 291ff.).
311 Vgl. z. B. die diesbezüglichen Beiträge in: Heinemann/Wagner, Wissenschaft.

sind Dinge, die für die Gesamtleistung von gleicher Wichtigkeit sind wie jegliche technischen Maßnahmen."[312]

Diese Konzepte der „sozialen Rationalisierung"[313] waren ebenfalls keineswegs neu. Auch in der Weimarer Republik und im Nationalsozialismus war es der an den unternehmensinternen Rationalisierungsbestrebungen ausgerichteten Betriebspsychologie als Wissenschaft der „Menschenführung" darum gegangen „die psychologischen Voraussetzungen der ‚deutschen Qualitätsarbeit' zu sichern".[314]

Vielen Vertretern der technischen Intelligenz war bald klar, dass die veränderten Anforderungen der bundesrepublikanischen Ökonomie und die zunehmende Komplexität des Produktionsprozesses auch ihre Vorstellungen von der Arbeitsweise des Ingenieurs betrafen. Gerade die amerikanischen Methoden und Verfahren wurden genau rezipiert. Oft traten so auch alte antiamerikanische Reflexe in den Hintergrund. Der vierte Nachkriegsrektor Hermann Deckert zeigte sich etwa beeindruckt vom Gedanken des Teamwork:

> „Vor einiger Zeit erzählte mir der Architekt Walter Gropius, der, aus Deutschland vertrieben, in Amerika Bedeutendes geschaffen hat, von den freien Arbeitsgruppen, von echtem Team Work, wie er es erprobt und verwirklicht hat. Eine Gruppe von selbständigen Architekten und Ingenieuren hat sich zusammengefunden. Wirtschaftlich und finanziell ist jeder an den Gemeinschaftsaufgaben gleich beteiligt mit Einsatz und Risiko; federführend (...) ist bei jeder Aufgabe einer, jeweils ein anderer, aber trotzdem schaffen alle zusammen. Das setzt viel voraus: vor allem, daß jeder den anderen schon an seinen Überlegungen und Gedanken beim Schaffen freimütig teilnehmen läßt. Vielleicht kündet sich in solchen Arbeitsformen freier Menschen etwas von dem an, was unsere Zeit mehr und mehr brauchen wird."[315]

Ein Beispiel für die veränderten Anforderungen der Wirtschaft ist eine Schrift des hannoverschen Unternehmers Hans Bahlsen, der auch in der Hannoverschen Hochschulgemeinschaft engagiert war. Bahlsen forderte 1956 die Abkehr von alten Führungsvorstellungen in Unternehmen und die Förderung eines teamfähigen, mitdenkenden und effizienzorientierten Manager-Ingenieurs (den er meist noch „Geschäftsführer" nannte).[316] Diese Forderungen sollten schon in der Ausbildung berücksichtigt werden. Für Bahlsen war es also betriebswirtschaftlich geboten, statt des „Führertyps" den kollegialen, an Entscheidungen zu beteiligenden Organisator zu preisen; Zweckrationalität hatte hier Vorrang vor etwaigen politischen Vorbehalten gegen eine Liberalisierung innerhalb der Unternehmenshierarchien. Individuelle Freiheit als Voraussetzung für selbständiges Denken und Handeln im Team wurde damit implizit positiv gewertet und gleichzeitig als funktionales Professionalisierungserfordernis anerkannt. Dies ist ein Indiz da-

---

312 Kienzle, Ausbildung, 99.
313 Johannes Platz/Lutz Raphael/Ruth Rosenberger, „Anwendungsorientierte Betriebspsychologie und Eignungsdiagnostik: Kontinuitäten und Neuorientierungen (1930–1960)", in: Rüdiger vom Bruch/Brigitte Kaderas (Hg.), *Wissenschaften und Wissenschaftspolitik – Bestandsaufnahmen zu Formationen, Brüchen und Kontinuitäten im Deutschland des 20. Jahrhunderts*, Stuttgart 2002, 291–309, hier 303.
314 Ebd.
315 Deckert, Absage an die Neuzeit, 10.
316 Hans Bahlsen, *Nachwuchskräfte: Ihre Auswahl und Ausbildung*, Hannover 1956, 19ff., 198f.

für, dass es nicht zuletzt der funktionierende, von den westlichen Alliierten geförderte Kapitalismus war, der zur gesellschaftlichen Stabilisierung und letztlich Demokratisierung beitragen konnte. Eventuell vorhandene politische Vorbehalte konnten zugunsten betriebswirtschaftlich gebotener Überlegungen in den Hintergrund treten. Hans Bahlsens Modernisierungswille fand übrigens seine Grenze in der Betonung der traditionellen Geschlechterrollen: er widmete ein eigenes Unterkapitel der „Frau des Geschäftsführers"[317], die für die Regeneration der männlichen Arbeitskraft inklusive Unterhaltung und Ablenkung zuständig sein sollte.

Nicht nur Hans Bahlsen, einer der führenden hannoverschen Unternehmer, forderte die Erziehung der Studierenden zu selbständigem Denken. Eine 1956 unter Firmenvertretern durchgeführte Umfrage der Studentenschaft der TH Hannover über den Sinn und Zweck des Studium Generale wies in dieselbe Richtung. 93 Prozent der Firmenvertreter gaben an, sie legten Wert auf eine gute Allgemeinbildung, 88 Prozent befürworteten die Hochschule als allgemeinbildende Institution und 87 Prozent fanden die allgemeinbildenden Lehrveranstaltungen so wichtig, dass sie es auch für akzeptabel hielten, wenn dadurch weniger Zeit für die Fachausbildung bliebe.[318] Neben seinen anderen, im Laufe der Nachkriegsjahre unterschiedlich zu gewichtenden Funktionen[319] war das Studium Generale also nicht zuletzt auch eine Reaktion auf immer komplexer werdende Anforderungen der Arbeitswelt. Natürlich schlugen sich diese vor allem auch in der fachbezogenen Lehre nieder, wie am Beispiel der Berücksichtigung betriebswirtschaftlicher Inhalte in der Ausbildung der Fertigungsingenieure deutlich wurde.

Als weiteres Beispiel für Veränderungen der Lehre durch äußere wirtschaftliche und soziale Anforderungen kann das bereits im ersten Kapitel dargestellte „Planersemester" gelten, in dessen Rahmen fächerübergreifend und anwendungs-

---

317 Ebd., 202ff. In Form von zwölf in direkter Rede gefassten Regeln legt Bahlsen der Ehefrau, die idealerweise dem Geschäftsführer beim „Auftanken" helfen solle, ans Herz, z. B. nicht zu „schwätzen", sich nicht im Geschäft sehen zu lassen, sich bei allen Gelegenheiten „nett" zu kleiden, aber nicht besser als die Frauen der anderen Firmenmitglieder usw. (ebd., 204f.). Eine Berufstätigkeit, etwa als „Kinderpflegerin oder Krankenschwester" befürwortet Bahlsen nur für unverheiratete Frauen; ihren Nutzen sieht er vor allem darin, dass sie einer Frau „Verständnis für die (...) Fragen des Geschäftslebens" und somit für die Probleme des Mannes vermitteln könne (ebd., 216).

318 110 Großfirmen wurden vom Studium-Generale-Ausschuss der Studentischen Kammer befragt, 70 Prozent antworteten. Ein Ausschussvertreter berichtete: „In vielen Briefen wurde betont, daß ein reines Fachwissen oder sogar eine Spezialisierung für das spätere Leben nicht förderlich sei, sondern daß vor allem in den Spitzenstellungen weitsichtige Persönlichkeiten nötig sind, die in der Lage sind, menschliche und größere betriebliche Probleme aufgrund umfassender Bildung zu lösen." Vgl. NHStA Nds. 423, Acc. 11/85, Nr. 421, Protokoll der Sitzung der studentischen Kammer am 14.6.1955.

319 Vgl. ausführlicher zum Studium Generale Kapitel 5, sowie z. B.: Jürgen Arp, *Das Humanistische Studium für Ingenieure an der Technischen Universität Berlin*, Berlin 2001. Arp, selbst Ingenieur, arbeitet verschiedene Funktionen und Begründungszusammenhänge des Studium Generale heraus; der anfängliche Vergangenheitsbezug (Abkehr vom Nationalsozialismus und ethische Neufundierung der Wissenschaft) habe sich im Laufe der 1950er Jahre und Anfang der 1960er Jahre auf stärker gegenwartsbezogene Zwecke verlagert (Kalter Krieg, Elitenausbildung); vgl. ebd. 115 ff.

orientiert Planer für den Wiederaufbau ausgebildet wurden.[320] Nicht nur ihre Kompatibilität mit der sich verändernden Arbeitswelt und den neuen Herausforderungen im Wiederaufbau mussten die Hochschulingenieure unter Beweis stellen. Vor dem Hintergrund des „Dispositivs des Sozialen"[321], das mit der Herausbildung des „rheinischen Kapitalismus" und seiner korporativen Strukturen veränderte Anforderungen an den „Gemeinsinn" der Akteure stellte, musste auch der Nutzen der Ingenieurstätigkeit für die Wohlstandsentwicklung und die Hebung der Lebensqualität der breiten Masse immer wieder erprobt und bewiesen werden. Die Bestimmung der Zwecke und Ziele technischen Handelns bezogen sich in den Hannoveraner Jahrbüchern zunehmend allein auf säkulare Bereiche der „modernen Gesellschaft"[322]: die „Verbesserung unserer Lebensverhältnisse"[323] reichte etwa dem Professor für Verkehrswirtschaft, Straßenwesen und Städtebau Johannes Schlums in seiner Rede zum Antritt des Rektorates Anfang Dezember 1956 als Legitimation (verkehrs-)technischen Handelns aus. Im Jahrbuch von 1960/62 definierte Kurt Illies, Professor für Schiffsmaschinenbau, die Verantwortung des Ingenieurs rein diesseitig als die Aufgabe, „die Technik in die Richtung zu entwickeln, daß sie dem menschlichen Leben und der Gesundheit nicht schaden kann."[324]

In den rein diesseitigen, auf wirtschaftliche und soziale Probleme und deren „optimale Lösung" gerichteten Zweckbestimmungen technischen Handelns lagen für die Ingenieure wieder einmal Chancen für eine gesellschaftliche Aufwertung. Das gewachsene Selbstbewusstsein der technischen Intelligenz brachte Hans-Oskar Wilde in seiner Antrittsrede als Rektor der TH Hannover im Jahre 1961 auf den Punkt. Er war zwar als Professor für Auslandskunde und Anglistik ein Nicht-Techniker an der Spitze der Technischen Hochschule, traf aber genau den richtigen Ton, als er den Gegensatz von Kultur und Zivilisation zu einer „sinnlose[n] Polarisierung"[325] erklärte und dem „selbstgewissen"[326], sich über die Ingenieure erhebenden (Bildungs-)Bürgertum historisch den zweiten Platz zuwies:

---

320 Vgl. z. B. Wilhelm Wortmann, „12 Jahre Arbeitsgemeinschaft für Planungswesen an der TH Hannover", in: Jahrbuch 1960–62, 120–125.
321 Vgl. Rolf Schmucker, *Unternehmer und Politik. Homogenität und Fragmentierung unternehmerischer Diskurse in gesellschaftspolitischer Perspektive*, Münster 2005, 134. Gemeint ist die hegemoniale Selbstkonstruktion der deutschen Gesellschaft als „sozialer Marktwirtschaft", die sowohl bei Gewerkschaften als auch bei Unternehmern zu einer „Kooptierung in die ‚Mitte' der Gesellschaft" geführt habe (ebd., 135). Schmucker bezieht sich begrifflich hier auf Barbara Kehm, *Zwischen Abgrenzung und Integration. Der gewerkschaftliche Diskurs in der Bundesrepublik*, Opladen 1991.
322 Johannes Schlums, „Strassenbau und Strassenverkehrstechnik in Forschung, Lehre und Praxis", in: Jahrbuch 1955–58, 74–79, hier 75.
323 Ebd., 79.
324 Kurt Illies, „Die Aussichten der Kernenergie-Schiffsantriebe", in: Jahrbuch 1960–62, 172–180, hier 180.
325 Hans-Oskar Wilde, „Das Problem ‚Ausland' in einer sich wandelnden Welt. Rede bei Übernahme des Rektorats, gehalten am 1.7.1961", in: Jahrbuch 1960–62, 42–47, hier 46.
326 Ebd., 43.

„Diese bürgerliche Kultur ist dahin. (...) Es [das europäische Bürgertum, F.S.] schrieb den glänzenden Aufstieg des Bürgertums sich selbst und seiner Tüchtigkeit zu. Es war ihm nicht in den Sinn gekommen, daß die beispiellose Expansion der Europäer über die Welt nicht durch Kultur oder Politik oder Wirtschaft möglich war, sondern allein vermöge des neuen Wissens und des technischen Fortschritts, der sich zweifellos aus der abendländischen Kultur entwickelt hatte. All dies bedeutete die Vervollkommnung des Sieges der Bürger, aber nicht deshalb, weil sie Bürger und Europäer waren, sondern weil sie – wissenschaftlich begabt – die sich bietende Technik ergriffen und nutzten."[327]

4.4 PLANUNG, MOBILITÄT UND EFFIZIENZ: DAS LEHRGEBIET VERKEHRSWESEN UND SEINE PROFESSOREN NACH 1945

Im Folgenden soll anhand eines bedeutenden Tätigkeitsfeldes von Ingenieuren, dem Verkehrswesen, genauer auf einige Akteure der Technikentwicklung vor und nach 1945 eingegangen werden. Das Verkehrswesen wurde an der TH Hannover als ein Fach von „Weltbedeutung"[328] angesehen und reflektiert einige strukturelle und gesellschaftliche Veränderungen nach 1945 ebenso wie das von einem umfassenden planerischen Gestaltungsanspruch geprägte Technikbild vieler Akteure der technischen Intelligenz.

Die wissenschaftliche Beschäftigung mit dem Thema Verkehr war in Gestalt des Straßenbaus bereits im 18. Jahrhundert ein Betätigungsfeld der jungen Profession der Ingenieure gewesen und differenzierte sich zunächst im Eisenbahnzeitalter und dann mit der Zunahme des Automobilverkehrs in den 1920er Jahren weiter aus.[329]

Das Lehrgebiet Verkehrswesen war an der Technischen Hochschule Hannover durch zwei Professuren vertreten. Dies war zum einen das Ordinariat für Eisenbahnbau und -betrieb, zu dessen Aufgaben auch die Verkehrspolitik zählte und dessen 1944 gestorbener Inhaber Otto Blum ausserdem über Städtebau und Verkehrspolitik las.[330] Auf die zweite Professur, ebenfalls für Eisenbahnbau und -betrieb, wurde 1925 Curt Risch berufen; er vertrat außerdem die Gebiete Verkehrswissenschaft sowie Erd-, Straßen- und Tunnelbau.[331] Vor der Berufung Blums im Jahre 1907 hatte sich das Lehrgebiet Verkehrswesen neben dem Eisenbahn- und Straßenwesen auch auf den konstruktiven Ingenieurbau und den Wasserbau bezogen; aufgrund der Ausdifferenzierung und Spezialisierung der Lehrgebiete war dies später nicht mehr der Fall.[332]

---

327 Ebd.
328 Denkschrift der THH, 8.
329 Barbara Schmucki, *Der Traum vom Verkehrsfluss. Städtische Verkehrsplanung seit 1945 im deutsch-deutschen Vergleich*, Frankfurt a. M. 2001, 84f.
330 Horst Gerken (Hg.), *Catalogus Professorum 1831–2006. Festschrift zum 175-jährigen Bestehen der Universität Hannover*, Bd. 2, Hildesheim u. a. 2006, 45.
331 Ebd., 414.
332 Johannes Schlums, „Verkehrswirtschaft, Strassenwesen und Städtebau", in: Festschrift zur 125-Jahrfeier, 152–153, hier 152.

Otto Blum, geboren 1876 in Neunkirchen/Kreis Ottweiler, war zunächst seit 1899 Regierungsbauführer des Eisenbahnfaches und arbeitete bis 1907 in der preußischen Eisenbahnverwaltung. Im März 1900 erhielt er den Schinkelpreis für den Entwurf einer Bergbahn und promovierte 1903 in Berlin. Nach seiner Promotion ging Blum bis 1904 auf eine „Reise um die Welt zum Studium der Verkehrsanlagen"[333] und gewann so internationale Erfahrungen und Kontakte. Nach drei Jahren als Assistent an der Technischen Hochschule Berlin wurde er Professor an der TH Hannover. Von August 1914 bis Dezember 1918 war Blum Soldat. Blum war seit 1924 Mitglied im Verwaltungsrat der Deutschen Reichsbahn und gewann in den zwanziger Jahren zwei wichtige Preise in internationalen Wettbewerben: 1922 den ersten Preis im Wettbewerb für Vorentwürfe des Hafenausbaus in Trelleborg und 1928 einen Preis für einen Entwurf für den Freihafen Barcelonas. Von 1929 bis 1931 wirkte Blum als Rektor der Technischen Hochschule Hannover. Er starb am 26.10.1944 in Folge eines Bombenangriffs auf Hannover.[334] Blum war nicht Mitglied der NSDAP. Im Juli 1933 hatte er sich zwar offenbar um die Aufnahme bemüht, als dieses Gesuch nicht bearbeitet wurde, ließ er die Angelegenheit aber auf sich beruhen und trat lediglich in den Vorläufer des NS-Dozentenbundes (NSDDB), den Nationalsozialistischen Lehrerbund, ein.[335]

Blums Arbeit an der TH Hannover war gekennzeichnet von einer immer stärkeren Verzahnung der Gebiete Eisenbahn- und Städtebau. Diese resultierte aus den strukturellen Herausforderungen, die sich bereits seit etwa 1880 bemerkbar gemacht hatten. Die starke Bevölkerungszunahme und das Wachstum der Städte infolge der Industrialisierung hatten es notwendig gemacht, im Zuge der Verstaatlichung der Eisenbahnen zahlreiche Bahnhöfe zu erweitern und diese Erweiterungen in städtebauliche Konzepte einzubetten. In den zwanziger Jahren zwangen die im Versailler Vertrag festgelegten Reparationsleistungen sowie die Zunahme des automobilen Verkehrs die Reichsbahn zu größerer Effizienz und Wirtschaftlichkeit. Streckenelektrifizierung, Linienerweiterungen, Verbesserungen der Rangiertechnik und viele andere technische und organisatorische Aufgaben mussten wissenschaftlich und praktisch gelöst werden.[336] Otto Blum, der bei seiner Berufung erst 31 Jahre alt war, gestaltete diese Entwicklung durch zahlreiche Bahnhofsplanungen mit und genoss dadurch sowie durch zahlreiche Publikationen einen internationalen Ruf.[337]

Von 1945 bis zu seinem Ruhestand 1949 vertrat Louis Jänecke, geboren 1878 in Hannover, den durch Blums Tod vakanten Lehrstuhl.[338] Jänecke war genau wie Otto Blum vor dem Zweiten Weltkrieg bereits ein gefragter Experte in der For-

---

333 Gerken (Hg.), Catalogus Professorum, 45.
334 Ebd.
335 Michael Jung, „... voll Begeisterung schlagen unsere Herzen zum Führer". Die Technische Hochschule Hannover und ihre Professoren im Nationalsozialismus, Ms. Hannover 2002, 151.
336 Massute, Eisenbahnbau, 150.
337 Ebd.
338 Gerken (Hg.), Catalogus Professorum, 224.

schungsgesellschaft für das Straßenwesen.[339] Seine Laufbahn weist einige Parallelen mit der seines zwei Jahre älteren Vorgängers auf. 1904 Absolvent der TH Hannover, war Jänecke bereits 1905 Träger des Schinkelpreises für den Entwurf der Anlage eines dritten Gleispaares der Berliner Stadtbahn. 1907 zum Regierungsbaumeister ernannt, unternahm Jänecke, ähnlich wie Blum drei Jahre zuvor, eine ausgedehnte Bildungsreise, die ihn nach Brasilien, Argentinien und Chile führte. Von 1911 an arbeitete Jänecke drei Jahre lang im Vorstand der Bauabteilung Mansfeld-Wippra, bevor er 1912 an der TH Hannover seinen Doktor machte. Wie Blum nahm auch Jänecke von 1914 bis 1918 am Ersten Weltkrieg teil. Danach folgten Tätigkeiten als Privatdozent an der TH Hannover und an der TH Berlin, sowie Ernennungen zum Regierungsbaurat (1921) und zum Reichsbahnoberrat (1924). Als Dezernent der Eisenbahndirektion Berlin war Jänecke ab Mai 1922 für die Elektrifizierung der Stadt-, Ring- und Vorortstrecken Berlins zuständig. 1927 wurde er ordentlicher Professor für Eisenbahn- und Verkehrswesen an der Technischen Hochschule Breslau. 1935 unternahm Jänecke eine Studienreise in die USA und nach Kanada. 1939 gewann er mit einer Untersuchung über den Einfluss des Eisenbahnbetriebes auf den Verlauf der Marne-Schlacht einen Preis der Gesellschaft für Wehrpolitik. Jänecke, der 1945 von der TH Breslau an die TH Hannover kam, ging im Oktober 1949 in den Ruhestand, war seit 1950 Honorarprofessor an der TH und starb 1960.[340]

Die zweite Professur im Bereich Verkehrswesen hatte seit 1925 Prof. Dr. Curt Risch inne; er vertrat neben Eisenbahnbau und -betrieb die Gebiete Verkehrswissenschaft sowie Erd-, Straßen- und Tunnelbau.[341] Nach dem Erwerb des Diploms in Berlin im Jahre 1905 war der 1879 geborene Risch im kaiserlichen Deutschland an verschiedenen Orten als Regierungsbaumeister tätig. Unter anderem leitete er seit 1910 Bahnhofsumbauten in Berlin. Von Februar 1915 bis November 1918 nahm er am Ersten Weltkrieg teil. Während des Krieges promovierte Risch 1916 an der TH Braunschweig, wurde dort 1919 Professor und war von 1923 bis 1925 Rektor.[342]

Curt Risch, der 1935 in die NSDAP eintrat und außerdem Mitglied im NS-Dozentenbund (NSDDB), im NS-Altherrenbund und im Nationalsozialistischen Bund Deutscher Technik (NSBDT) war, vertrat ab September 1939 einen laut Personalakte „freigewordenen" Lehrstuhl für Erd- Straßen- und Tunnelbau an der Deutschen Technischen Hochschule Prag.[343] Dafür erhielt er zusätzlich zu seinen Bezügen eine so genannte „Protektoratszulage".[344] Risch wurde 1945 emeritiert und entging so einer möglichen Entlassung durch die britische Besatzungsmacht.

---

339 Vgl. Schmucki, Traum, 98, Anm. 45.
340 Gerken (Hg.), Catalogus Professorum, 224.
341 Ebd., 414.
342 Ebd., 414.
343 NHStA Hann. 146 A, Acc. 88/81, Nr. 309b.
344 NHStA Hann. 146 A, Acc. 88/81, Nr. 309b, Aktennotiz 19.9.1939.

Bis 1949 hielt er noch Vorlesungen an der TH Hannover ab.[345] Im März 1959 erhielt er das Bundesverdienstkreuz und starb im Oktober desselben Jahres.[346]

Nach der Emeritierung von Curt Risch und Otto Blums Nachfolger Louis Jänecke wurde das Lehrgebiet Verkehrswesen neu gegliedert, und zwar in eine Professur für Verkehrswirtschaft, Straßenwesen und Städtebau und ein Ordinariat für Verkehrswesen, Eisenbahnbau und -betrieb. So trug man der Tatsache Rechnung, dass das Gebiet Verkehr zunehmend weniger vom Eisenbahn- und sonstigen öffentlichen Verkehr dominiert wurde und es immer mehr privaten Automobilverkehr gab.[347] Dies machte die Notwendigkeit verkehrsplanerischen Handelns im Wiederaufbau deutlich und führte zu neuen Schwerpunktbildungen. Unter dem Eindruck der Entwicklungen in den USA, wo sich mit der Massenmotorisierung seit Mitte der zwanziger Jahre die Fachrichtung "traffic engineering" etabliert hatte, bildete man nun auch in Deutschland spezialisierte Verkehrsplaner aus.[348] Der „Traum vom Verkehrsfluss"[349], also die Vision eines störungsfreien Verkehrs vor allem in den Städten, verlangte eine wissenschaftlich fundierte Verkehrsplanung.[350] Diese wurde im Dienste einer „Neuordnung der Städte"[351] immer mehr auch zu einer „prognostizierenden Wissenschaft".[352] Schiene und Straße wurden auch innerhalb des Hannoveraner Lehrgebietes Verkehrswesen konsequenter getrennt als zuvor. Das Straßenwesen und die Vernetzung mit dem Städtebau wurden dabei deutlich aufgewertet.

Die Professur für Verkehrswirtschaft, Straßenwesen und Städtebau übernahm Johannes Schlums im Januar 1949 zunächst kommissarisch, bevor er im August desselben Jahres als ordentlicher Professor eingestellt wurde.[353] Schlums, geboren 1903 in Leipzig, schloss sein Studium 1926 als Diplomingenieur an der Technischen Hochschule Dresden ab und promovierte 1929 am dortigen Lehrstuhl für Tiefbau, Straßenbau und Städtebau. Von Juli bis Dezember 1929 war er Bauleiter eines Großprojektes, der Baustelle Saidenbachtalsperre in Sachsen. 1931 wurde Schlums zum Regierungsbaumeister ernannt und war von 1932 bis 1934 bei der

---

345 NHStA Hann. 146 A, Acc. 88/81, Nr. 309b.
346 Gerken (Hg.), Catalogus Professorum, 414.
347 Vgl. z.B. Thomas Südbeck, „Motorisierung, Verkehrsentwicklung und Verkehrspolitik in Westdeutschland in den 50er Jahren", in: Schildt/Sywottek, Modernisierung, 170–187.
348 Schmucki, Traum, 85.
349 Ebd., 19.
350 Ebd., 21f. Schmucki zitiert aus einem Leitfaden der Forschungsgesellschaft für das Straßenwesen von 1985: „Aufgabe der Verkehrsplanung [...] ist die vorausschauende systematische Vorbereitung und Durchführung von Entscheidungsprozessen mit der Absicht, den Verkehr [...] in einem Planungsraum durch bauliche, betriebliche und sonstige Maßnahmen im Sinne bestimmter Ziele zu beeinflussen." Schmucki zeigt, dass die Verkehrsplanung in den ersten drei Jahrzehnten nach 1945 von verschiedenen Leitbildern bestimmt wurde, und zwar dem der verkehrsgerechten Stadt (1945–55) und der autogerechten Stadt (1955–1971); vgl. Schmucki, Traum, 90ff. und 118ff.
351 Schmucki, Traum, 91. Zur Bedeutung der Nachkriegs-Stadtplanung im Kontext des Technik- und Planungsdiskurses vgl. a. van Laak, Elefanten, 124ff.
352 Schmucki, Traum, 94.
353 Gerken (Hg.), Catalogus Professorum, 445.

Straßenbaudirektion Dresden tätig. Nach weiteren Stationen im Provinzialstraßenbauamt Eberswalde und als Dezernent beim Oberpräsidenten der Provinz Mark Brandenburg habilitierte sich Schlums im Januar 1939 an der Technischen Hochschule Berlin und wurde dort am 1.September 1939 ordentlicher Professor und Direktor des Instituts für Straßenbau und Verkehrswesen. Schlums, der seit dem 1. Mai 1933 Mitglied in der NSDAP und von 1933 bis 1934 in der SA war, war vier Monate in sowjetischer Kriegsgefangenschaft und wurde am 31. Dezember 1945 von der TH Berlin im Zuge der Entnazifizierung entlassen.[354] Der Verkehrswissenschaftler arbeitete danach als technischer Sachverständiger für die Alliierten[355], bevor er 1949 an die TH Hannover kam. Schlums war von 1956 bis 1957 Rektor und wechselte 1961 an die Technische Hochschule Stuttgart. Hier blieb Schlums bis zu seiner Emeritierung im Jahre 1972; er starb 1980.[356]

In den 1950er Jahren machte sich Johannes Schlums vor allem mit Untersuchungen über die Leistungsfähigkeit von Straßen und den Verkehr in Städten einen Namen.[357] 1953 wurde er Mitglied des Wissenschaftlichen Beirats beim Bundesminister für Verkehr.[358] Sein Hannoveraner Institut führte mehrere größere Studien durch, darunter im Jahre 1955 eine Untersuchung im Auftrag des Bundesverkehrsministeriums, in deren Verlauf der Verkehr an acht Stellen des bundesdeutschen Straßennetzes je achtzig Stunden lang gefilmt wurde. So ließen sich die Geschwindigkeiten aller Fahrzeuge und die Zeitlücken zwischen ihnen bestimmen, um unter Zuhilfenahme statistischer Methoden „Gesetzmäßigkeiten über den Verkehrsablauf und die Leistungsfähigkeit der betreffenden Straßen"[359] abzuleiten. In München führten Schlums und seine Mitarbeiter eine umfangreiche Straßenverkehrszählung und -analyse durch und kamen zu dem Ergebnis,

„daß die Stärke der Verkehrsbeziehungen zwischen den 54 Stadtgebieten Münchens annähernd gemessen werden kann durch die Stärke der Bevölkerung in dem Ausgangs- und dem Zielgebiet jeder Verkehrsbeziehung sowie durch die Entfernung beider Gebiete."[360]

Ziel dieser Analysen war nicht allein die Beschreibung der bestehenden Verkehrsverhältnisse, sondern die wissenschaftliche Unterfütterung eines umfassenden planerischen Gestaltungsanspruchs:

„Wir möchten die Gesetzmäßigkeiten kennenlernen, um in der Planung vorausschauend für eine bestimmte Siedlungsform, Bevölkerungsdichte und Industrieart das zu erwartende Verkehrsaufkommen in seinen Größenverhältnissen abschätzen, das Straßennetz gestalten und für die einzelnen Straßenzüge die erforderlichen Fahrbahnbreiten bestimmen zu können."[361]

---

354 NHStA Nds. 401, Acc. 92/85, Nr. 38, Personalakte Johannes Schlums, Lebenslauf vom 20.3.1947.
355 Ebd.
356 Gerken (Hg.), Catalogus Professorum, 445
357 Johannes Schlums, „Strassenbau und Strassenverkehrstechnik in Forschung, Lehre und Praxis", in: Jahrbuch 1955–1958, 74–79, hier 77.
358 Gerken (Hg.), Catalogus Professorum, 445.
359 Schlums, Strassenbau, 77.
360 Ebd. Zur Verkehrsplanung in München ausführlich Schmucki, Traum, 212ff.
361 Ebd.

Seine Forschungsergebnisse wollte Schlums in ein geschlossenes städtebauliches Konzept eingebettet wissen:

> „Siedlungsform und Verkehr stehen in unmittelbarer Wechselwirkung. (...) Aus der in der Planung festgelegten, beabsichtigten Verteilung der Bevölkerung, der vorgesehenen Wirtschaftsstruktur und der Art der Bebauung muß versucht werden, die Verkehrsbedürfnisse und die Höhe des Verkehrsaufkommens einzuschätzen. (...) Sowohl für die Errichtung der Wohnbauten und der Fabriken als auch für die Verkehrswege und Verkehrsmittel muß eine bis ins kleinste gehende Rentabilitätsberechnung aufgestellt werden."[362]

Schlums warb in seiner Arbeit für eine enge Verzahnung der Gebiete Straßenbau und Straßenverkehr mit anderen Fachrichtungen wie Städtebau, Landesplanung, Verkehrswirtschaft oder auch Ingenieurbiologie. Seine professionelle Bewunderung galt den amerikanischen Verkehrsingenieuren, die ihm bei einem USA-Besuch auf die Frage nach Kompetenz- und Interessenkonflikten geantwortet hätten: "All traffic engineers are brothers."[363] Die „gesunde Entwicklung"[364] der bundesdeutschen Stadt- und Verkehrsplanung erfordere ebenfalls eine solche „sachliche Zusammenarbeit".[365] In der Praxis schlug sich diese Überzeugung etwa in Schlums' Beteiligung an der interdisziplinären Arbeitsgemeinschaft für Planungswesen an der TH Hannover nieder. Auf internationaler Ebene kümmerte er sich um den Austausch mit den amerikanischen Verkehrsingenieuren und sorgte bald nach Kriegsende für eine Wiederaufnahme des fachlichen Dialogs, z. B. durch eine Veröffentlichung in der US-Fachzeitschrift "Traffic Quarterly" im Juli 1948.[366] Schlums stellte seine Forschungsergebnisse auch auf internationalen Kongressen vor, wie etwa 1955 auf dem Internationalen Straßenkongress in Istanbul[367] und plädierte dafür, bei allen Wiederaufbauplanungen die „Erfahrungen des Auslandes"[368] einzubeziehen.

Der Werdegang von Johannes Schlums zeigt exemplarisch einige Merkmale vieler Ingenieurkarrieren im akademischen und außerakademischen Bereich auf, insbesondere, was die mehrjährige Praxiserfahrung angeht. Ausgestattet mit den nötigen akademischen Qualifikationen verbrachte Schlums das Jahrzehnt zwischen Promotion und Habilitation – und zwischen Weltwirtschaftskrise und Zweitem Weltkrieg – mit hochqualifizierter planerischer und praktischer Tätigkeit als Regierungsbaumeister, bevor er zum Professor an der Technischen Hochschule Berlin aufstieg. Die durch die Entnazifizierung erzwungene Pause überbrückte er mit wissenschaftlichen Tätigkeiten für die Militärregierung. Nach seiner Berufung an die TH Hannover im Jahre 1949 beschäftigte sich Schlums mit Analysen und Planungen, die zum einen einen internationalen Horizont und zum anderen einen hohen Grad an Vernetzung mit anderen Fachrichtungen erkennen ließen. Seine

---

362 Johannes Schlums, „Die Aufgaben des Lehrstuhls für Verkehrswirtschaft, Straßenwesen und Städtebau", in: Jahrbuch 1949/50, 73–75, hier 73.
363 Schlums, Strassenbau, 78
364 Ebd.
365 Ebd.
366 Schlums, Aufgaben, 75.
367 Schlums, Strassenbau, 77.
368 Schlums, Aufgaben, 73.

wissenschaftliche Arbeit, die er stark in planerische Gesamtkonzepte einbettete, war vor dem Hintergrund der Erfordernisse des Wiederaufbaus deutscher Städte plausibel und reibungslos anpassbar.[369] Schlums' Betonung der Aspekte Vernetzung und Internationalisierung, wie auch seine planerischen, von einem umfassenden gestalterischen Ordnungsdenken[370] geprägten Überlegungen, kennzeichnen ihn als modernen Vertreter seines Fachgebietes. Nicht zufällig gehörte Schlums zu den Wissenschaftlern der TH Hannover, die sich in ihren Veröffentlichungen mit sinnstiftenden rhetorischen Konstruktionen zurückhielten und heroisierende Geschichtsdarstellungen gänzlich vermieden. Vereinzelt sind weit verbreitete Reste der nationalsozialistischen Planungsrhetorik auch bei Schlums nachweisbar; so etwa organologische Metaphern (z.B. der „Siedlungskörper"[371] oder die bereits zitierte „gesunde Entwicklung"[372] der Stadt- und Verkehrsplanung). Wie Barbara Schmucki herausgearbeitet hat, waren Körper-Analogien unter den Verkehrsplanern der 1950er Jahre keine Seltenheit. Wo der Verkehr nicht optimal floss, wurden die Straßen z. B. mit „verstopften Blutbahnen"[373] verglichen, denen mit „chirurgische[n] Eingriffe[n]"[374] beizukommen sei. Schmucki problematisiert dabei weniger die Kontinuität zur Sprache vieler Nationalsozialisten, als vielmehr die Anknüpfung an „den klassischen Bildungskanon des 19. Jahrhunderts"[375], mittels derer die Planer durch die Anlehnung an bereits bekannte populäre Topoi die gesellschaftliche Akzeptanz ihrer Projekte hätten absichern wollen.

In den fachlichen Ausführungen von Johannes Schlums waren die Schlüsselwörter aber in erster Linie Rentabilität und rationelle Planung. Zur Legitimation der eigenen Tätigkeit wurden keine aufwändigen Sinnstiftungen benötigt, sondern

---

369 Zum Problem der Umkontextualisierung von Forschungen und den damit verbundenen Rehabilitierungserfolgen der Wissenschaftler nach 1945 vgl. u. a. Bernd Weisbrod, „Dem wandelbaren Geist. Akademisches Ideal und wissenschaftliche Transformation in der Nachkriegszeit", in: Ders. (Hg.), *Akademische Vergangenheitspolitik. Beiträge zur Wissenschaftskultur der Nachkriegszeit*, Göttingen 2002, 11–35, bes. 20ff., 30ff., sowie die anderen Beiträge in diesem Band.
370 Die umfassenden planerischen Gestaltungsansprüche der Verkehrswissenschaftler betont auch Schmucki, Traum, 87. Sie weist darauf hin, dass die Verkehrsplaner es bis zu den 70er Jahren geschafft hätten „sich bei der Gestaltung der Städte unentbehrlich zu machen, so dass sie sich selber als vierte Gewalt neben Legislative, Exekutive und Rechtsprechung sahen. Mit dieser starken gesellschaftlichen Stellung (...) beeinflussten sie nicht nur Planung und Bau, sondern auch die politische Willensbildung früh und nachhaltig und gestalteten so den Lebensraum und die Lebensbedingungen in den Städten mit." (Ebd.). Allerdings wurden die Konzepte der Verkehrsplaner ab den 70er Jahren zunehmend von einer kritischen Öffentlichkeit in Frage gestellt. Vgl. Barbara Schmucki, „Stadt-(r)und-Fahrt gegen Verkehrsinfarkt: Motorisierung und urbaner Raum", in: Adelheid von Saldern (Hg.), *Stadt und Kommunikation in bundesrepublikanischen Umbruchszeiten*, Stuttgart 2006, 305–328, hier 321ff.
371 Schlums, Aufgaben, 73.
372 Schlums, Strassenbau, 78.
373 Schmucki, Traum, 106.
374 Zit. n. ebd.
375 Ebd.

in erster Linie „Wirtschaftlichkeitsberechnungen"[376] und der für die ZeitgenossInnen unmittelbar naheliegende Verweis auf die Notwendigkeit des Wiederaufbaus.[377] Dahinter stand eine Auffassung von Technik und Ingenieursarbeit, die auf das Erreichen des vermeintlich objektiv feststellbaren „Optimalen"[378] ausgerichtet ist, an die bestmögliche Planbarkeit beispielsweise von Städten glaubt und dies in zukunftsoptimistischer Sprache artikuliert. Einige westdeutsche Wissenschaftler und Praktiker sahen die Zerstörung der Städte auch als eine Chance an, zu einem zusammenhängend geplanten Wiederaufbau zu gelangen und dabei eigene Gestaltungsvorstellungen in größerem Rahmen umsetzen zu können als dies zuvor möglich gewesen war.[379]

Ebenso wie die vormals hauptsächlich dem Eisenbahnbau und -betrieb gewidmete Professur von Johannes Schlums wurde auch die zweite Professur im Lehrgebiet Verkehrswesen nach dem Tod von Otto Blum und der Emeritierung seines Nachfolgers Louis Jänecke neu zugeschnitten. Auf diese Professur für Verkehrswesen, Eisenbahnbau und -betrieb wurde im Juni 1949 Erwin Massute berufen. Massute, 1898 in Frohburg in Sachsen geboren, promovierte 1932 an der Technischen Hochschule Dresden. Wie sein Kollege Johannes Schlums verfügte auch er über internationale Erfahrungen, die er im Alter von 25 Jahren als Werkstudent in den USA gesammelt hatte. Mit Schlums hatte der fünf Jahre jüngere Massute auch umfangreiche praktische Erfahrungen gemeinsam; 1927 hatte er zunächst als Reichsbahnbauführer, danach seit 1932 als Oberreichsbahnrat und Dezernent bei verschiedenen Eisenbahnen gearbeitet. Seit März 1943 war Massute ordentlicher Professor für Eisenbahn- und Verkehrswesen an der Technischen Hochschule Graz; bereits im Mai 1946 verließ er jedoch – vermutlich aufgrund seines Entnazifizierungsverfahrens – die Hochschule und arbeitete bis zu seiner Berufung an die TH Hannover wieder als Referent bei der Südwestdeutschen Eisenbahn und als Reichsbahndirektor. Massute, der von 1951 bis 1959 Fachgutachter für die Deutsche Forschungsgemeinschaft und in den Jahren 1953 und 1954 Dekan der Fakultät für Bauwesen an der TH Hannover war, wurde 1966 emeritiert und starb 1974.[380]

---

376 Schlums, Aufgaben, 73.
377 Ebd.
378 Schulz-Schaeffer, Sozialtheorie, 32. Mit Verweis auf die Festlegung des „Optimums" durch außertechnische Maßstäbe unterstreicht Schulz-Schaeffer: „Die Vorstellung einer konsequent selbstbezüglichen, ausschließlich an Effizienz- und Optimalitätskriterien orientierten Geschlossenheit der Technikentwicklung ist (...) eine Absurdität." (Ebd., 32).
379 So z. B. der Hannoveraner Stadtplaner Rudolf Hillebrecht, der im Jahrbuch von 1952 schrieb: „Die Zerstörungen des Krieges schufen neue Möglichkeiten, und die Aufgabe unserer Zeit ist es, sie sinnvoll zu nutzen." (Rudolf Hillebrecht, „Das ‚Leibnizufer' – Eine neue Hauptstraße der Landeshauptstadt", in: *Jahrbuch der Technischen Hochschule Hannover 1952*, hrsg. von Rektor und Senat, Düsseldorf 1952, 59–63, hier 59). Auch Barbara Schmucki zitiert ein Beispiel, in dem durch die „einmalige Katastrophe der Zerstörung" als Chance zu einer „durchgreifenden Flurbereinigung im verkehrlichen Sinne" begriffen wurde (zit. n. Schmucki, Traum, 91).
380 Gerken (Hg.), Catalogus Professorum, 319.

Wie Johannes Schlums gehörte auch Erwin Massute zu den Professoren der Technischen Hochschule Hannover, die in ihren fachlichen Beiträgen für die Hochschulpublikationen auf sinnstiftende Appelle oder Beiträge zur Kulturdiskussion verzichteten.[381] Wie Schlums war Massute an technisch ständig zu optimierenden Lösungen und einer „sachlichen" Behandlung aller fachlichen Probleme gelegen. Auch Massute hatte keinerlei Schwierigkeiten, seine während der NS-Zeit erworbenen wissenschaftlichen Kenntnisse und Fähigkeiten neu zu kontextualisieren, eine erfolgreiche Nachkriegskarriere aufzubauen und in ungebrochenem professionellem Selbstbewußtsein sowie dem Glauben an ein objektiv erreichbares technisches Optimum weiter zu wirken. Über Massutes Tätigkeit vor seiner Zeit in Graz gibt es nur lückenhafte Informationen. Fest steht, dass er nach einer Tätigkeit als Oberreichsbahnrat bei der Eisenbahndirektion Lodz zunächst Referent und dann vom 22.1.1942 bis zum 1.3.1943 Oberbetriebsleiter der Ostbahn in Krakau war.[382] Raul Hilberg führt Massute sowohl in seinem Standardwerk über die Vernichtung der europäischen Juden[383] wie auch in seiner Studie „Sonderzüge nach Auschwitz"[384] als Bahnbetriebsleiter der in Krakau ansässigen Gedob (Generaldirektion der Deutschen Ostbahn) auf, die für die SS die Transporte in die Vernichtungslager organisierte.[385] Laut Hilbergs Recherchen war Erwin Massute Leiter der Abteilung Nr. 34 (Güterzüge).[386] Diese Abteilung findet sich zum Beispiel im Verteiler einer bei Hilberg abgedruckten Fahrplananordnung vom 15. September 1942, die das für die Organisation und Durchführung der Deportationen maßgeblich mitverantwortliche Referat Nr. 33 (Personenzüge, mit Sonderzügen) versandte und deren Gegenstand „Sonderzüge für Umsiedler"[387] nach Treblinka sowie die entsprechende „Rückleitung des Leerzuges"[388] war. Wie viele der höheren Reichsbahner, von denen nur ein einziger nach dem Krieg vor Gericht gestellt wurde[389] und unter denen einige nach 1945 wieder hochrangige

---

381 Vgl. Erwin Massute, „Die Beseitigung höhengleicher Kreuzungen zwischen Eisenbahnen und Straßen", in: Jahrbuch 1953/54, 60–69; sowie ders., Eisenbahnbau.
382 Gerken (Hg.), Catalogus Professorum, 319.
383 Raul Hilberg, *Die Vernichtung der europäischen Juden*, Frankfurt a. M. 1997.
384 Raul Hilberg, *Sonderzüge nach Auschwitz*, Mainz 1981.
385 Hilberg schildert die Beteiligung der Gedob am Holocaust folgendermaßen: „Die Juden des Generalgouvernements wurden in von der Generaldirektion der deutschen Ostbahn (Gedob) betreute Züge verladen, einen bedeutenden Eisenbahnapparat, der bei der Vernichtung der Juden eine maßgebliche Rolle spielen sollte. (...) Die Gedob ließ einen Zug für gewöhnlich mit mehreren tausend Deportierten beladen und in das vorgesehene Todeslager bringen. Sie gab Anweisung, die Opfer zu zählen (mitunter erst bei der Ankunft), um den genauen Fahrpreis in Rechnung stellen zu können. (...) Zwischen Truppen- und Versorgungszügen wurden die Todeszüge wie selbstverständlich in die Fahrpläne aufgenommen, ohne auch nur als Geheimsache erklärt zu werden." (Vgl. Hilberg, Vernichtung, 512f.).
386 Hilberg, Vernichtung, 511. Vgl. auch das Personenregister im dritten Band des Hauptwerkes von Hilberg, wo auch Massutes Professorentätigkeit in Hannover ab 1949 erwähnt wird.
387 Zit. n. Hilberg, Sonderzüge, 198.
388 Zit. n. ebd.
389 Es handelte sich um Albert Ganzenmüller, der als Staatssekretär im Reichsverkehrsministerium, Abteilung Eisenbahnen, im Winter 1941/42 die Generaldirektion der Deutschen Ostbahn in Poltawa wiederherstellen sollte und führend an der Deportation der Juden in die Vernich-

Posten bei der Deutschen Bahn bekleideten, geriet Massute auch nachträglich nicht in Gewissenskonflikte. Sein Denken, das sich bezüglich des Glaubens an Machbarkeit und Objektivität nicht von dem seines Kollegen Schlums unterschied, ließ auch nachträglich keine Empathie für die ermordeten Juden erkennen. Genau wie andere Eisenbahner, die den Zweiten Weltkrieg als eine „Leistungsexplosion"[390] beschrieben und nach 1945 kein Wort über die Beteiligung der Bahn und ihrer Akteure an der Vernichtung der europäischen Juden verloren[391], trennte auch Massute das reibungslose, auf das Erfolgskonto der „unpolitischen Techniker" gehende Funktionieren der Maschinen radikal von dem Zweck, für den sie eingesetzt worden waren. Möglicherweise war er selbst gar nicht in der Lage, den Zynismus seiner anläßlich des Jubiläums der Technischen Hochschule Hannover im Jahre 1956 gezogenen Bilanz zu erkennen:

> „Der Zweite Weltkrieg, in dem die Eisenbahnen beispiellose Leistungen vollbrachten, hat ein von schwersten Zerstörungen heimgesuchtes Eisenbahnnetz hinterlassen."[392]

ZUSAMMENFASSUNG

Die Analyse von Beispielen des öffentlichen Redens über die Rolle von Technik und Ingenieuren nach 1945 ergibt sowohl Kontinuitäten als auch Brüche und Neuorientierungen, die mit dem Wandel gesellschaftlicher, ökonomischer und politischer Anforderungen eng zusammenhingen. Vordergründig wurde die Aufgabe der Distanzierung vom Nationalsozialismus effizient gelöst. „Umwidmungen" der eigenen wissenschaftlichen Arbeit und die rhetorische Konstruktion der Techniker als neutral und unpolitisch ermöglichte Männern wie Erwin Massute einen relativ mühelosen Übergang in die oft als „Neuzeit" apostrophierte Nachkriegsära. Die hannoverschen Techniker sind ein typisches Beispiel für die „Integration der Experten" nach 1945: als „kleinsten gemeinsamen Nenner" der verschiedenen Berufsgruppen und Eliten in Bezug auf die nationalsozialistische Vergangenheit hat beispielsweise Alexander von Plato „das Bild des unpolitisch-antiideologischen pflichtbewußten Technikers, Architekten, Ingenieurs, Ökonomen oder auch Juristen, Arztes usw."[393] bezeichnet.

Bei der unter anderem an den Beiträgen des Hannoveraner Rektors Otto Flachsbart exemplifizierten Diskussion um Technik als Kulturträger handelte es sich um eine Art Übergangsphänomen der ersten Nachkriegsjahre. Identifikatio-

---

tungslager beteiligt war. Ganzenmüller entkam nach 1945 zunächst nach Argentinien und kehrte 1955 in die Bundesrepublik zurück. 1970 wurde eine Anklage gegen ihn aus „Mangel an Beweisen" fallen gelassen. 1973 wurde ein in Düsseldorf laufendes Verfahren gegen ihn nach einem Herzanfall Ganzenmüllers nicht wieder aufgenommen (vgl. Hilberg, Sonderzüge, 234 ff).

390 Hilberg, Sonderzüge, 110.
391 Ebd., 111.
392 Massute, Eisenbahnbau, 150.
393 Von Plato, Helden, 164.

nen der Technik mit dem deutschen und später dem völkischen „Geist", die Teil des Selbstbildes vieler Ingenieure gewesen waren, konnten modifiziert und im abendländischen Kontext neutralisiert und „westernisiert" werden. Gleichzeitig erfüllten die rhetorischen Bezugnahmen auf eine vermeintlich politisch nicht kompromittierte deutsche und „abendländische" Kultur bedeutende Entlastungsfunktionen. Auch sind – als ein Merkmal der Kontinuität zu Kaiserreich und Weimarer Zeit – Elemente der Annäherung an „bildungsbürgerliche" Diskurse nachweisbar, die als Teil der Suche nach unbeschädigten Leitbildern interpretiert werden können und nach wie vor Teil des Statusdiskurses der Ingenieure blieben.

Auch in der Industrie gab es einen als Übergangsphänomen charakterisierbaren Wert- und Charakterdiskurs, der dem der technischen Intelligenz in vielem ähnelte und sich ebenfalls mit der ökonomischen und politischen Konsolidierung, aber vor allem auch mit der Stabilisierung der sozialen Ordnung zugunsten der Unternehmer, abschwächte.[394] Verklärende Elemente einer auf „Kultur" und die Heroisierung des Einzelnen gerichteten Sinnstiftung wurden vor dem Hintergrund der sich stabilisierenden Gesellschaftsordnung zunehmend weniger benötigt. In der Praxis ging es auch unter den Technikern um Forschung zur Steigerung der Produktionseffizienz und Konkurrenzfähigkeit auf der einen und Teamarbeit statt „Einzelheldentum" auf der anderen Seite. Sowohl unter den Akteuren der Industrie als auch der technischen Intelligenz vollzog sich dieser Wandel sicherlich schrittweise und in unterschiedlichen Geschwindigkeiten. Auch ist zu betonen, dass die Orientierung der Praxis an Effizienz und Zweckrationalität nichts Neues war; sie trat im Räsonnieren über den Kulturwert der Technik nur scheinbar in den Hintergrund.

Die geschilderte Entwicklung konnte zur Stabilisierung der Demokratie insofern beitragen, als wichtige Teile der bundesrepublikanischen Eliten die Verschränkung von Effizienzdenken und einem stabilen Parlamentarismus fortan überhöhenden metaphysischen Sinnstiftungen vorzogen. Die Befreiung dieses Effizienzdenkens von deutschtümelnden und sonstigen Sinnkonstrukten war somit Vehikel und Auswirkung der „Westernisierung" zugleich.

Festzuhalten ist, dass dieser Wandel nicht zuletzt bei Vertretern der technischen Intelligenz selbst lange und zum Teil bis heute ohne eine kritische Reflexion der eigenen politischen Vergangenheit und der Rolle der Technik für politische Entwicklungen auskam und auskommt. Die Geltung der Erkenntnis, dass eine vermeintlich unpolitische „technische Vernunft (...) nicht siegen [kann], weil es sie nicht gibt"[395] und dass es stattdessen nur eine „humane Vernunft gegenüber der Technik"[396] geben kann, ist ebenso wie die Maßstäbe dieser Vernunft in der politischen Kultur der Bundesrepublik immer wieder neu auszuhandeln.

---

394 Vgl. Morten Reitmeyer, „‚Unternehmer zur Führung berufen' – durch wen?" In: Berghahn/Unger/Ziegler, Wirtschaftselite, 317–336.
395 Radkau, Technik in Deutschland, 372.
396 Ebd.

5. DIE AUSEINANDERSETZUNG UM EINE HOCHSCHULREFORM NACH 1945: TAUZIEHEN ZWISCHEN REFORMTRENDS UND BEHARRUNGSKRÄFTEN

„Wie sehr sich die Geschichte Deutschlands in den deutschen Hochschulen spiegelt, hat etwas Erschreckendes"[1], resümierte Rudolf Walter Leonhardt im Jahre 1962 die Entwicklung des deutschen Hochschulsystems nach 1945. Er meinte damit nicht nur die Bereitwilligkeit, mit der viele Akademiker das NS-System unterstützt hatten, sondern auch die Weigerung eines großen Teils der akademischen Eliten, die Konsequenzen aus der Rolle der Universitäten im Nationalsozialismus zu ziehen und diese zu reformieren: das „Patriarchat"[2] der Ordinarien habe sich nach dem Ende des Zweiten Weltkrieges relativ unbeschadet restaurieren können. Wie eine solche Bilanz zustande kommen konnte, nachdem es zum Teil enthusiastische Versuche zur Reform des deutschen Hochschulwesens gegeben hatte, ist Thema dieses Kapitels.

Die „Hochschulreform" war nach 1945 Gegenstand einer umfangreichen öffentlichen Debatte. Diese fand in den neu eingerichteten oder wiedergegründeten überregionalen Gremien, wie zum Beispiel der Nordwestdeutschen Rektorenkonferenz oder dem Hochschulverband, statt. Auch in hochschulinternen und -externen Publikationen und in Presseerzeugnissen wurden Konzepte zur Reform des (west-)deutschen Universitätssystems diskutiert. Nicht zuletzt durch Anstöße seitens der Besatzungsmächte und der politischen Parteien erhielt die Diskussion ihre Dynamik. Dabei wurde immer wieder das Recht der Hochschulen auf eine weitgehend autonome Gestaltung etwaiger Neuerungen betont. Die Länderverfassungen schrieben die Hochschulautonomie fest. Die erste Phase der Hochschulentwicklung nach 1945 gilt daher als Zeit der „dezentralisierten Rekonstruktion"[3] entlang föderalistischer Prinzipien.

Der Begriff der Reform kann insofern missverständlich sein, als er nach heutigem Sprachgebrauch umfassende Initiativen und Maßnahmen von gesetzgeberischer Seite suggeriert, die es aber im Untersuchungszeitraum von wenigen Aus-

---

[1] Rudolf Walter Leonhardt, „Die deutschen Universitäten 1945–1962", in: Hans Werner Richter (Hg.), *Bestandsaufnahme. Eine deutsche Bilanz*, München/Wien/Basel 1962, 351–359, hier 351.
[2] Ebd., 356.
[3] Barbara M. Kehm, „Hochschulen in Deutschland. Entwicklung, Probleme und Perspektiven", in: *Aus Politik und Zeitgeschichte B 25/2004*, zit. aus: www.bpb.de/publikationen/9QKHCV.html, 31.8.2006. Vgl. a. Christoph Oehler/Christiane Bradatsch, „Die Hochschulentwicklung nach 1945", in: Christoph Führ/Carl-Ludwig Furck (Hg.), *Handbuch der deutschen Bildungsgeschichte. Band VI: 1945 bis zur Gegenwart. Erster Teilband Bundesrepublik Deutschland*, München 1998, 412–446, hier 412f.

nahmen abgesehen nicht gegeben hat. Der Begriff „Hochschulreform" wurde von den zeitgenössischen Akteuren prozessorientiert verstanden; auch wurde von den Hochschulen und Universitäten überwiegend eine Reform von innen erwartet. Der Focus der folgenden Untersuchung liegt dementsprechend nicht auf einem parlamentarisch-gesetzgeberischen Prozess, sondern auf der Frage, wie die Möglichkeiten und Ziele einer Hochschulreform von den Akteuren diskutiert wurden und was für konkrete Auswirkungen die Reformversuche auf die Technische Hochschule Hannover im ersten Jahrzehnt nach dem Zweiten Weltkrieg hatten. Was wurde unter „Reform" verstanden? Verstanden alle Akteure dasselbe unter dem Begriff und wurden Unterschiede in den Reformkonzepten offen thematisiert und als Konflikte ausgetragen? Welcher Bildungsbegriff lag den unterschiedlichen Ansätzen zugrunde? Welche Rolle spielte der Umgang mit dem Nationalsozialismus in der Reformdebatte? Welche Felder der Reform gab es und was veränderte sich konkret in diesen Feldern?[4]

Zunächst werden die britischen Reformimpulse während der Besatzungszeit dargestellt. Anschließend folgt ein Überblick über die westdeutsche Diskussion zur Hochschulreform in den ersten Nachkriegsjahren. Daran anknüpfend werden anhand zentraler Bereiche der Reformdiskussion die Schwerpunktsetzungen und Resultate dieser Diskussion an der Technischen Hochschule Hannover erläutert. Diese zentralen Felder der Reformdiskussion an der TH Hannover betrafen die Neugestaltung der Verfassung und der Mitbestimmung einzelner Gruppen, die Diskussion um eine Zulassung zum Studium ohne Abitur und das Studium Generale.

5.1 REFORMANSTÖßE IM ZEICHEN DER "INDIRECT RULE": BRITISCHE INITIATIVEN ZUR NEUGESTALTUNG DES WESTDEUTSCHEN HOCHSCHULWESENS

Die ersten Initiativen für eine Reform des westdeutschen Hochschulwesens gingen nach 1945 nicht von den deutschen Akteuren aus. Anfangs hatten die Alliierten, im Falle der TH Hannover vertreten durch die britische Militärregierung, das Sagen an den deutschen Universitäten und Hochschulen. Richtschnur für die Bildungspolitik der Besatzungsmacht waren die im Potsdamer Abkommen noch gemeinsam mit der Sowjetunion definierten Ziele. Diese waren folgendermaßen formuliert:

---

4 Zur Hochschulreform in Niedersachsen entsteht zur Zeit eine Dissertation von Oliver Schael (Göttingen), vgl. Dissertations-Abstract: „Mandarine zwischen Tadition und Reform. Hochschulreformpolitik in Niedersachsen in den 1950er und 1960er Jahren", http://wwwuser.gwdg.de/~bweisbr1/personen-schael.html, abgerufen am 4.10.2007.

"German Education shall be so controlled as completely to eliminate Nazi and militarist doctrines and to make possible the successful development of democratic ideas."[5]

Das als Element der Re-education[6] der Deutschen formulierte bildungspolitische Konzept enthielt also von Anfang an ein negativ-sanktionierendes und ein positiv-aktivierendes Element. Gemeinsames Ziel der Westalliierten blieb, die personellen und strukturellen Elemente, die den Nationalsozialismus gestützt hatten, zu beseitigen und die Entwicklung der Demokratie aktiv zu fördern. Zunächst standen die Universitäten zwar im Gegensatz zu den Schulen nicht im Vordergrund der britischen „Umerziehungs-" Bemühungen.[7] Doch unter dem Gesichtspunkt der Forschungskontrolle und der Nutzung von deutschem know-how wurde den Universitäten und Technischen Hochschulen von Anfang an intensive Aufmerksamkeit gewidmet.[8] Auch ging es in der ersten Zeit vor allem um die personelle Säuberung.[9] Anfängliche Überlegungen, die deutschen Universitäten als Hoch-

---

5   Vgl. „Potsdamer Konferenz, Schlusserklärungen", in: Bundesministerium des Innern (Hg.), *Dokumente zur Deutschlandpolitik, Reihe II, Bd. 1 (1945)*, Neuwied/Frankfurt a. M. 1992, 2101–2148, hier 2108.
6   Zum Konzept der Umerziehung in der britischen Zone vgl. z. B. Günther Paschkies, *Umerziehung in der Britischen Zone 1945–49. Untersuchungen zur Re-education-Politik*, 2. Aufl., Köln/Wien 1984; Rolf Lutzebäck, *Die Bildungspolitik der Britischen Militärregierung im Spannungsfeld zwischen 'education' und 'reeducation' in ihrer Besatzungszone, insbesondere in Schleswig-Holstein und Hamburg in den Jahren 1945–47*, 2 Bde., Frankfurt a. M. 1991. Zur britischen Besatzungspolitik vgl. a. Ulrich Schnakenberg, *Democracy-building. Britische Einwirkungen auf die Entstehung der Verfassungen Nordwestdeutschlands 1945–1952*, Hannover 2007, bes. 45ff.
7   Ullrich Schneider, „Die Hochschulen in Westdeutschland nach 1945. Kontinuität und Wandel aus britischer Sicht", in: Bernd Jürgen Wendt (Hg.), *Das britische Deutschlandbild im Wandel des 19. und 20. Jahrhundert*, Bochum 1984, 219f. Schneider stellt fest: „Der Stellenwert der Hochschulen als Ziel und Mittel der re-education ist durchweg niedrig anzusetzen." Gleichwohl wurden bereits während des Krieges Studien und Berichte über die deutschen Universitäten angefertigt, wie David Phillips gezeigt hat. In Teilen der britischen Administration war man sich durchaus bewusst, dass die Universitäten als "one of the keys of the future" anzusehen seien (Vgl. David Phillips, „Hochschulreform in der Britischen Besatzungszone. Einleitender Kommentar", in: Ders., *Zur Universitätsreform in der britischen Besatzungszone 1945–1948*, Köln/Wien 1983, 1–69, hier 5ff.).
8   Verboten war die Forschung zunächst auf den Gebieten Angewandte Kernphysik, Aerodynamik, Schiffbau und Raketenantrieb. Andere militärisch nutzbare Bereiche, wie etwa Chemie und Rundfunktechnik, wurden überwacht. Die Briten handhabten diese Kontrolle in der Praxis allerdings sehr großzügig und beschränkten sich meist auf die regelmäßige Einsicht in Forschungsberichte. Vgl. Falk Pingel, „Wissenschaft, Bildung und Demokratie – Der gescheiterte Versuch einer Universitätsreform", in: Josef Foschepoth/Rolf Steininger (Hg.), *Die britische Deutschland- und Besatzungspolitik 1945–1949*, Paderborn 1985, 192. Hierzu auch Mitchell G. Ash, „Verordnete Umbrüche – Konstruierte Kontinuitäten. Zur Entnazifizierung von Wissenschaftlern und Wissenschaften nach 1945", in: *Zeitschrift für Geschichtswissenschaft Bd. 43, H. 10, 1995*, 903–923, hier 906. Zur Nutzung deutschen know-hows durch die Besatzungsmächte z. B.: Clarence G. Lasby, *Project Paperclip. German Scientists and the Cold War*, New York 1971.
9   Vgl. Kapitel 2.

burgen des Nationalismus für zwei Jahre geschlossen zu halten, wurden gleichwohl bald verworfen.[10]

Die Politik der Education Branch und der Bericht der britischen Hochschullehrerkommission

Zuständig für Bildung und Erziehung war die Erziehungsabteilung der britischen Militärregierung (Education Branch), die zunächst von Donald Riddy und seit Anfang 1947 von Robert Birley geführt wurde.[11] Die wichtigste unmittelbare Aufgabe dieser Abteilung war die Unterstützung der schnellen Wiedereröffnung und des Wiederaufbaus der deutschen Universitäten und Technischen Hochschulen. Langfristig wollte man die Hochschulen als "one of the keys to the future"[12] demokratisieren und ihre soziale Basis verbreitern. Auch wenn man sich, nicht zuletzt basierend auf Untersuchungen aus der Kriegszeit[13], über die Verbreitung antidemokratischen Gedankengutes unter den deutschen Hochschullehrern keine Illusionen machte, wollte man die „Umerziehung" anders als die personelle Säuberung von Anfang an in Zusammenarbeit mit den Deutschen in Gang setzen.[14] Im Unterschied zu vielen anderen Angehörigen der Besatzungsmacht lehnten die meisten Vertreter der Education Branch zudem eine Festlegung auf einen „deutschen Charakter" (Vansittartismus) ab und analysierten das Versagen der Universitäten historisch, indem sie davon ausgingen, dass diese in ihrer sozialen Geschlossenheit die Demokratie der Weimarer Republik überwiegend abgelehnt und so zum Erfolg des Nationalsozialismus beigetragen hatten.[15]

Um zu gewährleisten, dass sowohl die Säuberungs- als auch die Demokratisierungsziele erreicht würden, wurden zivile Universitätskontrolloffiziere einge-

---

10 Ullrich Schneider, „Zur Entnazifizierung der Hochschullehrer in Niedersachsen 1945–1949", in: *Niedersächsisches Jahrbuch für Landesgeschichte 61 (1989)*, 325–346, hier 328.
11 Pingel, Der gescheiterte Versuch, 204. Der Sprachwissenschaftler Dr. Donald Riddy war vorher HMI (His Majestys´s Inspector of Schools) im britischen Kultusministerium gewesen. Robert Birley war Direktor der britischen Privatschule Charterhouse, später wurde er Direktor des Eton College (vgl. Phillips, Einleitender Kommentar, 1, 4.).
12 Zit. n. Phillips, Einleitender Kommentar, 5. Phillips zitiert Helen Lidell (Hg.), *Education in Occupied Germany*, Paris 1949, 135.
13 Das Foreign Office Research Department hatte sich bereits während des Krieges intensiv mit den deutschen Universitäten und Hochschulen beschäftigt. Beteiligt war u. a. Prof. E. R. Dodds, der Griechisch in Oxford lehrte und später Teil der Delegation der AUT (Association of University Teachers) wurde, die die Verhältnisse an deutschen Hochschulen untersuchen und Vorschläge zu ihrer Reform unterbreiten sollte (s.u.). 1943 empfahl eine Arbeitsgruppe aus britischen Wissenschaftlern der britischen Regierung die Entfernung von Nationalsozialisten aus Hochschullehrerpositionen und eine Aufsicht über die Universitäten; man betonte aber bereits, dass die Deutschen ihr Hochschulwesen im Wesentlichen selbst umzugestalten hätten (vgl. Phillips, Einleitender Kommentar, 6).
14 Ebd., 6f.
15 Pingel, Der gescheiterte Versuch, 186.

setzt, die den einzelnen Hochschulen zugeordnet wurden.[16] Es handelte sich um zumeist junge HochschulabsolventInnen, die oft nur kurze Zeit Militärdienst geleistet hatten und an den Universitäten in Großbritannien rekrutiert worden waren. Von den sieben ehemaligen Offizieren, die David Phillips interviewt hat, waren drei bei Dienstantritt 32, der älteste 41 Jahre alt. Vier hatten während ihres Studiums deutsche oder österreichische Universitäten besucht.[17] Auch Frauen arbeiteten als Hochschuloffiziere: in Kiel war Caroline Cunningham tätig, 1947 wurde Valerie Dundas-Grant Assistentin des Hochschuloffiziers Geoffrey Bird an der Universität Göttingen.[18] Es gab keine schriftlichen Anweisungen, die die Aufgaben der Hochschuloffiziere fixierten; diese wurden bei ihren regelmäßigen Zusammenkünften festgelegt. Auf einer ersten Konferenz wurden am 3. April 1946 die wichtigsten Arbeitsfelder benannt. Obwohl formal die Public Safety/Special Branch (PS/SB) für die Entnazifizierung des Lehrpersonals und der Studierenden zuständig war, sollten die Hochschuloffiziere den Ablauf der Entnazifizierung und die Abgabe der Fragebögen an den Universitäten überwachen, sowie bei Problemen der Klassifizierung beratend tätig werden. Auch die Hilfe bei der Rückkehr emigrierter Wissenschaftler sollte in ihren Aufgabenbereich fallen. Als wichtig wurden auch der Aufbau der studentischen Selbstverwaltung sowie die Unterstützung bei allen Problemen materieller Art an den einzelnen Hochschulen angesehen. Von Anfang an war zudem geplant, den Austausch mit Universitäten des Auslandes, hier insbesondere Großbritanniens, zu organisieren und die Verbreitung demokratischer Werte durch Gastdozenturen und Sommerkurse zu fördern.[19]

Dabei verfolgten die Offiziere politische Ziele, die sich an den Reformvorstellungen der Education Branch orientierten, wie der Göttinger Hochschuloffizier Geoffrey Bird angab:

> "Our policy was to encourage, through discussion and persuasion, not by decree, the growth of universities, which would no longer be just centres of higher academic education isolated from the general public, but would be democratically evolved institutions fermenting free and independent thought, having close contact with, and influence on, and gaining the respect of German society as a whole."[20]

---

16 Diese Offiziere hießen zunächst University Control Officers (UCOs), dann University Education Control Officers (UECOs) und seit Anfang 1947 University Education Officers (UEOs). Diese Umbenennungen verdeutlichten die Abnahme des Überwachungscharakters ihrer Tätigkeit. Vgl. David Phillips, "Introduction: The Work of the British University Officers in Germany", in: Manfred Heinemann (Hg.)/David Phillips (Bearb.), *Hochschuloffiziere und Wiederaufbau des Hochschulwesens in Westdeutschland. Teil 1: Die britische Zone*, Hildesheim 1990, 11–40, hier 15.
17 Ebd., 16.
18 Ebd., 15, 20.
19 Ebd., 15.
20 Zit. n. ebd., 19.

Das hier von Bird betonte "not by decree" gehörte zu den Grundüberzeugungen der britischen Besatzungspolitik im Bereich Bildung.[21] Einzige Ausnahme war die streng zu überwachende obligatorische Abkehr vom NS-System in den Lehrmethoden und -inhalten.[22] Donald Riddy erklärte als Chef der Education Branch bereits früh die Absicht der Briten, den beteiligten deutschen Akteuren die Gestaltung des Universitätslebens sowie der Hochschulverfassungen weitgehend selbst zu überlassen.[23]

Im Auftrage des Kontrollamtes für die britische Zone wurde im Januar 1947 eine Kommission britischer Hochschullehrer der AUT (Association of University Teachers) an die deutschen Universitäten entsandt. Durch das Gespräch mit Lehrenden und Studierenden und die eingehende Besichtigung der Hochschulen wollten die britischen Professoren sich nicht nur ein Bild von der politischen und sozialen Situation vor Ort machen, sondern auch mit den deutschen Akteuren über Reformnotwendigkeiten an den Universitäten ins Gespräch kommen.[24] Die in zwei Gruppen geteilte Delegation der AUT verbrachte dreizehn Tage in der britischen Besatzungszone.[25] Lord Chorley als Vizepräsident der Kommission schaute sich in Begleitung zweier weiterer Delegierter alle drei Fakultäten der Technischen Hochschule Hannover an und kam mit Dozenten und Studierenden zusammen. Auch dem Studentenwerk statteten die britischen Delegierten einen Besuch ab, um sich über die soziale Situation der Studierenden zu informieren.[26] Aus Briefen der Fakultätsvertreter an Rektor Conrad Müller geht hervor, dass der Besuch als angenehm und die Gespräche als interessant und fruchtbar erlebt wurden.[27] So betonte Helmut Koch, Inhaber einer Vertretungsprofessur am Institut für Werkstoffkunde:

---

21 Vgl. a. Lutzebäck, Bildungspolitik, 97ff., der Donald Riddy mit den folgenden Worten zitiert: "If Germany is to be re-educated, it must be by the Germans themselves. Only a German se[e]d can flourish in German ground." (Zit. n. ebd., 97).
22 Ebd., 98.
23 Am 21. September 1946 fand im Hauptquartier der Education Branch in Bünde eine Besprechung über das Verhältnis zwischen den Hochschulen und den Länderregierungen statt. Neben anderen Vertretern der Erziehungsabteilung nahmen der Direktor, Donald Riddy, sowie der spätere Kultusminister Adolf Grimme und der Göttinger Rektor, Prof. Rein, an diesem Treffen teil. NHStA Nds. 423, Acc. 11/85, Nr. 1, Gesprächsprotokoll vom 21.9.1946.
24 Vgl. hierzu ausführlich Phillips, Einleitender Kommentar, 8ff. Phillips untersucht u. a. das Zustandekommen der Delegation.
25 Ebd., 14, 16.
26 Nds. 423, Acc. 11/85, Nr. 710, Bericht des Studentenwerks, 2.2.1947: „Prof. Tombs erkundigte sich nach den Nöten des Studenten. (...) Eine besondere Frage galt dem Verhältnis Dozent und Student. Infolge der sehr begrenzten Zeit konnte eine eingehende Aussprache darüber nicht erfolgen. (...) Allseitig wurde der Wunsch nach persönlicher internationaler Fühlungnahme unter den Studenten geäußert. Vor allem seitens alter studentischer Pfadfinder erfuhr unser englischer Besuch, dass auf dem Boden der Gleichberechtigung die akademische Jugend aller Länder sich einst wie jetzt wieder zusammenfinden möchte, um die gemeinsamen Interessen und Aufgaben zu verfolgen."
27 NHStA Nds. 423, Acc. 11/85, Nr. 710, Schriftwechsel des Rektors mit den Fakultäten zum Besuch der AUT-Delegation im Januar 1947.

"Sie [die AUT-Delegierten, F. S.] interessierten sich offenbar in hohem Masse für die menschlichen Belange des Hochschullebens (soziale und wirtschaftliche Lage der Hochschullehrer und Studenten, Gesundheitszustand, Nachwuchsfragen usw.) neben Fragen der Organisation und des Wissenschaftsbetriebes. (...) Nach der jahrelangen Abgeschlossenheit ist es für uns unerlässlich, wieder den Anschluss an den internationalen Stand in den einzelnen Disziplinen zu erlangen."[28]

Rektor Müller unterstrich dementsprechend gegenüber dem Hochschulkontrolloffizier Carter: "A repeat of a similar meeting would be much appreciated here."[29] Der Besuch sei an der Hochschule dankbar aufgenommen worden. Dabei ließ der Rektor keinen Zweifel daran, dass es aus seiner Sicht vor allem um einen Ideenaustausch unter gleichrangigen Partnern ging:

"The visit to the Technische Hochschule, HANNOVER, made under the direction of Lord CHORLEY and by the gentlemen Dr. A. M. TOMBS and Dr. Mac LEAN was gratefully welcomed by the professors of our Hochschule since it offered an opportunity for a stimulative exchange of ideas on the condition of universities and Hochschulen in England and in Germany."[30]

Der Bericht der AUT-Delegation, dessen deutsche Übersetzung im Februar 1948 in der Zeitschrift „Die Sammlung" erschien[31], enthielt neben detaillierten Beobachtungen zur materiellen und geistigen Situation der deutschen Universitäten und Hochschulen umfangreiche Vorschläge zu ihrer Reform. Die AUT-Delegierten waren dabei wie die meisten Verantwortlichen überzeugt, die deutsche Universität könne nur von innen reformiert werden.[32] Zu den wichtigsten Beobachtungen der Delegation zählten die Überalterung und der Traditionalismus der mächtigen Ordinarien. Daneben wurde die soziale Abgeschlossenheit der deutschen Universität betont, die sich aus den eher begüterten Schichten rekrutiere.[33] Die Delegierten stellten fest, dass die Hochschulen daher nicht isoliert reformiert werden könnten, sondern nur im Zusammenhang mit einer Umgestaltung des höheren Schulwesens und allgemeiner gesellschaftspolitischer Reformen.[34] Zu den Reformvorschlägen des Gutachtens gehörten die Förderung jüngerer Dozenten, die engere Verbindung der Akteure der akademischen Welt mit der Öffentlichkeit und die intensive Wiederaufnahme internationaler Kontakte. Konkret wurde beispielsweise die Einführung beratender Hochschulräte befürwortet, die Vertreter anderer gesellschaftlicher Gruppen an der Entwicklung des Hochschul-

---

28 NHStA Nds. 423, Acc. 11/85, Nr. 710, 3.2.47, Koch, Werkstoffkunde, Stellungnahme an Rektor.
29 NHStA Nds. 423, Acc. 11/85, Nr. 710, Rektor Müller an Geoffrey Carter, 4.2.1947.
30 Ebd.
31 David Phillips hat neben diesem Text auch den Berichtsentwurf, sowie Anmerkungen der Kontrollkommission zu dem Gutachten veröffentlicht. Vgl. Phillips, Universitätsreform, 111ff., 153ff.
32 Phillips, Einleitender Kommentar, 17.
33 Phillips, Universitätsreform, S, 94ff.
34 Ebd., 74f.

lebens beteiligen sollten.[35] Auch wollte die Delegation die Senate stärken, die in Verhandlungen mit den Ministerien größeres Gewicht haben sollten. Innerhalb dieser Gremien wollte man die nichtordinierten Lehrkräfte zahlreicher vertreten wissen. In bezug auf die studentische Mitbestimmung begrüßte man die Anwesenheit studentischer Vertreter, wenn in den Senaten studentische Angelegenheiten verhandelt wurden; ein Stimmrecht der Studierenden wurde aber nicht empfohlen.[36] Vieles spricht dafür, dass diese Zurückhaltung auch politische Gründe in den Vorbehalten der Briten gegen die deutschen Studierenden hatte, die häufig aktiv den Nationalsozialismus gefördert hatten.[37] Neben diesen Punkten ist auch die von den Delegierten eingeforderte Berufung von mehr Frauen erwähnenswert. Zu diesem Zweck wollte man Gastaufenthalte britischer Dozentinnen an deutschen Universitäten organisieren:

> „Wir glauben, daß, wenn mehr britische Dozentinnen Einladungen zu Vorlesungen in Deutschland erhielten, dies dazu beitragen würde, das Vorurteil gegen die Berufung von Frauen, insbesondere gegen ihre Berufung auf höhere Posten, zu brechen, das noch jetzt als stark erschien."[38]

Die Delegierten sparten nicht mit deutlicher Kritik an den deutschen Professoren. In der deutschen Übersetzung des veröffentlichten Berichts hieß es, die Universitäten würden

> „durch Gruppen dienstälterer Professoren kontrolliert (...), deren Durchschnittsalter hoch ist, deren akademische Ideale sich unter Bedingungen, die sehr verschieden von den heutigen sind, gebildet haben, und deren Fähigkeit, neuen Umständen zu entsprechen, deshalb im allgemeinen gering sein dürfte."[39]

David Phillips hat gezeigt, dass das Urteil der britischen Dozenten über das deutsche akademische Personal ursprünglich noch negativer ausgefallen war als in der „entschärften" veröffentlichten Version: so wurden die Attribute "nationalistic", "stubborn" und "unresponsive to new ideas" abgeschwächt, die im Originalentwurf enthalten waren. Auch die Einschätzung, die deutsche Professorenschaft wolle so schnell wie möglich das akademische System von vor 1914 restaurieren, wurde gestrichen.[40] Ursprünglich hatte die Kommission auch gefordert, den harten Kern der konservativen deutschen Hochschullehrerschaft durch jüngere, aufgeklärte Lehrkräfte zu ersetzen; diese Forderung fiel ebenfalls unter den Tisch.[41] Phillips zeigt, dass das Foreign Office und das Kontrollamt der britischen Zone

---

35 Ebd., 83. Sowohl Vertreter der Universität und des Kultusministeriums, als auch Akteure aus Erwachsenenbildung, Schulen, öffentlichen Körperschaften und Parteien sollten hieran beteiligt sein.
36 Ebd., 86.
37 Rüdiger Haude, *Dynamiken des Beharrens. Die Geschichte der Selbstverwaltung der RWTH Aachen seit 1945. Ein Beitrag zur Theorie der Reformprozesse*, Aachen 1993, 25, Anm. 15, 16.
38 Phillips, Universitätsreform in der britischen Besatzungszone, 93.
39 Ebd., 74.
40 Phillips, Einleitender Kommentar, 40.
41 Ebd.

hier eine Zensur betrieben, die auch die im Bericht enthaltene Kritik am britischen Vorgehen, insbesondere am Verlauf der Entnazifizierung, neutralisieren sollte.[42]

Der Bericht wurde in Deutschland zum Teil misstrauisch aufgenommen. Eine der positiveren Stellungnahmen kam von dem Frankfurter Rektor Prof. Walter Hallstein, der das intensive Bemühen der AUT-Delegierten um den Dialog mit den deutschen Akteuren würdigte und in einigen Vorschlägen Parallelen zu deutschen Debattenbeiträgen erkannte.[43] Andere warfen den Verfassern Oberflächlichkeit und Bevormundung vor.[44] Direkte Reaktionen von Angehörigen der TH Hannover auf den Bericht sind nicht überliefert.[45]

Die Arbeit des Hochschulkontrolloffiziers Geoffrey Carter an der Technischen Hochschule Hannover

Die britischen Hochschuloffiziere stimmten mit den meisten Reformvorschlägen der AUT-Delegation überein. Sie setzten bei ihren Versuchen, die Reformempfehlungen umzusetzen, meist auf einen kooperativen Arbeits- und Kommunikationsstil. Wo sie nicht direkte Anweisungen umzusetzen hatten, wie bei der Entnazifizierung und bei der Zulassung von studentischen Vereinigungen, versuchten sie ihren Reformvorstellungen durch Diskussionen mit den Betroffenen und durch Vorschläge Gewicht zu verschaffen.[46]

Die meisten Interventionen des für die Technischen Hochschulen Hannover und Braunschweig sowie für die Bergakademie Clausthal-Zellerfeld zuständigen Kontrolloffiziers Geoffrey Carter bezogen sich auf die Gestaltung des täglichen Hochschullebens, auf die studentischen Vereinigungen, die Entnazifizierung oder den Wiederaufbau. Auch das Wohl der DP-Studenten stand, wie gezeigt, in seiner Arbeit stark im Vordergrund.[47] Demokratisierung hieß für Geoffrey Carter vor allem die Veränderung der konkreten Formen des studentischen Gemeinschaftslebens.[48] In die Satzungsgebung studentischer Gruppen griff er in den vierziger Jahren noch mehrmals ein und mahnte Demokratie auch in der Mitgliederzulassung

---

42 Ebd., 44ff.
43 Ebd., 31ff.
44 Ebd., 35. Phillips erwähnt, dass auch Robert Birley, Chef der Education Branch, den Bericht später als Fehler bezeichnet habe (ebd.).
45 Eine Vorstellung des Gutachtens durch den Rektor fand aber offenbar auf Anregung des Leiters der Pressestelle, Prof. Kurt Gaede, auf der Sitzung der Fakultätskollegien am 2.6.1948 statt. Die Diskussion darüber wurde vertagt und ist nicht dokumentiert (Vgl. NHStA Nds. 423, Acc. 11/85, Nr. 130, Schreiben von Prof. Gaede an Rektor Flachsbart, 19.4.1948 und Auszug aus dem Protokoll der Sitzung der Fakultätskollegien vom 2.6.1948).
46 Vgl. Phillips, Introduction, 19f.; Harry Beckhough, "The Role of the British University Officer in Post-War Germany", in: Heinemann, Hochschuloffiziere, 85–99, 85, sowie die anderen Beiträge ehemaliger Hochschul-Kontrolloffiziere in diesem Band. Beckhough war Kontrolloffizier an der Universität Köln.
47 Vgl. hierzu Kapitel 3.
48 Ebd.

an.⁴⁹ Wie an anderer Stelle gezeigt, war Carter damit nicht dauerhaft erfolgreich. Seine Äußerungen zu Fragen der Hochschulreform hatten keinen „programmatischen" Charakter; es handelte sich nicht um ausgearbeitete Vorschläge. Vielmehr sah er seine Aufgabe darin, Anregungen zu geben und Fragen zu stellen. An ein typisches Beispiel für sein Vorgehen erinnert sich die ehemalige Assistentin in der Architekturabteilung, Ingeborg Lindau: Carter habe sie einmal gefragt, ob sie denn wisse, wieviel die an der Hochschule arbeitenden Putzfrauen verdienten. Als sie dies verneinte, habe der Kontrolloffizier sie ermahnt, solche Dinge müsse sie aber wissen.⁵⁰

Bei seinen Vorschlägen betonte Carter häufig die von der Education Branch verfolgte Absicht, den Deutschen kein fremdes System aufzuzwingen, sondern ihnen die Neugestaltung weitgehend selbst zu überlassen. So schrieb er 1946: "Still less it is intended to import England into Germany. Nevertheless there are good things (…) worth importing – just as there are certain healthy German characteristics worthy of importing into England."⁵¹ Carters Berichte an seine Vorgesetzten lassen erkennen, dass er hoffte, es werde ein Diskussionsprozess zwischen Ministerien und Hochschulen zustande kommen, der zu einer selbständigen Reformierung durch die deutschen Akteure führen würde. So notierte er am Ende des Wintersemesters 1949/50:

"University reform. No further progress has been made this term. I think this is because the universities are waiting for proposals from Goettingen university. I fear little will be achieved in Niedersachsen in the immediate future unless we can hope for a constructive lead from the Kultusminister of Nordrhein Westfalen."⁵²

Bereits am 1. Januar 1947 wurde die Verantwortung für das Bildungswesen den Deutschen übertragen, was die Interventionsmöglichkeiten der Hochschuloffiziere formal einschränkte.⁵³ Die Education Branch hielt diese frühe Machtübergabe für einen Fehler, ihr Protest dagegen blieb indessen wirkungslos.⁵⁴

---

49 Vgl. z. B. eine typische Formulierung Carters nach Erhalt der Satzung des Bundes für Technik und Kultur: "The UCO notes the club is for all German students. He hopes that the club is tolerant to foreign students." (NHStA Nds. 423, Acc. 11/85, Nr. 17, Carter an den Bund für Technik und Kultur). Später wurde aus dem Bund wieder die Burschenschaft Arminia (Vgl. NHStA Nds. 423, Acc. 11/85, Nr. 423, Aktennotiz über studentische Vereinigungen und ihre Vorsitzenden, 1950; vgl. a. Kapitel 3).
50 Interview der Verfasserin mit Inge und Friedrich Lindau.
51 NHStA Nds. 423, Acc. 11/85, Nr. 14, Carter an Rektor Müller und den Akademischen Architektenverein, 21.11.1946.
52 PRO FO 1050/1052, Report on Universities under the aegis of the University Officer Hannover- Brunswick, Winter term 1949/50.
53 Pingel, Der gescheiterte Versuch, 189. Die Übergabe der Verantwortung für das Bildungswesen an die Deutschen geschah mit der Verordnung Nr. 57 (in Kraft seit dem 1.1.1947), die die Befugnisse der Länder in der britischen Zone ausweitete. Auch das Gesundheitswesen und die öffentliche Sicherheit fielen damit in die Kompetenz der Länderregierungen. Günther Paschkies stellte fest, diese Verordnung von 1947 habe deutlich gemacht, „daß die Umerziehungsfrage von der politischen Führung in London von nun an als ein zweitrangiges Element der britischen Deutschlandpolitik angesehen wurde." (Paschkies, Umerziehung, 231).
54 Lutzebäck, Bildungspolitik, 160ff.

Internationale Ferienkurse: Chancen zur Horizonterweiterung

Das als "indirect rule" beschreibbare Konzept der Briten setzte nicht nur auf Überzeugung durch Vorschläge und Diskussionen, sondern vor allem auch auf die Förderung internationalen Austausches. Die Studierenden und auch jüngere Lehrende würden, so hoffte man, durch das unmittelbare Erleben neue Methoden und Herangehensweisen und vor allem einen offenen, fairen Diskussionsstil erlernen können.[55] Hierzu sollten neben der Teilnahme an Austauschprogrammen die Ferienkurse dienen, die in der britischen Zone regelmäßig an unterschiedlichen Hochschulstandorten abgehalten wurden. Meist dauerten sie etwa zehn Tage. Auf dem Programm standen Vorträge deutscher und ausländischer Gelehrter; abgerundet wurde das Ganze durch kulturelle Veranstaltungen und Exkursionen. Anfangs leisteten die Teilnehmerinnen und Teilnehmer auch Hilfe bei den Wiederaufbauarbeiten an den jeweiligen Hochschulen. An der Organisation der Ferienkurse wirkte auch Geoffrey Carter mit. So etwa bei dem Ferienkurs, der vom 9. bis 20. August 1948 an der TH Braunschweig stattfand. Von den dreihundert Teilnehmerinnen und Teilnehmern kamen siebzig aus Großbritannien, Frankreich, Schweden, der Schweiz und den Niederlanden; der Rest setzte sich aus Studierenden der Hochschulen in Hannover, Braunschweig und Clausthal-Zellerfeld zusammen; auch zwanzig jüngere Dozenten und Assistenten nahmen an dem Kurs teil.[56] Das Programm appellierte an die deutschen Teilnehmerinnen und Teilnehmer "as an intruisic and responsible unit of the new Germany".[57] Neben Einführungen in Politikwissenschaft, Soziologie und Psychologie wurde von „Trends im modernen Theater" über „L'esprit francais" bis zum "American Approach to Life" eine große Bandbreite geboten: achtzig Vorträge sollten dafür sorgen, Studierenden und jungen Lehrkräften internationale Perspektiven zu vermitteln und Denkprozesse anzustoßen.[58] Auch in den folgenden Jahren fanden solche Kurse statt; 1949 unter dem Titel „Europa und unsere persönliche Verantwortlichkeit"[59] in Wilhelmshaven/Rüstersiel; 1950 in Clausthal-Zellerfeld unter dem Motto: „Menschliche Grundfragen im Zeitalter der Technik. Was ist der Mensch?"[60] Im Jahre 1951 sollte es in Braunschweig um das Thema „Deutschland von heute – im Europa von morgen" gehen.[61]

---

55 PRO FO 371/ 70715, Edward Hughes, Report on the holiday course in Brunswick, 9.–20.8.1948.
56 NHStA Nds. 423, Acc. 11/85, Nr. 11, Programm des Ferienkurses in Hahnenklee vom 1. bis 19.8.1948; Carter an Gemeindedirektor und Kurverwaltung Hahnenklee, 14.4.1948. Der Kurs fand letztlich nicht wie geplant in Hahnenklee, sondern an der TH Braunschweig vom 9. bis 20.8.1948 statt.
57 Ebd.
58 Ebd.
59 NHStA Nds. 423, Acc. 11/85, Nr. 6, Carter an Rektor Flachsbart, 23.12.1948.
60 NHStA Nds. 423, Acc. 11/85, Nr. 482, „Menschliche Grundfragen im Zeitalter der Technik. Was ist der Mensch?" Programm des internationalen Ferienkurses an der Bergakademie Clausthal- Zellerfeld vom 1. bis 15.8.1950.
61 NHStA Nds. 423, Acc. 11/85, Nr. 482, Entwurf: Programm des Ferienkurses in Braunschweig 1951.

Edward Hughes, der im Sommer 1948 für einen Vortrag im Rahmen des Ferienkurses an die TH Braunschweig kam, bilanzierte:

> "[T]he course was undoubtedly a success. It brought a draught of fresh air into a university which is used to being lectured by men like the one who, on being told that his lectures were not very easy to understand, replied with great and obvious self-satisfaction: 'I hope not!'"[62]

Es ging also auch um eine andere Kultur des Lehrens und Lernens. Studierenden und jüngeren Lehrenden sollte die Möglichkeit zur Erweiterung ihres wissenschaftlichen und persönlichen Horizonts durch eigene, unmittelbare Erfahrungen eröffnet werden. Dementsprechend wurde vor allem lebendigen Diskussionen und der argumentierenden, aktiven Auseinandersetzung mit Themen eine große Bedeutung beigemessen. In den Augen britischer Beobachter gab es hier unter deutschen Studierenden erheblichen Nachholbedarf. Der hohe Stellenwert dieses methoden- und kommunikationsbetonten Zugangs wurde auch in einem weiteren Erfahrungsbericht eines Sommerkurs-Lecturers aus England deutlich, der im September 1948 in der Times erschien:

> "It is the lack of power to connect ideas together with which German students seem to be afflicted. If an idea is put before a good British undergraduate, he pounces, and worries it: but there was no trace of any such attitude in Germany. Even when ordered into discussion groups, students on the course which I attended made a series of pronouncements, not necessarily related, instead of following a line of argument. The German student to-day badly needs reasoning ability to help him to see his way among the bewildering difficulties of his time and country (...). For the sake of Europe's future the injection of an interest in argument rather than in ex cathedra pronouncements into German universities would seem to be essential."[63]

Die Ferienkurse wurden zwar von den Briten initiiert, die Planung lag jedoch zunehmend bei den ausrichtenden Hochschulen. Der Ferienkurs von 1948, an dessen programmatischer Planung Geoffrey Carter federführend mitgewirkt hatte, stellte besonders die politische Bildung in den Vordergrund und sollte die Teilnehmerinnen und Teilnehmer auch mit angloamerikanischen Methoden und Forschungen aus dem Bereich der Gesellschaftswissenschaften vertraut machen. Der Kurs, der 1950 an der Bergakademie Clausthal-Zellerfeld stattfand, welche vom SPD-Unterbezirk Hildesheim drei Jahre zuvor als „Hort der Reaktion"[64] bezeichnet worden war, setzte schon deutlich andere Akzente. Hier hatte ein Ausschuss aus Professoren und Studierenden das Programm zum Thema „Menschliche Grundfragen im Zeitalter der Technik. Was ist der Mensch?" erarbeitet. Unter der Schirmherrschaft des Ministerpräsidenten Hinrich Wilhelm Kopf sollten deutsche und ausländische Gäste zusammenkommen, um „innerhalb der auseinandergebrochenen Wirklichkeit unserer Zeit zu fragen nach den Voraussetzungen für einen

---

62 PRO FO 371/ 70715, Edward Hughes, Report on the holiday course in Brunswick, 9.–20.8.1948.
63 NHStA Nds. 423, Acc. 11/85, Nr. 740, The Times vom 11.9.1948.
64 NHStA Nds. 401, Acc. 92/85, Nr. 223, Bl. 173, 12.8.47, Schreiben des SPD-Unterbezirkes Hildesheim an den Staatskommissar für die Entnazifizierung, 14.7.1947. Die Partei forderte eine Schließung der Bergakademie.

möglichen Weg der Heilung".⁶⁵ Die Debattenstränge, die das Programm viel deutlicher im Voraus festlegte als dies bei den anderen Ferienkursen der Fall gewesen war, lassen sich in die bereits untersuchte Technikdiskussion der frühen 1950er Jahre einordnen. Weniger die internationale, demokratische und politische Perspektive stand im Vordergrund. Vielmehr wurde ein religiös-moralischer Anspruch verfolgt und eine technikkritische Rückbesinnung auf die Religion angemahnt:

> „Keine menschliche Generation vor uns dürfte durch ihren objektiven Wissensreichtum in dem derart erschreckenden Ausmaße wie die unsere dazu ermutigt und befähigt worden sein, die natürliche Ordnung der Dinge in uns selbst und in seiner Umwelt in Frage zu stellen. Es gilt für jeden einzelnen von uns zu erkennen und zu entscheiden, ob wir dieses Kranksein unserer Zeit durch unser Darantheilhaben steigern wollen oder aber ob wir durch unser eigenes Mühen, zum Heil-Sein beizutragen, bereit sind. (...) Wir wollen das Menschenbild zwischen Trug und Wirklichkeit betrachten, wir wollen fragen nach der Möglichkeit, die Wesensmitte des Menschen wiederzufinden. Wir wollen uns bemühen, deutlicher und klarer in das menschliche Innere zu blicken (...)."⁶⁶

Zu Fragen der Religion waren allein sieben Vorträge eingeplant. Neben Landesbischof Hanns Lilje war auch ein Vertreter der „Caux-Bewegung (Moral Rearmament)"⁶⁷ eingeladen. Der Kalte Krieg hinterließ ebenfalls Spuren im Programm dieses Kurses, das ankündigte:

> „Bei der Behandlung unseres Hauptthemas wollen wir die Augen auch nicht verschliessen vor den machtvoll andrängenden Entwicklungstendenzen innerhalb wachsender Teile der derzeitigen Menschheit, die über das Kollektivbewusstsein zur kollektiven Daseinsform hinstreben."⁶⁸

Es war konsequent im Sinne des britischen Konzepts, dass sich Universitätsoffizier Geoffrey Carter in die Gestaltung des Programms nicht mehr einmischte. Auch muss erwähnt werden, dass die Denkrichtung, die eine christliche „Erneuerung" in Abgrenzung gegen die Sowjetunion für notwendiger hielt als die politische Bildung im ursprünglich von der Education Branch vertretenen Sinne, auch

---

65 NHStA Nds. 423, Acc. 11/85, Nr. 482, „Menschliche Grundfragen im Zeitalter der Technik. Was ist der Mensch?" Programm des internationalen Ferienkurses an der Bergakademie Clausthal-Zellerfeld vom 1. bis 15.8.1950.
66 Ebd.
67 Bei der „Caux-Bewegung" handelte es sich um eine religiöse Sammlungsbewegung zur „moralischen Wiederaufrüstung" und Erneuerung des Konservatismus in Europa. Großen Einfluß übte diese in der Schweiz gegründete Organisation z. B. auf Heinrich Hellwege (DP) aus, der von 1955 bis 1959 niedersächsischer Ministerpräsident war. Laut seinen Angaben gegenüber Konrad Adenauer nahmen zwischen 1946 und 1954 70.000 Menschen aus 117 Ländern an den Treffen der Bewegung teil; als eines der Hauptziele und -verdienste der „Moralischen Wiederaufrüstung" bezeichnete Hellwege den Kampf gegen den „Bolschewismus" auf dem „Feld der Ideen" (zit. n.: Emil Ehrich, *Heinrich Hellwege. Ein konservativer Demokrat*, Hannover 1977, 101). Zur Caux-Bewegung vgl. a. Paul Campbell/Peter Howard, *Remaking Man*, New York 1954.
68 NHStA Nds. 423, Acc. 11/85, Nr. 482, „Menschliche Grundfragen im Zeitalter der Technik. Was ist der Mensch?" Programm des internationalen Ferienkurses an der Bergakademie Clausthal-Zellerfeld vom 1. bis 15.8.1950.

in Großbritannien wachsenden Zuspruch fand.[69] In diesem Zusammenhang ist bedeutsam, dass mit der Abkehr vom in Potsdam geschlossenen Bündnis mit der Sowjetunion der Einfluss des Antikommunismus auf die britische Politik stetig zunahm und andere Ziele überlagerte.[70] So wurde zum Beispiel der ökonomischen Stärkung Westdeutschlands in der britischen Administration und insbesondere innerhalb des Militärs zunehmend eine Immunisierungsfunktion gegen den Kommunismus zugeschrieben.[71]

Als Geoffrey Carter 1952 seine Tätigkeit als Hochschuloffizier in Niedersachsen beendete, schrieb er: "I think that at this stage and as things in University circles are returning very much to normal my departure is in line with the progress of events."[72] Mit „normal" meinte Carter in erster Linie die Tatsache, dass die dringendsten Aufgaben, denen sich die Hochschuloffiziere hatten stellen müssen, erfolgreich bewältigt worden waren. Dies waren in der Realität eben viel häufiger Probleme des Wiederaufbaus, der Materialbeschaffung und der Organisation als die politisch intendierte Umgestaltung der Hochschulen gewesen, der schon früh gegen den Willen der Education Branch der Boden entzogen worden war: Das Projekt "Reeducation" war beendet. Ein Angehöriger der Cultural Division bilanzierte 1954:

> "[S]o many of the real weaknesses in German character go back to the very lack of personal and civic responsibiltty which a long-term policy of re-education would only have made worse. 'Therein the patient must minister to himself.'"[73]

Die britische "indirect rule"-Politik in Bezug auf das deutsche Hochschulwesen nach 1945 kann letztlich nur angemessen bewertet werden, nachdem Motive, Verlauf und Resultate der Reformdiskussion auf westdeutscher Seite eingehender betrachtet wurden.

5.2 DIE WESTDEUTSCHE HOCHSCHULREFORMDISKUSSION IN DEN ERSTEN NACHKRIEGSJAHREN

Die westdeutsche Diskussion über eine Hochschulreform fand vor allem in den akademischen Selbstverwaltungen, den überregionalen Gremien, der akademischen sowie allgemeinen Presse und in der Auseinandersetzung mit den Ministerien statt. Auch anlässlich der überregionalen Zusammenkünfte der Studierenden

---

69 Vgl. Pingel, Der gescheiterte Versuch, 198f.
70 Vgl. Falk Pingel, „„Die Russen am Rhein?' Zur Wende der britischen Besatzungspolitik im Frühjahr 1946", in: *VfZ 30 (1982)*, 98–116, hier 104ff.
71 Ebd., 108f.
72 NHSTA Nds. 423, Acc. 11/85, Nr. 9, Geoffrey Carter an die Rektoren der Hochschulen in der britischen Zone, 21.5.1952; Carter übernahm eine neue Tätigkeit bei der Cultural Relations Group in Hamburg. Für die THH war künftig A.W.J. Edwards von der Cultural Relations Group mit Sitz in Düsseldorf zuständig. Dieser werde allerdings keine Kontrollfunktionen mehr ausüben, sondern z. B. Ansprechpartner für den Kulturaustausch sein.
73 PRO FO 1050/1226, Confidential Report, Allen, Cultural Division for Education Ministry, 1954.

wurden Reformfragen häufig diskutiert; so etwa auf den Studententagen der britischen Zone.[74] Die deutschen Akteure legten die Schwerpunkte der Diskussion auf das Verhältnis der Hochschulen zu Staat und Gesellschaft, sowie auf die Frage nach der Bewahrung der „Einheit der Wissenschaft" und ihrer prägenden Kraft für die Studierenden unter den Bedingungen zunehmender Spezialisierung und Ausdifferenzierung.[75] Falk Pingel betont, dass die deutsche Diskussion mehrere „weitgehend rückwärtsgewandte"[76] Aspekte enthielt. So seien etwa die Forderungen der Rektoren nach Autonomie der Hochschulen vom Staat zum Teil weitreichender gewesen als es in der Weimarer Republik der Fall gewesen war.[77]

Besonders intensiv wurden Fragen der Hochschulreform auf den Nordwestdeutschen Hochschulkonferenzen behandelt, wo die Rektoren der britischen Besatzungszone zusammenkamen. Bereits auf der ersten Hochschulkonferenz in Göttingen, die am 26. und 27. September 1945 stattfand[78], formulierte man ein entschiedenes Bekenntnis zur selbst verwalteten Struktur der Universität und die Ablehnung staatlich ernannter Kuratoren.[79] Ein früher ausführlicher Beschluss kam auf der Konferenz vom 28. und 29. Mai 1946 zustande, die ebenfalls in Göttingen abgehalten wurde.[80] Auf Vorschlag des Senats der Technischen Hochschule Braunschweig wurden „Rechtsgrundsätze für die Universitäten und Hochschulen"[81] verabschiedet. Als richtungsweisend kann vor allem die bei dieser Gelegenheit formulierte Interpretation der Rolle der Universitäten im Nationalsozialismus angesehen werden, die einstimmig von den anderen Rektoren geteilt wurde:

> „Wenn die deutschen Hochschulen den nazistischen Bestrebungen auf Politisierung der Wissenschaft keinen nachhaltigen Widerstand entgegensetzen konnten, ist dies zu einem nicht unerheblichen Teil darauf zurückzuführen, daß ihre Selbstverwaltungsrechte nicht mehr genügend ausgebaut waren."[82]

Nur wenn die strategische Bedeutung dieser Interpretation der Vergangenheit beachtet wird, kann die Argumentation der deutschen Hochschullehrer in der Reformdebatte angemessen beurteilt werden. Hier wurde nicht nur die aktive und

---

74 Vgl. Westdeutsche Rektorenkonferenz (Hg.), *Dokumente zur Hochschulreform 1945–1959*. Bearbeitet von Rolf Neuhaus, Wiesbaden 1961, 115ff.
75 Vgl. z. B. Wilhelm Schumm, *Kritik der Hochschulreform. Eine soziologische Studie zur hochschulpolitischen Entwicklung in der Bundesrepublik Deutschland*, München 1969, 51f.
76 Pingel, Der gescheiterte Versuch, 185.
77 Ebd., 187.
78 Vgl. Manfred Heinemann (Hg.), *Nordwestdeutsche Hochschulkonferenzen 1945–1948*, Hildesheim 1990, 47–80.
79 Ebd., 59. Nach Abschaffung des Kurators sollte für die Verwaltung ein dem Rektor unterstellter Syndikus ernannt werden (ebd., 60). Zur Entstehung des Kuratorenamtes in Preußen vgl. ebd., 59, Anm. 38.
80 Vgl. Heinemann, Hochschulkonferenzen, 159–189.
81 Rechtsgrundsätze für die Stellung der Universitäten und Hochschulen, Nordwestdeutsche Hochschulkonferenz Göttingen, 28.5.1946, in: Westdeutsche Rektorenkonferenz, Dokumente, 17, vgl. das entsprechende Sitzungsprotokoll bei Heinemann, Hochschulkonferenzen, 170f.
82 Westdeutsche Rektorenkonferenz, Dokumente, 17f.

freiwillige Beteiligung vieler Akademiker am Nationalsozialismus rhetorisch minimiert, sondern es wurde unterstellt, dass die Universitäten dem NS-System vielleicht etwas hätten entgegensetzen können, wenn sie unabhängiger vom Staat gewesen wären. Nicht nur wird so das komplexe Geflecht der gegenseitigen „Ressourcenmobilisierung" von Staat und Wissenschaft[83] zugunsten der Hochschullehrer simplifiziert und auf das Problem der „Gleichschaltung" durch eine äußere Macht reduziert. Auch wird in dieser, fortan immer wieder kehrenden Argumentation ein standespolitisches Strategieelement entwickelt, das es ermöglicht, mit Hilfe des negativen Bezuges auf die NS-Vergangenheit (und nicht etwa einer beschweigenden Abkehr von derselben) die weitestgehende Beschneidung der Befugnisse der Länderministerien zu fordern, da diese gefährliche politische „Staatseingriffe" darstellten. So lässt sich jedoch nicht nur die Freiheit der Wissenschaft verteidigen; es lassen sich auch politische Reformversuche und Einflussnahmen nichtakademischer gesellschaftlicher Gruppen selektiv zurückweisen. Konkret enthielt der Göttinger Beschluss denn auch die Forderung, Stellenbesetzungen auf Vorschlag der Fakultäten allein vom Senat vornehmen zu lassen.[84] Auch von publizistischer Seite wurde die Politisierung der Universitäten im Nationalsozialismus häufig auf das Problem des Staatseingriffs reduziert. So konstatierte ein Redakteur der „Zeit" im Juli 1948, die vermeintliche politische Passivität der an sich in einer „liberalen Tradition"[85] stehenden deutschen Professoren sei ihrer Abhängigkeit vom Staat geschuldet gewesen. Die Vorschläge zur Hochschulreform, die von Vertretern politischer Parteien vorgebracht würden, dienten diesen in erster Linie dazu, „die Studenten, also junge Menschen, die später großenteils in einflussreiche Stellungen einrücken, zu Anhängern ihrer Forderungen oder ihrer Weltanschauung zu machen."[86]

Hier wird deutlich, dass britische und deutsche Reformer zwar oft rhetorisch ähnlich argumentierten, inhaltlich aber ganz unterschiedliche Vorstellungen von den Zielen der Reformen hatten:

> „Die von den Besatzungsmächten geförderte Hochschulpolitik und die Bereitschaft vieler Professoren, für die Freiheit der Wissenschaft einzutreten, sind auf verschiedene Ziele gerichtet. Von der einen Seite wird eine aktive Parteinahme der Universitäten für den demokratischen Staat erwartet (...). Die Gruppe derjenigen aber, die durch die politischen Ereignisse ihre Meinung bestätigt sieht, daß Wissenschaft und Politik unvereinbar seien, glaubt eher, die Garantien dafür schaffen zu müssen, die diese Trennung von Wissenschaft und Politik sicherstellen."[87]

Neben den Beiträgen der Rektorenkonferenz zur Hochschulreformdebatte der späten vierziger Jahre gab es weitere Initiativen von seiten des akademischen Leitungspersonals, so zum Beispiel die Marburger Hochschulgespräche von 1946 bis

---

83 Vgl. bes. Ash, Umbrüche, 903ff.
84 Westdeutsche Rektorenkonferenz, Dokumente, 19.
85 „Universität und Staat. Zur Diskussion über die Hochschulreform", Die Zeit vom 29.7.1948.
86 Ebd.
87 Schumm, Kritik, 56.

1948 und die „Schwalbacher Richtlinien".[88] In Marburg versammelten sich Vertreter der westdeutschen Universitäten und Hochschulen und stellten 1948 einen „Erziehungsauftrag der Hochschulen"[89] fest, der über die wissenschaftliche Ausbildung hinausgehe. Erziehung zu „kritischem Denken, zu vorurteilsfreier Untersuchung und zu selbständigem Urteil"[90] wurden als ebenso wichtig benannt. Diese Überzeugungen sollten durch die Einführung allgemeinbildender Veranstaltungen praktisch umgesetzt werden. Die „Schwalbacher Richtlinien" waren zwar für die Hochschulen der amerikanischen Zone gedacht, wurden aber in ganz Westdeutschland diskutiert. Empfohlen wurde zum Beispiel die Mitbestimmung der Studierenden im Senat, wenn studentische Angelegenheiten verhandelt wurden; wobei nicht eindeutig war, ob diese ein Stimmrecht haben sollten.[91] Auch die Förderung politikwissenschaftlicher Lehre und Forschung war in diesen Richtlinien ein zentrales Anliegen.[92]

An der Technischen Hochschule Hannover beteiligte sich der Lehrkörper nicht nur durch die Vertretung in der Nordwestdeutschen Hochschulkonferenz bzw. später der Westdeutschen Rektorenkonferenz an der Reformdebatte. Es wurde mit Prof. Hermann Braune, der auf dem Gebiet der Elektrochemie lehrte und forschte, auch ein Vertreter zu den Marburger Hochschulgesprächen entsandt. Darüber hinaus existierten seit 1946 Senatsausschüsse zu den Themen Hochschulreform und Verfassung.[93]

Das „Blaue Gutachten" als deutscher Reformanstoß

Am 2. und 3. Juli 1948 erhielt die TH Hannover erneut einen Besuch von einer Kommission, die, ähnlich wie zuvor die britischen Delegierten, mit Professoren und Studierenden über ihre Reformvorstellungen ins Gespräch kommen wollte.[94] Dieser deutsche „Studienausschuss für Hochschulreform" war durch die Initiative der Briten zustande gekommen.[95] Nicht zuletzt durch die Erfahrungen mit der

---

88 „Schwalbacher Richtlinien, 1947", in: Westdeutsche Rektorenkonferenz, Dokumente, 262ff.
89 „Marburger Hochschulgespräche 1948", in: Westdeutsche Rektorenkonferenz, Dokumente, 261.
90 Ebd.
91 Ebd., 269. Die Formulierung lautete: „Bei der Behandlung studentischer Angelegenheiten treten zwei Vertreter des ASTA hinzu." (Ebd.).
92 Ebd., 285.
93 NHStA Nds. 423, Acc. 11/85, Nr. 186, Senatsprotokoll vom 9.8.1946.
94 NHStA Nds. 423, Acc. 11/85, Nr. 4, Reimers, Sekretariat des Studienausschusses für Hochschulreform, an Rektor Flachsbart, 31.5.1948.
95 Eingerichtet wurde der Ausschuss durch die Politische Anweisung Nr. 19 vom 22.1.1948 (NHStA Nds. 423, Acc. 11/85, Nr. 4, Appointment of a commission of inquiry to examine the need of reforms in universities and colleges of university status in British-occupied Germany). Dem zwölfköpfigen Studienausschuß gehörten neben H. Everling als Leiter des Cooperative Movement in der Britischen Zone auch Vertreter der Universitäten, der Kultusministerien und der Kirchen an. Darunter befanden sich z. B. Katharina Petersen vom niedersächsischen Kultusministerium und Prof. Carl Friedrich von Weizsäcker von der Universität Göt-

AUT-Delegation und den Reaktionen der Deutschen war man bemüht, den Eindruck zu vermeiden, es handele sich um eine Beurteilung der deutschen Universitäten von außen.[96] Doch auch diesmal wurde der Kommission misstrauisch entgegen gesehen, so das Riddys Nachfolger Robert Birley sich dazu veranlasst sah, den Rektoren zu versichern:

„Sie werden, davon bin ich überzeugt, meiner Versicherung Glauben schenken, dass das einzige Ziel dieser Kommission ist, Ihnen und Ihrer Universität bei der Bewältigung der Aufgaben zu helfen, denen Sie sich gegenübersehen. Nichts wäre irriger, als sie für ein Werkzeug der Besatzungsmacht oder ein Mittel zur Erlangung von Informationen zu halten und ich glaube nicht, dass Sie diesem Irrtum verfallen werden."[97]

Später zeigte Birley sich überzeugt, dass das als „Blaues Gutachten" bekannt gewordene Ergebnis der Kommissionsarbeit als deutscher und nicht etwa als britischer Beitrag zur Reformdebatte wahrgenommen wurde.[98]

Der Studienausschuss verteilte an der TH Hannover einen Fragebogen und forderte Studierende und Dozenten auf, eigene Vorschläge zur Gestaltung der Verfassung, der Qualifikationsanforderungen für Dozenten, des Hochschulzuganges und des studentischen Gemeinschaftslebens zu machen. Der Bogen enthielt auch konkrete Fragen wie z.B. „Halten Sie eine Förderung und Sicherung des Frauenstudiums für nötig?"[99]

Die Bereitschaft der Hannoveraner Professoren, sich mit dem Anliegen der Kommission auseinander zu setzen, war unterschiedlich ausgeprägt. Der Geograph Erich Obst, Dekan der Fakultät I für Allgemeine Wissenschaften, schrieb an Rektor Flachsbart, für ihn komme aufgrund akuter Arbeitsüberlastung eine Beantwortung des Fragebogens nicht in Betracht. Bereits die persönlichen Gespräche mit Vertretern des Studienausschusses hätten mehrere Stunden Zeit in Anspruch genommen; die Behandlung des Fragebogens könne mehrere Tage dauern. Und schließlich gebe es unter den Professoren in vielen einzelnen Punkten „schwerwiegende Meinungsverschiedenheiten (...), deren Bekanntgabe an die Studienkommission nicht in allen Fällen geraten sein dürfte."[100]

Dagegen machte der Professor für Massivbau Kurt Gaede, der Mitglied im Senat und in der Zulassungskommission war, dem Studienausschuss ausführliche

---

tingen. Mit Franz Theunert war außerdem ein Gewerkschafter im Ausschuss vertreten; ausländische Mitglieder waren Sir Lindsay of Birker (Master of Balliol) und J. R. Salis (Universität Zürich). Vgl. Haude, Dynamiken des Beharrens, 16.

96 Vgl. Phillips, Einleitender Kommentar, 54.
97 NHStA Nds. 423, Acc. 11/85, Nr. 4, Robert Birley an die Rektoren der Hochschulen in der britischen Zone, 22.1.1948.
98 Über eine Konferenz mit den westdeutschen Rektoren und Ministern am 13.1.1949 berichtete Birley: "There was no question that the report was taken seriously. (…) It is noteworthy that it was regarded by all as a German report and there was never a suggestion that it should be looked on as a foreign importation." (PRO FO 1050/1057, Report by Robert Birley, 19.1.1949, 6).
99 NHStA Nds. 423, Acc. 11/85, Nr. 4, Fragebogen des Studienausschusses für Hochschulreform, 1948.
100 NHStA Nds. 423, Acc. 11/85, Nr. 4, Prof. Obst an Rektor Flachsbart, 19.7.1948.

Vorschläge zur Reform der Hochschulen. Gaede plädierte für eine Stärkung der Hochschulautonomie und für die Integration geisteswissenschaftlicher Fächer in das Studium. Unter anderem sprach er sich auch für eine Entlastung des Mittelbaus sowohl in arbeitsökonomischer als auch in finanzieller Hinsicht sowie für eine „allgemein beratende und zum Teil mitbestimmende Funktion"[101] der Studierenden aus. Einen ungewöhnlichen Vorstoß gegen die Ordinarienuniversität stellte Gaedes Forderung dar, die Abberufung von Professoren bei unzureichenden Leistungen zu ermöglichen: „Eine unzulängliche Besetzung eines Lehrstuhls schädigt unter Umständen eine ganze Generation von Akademikern."[102] Was die Zulassungsbedingungen anbelangt, sprach sich Gaede dafür aus, das Abitur als Regelzugang zur Hochschule zu belassen, daneben aber auch Aufnahmeprüfungen zu ermöglichen. Er betonte die Notwendigkeit, „begabten Volks- und Mittelschülern"[103] durch finanzielle Erleichterungen den Besuch höherer Schulen zu ermöglichen. Eine allgemeine finanzielle Studienförderung lehnte Gaede ab und regte an, dass Studierende sich durch die Aufnahme von Darlehen selbst finanzieren sollten. Auch eine Förderung des Studiums von Frauen hielt er für unnötig:

> „Eine besondere Förderung des Frauenstudiums gegenüber dem jetzigen Zustande, der einer Gleichberechtigung der Geschlechter gleichkommt, erscheint nicht erforderlich."[104]

Wie bereits an anderer Stelle erläutert, entsprach diese Stellungnahme der weit verbreiteten Auffassung, die geringe Zahl studierender Frauen komme nicht durch strukturelle Benachteiligungen, sondern durch „natürliche" Unterschiede zwischen Männern und Frauen auch hinsichtlich ihrer verschiedenen „Begabungen" zustande.[105]
Hinsichtlich des Lehralltags sprach sich Prof. Gaede gegen Restriktionen wie etwa Anwesenheitskontrollen aus:

> „Anwesenheitskontrollen und ähnliche Überwachungen werden der deutschen Auffassung der Lernfreiheit widersprechen. Auch sonst sollte der akademischen Selbstdisziplin der Studierenden mehr vertraut werden als einer weitgehenden Überwachung."[106]

Allerdings hielt er die Möglichkeit der Exmatrikulation bei „erwiesener Unfähigkeit und Trägheit"[107] für unerlässlich.
Die Ergebnisse des „Studienausschusses für Hochschulreform" wurden 1948 vorgelegt und waren bald unter dem Namen „Blaues Gutachten" bekannt.[108] Die wichtigsten Forderungen lauteten:

---

101 NHStA Nds. 423, Acc. 11/85, Nr. 4, Prof. Gaede an den Studienausschuss für Hochschulreform, 28.7.1948.
102 Ebd.
103 Ebd.
104 Ebd.
105 Vgl. Kapitel 3.
106 NHStA Nds. 423, Acc. 11/85, Nr. 4, Prof. Gaede an den Studienausschuss für Hochschulreform, 28.7.1948.
107 Ebd.
108 „Gutachten zur Hochschulreform vom Studienausschuß für Hochschulreform (,Blaues Gutachten') 1948", in: Westdeutsche Rektorenkonferenz, Dokumente, 289–368.

„1. Weitgehende Erleichterung des Studiums für Unbemittelte, 2. Förderung des Kontakts der Hochschule mit allen Schichten der Gesellschaft durch einen Hochschulrat, 3. Verbreiterung des Lehrkörpers, 4. Förderung der Erziehung und der Einheit der Bildung durch ein ‚Studium Generale'."[109]

Bisher seien die Hochschulen weder den sozialen Veränderungen gerecht geworden, noch hätten sie genug gegen die „Aufspaltung in ein Konglomerat von Fachschulen"[110] getan, die den Universitäten durch die immer weiter gehende Spezialisierung der Wissenschaften drohe. Konkret schlugen die Gutachter nicht nur ein Studium Generale an allen Universitäten, sondern auch die Einrichtung geistes- und sozialwissenschaftlicher Fakultäten an den Technischen Hochschulen Westdeutschlands vor.[111] Zur Frage des Verhältnisses von Hochschule und Staat drückten die VerfasserInnen Verständnis für das vorhandene „Mißtrauen gegen den Staat"[112] aus, sprachen sich aber gegen eine vollständige Loslösung der Hochschulen von staatlicher Aufsicht aus und wandten sich auch gegen das bereits zitierte Argument, eine solche Unabhängigkeit könne die Universitäten im Falle einer erneuten Ausübung diktatorischer Macht schützen.[113] Es wurde für die Ernennung der von der Hochschule vorzuschlagenden Professoren durch die Ministerien plädiert; diese sollten nach wie vor Beamte mit Sonderrechten sein.[114] Als einer der wichtigsten Vorschläge des Ausschusses kann die Anregung zur Schaffung einer „neuen Art akademischer Lehrer"[115] angesehen werden. Diese Studienprofessoren sollten besser abgesichert sein als die bisherigen Privatdozenten; den Schwerpunkt ihrer Tätigkeit sollte die Lehre bilden.[116] Ebenfalls hervorzuheben ist der Vorschlag zur Schaffung eines Hochschulrates und eines Hochschulbeirates. Es wurde angeregt, den Hochschulrat mit Vertretern der Hochschulverwaltung, der Stadt und des öffentlichen Lebens zu besetzen; diese würden über den Haushalt der jeweiligen Universität entscheiden. In diesem Gremium sollten der Rektor und die Professoren lediglich mit beratender Stimme vertreten sein. Der Hochschulbeirat war dagegen nur als beratendes Gremium vorgesehen und sollte Vertreter der verschiedenen gesellschaftlichen Gruppen am Hochschulleben beteiligen.[117] Das Gutachten als einer der wichtigsten Beiträge zum Thema Hochschul-

---

109 Ebd., 290.
110 Ebd.
111 Ebd., 299.
112 Ebd., 301.
113 Ebd. Die VerfasserInnen stellten fest: „Ein Staat, der kein Rechtsstaat ist, wird die Freiheit der Universität freilich nicht anerkennen (...). Die Kommission meint daher, daß in einem ernsten Konflikt die Universität auch durch die völlige Lösung vom Staat keinen entscheidenden Schutz finden würde (...)."
114 Ebd., 307.
115 Ebd., 313.
116 Ebd., 311ff. Das Gutachten enthielt detaillierte Angaben über die projektierte Laufbahn solcher Studienprofessoren. Sie sollten zunächst zwei bis vier Jahre Assistenten sein. Danach sollten sie sich drei Jahre lang als besoldete, aber nicht beamtete Lehrer bewähren können und bei Erfolg mit dem Titel Studienprofessor an der Hochschule als Beamte fest angestellt werden.
117 Ebd., 317ff.

reform nach 1945 enthielt trotz umfassender Veränderungsvorschläge die These, dass die Hochschulen „Träger einer alten und im Kern gesunden Tradition"[118] seien. Die Behauptung, ein „gesunder" Kern der deutschen akademischen Welt habe den Nationalsozialismus gewissermaßen unbeschadet „überlebt" und sei damit anknüpfungsfähig für Gegenwart und Zukunft, wurde ein häufig zitierter Topos[119] und stellte eine rhetorische Begrenzung des tatsächlichen Reformbedarfs der deutschen Hochschulen dar.

Die meisten Vorschläge des „Blauen Gutachtens" stießen in der Folgezeit auf die Ablehnung des akademischen Leitungspersonals in Westdeutschland. Dies wurde beispielsweise auf einer Tagung der zwölf Kultusminister und 31 Rektoren aller Universitäten und Hochschulen der westlichen Besatzungszonen deutlich.[120] Rudolf Smend, Jurist und Rektor der Universität Göttingen hielt den Gutachtern vor, ihre Vorschläge seien „zum Teil getragen vom Gedanken der gesellschaftspolitischen Gleichschaltung der Hochschulen"[121] und rückte sie damit „in die Nähe der nationalsozialistischen Hochschulpolitik"[122], wie Falk Pingel kritisch feststellt. Der Vorwurf Smends kann als ein Beispiel für die Bereitschaft des akademischen Spitzenpersonals nach 1945 gelten, den negativen Bezug auf den Nationalsozialismus für aktuelle politische Zwecke zu nutzen.

In der Rezeption des Gutachtens durch die westdeutsche Presse wurde häufig auf den zitierten „gesunden Kern" der deutschen Universität Bezug genommen, den es zu bestätigen schien. So betonte die „Zeit": „Das Gutachten stellt fest, dass die Hochschulen im Kern gesund sind. In ihnen ist eine Tradition bewahrt worden, die aus dem Geist des christlichen Humanismus stammt."[123] Gleichzeitig wurde zwar der Kritik an der sozialen Unausgewogenheit des Hochschulwesens zugestimmt; konkrete Maßnahmen wurden aber nicht gefordert.

Kurt Gaede von der TH Hannover, der dem Gutachten positiver gegenüber stand als viele seiner Kollegen, betonte, dass es einige gute Vorschläge enthalte.[124] Die Einrichtung eines Hochschulrates lehnte er jedoch ebenso ab wie die westdeutschen Rektoren. Gerade für die Technischen Hochschulen werde ein solches Gremium eine Einschränkung ihrer Autonomie bedeuten, da es an den Universitäten den staatlichen Kurator ersetze, den es an den TH's nie gegeben hatte. Gaede setzte sich dafür ein, stattdessen einen Verwaltungsrat zu schaffen.[125] Für einen solchen sprachen sich auch die AStA-Vorsitzenden der niedersächsischen Hochschulen gegenüber dem Kultusministerium aus. Dem Verwaltungsrat, der sich aus Vertretern der Hochschule, des Landes und der Öffentlichkeit zusam-

---

118 Ebd., 291, 370.
119 Vgl. hierzu z.B. Axel Schildt, „Im Kern gesund? Die deutschen Hochschulen 1945", in: Helmut König/Wolfgang Kuhlmann/Klaus Schwabe (Hg.), *Vertuschte Vergangenheit: Der Fall Schwerte und die westdeutschen Hochschulen*, München 1997, 223–240.
120 Vgl. Heinemann, Hochschulkonferenzen, 25.
121 Zit. n. Pingel, Der gescheiterte Versuch, 207.
122 Ebd.
123 „Hochschulreform", Die Zeit vom 27.1.1949.
124 NHStA Nds. 423, Acc. 11/85, Nr. 4, Prof. Kurt Gaede an Rektor Flachsbart, 18.12.1949.
125 Ebd.

mensetzen sollte, würde die wirtschaftliche Verwaltung der Universität obliegen. Die Studierenden forderten für sich dabei lediglich das Recht, „ihre Wünsche diesem Organ vorzutragen".[126] Auch in Senat, Konzil und Fakultäten reklamierten die niedersächsischen Studierendenvertreter im Einklang mit den Beschlüssen des Verbandes Deutscher Studentenschaften (VDS) lediglich ein Mitspracherecht in studentischen Belangen, also nicht bei Berufungsverfahren und anderen Hochschulangelegenheiten.[127] Die VertreterInnen der Studierenden auf Bundesebene beschränkten sich ebenfalls lange Zeit auf Appelle und unterzogen das deutsche Hochschulwesen keiner grundsätzlichen Kritik. Man formulierte, dass „[d]as Studium (...) in Zukunft nicht mehr das Privileg einer begüterten Schicht unseres Volkes sein"[128] dürfe, forderte aber keine weitgehenden strukturellen und finanziellen Maßnahmen zur Erreichung dieses Ziels. Stattdessen betonte der VDS seine Übereinstimmung mit zentralen Forderungen des akademischen Leitungspersonals (Autonomie der Hochschulen, humanistisch orientiertes Studium Generale) und bekräftigte die Ansicht, „dass die die geistigen und institutionellen Grundlagen der deutschen Universitäten gesund sind."[129]

Grundsätzlichere Kritik am deutschen Hochschulwesen und Zweifel an der Tauglichkeit seiner Lehrer für die Ausbildung in einer zu demokratisierenden Gesellschaft kamen meist von außen, zum Beispiel von der SPD und den Gewerkschaften.[130] In der deutschen Politik gab es also durchaus Kräfte, die auf eine Reformierung der Hochschulen drangen und dies auch mit einer deutlichen Kritik an den Ordinarien verbanden. Der sozialdemokratische Ministerpräsident des Landes Hessen Stein unterstrich in einer Regierungserklärung im März 1947, Ziel der Reformen müsse eine „Volksuniversität"[131] sein, denn:

„Weder die deutsche Öffentlichkeit noch die Besatzungsbehörden haben zu den heutigen Hochschulen bis jetzt Vertrauen gefasst. Es bestehen Zweifel, ob Senate und Fakultäten heute in ihrer Zusammensetzung wirklich einen Willen zur Aenderung der Geisteshaltung zeigen (...). Das ganze Hochschulproblem liegt weniger bei der Studentenschaft, als vielmehr bei dem Lehrkörper."[132]

---

126 NHStA Nds. 423, Acc. 11/85, Nr. 4, AStA-Vorsitzender Kläsener an Rektor Großmann, 28.2.1950.
127 Ebd.
128 NHStA Nds. 423, Acc. 11/85, Nr. 4, Mitteilungsblatt des VDS: Stellungnahme zur Hochschulreform, 22.2.1950.
129 Ebd.
130 Im März 1947 forderte z. B. die Arbeitsgemeinschaft Sozialdemokratischer Lehrer (ASL) in Göttingen die sofortige Schließung aller Hochschulen zwecks Überprüfung aller Lehrenden. (NHStA Nds. 401, Acc. 92/85, Nr. 223, Bl. 128, Schreiben der Göttinger ASL an das Kultusministerium, 25.3.1947). Die linksgerichtete „Volksstimme" bezeichnete die Göttinger Universität als „Hort der Reaktion" („Göttinger Universität – ein Hort der Reaktion", Niedersächsische Volksstimme vom 4.3.1947).
131 NHStA Nds. 423, Acc. 11/85, Nr. 4, Frankfurter Rundschau vom 20.3.1947.
132 Ebd.

Der Deutsche Gewerkschaftsbund rief mehrfach dazu auf, „die soziale Struktur der Universität zu ändern".[133] Hierbei ging es den Gewerkschaftsvertretern nicht nur um die soziale Exklusivität der Hochschulen an sich. Sie brachten diese auch in Zusammenhang mit dem Nationalismus der Studierenden, der nach wie vor Anlass zur Sorge gebe.[134]

Die Gewerkschafter sprachen auch einen Punkt an, der allen Befürwortern einer Änderung der sozialen Struktur der deutschen Hochschulen bewusst war: durchgreifende Veränderungen würden nur durch eine umfassende Schulreform erreicht werden können.[135] Die meisten Schulreformversuche nach 1945 scheiterten jedoch, auch wenn es zum Teil weitreichende Ansätze zur Änderung der Schulstruktur gab.[136] In Niedersachsen befasste sich der jahrelange Streit um die Schulreform vor allem mit den Bekenntnisschulen und dem Einfluss der Kirchen auf das Schulwesen.[137] Der niedersächsische Kultusminister Adolf Grimme (SPD), der auch eine größere soziale Ausgewogenheit der Schulen und des Hochschulzugangs hatte erreichen wollen, scheiterte mit seinen Bemühungen, dauerhaft alternative Zugangsmöglichkeiten zur Hochschule zu schaffen ebenso wie mit der geplanten Schulgeld- und Lehrmittelfreiheit.[138] Das dreigliedrige Schulsystem blieb in der gesamten Bundesrepublik erhalten. Ungefähr achtzig Prozent der Dreizehnjährigen besuchten im Jahr 1952 noch eine Hauptschule, sechs Prozent Mittelschulen und nur zwölf Prozent ein Gymnasium. 1960 war das Verhältnis siebzig zu elf zu fünfzehn Prozent. Von den Sechzehnjährigen besuchten 1952 noch vier Prozent eine Mittelschule und neun Prozent ein Gymnasium; 1960 waren es sieben bzw. dreizehn Prozent.[139]

Die gescheiterten Schulreformversuche gehörten zu den Voraussetzungen einer Reform des Bildungswesens, die seitens der Hochschulen nur indirekt beeinflussbar waren. Auf welchen konkreten Feldern innerhalb der Hochschulen Reformbemühungen stattfanden, soll nachfolgend für die Technische Hochschule Hannover genauer gezeigt werden.

---

133 NHStA Nds. 401, Acc. 92/85, Nr. 147, Bl. 167, DGB-Bezirksvorstand Niedersachsen an das niedersächsische Kultusministerium, 20.4.1948.
134 Ebd.
135 Ebd.
136 Vgl. z. B. Reiner Lehberger, „Die Hamburger Schulreform von 1949", in: Manfred Heinemann (Hg.), *Zwischen Restauration und Innovation. Bildungsreformen in Ost und West nach 1945*, Köln u.a. 1999, 17–35.
137 Vgl. Karl-Heinz Grotjahn, *Demontage, Wiederaufbau, Strukturwandel. Aus der Geschichte Niedersachsens 1946–1996*, Hameln 1996, 97ff.
138 Vgl. Thomas Franke, „Die Anfänge der Kulturpolitik in Niedersachsen in der Ära Grimme", in: Dieter Poestges (Red.), *Übergang und Neubeginn. Beiträge zur Verfassungs- und Verwaltungs-geschichte Niedersachsens in der Nachkriegszeit*, Göttingen 1997, 119–151, hier 144f., 148.
139 Axel Schildt, „Von der Not der Jugend zur Teenager-Kultur: Aufwachsen in den 50er Jahren", in: Ders./Arnold Sywottek (Hg.), *Modernisierung im Wiederaufbau. Die westdeutsche Gesellschaft der 50er Jahre*, Bonn 1993, 335–348, hier 337. Schildt verweist darauf, dass Vorzeichen der späteren Bildungsexpansion dennoch bereits erkennbar gewesen seien, etwa in der Qualitätsverbesserung der Schulen.

5.3 DIE REFORMDISKUSSION AN DER TECHNISCHEN HOCHSCHULE HANNOVER

Ralph Boch hat in seiner Studie über deutsche Universitätsrektoren festgestellt, dass es nach Kriegsende in Westdeutschland zunächst zu einer „massiv betriebene[n] Wiederbelebung älteren Professorenkapitals"[140] kam. Die Professoren, die in den ersten Jahren nach 1945 an der Technischen Hochschule Hannover lehrten und die Diskussion um die Hochschulstruktur prägten, waren häufig noch im Kaiserreich sozialisiert worden und hatten zum Teil als Soldaten am Ersten Weltkrieg teilgenommen. Sie waren im Durchschnitt knapp sechzig Jahre alt.[141] Dieser Altersdurchschnitt kam dadurch zustande, dass viele Lehrstuhlinhaber kurz vor der Emeritierung standen, bzw. aufgrund des durch Krieg und Entnazifizierung verursachten Personalmangels über das Emeritierungsalter hinaus lehrten. Über die Hälfte der ordentlichen Professoren waren dagegen erst zwischen vierzig und fünfzig Jahren alt und prägten, sofern sie die Hochschule nicht verließen, deren Alltag noch weit über die ersten Nachkriegsjahre hinaus. Das wichtigste Entscheidungsgremium der Technischen Hochschule Hannover, der Senat, wurde 1945 aus neun Männern neu gebildet, von denen drei über 65 Jahre alt waren. Das Durchschnittsalter der Senatoren lag bei rund 59 Jahren.[142] Im Jahr 1953 war nur noch einer von zwölf Senatoren über sechzig Jahre alt und ihr durchschnittliches Alter war auf 51 Jahre gesunken.[143] Im Folgenden werden drei Reformbereiche näher vorgestellt, die von diesen Akteuren an der Technischen Hochschule Hannover besonders intensiv diskutiert wurden. Hierzu zählten die Verfassungsfrage, die Stellung der Nichtordinarien und der Zugang zum Studium ohne Abitur.

5.3.1 DIE VERFASSUNGSÄNDERUNGEN AN DER TH HANNOVER

Obwohl sie einen Verfassungs- und einen Hochschulreformausschuss einsetzten, sah die Mehrheit der Professoren der TH Hannover in der Verfassungsfrage wenig Handlungsbedarf. Nach dem Krieg kam es nicht zu einer größeren Debatte über die Verfassung von 1880, sondern letzten Endes nur zu einigen Anpassungen. Entschieden sprach man sich gegen alle Pläne aus, staatliche Kuratoren an die Hochschulen zu entsenden. Der Göttinger Rektor Rein wies diese Idee im Namen der niedersächsischen Rektoren gegenüber Vertretern der Militärregierung als

---

140 Ralph Boch, *Exponenten des „akademischen Deutschland" in der Zeit des Umbruchs: Studien zu den Universitätsrektoren der Jahre 1945 bis 1950*, Marburg 2004, 159.
141 Eigene Berechnungen auf Basis von: Horst Gerken (Hg.), *Catalogus Professorum 1831–2006. Festschrift zum 175-jährigen Bestehen der Universität Hannover; Bd. 2*, Hildesheim/Zürich/ New York 2006.
142 Eigene Berechnungen auf Basis von NHStA Nds. 423, Acc. 11/85, Nr. 192, Senatsprotokoll vom 1.11.1945.
143 Eigene Berechnungen auf Basis von NHStA Nds. 423, Acc. 11/85, Nr. 189, Senatsprotokoll vom 9.1.1953.

"typically Prussian"[144] zurück. In Hannover unterstützte man ausdrücklich den Protest der hessischen Universitätsrektoren gegen Pläne der Landesregierung, einen solchen Kurator an jede Hochschule zu entsenden. Dieser Vorschlag wurde „mit aller Schärfe"[145] zurückgewiesen, da er geeignet sei, den „Einfluss der Staatsverwaltung in den Hochschulen in bedrohlichem Maße [zu] steigern".[146] Der zweite Hannoveraner Nachkriegsrektor Otto Flachsbart erteilte jedoch Forderungen, die auf eine völlige Unabhängigkeit der Universitäten von den Länderministerien hinausliefen, eine deutliche Absage:

> „Man darf doch wohl nicht vergessen, daß die Hochschulen ihren Kultusministern viel zu verdanken haben und es nicht selten für die Hochschulen nützlich ist, jemanden zu haben, der ihnen unangenehme Dinge kraft seines Amtes abnimmt. Wir jedenfalls haben keine Veranlassung, uns den Kultusminister wegzuwünschen. Was wir uns wünschen, ist eine etwas größere Selbständigkeit in manchen Dingen (...)."[147]

Die Einrichtung eines Hochschulrates, also einer der weitreichendsten Vorschläge zur Veränderung der Hochschulverfassung, wurde mehrheitlich abgelehnt. Dem Hochschulbeirat neigten die Hannoveraner Professoren dagegen eher zu. Nach den Empfehlungen des Senatsausschusses für Fragen der Hochschulreform sollte die Hannoversche Hochschulgemeinschaft den Kern eines solchen Beirates bilden.[148] Doch im Gegensatz zu den Universitäten Hamburg und Freiburg, die den Vorschlag des „Blauen Gutachtens" umsetzten und einen Hochschulbeirat gründeten[149], wurden an der TH Hannover keine konkreten Schritte in diese Richtung unternommen. Durch die Existenz der Hochschulgemeinschaft, in der überwiegend Unternehmer vertreten waren, und die Vorträge im Außeninstitut, die das erklärte Ziel hatten, mit anderen gesellschaftlichen Gruppen ins Gespräch zu kommen, meinte man, dem von den Reformkommissionen formulierten Mangel an Kontakt zur außeruniversitären Welt ausreichend entgegen zu wirken. Ein Interesse, beispielsweise GewerkschafterInnen einen direkteren, wenn auch nur beratenden Zugang zu den Hochschulangelegenheiten zu öffnen, war nicht vorhanden. Nur im Zulassungsausschuss der Hochschule saß während der Amtszeit des Rektors Otto Flachsbart ein Gewerkschaftsvertreter.[150]

---

144 NHStA Nds. 423, Acc. 11/85, Nr. 1, Gesprächsprotokoll vom 21.9.1946.
145 NHStA Nds. 423, Acc. 11/85, Nr. 4, Schreiben der Rektoren der Universitäten Marburg, Frankfurt und Gießen, sowie der TH Darmstadt, an Ministerpräsident Stock und Kultusminister Stein, 23.3.1947.
146 Ebd. Die hessischen Rektoren warfen der Regierung ein unbegründetes Misstrauen im Hinblick auf die Studienzulassung vor; soziale Benachteiligungen würden bei der „Auslese" schließlich so weit wie möglich vermieden. Zur Diskussion um die Kuratoren vgl. a. Schumm, Kritik, 85ff.
147 Otto Flachsbart, „Jahresbericht 1949–1950. Erstattet bei der Jahresfeier und Rektoratsübergabe am 1.7.1950", in: *Jahrbuch der Technischen Hochschule Hannover 1950/51*, hrsg. von Rektor und Senat, Düsseldorf 1951, 15–22, hier 21.
148 NHStA Nds. 423, Acc. 11/85, Nr. 4, Prof. Otto Kienzle, „Stand der Hochschulreform, November 1950".
149 NHStA Nds. 423, Acc. 11/85, Nr. 4, Peter Coulmas, „Aus unserem wissenschaftlichen Tagebuch" Hochschulreformbestrebungen, Sendemanuskript RIAS Berlin, undatiert.
150 Flachsbart, Jahresbericht 1949–1950, 18.

Die Verfassungsdiskussion, die schließlich mit der Änderung der Hochschulverfassung von 1880 endete, beschäftigte sich hauptsächlich mit Fragen der Wahl und der Amtszeit des Rektors. Dieser sollte auf zwei Jahre wählbar sein. Konflikte gab es nur in der Frage der Absetzbarkeit des Rektors durch eine demokratische Abstimmung. Die Lehrkörperversammlung sollte nach dem Willen des Verfassungsausschusses das Recht haben, den Rektor gegebenenfalls zum Rücktritt aufzufordern. Er müsse sein Amt dann niederlegen.[151] Einige Wissenschaftler protestierten gegen diesen Vorschlag. Alexander Matting, Professor für Schweißtechnik, versuchte in dem Ausschuss durchzusetzen, dass nur der Satz „Der Rektor bedarf des Vertrauens des Lehrkörpers."[152] in die Verfassung aufgenommen würde, nicht aber das Recht des Lehrkörpers, ihm das Mißtrauen auszusprechen und ihn zum Rücktritt aufzufordern. Der Syndikus der TH Hannover, Amtsgerichtsdirektor Heim, sprach sich daraufhin gegenüber einem Vertreter des Verfassungsausschusses für ein solches Recht aus, das einige Professoren als „unwürdig"[153] empfanden. Damit sichere man sich gegen eventuelles, die Hochschule schädigendes Verhalten des Rektors ab:

> „Es [das schädigende Verhalten, F. S.] könnte in grober Pflichtvernachlässigung liegen oder in irgendeinem groben Missgriff oder in irgendeinem Anstoß, der sich außerhalb des Amtes ergeben hat, auf dieses aber zurückwirkt, oder es könnte in einer politischen Haltung liegen, wie sie jetzt noch gar nicht vorausgesehen werden kann, weil die politische Entwicklung und die überraschende Anziehungskraft neu auftauchender politischer Persönlichkeiten noch gar nicht überblickt werden kann. Wer hätte es z. B. vorausgesehen, dass ein Adolf Hitler selbst die bedeutendsten Männer verwirrte!"[154]

Heim sah also die Notwendigkeit, einem politischen Mißbrauch des Amtes vorzubeugen. Wieder erfolgte zur Unterstützung der eigenen Position ein negativer Rückbezug auf die NS-Vergangenheit. Zwar klagte Heim mit dem Hinweis auf die historische Erfahrung ein Mehr an Demokratie ein. Die hierbei verwendete Interpretation der historischen Erfahrung blieb allerdings im Rahmen des damals an der TH Hannover Sagbaren: Adolf Hitler wurde als Verführer interpretiert, der auch die Klügsten „verwirrt" habe.

Nicht nur das an der Hochschule über die nationalsozialistische Vergangenheit Sagbare hatte enge Grenzen: auch die Reichweite der von Heim und anderen geforderten Mitbestimmung musste begrenzt bleiben. Die Ausweitung der Mitbestimmungsrechte auch jüngerer Dozenten, die mit der Annahme des Vorschlags des Verfassungsausschusses verbunden gewesen wäre, lehnte Heim ab. Die Lehrkörperversammlung sei keineswegs der geeignete Ort für ein Mißtrauensvotum gegen den Rektor:

---

151 NHStA Nds. 423, Acc. 11/85, Nr. 41, Vorschläge des Verfassungsausschusses, versandt von Rektor Hensen an das Konzil der THH, 30.11.1953.
152 NHStA Nds. 423, Acc. 11/85, Nr. 41, Schreiben des Syndikus der TH Hannover, Amtsgerichtsdirektor Heim, an Prof. Doeinck, 15.1.1954.
153 Ebd.
154 Ebd.

„Dazu scheinen mir in der Lehrkörperversammlung doch zu viele unerfahrene und uninteressierte Persönlichkeiten zu sein, die entweder die Notwendigkeit oder die Folgen eines Rektorsturzes bzw. seine Voraussetzungen nicht genügend beurteilen oder nicht mit dem nötigen Verantwortungsbewusstsein überdenken können. (...) Eine solche Entscheidung sollte man in die Hände eines ‚Senates' im buchstäblichen Sinne legen, also in die Hände der Besten und Berufensten. Das sind diejenigen, die eng mit dem Rektor zusammenarbeiten und durch die Wahl ihrer Kollegen schon eine besondere Auswahl darstellen."[155]

Das Verfahren legte letztlich der Senat fest. Man entschied sich dafür, den Rektor durch die Lehrkörperversammlung wählen zu lassen, seine Abberufung aber nur auf Antrag des Senates durch die Versammlung zu ermöglichen. In beiden Gremien würde dafür eine Zweidrittelmehrheit erforderlich sein. Im Juli 1957 wurde die Verfassung schließlich dementsprechend geändert. Auch die Möglichkeit einer zweijährigen Amtszeit des Rektors wurde festgeschrieben. Er sollte ein Jahr vor Amtsantritt als Rektor designatus gewählt werden und als Prorektor amtieren; im Falle der einmaligen Wiederwahl des Rektors blieb der Prorektor im Amt.[156]

Die neue Verfassung legte auch die Zusammensetzung des Senates fest. Er bestand, wie es auch schon während der Nachkriegsjahre gehandhabt worden war, aus dem Rektor, dem Altrektor, dem Prorektor und den Dekanen sowie weiteren Wahlsenatoren. Die von den Fakultäten gewählten Wahlsenatoren waren ordentliche oder außerordentliche Professoren.[157] In den Senaten waren auch regelmäßig Nichtordinarien vertreten.[158] Die Praxis der Technischen Hochschule Hannover war in diesem Punkt demokratischer als beispielsweise das Verfahren an der RWTH Aachen, wo zwischen 1949 und 1952 einer der vier „Wahlsenatoren" mitnichten gewählt, sondern vom Rektor bestimmt wurde.[159] Auch war die Regelung der Rektorwahl demokratischer als das, was auf Anregung der TH Braunschweig auf der Hochschulkonferenz in Göttingen im Mai 1946 als Grundlage eines neuen Hochschulstatuts beschlossen worden war: Hier hatten die westdeutschen Rektoren nämlich nur die planmäßigen Professoren an der Rektorwahl teilnehmen lassen wollen.[160]

---

155 Ebd.
156 NHStA Nds. 423, Acc. 11/85, Nr. 3, Rektor an Kultusministerium, 9.7.1957.
157 Der am 1.11.1945 gebildete neue Senat hatte aus dem Rektor, den Dekanen, dem Prorektor, sowie fünf Wahlsenatoren bestanden. Auch Hochschulsyndikus Heim und Amtmann Thiessen nahmen an den Sitzungen teil. Die von den Fakultäten gewählten Wahlsenatoren waren ordentliche oder außerordentliche Professoren (Vgl. NHStA Nds. 423, Acc. 11/85, Nr. 192, Senatsprotokoll vom 1.11.1945). Dieser Zuschnitt des Senats wurde auch in den folgenden Jahren mit einigen Änderungen (Hinzuziehung von Vertretern der Studierenden und zeitweise des Betriebsrates, s. u.) beibehalten (Vgl. Senatsprotokolle der folgenden Jahre, NHStA Nds. 423, Acc. 11/85, Nr. 186–190, Nr. 193, Nr. 194).
158 So zum Beispiel im Jahre 1950 die beiden Dozenten Alwin Hinzpeter und Helmut Koch, vgl. NHStA Nds. 423, Acc 11/85, Nr. 193, Senatsprotokoll vom 13.1.1950.
159 Haude, Dynamiken des Beharrens, 33. Haude stellt fest, diese Praxis erinnere mehr an das „Führerprinzip" als an eine demokratische Selbstverwaltung. Eine eingehende zeitgenössische Untersuchung deutscher Hochschulverfassungen bietet Alexander Kluge, *Die Universitäts-Selbstverwaltung. Ihre Geschichte und gegenwärtige Rechtsform*, Frankfurt a. M. 1958.
160 Westdeutsche Rektorenkonferenz, Dokumente, 18.

Auch was die Bestimmung der verschiedenen Statusgruppen der Hochschule anging, zeigt der Vergleich mit der RWTH Aachen, deren Reformdiskussion eingehend untersucht worden ist[161], eine höhere Bereitschaft der Hannoveraner Akteure zur Ablösung von alten Festlegungen. An der TH Hannover hatte man sich bereits 1947 darauf geeinigt, dass die Satzung der Studentenschaft, die ein Teil der Hochschulverfassung sein würde, keine Unterschiede zwischen deutschen und ausländischen Studierenden machen und alle als gleichberechtigte Mitglieder anerkennen sollte. Diese Einigung war auf Initiative der ausländischen Studierenden zustande gekommen und wurde in den folgenden Jahren nicht mehr angezweifelt.[162] In Aachen dagegen sahen die Verfassungsentwürfe noch bis Mitte der 1950er Jahre als „Glied der Hochschule" nur eine „aus den vollimmatrikulierten reichs- und auslandsdeutschen Studierenden bestehende Studentenschaft"[163] vor. Die „Traditionsverhaftung"[164] der Entwürfe erstreckte sich also noch „auf die völkische Ausrichtung der Studentenschaften in der Weimarer Republik"[165], wie Rüdiger Haude betont.

Die Mitbestimmung der Studierenden an der Technischen Hochschule Hannover wurde im Laufe der Verfassungsdebatte indessen nicht noch einmal ausgeweitet. In der Verfassung von 1957 wurde sie nur insoweit festgeschrieben, als sie schon gängige Praxis war. Seit 1947 waren zwei Vertreter der Studierenden in den Senatssitzungen anwesend, wenn es um studentische Angelegenheiten ging; im Februar 1951 erhielten die Studierenden hierzu auch das Stimmrecht, wie es die Westdeutsche Rektorenkonferenz im August 1950 empfohlen hatte.[166]

5.3.2 DIE „NICHTORDINARIENFRAGE" UND DER KAMPF UM MITBESTIMMUNGSRECHTE

Sowohl das britische AUT-Gutachten als auch das „Blaue Gutachten" benannten die „Nichtordinarienfrage" als eines der dringlichsten Probleme der Hochschulreform. Die ökonomische Lage junger Dozentinnen und Dozenten war prekär, die Abhängigkeit von den Ordinarien verursachte Unzufriedenheit und die Angst vor einem „Scheitern" der eigenen Universitätslaufbahn durch Nichtberufung war so groß wie realistisch.[167]

---

161 Vgl. Haude, Dynamiken des Beharrens.
162 NHStA Nds. 423, Acc. 11/85, Nr. 419, AStA an Rektor Flachsbart, 20.9.47. Vgl. auch Kapitel 3.
163 Zit. n. Haude, Dynamiken des Beharrens, 36.
164 Ebd., Anm. 79.
165 Ebd. Erst 1958 wurde die Aachener Studentenschaft durch die „ordentlichen Studenten" in ihrer Gesamtheit konstituiert.
166 NHStA Nds. 423, Acc. 11/85, Nr. 187, Senatsprotokolle vom 22.8.1947, 1.11.1950 und 9.2.1951.
167 Die habilitierten Nachwuchskräfte und die, die sich in der Phase der Habilitation befanden, bekamen Beihilfen, die leistungsabhängig beantragt werden konnten. Ein gutes Beispiel für ihre prekäre Lebenssituation ist der Lektor Dr. phil. Walther Mediger. Mediger, geboren

Die Senatsvertreter der Nichtordinarien an der Technischen Hochschule Hannover, Alwin Hinzpeter und Helmut Koch, äußerten sich im Jahre 1948 ausführlich zu diesem Problem und stellten konkrete Forderungen. Der Zugang zu einer Dozententätigkeit an der Hochschule müsse nicht nur über die Assistentenlaufbahn, sondern auch über eine Tätigkeit in der Industrie oder über die freiberufliche Praxis möglich sein.[168] Die wirtschaftliche Stellung eines Dozenten dürfe nicht wesentlich schlechter sein als die von Beschäftigten in der freien Wirtschaft. Entschieden sprachen sich Hinzpeter und Koch gegen die Verherrlichung der prekären Dozentenlaufbahn aus, die sie bei vielen Akademikern vermuteten. Der „Privatdozent" sei ein Auslaufmodell und eine unangemessene Berufsbezeichnung, da sich die soziale Lage der früher häufig durch ihre Herkunft ökonomisch abgesicherten Nichtordinarien grundlegend geändert habe:

> „Brotlose Wissenschaft darf es nicht mehr geben. Die Zeit einer gewissen Romantik des Märtyrertums für die Wissenschaft ist vorbei, seitdem Wissenschaft und Technik zur Ernährungsbasis Europas geworden sind und in der Krise der Gegenwart über Leben und Sterben entscheiden."[169]

An dieser Stellungnahme ist zum einen die deutliche Kritik an hergebrachten akademischen Idealen bedeutsam. Zum anderen ordneten die Nichtordinarienvertreter ihre Position zwecks größerer Legitimität in den bereits ausführlich beschriebenen Diskurs um die gestiegene gesellschaftliche Bedeutung von Wissenschaft, Technik und ihrer Akteure ein, indem sie diese – vage aber bedeutungsschwer – mit dem „Leben und Sterben" der Bevölkerung in Beziehung setzten. Unterstützung erhielten die jüngeren Dozenten vor allem durch die britischen Besatzungsvertreter. Diese waren, wie bereits erwähnt, auch aus politischen Gründen daran interessiert, den Hochschullehrernachwuchs zu fördern.

Den Forderungen von deutschen und britischen Reformern nach einer ökonomischen Besserstellung der Dozenten wurde zwar häufig nicht offen widersprochen. Auch gab es, etwa seitens der Nordwestdeutschen Hochschulkonferenz, Zustimmungsbekundungen.[170] Nur blieben nachhaltige Schritte in dieser Frage

---

1915, war Privatdozent für Geschichte und Lektor für Russisch (letzteres seit 16.5.1946 an der THH). Er war verheiratet und hatte zwei Kinder. Seinen Angaben zufolge ging es ihm finanziell gut, solange er als Sprachlehrer im Stirling House (hannoversches Quartier der Militärregierung) arbeitete; dies tat er jedoch nur von Januar 1949 bis Dezember 1951. Durch eine Tuberkuloseerkrankung seiner Frau und eine Krankheit seines Sohnes verschlechterten sich die Lebensumstände der Familie im Jahr 1953. Aufgrund seiner Verpflichtungen gegenüber der Hochschule sah sich Mediger nach der Einsparung seiner Stelle bei der Militärregierung außerstande, eine weitere Erwerbstätigkeit, etwa als Privatlehrer, auszuüben. Die Familie lebte im Wesentlichen von den Einkünften des 80-jährigen Vaters, der seine ärztliche Tätigkeit fortführte. Im Wintersemester 1952/53 wurde Mediger eine Beihilfe von 820 DM bewilligt (NHStA Nds. 423, Acc. 11/85, Nr. 318, Brief Medigers an den Dekan der Fakultät I, 8.5.1953).

168 NHStA Nds. 423, Acc. 11/85, Nr. 4, Alwin Hinzpeter/Helmut Koch, „Gedanken zur Hochschulreform und über den Hochschullehrernachwuchs", 15.7.1948.
169 Ebd.
170 Heinemann, Hochschulkonferenzen, 499.

aus. Zudem hielt sich unter vielen arrivierten Wissenschaftlern die Ansicht, der durch die prekäre ökonomische Lage der Dozenten und Assistenten entstehende Druck könne deren Leistungsbereitschaft positiv beeinflussen. Die Lobbyorganisation der Professoren, der Hochschulverband, ließ 1951 in einer Denkschrift an die Kultusministerien verlauten, es sei zwar wünschenswert, den Nachwuchs beispielsweise durch Diätendozenturen zu stärken, und es sei auch zu bedauern, dass viele Promovierte aufgrund des Risikos der Hochschullehrerlaufbahn andere Berufe ergriffen. Andererseits verknüpfte man gerade mit diesem Risiko auch einen Auslesegedanken:

> „Der Hochschulverband sieht in dem mit dem Hochschullehrerberuf verknüpften Risiko eine unerlässliche Vorbedingung für die Erhaltung eines hohen Standes der wissenschaftlichen Leistungen an deutschen Hochschulen."[171]

Als Lobbyorganisation der Professoren wandte man sich zudem entschieden gegen jeglichen Abbau ihrer Privilegien und die damit angeblich verbundenen „Nivellierungstendenzen".[172]

Angesichts der mangelnden Bereitschaft großer Teile des akademischen Leitungspersonals, Grundsätzliches an der Stellung der Nichtordinarien zu ändern wurde die Notwendigkeit einer Interessenvertretung von Dozenten und Assistenten immer deutlicher. Dies hatten die britischen Besatzungsvertreter von Anfang an antizipiert und forderten eine Interessenvertretung der Nichtordinarien in den Hochschulen. Das Bewusstsein für die eigenen Interessen und für die Notwendigkeit ihrer Vertretung sei unter den Dozenten und Assistenten allerdings noch nicht genügend entwickelt. Anlässlich einer Konferenz der Hochschuloffiziere am 18. November 1947 wurde festgestellt es gebe unter den jüngeren Hochschulangehörigen "a need for awakening a more corporate spirit".[173]

An der Technischen Hochschule Hannover gründete sich Mitte des Jahres 1947 zunächst eine Assistentenvertretung, die sich für die Oberingenieure, wissenschaftlichen Assistenten und wissenschaftlichen Hilfskräfte einsetzen sollte, insgesamt 127 Angestellte.[174] Am 3. November 1947 besuchten zwei Repräsentanten der Militärregierung die TH Hannover, um mit den jüngeren Lehrkräften über die weitere Ausgestaltung ihrer Interessenvertretung zu sprechen. Der Assistentenvertretung hatte man es überlassen, politisch unbelastete TeilnehmerInnen für das Gespräch auszuwählen; diese Voraussetzung erfüllten 7 von 127 Personen.[175] Das Gespräch drehte sich sowohl um die materiellen Nöte an der Hoch-

---

171 NHStA Nds. 423, Acc. 11/85, Nr. 719, Denkschrift des Hochschulverbandes an die Kultusministerien der Länder, 15.3.1951.
172 NHStA Nds. 423, Acc. 11/85, Nr. 719 Mitteilungen des Hochschulverbandes Nr. 3, März 1951.
173 PRO FO 1050/1233, Protocol 18.11.1947, 5.
174 Vorsitzender wurde Dr. ing. Werner Wolfram vom Institut für Werkzeugmaschinen. Vgl. Friedrich Lindau, *Architektur und Stadt. Erinnerungen eines neunzigjährigen hannoverschen Architekten*, Lamspringe 2005, 207. Vgl. a. NHStA Nds. 423, Acc. 11/85, Nr. 134, Aktennotiz vom 20.8.1947.
175 Lindau, Architektur und Stadt, 207. Es handelte sich um Dr. Paul Ehrlich (Chemie), Dr. Hellmut Glubrecht (Physik), Dipl. ing. Kurt Nagel (Werkstoffkunde), Dipl. Ing. Ernst Scheff-

schule als auch um die Forderung nach mehr Mitbestimmung für die Nichtordinarien. Die Besatzungsvertreter ermutigten die Nachwuchskräfte, gemeinsam mit der bereits bestehenden Vertretung der Arbeiter und Angestellten[176] einen Gesamtbetriebsrat zu gründen und sicherten ihnen dafür ihre Unterstützung zu.[177] Es folgten Vernetzungsbemühungen mit den Angestellten der Tierärztlichen Hochschule Hannover, der Universität Göttingen und der TH Braunschweig, die ebenfalls einen Gesamtbetriebsrat ins Leben rufen wollten.

Der hannoversche Architekt Friedrich Lindau, der zu dieser Zeit Assistent in der Architekturabteilung war, schildert in seinen Erinnerungen die Versuche einiger Professoren der TH Hannover, die Vereinigung der Assistentenvertreung mit dem Betriebsrat zu verhindern. Prorektor Eugen Doeinck etwa ließ seinen Assistenten Otto Kreuzfeld vor der Einmischung der Gewerkschaften in Hochschulangelegenheiten warnen.[178] Dass der Betriebsrat, in dem ab dem Sommer 1948 nun auch die Assistentenvertreung aufgegangen war, mit der Gewerkschaft ÖTV zusammenarbeitete, konnte aber nicht verhindert werden. Vorsitzender des neuen Gesamtbetriebsrates wurde am 11. Juni 1948 Friedrich Lindau.[179]

Die Mitbestimmungsrechte des Betriebsrates an der TH Hannover blieben indessen umstritten. Nachdem das Betriebsratsgesetz, das von den Alliierten erlassen worden war, keine Sonderregelungen für Hochschulen und Universitäten vorsah[180], sollte dies nach dem Willen des akademischen Leitungspersonals in der neu gegründeten Bundesrepublik nachgeholt werden.

Besonders der Hochschulverband setzte sich dafür ein, dass der zunächst vorliegende Entwurf der Bundesregierung für ein neues Personalvertretungsgesetz im öffentlichen Dienst nicht auf Hochschulen übertragbar sein könne. Danach hätte die Personalvertretung in allen sie betreffenden Fragen, also z. B. auch bei Berufungen, mitbestimmen können. Laut dem Hochschulverband fehlten den Angestellten dafür die nötigen Kenntnisse:

„Es geht nicht an, dass nicht zum Lehrkörper gehörende Bedienstete bei den Beratungen über Fragen hinzugezogen werden, die nur aus der genauen Kenntnis wissenschaftlicher Zusammenhänge beantwortet werden können. (...) Die Selbstverwaltung der Wissenschaft ist nur dann gewährleistet, wenn allein die Träger wissenschaftlicher Lehre und Forschung die

ler (Fernsehtechnik), Dr. ing. Wolfgang Zerner (Statik/Stahlbau), sowie um Dipl. ing. Friedrich Lindau und seine Ehefrau Dipl. ing. Inge Lindau, die als Assistenten in der Architekturabteilung tätig waren.
176 Werkmeister Ey und Schlosser Evers nahmen seit dem 23.8.1946 als Vertreter des Betriebsrates an den Senatssitzungen teil, da das alliierte Betriebsrätegesetz vom 10.4.1946 keine Sonderregelungen für die Hochschulen vorsah. Es wurde seitens des Senates ausdrücklich betont, dass diese Teilnahmeberechtigung nur für ausgewählte Tagesordnungspunkte galt und durch das Gesetz vorgeschrieben war. Dementsprechend werde sie nur bis zum Erlass neuer Regelungen gültig sein (Vgl. NHStA Nds. 423, Acc. 11/85, Nr. 186, Senatsprotokoll vom 23.8.1946).
177 Lindau, Architektur und Stadt, 208.
178 Ebd., 209.
179 Ebd., sowie NHStA Nds. 423, Acc. 11/85, Nr. 134, Aktennotiz vom 11.6.1948.
180 NHStA Nds. 423, Acc. 11/85, Nr. 186, Senatsprotokoll vom 23.8.1946. Das Betriebsrätegesetz war am 10.4.1946 erlassen worden.

Selbstverwaltung ausüben. Personalräte können niemals Organe der wissenschaftlichen Selbstverwaltung sein."[181]

Das 1955 vom Bundestag verabschiedete Gesetz über die Personalvertretung im öffentlichen Dienst trug den Bedenken Rechnung und ermächtigte die Länder zu eigenen Regelungen für die Hochschulen.[182] Der Betriebsrat wurde hiernach nicht an Berufungsverfahren beteiligt. Zwar konnte er sich schriftlich zu Berufungsangelegenheiten äußern; dies bedeutete jedoch kein direktes Mitspracherecht.[183] Unter dem Vorsitz Friedrich Lindaus versuchte man dennoch, auf Personalfragen Einfluss zu nehmen. So kritisierte der Betriebsrat ohne Erfolg die geplante Berufung des ehemaligen Rektors der Technischen Hochschule Danzig, Prof. Egon Martyrer, dem vorgeworfen wurde, er habe Studierende im „Endkampf" um die Stadt „verheizt".[184] Es gelang jedoch, die Berufung des NS-Architekten Konstanty Gutschow auf den Lehrstuhl für Städtebaukunde zu verhindern. 1950 berief das Ministerium anstelle von Gutschow, der an Platz eins des Berufungsvorschlages gestanden hatte, den Drittplazierten Werner Hebebrand.[185] Dies war auf die Intervention des Betriebsrates bei einem Referenten des Ministeriums zurückzuführen; man hielt Hebebrand für am geringsten belastet.[186] Gleichwohl wurde der Zweitplazierte, NS-Architekt Wilhelm Wortmann, wenige Jahre später Professor an der TH Hannover.[187]

Vieles spricht dafür, dass der Elan des Betriebsrates in den nächsten Jahren nachließ. Entscheidend war dabei vor allem, dass die Unterstützung der Briten zurückging. Die Zuspitzung der weltpolitischen Lage Ende der vierziger Jahre und die damit einhergehende antikommunistische Ausrichtung der alliierten Politik habe hier zu deutlich spürbaren Veränderungen geführt, erinnert sich Friedrich Lindau. Mit zunehmendem „Gleichmut"[188] seien die Vertreter der Militärregierung der Berufung ehemaliger Nationalsozialisten begegnet. Mögliche Bündnispartner unter den Professoren hätten sich in diesem Konfliktfeld durch mangelndes Durchhaltevermögen und wenig Konsequenz ausgezeichnet. Vor allem der zweite Nachkriegsrektor Otto Flachsbart, der den Bedenken des Betriebsrates bei der Berufung politisch belasteter Personen durchaus aufgeschlossen gegenüber gestanden habe, habe sich nicht entschieden genug positioniert, so Lindau.[189] Im

---

181 NHStA Nds. 423, Acc. 11/85, Nr. 733, Mitteilungen des Deutschen Hochschulverbandes 1/1953, 70, 73.
182 NHStA Nds. 423, Acc. 11/85, Nr. 733, Mitteilungen des Deutschen Hochschulverbandes 9/1955, 174.
183 NHStA Nds. 423, Acc. 11/85, Nr. 187, Senatsprotokoll vom 25.7.1947.
184 Lindau, Architektur und Stadt, 210.
185 Gerken, Catalogus Professorum, 184.
186 Interview der Verfasserin mit Friedrich und Inge Lindau.
187 Gerken, Catalogus Professorum, 569. Wortmann wurde 1956 Professor für Städtebau.
188 Lindau, Architektur und Stadt, 212..
189 Interview der Verfasserin mit Friedrich und Inge Lindau. Friedrich Lindau schreibt Flachsbarts mangelnde Initiative in der Rückschau vor allem dessen schwerer Krankheit zu. Flachsbart war schwer krank; nach dem Tod seiner Frau, die in den 1950er Jahren Opfer eines Verkehrsunfalls wurde, verschlechterte sich sein Zustand und er starb im Jahre 1957. Vgl. E. Pestel/S. Spiering/E. Stein, „Otto Flachsbart. Mitbegründer der Gebäude-Aerodynamik", in: Sei-

Jahre 1949 wurde der Betriebsrat schließlich weitgehend aus dem Senat verdrängt.[190]

Im Bereich der Mitbestimmung hatten die Assistenten und Dozenten ihre Rechte zwar zunächst so ausweiten können, dass sie sich organisieren konnten. Zu einem entscheidenden Machtfaktor an der Hochschule konnten sie jedoch nicht werden, da sowohl die britische Militärregierung als auch das Leitungspersonal der Hochschule ihnen die Unterstützung entzog beziehungsweise verweigerte. Die Hochschulautonomie als Richtschnur aller Reformdiskussionen verhinderte ein Durchgreifen politischer Entscheidungsträger auf diesem Gebiet.

5.3.3 DIE DISKUSSION UM EINE SOZIALE ÖFFNUNG DER HOCHSCHULE

Ein Kernelement vor allem der britischen Reformbestrebungen war, wie dargestellt, die Überwindung der sozialen Exklusivität der deutschen Universitäten und Hochschulen. Neben der finanziellen Unterstützung einkommensschwacher Studierender spielten hierbei Überlegungen zur Öffnung des Hochschulzugangs die größte Rolle. Die Diskussion über die finanzielle Förderung von Studierenden stand von Anfang an unter dem Finanzierungsvorbehalt.[191] Eine allgemeine Studienförderung war zwar immer wieder Gegenstand von Diskussionen, wurde jedoch nicht eingeführt, obwohl sie anfangs Vertreter aller Parteien in Erwägung zogen. So erklärte die spätere nordrhein-westfälische Kultusministerin Christine Teusch (CDU) für das Zonensekretariat der CDU im August 1946, der Staat müsse Kinder aus bedürftigen Familien bis zum Ende ihres Studiums finanziell unterstützen; dadurch könne sich auch das Verhältnis zwischen Arbeiterschaft und Hochschulen verbessern.[192] Trotz der offensichtlichen sozialen Schieflage an den Universitäten gab es gegen die allgemeine finanzielle Förderung von Studierenden große Vorbehalte. Der niedersächsische Kultusminister Langeheine brachte diese bei der Jubiläumsfeier der TH Hannover im Juni 1956 auf den Punkt: „Der Student soll

---

del, Rita (Schriftltg.), *Universität Hannover 1831–1981. Festschrift zum 150jährigen Bestehen der Universität Hannover, Bd. 1*, Stuttgart u.a. 1981, 225–236, hier 226.

190 Vgl. NHStA Nds. 423, Acc. 11/85, Nr. 37, Prorektor Doeinck an die Senatsmitglieder. Doeinck gab zu bedenken, der Betriebsrat sitze seit 1945 „ohne Begründung" im Senat; die Anwesenheit seiner Vertreter werde ab jetzt auf den Punkt „Verwaltungsangelegenheiten" beschränkt.

191 So wurde auf einer Konferenz in Bünde, bei der Parteienvertreter, Rektoren, Besatzungsvertreter und Mitglieder der Schulverwaltungen in der britischen Zone anwesend waren, von den Rektoren zu Bedenken gegeben, eine Diskussion über die finanzielle Unterstützung von Studierenden sei angesichts der derzeitigen finanziellen Lage wenig sinnvoll (NHStA Nds. 423, Acc. 11/85, Nr. 15, Protokoll einer Konferenz im HQ, I,A&C Div. Bünde, Thema: Studium von mittellosen Personen, 27.8.1946).

192 Ebd. Das Protokoll zitiert Teusch mit folgenden Worten: "[T]hey [the workers, F.S.] would no longer feel that their children were either excluded from them, or else taken into an alien atmosphere, but that the universities in a sense belonged to them and were their responsibility."

kein Rentner des Staates werden."[193] Langeheine begründete dies ausdrücklich mit einem Hinweis auf das System der Studienförderung in der DDR. Dort würden zwar große Summen an Stipendien gezahlt, diese müssten aber mit dem Verlust der akademischen Freiheit bezahlt werden:

„Für Sie als Student einer freiheitlichen Welt aber sollte es ein höchstes Gut geben, das Sie sich durch die Gewährung von Stipendien nicht abkaufen lassen: Die akademische Freiheit."[194]

An der Technischen Hochschule Hannover wurden bedürftige Studentinnen und Studenten durch Stipendien, Mensa-Freitische und den Erlass von Vorlesungs- und Prüfungsgebühren unterstützt. Diese Förderung war aber ausdrücklich an die Bedingung guter Leistungen geknüpft. Der „Niedersächsische Studienhilfsfonds" sollte seit dem Wintersemester 1955/56 Studierende in der Examensphase durch die Gewährung von Darlehen unterstützen.[195] Eine allgemeine Studienförderung stellte dann erst das sogenannte „Honnefer Modell"[196] dar, das 1955 eingeführt wurde, aber erst 1957 richtig anlief.[197] Es konnte jedoch noch nicht die Breitenwirkung der späteren Ausbildungsförderung nach BAFöG erreichen.

Kontroverser als die durch das Argument fehlender finanzieller Spielräume gebremste Diskussion um Geldleistungen für Studierende war die Debatte über das zweite wichtige Instrument einer sozialen Öffnung der akademischen Welt, den Hochschulzugang für Personen ohne Abitur. Die Alliierten machten bei vielen Gelegenheiten deutlich, dass dies für sie ein wichtiges Reformziel darstellte. So führte ein Vertreter der Bremer Besatzungsregierung gegenüber Rektor Flachsbart aus:

"We cannot believe that German university admission practices would be so restrictive as to deny entrance to anyone who indicates by his past performance in the secondary school that he is of university calibre regardless to the number of years he has been a student of the secondary school. We can see clearly how it is essential for a student to have met definite standards of mastery in certain subject fields, but the setting up of certain time standards for

---

193 „Die 125-Jahrfeier der Technischen Hochschule Hannover vom 28. Juni bis 30. Juni 1956", in: *Jahrbuch der Technischen Hochschule Hannover 1955–1958*, hrsg. von Rektor und Senat, Braunschweig 1958, 9–62, hier 33 (Rede des niedersächsischen Kultusministers Dr. Langeheine auf dem Festkommers am 29. Juni 1956).
194 Ebd.
195 Ebd. Der Studienhilfsfonds wurde vom Land, dem Niedersächsischen Landkreistag, sowie der Niedersächsischen und der Braunschweigischen Landesbank getragen. Seitens des Landes wurden 300.000, seitens des Landkreistages 100.000 DM in den Fonds eingebracht. Durch Darlehen, die die beiden Banken auf die Einlage gewährten, lag das Darlehensvolumen im Jahre 1956 bei 1,2 Millionen DM (vgl. ebd.).
196 Vgl. die Empfehlungen der Hochschultagung in Bad Honnef vom 19. bis 22.10.1955, in: Westdeutsche Rektorenkonferenz, Dokumente, 455ff.
197 Vgl. hierzu Franz Neumann, „Studieren im Sozialstaat der 1950er Jahre", in: Götz Eisenberg/Hans-Jürgen Linke (Hg.), *Fuffziger Jahre*, Gießen 1980, 33–66.

achieving this mastery would invalidate the matter of individual differences and hold to the belief that all youth are created and remain equal intellectually."[198]

Universitäts-Kontrolloffizier Geoffrey Carter stellte das Abitur als einzige Zulassungsvoraussetzung zum Studium ebenfalls in Frage. Nicht nur die sozialen Benachteiligungen, die durch das Schulsystem verstärkt würden, hatte er hierbei im Blick, sondern auch die Auswirkungen auf die Mentalität der Schülerinnen und Schüler:

> "The Abitur being designed primarily as a condition for entrance to the universities the result is that the whole of secondary school life has become a process of cramming rather that of the formation of character."[199]

Das "cramming", also das „Pauken" und „Einhämmern" von Wissen, wurde Carters Ansicht sowohl an den Schulen als auch an den Hochschulen überbetont.[200]

Auch Studierende schalteten sich in die Diskussion um den Hochschulzugang ohne Abitur ein. Hierbei gab es durchaus nicht nur Stimmen, die nach einer strengen Auslese der „Besten" riefen. Die Göttinger Studenten Wilhelm Hennis[201] und Peter von Oertzen[202] erarbeiteten 1947 umfangreiche Reformvorschläge, die sie dem Ministerium vorlegten. Hennis und von Oertzen forderten die bevorzugte Zulassung sozial benachteiligter Bewerber bei gleicher Eignung. Dem Immatrikulationsausschuss sollten zum Beispiel auch Gewerkschaftsvertreter angehören, damit die Bewerberauswahl „in einer Atmosphäre völliger ständischer Vorurteilslosigkeit"[203] stattfinden könne. Ähnliche Forderungen stellte der SDS auf: Zwei Gewerkschaftsvertreter sollten dem Zulassungsgremium angehören. Die Leistungen sozial Benachteiligter sollten ausdrücklich höher bewertet und FachschulabsolventInnen mit der Note „gut" zum Studium zugelassen werden.[204] Ihren Forde-

---

198 NHStA Nds. 423, Acc. 11/85, Nr. 7, J. R. Mitchell, Chef der Secondary Education Section Bremen, an Rektor Flachsbart, 17.2.1949
199 NHStA Nds. 423, Acc. 11/85, Nr. 7, Carter an Rektor Flachsbart und den AStA der TH Hannover, 16.3.1949.
200 Ebd.
201 Wilhelm Hennis, geboren 1923, promovierte 1951 in Göttingen zum Dr. jur., war dann wissenschaftlicher Assistent der SPD-Bundestagsfraktion und Assistent am Institut für Politische Wissenschaft der Universität Frankfurt, wo er sich 1960 habilitierte. 1960–1962 war er Professor an der Pädagogischen Hochschule Hannover (vgl. Gerken, Catalogus Professorum, 198).
202 Peter von Oertzen, geboren 1924, promovierte 1953 an der Universität Göttingen zum Dr. phil., war hiernach bis 1955 wissenschaftlicher Mitarbeiter am dortigen Soziologischen Seminar und von 1955 bis 1959 niedersächsischer Landtagsabgeordneter (SPD). 1963 wurde er ordentlicher Professor für Wissenschaft von der Politik an der TH Hannover; von 1970 bis 1974 war von Oertzen niedersächsischer Kultusminister (vgl. Gerken, Catalogus Professorum, 369).
203 NHStA Nds. 401, Acc. 92/85, Nr. 147, Bl. 50, Entwurf von Peter von Oertzen und Wilhelm Hennis, 8.10.1947.
204 NHStA Nds. 401, Acc. 92/85, Nr. 147, Bl. 42, Sekretariat des SDS Hamburg an Kultusminister Grimme, 17.10.1947: Entschließung vom 18.8.1947 über „Sofortmassnahmen im Bildungswesen".

rungen verliehen die Vertreter des Sozialistischen Deutschen Studentenbundes mit einer Kritik an den zeitgenössischen Studierenden und Professoren Nachdruck:

> „Auch heute noch – nach zwei Jahren demokratischen Aufbaues – werden die höchsten Bildungsstätten des Volkes von einer privilegierten Schicht beherrscht, deren überwiegender Teil uns durch sein Verhalten in der Vergangenheit keineswegs vertrauenswürdig erscheint, einmal in führende[n] Stellungen über die Geschicke des Volkes zu entscheiden, insbesondere deswegen nicht, weil kaum Symptome für eine innere Wandlung dieser Menschen vorhanden sind. Wir halten es nicht für ausschlaggebend, dass die akademische Jugend von heute anti-sozialistisch ist, aber wir bedauern und halten es im Hinblick für die Zukunft für unsere Pflicht, eindringlich und warnend darauf aufmerksam zu machen, dass ein grosser Teil der heutigen Studenten anti-demokratisch ist."[205]

Das akademische Leitungspersonal in Hannover stand einer Öffnung der Hochschule für Fachschülerinnen und Fachschüler ohne Abitur, die beispielsweise im Anschluss an ihre Ausbildung an einer Ingenieurschule studieren wollten, mehrheitlich ablehnend gegenüber. Während Vertreter anderer Länderministerien in der Kultusministerkonferenz von „überwiegend" positiven Erfahrungen mit der Zulassung von Fachschülern zu berichten wussten[206], sah sich das niedersächsische Kultusministerium in der Frage des Hochschulzugangs ohne Abitur und der Einführung sogenannter Sonderreifeprüfungen mit erheblichen Widerständen seitens der Hochschulen konfrontiert. Der Schulausschuss des Landtages sprach sich dafür aus, dass sich Personen, die eine Fachschule mit der Note „sehr gut" absolviert hatten, ohne weitere Prüfungen an einer Hochschule bewerben konnten.[207] Die TH Hannover wollte die Hürden erhöhen und plädierte dafür, wenn überhaupt, dann nur Fachschulabsolventen „mit Auszeichnung" zuzulassen, die außerdem die „erforderliche Reife" nachwiesen.[208] Der Dekan der Fakultät für Allgemeine Wissenschaften, Hermann Braune, fasste 1947 die Haltung seiner Kollegen zu den Fachschülern ohne nähere Erläuterungen dahingehend zusammen, „dass diese fast durchweg irgendwie enttäuschten" – und mit der „Vermehrung mäßiger Ingenieure" sei schließlich niemandem gedient.[209] Die Fakultät für Bauwesen sah sich Ende des Jahres 1947 durch die Vorschläge eines Professors der RWTH Aachen herausgefordert, der beim nordrhein-westfälischen Kultusministerium angeregt hatte, Fachschülern über eine Zusatzausbildung in Kernfächern den Hochschulzugang zu ermöglichen und Gesellen nach einem dreijährigen Sonderlehrgang ebenfalls zur Bewerbung an einer Hochschule zuzulassen. Die hannoverschen Architekten und Bauingenieure forderten ihren Rektor zu einer Gegenerklä-

---

205 Ebd.
206 So berichtete ein Vertreter des niedersächsischen Kultusministeriums in einem Schreiben an die niedersächsischen Hochschulrektoren vom 15.9.1950 (NHStA Nds. 423, Acc. 11/85, Nr. 415).
207 NHStA Nds. 423, Acc. 11/85, Nr. 415, Entschließungen des Schulausschusses des niedersächsischen Landtages, 31.5./1.6.1950.
208 NHStA Nds. 423, Acc. 11/85, Nr. 415, Empfehlung des Senatsausschusses betr. Fachschulabsolventen, 3.11.1950.
209 NHStA Nds. 423, Acc. 11/85, Nr. 428, Prof. Braune an Rektor Müller, 2.4.1947.

rung auf; ihnen waren diese Zugangshürden zu niedrig.[210] Ein Ausschuss aus Vertretern der niedersächsischen Universitäten und Hochschulen sowie höherer Schulen und einzelner Fachschulen, der Empfehlungen zum Thema abgeben sollte, nahm hinsichtlich der Erfahrungen mit den durch eine Regelung von 1939[211] zum Hochschulstudium zugelassenen Fachschülern ebenfalls einen negativen Standpunkt ein. Man konstatierte unter ihnen einen „empfindlichen Mangel an Allgemeinbildung" und führte aus:

> „Die Fachschulabsolventen erwiesen sich in der Regel durch die vorausgegangene Ausbildung in ihrer Entwicklung als festgelegt und wuchsen zum überwiegenden Teil nicht in die akademische Denk- und Arbeitsweise hinein. Sie zeigten zudem im allgemeinen wenig Neigung, während des Hochschulstudiums ihre Allgemeinbildung zu ergänzen, sondern strebten in der Regel lediglich nach schleunigem Abschluss zur Erlangung einer besseren Berufsposition. Die Ergebnisse des Hochschulstudiums der Fachschulabsolventen werden von den Hochschulen, von wenigen sehr erfreulichen Ausnahmen abgesehen, als negativ bezeichnet."[212]

Natürlich ist diese ablehnende Haltung vordergründig auf die Tatsache zurück zu führen, dass es zum Zeitpunkt dieser Stellungnahme im Jahre 1950 noch immer an notwendigen Kapazitäten an den Hochschulen fehlte: Vor dem Hintergrund der strukturellen Mängel und knappen Studienplätze wollte man nur „die Besten" aufnehmen. Diese Begründung wurde bei der Ablehnung der Bewerbung von Fachschülern an der TH Hannover auch explizit angeführt. So erhielt Erich R., der die Ingenieurschule Wolfenbüttel erfolgreich absolviert hatte, auf seine Bewerbung um die Aufnahme an der Technischen Hochschule zur Antwort:

> „Sie wollen bedenken, dass in der gegenwärtigen Zeit unsere Hochschule einem Überangebot an bestqualifizierten Bewerbern gegenübersteht, die nach den langen Jahren des Krieges und bei vorgeschrittenem Alter heute noch ohne Ausbildung und Beruf sind. Es erscheint daher nicht gerechtfertigt, Menschen, die bereits eine abgeschlossene Ausbildung genossen haben, die Möglichkeit einer Doppelausbildung zu geben, die finanziell gesehen für den Staat in der augenblicklichen Notzeit eine Belastung bedeuten würde."[213]

Dass pragmatische Erwägungen aber nur einen Teil der Motivation ihrer ablehnenden Haltung ausmachten, hatte bereits eine Stellungnahme der versammelten Hochschulrektoren Westdeutschlands im Jahre 1946 deutlich gemacht. Darin hieß es:

> „Es hat sich gezeigt, dass die Absolventen der Fachschulen nur in den seltensten Fällen aus ideellen Gründen zum Studium drängen. Fast stets geht ihr Streben dahin, einen akademischen Titel zu erwerben, um der nach ihrer Meinung damit verbundenen Vorteile teilhaftig zu werden. Die mit Studierenden aus den Kreisen der Fachschulabsolventen gemachten Erfah-

---

210 NHStA Nds. 423, Acc. 11/85, Nr. 428, Prof. Uhden an Rektor Flachsbart, 12.12.1947.
211 Hierzu siehe unten.
212 NHStA Nds. 423, Acc. 11/85, Nr. 415, Anlage zum Schreiben des niedersächsischen Kultusministeriums an die niedersächsischen Hochschulrektoren vom 15.9.1950: Abschrift über die Beschlüsse des Ausschusses von Vertretern der Hochschulen, Fachschulen, Höheren Schulen zur Reform der Sonderreifeprüfung, 7.9.1950.
213 NHStA Nds. 423, Acc. 11/85, Nr. 415, Schreiben des Immatrikulationsamtes der TH Hannover an Erich R., 5.4.1949.

rungen zeigen, dass nur ein sehr kleiner Teil in das akademische Denken hineinwächst. In der Regel haftet den Fachschulabsolventen etwas Subalternes an; sie werden vielfach brauchbare Spezialisten, zur geistigen und wissenschaftlichen Vertiefung ihres Studiums kommen sie jedoch selten."[214]

Die Formulierung, Fachschülern hafte „[i]n der Regel [...] etwas Subalternes an", die auch vom Dekan der Hannoveraner Fakultät für Allgemeine Wissenschaften verwendet wurde[215], artikulierte in abwertender Form gesellschaftliche Vorurteile gegen Personen ohne Abitur und ihre soziale Herkunft. Daneben wurden Erwartungen an Studierende formuliert, die wohl für viele, egal ob mit oder ohne Abitur, nicht zu erfüllen waren. Gerade vor dem Hintergrund der materiellen Situation des Jahres 1946 war es realitätsfern, einen abstrakten Idealismus als Motivation zur Aufnahme eines Studiums voraus zu setzen. Leistungsorientierung, Zielstrebigkeit und die Anpassung an die Erfordernisse des Arbeitsmarktes waren für die meisten Menschen kurz nach dem Krieg wichtig – diese Prioritätensetzung wurde hier jedoch explizit als negativ beurteilt. Ob jemand neben dem Fachstudium weitere Bildungsinteressen verfolgte oder nicht, ließ sich zudem weniger eindeutig feststellen, als es diese Stellungnahme suggeriert. Bei Studierenden mit Abitur musste man dies in Kauf nehmen; Personen ohne Abitur wurden stärker beobachtet. Sie wurden, wie die Stellungnahme der westdeutschen Rektoren zeigt, aber auch Objekte eines selbstdefinitorischen Elitendiskurses, in dem um die gesellschaftliche Legitimation der Akademiker gerungen wurde. Die Abgrenzung von einem technokratischen Spezialistentum, das viele mit dem Nationalsozialismus assoziierten bzw. assoziiert sehen wollten, wurde hier auf Kosten der Studienbewerber ohne Abitur vorgenommen. Die Zulassung von Fachschulabsolventen ohne Abitur war 1939 vom nationalsozialistischen Reichsministerium per Erlass geregelt worden.[216] Infolge dessen waren an der TH Hannover 94 Absolventen von Fachschulen aufgenommen worden.[217] Ein vom Senat der TH Hannover unterstütztes Papier der Technischen Hochschule Braunschweig machte 1947 diese Politik der Nationalsozialisten für das angeblich gesunkene „geistige Niveau" des Studiums verantwortlich und forderte, sämtliche Sonderregelungen fallen zu lassen und zum Abitur als einziger Hochschulzugangsmöglichkeit zurück zu keh-

---

214 NHStA Nds. 423, Acc. 11/85, Nr. 415, Abschrift der Beschlüsse der Hochschulkonferenz in Bonn, September 1946.
215 So in einem Brief Prof. Braunes an den Rektor vom 2.4.1947, in NHStA Nds. 423, Acc. 11/85, Nr. 428.
216 Michael Grüttner, *Studenten im Dritten Reich*, Paderborn/München/Wien/Zürich 1995, 151. Auch das „Langemarck-Studium" und die Begabtenprüfung ermöglichten in der NS-Zeit den Hochschulzugang ohne Abitur; insbesondere beim „Langemarck-Studium" war dies als Fördermaßnahme für nationalsozialistisch engagierte junge Männer gedacht (ebd., 150). Vor dem Krieg hatten 1,1 Prozent der Neuimmatrikulierten kein Abitur (ebd., 153). Während des Krieges sollen es etwa 8 bis 10 Prozent gewesen sein (ebd., 154).
217 NHStA Nds. 423, Acc. 11/85, Nr. 428, Rektor Müller an das Kultusministerium, 11.4.1947.

ren.[218] Auch hier tauchte die Formulierung wieder auf, den Absolventen von Fachschulen hafte in der Regel etwas „Subalternes" an.[219]

Dieses Beispiel zeigt einmal mehr, dass die damalige Distanzierung vom Nationalsozialismus nicht allein als Selbstzweck zu verstehen ist. Sie war gleichzeitig auch ein auf verschiedenen Feldern eingesetztes Mittel, um (standes-)politische Ziele zu erreichen. Die Verurteilung von jenen Bestandteilen nationalsozialistischer Politik, denen man nicht zugestimmt hatte – hier den erweiterten Zulassungsmöglichkeiten für „arische" Nichtabiturienten – war nicht nur nützlich für die eigenen Legitimationsbemühungen, sondern auch für die Durchsetzung gegenwärtiger Interessen. In diesem Fall nützte sie zur Blockierung nachhaltiger Zulassungsreformen für Nichtabiturienten.

Zwar war mit der Einführung von Begabtenprüfungen, die Kultusminister Grimme im Jahr 1947 durchsetzen konnte, die theoretische Möglichkeit einer Verbreiterung des Hochschulzugangs gegeben.[220] An der Technischen Hochschule Hannover ließ man jedoch keinen Zweifel daran, dass der Gedanke der „Auslese" nicht nur bei der Zulassung, sondern auch während des Studiums Vorrang vor allen Versuchen, die Hochschule für benachteiligte Personen zu öffnen, haben sollte. Die Möglichkeit, Studierende wegen unzureichender Leistungen zu exmatrikulieren, bestand zwar bereits. Viele Professoren sprachen sich jedoch auch immer wieder für zusätzliche Prüfungen aus. So schlug der Professor für Baugeschichte Uvo Hölscher 1947 vor, nach dem Vorexamen eine „Neuzulassung"[221] durchzuführen: „Die Untauglichen werden dann ausgeschieden."[222] Auch Karl Humburg, Professor für Elektrotechnik, sprach sich für frühe „Auslese"-Maßnahmen aus. Nach dem zweiten Semester solle jeder Studierende eine Prüfung ablegen; „zehn Prozent zum Beispiel müssten dann entfernt werden."[223] Der Experimentalphysiker Prof. Kurt Bartels pflichtete seinen Kollegen bei und betonte: „Die Leute müssen auch nach einem bestandenen (Vor-) Examen herausgesetzt werden können."[224] Der Architekturprofessor Walther Wickop wusste zu berichten, die Architekten hätten ein effektives „neues Sieb"[225] in Form von Teilprüfungen nach zwei Semestern eingeführt; wer diese nicht bestehe, werde dem Rektor zur Exmatrikulation vorgeschlagen. Rektor Otto Flachsbart bilanzierte, alle seien sich einig in dem Ziel „besserer Auslese".[226] Dieses Ziel wurde seitens des Lei-

---

218 NHStA Nds. 423, Acc. 11/85, Nr. 428, Senat der TH Braunschweig an den Senat der TH Hannover, 26.7.1947.
219 Ebd.
220 NHStA Nds. 423, Acc. 11/85, Nr. 437, Ordnung der Begabtenprüfung für die Zulassung zum Hochschulstudium, in Kraft seit dem 19.12.1947. Die Richtlinien sahen die Möglichkeit zum einmaligen Ablegen einer solchen Prüfung für Personen ohne Abitur vor, solange sie „überdurchschnittliche Leistungen" nachweisen konnten.
221 NHStA Nds. 423, Acc. 11/85, Nr. 41, Protokoll der Versammlung der Fakultätskollegien, 25.7.1947.
222 Ebd.
223 Ebd.
224 Ebd.
225 Ebd.
226 Ebd.

tungspersonals der Hochschule auch öffentlich betont. Man rückte hiervon auch nicht ab, als die Kapazitäten der Hochschule wieder hergestellt waren und sogar ausgebaut wurden.

5.3.4 DAS STUDIUM GENERALE

Im Gegensatz zu vielen anderen Reformvorschlägen britischer und deutscher Akteure stieß die Forderung, allgemeinbildende Vorlesungen in die Lehrpläne zu integrieren, bei den meisten Hochschulangehörigen in Westdeutschland auf Zustimmung. Die Überzeugung, ein Mangel an allgemeiner Bildung und das damit verknüpfte „Spezialistentum" hätten den Aufstieg des Nationalsozialismus gerade unter den Jüngeren begünstigt, war sowohl unter den deutschen als auch unter den britischen Akteuren weit verbreitet. Auch waren viele der Überzeugung, es gebe nach dem Ende des Nationalsozialismus eine Art geistiges Vakuum, das es auszufüllen gelte. Damit verknüpft war auch die Sorge um politische Einflussnahmen auf die Studierenden seitens Rechtsradikaler oder Kommunisten. Die Education Branch der britischen Militärregierung förderte aktiv die Einrichtung regelmäßiger, allgemeinbildender Veranstaltungen an den Hochschulen. Ziele der Briten waren hier, wie auch bei den erwähnten Ferienkursen, die Vermittlung politischer Bildung und sozialwissenschaftlicher Theorien, sowie die Erweiterung des Horizontes der Studierenden durch den Einblick in internationale Diskussionen. Für viele deutsche Professoren standen bei der Wiederbelebung des Studium Generale vor allem die Betonung eines Präventionseffektes gegen politische „Verführungen", die Bildung der „Persönlichkeit" der Studierenden und das Ideal der „Einheit der Wissenschaft"[227] im Vordergrund.

Ein im Auftrag der Westdeutschen Rektorenkonferenz Anfang der 1950er Jahre erstellter Bericht betonte negative Auswirkungen einer reinen Konzentration auf das Fachstudium:

> „Überanstrengt und resigniert weist man vielfach über den eigenen immer enger werdenden Kompetenzbereich hinausgehende Verantwortlichkeiten von sich, ja man verzichtet darauf, dem eigenen Tun einen Sinn im Zusammenhang des Ganzen zu geben. Menschliche Verkümmerung und urteilslose Gefügigkeit gegenüber den zufällig herrschenden Strömungen sind dann die Folge. Wie hohe Tüchtigkeit übel missbraucht werden kann, haben wir ja nun erfahren."[228]

---

227 Vgl. z.B. Hans Anger, *Probleme der deutschen Universität. Bericht über eine Erhebung unter Professoren und Dozenten*, Tübingen 1960, 252ff. In der vom Institut für empirische Soziologie der Wirtschaftshochschule Mannheim durchgeführten Umfrage äußerten viele Professoren Bedauern über die Entwicklung der Universitäten zu „Fachschulen" und wünschten sich eine Hochschule, die mehr „Bildungsstätte" als „Wissensvermittlerin" sein sollte (vgl. ebd. 261).

228 NHStA Nds. 423, Acc. 11/85, Nr. 411, Bericht über Bedeutung und Möglichkeiten eines „Studium generale", im Auftrag der Westdeutschen Rektorenkonferenz erstattet von Dr. G. Tellenbach, Freiburg i. Br.

Den Studierenden wurde in diesem Zusammenhang eine „Schülermentalität"[229] unterstellt, die „die Wissenschaft als eine das gesamte Leben prägende Kraft"[230] vernachlässige. Hermann Braune, Dekan der Fakultät für Naturwissenschaften, begründete die Notwendigkeit eines Studium Generale an der Technischen Hochschule Hannover wie folgt:

> „Angesichts der noch immer wachsenden Bedeutung, die der Stellung des akademisch gebildeten Technikers im Leben des Volkes zukommt, ist es aber von größter Wichtigkeit, daß er nicht nur ein guter Fachmann, sondern ein Mensch ist, der dem Ganzen unserer abendländischen Kultur nicht fremd gegenübersteht."[231]

Das Studium Generale wurde an der TH Hannover bereits 1946 in Gestalt des „Dies Universitatis" mittwochs eingeführt. Die Hälfte dieses auch „Dies Academicus" genannten Tages sollte allgemeinbildenden Veranstaltungen vorbehalten sein.[232] Vor allem Rektor Otto Flachsbart setzte sich mit Erfolg für das Studium Generale ein. In seiner Amtszeit hielt zum Beispiel der niedersächsische Minister für Arbeit, Aufbau und Gesundheit, Alfred Kubel (SPD), einen Vortrag zum Thema „Politik und Ethik"; der Leiter von des Bildungszentrums Wilton Park, Dr. Koepler, sprach über die „Gestaltung der Zukunft".[233] Auch Literatur und Kunst hatten einen festen Platz im Programm; so wurde ein Referat zum Thema „Gegenwartsprobleme in Goethes Faust II" angeboten.[234] Die Auseinandersetzung mit der Sowjetunion stand beim Studium Generale ebenfalls auf der Tagesordnung. So gab es einen Vortrag über „Sozialistische Planwirtschaft".[235] Erich Obst, Professor für Geographie[236], sprach über den „Expansionsdrang Rußlands"[237]; Obst war während der NS-Zeit aktiv für eine nationalsozialistische Kolonialpolitik eingetreten.[238]

---

229 Ebd.
230 Ebd.
231 Hermann Braune, „Die Aufgaben der Fakultät für Naturwissenschaften und Ergänzungsfächer", in: *Jahrbuch der Technischen Hochschule Hannover 1949/50*, hrsg. von Rektor und Senat, Düsseldorf 1950, 21–23, hier 23.
232 NHStA Nds. 423, Acc. 11/85, Nr. 186, Senatsprotokoll vom 25.10.1946. Die Organisation des auch „Dies Academicus" genannten Tages wurde Prof. Johannes Jensen (Theoretische Physik) übertragen. Im Januar 1948 wurde auf Antrag der Studierenden der Donnerstag zum „Dies Universitatis" (vgl. NHStA Nds. 423, Acc. 11/85, Nr. 190, Senatsprotokoll vom 28.1.1948); ein Jahr später entschied man sich wieder für den Mittwoch (vgl. NHStA Nds. 423, Acc. 11/85, Nr. 188, Senatsprotokoll vom 21.1.1949).
233 NHStA Nds. 423, Acc. 11/85, Nr. 418, Rektor Flachsbart an das Kultusministerium, 23.9.1947.
234 Ebd.
235 Ebd.
236 Erich Obst, geboren 1886, war von 1938 bis 1945 Professor für Geographie an der TH Breslau und seit 1.1.1946 Professor an der TH Hannover (Gerken, Catalogus Professorum, 367).
237 NHStA Nds. 423, Acc. 11/85, Nr. 418, Rektor Flachsbart an das Kultusministerium, 23.9.1947.
238 Dirk van Laak, *Imperiale Infrastruktur. Deutsche Planungen für eine Erschließung Afrikas 1880–1960*, Paderborn 2004, 324ff.

Das Vortragsangebot wurde unter aktiver Beteiligung von Studierenden entwickelt: Mitveranstalter war die Hannoveraner Hochschulgruppe des SDS.[239] Otto Flachsbart betonte 1947 den Schwerpunkt der „politischen Unterrichtung"[240] der Studierenden durch diese Nachmittagsveranstaltungen. In den folgenden Jahren trat die politische Bildung als Zielsetzung mehr und mehr zurück. Ein Bericht aus dem Jahre 1950 nennt sie nicht explizit, sondern führt die Fachgebiete Philosophie, (Kunst-) Geschichte, Bildende Kunst, Recht, Musik, Deutsche Sprache und Literatur, sowie Psychologie als wichtigste Gegenstände des Studium Generale auf.[241] Gleichwohl standen politische Themen weiterhin auf der Tagesordnung. Auch nach Ende der Amtszeit von Otto Flachsbart waren die allgemeinbildenden Veranstaltungen ein wichtiger Teil des Hochschullebens. Im Wintersemester 1951/52 fielen beispielsweise an sieben Vormittagen sämtliche Vorlesungen aus. Ein breit gefächertes Programm, dass durch einen Vortrag von Prof. Ernst von der Pädagogischen Hochschule für landwirtschaftliche Lehrer in Wilhelmshaven über „Demokratie und Diktatur" eröffnet wurde, informierte die Studierenden über so unterschiedliche Themen wie Musik, Kunst, Nachrichtentechnik und Atomphysik.[242] Die Studierenden hatten auch die Möglichkeit, in Gruppen vertieft an Themen zu arbeiten. So gab es eine an sechs Terminen stattfindende Arbeitsgruppe, die sich mit Politik, Wirtschaft und Kultur der USA auseinandersetzte. Ein weiterer wichtiger Schwerpunkt lag im Wintersemester 1951/52 auf dem Thema „Persönlichkeit", das von einem christlichen Standpunkt aus erarbeitet werden sollte. Der Hannoveraner Pastor Baden bot hierzu eine vierteilige Vortragsreihe an. Themen waren: „Das Risiko der Persönlichkeit", „Persönlichkeit und Politik", „Persönlichkeit und Eros" sowie „Persönlichkeit und Arbeit".[243] Die Bildung der „Persönlichkeit" wurde überhaupt als eines der wichtigsten Ziele des Studium Generale angesehen. Nicht nur Otto Flachsbart betonte dies wiederholt in seinen Schriften und Vorträgen, wie etwa in seiner Immatrikulationsrede am 1. Juli 1948, in der er es vor den neuen Studierenden als oberstes Ziel einer Hochschulreform bezeichnete, nicht Fachspezialisten, sondern Persönlichkeiten auszubilden.[244] Auf derselben Veranstaltung hielt auch der Technikhistoriker Wilhelm Treue[245] eine

---

239 NHStA Nds. 423, Acc. 11/85, Nr. 418, Rektor Flachsbart an das Kultusministerium, 23.9.1947.
240 Ebd.
241 NHStA Nds. 423, Acc. 11/85, Nr. 4, Prof. Otto Kienzle, Senatsausschuss für Hochschulreform, Stand der Hochschulreform, November 1950.
242 NHStA Nds. 423, Acc. 11/85, Nr. 411, Hellmut Glubrecht, Bericht über das Studium Generale im Wintersemester 1951/52, 5.3.1952.
243 Ebd.
244 „Nicht für die Schule lernen wir. Feststunde der Technischen Hochschule", Deutsche Volkszeitung vom 3.7.1948. Ein ähnlicher Appell fand sich bereits in Flachsbarts Rede zu Beginn seines Rektorats (vgl. „Vom Spezialistentum zu Allgemeinbildung und Menschlichkeit. Würde der Wissenschaft und Würde des Menschen – Richtungweisende Rektoratsübernahme", Deutsche Volkszeitung vom 29.8.1947).
245 Wilhelm Treue, geboren 1909, habilitierte sich 1936 an der Universität Berlin und war dann in der Kriegsgeschichtsabteilung der Marine sowie ab 1943 als Lehrer für Seekriegsgeschichte an einer Marineschule tätig. Treue wurde 1948 außerordentlicher, 1954 ordentlicher Pro-

Rede, der seine Vorstellungen eines Studium Generale und den ihm zugrunde zu legenden Bildungsbegriff drei Jahre später in einem ausführlichen Artikel im Hochschuljahrbuch erläuterte. Er appellierte an die technischen Akademiker, zum Humboldtschen Bildungsideal zurückzukehren. Die technische Intelligenz war nach Treues Einschätzung im 19. Jahrhundert von einem Bildungsbegriff geprägt worden, der diesen „aufs äußerste verengt und utilitarisiert" und „auf die Grundlage des sozialen Erfolges"[246] reduziert habe, statt die Bildung der Persönlichkeit um ihrer selbst willen in den Vordergrund zu stellen: „Der Zweck ging eine Verbindung mit der Bildung ein, die bis dahin über jedem materiellen Nutzen gestanden hatte."[247] Nur wenige „große Menschen"[248] hätten sich der damit verbundenen „Verflachung"[249] entgegengestellt. Zustimmend zitierte Treue den Heidelberger Professor Creutzer, der 1836 als einer der wenigen die Folgen geahnt und vor dem „„um sich greifenden Amerikanismus, Polytechnismus oder wie man diese materiellen Richtungen nennen will""[250] gewarnt habe. Die Verwendung von Bildung für das Erreichen materieller Zwecke lehnte auch Treue scharf als Materialismus ab. Stattdessen müssten, so räsonierte er mit Bezug auf Karl Jaspers' „Idee der Universität", die Techniker wieder zurück finden zu einer Einheit mit den Geisteswissenschaften in der Universitas, die es allein ermöglichen werde, die Spaltung der Wissenschaft zugunsten der „Persönlichkeitsbildung"[251] der Studierenden aufzuheben. Was genau der Inhalt des Begriffes „Persönlichkeit" bedeuten sollte, wurde bei Treue weniger deutlich definiert als bei Flachsbart, der die Achtung der Würde des Menschen immer wieder als eines der wichtigsten Ziele der Persönlichkeitsbildung von Technikern bezeichnete. Treue blieb demgegenüber vage, indem er dafür plädierte, die allgemeine Bildung eines Technikers werde ihn zur tieferen Einsicht in die „Zusammenhänge"[252] seiner Zeit befähigen. Treue zitierte das „Blaue Gutachten" des Studienausschusses für Hochschulreform, das in diesem Punkt etwas konkretere Aussagen machte, indem es forderte, die Technischen Hochschulen müssten ihre Einzelfächer „wieder in den geistigen Aufbau des Abendlandes im humanistischen Sinne eingliedern (...), um die dämonischen Kräfte der Technik binden zu helfen und sie ihrem eigenen grenzenlosen Weiterwachsen ins Unmenschliche zu entziehen."[253] Neben der Vermittlung von Wissen sollten die Universitäten auch Stätten der Erziehung sein. Nur durch die „Persönlichkeitsformung"[254] der Studierenden könne die verloren gegangene „geistige

---

fessor für Geschichte an der TH Hannover und gründete später das Historische Seminar; er wurde 1976 emeritiert (Gerken, Catalogus Professorum, 521).
246 Wilhelm Treue, „Technik und Bildung", in: Jahrbuch 1950/51, 31–36, hier 31.
247 Ebd., 32.
248 Ebd.
249 Ebd.
250 Zit. n. ebd.
251 Ebd., 35.
252 Ebd.
253 Ebd.
254 Die 125-Jahrfeier, 34.

Mitte"[255] wiedergefunden werden, wie es der niedersächsische Kultusminister Richard Langeheine (DP) anlässlich des 125-jährigen Jubiläums der TH Hannover formulierte. Schließlich stünden „wir alle in der Gefahr, Flugsand und damit ungeformte Masse zu werden."[256]

„Abendland", „Masse" und „Persönlichkeit" können als zentrale Begriffe der Diskussion um das Studium Generale angesehen werden. Anhand der zeitgenössischen Technikdebatte wurde bereits erläutert, dass die „abendländische Kultur" als eine an vermeintlich unbeschädigte Werte der deutschen Geistesgeschichte anknüpfende Identitätskonstruktion gelesen werden kann, die auch eine Möglichkeit zur Integration der Deutschen in die westliche Staatengemeinschaft und zur Abgrenzung gegenüber dem Sowjetkommunismus bot.[257] Der Begriff der „Persönlichkeit" war in der bundesdeutschen Nachkriegszeit ebenfalls ein zentrales Merkmal vor allem konservativer Diskurse, die den Persönlichkeitsbegriff in Abgrenzung zu „Kollektivismus" und „Masse" interpretierten.[258] In der Selbstdefinition lag dieser „Wert" meist jenseits des Politischen. Als multivalent auslegbarer Begriff, an den durch seine emanzipatorische Begründung in der Aufklärung auch Liberale und Sozialdemokraten anknüpfen konnten, eignete er sich als Projektionsfläche für die unterschiedlichsten politischen Präferenzen und galt häufig als Schutz vor politischem Radikalismus. Dass auch zahlreiche gebildete „Persönlichkeiten" wie etwa Albert Speer und Werner Best zentrale Figuren des NS-Systems hatten werden können, wurde nicht problematisiert.

Die Diskussion um die Bildung von „Persönlichkeiten" war, wie am Beispiel Wilhelm Treues ersichtlich, nicht selten mit einem Antiamerikanismus verknüpft, der einen „deutschen Weg" zwischen dem „Kollektivismus" der Sowjets und dem „Materialismus" der US-Amerikaner zu finden suchte. Die Rückbesinnung auf die christliche Religion spielte in diesem Zusammenhang, wie bereits erwähnt, eine zentrale Rolle. Ein Höhepunkt des Studium Generale war denn auch der Vortrag des amerikanischen Schriftstellers T. S. Eliot, der im November 1949 über „Die Idee einer christlichen Gesellschaft" sprach. Viel beachtet wurde auch der Vortrag des Philosophen José Ortega y Gasset („Der Aufstand der Massen") zum Thema „Technik und Menschheit".[259]

Das Studium Generale blieb, obwohl an vielen Universitäten Westdeutschlands über andere Modelle diskutiert wurde, eine freiwillige Veranstaltung. Die Teilnahme daran konnten sich die Studierenden der TH Hannover allerdings in

---

255 Ebd.
256 Ebd.
257 Vgl. Kapitel 4.
258 Vgl. z. B. *Jost Hermand, Kultur im Wiederaufbau. Die Bundesrepublik Deutschland 1945–1965*, Frankfurt a. M./Berlin 1989, 63ff.; Axel Schildt, *Konservatismus in Deutschland von den An-fängen im 18. Jahrhundert bis zur Gegenwart*, München 1998, 215ff.; Kurt Lenk, *Deutscher Konservatismus*, Frankfurt a. M./New York 1989, 195ff. Lenk weist darauf hin, dass der Begriff der Persönlichkeit im konservativen Denken keine Emanzipation derselben vom Kollektiv (Familie, Nation etc.) vorsehe.
259 NHStA Nds. 423, Acc. 11/85, Nr. 8, Carter an Rektor Flachsbart, 14.9.1949.

ihrem Abschlusszeugnis bestätigen lassen.[260] In der Fakultät für Bauwesen mussten ExamenskandidatInnen zudem seit Dezember 1946 den Besuch von zwei Wochenstunden Vorlesungen aus den Gebieten Geschichte, Literatur, Philosophie, Kunstgeschichte oder politische Geographie nachweisen. Zu diesem Zweck wurde der übrige Stundenplan geringfügig entlastet.[261] Das Studium Generale an der TH Hannover war, was die Beteiligung der Studierenden angeht, ein Erfolg: mehr als die Hälfte der Studierenden besuchte die Veranstaltungen regelmäßig.[262] Auch die Briten beurteilen es sehr positiv.[263]

An den Technischen Hochschulen wurde die Diskussion um das Studium Generale in den 1950er Jahren zunehmend mit Überlegungen zur Integration sozialwissenschaftlicher Fächer verknüpft. Das niedersächsische Ministerium für Aufbau, Arbeit und Gesundheit appellierte an die Technischen Hochschulen, sozialwissenschaftliche Fachbereiche einzurichten, da viele Probleme in den Betrieben durch die Unkenntnis der Techniker in Bezug auf soziale Fragen verstärkt würden.[264] Ein vom niedersächsischen Kultusministerium in Auftrag gegebenes Gutachten der Sozialforschungsstelle der Universität Münster betonte ebenfalls die Notwendigkeit, Technikern neben fachlichen und betriebswirtschaftlichen Qualifikationen auch Kenntnisse aus der Sozialwissenschaft zu vermitteln.[265] Der ideale Betriebsleiter sei gleichzeitig „Techniker, Kaufmann und Menschenführer (Sozialdirektor)".[266] Alle Fakultäten der TH Hannover unterstützen das Vorhaben einer Integration sozialwissenschaftlicher Fächer in die Lehrpläne. Als allerdings das Kultusministerium zu Bedenken gab, dass dies aus finanziellen Gründen nur auf Kosten der Lehre im Bereich Betriebswirtschaft möglich sein werde, waren die Dekane einhellig der Meinung, dass dies nicht zumutbar sei.[267] Der Dekan der Fakultät für Allgemeine Wissenschaften, Hermann Braune, betonte, auch durch Fächer wie z. B. der von dem Honorarprofessor Wilhelm Hische vertretenen Arbeitspsychologie sei es möglich, die Sicht der Studierenden „auf die soziale und wirtschaftliche Bedingtheit ihres späteren Wirkens zu erweitern".[268] So kam es zunächst nicht zur Einrichtung eines sozialwissenschaftlichen Lehrstuhls.

---

260 NHStA Nds. 423, Acc. 11/85, Nr. 4, Prof. Otto Kienzle, „Stand der Hochschulreform, November 1950".
261 NHStA Nds. 423, Acc. 11/85, Nr. 4, Aushang des Dekans der Fakultät für Bauwesen, Prof. Finsterwalder, im Geodätischen Institut, 3.12.1946.
262 NHStA Nds. 423, Acc. 11/85, Nr. 411, Hellmut Glubrecht, Bericht über das Studium Generale im Wintersemester 1951/52, 5.3.1952.
263 PRO FO 1050/1223 Cultural Relations Group, Quarterly report Oct.-Dec. 1952, J. C. Alldridge.
264 NHStA Nds. 423, Acc. 11/85, Nr. 708, Ministerium für Aufbau, Arbeit und Gesundheit an Kultusministerium, 24.3.1947
265 NHStA Nds. 423, Acc. 11/85, Nr. 708, Gutachten der Sozialforschungsstelle der Universität Münster in Dortmund, März 1947.
266 Ebd.
267 NHStA Nds. 423, Acc. 11/85, Nr. 708, Schriftwechsel des Rektors mit den Dekanen, Mai 1947.
268 NHStA Nds. 423, Acc. 11/85, Nr. 708, Hermann Braune an Rektor Flachsbart, 9.5.1947

Dass das Studium Generale nur ein Zusatz zu den fachlichen Veranstaltungen blieb und nie in die Lehre der einzelnen Fächer integriert wurde, wurde nach 1945 häufig beklagt.[269] Im Jahre 1954 übte mit Walter Hensen erstmals ein Rektor der Technischen Hochschule Hannover Kritik am Studium Generale, das nicht „mit erhobenem Zeigefinger"[270] betrieben werden solle. Die Klage über die wachsende Spezialisierung, mit der das Studium Generale oft begründet wurde, erklärte Hensen für unberechtigt: „Wissenschaft wäre nicht ehrlich, wenn sie nicht bereit wäre, speziell zu sein."[271] Diese Äußerungen markierten eine deutliche Abkehr von den idealistischen Formulierungen der Einheit der Wissenschaft, die z. B. Otto Flachsbart häufig gebraucht hatte. Für Hensen ging es vielmehr darum, sich den Realitäten einer immer komplexer und arbeitsteiliger funktionierenden (Wissenschafts-) Welt zu stellen, und zwar ohne „Standesdünkel"[272], wie er betonte.

Im Rückblick der Forschung gilt das Projekt „Studium Generale" an den Technischen Hochschulen meist als gescheitert. Rudolf Walter Leonhardt reihte es 1962 in die „jüngste deutsche Geschichte akademischer Fiaskos"[273] ein. Burkhard Dietz und seine Mitautoren resümierten:

> „Wie schon zu Beginn der Weimarer Republik scheiterte erneut eine Umstrukturierung der Lehrpläne an den Technischen Hochschulen mit dem Ziel, gesellschafts- und kulturwissenschaftliche Inhalte jungen Ingenieuren als Maßstäbe für ein verantwortungsbewußtes Handeln ins Berufsleben mitzugeben, am Beharrungsvermögen der Technischen Hochschulen und am mangelnden politischen Willen der Entscheidungsträger."[274]

Der Sozialwissenschaftler Gerd Hortleder kritisierte rückblickend aus der Reformperiode der 1970er Jahre, allgemeinbildende Vorlesungen und Philosophische Fakultäten an Technischen Hochschulen hätten keinen Sinn als unverbundene additive Elemente, sondern allein durch eine institutionalisierte Zusammenarbeit mit den technischen Fakultäten. Mit Bezug auf die Technische Universität Berlin beklagte Hortleder:

> „Anderfalls bleiben Berufungen wie die von Walter Höllerer und Golo Mann luxuriöse Aushängeschilder einer im Grunde unveränderten Technischen Universität, die sich um ihrer Reputation willen renommierte Wissenschaftler gleichsam als Hofnarren hält."[275]

---

269 Vgl. z. B. Anger, Probleme, 263ff., Schumm, Kritik, 69ff.
270 Walter Hensen, „Auszug aus dem Jahresbericht für das Amtsjahr 1953/54", in: *Jahrbuch der Technischen Hochschule Hannover 1953/54*, hrsg. von Rektor und Senat, Hannover 1954, 24–28, hier 28.
271 Ebd.
272 Ebd.
273 Leonhardt, Die deutschen Universitäten, 356.
274 Burkhard Dietz/Michael Fessner/Helmut Maier, „Der ‚Kulturwert der Technik' als Argument der Technischen Intelligenz für sozialen Aufstieg und Anerkennung", in: Dies. (Hg.), *Technische Intelligenz und „Kulturfaktor Technik": Kulturvorstellungen von Technikern und Ingenieuren zwischen Kaiserreich und früher Bundesrepublik Deutschland*, Münster/New York 1996, 1–34, hier 9.
275 Gert Hortleder, *Das Gesellschaftsbild des Ingenieurs. Zum politischen Verhalten der technischen Intelligenz in Deutschland*, Fankfurt a. M. 1970, 173.

Gerade die in den 1950er Jahren im Rahmen des Studium Generale betonte klassische Bildung habe zur Unverbindlichkeit des ganzen Projektes geführt. Die Bildung eines Technikers müsse aber, statt „schöngeistig" zu sein, darauf zielen, „daß er die geistige Lage verstehen lernt, in der er lebt."[276]

Auch Wilhelm Schumm stellte in einer soziologischen Studie über die deutschen Universitäten aus der Perspektive der neuen Reformdiskussionen im Jahre 1969 fest, weder das Studium Generale noch die Existenz sozialwissenschaftlicher Fächer könnten ihre Ziele erreichen, solange Techniker und Naturwissenschaftler sich nicht innerhalb ihrer eigenen fachlichen Lehre mit dem Verhältnis ihrer Forschungsergebnisse und Lehrinhalte zur gesellschaftlichen und politischen Praxis beschäftigten.[277] Diese Kritik trifft in der Tat zu, da das Studium Generale, so wie es an der TH Hannover durchgeführt wurde, der eigentlichen Fachlehre vollkommen äußerlich blieb. Dieses Studium Generale institutionalisierte im Grunde den viel diskutierten Gegensatz von „Kultur" und „Zivilisation" und konnte die Reflexion gesellschaftlicher und politischer Zusammenhänge der technischen und naturwissenschaftlichen Fachrichtungen regelrecht „outsourcen" helfen. Im Jahre 1968 protestierten die Studierenden in Berlin nicht zuletzt aus diesen Gründen gegen das Studium Generale.[278]

Trotz der genannten Einschränkungen kann das Studium Generale an der TH Hannover nach 1945 als ernsthaftes Bemühen um die Erweiterung des Horizontes der Studierenden angesehen werden. Auch in diesem Gebiet waren es, wie im Bereich der studentischen Selbstverwaltung, nicht nur die Inhalte, sondern auch die Organisationsform, die eine Veränderung hin zu mehr Partizipation darstellte: die Studierenden konnten sich an der Vorbereitung und Durchführung der Veranstaltungen beteiligen.

ZUSAMMENFASSUNG

Als der Senat der Technischen Hochschule Hannover den Ausschuss für Hochschulreform im April 1952 auflöste[279], hatte der schon mehrere Semester aufgrund von „Arbeitsüberlastung"[280] der beteiligten Professoren nicht mehr getagt. An der TH Hannover sah das akademische Leitungspersonal die Diskussion um eine Hochschulreform offenbar als weitgehend beendet an. Notwendige Anpassungen an die häufig als „Neuzeit" apostrophierte Nachkriegssituation waren aus Sicht der Professoren erfolgt und der Lehrbetrieb lief nach der Gründung der Bundesrepublik und der „Abwicklung" aller Entnazifizierungsmaßnahmen wieder in geordneten Bahnen. Mit der Weigerung, durchgreifende Reformen, etwa im Hin-

---

276 Kurt Hübner, *Sinn und Aufgaben philosophischer Fakultäten an Technischen Hochschulen*, Essen 1966, 27.
277 Schumm, Kritik, 71.
278 Hortleder, Gesellschaftsbild, 173.
279 NHStA Nds. 423, Acc. 11/85, Nr. 4, Senatsprotokoll vom 25.4.1952.
280 NHStA Nds. 423, Acc. 11/85, Nr. 4, Prof. Otto Kienzle an Rektor Deckert, 21.2.1952.

blick auf die Zulassungsbedingungen und die Mitbestimmung von Studierenden und Assistenten, anzustoßen, lagen die Hannoveraner Professoren im westdeutschen Trend. Der Chef der Erziehungsabteilung der amerikanischen Militärregierung, James Read, befand im August 1951, die Hochschulreform und die Diskussion um die Ziele des „Blauen Gutachtens" seien „eingeschlafen": „In akademischen Kreisen herrscht ein Stillschweigen, als ob das Thema nicht ganz salonfähig sei."[281] Die „akademische Hochburg" sei von einem riesigen Wassergraben umgeben und die Zugbrücken werden nicht hochgelassen."[282] Alexander Kluge bilanzierte 1958: „Vergleicht man die Intensität, mit der die Destruktion nach 1933 vonstatten ging, mit dem Aufhalbemwegeliegenbleiben der Reformen, so ergibt sich eine recht trübe Bilanz."[283] In der Hochschulentwicklung seit 1945 habe sich eine „subkutane Reform"[284] im Gewand einer Restauration vollzogen, deren Hauptanliegen nicht Demokratisierung, sondern die Ablösung der Universitäten vom Staat gewesen sei.[285] Die von Thomas Ellwein als „Lebenslüge der deutschen Universität"[286] bezeichnete Behauptung, die deutschen Hochschulen und ihre Akteure seien unpolitisch, wurde in diesem Rahmen weiter aufrechterhalten. Das bundesdeutsche Grundgesetz zog indessen die Konsequenzen aus der Weigerung vieler Akademiker, Mitverantwortung für gesellschaftliche Entwicklungen zu übernehmen und fügte dem Satz: „Kunst und Wissenschaft, Forschung und Lehre sind frei"[287] die Klarstellung hinzu: „Die Freiheit der Lehre entbindet nicht von der Treue zur Verfassung."

Bei der Betrachtung der Reformdiskussionen der unmittelbaren Nachkriegszeit ist deutlich geworden, dass die britischen und auch viele der deutschen Vorschläge eine große Herausforderung für die deutschen Universitäten und Hochschulen darstellten. Ein „Demokratisierungsdruck"[288] von außen war somit durchaus vorhanden. Die Reaktion des Leitungspersonals der TH Hannover auf die Vorschläge zur Hochschulreform kann als abwartend charakterisiert werden. Die Ausschüsse, die an der TH Hannover gebildet wurden, um an Fragen der Verfassung und der Studienreform zu arbeiten, nutzten vor allem die Gelegenheit, Verfassung und Studienorganisation an die aus ihrer Sicht dringendsten Erfordernisse der Gegenwart anzupassen.[289] So wurde vor dem Hintergrund strenger Zulas-

---

281 NHStA Nds. 423, Acc. 11/85, Nr. 715, Sendemanuskript RIAS Berlin, Redaktion Hochschulfunk, „Wie steht es mit den Universitäten?" James M. Read, Leiter der Erziehungsabteilung bei der Amerikanischen Hohen Kommission, Eingang 4.8.1951.
282 Ebd.
283 Kluge, Selbstverwaltung, 114.
284 Ebd., 102.
285 Ebd.
286 Thomas Ellwein, *Die deutsche Universität. Vom Mittelalter bis zur Gegenwart*, Königstein/Ts. 1985, 228.
287 Grundgesetz der Bundesrepublik Deutschland, Artikel 5 (3).
288 Haude, Dynamiken des Beharrens, 23.
289 So auch der Befund zur Verfassungsentwicklung an der TH Aachen in Haude, Dynamiken des Beharrens, 60. Die Anpassung an die veränderte gesellschaftliche Realität sei in der Verfassung von 1960 auf ein „symbolisches Minimum" begrenzt geblieben, konstatiert Haude (ebd.).

sungsbeschränkungen, die in den ersten Jahren eine Folge der Kriegszerstörungen waren, die Studienorganisation eher noch gestrafft. Im Vordergrund stand die möglichst reibungslose und fehlerfreie Organisation einer „Auslese"; die Exmatrikulation der „Ungeeigneten" war ausdrücklich erwünscht. Die beschränkten Aufnahmekapazitäten und die damit begründete Auffassung, nur die vom Immatrikulationsausschuss als die „Besten" erkannten BewerberInnen seien zum Studium zuzulassen, ließen die Absichten der britischen und deutschen Reformkräfte, die soziale Basis der Hochschulen zu erweitern, in den Hintergrund treten. Aufgabe der Hochschule, auch der TH Hannover, war nach Auffassung der meisten Akteure die Ausbildung einer verhältnismäßig kleinen „Elite", nicht die Qualifizierung der „Massen". Denjenigen, die zum Studium zugelassen waren, sollte das Studium Generale zusätzliches intellektuelles Rüstzeug für diese Elitenausbildung bieten. Das ursprüngliche Reformziel des Studium Generale, den Studierenden die Möglichkeit zu eigenständiger Horizonterweiterung zu geben, wurde durch die Straffung des Studiums und die Erhöhung des Leistungsdrucks konterkariert. Den Studierenden blieb angesichts dieses Drucks nichts Anderes übrig, als Prioritäten zu setzen und eben nicht zu viel Zeit in allgemeinbildenden, nicht prüfungsrelevanten Vorlesungen zu verbringen. Viel früher, als die Rhetorik des akademischen Leitungspersonals dies eingestehen wollte, waren Spezialisierung und Berufsorientierung für die Studierenden zu einer Selbstverständlichkeit geworden.[290]

Bedeutsam ist der Umgang mit der NS-Zeit in der deutschen Reformdiskussion. Veränderungsvorschläge deutscher Wissenschaftler wurden zwar oft mit dem Nationalsozialismus begründet, jedoch weniger mit der aktiven Rolle der Akademiker im NS-Staat, sondern vielmehr mit ihrer passiven „Verführbarkeit". Die Abkehr vom Nationalsozialismus und die Abgrenzung von seinen wissenschaftspolitischen Maßnahmen dienten mehr standespolitischen Zwecken als dass sie Anzeichen einer ernsthaften Reflexion der eigenen politischen Verantwortung gewesen wäre. Die Thematisierung und Deutung der NS-Zeit diente in diesem Zusammenhang also gegenwartsbezogenen politischen Zwecken, wie am Beispiel der Autonomiediskussion und der Verhinderung des Hochschulzugangs für Nichtabiturienten deutlich wurde. So waren auch die deutschen Forscher auf der Suche nach einer "usable past".[291]

Hervorzuheben ist, dass die Briten ein ambitioniertes Reformprogramm formulierten, das jedoch nicht zuletzt an den unterschiedlichen Prioritätensetzungen in Education Branch und Foreign Office scheiterte. Die Vorschläge zur konkreten Reform der deutschen Hochschulen kamen in Gestalt des AUT-Gutachtens erst zustande, nachdem die Verantwortung für das Bildungswesen am 1. Januar 1947 trotz des Protestes der Erziehungsabteilung an die Deutschen übertragen worden war. Aus der auf Kooperation angelegten Strategie der britischen Verantwortli-

---

290 Vgl. a. Ellwein, Die deutsche Universität, 240f.
291 Der Ausdruck stammt von Robert G. Moeller und bezeichnet die These, dass die NS-Vergangenheit nach 1945 selektiv thematisiert und „nutzbar" gemacht wurde. Vgl. Robert G. Moeller, *War Stories: The search for a usable past in the Federal Republic of Germany*, Berke-ley 2001.

chen ergaben sich zudem von Anfang an zwei grundlegende Probleme. Zum einen war diese Linie auf eine lange Besatzungszeit angelegt, die auf etwa zehn Jahre veranschlagt wurde, was nach der Errichtung der Bizone nicht mehr realistisch war.[292] Entscheidend war zum anderen, dass ein erziehungspolitisches Konzept, das einerseits weitgehende Reformen für notwendig hielt und andererseits den Deutschen selbst deren Verwirklichung weitgehend selbst überlassen wollte, zwingend auf Bündnispartner in Deutschland angewiesen war. Anders als etwa in der Sozialisierungsfrage, in der diese Bündnispartner die Gewerkschaften waren, fehlte in der deutschen Hochschulpolitik hochschulintern wie auch -extern nach 1945 eine starke Gegenmacht gegen die dominierenden bürgerlichen Vorstellungen.[293]

Das Beispiel des Ferienkurses in Clausthal-Zellerfeld zeigt ebenso wie beispielsweise die bereits untersuchte Wiederzulassung der Korporationen, wie sich die Prioritäten im akademischen und außerakademischen Diskurs in Richtung Konservatismus und Antikommunismus verschoben. Diese Verschiebung hatte ihre Entsprechung in der zunehmend antikommunistischen Ausrichtung der alliierten Außenpolitik. Mitte der 1950er Jahre stand eben nicht mehr die „Umerziehung" der Deutschen und die Demokratisierung der gesellschaftlichen Institutionen im Vordergrund des Interesses der Briten, wie auch folgende Stellungnahme der "Cultural Division" zeigt:

"British policy in Germany has two main objectives. First, after two major wars with Germany within a generation, we are concerned to help this near, vigorous and sometimes violent neighbour of ours to settle down as a peaceful member of the European family; second, we seek to contain and ultimately win the Cold War, in which we and Germany find ourselves on the same side."[294]

Wolfgang Benz resümiert den wachsenden Einfluß des Antikommunismus auf die alliierte Besatzungspolitik folgendermaßen:

„Normale politische Überlegungen gewannen schon früh wieder die ihnen zukommende Bedeutung, das heißt die ohnehin in erster Linie an Ruhe und Ordnung interessierten amerikanischen und britischen Besatzungsoffiziere waren alsbald wieder auf die Entlastung der heimischen Steuerzahler bedacht, kamen rasch zu der Einsicht, daß die Wichtigkeit Deutschlands als künftiger Wirtschaftspartner hoch einzuschätzen sei und richteten ihr Augenmerk auch bereits auf die Immunisierung der deutschen Bevölkerung gegen kommunistische und sowjetische Einflüsse."[295]

---

292 Hierzu vgl. Pingel, Der gescheiterte Versuch, 188f. Vgl. a. Lothar Kettenacker, „Britische Besatzungspolitik im Spannungsverhältnis von Planung und Realität", in: Adolf M. Birke/Eva A. Mayring, *Britische Besatzung in Deutschland. Aktenerschließung und Forschungsfelder*, London 1992, 17–34. Zudem hatten die Amerikaner schon früh erkennen lassen, dass für sie keine lange Besatzungszeit in Frage kam (Pingel, Wende, 100).
293 Pingel, Der gescheiterte Versuch, 187.
294 PRO FO 1050/1226, Confidential Report, Allen, Cultural Division for Education Ministry, 1954.
295 Wolfgang Benz, *Deutschland unter alliierter Besatzung 1945–1949/55. Ein Handbuch*, Berlin 1999, 28.

Nachhaltige Reformen an den Universitäten waren weder für einen reibungslosen Ablauf des Hochschulbetriebes noch für die antikommunistische Bündnisfähigkeit Westdeutschlands vonnöten. Als der äußere Demokratisierungsdruck somit entfiel, richteten sich die bundesdeutschen Hochschulen in einer Ära relativer Reformunwilligkeit ein, die erst mit den Bildungsreformen der 1960er und 1970er Jahre an ihr Ende kommen sollte. Die Reformvorschläge der britischen und deutschen Kommissionen können zu großen Teilen dennoch als wegweisend betrachtet werden: Sie dienten vielen späteren Reformbemühungen als Anknüpfungspunkte.[296]

---

296 Pingel, Der gescheiterte Versuch, 208.

6. RÜCKBLICKE UND AUSBLICKE: REPRÄSENTATION UND FESTKULTUR AN DER TECHNISCHEN HOCHSCHULE HANNOVER

Ein gutes Jahrzehnt nach der Wiedereröffnung gab es an der Technischen Hochschule Hannover Anlass zum Feiern: ihre Gründung als Höhere Gewerbeschule jährte sich 1956 zum 125. Mal. Die Festwoche, die im Juni 1956 deutsche und ausländische Gäste in das wieder aufgebaute Welfenschloss zog, bot reichlich Gelegenheit, die Hochschule, ihre Leistungen und auch ihre Anliegen in der Öffentlichkeit zu präsentieren. Das Jubiläum als erstes großes Hochschulfest nach 1945 war eine der wichtigsten Gelegenheiten der öffentlichen Inszenierung der TH Hannover und ihrer Angehörigen. Im Rahmen der Feierlichkeiten wurde nicht nur auf viele der Themen, die in den vergangenen zehn Jahren das Hochschulleben bestimmt hatten, Bezug genommen. Auch die verschiedenen Akteursgruppen der Hochschule, die im Zusammenhang mit diesen Themen in den vergangenen Kapiteln untersucht worden sind, hatten bei den Jubiläumsfeierlichkeiten unterschiedlich bemessene Möglichkeiten der Mitgestaltung und Selbstinszenierung. Anhand der Gestaltung der Jubiläumsfeierlichkeiten lassen sich somit viele Aspekte der Nachkriegsgeschichte der Hochschule wiederfinden und unter einem anderen Blickwinkel aufgreifen. Die Formen der Repräsentation an der Technischen Hochschule Hannover können hier beispielhaft untersucht werden. Der Begriff der Repräsentation enthält indessen noch mehr als die Frage nach Festen und Feiern, ihren Formen und ihrer Bedeutung.[1] Feste sind ein Teil der Repräsentationsformen, die kollektiv vorgenommene Bewertungen, die „Stilisierung des Lebens" (Max Weber) durch Riten und nicht zuletzt symbolische Ausdrücke von Macht und Herrschaft enthalten. In einem Repräsentanten, der individuell oder kollektiv, abstrakt oder konkret sein kann, findet die Vergegenwärtigung einer kollektiven Identität oder einer politischen Macht statt, die dadurch Dauer und

---

1   Feste und Feiern untersuchen z.B. Manfred Hettling/Paul Nolte (Hg.), *Bürgerliche Feste*, Göttingen 1993; Michael Maurer, „Feste und Feiern als historischer Forschungsgegenstand", in: *Historische Zeitschrift, 253 (1991)*, 101–130; Aleida Assmann, „Festen und Fasten – Zur Kulturgeschichte des bürgerlichen Festes", in: Walter Haug/Rainer Warning (Hg.), *Das Fest*, München 1989, 227–246; Dieter Düding/Peter Friedemann/Paul Münch (Hg.), *Öffentliche Festkultur. Politische Feste in Deutschland von der Aufklärung bis zum Ersten Weltkrieg*, Hamburg 1988. Zur Unterscheidung der Begriffe „Fest" und „Feier" vgl. z. B. Hans-Dieter Schmid, Einführung: „Feste und Feiern als Gegenstand der Kulturgeschichte", in: Ders. (Hg.), *Feste und Feiern in Hannover*, Bielefeld 1995, 9–18, hier 10. In den folgenden Ausführungen werden die beiden Begriffe wegen der vielen Überschneidungen nicht systematisch getrennt verwendet.

Stabilität erlangt.[2] Innerhalb des akademischen Feldes werden durch vielfältige Formen der Repräsentation Bedeutungen transportiert. Das können neben Festen auch andere Inszenierungen im hochschulöffentlichen und öffentlichen Raum sein.[3]

Im Zentrum des nachfolgenden Kapitels steht das Jubiläum der Technischen Hochschule Hannover. Das Jubiläumsjahr 1956 bildet auch den Abschluss des Untersuchungszeitraumes dieser Arbeit und bietet damit Gelegenheit zu einem Ausblick anhand der Zukunftserwartungen der Akteure. Zukunftserwartungen werden anlässlich eines Jubiläums in der Regel ebenso formuliert wie Rückblicke und historische Interpretationen.[4]

Eine Gruppe oder Institution besteht laut Emile Durkheim nicht nur aus ihren Mitgliedern, sondern auch aus den Ideen und Vorstellungen, die sie sich von sich selbst macht.[5] Diese kommen auch in Festen und Feiern zum Ausdruck. Feierlichkeiten können somit als identitätsstiftend nach innen und außen wirken, sie dienen der „Inszenierung und Ritualisierung von Identität mit einem imaginierten Kollektiv".[6] Nicht zuletzt können sie als Teil der Geschichtskultur einer Gesellschaft oder Gruppe analysiert werden. In dieser Geschichtskultur kommt deren Geschichtsbewusstsein zum Ausdruck, das Selbstverständigung bezüglich der Vergangenheit und Orientierung über Gegenwart und Zukunft schafft.[7] Anhand akademischer Feiern lässt sich zeigen, wie durch Symbole und Riten eine akademische Gemeinschaft inszeniert wurde und wie diese Gemeinschaft verfasst war bzw. in den Vorstellungen der meinungsbildenden Akteure verfasst sein sollte.[8] So „fungieren die festlichen Ereignisse als eine Art von Brennglas, durch das

---

2   Vgl. Roger Chartier, „Zeit der Zweifel. Zum Verständnis der gegenwärtigen Geschichtsschreibung", in: *Neue Rundschau 105 (1994)*, 9–20, hier 16f.

3   Es kann sich zum Beispiel auch um Bilder, Skulpturen und Ähnliches handeln. Diese Repräsentationsformen werden im Rahmen dieser Untersuchung allerdings keiner systematischen Analyse unterzogen.

4   Vgl. hierzu z. B. Winfried Müller, „Das historische Jubiläum. Zur Geschichtlichkeit einer Zeitkonstruktion", in: Ders. (Hg.), *Das historische Jubiläum. Genese, Ordnungsleistung und Insze-nierungsgeschichte eines institutionellen Mechanismus*, Münster 2004, 1–75, hier 2f.

5   Emile Durkheim, *Die elementaren Formen religiösen Lebens*, Frankfurt a. M. 1994, 566.

6   Adelheid von Saldern, „Herrschaft und Repräsentation in DDR-Städten", in: Dies. (Hg.), *Inszenierte Einigkeit. Herrschaftsrepräsentationen in DDR-Städten*, Stuttgart 2003, 9–58, hier 42. Vgl. a. Müller, Das historische Jubiläum, 2f.

7   Zu den Begriffen Geschichtskultur und Geschichtsbewusstsein vgl. Edgar Wolfrum, *Geschichtspolitik in der Bundesrepublik Deutschland*, Darmstadt 1999, 19ff.

8   Eine der wenigen Untersuchungen zur akademischen Festkultur im 20. Jahrhundert bietet Mathias Kotowski, *Die öffentliche Universität. Veranstaltungskultur der Eberhard-Karls-Universität Tübingen in der Weimarer Republik*, Stuttgart 1999. Kotowski betont unter anderem, dass die Universität sich nach 1918 mehr als je zuvor durch Feste und Veranstaltungen der Öffentlichkeit zuwandte und so ihren selbstgewählten Auftrag als „führende Prägestätte der Nation" (ebd., 285) zu verwirklichen suchte. Eine Öffnung der Universität habe es dadurch jedoch nicht gegeben: „Der akademische, bürgerliche und proletarische Lebensbereich blieben voneinander abgeschlossen" (Ebd., 289).

Strukturen gut erkennbar werden."[9] Die Entwicklung der Festkultur an der Technische Hochschule Hannover kann jedoch nur dargestellt werden, wenn auch weitere Feiern einbezogen werden: So sind auch die Rektoratsübergaben und Immatrikulationsfeiern in den ersten Jahren nach Kriegsende Gegenstand der Untersuchung, um auch Veränderungen herauszuarbeiten.

6.1 ZURÜCKHALTUNG STATT DISTINKTION: FORMEN DER REPRÄSENTATION AN DER TH HANNOVER IN DER UNMITTELBAREN NACHKRIEGSZEIT

In den ersten Jahren nach Kriegsende war die Technische Hochschule Hannover in Sachen öffentlicher Selbstdarstellung eher zurückhaltend. Dies lag nicht nur daran, dass die Traditionen der deutschen Ordinarienuniversität von vielen Besatzungsangehörigen zwar mit Respekt betrachtet, aber auch sehr kritisch bewertet wurden. Vor dem Hintergrund der Kriegszerstörungen und der schlechten materiellen Situation weiter Teile der Bevölkerung hielt es auch das deutsche akademische Leitungspersonal zunächst nicht für angemessen, sich feierlich zu inszenieren und Standesbewusstsein zu demonstrieren. Nicht zuletzt fehlten hierzu auch die finanziellen Mittel. Daher mussten Prioritäten gesetzt werden. Als beispielsweise dem Bau einer neuen repräsentativen Aula vor anderen Wiederaufbaumaßnahmen der Vorzug gegeben werden sollte, erregte dies Widerspruch im Kollegium. Der Physikprofessor Alwin Hinzpeter erklärte: „Meines Erachtens sind vorbildliche technische Anlagen für eine Technische Hochschule die wirksamste Repräsentation."[10]

Wie bereits dargestellt bot der Wiederaufbau die Gelegenheit, nicht mehr opportune und daher unerwünschte Formen der Repräsentation zu entsorgen, während andere rekonstruiert wurden. So wurde zum Beispiel das Sachsenross vor dem Hauptgebäude restauriert und war fortan ein Aushängeschild der Technischen Hochschule, das deren Verbundenheit mit dem neu entstandenen Land Niedersachsen und ausdrückte.[11] Andere Repräsentationssymbole verschwanden. Der „Edda-Fries", dessen Darstellung einer germanischen Heldensage den alten Innenraum des Welfenschlosses zierte, wurde im Zuge des Wiederaufbaus zerstört.[12] Für die Rektorenporträts aus dem Welfenschloss hatte man ebenfalls zunächst keine Verwendung mehr, da angesichts der Entnazifizierung unklar war, wen man mit einem solchen Porträt überhaupt noch ehren sollte und wen nicht. So wurde

---

9 Von Saldern, Herrschaft und Repräsentation, 37, sowie zum Verhältnis von Ereignis und Struktur Andreas Suter/Manfred Hettling, „Struktur und Ereignis – Wege zu einer Sozialgeschichte des Ereignisses", in: Dies. (Hg.), *Struktur und Ereignis*, Göttingen 2001, 7–32, bes. 28ff.
10 NHStA Nds. 423, Acc. 11/85, Nr. 41, Prof. Alwin Hinzpeter an Rektor Hensen, 15.2.1954.
11 Vgl. a. Kapitel 1.
12 Vgl. ebd.

auch eine Büste des ehemaligen Rektors Hanns Simons an dessen Angehörige übergeben, da die Hochschule „zur Zeit kein Interesse mehr"[13] daran habe.

Die Zurückhaltung in Sachen Repräsentation spiegelte sich anfangs auch in der äußeren Erscheinung der Studierenden wider. So wurde das Farbentragen der Korporationen anfangs nicht zuletzt bekämpft, weil die Zurschaustellung eines allzu offensichtlichen Standesdünkels als inopportun galt.[14] Angesichts der Notlage großer Teile der Bevölkerung wollten die Hochschulangehörigen nicht den Eindruck einer zu großen Distanz vom Rest der Bevölkerung erwecken. Auch der „exzessive Einsatz von Ritualen"[15] durch die Nationalsozialisten kann für diese Zurückhaltung eine Rolle gespielt haben. Statt auf Symbole und Gesten setzten die Professoren der Technischen Hochschule auf eine Form der Repräsentation, die eine solche Distanz eher abbauen helfen sollte. Nachdem das Vorhaben einer Hochschulzeitung nicht in die Tat umgesetzt wurde, da hierfür, so Rektor Conrad Müller, „der geeignete Mann und die leitende Idee"[16] fehle, erschien seit 1950 in unterschiedlichen Abständen das Jahrbuch der Technischen Hochschule Hannover. Aufgabe dieses Jahrbuches war die Selbstdarstellung der Technischen Hochschule und ihrer Einrichtungen in der Öffentlichkeit. Besonders die Diskussion um eine mögliche Schließung der Hochschule hatte deutlich gemacht, wie wichtig die Unterstützung durch die lokale Öffentlichkeit sein konnte. Otto Flachsbart schrieb im Vorwort zum ersten Jahrbuch 1949/50:

> „Möge es dazu beitragen, die Verbindung zwischen Hochschule und Öffentlichkeit enger zu gestalten und in einer Zeit, in der man ernsthaft erwogen hat und hier und da wohl noch immer erwägt, bestehende Technische Hochschulen eingehen zu lassen (...), das Verständnis für die wissenschaftliche und wirtschaftliche Bedeutung alter, traditionsreicher Hochschulen zu beleben."[17]

Die Jahrbücher boten die Gelegenheit, die Leistungen der Professoren und ihrer Institute darzustellen. Dies geschah durch fachliche Artikel, die aus der Forschungsarbeit berichteten, aber meist verständlich genug für Fachfremde geschrieben waren. Wichtig war dabei die Betonung des gesellschaftlichen und wirtschaftlichen Nutzens der verschiedenen Fachrichtungen.[18] Auch mit Hilfe von Fotografien dokumentierte die Hochschule die Innovationsfähigkeit ihrer For-

---

13 NHStA Nds. 423, Acc. 11/85, Nr. 708, Prof. Eugen Doeinck (Dekan der Fakultät für Bauwesen) an Rektor Flachsbart, 5.11.1947. Hanns Simons war von 1937 bis 1939 Rektor der THH (vgl. Horst Gerken (Hg.), *Catalogus Professorum 1831–2006. Festschrift zum 175–jährigen Bestehen der Universität Hannover; Bd. 2*, Hildesheim/Zürich/New York 2006, 488).
14 Vgl. Kapitel 3.
15 Wolfrum, Geschichtspolitik, 136.
16 NHStA Nds. 423, Acc. 11/85, Nr. 41, Protokoll der Versammlung der Fakultätskollegien, 25.7.1947.
17 Otto Flachsbart, „Vorwort", in: *Jahrbuch der Technischen Hochschule Hannover 1949/50*, hrsg. von Rektor und Senat, Düsseldorf 1950, 9.
18 Vgl. z. B. Helmut Koch, „Die Werkstoffprüfung im Dienste der niedersächsischen Wirtschaft", in: *Jahrbuch 1949/50*, 105–108; O. Bode, „Forschungsarbeiten des Instituts für Kraftfahrwesen zur Hebung der Verkehrssicherheit", in: *Jahrbuch der Technischen Hochschule Hannover 1955–1958*, hrsg. von Rektor und Senat, Braunschweig 1958, 151–156.

scher. So wurden zum Beispiel moderne wieder aufgebaute Laboratorien[19], Bauten und Entwürfe der Architekten[20] sowie von den hannoverschen Instituten entwickelte technische Lösungen präsentiert.[21] Die Darstellung der eigenen Leistungen diente nicht nur der positiven Außendarstellung, sondern war auch dazu geeignet, den Zusammenhalt und das Identitätsgefühl der „gedachten Gemeinschaft" Hochschule zu stärken und machte die Hochschuljahrbücher zu einem erfolgreichen Medium der Repräsentation.

Es gab aber auch Vorschläge für Repräsentationssymbole, die an inneren Widerständen scheiterten: Als Alexander Matting, Rektor der Technischen Hochschule von 1940 bis 1943, im März 1954 die Umbenennung der Hochschule in „Leibniz-Hochschule" vorschlug, scheiterte er am Votum des Senates.[22]

6.2 FEIERN AN DER TECHNISCHEN HOCHSCHULE HANNOVER VOR 1956

Die selbstverordnete Zurückhaltung in den Repräsentationsformen unmittelbar nach Kriegsende hatte auch Auswirkungen auf die Festkultur an der Technischen Hochschule Hannover. Akademische Feiern fanden in der Regel sowohl bei der Immatrikulation neuer Studierender am Semesteranfang als auch anlässlich der Rektoratsübergaben statt. Für die Wiederaufnahme des Lehrbetriebs im Dezember 1945 und den Amtsantritt des ersten Nachkriegsrektors Conrad Müller lässt sich eine solche Feier indessen nicht belegen. Das Kriegsende war für die Technische Hochschule Hannover also auch hinsichtlich ihrer akademischen Feiern eine Zäsur. Die öffentliche Inszenierung von Bescheidenheit und die Bekräftigung ihrer Nähe zur restlichen Bevölkerung, die in den Augen der Professoren das Gebot der Stunde war, drückte sich zum Beispiel in einer Solidaritätserklärung mit den Protesten der Hannoveraner gegen die Ernährungslage im Winter 1947/48 aus.[23] Auch der Verzicht auf äußerliche Distinktionsformen bei den ersten akademischen Feiern passt in dieses Bild. So verzichteten die ordentlichen Professoren zunächst auf das Tragen von Talaren bei diesen Gelegenheiten: Ein Schreiben des Rektors Schönfeld aus dem März 1956 spricht dafür, dass dieser Brauch erst mit dem Jubi-

---

19 Vgl. z. B. Paul Wolters, „Der Wiederaufbau der Technischen Hochschule", in: Jahrbuch 1949/50, 123–129, hier 127.
20 Vgl. z. B. die Zusammenstellung von Arbeiten der hannoverschen Architekturprofessoren im *Jahrbuch der Technischen Hochschule Hannover 1952*, hrsg. von Rektor und Senat, Düsseldorf 1952, 179ff.
21 Vgl. z. B. das Foto eines vom Institut für Kraftfahrwesen entwickelten Bremsschreibers bei Bode, Forschungsarbeiten, 152, Abb. 1.
22 NHStA Nds. 423, Acc. 11/85, Nr. 150, Senatsprotokolle vom 19.3. und 29.4.1954.
23 NHStA Nds. 423, Acc. 11/85, Nr. 190, Senatsbeschluss vom 28.1.1948. Darin hieß es: „Falls der angekündigte Proteststreik gegen die Ernährungslage am Dienstag, 3.2.1948, stattfindet, wird die Hochschule als Ausdruck der Sympathie mit dem verzweifelten Aufschrei der mit uns hungernden Bevölkerung diesen Tag zum ‚dies academicus' erklären."

läum 1956 offiziell wieder eingeführt wurde.[24] Der Wunsch, ihn wieder aufzunehmen, habe schon länger bestanden, erklärte Schönfeld und forderte alle Professoren zum Maßnehmen für die Talare auf.[25] Dass die Professoren eine Fortführung dieser Tradition befürworteten, zeigt auch die Tatsache, dass man sich bereits sechs Jahre zuvor Gedanken darüber gemacht hatte, wie das „Festkleid des ordentlichen Professors. Ritus Hannoveranus" [26] aussehen sollte. Auch wenn in den ersten Nachkriegsjahren nicht alle Professoren Talare trugen, so galt dies nicht für die Rektoren. Diese wurden bereits seit 1951 wieder auf Porträts mit Talar und Amtskette in den Jahrbüchern abgebildet[27], woraus geschlossen werden kann, dass sie diese auch bei den akademischen Feiern trugen.

„Geistiger Neuaufbau": Rektoratsübergaben nach 1945

Gegen die anfängliche Zurückhaltung der Hochschulleitung in Sachen Repräsentation regte sich intern bald Widerspruch. So fiel die Rektoratsübergabe an Otto Flachsbart im Sommer 1947 so bescheiden aus, dass sie dem Professor für Baumechanik Eugen Doeinck Anlass zu der Feststellung gab, die Öffentlichkeit habe „kaum Notiz"[28] von dem Rektorwechsel genommen. Diese Tatsache werde der „große[n] kulturelle[n] Bedeutung der Hochschule in früherer Zeit"[29] nicht gerecht. Daher beantragte Doeinck auf einer Versammlung der Fakultätskollegien die Abhaltung einer Feier und die feierliche Übergabe der Amtskette durch den Kultusminister. Die anderen Professoren stimmten dem zu, sprachen sich aber gegen die Übergabe der Kette durch den Minister aus. Der Verlauf der Diskussionen um die Hochschulreform legt nahe, dass darin ein Symbol zu großer Staatsnähe gesehen wurde.[30]

24 NHStA Nds. 423, Acc. 11/85, Nr. 402, Rektor Schönfeld an alle ordentlichen Professoren der TH Hannover, 8.3.1956.
25 Ebd.
26 NHStA Nds. 423, Acc. 11/85, Nr. 402, Prof. Otto Kienzle an Rektor Großmann, 6.7.1950. In Kienzles Entwurf hieß es: „Festkleid des ordentlichen Professors. Ritus Hannoveranus. 1. Das Festkleid besteht aus einem dunkelblauen mit violettem Samt besetzten Talar und einem violett- samtenen Barett mit seitlichen Einschnitten. Dazu werden Frackanzug, weißer Querbinder auf weißem Hemd, schwarze Strümpfe und Schuhe sowie weiße Handschuhe getragen. 2. Das Barett wird während der Festveranstaltungen auf dem Kopfe behalten, ausgenommen bei kirchlichen Handlungen beim Gebet. Wer einen Festvortrag, eine Ansprache oder eine Grabrede hält, nimmt es während des Sprechens ab. 3. Der Rektor trägt über dem Talar die goldene Amtskette. 4. Inhaber von Orden und Ehrenzeichen des eigenen Staates (ausgenommen des Dritten Reiches), fremder Staaten und wissenschaftlicher Vereinigungen tragen diese (...)."
27 Vgl. Walter Großmann, „Vorwort", in: *Jahrbuch der Technischen Hochschule Hannover 1950/51*, hrsg. von Rektor und Senat, Düsseldorf 1951, 9.
28 NHStA Nds. 423, Acc. 11/85, Nr. 41, Protokoll der Versammlung der Fakultätskollegien, 25.7.1947.
29 Ebd.
30 Vgl. hierzu Kapitel 5.

Dank der Initiative von Eugen Doeinck beging die TH Hannover am 26. August 1947 im Beethovensaal der Stadthalle die erste feierliche Rektoratsübergabe seit Kriegsende. Nach einer Ansprache des scheidenden Rektors Conrad Müller, der der Militärregierung, der Stadt, sowie den Landesbehörden für ihre Hilfe beim Wiederaufbau dankte und sich gegen eine Zusammenlegung der Hochschule mit der TH Braunschweig aussprach, hielt Otto Flachsbart eine programmatische Rede.[31] Damit wich er von der bisherigen Tradition ab, nach der ein neu gewählter Rektor anlässlich seiner Amtsübernahme über ein Thema seines Faches referieren sollte.[32] Statt einen Vortrag aus dem Gebiet Maschinenbau zu halten, sprach Flachsbart über den „geistige[n] Neuaufbau"[33] der Technischen Hochschulen. Dieser müsse das „Spezialistentum"[34] zugunsten einer besseren Allgemeinbildung der Studierenden überwinden, so dass die Technik nicht zum Selbstzweck werde. Damit setzte Flachsbart von Anfang an klare Akzente und nahm die Themen vorweg, die seine Amtszeit prägen sollten: sein Engagement für das Studium Generale und seine Beschäftigung mit Technikphilosophie.[35] Der neue Rektor stellte aber auch konkrete Forderungen an die Regierung; so beklagte er den drohenden „Niveauverlust" der Hochschule, der unter anderem dadurch entstehe, dass hoch qualifizierte Wissenschaftler aufgrund des Wohnungsmangels in Hannover nicht berufen werden könnten. Hier müsse dringend Abhilfe geschaffen werden.

Auf Flachsbarts und Müllers Reden lassen sich wichtige Elemente von Jubiläumsreden übertragen, wie sie etwa Arndt Brendecke für die frühe Neuzeit herausgearbeitet hat.[36] Hierzu gehören zum Beispiel das Ausdrücken von Dankbarkeit gegenüber Freunden und Förderern, das Erzeugen historischer Kontinuität und auch die mahnende Erwähnung widriger Umstände und möglicher zukünftiger Schwierigkeiten, um diese Förderer zu weiteren Anstrengungen zu bewegen bzw. diese zu rechtfertigen.[37] Es ist kein Zufall, dass sich in den Ansprachen anlässlich der Rektoratsübergaben solche Elemente von Jubiläumsreden finden, da diese normalerweise mit dem Gründungstag der Hochschule, also einem jährlichen „kleinen Jubiläum" zusammenfielen und diese Tradition im Bewusstsein und Handeln der Akteure präsent war. Neben dem Dank an Freunde und Förderer, dem Bezug auf die jüngere Geschichte der Hochschule im Wiederaufbau und die

---

31 „Vom Spezialistentum zu Allgemeinbildung und Menschlichkeit. Würde der Wissenschaft und Würde des Menschen – Richtungweisende Rektoratsübernahme", Deutsche Volkszeitung vom 29.8.1947. Vgl. a. „Technik als soziale Aufgabe. Rektoratswechsel an der Technischen Hochschule", Hannoversche Neueste Nachrichten vom 27.8.1947.
32 „Technik als soziale Aufgabe. Rektoratswechsel an der Technischen Hochschule", Hannoversche Neueste Nachrichten vom 27.8.1947.
33 „Vom Spezialistentum zu Allgemeinbildung und Menschlichkeit. Würde der Wissenschaft und Würde des Menschen – Richtungweisende Rektoratsübernahme", Deutsche Volkszeitung vom 29.8.1947.
34 Ebd.
35 Vgl. Kapitel 4 und 5.
36 Arndt Brendecke, „Reden über Geschichte. Zur Rhetorik des Rückblicks in Jubiläumsreden der Frühen Neuzeit", in: Paul Münch (Hg.), *Jubiläum, Jubiläum... Zur Geschichte öffentlicher und privater Erinnerung*, Essen 2005, 61–83.
37 Ebd., 70ff.

gemeinsam erbrachten Leistungen stand Flachsbarts Warnung vor dem Niveauverlust für das „Mahnen", dass eine stärkere finanzielle Förderung sichern sollte.[38] Im Anschluss an Flachsbarts Ansprache stimmte der Hochschulchor das „Bundeslied" von Mozart an. Danach sprach der AStA-Vorsitzende Werner Rehder über das Thema „Student und Politik"[39] und verteidigte die Zurückhaltung der meisten Studierenden gegenüber politischen Aktivitäten mit einer Abneigung gegen „parteipolitische"[40] Bindungen. Diese Deutung verknüpfte Rehder mit einer Interpretation der nationalsozialistischen Vergangenheit, die die deutsche Bevölkerung als schuldlose Opfer eines anonymen, bürokratisierten Machtapparates darstellte: „Wie das ganze Volk wollten auch die Studenten nicht noch einmal das Opfer von Behörden, Beamten und Parteien werden."[41] Besonders die Mehrzahl des Wortes Partei ist in diesem Zusammenhang hervorzuheben, da ihre Verwendung darauf hindeutet, dass Rehder nicht allein die NSDAP für die Diktatur verantwortlich machte und einem demokratischen Parteienwesen mindestens skeptisch gegenüber stand. Die Tatsache, dass Reden von Studierenden für die akademischen Jahresfeiern der Folgejahre nicht dokumentiert sind, spricht dafür, dass es sich bei dieser Rede um eine Besonderheit der ersten Übergabefeier nach Kriegsende handelte. Gleiches gilt für die Ansprache des Betriebsratsvorsitzenden Ey, der um mehr finanzielle Mittel für den Wiederaufbau bat und die Tatsache, dass er eine Rede halten durfte „als Zeichen einer demokratischen Einstellung der Hochschulleitung"[42] würdigte. Wie an anderer Stelle bereits erläutert wurde, war das Verhältnis der meisten Professoren der TH Hannover zum Betriebsrat allerdings eher eines der Duldung als der Akzeptanz.[43] Für die folgenden Jahre gibt es keine Hinweise darauf, dass Mitglieder der ArbeitnehmerInnenvertretung anlässlich der Rektoratsübergaben sprachen. Sowohl die Beteiligung der Studierenden als auch des Betriebsrates können auf die ungefestigte Situation nach Kriegsende zurückgeführt werden, in der der Aushandlungsprozess über die künftige Form des Binnengefüges der Hochschule noch unabgeschlossen war.

Nach dieser ersten feierlichen Rektoratsübergabe seit 1945, die durch Form und Inhalt die Zäsur des Kriegsendes noch einmal verdeutlichte, fanden die Rektoratsübergaben der folgenden Jahre schnell wieder eine einheitliche, an die Traditionen anknüpfende Form. Es wurde eine Feier abgehalten, bei der der alte Rektor einen Bericht über seine Amtszeit gab und der neue Rektor einen Fachvortrag hielt. Jahresberichte und Antrittsreden wurden im Jahrbuch veröffentlicht, in der Regel mit einem Porträtfoto, das den neuen Rektor mit Talar und Amtskette zeigte. Als Walter Großmann am 1. Juli 1950 sein Amt von Otto Flachsbart übernahm, erklärte er, die Tradition der Fachvorträge sei „in der Not der letzten Jahre

---

38 Ebd., 75.
39 „Vom Spezialistentum zu Allgemeinbildung und Menschlichkeit. Würde der Wissenschaft und Würde des Menschen – Richtungweisende Rektoratsübernahme", Deutsche Volkszeitung vom 29.8.1947.
40 Ebd.
41 Ebd.
42 Ebd.
43 Vgl. Kapitel 5.

in den Hintergrund getreten", da es wichtiger gewesen sei, „zu den großen Fragen unseres menschlichen, politischen und wirtschaftlichen Lebens Stellung zu nehmen."[44] Nun könne dieser Brauch angesichts der „Normalisierung unserer Lebensbedingungen"[45] wieder aufgenommen werden. Die vermeintliche „Normalisierung" wurde in dieser Wiederaufnahme der Traditionen und ihrer rhetorischen Bekräftigung nicht einfach ausgedrückt, sondern als Teil der subjektiven Wirklichkeit der Akteure mit hergestellt. Handlung und Sprechakt spiegelten die Realität also nicht nur wider, sondern konstituierten sie mit. Dies konnte nur in einer Situation gelingen, in der die Entnazifizierung sowie der Kampf gegen eine eventuelle Schließung der Hochschule als weitgehend abgeschlossen betrachtet wurden und der Wiederaufbau störungsfreier voranschritt als zu Anfang.

Die akademische Jahresfeier fiel in jedem Sommersemester mit der Immatrikulationsfeier für die Studierenden zusammen und wurde auch dann begangen, wenn kein neuer Rektor gewählt wurde. So wurde jedes Jahr aufs Neue ein Jahrestag, also eine Form von Jubiläum, begangen. Die in den Jahrbüchern als Jahresberichte gedruckten Reden wurden dabei von den Rektoren auch dazu genutzt, programmatische Aussagen zu Themen wie Allgemeinbildung, Studienfinanzierung oder dem Verhältnis der Hochschulleitung zu den studentischen Verbindungen zu machen. Die erwähnten zentralen Merkmale von Jubiläumsreden lassen sich auch in diesen Berichten finden. Sie folgten im Wesentlichen immer der gleichen Struktur. Zunächst wurde an Hochschulangehörige erinnert, die im abgelaufenen Jahr verstorben waren. Dem folgten unterschiedlich ausführliche Rückblicke auf das akademische Jahr, die die Entwicklung der Finanzen, des Wiederaufbaues und des studentischen Lebens zum Gegenstand hatten; auch wurden die verliehenen Ehrungen und Neuberufungen aufgezählt. Fester Bestandteil dieser Reden war auch der Dank an Freunde und Förderer der Hochschule sowie an die Regierungen von Stadt und Land. Auch riefen die Rektoren gemeinsam erreichte Erfolge, wie etwa den Wiederaufbau oder die Bereitstellung von Darlehen für Studierende, die durch die Währungsreform in Not geraten waren, in Erinnerung. Nicht zuletzt wurden wissenschaftliche Leistungen dargestellt und auf deren Bedeutung für die Gesamtgesellschaft hingewiesen. Dieser „Werbecharakter"[46] der Reden, der dazu dient, die Erfolge einer Institution hervorzuheben, fungiert nicht nur als Angebot zur Identitätsstiftung, wie Brendecke am Beispiel frühneuzeitlicher Universitätsjubiläen unterstreicht: „Es geht [...] nicht nur um Identitätsstiftung, sondern in der Regel auch um die konkrete Bestandssicherung der Festgemeinde und ihrer Institutionen."[47] So ist für die Analyse von Festreden nicht nur der Inhalt des Sprechaktes, sondern die konkrete soziale Situation, in der er statt-

---

44 Walter Großmann, „Größe und Gestalt der Erde. Vortrag des neuen Rektors bei der Rektoratsübernahme am 1. Juli 1950 an der Technischen Hochschule Hannover", in: Jahrbuch 1950/51, 61–67, hier 61.
45 Ebd.
46 Brendecke, Reden über Geschichte, 72f.
47 Ebd., 72.

findet, seine „Rahmung" bedeutsam.[48] Der Dank an die Regierung war an der Technischen Hochschule Hannover sehr oft mit Hinweisen auf Bereiche verbunden, die weiterhin oder verstärkt Unterstützung verlangten. So unterstrich beispielsweise Rektor Hensen 1953:

> „Wir freuen uns auch, daß alle Ihre Herren im Ministerium immer offene und willige Ohren für unsere Wünsche haben. Ihr Unvermögen, unseren Wünschen in vollem Umfange zu entsprechen, erkennen wir durchaus als nicht gewollte Unmöglichkeit an."[49]

Gleichzeitig benannte er noch nicht optimal finanzierte Bereiche des Hochschullebens, wie etwa die Neubesetzung von Ordinariaten oder die Versorgung mit Lehrmitteln und versicherte: „Wenn ich nun noch einige Wünsche anführe, sollen sie nicht dazu dienen, den heutigen Tag zu trüben."[50] Um den Forderungen, die hier als „Wünsche" umschrieben werden, Nachdruck zu verleihen, wird in Festreden oft ein negatives Bild von möglichen zukünftigen Entwicklungen gezeichnet. Die hierzu gebrauchte „Verdunklungsrhetorik"[51] drückt häufig weniger tatsächliche Befürchtungen als vielmehr einen „rhetorisch notwendige[n] Zweckpessimismus"[52] aus. Das „Mahnen"[53] als rhetorisches Mittel „legt die Verantwortung für die zukünftige Verbesserung in den Schoß der Zuhörer, d. h. gegebenenfalls auch in den von Stiftern und Geldgebern."[54] Als Rektor Walter Hensen in seinem Jahresbericht 1953 eine bessere finanzielle Absicherung der Assistenten forderte, warnte er beispielsweise davor, dass bei ausbleibenden Geldern ein „akademisches Proletariat im wahrsten Sinne herangezüchtet"[55] werde. Befürchtungen über einen deutschen Rückstand in der Ingenieursausbildung und damit verbundenen Verlusten an internationaler Wettbewerbsfähigkeit wurden erst recht seit dem „Sputnik-Schock" von 1957 regelmäßig wiederholt, um finanzielle Forderungen zu unterstreichen. So führte Rektor Egon Martyrer 1960 in seinem Jahresbericht aus, dass die Beschränkung auf den Erhalt des Bestehenden bereits einen Rückschritt bedeute:

> „Die Entwicklung der Technik in der Welt ist so schnell, daß eine gewaltige zusätzliche Anstrengung gemacht werden muß, wenn man nicht hoffnungslos auf der Strecke bleiben will."[56]

---

48 Vgl. Hubert Knoblauch/Christine Leuenberger/Bernt Schnettler, „Erwing Goffmans Rede-Weisen", in: Dies. (Hg.), *Erwing Goffman: Rede-Weisen. Formen der Kommunikation in sozialen Situationen*, Konstanz 2005, 9–33, hier 14, 25.
49 „Auszug aus dem Jahresbericht des Rektors Prof. Dr. ing. W. Hensen für das Amtsjahr 1952/53", in: *Jahrbuch der Technischen Hochschule Hannover 1953/54*, hrsg. von Rektor und Senat, Hannover 1954, 20–24.
50 Ebd., 22.
51 Brendecke, Reden, 76.
52 Ebd., 75.
53 Ebd.
54 Ebd., 76.
55 Hensen, Jahresbericht 1952/53, 23.
56 „Bericht des Rektors Dr. ing. Egon Martyrer über sein Amtsjahr vom 1. Juli 1959 bis 30. Juni 1960", in: *Jahrbuch der Technischen Hochschule Hannover 1960–1962*, hrsg. von Rektor und Senat, Braunschweig 1962, 9–22, hier 13.

Nicht nur in der Form fand die Technische Hochschule Hannover schnell zu den Traditionen ihrer früheren Rektoratsübergaben zurück: auch der Termin wurde wieder symbolisch gewählt. Nachdem der Amtsantritt Conrad Müllers ohne Festakt und der Beginn des Rektorates von Otto Flachsbart nur auf Wunsch mehrerer Professoren mit einer nachgeholten Feier begangen worden war, kehrte die Hochschule zum ersten Juli als festem Termin für die Rektoratsübergaben zurück.[57] Bereits die akademische Jahresfeier 1949 fand an diesem Tag statt; Flachsbart war als Rektor wieder gewählt worden.[58] Der erste Juli war nicht nur der Gründungstag der Technischen Hochschule, sondern auch der Geburtstag von Gottfried Wilhelm Leibniz. Das Gedenken an Leibniz spielte für die Hannoveraner Professoren nach 1945 eine besondere Rolle, weil mit Erzählungen über diesen Universalgelehrten die Absage an das „Spezialistentum" unterfüttert werden konnte, die in den ersten Nachkriegsjahren so häufig formuliert wurde. Auch eignete sich Leibniz als Leitbild für das Bemühen der Techniker und Ingenieure, gesellschaftlich und intellektuell anerkannt zu werden.

In seinem Bericht über das Amtsjahr 1950/51 unterstrich Rektor Walter Großmann:

„So wie Leibniz' universeller Geist den Typus einer über das Spezialwissen hinausgehenden allgemeinen Bildung repräsentiert, so soll an unserer Hochschule die Idee der Universitas den Grundakkord abgeben. Wir wollen dessen ständig gedenken und wollen über den sich sprunghaft steigernden Anforderungen der technischen Einzelwissenschaften die Ausbildung des Menschen als Persönlichkeit nicht vergessen."[59]

So spiegelten sich anlässlich der Rektoratsübergaben in den Jahresberichten zentrale Motive der zeitgenössischen Debatten um die Reform der technischen Bildung und die gesellschaftliche Rolle der Technik wider, wie sie in den vorangegangenen Kapiteln untersucht worden sind.

Ein Eid auf die „akademische Gemeinschaft": Die feierliche Immatrikulation

Neue Studentinnen und Studenten wurden an der Technischen Hochschule Hannover spätestens seit 1947 wieder mit einer Feier begrüßt. Während in den folgenden Jahren die Immatrikulationsfeier für das Sommersemester meist mit der akademischen Jahresfeier am ersten Juli zusammenfiel, wurde sie im Sommer 1947 knapp zwei Wochen vor der nachträglichen Feier für Otto Flachsbart abgehalten. Die Immatrikulationen, die in den ersten Nachkriegsjahren im Beethovensaal der hannoverschen Stadthalle abgehalten wurden, erhielten ihren festlichen Rahmen durch musikalische Aufführungen. So wurden anlässlich der Feier am 1. Juli 1949 Stücke von Händel gespielt und ein Chor sang Teile aus

---

57 „Auszug aus dem Jahresbericht des Rektors Prof. Dr. ing. Großmann über das Amtsjahr 1950/51", in: Jahrbuch 1952, 11–16, hier 11.
58 „Akademische Jahresfeier der Technischen Hochschule. Geldbeutel des Vaters darf nicht entscheiden", Norddeutsche Zeitung, 2.7.1949.
59 Ebd.

Goethes „Weite Welt und breites Leben".⁶⁰ In den nachfolgenden Ansprachen traten meist erzieherische Gedanken in den Vordergrund. Im Zentrum standen das Einschwören auf die akademische Gemeinschaft und Ermahnungen hinsichtlich des Ernstes und Anspruchs des Studiums. Der neu gewählte Rektor Flachbart forderte die 120 angehenden Studierenden im August 1947 auf, „[s]ich des Vorrechtes, studieren zu können, sich redlicher, wahrhafter und duldsamer ‚akademischer Freiheit' würdig zu erweisen."⁶¹ Die neu Immatrikulierten sollten „alle Kraft zusammennehmen, um die Niedergeschlagenheit und den Pessimismus zu überwinden und im guten Sinne – auch gegen sich selbst – revolutionär sein"⁶², so Flachsbart. Die Warnung vor dem „Spezialistentum" war in den ersten Nachkriegsjahren fester Bestandteil dieser Erziehungsreden. So ermahnte Kultusminister Adolf Grimme (SPD) die im Wintersemester 1948 neu immatrikulierten Studierenden:

> „Viele Akademiker, die sich zu früh in ein Spezialistentum flüchteten, haben kein Empfinden mehr dafür, dass das Leben ein Abenteuer ist. Anstatt ständig ihr Ich in die Entscheidung zu werfen, vergreisen sie vorzeitig und verfallen einer ungesunden Versorgungswut."⁶³

Ziel müsse „[d]ie Erlösung des Menschen aus dem Herdentum zur Persönlichkeit"⁶⁴ sein. Von den Studierenden erwartete Grimme auch ein Eintreten für die Einheit Deutschlands: „Das höchste Ideal, das es für einen jungen Studenten geben kann, ist die Erhaltung der Einheit der deutschen Kultur."⁶⁵ An diesen Belehrungen wird deutlich, dass die Wertsetzungen „Persönlichkeit" und „Kultur" nicht nur im Denken Konservativer eine wichtige Rolle spielten. Sie waren multivalent anknüpfungsfähig, blieben in ihrem Inhalt nach außen häufig vage und boten so Bezugsmöglichkeiten für unterschiedliche politische Richtungen an. Das machte diese und ähnliche Begriffe zu idealen, Kohäsion und Integration förderten Projektionsflächen für die mehrheitlich noch längst nicht demokratisch denkende Bevölkerung. Die Mahnreden an die Neuankömmlinge stellten, wenn auch häufig in so einer inhaltlich vagen Form, hohe Ansprüche an sie. So verlangte Rektor Walter Großmann im Jahre 1951 von den Studierenden, die in die akademische Gemeinschaft aufgenommen werden wollten, „sich den Idealen dieser Gemeinschaft zu weihen. Diese aber heißen: Dienst an der Wissenschaft, Dienst an der Wahrheit und Streben nach menschlicher Vollkommenheit."⁶⁶ „Gemeinschaft" und „Dienst" waren zwar zentrale Begriffe konservativen und auch nationalsozialistischen Denkens, waren aber wiederum vielfältig verwendbar und konnten nach 1945 gleichsam „entnazifiziert" weiter verwendet werden. Auch wenn Großmann betonte, dass Akademiker keine „privilegierte Schicht"⁶⁷ mehr bildeten und es

---

60 Ebd.
61 Hannoversche Neueste Nachrichten, 16.8.1947.
62 Ebd.
63 „Feier im Beethovensaal", Abendpost vom 15.1.1948.
64 „‚Seid illusionslos, aber habt Ideale!' Minister Grimme vor neuimmatrikulierten Studenten", Hannoversche Presse vom 15.1.1948.
65 Ebd.
66 Großmann, Jahresbericht 1950/51, 16.
67 Ebd.

eine gesonderte akademische Ehre nicht gebe, war seine Formulierung eine Einladung an die zukünftigen Studierenden, sich als künftige Elite zu empfinden: „Es gibt keine Sonder- oder Standesehre außer der, die wir uns durch unsere Leistungen erwerben."[68] „Leistung" stellte einen weiteren mulitvalenten Wertbegriff dar; er konnte in der neuen demokratischen Ordnung ebenfalls als Identifikationsangebot dienen. Rektor Walter Hensen ermahnte die Studierenden im Jahre 1954:

> „Bedenken Sie, daß der Staat, d. h. jeder Mitbürger, Ihnen durch seine Steuergroschen hilft. (...) Der Staat verpflichtet sie dadurch zu Leistungen für Ihren späteren Beruf. (...) Pflegen sie keinen Standesdünkel, aber ein Standesbewußtsein, ein Bewußtsein der Verantwortung für das, was Sie zu leisten haben."[69]

Hensen machte den Studierenden neben der Ermahnung, sich einer gesellschaftlichen Bringschuld bewusst zu sein, ebenso wie Großmann also das Angebot, sich als eine über Leistung und Verantwortung definierte Elite zu identifizieren. In Hensens Rede wurde daneben aber auch der zunehmende Pragmatismus deutlich, der die Vorbehalte gegen ein berufsorientiertes Studium im Laufe der 1950er Jahre zumindest abschwächte. Hatten seine Vorgänger noch deutlich gegen das „Spezialistentum" gewettert und hohe Erwartungen an die Fähigkeit der Studierenden, sich neben der fachlichen Qualifikation umfassend zu bilden, formuliert, räumte Walter Hensen in seinem Jahresbericht von 1954 ein:

> „Glauben Sie auch nicht, meine lieben jungen Kommilitonen, daß ein spezialisiertes Fachstudium an sich schon ein falscher Weg sei, wie es nach manchen, einer etwas naiven Illusion entspringenden Äußerungen erscheinen könnte. Wissenschaft wäre nicht ehrlich, wenn sie nicht bereit wäre, speziell zu sein."[70]

Die zitierten Aufforderungen zur Identifikation mit der Hochschule und die damit verbundenen Verpflichtungen wurden nicht nur durch Reden bekräftigt, sondern auch durch einen symbolischen Akt: Spätestens seit dem Sommersemester 1947 leisteten die neuen Studierenden bei ihrer Immatrikulation einen Eid. Die Immatrikulationsfeiern hatten dadurch und durch die zitierten Reden einen stark disziplinierenden Charakter und waren geeignet, Konformitätsdruck auf die Neuankömmlinge auszuüben. Otto Flachsbart formulierte den Eid am Ende seiner Rede am 15. August 1948:

> „Ich bitte Sie nun, einzeln zu mir heranzutreten. Ich verpflichte Sie durch Handschlag. Sie geloben durch diesen Handschlag das Bekenntnis zu den ewigen Werten der Menschenwürde und der Freiheit des Menschen, zum Dienst an der Wissenschaft im Geist der Wahrhaftigkeit und Pflichttreue, zur Kameradschaft ohne Ansehen von Stand, Glaube, Rasse und Geschlecht, zur Achtung vor den Gesetzen, Regeln und Anweisungen, die das Leben der Hochschule ordnen."[71]

---

68 Ebd.
69 „Auszug aus dem Jahresbericht des Rektors Prof. Dr. ing. W. Hensen für das Amtsjahr 1953/54", in: Jahrbuch 1953/54, 25–28, hier 28.
70 Ebd.
71 NHStA Nds. 423, Acc. 11/85, Nr. 427, Rede des Rektors Otto Flachsbart bei der feierlichen Immarikulation, 15.8.1947.

Beachtenswert ist an diesem Eid, dass das Bekenntnis zur Menschenwürde wiederum neben Begriffen steht, die inhaltlich vielfältig auslegbare Projektionsflächen darstellen („Wahrhaftigkeit", „Dienst", „Freiheit")[72] bzw. zum Teil an militärische Männlichkeitsideale erinnern („Kameradschaft", „Pflichttreue"). Das Wort „Rasse" ist indessen keiner jener Begriffe, die man als multivalent oder vielfältig anknüpfungsfähig bezeichnen kann. Dennoch wurde es in dem hannoverschen Immatrikulationsschwur bis mindestens 1961 gebraucht.[73] Nach wie vor war die Einteilung von Menschen in „Rassen" für viele Bundesbürger normal, wie etwa die Tatsache zeigt, dass 1961 73 Prozent der vom Meinungsforschungsinstitut Allensbach befragten Personen Juden für eine „andere Rasse" hielten.[74] Der hannoversche Eid repräsentierte eine Mischung von vordemokratischen und für die Demokratie anknüpfungsfähigen Begriffen, ohne dass er ein explizites Bekenntnis zur Demokratie enthielt; damit stand er für den Übergangszustand, in dem sich auch die Hochschule befand. Glücklich, eine neue Tradition begründet zu haben, modifizierte man diesen Schwur auch in den folgenden Jahren nicht – mit Ausnahme des bereits dargestellten Rückschrittes hinter die darin formulierte Gleichbehandlung der Geschlechter.[75]

6.3 IDENTITÄT UND KONTINUITÄT: DAS HOCHSCHULJUBILÄUM 1956

Das Jubiläum der Technischen Hochschule, das 1956 mit einer Festwoche begangen wurde, war die größte akademische Feier nach Kriegsende. Dabei präsentierte die Technische Hochschule Hannover sich als moderne, weltoffene Institution mit Tradition. Zunächst folgt ein Überblick über den Verlauf der Feierlichkeiten; danach werden einzelne Elemente des Jubiläums genauer untersucht.

Der Verlauf der Jubiläumsfeierlichkeiten im Juni 1956

Die offiziellen Feiern zum Hochschuljubiläum wurden vom 28. bis zum 30. Juni 1956 abgehalten. Den Auftakt bildete eine Reihe von Fachvorträgen am Nachmit-

---

72 Zum Begriff des „Dienstes", der sich zum Beispiel im Sinne des konservativen Wertbegriffs verstehen ließ vgl. Martin Greiffenhagen, *Das Dilemma des Konservatismus*, München 1977, 160; Kurt Lenk, *Deutscher Konservatismus*, Frankfurt a. M./New York 1989, 33. Auch der Begriff der „Freiheit" kann für verschiedene Inhalte stehen. So spreche der Konservatismus dem Menschen nur eine „abgeleitete" Freiheit zu: „Im Gegensatz zum liberalen kennt der konservative Freiheitsbegriff keine Emanzipation des Individuums von den Ansprüchen des Kollektivs." (Ebd.). Das Kollektiv wird von Institutionen repräsentiert, denen eine überzeitliche Geltung zugeschrieben wird (Familie, Nation etc., ebd.).
73 „Bericht des Rektors Prof. Dipl. Ing. W. Wortmann über sein Amtsjahr vom 1. Juli 1960 bis 30. Juni 1961", in: Jahrbuch 1960–1962, 28–41, hier 40
74 Zit. n. Hartmut Berghoff, „Zwischen Verdrängung und Aufarbeitung. Die bundesdeutsche Gesellschaft und ihre nationalsozialistische Vergangenheit in den 1950er Jahren", in: *GWU Nr. 2 (1996)*, 96–114, hier 110.
75 Vgl. Kapitel 3.

tag des ersten Festtages. Die Gäste konnten bei dieser Gelegenheit die einzelnen Hochschulinstitute besichtigen. Auch viele ehemalige Studierende hatten so die Möglichkeit „Erinnerungen aufzufrischen und sich vom Stand des Wiederaufbaus und den Fortschritten auf ihren Wissensgebieten zu überzeugen."[76] Abends fand ein Empfang für Professoren und Ehemalige im großen Saal der neuen Mensa statt. Am 29. Juni wurden die Feierlichkeiten mit zwei Kranzniederlegungen fortgesetzt. Der Rektor legte gemeinsam mit einer „Abordnung der Studentenschaft"[77] Kränze am Denkmal Karl Karmarschs in der Georgstraße sowie am Ehrenmal in der Ruine der Aegidienkirche nieder. Karmarsch war der erste Direktor der Höheren Gewerbeschule, die als Vorläuferin der Technischen Hochschule Hannover am 2. Mai 1831 gegründet worden war. Die Aegidienkirche war im Krieg zerstört und nicht wieder aufgebaut worden; sie dient bis heute als Mahnmal.

Im Anschluss an die Kranzniederlegungen fanden zwei Festgottesdienste statt. In der evangelischen Marktkirche predigte Landesbischof Hanns Lilje; in der katholischen St. Marienkirche leitete Studentenpfarrer Wilhelm Hausmann den Gottesdienst.[78] Danach wurde der neue Lichthof im Hauptgebäude eingeweiht. Im Mittelpunkt der aus diesem Anlass abgehaltenen Feierstunde stand die Ehrung ausländischer und deutscher Wissenschaftler; auch wurden Ehrentitel an ostdeutsche Gelehrte und Ehemalige der TH Hannover verliehen.[79] Am Nachmittag empfing Rektor Schönfeld Vertreter von Wissenschaft und Öffentlichkeit im Lichthof. Dazu zählten Rektoren und Professoren anderer Universitäten, deutsche und ausländische Studierendenvertreter sowie Angehörige der Verbindungen und der Altherrenschaften. Persönlichkeiten aus Industrie und Handel waren anwesend, ausserdem Kirchenvertreter und mehrere Landtagsabgeordnete.[80] Bei dieser Gelegenheit wurden auch Glückwunschurkunden anderer Hochschulen überreicht, die im Lichthof ausgestellt wurden.[81] Teil der Feierlichkeiten waren an diesem Tag auch Sportwettkämpfe in der neu gebauten Hochschulturnhalle. Abends folgte eine Festaufführung im Opernhaus; gezeigt wurden die Ballettaufführung „Pas de Coeur" sowie „Der Mohr von Venedig".[82] Studierende und Alte Herren trafen an diesem Abend zu einem Festkommers in der Niedersachsenhalle zusammen, auf dem auch Kultusminister Richard Langeheine (DP) eine Rede hielt. Anschließend gab es einen Fackelzug, an dem sowohl korporierte als auch nicht korporierte Studierende teilnahmen und der an Ministerpräsident Heinrich Hellwege (DP)

---

76 „Die 125-Jahrfeier der Technischen Hochschule Hannover vom 28. Juni bis 30. Juni 1956", in: Jahrbuch 1955–1958, 9–10, hier 9.
77 Ebd.
78 Ebd., 9. Vgl. a. „Predigt des Herrn Landesbischof Lilje", in: Jahrbuch 1955–1958, 11–13, sowie: „Aus der Predigt des katholischen Studentenpfarrers Pastor Wilhelm Hausmann", in: Jahrbuch 1955–1958, 14.
79 „Einweihung des neuen Lichthofes und die Ehrung auswärtiger Gelehrter und Freunde der Hochschule am 29. Juni 1956", in: Jahrbuch 1955–1958, 14–31.
80 Die 125-Jahrfeier, 10.
81 Ebd.
82 Ebd.

vorbeizog. Dieser empfing eine Delegation von Studierenden. Der Fackelzug endete am Hauptgebäude mit einer Lichtinszenierung:

> „Der Abschluß vor dem Hauptgebäude wird vielen noch lange eine schöne Erinnerung bleiben. Wegen der großen Teilnehmerzahl mußten die Fackeln vor der Aufstellung abgeworfen werden. Die im Dunkeln wartende Studentenschaft wurde überrascht, als dann die Scheinwerfer aufflammten und das Welfenschloß in hellem Licht erstrahlte."[83]

Vor dem illuminierten Hauptgebäude sangen die Studierenden das traditionsreiche Studentenlied „Gaudeamus".[84] Zum Abschluss dieses zweiten Festtages gab es ein „feierliches Blaskonzert vom Mittelturm des Hauptgebäudes".[85]

Der offizielle Festakt zum Hochschuljubiläum fand am Vormittag des 30. Juni 1956 statt. Den Auftakt bildete der Einzug der akademischen Würdenträger:

> „Die ganze Schönheit des Lichthofs kam zur Geltung, als die Rektoren aus befreundeten Ländern und der deutschen Universitäten und Hochschulen über die beiden Treppen auf das Podium einzogen. Links und rechts vom Podium saßen die Abordnungen ausländischer und deutscher Studenten, die Einheit von Lernenden und Lehrenden verkörpernd. Hinter ihnen waren die Chargen der Hannoverschen Korporationen mit ihren Fahnen aufgestellt."[86]

Zu Beginn der Feierstunde wurde Ministerpräsident Heinrich Hellwege zum Ehrensenator der TH Hannover ernannt. Anschließend stellte der Rektor das neugeschaffene „Wahrzeichen"[87] der Technischen Hochschule vor, ein Emblem mit dem Ausspruch „Vitam Impendere Vero"[88], dem Wahlspruch von Jean-Jacques Rousseau. Die geladenen Gäste trugen auch ein Festabzeichen mit diesem Emblem. Er hoffe, so Rektor Schönfeld, „daß damit wieder ein kleines Stückchen Tradition geschaffen wird, das uns immer anspornen soll, nach diesen Worten zu leben."[89] Der Rede des Rektors Schönfeld folgten Ansprachen des Ministerpräsidenten, des Landtagspräsidenten Dr. Hoffmeister und des Kultusministers Langeheine. Auch Oberstadtdirektor Wiechert und der Präsident der Westdeutschen Rektorenkonferenz, Prof. Kolb, überbrachten Glückwünsche. Aus der DDR war Prof. Peschel, Rektor der Technischen Hochschule Dresden, angereist. Die letzte Festrede hielt der AStA-Vorsitzende Schiemann.[90] Am Nachmittag gab es einen Empfang für ausländische Studierende und Gäste im alten Rathaus. Die Feierlichkeiten endeten am Abend mit einem Ball, zu dem Ministerpräsident Hellwege in die Stadthalle eingeladen hatte.[91] Anlässlich des Jubiläums erschienen eine Festschrift und der aktualisierte Catalogus Professorum. Die Festschrift enthielt neben

---

83 Ebd.
84 Vgl. z. B. Gisela Probst-Effah, „‚Gaudeamus igitur': Reflexionen über ein Studentenlied", in: *Ad marginem 76/2004*, 3–10.
85 Die 125-Jahrfeier, 10.
86 Ebd.
87 „Der große Festakt im Lichthof der Hochschule am 30. Juni 1956", in: Jahrbuch 1955–1958, 39–52, hier 51.
88 Ebd.
89 Ebd.
90 Die 125-Jahrfeier, 10. Vgl. a. Der große Festakt.
91 Die 125-Jahrfeier, 10.

einem umfangreichen Aufsatz des Technikhistorikers Wilhelm Treue über die Geschichte des technischen Unterrichts[92] Vorstellungen aller Fakultäten und der einzelnen Institute der Hochschule. Auch das studentische Leben war Gegenstand mehrerer Artikel.[93]

Erzählen, Gedenken, Ehren: Geschichte als Inszenierung

Als wesentlicher Teil von Jubiläumsfeierlichkeiten gilt der Rückbezug auf die eigene Geschichte bzw. auf als erinnerungswürdig erachtete Teile derselben, und die damit verbundene Anknüpfung an Traditionen der eigenen Gruppe, deren Charakter als *imagined community* durch diese Bezüge aktualisiert und gestärkt werden kann.[94] Die Selbstverortung im Geschichtsverlauf ist häufig verknüpft mit dem Selbstverständnis einer Nachkommenschaft und eines anzutretenden Erbes. Dieses Anknüpfen an eine Tradition bzw. das kommunikative „Erfinden" einer solchen[95] bezieht sich dabei nicht nur auf die Vergangenheit, sondern beansprucht auch die Gestaltungskompetenz für die Zukunft, wie Winfried Müller unterstreicht:

> „Über diese Rückbindung an die (...) Vergangenheit soll jene Dauer signalisiert werden, die nicht nur Tradition meint, sondern zugleich Zukunft verspricht. Denn die Erinnerungssituation wird ja nicht nur mit vergangenen Erfahrungen in Beziehung gesetzt, sondern auch zu künftigen Erwartungen. (...) Es geht immer auch um eine Verlängerung der Geschichte in die Zukunft und um deren Antizipation. Die im Jubiläum inszenierte Tradition hat, so will es ja auch die festspezifische Rhetorik, stets eine lebendige zu sein, die bewahrenswert und auch in Zukunft entwicklungsfähig ist."[96]

Historische Bezüge und die „Verlängerung der Geschichte in die Zukunft" spielten auch bei den Jubiläumsfeierlichkeiten in Hannover eine bedeutende Rolle. Besonders explizite historische Bezugnahmen stellten die beiden Kranzniederlegungen dar, die den Auftakt des zweiten Festtages bildeten. Durch die Ehrung des ersten Direktors der Höheren Gewerbeschule Karl Karmarsch wurde die Geschichtlichkeit der TH Hannover und ihrer Angehörigen sowie ihr Herkommen

---

92 Wilhelm Treue, „Die Geschichte des technischen Unterrichts", in: *Festschrift zur 125-Jahrfeier der Technischen Hochschule Hannover 1831–1956*, hrsg. von Rektor und Senat, Hannover 1956, 9–60.
93 Vgl. z. B. J. Nier, „Geschichte der Studentenschaft", in: Festschrift zur 125-Jahrfeier, 251–254.
94 Zum Begriff der "imagined community" vgl. Benedict Anderson, *Imagined Communities. Reflections on the Origins and Spread of Nationalism*, London/New York 1991, bes. 67ff. Vgl. a. Müller, Das historische Jubiläum, 2f. sowie Insa Eschebach, *Öffentliches Gedenken. Deutsche Erinnerungskulturen seit der Weimarer Republik*, Frankfurt a. M./New York 2005. Die Religionswissenschaftlerin Eschebach, die u. a. das Gedenken an die Toten des Ersten Weltkrieges untersucht, betont besonders die Aufladung der Geschichtserzählung mit der „Kraft des Normativen", die bei öffentlichen Gedenkfeiern vorgenommen werde, „um daraus Handlungsprämissen für Gegenwart und Zukunft abzuleiten." (Vgl. ebd., 10).
95 Müller, Das historische Jubiläum, 2.
96 Ebd, 2f.

aus einer 125-jährigen Tradition positiv betont. Hier konnte man sich auf eine Tradition beziehen, die als Erfolgsgeschichte erzählbar war und sich somit als positiver Bezugspunkt und als Identifikationsangebot eignete. In dem Aufstieg der Gewerbeschule zur Technischen Hochschule spiegelten sich schließlich die Professionalisierung, Akademisierung und wachsende soziale Anerkennung der Techniker und Ingenieure wider, die besonders im 19. und frühen 20. Jahrhundert immer wieder als eine Geschichte unerschrockenen Aufbruchs und fortschrittsfördernder Pionierleistungen erzählt worden ist.[97] Auch der Aufsatz über die Geschichte technischer Bildung von Wilhelm Treue in der Jubiläumsfestschrift beschäftigte sich vorwiegend mit dem 18. und 19. Jahrhundert und sparte die Zeit nach 1914 aus.[98] Die „Gründungsmythen"[99] der technischen Intelligenz formulierten historische Erfahrungen so, dass sie für die Gegenwart positiv anknüpfungsfähig waren. Die Wichtigkeit der „Markierung eines sinnhaften Anfangs"[100] für die Selbstvergewisserung einer Gruppe trat mit dem Jubiläum angesichts der Unmöglichkeit, nahtlos an die Zeit vor 1945 anzuknüpfen, noch stärker zutage als unter anderen politischen Umständen. Den „sinnhaften Anfang" im 19. Jahrhundert verorten und kommunizieren zu können, erfüllte so eine wichtige geschichtspolitische Funktion. Die Geschichte der Technik und der Technischen Hochschule Hannover als eine Erfolgsgeschichte zu erinnern bot die Gelegenheit, die Akteure der technischen Intelligenz aller öffentlich diskutierten Technik-Skepsis zum Trotz als gesellschaftlich unverzichtbare, die Zukunft der gesamten Bevölkerung positiv mitgestaltende Kräfte zu inszenieren und dieses Leitbild öffentlich zu bekräftigen. Vor dem Hintergrund der bereits untersuchten Technik-Debatte in der Nachkriegszeit bot diese Inszenierung von Geschichtlichkeit und Geschichtsbewußtsein nicht zuletzt die Möglichkeit, an eine Erzählung anzuknüpfen, die nicht durch den Nationalsozialismus und die Rolle der Technik für Krieg und Massenmord „kontaminiert" zu sein schien.

Erinnerung wird im Rahmen von Jubiläumsfeierlichkeiten als sozialer Prozess sichtbar: Geschichte wird nicht nur erzählt, sondern auch „verformt"[101], wobei es zu Kämpfen und Aushandlungsprozessen kommt. Welche Aspekte der eigenen Traditionen aktualisiert und inszeniert werden und welche „der Vergessenheit anheimfallen oder bewußt ausgeklammert werden"[102], hängt von den aktuellen Motivlagen und Interessen der sich durchsetzenden Akteure ab. Die Zeit des Nationalsozialismus wurde in den Bezugnahmen auf die Geschichte der Technischen Hochschule Hannover während der Jubiläumsfeierlichkeiten weitgehend ausgespart. Die Ausnahme bildeten der Krieg und die Zerstörung der Hochschule durch Bombenangriffe, also die Ereignisse, bezüglich derer eine Viktimisierung deutscher Akteure in den 1950er Jahren gebräuchlich und gesellschaftlich akzeptiert

---

97 Vgl. hierzu Kapitel 4.
98 Vgl. Treue, Geschichte des technischen Unterrichts, 60.
99 Wolfrum, Geschichtspolitik, 52.
100 Ebd.
101 Müller, Das historische Jubiläum, 3.
102 Ebd.

war.¹⁰³ Mit der Kranzniederlegung an der zerstörten Aegidienkirche gedachten der Rektor und die Studierenden der Kriegstoten auf deutscher Seite. Diese waren in den Erinnerungen von Professoren und Studierenden präsent. Gedacht wurde der Toten zudem nicht auf dem Hochschulgelände: durch die Wahl des Ortes zeigten Rektor und Studierende die Zugehörigkeit der zerstörten Hochschule und ihrer Kriegstoten zur Stadt Hannover. Diese enge Verbundenheit mit der Stadt wurde während der Feierlichkeiten bei mehreren Gelegenheiten demonstriert.

Nicht nur anlässlich der Kranzniederlegungen spielten historische Rückblicke während der Jubiläumsfeiern eine Rolle. Die Zäsur der Zerstörung großer Teile der Hochschule und der von finanziellen und politischen Schwierigkeiten begleitete Wiederaufbau wurden bei mehreren Gelegenheiten erinnert und erzählt. Die Einweihung des neuen Lichthofes bot dazu ebenso Gelegenheit wie der offizielle Festakt. Wiederholt wurde an die Zeit des Wiederaufbaues erinnert und den Akteuren aus Stadtverwaltung, Landesregierung und Industrie für ihre materielle Unterstützung und „rastlose Mühe"¹⁰⁴ gedankt. Auch in der Festschrift spielte das Gedenken an die Zerstörung und die Leistungen des Wiederaufbaus eine wichtige Rolle¹⁰⁵, wobei hier die Darstellung aktueller wissenschaftlicher Erfolge deutlich im Vordergrund stand. Der Lichthof bildete das sichtbarste Symbol der Aufbauleistungen, die im Rahmen des Jubiläums erinnert wurden. Der Gegensatz zwischen dem alten Eingangsbereich des Welfenschlosses mit seinem zerstörten Treppenhaus und dem neuen, großzügigen und hellen Lichthof, wurde bei diesen Gelegenheiten besonders betont. Das alte „Labyrinth"¹⁰⁶ war durch eine „festliche Halle"¹⁰⁷ ersetzt worden, die den „Mittelpunkt"¹⁰⁸ der Hochschule bilden sollte. Die erfolgreiche Wiederaufbau wurde als Fortsetzung einer Geschichte dargestellt, auf die die Hochschulangehörigen „mit Stolz"¹⁰⁹ blicken könnten: Ihre künftige Arbeit solle auch dazu dienen, „uns selbst dieser Vergangenheit würdig zu erweisen"¹¹⁰, wie Rektor Schönfeld anlässlich der Einweihung des Lichthofes betonte. Die Geschichte der TH Hannover wurde also hauptsächlich in ihren positiven Aspekten erzählt, so dass eine für ihre Angehörigen anknüpfungsfähige Kontinuität hergestellt werden konnte. Die Forscher erschienen so als vom politischen Geschehen losgelöste und in das NS-System nicht aktiv involvierte Akteure, in deren „stille und ernste Arbeit"¹¹¹ die Gewalt von außen in Form der Bom-

---

103 Hierzu vgl. z. B. Robert G. Moeller, *War Stories. The Search for a Usable Past in the Federal Republic of Germany*, Berkeley 2001, 4ff.
104 Einweihung des neuen Lichthofes, 14.
105 Vgl. die Darstellungen der Geschichte einzelner Institute, so z. B. des Instituts für Angewandte Physik (Alwin Hinzpeter, „Angewandte Physik", in: Festschrift zur 125-Jahrfeier, 80–82) und weiterer Einrichtungen, z. B. des Studentischen Hilfswerks (E. Steudle, „Das Studentische Hilfswerk", in: Festschrift zur 125-Jahrfeier, 259–262).
106 Einweihung des neuen Lichthofes, 14.
107 Ebd.
108 Ebd.
109 Ebd., 16.
110 Ebd.
111 Ebd., 15f.

benangriffe eingebrochen war und die diesen fremdverschuldeten Einbruch von Gewalt „in rastloser Arbeit"[112] aufbauend überwunden hatten. In Bezug auf den Krieg wurde nur dieser seines Kontextes beraubte Gewalteinbruch erinnert, nicht aber die aktive Beteiligung von Wissenschaftlern der TH Hannover, beispielsweise in der Rüstungsforschung, und schon gar nicht die Ausbeutung von ZwangsarbeiterInnen an der Hochschule. Die NS-Zeit wurde daneben symbolisch in zwei unterschiedlich erinnerungswürdige Hälften gespalten, indem zur Jubiläumsfeier links und rechts vom Haupteingang des Lichthofes die Rektorenporträts wieder aufgehängt wurden – allerdings lediglich „die Bilder aller Rektoren nach Karmarsch bis zum Jahre 1939"[113], wie Rektor Hans Schönfeld ohne Begründung erklärte. In seiner Festansprache sagte er: „Diese Bilder sollen der jetzt lebenden Studentengeneration ein Gefühl für die Tradition ihrer Alma Mater geben."[114] Teil dieser Tradition sollten die verstorbenen Rektoren Otto Franzius (1933 bis 1934)[115] und Hanns Simons (1937 bis 1939)[116], sowie der von den Entnazifizierungsausschüssen für „unbelastet" erklärte Horst von Sanden (1934 bis 1937)[117] sein. Ausgespart wurden die beiden Rektoren aus der Kriegszeit, Alexander Matting (1940 bis 1943)[118] und Helmut Pfannmüller (1943 bis 1945)[119], die in ihren Entnazifizierungsverfahren als Unterstützer des Nationalsozialismus entlassen und später wieder eingestellt worden waren.

Neben der Erinnerung an Krieg und Zerstörung als Gewalteinbrüche von außen gab es einen weiteren Aspekt der NS-Zeit, der von Rektor Schönfeld nicht ausgespart wurde, nämlich den der internationalen Isolation deutscher Wissenschaftler. Deren Überwindung wurde in den Ehrungen ausländischer Wissenschaftler im Rahmen der Einweihungsfeier des Lichthofes inszeniert.[120] So wurde zum Beispiel der französische Geophysiker Pierre Lejay von Rektor Hans Schönfeld mit den Worten bedacht, zwischen Deutschen und Franzosen sei „ja viel Streit gewesen"[121] und nun müsse man „zu einer Freundschaft finden."[122] Schönfeld differenzierte in seiner Rede nicht zwischen verschiedenen deutschen Wissenschaftlern, sondern sah sich und die anderen während der NS-Zeit von internationalen Diskussionen weitgehend abgeschnittenen bzw. abgewandten For-

---

112 Ebd., 16.
113 Der große Festakt, 44.
114 Ebd.
115 Vgl. Gerken, Catalogus Professorum, 122.
116 Vgl. ebd., 488.
117 Vgl. ebd., 430, vgl. a. NHStA Nds. 171 Hannover, Nr. 21507, Entscheidung des Hauptausschusses für besondere Berufe im schriftlichen Verfahren, 30.5.1949. Vgl. a. Kapitel 2.
118 Vgl. Gerken, Catalogus Professorum, 320; vgl. a. Kapitel 2.
119 Vgl. ebd., 385; vgl. a. Kapitel 2.
120 Ehrendoktortitel wurden an folgende ausländische Gelehrte verliehen: Prof. Dr. Jan Hendrik de Boer (Chemie, Niederlande), Direktor René Colas (Bergbau, Frankreich), Dr. Pierre Lejay (Geophysik, Frankreich), Prof. Emin Onat (Architektur, Türkei), Sir Edward Appleton (Vizekanzler der Universität Edinburgh), Dr. Nils Palmgren (Ingenieurwesen, Schweden), Prof. Fritz Kobel (Gartenbau, Schweiz). Vgl. Einweihung des neuen Lichthofes, 16ff.
121 Ebd., 17.
122 Ebd.

scher als Opfer einer „politische[n] und unglückliche[n] Situation"[123] an. In diesem Zusammenhang fiel zwar das Wort Verantwortung, allerdings in einer mehrdeutigen Form. Schönfeld führte aus, man habe selbst erst einmal „fertig werden" müssen „mit dem, was das deutsche Volk sich an Verantwortung für die Allgemeinheit aufgeladen hat".[124] Durch diese inkonkrete Rhetorik vermied Schönfeld einen direkten Bezug auf die NS-Verbrechen und die deutsche Kriegsschuld; seine Formulierung war aber so offen, dass zum Beispiel die ausländischen Gäste sie auch als einen solchen Bezug hätten interpretieren können.

Die Selbstinszenierung der Hochschule als hierarchische Gemeinschaft

Es ist bereits erwähnt worden, dass Feiern die Identität, das Selbstbild und den Zusammenhalt einer *imagined community* ausdrücken und festigen können, einer gedachten Gemeinschaft also, wie sie auch eine Hochschule darstellt. Diese Gemeinschaft kann auf mehreren Ebenen inszeniert werden. In den verschiedenen Komponenten des Jubiläums der TH Hannover wurde sie zum Beispiel als eine Gemeinschaft zwischen Lehrenden und Studierenden, aber auch als eine Gemeinschaft zwischen Hochschulangehörigen und Ehemaligen, sowie zwischen Akteuren innerhalb und außerhalb der Hochschule inszeniert. Hierzu dienten zum Beispiel die Einladung und Würdigung von Persönlichkeiten aus verschiedenen gesellschaftlichen Gruppen oder die Beteiligung der Studierenden an der Ausgestaltung der Feierlichkeiten. Teil der Feierlichkeiten war auch das Bemühen um eine Verzahnung der eigenen mit anderen *imagined communities*, nämlich der Stadt Hannover und des Landes Niedersachsen. Diese fand, wie erwähnt, zum einen auf der Ebene der historischen Inszenierung statt, in deren Rahmen Hochschule und Stadt als Akteure und auch als Opfer einer gemeinsamen Geschichte dargestellt wurden. Stark betont wurde diese Verzahnung mit Stadt und Land aber auch in jenen rhetorischen und symbolischen Akten, die sich auf die Repräsentation des Gegenwärtigen, also auf die aktuelle Selbstdarstellung bezogen. Nicht nur hoben anlässlich des Festaktes am 30. Juni 1956 der Ministerpräsident, der Landtagspräsident und der Oberstadtdirektor die enge Verbundenheit von Stadt, Land und Hochschule hervor[125]; auch die Ernennung des Ministerpräsidenten Heinrich Hellwege zum Ehrensenator der Hochschule und seine Anwesenheit beim Fackelzug der Studierenden waren sichtbare Zeichen dieser engen Beziehung.

Anlässlich des Jubiläums wurde aber nicht nur die Gemeinschaft als solche inszeniert und damit bekräftigt. Auch der Inhalt dieser Vorstellung oder Idee, der

---

123 Ebd., 16.
124 Ebd.
125 Vgl. Der große Festakt. Ministerpräsident Hellwege sprach von „guten und fruchtbaren Beziehungen" zwischen Land und Hochschule (ebd., 52); Landtagspräsident Dr. Hoffmeister betonte das rege Interesse des Parlaments am Wiederaufbau der Hochschule, das sich auch in zahlreichen Besuchen von Abgeordneten ausgedrückt habe (ebd., 54). Oberstadtdirektor Wiechert bezeichnete die TH als „Aktivposten unserer Stadt", der den „Geist" der Stadt mit präge (ebd., 56).

Charakter der gedachten Einheit, wurde thematisiert. Insa Eschebach führt über die Selbstverständigung in gemeinsamen Feiern aus:

> „Durch ihr Mitwirken dokumentieren und demonstrieren die Teilnehmerinnen und Teilnehmer ihre Einigkeit über den Charakter der Gruppe beziehungsweise ihrer Gesellschaft, deren Kodizes durch das spezifische Interaktionsmuster der Veranstaltung als gleichsam ‚natürliche' vorgeführt werden."[126]

So spiegelte sich die traditionelle hierarchische Verfasstheit der akademischen Gemeinschaft deutlich in einem der Höhepunkte der Feierlichkeiten wider: dem Einzug des Lehrkörpers und der Studierenden vor dem Festakt. Diese feierliche Inszenierung war im Vorfeld sorgfältig geplant worden. In einem Schreiben des Rektorates an alle Angehörigen des Lehrkörpers wurden die Professoren aufgefordert: „Talarbesitzer wollen den Talar anlegen (...), darunter Frack oder Anzug mit Eckenkragen und weißer Schleife, weiße Handschuhe".[127] Die Reihenfolge der einziehenden Professoren und Studenten war genau festgelegt:

> „An der Spitze des Zuges gehen der Rektor, Prorektor und Rektor designatus nebst Gastrektoren, es folgen die Dekane (...); anschließend die Talarträger, anschließend die Nichttalarträger. (...) Die Studentenschaft betritt den Lichthof von den beiden seitlichen Umgängen her und begibt sich auf die für sie vorgesehenen Plätze. Reihenfolge: Chargierende Korporationen – AStA – Kammerpräsidium – Fachschaftssprecher – ausländische Studenten – nichtchargierende Korporationen."[128]

Rektoren, Professoren und Dozenten, die in der ihrem Status entsprechenden Reihenfolge in den Lichthof einzogen, repräsentierten also eine klare hierarchische Rangordnung – es gab keinen Grund, anzunehmen, dass sich im Einzug der Studierenden keine entsprechende Wertung ausdrücken sollte. Hier durften die Vertreter chargierender Korporationen, also solcher Corps, die Band und Mütze trugen und häufig auch „schlagende Verbindungen" waren, vor allen anderen Studierenden in den Lichthof einziehen. Erst hinter den Verbindungsstudenten „in vollem Wichs" sollten die demokratisch gewählten Vertreterinnen und Vertreter des AStA, der Kammer und der Fachschaften gehen. Einiges spricht dafür, dass diese Wahl nicht nur getroffen wurde, um eine möglichst eindrucksvolle Inszenierung zu gewährleisten, weil die Corpsbrüder mit ihren Trachten und Fahnen „etwas hermachten". Die Reihenfolge stand auch für den wiedergewonnenen Rang der Korporierten und ihrer Alten Herren im Hochschulleben, der an anderer Stelle ausführlich dargestellt worden ist.[129] In der Hochschule wurden die Korporierten nicht mehr nur toleriert, wie dies während der Auseinandersetzung um ihre Wiederzulassung mehrfach formuliert worden war; sondern sie waren ein einflussreicher, das akademische Leben und Erscheinungsbild prägender Faktor. Rektor Schönfeld unterstrich auf dem Festkommers am Vorabend des Festaktes:

---

126 Eschebach, Öffentliches Gedenken, 15.
127 NHStA Nds. 423, Acc. 11/85, Nr. 674, Mitteilung des Rektorates an die Angehörigen des Lehrkörpers, 26.6.1956.
128 Ebd.
129 Vgl. Kapitel 3.

„Die Arbeit der Verbindungen und Korporationen, ihr Wert und ihre Erfolge prägen sich im Hochschulleben oft deutlich aus. An der studentischen Arbeit beteiligt sich ein wesentlich höherer Prozentsatz korporierter Studenten, als ihrem Anteil an der gesamten Studentenschaft entspricht. Als wir vor wenigen Tagen die Feier des 17. Juni begingen, waren 800 von 3500 Studenten erschienen. Der Anteil an Verbindungsstudenten unter diesen 800 war außerordentlich hoch. Ich schätze, daß es mehr als dreiviertel der anwesenden Studenten waren. Die übrige Studentenschaft möge sich für ihre allgemeinen Aufgaben stärker interessieren, ehe sie sich über ein Übergewicht der korporierten Studenten zu beklagen versuchen."[130]

Im Rahmen der Jubiläumsfeier wurde erneut deutlich, dass die Hochschule alle Bedenken gegen eine Zurschaustellung studentischen Elitedenkens fallen gelassen hatte. Zu der Inszenierung der Technischen Hochschule als hierarchische und traditionsverbundene Gemeinschaft gehörte nicht zuletzt auch die Abhaltung der beiden Festgottesdienste. Sie machten den Wunsch der Akteure deutlich, die Legitimität ihrer Arbeit durch traditionelle Instanzen bestätigen zu lassen.

Die „Idee", die sich eine Gruppe oder Gesellschaft von sich selbst macht, ist laut Insa Eschebach immer auch „durch Bilder einer als ideal erachteten Geschlechterordnung strukturiert."[131] Diese werden im Ablauf von Festen inszeniert und bestätigt.[132] In diesem Sinne kann die positive Sinnaufladung des Korporationsstudententums zum Teil auch als eine Inszenierung traditioneller Geschlechterrollen verstanden werden. Frauen wurden im Rahmen der Feierlichkeiten nur bei zwei Gelegenheiten erwähnt: zum einen gab es ein gesondertes Programm für die „Damen der Festteilnehmer"[133] – anstelle von Fachvorträgen wurden hier kulturelle Veranstaltungen geboten. Zum anderen wurde im Rahmen der Einweihungsfeier des Lichthofes am 29. Juni 1956 auch „Frau Regierungspräsident Theanolte Bähnisch"[134] die „Würde eines Ehrensenators"[135] verliehen. Die sozialdemokratische Regierungspräsidentin bekräftigte in ihrer Dankesrede ein konservatives Frauenbild, indem sie Argumentationen der bürgerlichen Frauenbewegung aufgriff und auf die Erziehungsaufgabe der Hochschulen bezog. Bähnisch führte aus, sie „glaube, daß wir Frauen für das Menschlichbleiben des Menschen eine größere Verantwortung tragen als der Mann. So merkwürdig es klingen mag, wir Frauen sind der Erde wie dem Himmel näher als der Mann."[136] Diese Anschauung begründete sie mit dem „Muttersein"[137], das die Frauen mit den „natürlichen Kräften der Erde"[138] verbinde. Während der Mann versuche, „die Welt mit dem Verstand zu erobern und nach seinem Willen zu gestalten, nimmt die Frau die Welt, wie sie ist und will sie lebendig erfüllen."[139] Ganz im Sinne des vorherrschenden konser-

---

130 Der Festkommers am 29. Juni 1956, in: Jahrbuch 1955–1958, 31–35, hier 32.
131 Eschebach, Öffentliches Gedenken, 15f.
132 Ebd.
133 NHStA Nds. 423, Acc. 11/85, Nr. 674, Programmheft zur 125-Jahrfeier der TH Hannover.
134 Einweihung des neuen Lichthofes, 27. Zu Wirken und Bedeutung von Theanolte Bähnisch entsteht zur Zeit eine Dissertation von Nadine Freund (Kassel).
135 Einweihung des neuen Lichthofes, 27.
136 Ebd., 28.
137 Ebd.
138 Ebd.
139 Ebd.

vativen Geschlechterbildes bekräftigte Bähnisch die Ansicht, dass Wissenschaft und Technik vor allem Sache von Männern seien. Bähnisch blieb, obwohl sie selbst nicht nur Sozialdemokratin, sondern eine Frau in einer Führungsposition war, diesen Vorstellungen entweder selbst verhaftet oder bediente sie aus politischen Gründen. Indem sie die traditionelle Rolle der Frau positiv deutete, trug sie dazu bei, diese zum Bestandteil der öffentlichen Inszenierung im Rahmen der Jubiläumsfeierlichkeiten werden zu lassen. Die Bekräftigung dieser Rollenvorgaben konnte sowohl der Selbstvergewisserung als auch der Bestätigung des Status Quo an der Hochschule dienen, in dessen Rahmen Frauen als Lehrende und Studierende die Ausnahme bildeten.

Wettbewerb, Internationalität, Offenheit: Die Hochschule als moderne Bildungsanstalt

Der Inszenierung eines traditionell gegliederten Lehrkörpers, der Verankerung eines dominanten Verbindungsstudententums im Hochschulleben und der positiven Bezugnahme auf konservative Gesellschafts- und Geschlechterbilder stand der Wunsch, sich als moderne und weltoffene Hochschule zu präsentieren, im Verständnis der meinungsbildenden Akteure keineswegs entgegen. Es wurde nicht als Widerspruch erlebt, sich gleichzeitig modern und traditionell zu präsentieren.

Der Zurschaustellung und Bekräftigung des hierarchischen Binnengefüges der Hochschule standen dementsprechend Inszenierungen ihrer Modernität gegenüber – hier ist etwa die betonte Durchlässigkeit und Offenheit des Lichthofes zu nennen, deren Gegensatz zur alten Architektur des Welfenschlosses immer wieder positiv hervorgehoben wurde. Auch wurde anlässlich des Jubiläums der hohe, international konkurrenzfähige Stand der wissenschaftlichen Forschung und Lehre in den einzelnen Instituten gefeiert und den Besuchern vorgeführt. Zum Jubiläum wurde auch stolz die neue Rechenmaschine der Hochschule als Ausweis ihres hohen technologischen Standes präsentiert.[140] Nicht zuletzt demonstrierte man gern die Internationalität und Weltoffenheit der Hochschulangehörigen. Den Jahrbuch-Artikel über den Festkommers der Studierenden illustrierte beispielsweise ein Foto, das korporierte Studenten und einen ausländischen Studenten in dessen Landestracht beim fröhlichen Feiern zeigt.[141] Aufbruchstimmung wurde auch durch die Lichtinszenierung am Ende des studentischen Fackelzuges demonstriert. Lichtinszenierungen haben bei Feiern eine lange Tradition: Licht stand besonders im Kontext der Elektrifizierung Ende des 19. Jahrhunderts für Fortschritt und Aufklärung.[142] Im öffentlichen Raum waren Lichtinszenierungen fester Bestand-

---

140 Johannes Schlums, „Bericht über das Rektoratsjahr vom 1. Juli 1956 bis zum 30. Juni 1957", in: Jahrbuch 1955–58, 80–87, hier 84.
141 Der Festkommers, 32.
142 Beate Binder, *Elektrifizierung als Vision. Zur Symbolgeschichte einer Technik im Alltag*, Tübingen 1999, 124ff.

teil von Repräsentationen; die „Lichtfülle"[143] bei Festen und Feiern verwies „auf den generösen Umgang mit einem Luxusgut in einer nicht alltäglichen Situation. (...) Vor allem am Sedantag und den Kaisergeburtstagen wurde Licht als Ausdruck der Freude und des Siegs über die Nacht und das Dunkel (...) publikumswirksam eingesetzt."[144] Beate Binder hat auf die Bedeutung von elektrischem Licht in der Nachkriegszeit hingewiesen:

> „Als mit dem wirtschaftlichen Aufschwung die Helligkeit in die Städte zurückkehrte, schienen die Entbehrungen der Kriegs- und Nachkriegsjahre endgültig überwunden. Architekten und Designer erkundeten verstärkt elektrisches Licht als Gestaltungsmittel."[145]

So stand die Illumination des Welfenschlosses nicht zuletzt auch für die überwundenen Nöte der Wiederaufbaujahre, vor allem aber für die erreichten Erfolge und einen positiven Blick in die Zukunft. Teil dieses positiven Blickes in die Zukunft war auch die Betonung der gesellschaftlichen Bedeutung der eigenen Leistungen und des technischen Fortschritts. Die verschiedenen Festredner hoben immer wieder die Notwendigkeit von Wissenschaft und Technik für die Existenz der Deutschen hervor. So betonte Ministerpräsident Heinrich Hellwege (DP) in seiner Festrede:

> „Wir wissen, daß die Zukunft unseres Volkes im Zeitalter der Atome entscheidend von den Möglichkeiten des wirtschaftlichen und technischen Fortschreitens abhängt. Wichtig ist, ob es gelingt, die wissenschaftliche Grundlage dafür zu schaffen und zu wahren."[146]

Viele Redner bezogen sich allerdings weniger auf das deutsche „Volk" als auf ein Bekenntnis zu dem, was sie als „europäische Kultur" bezeichneten und gegen das Sowjetsystem abgrenzten. So wandte sich Rektor Schönfeld in seiner Ansprache beim Fackelzug der Studierenden gegen „engstirnigen Nationalismus"[147] und bekräftigte stattdessen die Identifikation mit der europäischen Kultur: „Europäische Kultur, europäisches Denken und europäische Ideen sind über die ganze Welt verbreitet."[148] Die Rede vom „Abendland" als unmittelbar nach dem Kriege wirkender Übergangsidentifikation war zu einer Selbstverortung in der „europäischen Kultur" modifiziert worden; beides war verwandt, aber keineswegs deckungsgleich.[149] Nun gehe es darum, „Persönlichkeiten zu erziehen, die die große Tradi-

---

143 Ebd., 61.
144 Ebd., 61f.
145 Ebd., 49, vgl. a. 355ff.
146 Der große Festakt, 53.
147 Der Fackelzug am 29. Juni 1956, in: Jahrbuch 1955–1958, 35–38, hier 38.
148 Ebd.
149 Vgl. hierzu z.B. Werner Tschacher, „‚Ich war also in keiner Form aktiv tätig.' Alfred Buntru und die akademische Vergangenheitspolitik an der RWTH Aachen 1948–1960", in: *Geschichte im Westen Jg. 19 (2004)*, 197–229, bes. 29ff. Tschacher weist darauf hin, dass aus der in Aachen sehr starken regionalen „Abendland"-Bewegung zum Beispiel der Karlspreis hervorging, der der Förderung der europäischen Einigung gewidmet wurde. Zum „Abendland"-Diskurs vgl. a. Axel Schildt, *Zwischen Abendland und Amerika. Studien zur westdeutschen Ideenlandschaft der 50er Jahre*, München 1999; Guido Müller/Vanessa Plichta, „Zwischen Rhein und Donau. Abendländisches Denken zwischen deutsch-französischen Verständigungsmodellen und konservativ-katholischen Integrationsmodellen 1923–1957", in: *Jour-

tion der europäisch-christlichen Kultur auch in Zukunft wahren und erhalten werden"[150], wie der Rektor anlässlich des Festkommerses forderte. Bei dem anschließenden Fackelzug der Studierenden mahnte er ein klares weltanschauliches Profil der Universitäten im Sinne dieser Zuordnung an:

> „Wir werden aber nichts anzubieten haben, es sei denn, daß unser Auftreten, unsere Ideale und unsere Fortschritte ein universelles Gepräge gewinnen. Dieses Ziel können wir nur erreichen, wenn die Universitäten sich ganz klar darüber sind, was ihr Ziel ist."[151]

Vor allem müsse man Menschen ausbilden, die in der Lage seien, „politischen, wirtschaftlichen und auch wissenschaftlichen Unsinn zu durchschauen".[152] Weitere Konkretisierungen bezüglich des geforderten europäischen Sinnangebotes lieferte Schönfeld nicht. In einer anderen Festrede beschäftigte der Rektor sich mit dem wirtschaftlichen Wettbewerb zwischen Westeuropa, der UdSSR und den USA und nutzte das Forum des Festaktes, um auf den Rückstand der westlichen Welt in Sachen Ingenieursausbildung hinzuweisen.[153] In diesem Zusammenhang betonte er, dass die Ausbildung von Ingenieuren reformbedürftig sei und stellte Überlegungen über die fortschreitende Automation an, die es notwendig machen werde, viele Kräfte umzuschulen, um sozialer Not vorzubeugen.[154] Schönfeld richtete den Blick auch in die fernere Zukunft:

> „Es ist vor[aus]zusehen, daß der Mechanisierung und Automation der Fertigung auch eine Rationalisierung der geistigen Arbeit folgen muß. Den Beginn dazu sehen wir in dem jetzt gerade beginnenden Einsatz von elektronischen Rechenmitteln und Rechenmaschinen, die den Menschen von einer nicht schöpferischen geistigen Betätigung befreien sollen. Es ist das ein Schritt, der zwangsläufig analog zu der Befreiung des Menschen von schwerer körperlicher Arbeit befreien muß."[155]

Die technische Entwicklung wurde also vor allem als Wegbereiterin der Befreiung der Menschen dargestellt. Damit verbunden war ein entschieden optimistischer Ausblick auf die Zukunft der technischen Berufe: ihre Relevanz und damit die Bedeutung der Technischen Hochschulen würde noch steigen.[156] Schönfelds Sicht auf die Technik unterschied sich durch ihren in die Zukunft gerichteten Optimismus wesentlich von den Überlegungen etwa seines Vorgängers Otto Flachsbart.[157] Im Gegensatz zu den mit der Suche nach einer ethisch-religiösen Fundierung technischen Handelns befassten Reflexionen des zweiten Nachkriegsrektors, waren es vor allem pragmatische, von wirtschaftlichen und sozialen Zielen geleitete

---

nal of European Integration History Vol. 5/2 (1999), 17–47; Vanessa Plichta, „Reich – Europa – Abendland. Zur Pluralität deutscher Europaideen im 20. Jahrhundert", in: *Vorgänge 40 (2001)*, 60–69.
150 Der Festkommers, 33.
151 Der Fackelzug, 38.
152 Ebd.
153 Der große Festakt, 45.
154 Ebd., 48.
155 Ebd., 49.
156 Ebd.
157 Vgl. Kapitel 4.

Überlegungen, die Schönfeld anstellte. Die von seinen Kollegen vorher gelegentlich abgewerteten „Notwendigkeiten der Berufsvorbildung"[158] standen nun als gleichberechtigte Aufgaben der Technischen Hochschule neben „der Bildungsaufgabe, Menschen zu erziehen, die die Verantwortung zum sinnvollen Gebrauch der Technik zu übernehmen gewillt sind."[159] Und auch die Kirche hatte im Rahmen des Jubiläums nicht die Funktion, die die Religion noch bei Flachsbart übernommen hatte. Während Flachsbart christliche Überlegungen vor allem dazu verwendet hatte, moralische Prämissen für den Umgang mit der Technik zu suchen, nahm die Kirche als Repräsentantin dieser Religion bei den Feierlichkeiten nicht in erster Linie die Rolle einer Mahnerin ein. Im Gegenteil: die bereits im Zusammenhang mit der Technikdiskussion untersuchte Predigt des evangelischen Bischofs Hanns Lilje am ersten Festtag war eine Ermutigung für die Optimisten unter den Technikern, die er das göttliche Gebot „Machet euch die Erde untertan"[160] erfüllen sah. Kritischere Töne vernahmen die versammelten katholischen Gäste von Studentenpfarrer Wilhelm Hausmann. Dieser forderte von den Technikern eine „Einordnung"[161] ihrer Tätigkeit in einen christlichen Werthorizont:

> „Leistet er diese Einordnung nicht, träumt er von einer absoluten Verfügungsgewalt über die Geheimnisse und Kräfte der Natur, dann werden die Werke des Menschenhirns und der Menschenhand die selbstherrlichen Beherrscher der Natur (...)."[162]

Während Liljes Rede im Jahrbuch vollständig abgedruckt ist, findet sich Hausmanns Ansprache allerdings nur in Auszügen.[163]

Die Festgottesdienste sind ein weiteres Beispiel dafür, dass die Technische Hochschule Hannover im Rahmen ihrer Jubiläumsfeierlichkeiten Elemente von Traditionsbeharrung und Modernisierung nebeneinander und einander nicht widersprechend inszenierte. Vordergründig war die Abhaltung von Festgottesdiensten ein Zeichen dafür, dass weltliche Kontexte im Fest sakralisiert wurden und dass die Leitungspersonen der TH Hannover Wert darauf legten, ihrer Tätigkeit die Legitimation traditioneller Instanzen zu verleihen. Die bei den Festgottesdiensten transportierten Inhalte konnten aber durchaus auch in die Modernisierungsabsichten der Technischen Hochschule integriert werden: Sowohl der von Lilje unterstützte Technikoptimismus als auch die von Hausmann angemahnte Selbstreflexion konnten als Elemente der Moderne interpretiert werden.

---

158 Der große Festakt, 49.
159 Ebd.
160 „Der Festgottesdienst in der Marktkirche und in St. Marien am 29. Juni 1956", in: Jahrbuch 1955–1958, 11–14, hier 11. Vgl. a. Kapitel 4.
161 Ebd., 14.
162 Ebd.
163 Ebd.

Frohsinn und Ernst: Die Beiträge der Studierenden zum Hochschuljubiläum

Nicht nur die Professoren, auch die Studierenden der Technischen Hochschule Hannover gestalteten die Jubiläumsfeierlichkeiten im Juni 1956 aktiv mit. Sie organisierten mit dem Fackelzug und dem Festkommers zwei öffentlich sichtbare Ereignisse, in deren Rahmen sie durch symbolische Handlungen und durch Reden ihre Vorstellungen von sich selbst, ihrer Position innerhalb der Hochschule und ihrer Zukunft deutlich machen konnten. Auch durch die Ansprache des AStA-Vorsitzenden Günther Schiemann beim offiziellen Festakt und mehrere Beiträge in der Jubiläumsfestschrift verschafften sich die Studierenden die Aufmerksamkeit der hochschulinternen und -externen Öffentlichkeit.

Bei dem Festkommers am 29. Juni 1956 gab es zunächst keine offiziellen Ansprachen von Studierenden; stattdessen hörten sie zwei kurze Reden von Rektor Schönfeld und Kultusminister Langeheine (DP). Schönfeld betonte die gute Zusammenarbeit zwischen korporierten und nichtkorporierten Studierenden, wobei er wie erwähnt besonders die Verbindungsstudenten für ihr Engagement lobte.[164] Langeheine konzentrierte sich in seinen Ausführungen vor allem auf die Frage, wieviel Erwerbsarbeit Studierenden zuzumuten sei und ob eine allgemeine Studienförderung wünschenswert sei. Er warnte vor einer Abhängigkeit vom Staat, die durch eine flächendeckende finanzielle Studienförderung wie in der „Sowjetzone"[165] entstehe und plädierte dafür, sich die akademische Freiheit nicht „abkaufen"[166] zu lassen. Wie Schönfeld lobte auch Langeheine die „Duldsamkeit"[167], mit der korporierte und nichtkorporierte Studierende zusammen lebten und arbeiteten: die Hannoveraner Studierenden hätten „das Lebensgesetz jeder Hochschulgemeinschaft verstanden."[168] Wenn zum Teil auch „antiquierte"[169] Vorstellungen zurückgelassen werden müssten, um „gesunde"[170] Formen studentischen Zusammenlebens zu ermöglichen, so sei die Existenz der Korporationen an sich doch begrüßenswert. Sie trügen zur „Eingliederung einer ungegliederten Masse von 3000 und mehr Studenten in den Organismus der Hochschule"[171] bei, so dass die Studierenden ein „in sich gegliedertes Ganzes"[172] werden könnten, statt „in der Vereinzelung zu studieren."[173] Bei diesem Anlass wurde also mehr über die Studierenden und die gewünschten Formen ihres Zusammenlebens gesprochen, als dass die Studierenden selbst sprachen. Die Bedenken gegen eine Individualisie-

---

164 Der Festkommers, 32.
165 Ebd., 33.
166 Ebd.
167 Ebd., 34.
168 Ebd.
169 Ebd.
170 Ebd.
171 Ebd.
172 Ebd.
173 Ebd.

rung der Studierenden, die in der zeitgenössischen Diskussion um die „Massenuniversität" immer wieder eine Rolle spielten, wurden hier noch einmal bekräftigt. Die einst bekämpften Studentenverbindungen waren dem akademischen und politischen Führungspersonal als „ordnende" Kräfte lieber als ein nicht steuerbarer Individualismus einer „Masse" nicht organisierter Studierender.

Dem studentischen Kommers folgte der Fackelzug. Dieser setzte eine alte, nicht nur studentische Tradition fort. Fackelzüge waren zum Beispiel im 19. Jahrhundert nicht nur anlässlich von Festen veranstaltet worden, sondern auch, um bestimmte Personen zu ehren, Dankbarkeit oder Solidarität auszudrücken. Sie waren außerdem ein fester Bestandteil der deutschen Nationalbewegung im 19. Jahrhundert; im Zusammenhang mit lokalen Inszenierungen gegen die deutsche Teilung wurden sie seit 1954 auch im außerakademischen Bereich wieder belebt.[174] So war der Fackelzug also nicht, wie dem heutigen Betrachter die Assoziation mit den Fackelzügen der Nationalsozialisten nahe legen könnte, eine Ausdrucksform nur nationalistischer oder korporierter Studierender. Im Jahre 1937 hatte es beispielsweise eine bemerkenswerte Demonstration des Protestes von Studierenden gegen die nationalsozialistische Hochschulpolitik gegeben, als sie ihre Solidarität mit dem von der Hochschule vertriebenen Otto Flachsbart durch einen Fackelzug ausgedrückt hatten.[175] Auch bekundeten die Studierenden der Göttinger Universität ihre Unterstützung für Rektor und Senat mit einem Fackelzug, als diese aus Protest gegen die Ernennung des rechtsradikalen Leonard Schlüter zum Kultusminister zurücktraten.[176]

Anlässlich des Jubiläumsfackelzuges der Hannoveraner Studierenden erklärte der AStA-Vorsitzende Schiemann, dieser werde zum Dank für den scheidenden Rektor Schönfeld und als „Bekenntnis zu unserer alma mater"[177] veranstaltet:

> „Die Fackel mit ihrem lebendigen Schein kann Symbol sein für die gegenwärtige Situation, in der wir uns befinden. Unsere Fackel hat ihren Ursprung in der olympischen Fackel. Sie wird an der heiligen Stätte entzündet, von Mann zu Mann weitergegeben, bis sie als verbindliches Zeichen über dem Stadion unserer gegenwärtigen Wettkämpfe leuchtet."[178]

Der AStA-Vorsitzende verband also symbolisch die olympische Fackel mit den Fackeln, die die Studierenden trugen und verglich ihr Leben mit einem Sportwettkampf. Um was gekämpft wurde, ließ er im Dunkeln. Der Fackelzug sollte für das Weitergeben einer Tradition stehen:

---

174 Wolfrum, Geschichtspolitik, 166. Es handelte sich z. B. um Fackelzüge an der Zonenrandgrenze, mit denen die Bürger ihren Wunsch nach der deutschen Einheit ausdrücken wollten.
175 E. Pestel/S. Spiering/E. Stein, „Otto Flachsbart. Mitbegründer der Gebäude-Aerodynamik", in: Seidel, Rita (Schriftltg.), *Universität Hannover 1831–1981. Festschrift zum 150jährigen Beste-hen der Universität Hannover*, Bd. 1, Stuttgart u.a. 1981, 225–236, hier 234.
176 Heinz-Georg Marten, *Der niedersächsische Ministersturz. Protest und Widerstand der Georg-August-Universität Göttingen gegen den Kultusminister Schlüter im Jahre 1955*, Göttingen 1987, 46; vgl. hierzu Kapitel 3.
177 Der Fackelzug, 35.
178 Ebd.

> „So können wir die Fackel als ein Symbol richtig verstandener Tradition auffassen, die im Übernehmen und Weitergeben besteht. (...) Dieses Bild in dieser Stunde, das uns alle, Professoren, ehemalige und jetzige Studenten verbinden sollte, konkretisiert das Gesetz, nach dem wir angetreten sind."[179]

Schiemann verzichtete allerdings auf jegliche Konkretisierung, so dass der Inhalt dieses „Gesetzes" vollständig im Dunkeln bleiben musste bzw. die Zuhörer ihre eigenen Wünsche in diese Aussgage hineininterpretieren konnten. Über das „Erbe"[180] das weiter zu tragen sei, erfuhren die Zuhörer nur, dass es „mit Mühe und Leistung errichtet"[181] worden sei, nicht aber, was sein konkreter Inhalt in der Vergangenheit gewesen war oder für die Studierenden der Gegenwart sein konnte. Durch die vage Sprache wurde eine Projektionsfläche geboten, ohne dass der Redner eine Angriffsfläche bieten musste. Aufgabe der Studierenden sei es, so Schiemann, das nicht näher definierte Erbe so weiterzugeben, „daß es frei von reaktionärer Erstarrung und revolutionärer Sprengwirkung in den lebendigen Strom zukünftiger Weiterentwicklung einmündet."[182] Die Absage an als extrem gekennzeichnete politische Richtungen war die einzige inhaltliche Aussage der Rede. Die Ansprache war keineswegs nur Ausdruck eines persönlichen, durch Pathos gekennzeichneten Stils, sondern spiegelte auch die Sehnsucht nach Sinn und Kontinuität unter den damaligen Studierenden wider, die vor der Benennung konkreter Inhalte aber häufig zurückschreckte bzw. in den Grenzen des an der Hochschule Sagbaren blieb. Anstelle weiter zu tragender Inhalte wurden die Formen und Symbole des Weitertragens betont. Auf diese Weise konnte an die Emotionen der Teilnehmenden appelliert werden, konnte das Angebot einer Zugehörigkeit und eines Wir-Gefühls gemacht werden, ohne dass eine klare Standort- und Zielbestimmung notwendig wurde.

So verpassten die Studierenden aber auch die Chance, anlässlich des Jubiläums ihre Situation und ihre Wünsche klar und unabhängig von den Zuschreibungen der Älteren zur Sprache zu bringen. Die Unfähigkeit und der Unwille dazu resultierten aus der bereits an anderer Stelle behandelten Weigerung, Probleme in politischen Kategorien zu durchdenken, die mit der mächtigen Anrufung des „Unpolitischen" als positivem, gesellschaftlich erwünschtem Verhaltensmodus zusammenhing. Den Studierenden war vermittelt worden, dass politisches Denken und Handeln gefährlich sei und in die Katastrophe des Nationalsozialismus und der deutschen Teilung – als deren Opfer man sich fühlte – geführt habe.[183] Einen Inhalt dessen zu benennen, wofür und wogegen man sich wandte, der konkreter gewesen wäre als die rituaIähnlich wiederholte Ablehnung politischer Extreme, bedeutete eine Festlegung, die Widerspruch evozieren konnte. Wie bereits im Kapitel über die Studierenden deutlich geworden ist, wurde das Unbehagen an den von den Studierenden erlebten Widersprüchen zwar durchaus artikuliert. Es wurde

---

179 Ebd.
180 Ebd.
181 Ebd.
182 Ebd.
183 Vgl. Kapitel 3.

nur meist nicht in politischen Kategorien formuliert, so dass auch Machtfragen nicht gestellt und Alternativen nicht benannt und im politischen Streit verteidigt werden mussten. Dadurch wirkte das Gesagte nicht nur häufig so nebulös und inkonkret wie im Falle der Rede Schiemanns, sondern konnte auch selten Handlungsfolgen nach sich ziehen.

Der zweite Beitrag des AStA-Vorsitzenden Schiemann zu den Jubiläumsfeierlichkeiten illustriert das beschriebene Problem noch deutlicher. Schiemann formulierte hier seine Bedenken in Bezug auf die technische Entwicklung folgendermaßen:

> „Es ist die Bestimmung des Menschen, sich die Welt untertan zu machen, d. h. die Regie über die technische, wissenschaftliche, kulturelle, wirtschaftliche und politische Entwicklung zu behalten. Es ist nicht die Bestimmung des Menschen, unter die selbst gebauten Räder zu kommen, um dort zerrieben zu werden."[184]

Das „Menschsein"[185] sei, so Schiemann, nicht unverlierbar, es könne auch „verlorengehen".[186] Der AStA-Vorsitzende stellte klar, dass er hiermit nicht etwa die Bedrohung durch Atomwaffen meinte – diese sei „sekundär".[187] Anstelle dieses konkreten Problems – zu dem man eine politische Position hätte einnehmen können – sprach Schiemann über den drohenden „Abbau der menschlichen Substanz".[188] Dabei gehe es ihm nicht um die Gefahr, dass der Mensch zu wenig glaube, denn:

> „Wir glauben in Wirklichkeit mehr, als wir zugeben. Es ist nur die Frage, ob dies ein Glaube ist, der zwar für ein unverbindliches Teegespräch ausreicht, aber nicht für den unbedingten persönlichen Einsatz."[189]

Wofür konkret dieser „unbedingte" Einsatz geleistet werden müsse, ließ Schiemann wiederum offen. Er appellierte stattdessen an das Festpublikum:

> „Nur haben Sie bitte Verständnis für unser Anliegen: Die Bewahrung des Menschen. (...) Nehmen Sie die Sorge ernst, daß der Mensch nicht verlorengehe."[190]

So wurde ein Unbehagen an der gesellschaftlichen Entwicklung und den sozialen Implikationen des technischen Fortschritts durchaus artikuliert, jedoch ohne dass konkrete, diskutierbare Fragestellungen formuliert wurden. Probleme, die in politischen und damit streitbaren Kategorien hätten angesprochen werden können, wurden so umgangen. Mit einem Bekenntnis zum „Menschen an sich" musste Schiemann nicht befürchten, auf Widerspruch zu stoßen und sein Anliegen präzise formulieren zu müssen.

Die Studierenden überließen es anderen, zu definieren, welche Aufgaben auf sie zukamen und wie sie sich in der bundesdeutschen Gesellschaft verorten soll-

---

184 Der große Festakt, 61.
185 Ebd.
186 Ebd.
187 Ebd.
188 Ebd.
189 Ebd.
190 Ebd., 61f.

ten. Jene Akteure, die die Hochschule als eine Gemeinschaft sehen und darstellen wollten, in der Konflikte nicht als politische Konflikte ausgetragen wurden, hielt das indessen nicht davon ab, politische Aussagen zu machen. So wurde den Studierenden von Kultusminister Langeheine wie erwähnt signalisiert, mit Forderungen nach einer besseren Studienfinanzierung seien sie auf dem besten Wege, sich die akademische Freiheit „abkaufen" zu lassen und stünden damit in der Gefahr, nicht besser dazustehen als ihre Kommilitonen in der „Sowjetzone". Der Ehemaligenfunktionär Christian Kuhlemann bot den Studierenden anlässlich des Fackelzuges eine Möglichkeit zur Identifikation als Elite an, die deutlich anti-individualistische Züge trug. Über seine eigene Studentenzeit sagte Kuhlemann, er habe schnell begriffen, dass die Freiheit des Lernens kein Selbstzweck sei „sondern dem einzigen Ziel diente, uns mit unsrer ganzen Person, mit ganze[m] Können zum Wohle des anderen, unseres Mitmenschen, unseres Volkes einzusetzen."[191] In Bezug auf die Zukunft der Technischen Hochschule verkündete Kuhlemann:

> „Wir werden mithelfen, aus den Trümmern, die der Krieg hinterlassen hat, ein neues Haus aufzubauen, in einem Geist, der der neuen Zeit gerecht wird und in dem Bewußtsein, daß es nicht um einzelne geht, sondern um die Elite unserer Jugend in einem neuen Deutschland und in einem neuen Europa."[192]

Sich abweichend von den Aussagen Langeheines zur Studienfinanzierung oder zu den gegen die Individualisierung der Studierenden gerichteten Äußerungen Kuhlemanns und anderer zu positionieren, hätte zu einem politischen und daher unerwünschten Streit innerhalb der Hochschule oder zumindest zu einer Störung der inszenierten Harmonie führen können. So begnügten sich die Studierenden damit, öffentlich in glanzvoller, repräsentativer Form sichtbar zu sein und durch eine gelungene Inszenierung zu den Feierlichkeiten beizutragen. Dazu gehörte auch das Absingen des alten Studentenliedes „Gaudeamus", das die Fröhlichkeit und Unbeschwertheit des alten deutschen Studententums zum Thema hat.[193] Die Studierenden drückten so nicht nur eine Sehnsucht nach einer anknüpfungsfähigen eigenen Tradition aus. Sie reinszenierten auch eine Epoche studentischen Lebens, die vielen unbeschwerter vorkommen musste als ihre eigene Studienzeit. Diese war schließlich aufgrund veränderter sozialer Strukturen stark von wirtschaftlichen Notwendigkeiten geprägt. Da sie die Chance zur Artikulation ihrer Wünsche und der von ihnen erlebten Widersprüche vor einer breiten Öffentlichkeit nicht nutzten, blieb den Studierenden nur, den vermeintlichen Glanz einer vergangenen Epoche zu reinszenieren und ihre gegenwärtigen und zukünftigen Belange nicht konkret zum Thema zu machen.

---

191 Der Fackelzug, 36.
192 Ebd., 37.
193 Probst-Effah, „Gaudeamus igitur", 4ff.

ZUSAMMENFASSUNG

Für die bundesdeutsche Gesellschaft in der Zeit von 1948/49 bis 1953 hat Edgar Wolfrum eine „bisweilen hilflose Suche nach anknüpfungsfähigen Traditionssträngen"[194] konstatiert, die mit der Etablierung des „Tages der deutschen Einheit" endete. Die Analyse der Festkultur an der Technischen Hochschule Hannover zeigt, dass die technischen Akademiker direkt nach dem Krieg ebenfalls eine Phase der Suche nach einer angemessenen Anknüpfung an und Inszenierung von Traditionen durchmachten. Welche Traditionen für bewahrenswert gehalten wurden und welche nicht, musste ausgehandelt und erprobt werden. Mit den akademischen Jahresfeiern etablierte sich aber sehr früh bereits wieder ein Medium der Repräsentation, das auf Traditionen bis ins 19. Jahrhundert zurückging. Nach anfänglicher Zurückhaltung ging die Reetablierung der hergebrachten akademischen Rituale zügig vor sich.

Das Jubiläum als Endpunkt dieser Untersuchung zeigt, dass Mitte der 1950er Jahre von der anfänglichen Verunsicherung und der Suche nach neuen Perspektiven, wie sie etwa in den Reden und Schriften Otto Flachsbarts anklang, wenig übrig geblieben war. Die Suchbewegungen in der „Stunde der Besinnung und Sinnstiftung"[195] unmittelbar nach Kriegsende wichen schnell einer gut konsolidierten Selbstgewissheit. Die Technische Hochschule Hannover präsentierte sich anlässlich ihres 125-jährigen Jubiläums als eine selbstbewusste, im Wachsen begriffene Institution. Die Betonung von Modernität, Weltoffenheit und internationaler Wettbewerbsfähigkeit ging dabei Hand in Hand mit der Inszenierung der Hochschule als einer hierarchisch verfassten Gemeinschaft. Das zum Teil enthusiastische Bekenntnis zum technischen Fortschritt und die damit verbundene internationale Orientierung bildeten für die Akteure keinen Widerspruch zu der hierarchischen Struktur der Hochschule und zu vordemokratischen Elementen im Denken vieler ihrer Angehörigen. Noch hielt man diese Strukturen für gut geeignet, den gesellschaftlichen und ökonomischen Herausforderungen zu begegnen. Mehr noch: nur durch ordnende und „gliedernde" Gegenkräfte, wie man sie etwa in den studentischen Verbindungen sah, sowie durch eindeutige normative Setzungen in Form vermeintlich unbeschädigter „Werte" glaubten viele Akteure, den unerwünschten Begleiterscheinungen des Modernisierungsprozesses entgegen wirken zu können.

Die Bekräftigung des akademischen Zusammenhalts und eines an die „neue Zeit" angepassten, vermeintlich ausschließlich leistungsorientierten Standesbewusstseins wurde in den akademischen Feiern inszeniert und wirkte als Identitäts-

---

194 Wolfrum, Geschichtspolitik, 347.
195 Michael Ermath, „‚Amerikanisierung' und deutsche Kulturkritik 1945–1965. Metastasen der Moderne und hermeneutische Hybris", in: Konrad H. Jarausch/Hannes Siegrist (Hg.), *Amerikanisierung und Sowjetisierung in Deutschland 1945–1970*, Frankfurt a. M./New York 1997, 315–334, hier 322.

angebot an die Studierenden. Damit dies gelingen konnte, musste nicht zuletzt die eigene Geschichte positiv anknüpfungsfähig gemacht werden. Hierzu gehörte, dass die Technische Hochschule Hannover ihre Geschichte offiziell so erinnerte und erzählte, dass sie Anlass für ungetrübten Stolz sein sollte. Im Rahmen dieser Geschichtserzählung wurde selektiv auf den Nationalsozialismus Bezug genommen: Er wurde zu einer fremdverschuldeten „Episode", deren Protagonisten man beim feierlichen Erinnern ebenso aussparte wie ihre Opfer und als deren Leidtragende man vor allem die deutsche Bevölkerung einschließlich der meisten Wissenschaftler sehen wollte. Werte der Demokratie und des Grundgesetzes fehlten in den zitierten Reden weitgehend: Eine Westorientierung zeichnete sich zwar in der internationalen Ausrichtung der Wissenschaftler ab, sie war aber im Sinne gesellschaftlicher Pluralisierung für die meisten von ihnen noch keine Option.

Gleichwohl boten die inkonkrete Sprache der Akteure und die darin enthaltenen multivalenten Wertbegriffe Projektionsflächen, die einer solchen Orientierung zumindest nicht mehr prinzipiell entgegenstanden.

ZUSAMMENFASSUNG

Als während der Feierlichkeiten zum 125-jährigen Jubiläum der Technischen Hochschule Hannover ein hierarchisch gegliederter Zug von Professoren und Studierenden, in dem die Vertreter der verfassten Studentenschaft hinter den Burschenschaftern gingen, in den modern und offen gestalteten neuen Lichthof des Hauptgebäudes einzog, machte diese Inszenierung genau die beiden Elemente deutlich, die in vielfacher Hinsicht als Leitmotive der Entwicklung der Technischen Hochschule im ersten Nachkriegsjahrzehnt gelten können. Sie lassen sich als Merkmale einer Modernisierung auf der einen und einer konservativen Traditionsorientierung auf der anderen Seite benennen, oder auch in die Begriffe des Wandels und der Kontinuität kleiden. Anzeichen einer beginnenden Modernisierung und eines Wandels zeigten sich, wie in dieser Studie deutlich geworden ist, auf verschiedenen Feldern des Hochschullebens. Dazu zählten zum Beispiel die Einrichtung einer demokratischen Selbstverwaltung, das Bemühen um die Wiederanknüpfung an internationale Beziehungen und eine Orientierung am internationalen Wettbewerb auf dem Feld der Forschung sowie die Modernisierung und Erweiterung der Forschungs- und Lehreinrichtungen der Hochschule. Die enge Kooperation der Wissenschaftler mit der Wirtschaft und der Einsatz der Hannoverschen Hochschulgemeinschaft als „Clearing-Stelle" zwischen beiden können, auch wenn sie keineswegs neu waren, ebenfalls als moderne Elemente der Hochschulentwicklung gelten. Das gleiche trifft auf Bemühungen zur Steigerung der Effizienz von Studiengängen und auf ihre Anpassung an die Erfordernisse des Wiederaufbaus zu, wie sie zum Beispiel in der Einrichtung des Studienganges für Planungswesen umgesetzt wurde.

Dem nicht zuletzt auch in der Ausgestaltung des Lichthofes augenfälligen Modernisierungswillen der Hochschulangehörigen standen Elemente von Traditonsbewahrung, Kontinuität und Beharrungswillen gegenüber, die ebenfalls in dieser Untersuchung herausgearbeitet werden konnten. Hier sind vor allem die Reetablierung und Förderung der studentischen Korporationen, die Verhinderung durchgreifender Hochschulreformen sowie das Ausbleiben einer personellen Säuberung der Hochschule von ehemaligen Nationalsozialisten zu nennen.

Anlässlich der Jubiläumsfeier von 1956 inszenierte die TH Hannover beide Elemente, Modernisierungswillen und Traditionsorientierung, selbstbewusst als Teil einer Erfolgsgeschichte, die mit den mühevollen Jahren des Wiederaufbaus begonnen hatte und mit der Präsentation von Symbolen des Erfolges und des Fortschritts, wie etwa dem Lichthof und der neu erworbenen Rechenmaschine, ihren Höhepunkt erreichte. Die Geschichte der Technischen Hochschule Hannover im Zeitraum zwischen 1945 und 1956 kann in der Tat als Erfolgsgeschichte einer

Forschungs- und Bildungsinstitution gelten, die nach der Zerstörung durch den Krieg und die zeitweise Infragestellung ihrer Existenz wieder aufgebaut und erweitert werden konnte. Elemente dieser Erfolgsgeschichte waren das Engagement der Stadt Hannover und des Landes Niedersachsen für die Hochschule, nicht zuletzt aber auch die tatkräftige Hilfe der britischen Militärregierung in den ersten Nachkriegsjahren sowie die Unterstützung der zum Teil in der Hannoverschen Hochschulgemeinschaft organisierten Industrie. Diese Akteure waren sich der Wichtigkeit leistungsfähiger Hochschulen für ihre jeweiligen Eigeninteressen bewusst und handelten – zum Teil nach anfänglichen Vorbehalten – im Rahmen ihrer finanziellen und politischen Möglichkeiten danach. So verwarf die Landesregierung ihre Schließungspläne trotz der angespannten Haushaltslage: Sie war sich über die Bedeutung technischer Forschung und Lehre für das im Strukturwandel befindliche Agrarland Niedersachsen im Klaren. In dieser Untersuchung ist deutlich geworden, dass die Stadt Hannover die Hochschule ihrerseits nicht nur im Interesse von Wirtschaft und Arbeitsmarkt von Anfang an unterstützte, sondern auch aus Gründen der Imagepolitik, die aus dem „provinziellen Dasein" herausführen sollte. Hannoversche Hochschulgemeinschaft und Industrie waren ebenfalls daran interessiert, auf wissenschaftliches Fachpersonal und entsprechende Infrastruktur vor Ort zugreifen zu können. Und auch die britische Militärregierung erkannte schnell, dass funktionierende Hochschulen ihren Interessen dienten, indem sie zur Stabilisierung der gesellschaftlichen Ordnung etwa durch die Ausbildung von Fachkräften beitragen konnten. Dem Bestreben der Westalliierten nach Stabilisierung des zukünftigen Bündnispartners wurden schließlich vor dem Hintergrund des Kalten Krieges Entnazifizierungs- und Reforminteressen untergeordnet.

Diese Prioritätenverschiebung in der britischen Politik war für die Professoren natürlich nicht voraussehbar. Sie sahen sich durch die Entnazifizierung, häufig zum ersten Mal in ihrer Karriere, mit einer existenziellen Statusverunsicherung konfrontiert. Die erwies sich zwar rückblickend als Episode, wurde jedoch subjektiv als große Zumutung empfunden und trug mit zu einem erhöhten Bedürfnis nach sinnstiftender Orientierung bei. Bereits seit Ende der 1940er Jahre wurde indessen deutlich, dass die Ausgangslage für die meisten Professoren trotz Krieg und etwaigem nationalsozialistischen Engagement recht günstig war. Sie hatten in der westdeutschen Nachkriegsgesellschaft ihr soziales Ansehen keineswegs eingebüßt; zudem begegneten ihnen auch die Vertreter der britischen Besatzungsmacht zunehmend auf Augenhöhe und sahen sie weniger als ehemalige Feinde denn als Kooperationspartner an.

Den hannoverschen Professoren gelang es überwiegend, ihre Arbeit während des Nationalsozialismus als „unpolitische" Expertentätigkeit darzustellen. Dieser Befund deckt sich mit den Forschungsergebnissen zu den Entnazifizierungsverfahren an anderen westdeutschen Universitäten und Hochschulen.[1] Die Akteure

---

1 Vgl. z. B. Silke Seemann, *Die politischen Säuberungen des Lehrkörpers der Freiburger Universität nach dem Ende des Zweiten Weltkrieges (1945–1957)*, Freiburg i. Br. 2002; Sylvia Paletschek, „Entnazifizierung und Universitätsentwicklung in der Nachkriegszeit am Beispiel

der technischen Intelligenz konnten sich nach 1945 ein „Tradierungs- und Verwandlungsfeld ihrer sozialen Identitäten"[2] schaffen, in dessen Rahmen sie nicht nur ihre wissenschaftlichen Qualifikationen, die sie häufig auch in den Dienst des NS-Staates gestellt hatten, erfolgreich umkontextualisierten, sondern auch ihren gesellschaftlichen Einfluss und ihr Selbstverständnis als Elite bewahren konnten. Dieser Zusammenhang ist in dieser Studie auch am Beispiel der Fachrichtung Verkehrswesen verdeutlicht worden.

Für die personelle Kontinuität und die Umkontextualisierung der eigenen Expertentätigkeit war, wie gezeigt worden ist, ein Verständnis von Wissenschaft und Technik nützlich, das beide ihres sozialen und politischen Kontextes weitgehend entkleidete und ihre Protagonisten für neutrale und damit von der Verantwortung für politische Entwicklungen nicht betroffene Individuen darzustellen suchte. Die Entnazifizierungskriterien der Briten trugen entscheidend zum Erfolg dieser Interpretation bei. Die Konzentration der Verfahren auf Organisationszugehörigkeiten ließ viele Elemente der Kooperation und gegenseitigen Indienstnahme von Nationalsozialismus und Wissenschaft im Dunkeln, und die große Zahl überprüfter Personen verhinderte eine Fokussierung auf das Ziel des Elitenaustausches.

Zudem bemühten sich die Professoren der Technischen Hochschule Hannover erfolgreich darum, den Wiederaufbau, die Schließungsdiskussion und die durch die Entnazifizierung enstandenen personellen Engpässe rhetorisch zu einer Art „Schadensgeschichte" zu verknüpfen, die im Rückblick aus eigener Kraft erst in eine „Erfolgsgeschichte" verwandelt worden war. Die stark zerstörte Technische Hochschule Hannover und ihre Angehörigen wurden in der Öffentlichkeit dementsprechend eher als Opfer des Krieges und der Nachkriegsverhältnisse dargestellt, als dass die Beteiligung der Hochschule an der deutschen Kriegsforschung und das Engagement vieler Professoren für den Nationalsozialismus reflektiert worden wären.

Gegenkräfte bildeten in der internen Öffentlichkeit der Hochschule der Betriebsrat sowie in der externen Öffentlichkeit die Gewerkschaften, Teile der SPD sowie der Presse. Trotz zum Teil scharfer Kritik linksgerichteter Zeitungen konnte sich die einseitige Darstellung der Hochschule als Leidtragende des Krieges durchsetzen. Dies gelang nicht zuletzt, weil sie einem mächtigen Deutungsmuster in der deutschen Öffentlichkeit entsprach, das die Bevölkerung von den NS-Tätern trennte und pauschal zu den Kriegsopfern zählte.

In dieser Untersuchung ist es gelungen, durch die Verschränkung sozial-, politik- und kulturgeschichtlicher Fragestellungen zu zeigen, wie gerade im Zusammenhang mit den Diskussionen um die gesellschaftliche Rolle der Technik solche

---

der Universität Tübingen", in: Rüdiger vom Bruch/Brigitte Kaderas (Hg.), *Wissenschaften und Wissenschaftspolitik – Bestandsaufnahmen zu Formationen, Brüchen und Kontinuitäten im Deutschland des 20. Jahrhunderts*, Stuttgart 2002, 393–408; Werner Tschacher, „‚Ich war also in keiner Form aktiv tätig.' Alfred Buntru und die akademische Vergangenheitspolitik an der RWTH Aachen 1948–1960", in: *Geschichte im Westen Jg. 19 (2004)*, 197–229.

2 So Oliver Schael in seinem Dissertations-Abstract „Mandarine zwischen Tadition und Reform. Hochschulreformpolitik in Niedersachsen in den 1950er und 1960er Jahren", http://wwwuser.gwdg.de/~bweisbr1/personen-schael.html, abgerufen am 4.10.2007.

und ähnliche Verknüpfungen von Diskurssträngen genutzt werden konnten, um dem Bedürfnis der technischen Akademiker nach Sinnstiftung und Legitimation gerecht zu werden. Besonders in der unmittelbaren Nachkriegszeit hatten neben der Dominanz des „Opfer"-Diskurses metaphysische Sinndeutungsversuche noch einmal Konjunktur und konnten an das Denken vieler Techniker aus der Zeit insbesondere vor 1933 anknüpfen, wie etwa anhand der Thematisierung des „Christentums" oder des „Abendlandes" als Leitbilder technischen Handelns deutlich geworden ist. Hierbei ist besonders die Multivalenz der verwendeten Orientierungsbegriffe zu betonen: „Christentum", „Abendland/Europa", „Persönlichkeit" und ein abstrakter Begriff des „Menschen", dem man „dienen" wollte, eigneten sich als Projektionsflächen für vielfältige ideologische Präferenzen und konnten so Professoren und Studierenden als eine Art Übergangsidentifikation zwischen „Volksgemeinschaft" und demokratischer Gesellschaft dienen. Damit erfüllten diese Leitbilder nicht trotz, sondern gerade aufgrund ihrer mangelnden Konkretion und analytischen Schärfe eine Art Integrationsfunktion sowohl für die ehemaligen Nationalsozialisten unter den Professoren als auch für die im NS-Staat sozialisierten Studierenden.

Eine kritische Auseinandersetzung mit der NS-Vergangenheit der Hochschule konnte so nicht stattfinden. Die Beteiligung der Professoren an der Rüstungsforschung und anderen nationalsozialistischen Projekten wurde weitgehend verschwiegen; die Erwähnung spektakulärer Einzelfälle, wie etwa Werner Osenbergs und Gerhard Graubners, diente vor allem der nachträglichen symbolischen Distanzierung vom NS-System. Trotz der ausgebliebenen kritischen Auseinandersetzung mit der politischen Vergangenheit wäre es jedoch zu kurz gegriffen, von einer generellen Nicht-Thematisierung derselben auszugehen. Neben einer nationalsozialistisch geprägten Gesellschaft, in der man gelebt und gehandelt hatte, und deren nachträgliche selbstkritische Analyse unweigerlich die Frage nach der eigenen Verantwortung aufgeworfen hätte, gab es für die Akteure nämlich noch einen abstrakten nationalsozialistischen Staat, dessen Handeln man – wenn auch in einer entkonkretisierenden und verallgemeinernden Sprache – durchaus diskutieren konnte. Elemente der nationalsozialistischen Herrschaft, denen viele hannoversche Professoren schon immer kritisch gegenüber gestanden hatten – so etwa Staatseingriffe in die Hochschulen, Studienzulassungen nach politischen statt nach vermeintlich rein leistungsorientierten Kriterien und das, was häufig als „pöbelhafter" Charakter der „Bewegung" bezeichnet wurde – wurden betont und als Indikatoren für die eigene Gegnerschaft zum Nationalsozialismus gedeutet. Zudem wurden sie für die Durchsetzung gegenwärtiger Interessen genutzt, wie am Beispiel der Reformdiskussion gezeigt werden konnte. Eigene Identifikationen mit nationalsozialistischen Ideen, das Profitieren vieler Wissenschaftler vom NS-System und nicht zuletzt die aktive Beteiligung an der Rüstungsforschung und anderen nationalsozialistischen Projekten wurden geleugnet oder als Irrtümer gedeutet. Somit setzte nach 1945 kein reiner „Verdrängungsprozess", sondern ein Interpretations-, Aushandlungs- und nicht zuletzt auch ein Verwertungsprozess in bezug auf die NS-Zeit ein, den Robert G. Moeller als die Suche nach einer "usable past"³ bezeichnet hat. Der Umgang mit der NS-Vergangenheit an der Technischen Hochschule Hannover kann somit als eine Art „Dreiklang" von Beschweigen, Interpretation und Nutzbarmachung verstanden werden.

Die Selbstdarstellung der Professoren als „unpolitisch" war in den Augen vieler Zeitgenossen dabei ein Fortschritt und bildete für sie einen nüchternen Kontrast zu der etwa von Anette Schröder für die Hannoveraner Studierenden der NS-Zeit festgestellten nationalsozialistischen Politisierung der Technik. Mit dem Verweis auf eine solche übermäßige Politisierung in der Diktatur rechtfertigten auch viele Studierende ihre „Parteienskepsis" und wurden dabei von den Älteren unterstützt. Der Konstruktion eines Selbstbildes bzw. einer Fremdzuschreibung als „unpolitisch", wie sie etwa Helmut Schelsky für die westdeutsche Jugend nach 1945 vornahm, kann jedoch nicht uneingeschränkt gefolgt werden. Die Untersuchung der öffentlichen Stellungnahmen von Studierenden hat gezeigt, dass sie sich durchaus zu politischen Fragen äußerten und politisch handelten, ohne dass sie dies selbst so verstanden wissen wollten. Eine Distanz zu den politischen Parteien ist dabei tatsächlich festzustellen; jedoch waren Bekenntnisse etwa zur Elitenbildung, zur deutschen Einheit oder zum Korporationswesen politische Äusserungen, über die es auch zu Auseinandersetzungen kam. Was jedoch bis auf wenige Ausnahmen fehlte, war die Vertretung eigener Interessen mit politischen Argumenten. Die Studierenden des ersten Nachkriegsjahrzehnts agierten auch in ihren Selbstverwaltungsgremien in enger Abstimmung mit dem professoralen Leitungspersonal; Konflikte sind hier kaum nachweisbar. Die Mehrheit des AStA und der studentischen Kammer lehnte es im gesamten Untersuchungszeitraum zudem ab, offizielle politische Stellungnahmen abzugeben, wie am Beispiel der Proteste gegen den rechten Kultusminister Schlüter deutlich geworden ist. Dabei kann die Weigerung, sich mit diesen Protesten zu solidarisieren, ebenfalls als politische Handlung gelten.

Die Haltung der Hannoveraner Studierenden kann, vergleicht man sie mit anderen Forschungsergebnissen, als typisch für viele junge Akademiker der Nachkriegszeit gelten. Einiges spricht jedoch dafür, dass sich die Studierendenvertreter in Hannover, zumindest im Vergleich zu den Universitäten, noch ablehnender gegenüber politischen Diskussionen verhielten als anderswo. So gab es etwa an der Universität Göttingen neben dem Protest gegen Kultusminister Schlüter auch größere Demonstrationen gegen die farbentragenden Korporationen – und aus der unmittelbaren Nachkriegszeit sind lebhafte öffentliche Auseinandersetzungen um den deutschen Widerstand überliefert.⁴ Dagegen war die Entwicklung an der Technischen Hochschule Braunschweig dem Klima in Hannover ähnlicher.⁵ Hier-

---

3   Robert G. Moeller, *War Stories: The search for a usable past in the Federal Republic of Germany*, Berkeley 2001.
4   Herbert Obenaus, „Geschichtsstudium und Universität nach der Katastrophe von 1945: das Beispiel Göttingen", in: Rudolph, Karsten/Wickert, Christl (Hg.), *Geschichte als Möglichkeit. Über die Chancen von Demokratie. Festschrift für Helga Grebing*, Essen 1995, 307–337, hier 317f.
5   Rainer Maaß, *Die Studentenschaft der Technischen Hochschule Braunschweig in der Nachkriegszeit*, Husum 1996, 99. Maaß stellt fest, nicht zuletzt aufgrund der schwierigen sozialen

zu trug sicherlich auch die Abwesenheit geistes- und sozialwissenschaftlicher Fakultäten an den Technischen Hochschulen bei.

Die Widersprüche, die für die Studierenden späterer Jahrgänge Anlass zum Protest werden sollten, wurden zwar erlebt, auch wurde ein „Unbehagen" an bestimmten Strukturen und Leistungsanforderungen gelegentlich artikuliert, nicht aber in eine Form politischer Argumentation transferiert. Die Selbstverwaltungsgremien, in die andere, vollständig in der Bundesrepublik sozialisierte Studentinnen und Studenten in den 1960er und 1970er Jahren ihren Protest hineintragen sollten, waren aber jetzt (re-)etabliert worden. Die sich darin zunächst zögerlich entwickelnde Streitkultur bildete eine wichtige Voraussetzung für eine spätere Aneignung der Demokratie, die für viele Studierende der 1960er und 1970er Jahre nicht zuletzt in der politischen Auseinandersetzung mit der Ordinarienuniversität und ihrem sozialen Hintergrund stattfand. Dabei sollte das „politische Mandat" der Studentenschaft ein Dauerthema in der internen wie auch in der öffentlichen Auseinandersetzung werden.[6]

Wichtige Zielsetzungen der späteren Gruppenuniversität wurden durch die Reformvorschläge insbesondere der Briten vorweg genommen und konnten als Anregungen für die Veränderungsbemühungen der 1960er und 1970er Jahre dienen.[7] Im Kontext der Reformdebatte der ersten zehn Nachkriegsjahre konnten die westdeutschen Akademiker die althergebrachten Formen der Ordinarienuniversität aber noch einmal retten – dies nicht zuletzt, weil es gelang, sie als eine Art „Bollwerk" gegen den Nationalsozialismus zu deuten, wie es beispielsweise Richard Finsterwalder in seiner programmatischen Rede vor dem hannoverschen Bezirkstag im Jahre 1946 tat. Gerade der Nationalsozialismus wurde in dieser Diskussion nicht „beschwiegen", sondern gezielt als Argument verwendet, wenn es etwa um die Gleichsetzung staatlicher Reformbemühungen mit den Eingriffen der Nationalsozialisten in die deutschen Universitäten ging. Das Studium Generale als wichtiges Reformziel der Briten, das dazu dienen sollte, moderne sozialwissenschaftliche und demokratietheoretische Fragestellungen nach Deutschland zu (re-)importieren, wurde in der von den deutschen Ordinarien bestimmten Umsetzung eher zu einer Veranstaltung bildungsbürgerlicher Selbstvergewisserung alter Couleur. Der Stellenwert der „Rückbesinnung" auf bildungsbürgerliche, vermeintlich unhinterfragbare „sittliche Werte" unter den deutschen Akademikern, wie ihn zum Beispiel Ralph Boch anhand der Untersuchung westdeutscher Universitätsrekto-

---

Rahmenbedingungen der Nachkriegszeit seien nur wenige Studierende bereit zu politischem Engagement gewesen (ebd.). Zudem habe es einen nationalkonservativen Grundkonsens unter den Studierenden gegeben, der, ähnlich wie bei den hannoveraner Studierenden, eine zum Teil ablehnende Haltung gegenüber den demokratischen Institutionen enthielt (ebd., 34ff.).

6   Vgl. z. B. Ulrich K. Preuß, *Das politische Mandat der Studentenschaft. Mit Gutachten von Robert Havemann, Werner Hofmann und Jürgen Habermas/Albrecht Wellmer*, Frankfurt a. M. 1969.

7   Diesen Zusammenhang betont etwa Falk Pingel, „Wissenschaft, Bildung und Demokratie – Der gescheiterte Versuch einer Universitätsreform", in: Josef Foschepoth/Rolf Steininger (Hg.), *Die britische Deutschland- und Besatzungspolitik 1945–1949*, Paderborn 1985, S. 183–209, hier 208.

ren dargestellt hat[8], konnte in dieser Studie am Beispiel des Studium Generale auch für die Technischen Hochschulen bestätigt werden. Das Verhältnis der hier untersuchten Akteure zum traditionellen Bürgertum war dabei durchaus ambivalent. Einerseits sollten bürgerliche Werte tradiert werden, die als unkorrumpiert vom Nationalsozialismus galten und sich damit als sinnstiftende Identitätsangebote eigneten. Dieses Bemühen stand nicht zuletzt auch im Kontext der Disziplinierung der Studierenden, die den Professoren anfangs als „unsichere Kantonisten" erschienen, welche durch Wertevermittlung und feste Formen der Vergemeinschaftung zu erziehen seien. Andererseits lassen verschiedene Äußerungen gerade aus der Mitte der 1950er Jahre ahnen, dass die technischen Akademiker es leid waren, sich an den Vertretern des Bildungsbürgertums abzuarbeiten, wie sie dies in den Debatten um die gesellschaftliche Rolle der Technik seit dem 19. Jahrhundert getan hatten. Dazu gehörte auch, dass das Bemühen um übergeordnete, zum Teil metaphysische Sinnstiftungen der Technik zunehmend hinter pragmatischen, an der Wirtschaft und der Lösung konkreter, auch sozialer Probleme ausgerichteten Aufgabenstellungen zurück trat. Immer deutlicher bildete sich ein unabhängiges Standesbewusstsein der technischen Intelligenz aus, das in erster Linie leistungs- und innovationsorientiert sein sollte: Die Gestaltungsansprüche der in dieser Arbeit vorgestellten hannoverschen Verkehrswissenschaftler stehen beispielhaft für das Selbstbild der bundesdeutschen Techniker. Dieses resultierte nicht zuletzt daraus, dass im Fordismus, der von einem Produktions- auch zu einem Gesellschaftssystem geworden war, die „Experten" gebraucht wurden – auch wenn die Klage über die mangelnde Anerkennung der Techniker durch die traditionellen Eliten nie ganz verschwand.

Es war somit weniger der von den Briten intendierte geistige Lernprozess und die aktive Aneignung der Werte des Grundgesetzes als vielmehr die erfolgreiche Verschränkung von Kapitalismus und parlamentarischer Demokratie in der „sozialen Marktwirtschaft", die es möglich machte, dass viele Techniker sich mit dem neuen Geslschaftssystem ebenso effizient arrangierten wie zuvor mit der Diktatur. Die Technische Hochschule Hannover befand sich Mitte der 1950er Jahre, ähnlich wie andere gesellschaftliche Bereiche Westdeutschlands, somit auf einem Weg „konservativer Modernisierung" (Axel Schildt). Noch gab es unter den technischen Akademikern zwar wenig Anzeichen für eine tatsächliche, offen vorgetragene Identifikation mit der neuen Demokratie und den Werten des Grundgesetzes. Wohl aber hatte sich ein zunehmend westorientierter Pragmatismus etabliert, der dieser zumindest nicht mehr im Wege stand.

Ob die Entwicklung in Hannover typisch für die Nachkriegsgeschichte der Technischen Hochschulen Westdeutschlands ist, kann aufgrund der lückenhaften bisherigen Forschung zu anderen TH's nicht zweifelsfrei festgestellt werden. Die vorliegenden Forschungsergebnisse lassen sich daher nur in einigen Punkten vergleichen. So lässt etwa der Blick auf die von Rüdiger Haude untersuchte Reformdebatte an der RWTH Aachen den Schluss zu, dass es dort, wie auch an den Uni-

---

8 Ralph Boch, *Exponenten des „akademischen Deutschland" in der Zeit des Umbruchs: Studien zu den Universitätsrektoren der Jahre 1945 bis 1950*, Marburg 2004, 297f.

versitäten, ähnlich große Widerstände gegen Veränderungen von Hochschulstruktur und -verfassung gab wie in Hannover. Allerdings scheinen diese in Aachen in einzelnen Punkten noch größer gewesen zu sein, wenn man bedenkt, dass etwa „Wahlsenatoren" vom Rektor ernannt werden konnten und die Studentenschaft bis weit in die 1950er Jahre nur die deutschen Studierenden umfasste[9], während man sich in Hannover auf Druck der ausländischen Studierenden schon auf eine Formulierung geeinigt hatte, die auch sie einschloss. Im Vergleich zu den Universitäten agierten die Vertreter der TH Hannover in der Reformdebatte insgesamt wesentlich abwartender und brachten sich nicht so entschieden und öffentlich sichtbar in die Diskussion ein wie beispielsweise die Leitungspersonen der Universität Göttingen.

Die vorliegenden Forschungsergebnisse zur Entnazifizierung an anderen Hochschulen legen nahe, dass sich der Verlauf, die Ergebnisse und die Rechtfertigungsstrategien der Akademiker Westdeutschlands stark ähnelten. Allerdings ging die Bereitschaft, auch schwer belastete Nationalsozialisten zu „integrieren", in einzelnen Fällen noch etwas weiter als in Hannover. Während es hier durchaus Personen gab, die zumindest zeitweise als nicht mehr tragbar galten, versprach der Tübinger Rektor den „Amtsentlassenen" im Jahre 1945, „alles Erdenkliche zusammenzutragen, das zugunsten des Einzelnen, zu seiner Entlastung dienen"[10] werde; und der Heidelberger Rektor Karl-Heinrich Bauer bekundete seine Solidarität mit den von der Entnazifizierung betroffenen Professoren im Jahre 1946 mit den Worten: „Wir belasten keinen, aber entlasten jeden, bei dem es vertretbar ist."[11]

Was die Situation und das politische Verhalten der Studierenden angeht, können wie erwähnt große Ähnlichkeiten zwischen den beiden Technischen Hochschulen Hannover und Braunschweig festgestellt werden. Auch in den Diskussionen über die gesellschaftliche Rolle der Technik scheinen die Themen, die die Hannoveraner bewegten, soweit dies anhand der vorhandenen Forschungsliteratur festgestellt werden kann, einem Zeittrend entsprochen zu haben.[12] Auch die Technische Hochschule Karlsruhe befasste sich zum Beispiel auf ihrem Dies academicus am 10. November 1953 mit dem Thema „Technik und Humanismus": Referent war Theodor W. Adorno.[13]

---

9 Rüdiger Haude, *Dynamiken des Beharrens. Die Geschichte der Selbstverwaltung der RWTH Aachen seit 1945. Ein Beitrag zur Theorie der Reformprozesse*, Aachen 1993, 36.
10 Boch, Exponenten, 73.
11 Ebd., 72.
12 Vgl. z. B. Burkhard Dietz/Michael Fessner/Helmut Maier, „Der ‚Kulturwert der Technik' als Argument der Technischen Intelligenz für sozialen Aufstieg und Anerkennung", in: Dies. (Hg.), *Technische Intelligenz und „Kulturfaktor Technik": Kulturvorstellungen von Technikern und Ingenieuren zwischen Kaiserreich und früher Bundesrepublik Deutschland*, Münster/New York 1996, 1–34; Dirk van Laak, „Das technokratische Momentum in der deutschen Nachkriegsgeschichte", in: Johannes Abele/Gerhard Barkleit/Thomas Hänseroth (Hg.), *Innovationskulturen und Fortschrittserwartungen im geteilten Deutschland*, Köln 2001, 89–104.
13 Theodor W. Adorno, „Über Technik und Humanismus", in: Ders., *Vermischte Schriften I, Gesammelte Schriften, Bd. 20/1*, Darmstadt 1998, 310–317.

Als eine Besonderheit der Technischen Hochschule Hannover kann die jahrelange Verunsicherung über das eigene Weiterbestehen gelten, die sowohl das Verhältnis zur Landesregierung belastete, als auch die Hochschule in besonderem Maße dazu herausforderte, ihr Profil zu schärfen. Eine weitere Besonderheit der TH Hannover speziell im Vergleich zu den Universitäten ist in der Tatsache zu sehen, dass es kaum Wissenschaftler gab, die von den Nationalsozialisten aus ihren Positionen vertrieben worden waren. Im Gegensatz etwa zur Universität Göttingen, wo Rehabilitation und Remigration wichtige Nachkriegsthemen waren, beschränkten sich die Rehabilitationen an der TH Hannover, wie gezeigt worden ist, auf wenige Fälle. Dies hing jedoch vor allem damit zusammen, dass die TH Hannover bereits vor 1933 keine Juden berief, nachdem sie sich des Philosophen Theodor Lessing bereits Mitte der zwanziger Jahre mit einer zum Teil gewalttätigen Kampagne entledigt hatte. Durch das weitgehende Fehlen verfolgter Hochschullehrer war es umso leichter, die Auffassung aufrecht zu erhalten, diese Hochschule stehe „innerlich gesund an der Schwelle einer neuen Zeit".[14]

Das Fehlen einer kritischen Auseinandersetzung mit der NS-Vergangenheit der Hochschule blieb denn auch nicht ohne Folgen. So konnte der NS-Architekt Wilhelm Wortmann Ende der 1950er Jahre Rektor der Technischen Hochschule Hannover werden und sein Konzept der „gegliederten und aufgelockerten Stadtlandschaft"[15] umkontextualisieren und gleichsam „entnazifiziert" an die neuen Verhältnisse anpassen. Im Kontext eines Wissenschaftsverständnisses, das fachliche Kompetenz von politischer Verantwortung trennt, konnten nicht nur die Ehrungen von Fritz Todt und Julius Dorpmüller wie dargestellt aufrecht erhalten werden; auch nahm noch 1961 der ehemalige NS-Landschaftsanwalt Alwin Seifert einen Preis von Rektor Wilhelm Wortmann entgegen.[16] Nicht zuletzt ermöglichte dieser Umgang mit der NS-Zeit die Reaktivierung alter Netzwerke: die Berufung Konrad Meyers im Jahre 1956 ist hierfür das eindrucksvollste Beispiel. Wie dargestellt verdankte Meyer seine Einstellung an der Fakultät für Gartenbau Heinrich Wiepking, der der Abteilung Landespflege vorstand und unter Meyers Leitung im Planungsstab des Reichskommissars für die Festigung deutschen Volkstums an Konzepten der „Ostkolonisation" gearbeitet hatte; auch hatte Wiepking Meyer durch eine umfangreiche entlastende Aussage vor dem alliierten Gericht in Nürnberg geholfen.[17] Erst in den 1960er Jahren stellte eine neue Generation kritischer Studierender Fragen nach der politischen Vergangenheit und diskutierte diese

---

14 NHStA Nds. 423, Acc. 11/85, Nr. 155, Antrag Prof. Finsterwalders an den Bezirkstag, Sitzung am 27.8.1946, 3.
15 Wilhelm Wortmann, „Die Regeneration unserer Städte – Eine Aufgabe des Städtebaues unserer Zeit", in: *Jahrbuch der Technischen Hochschule Hannover 1960–1962*, hrsg. von Rektor und Senat, Braunschweig 1962, 23–27, hier 27.
16 „Bericht des Rektors Prof. Dipl. ing. Wilhelm Wortmann über sein Amtsjahr vom 1. Juli 1960 bis 30. Juni 1961", in: *Jahrbuch der Technischen Hochschule Hannover 1960–1962*, hrsg. von Rektor und Senat, Braunschweig 1962, 28–41, hier 31.
17 Vgl. Ursula Kellner, *Heinrich Friedrich Wiepking (1891–1973). Leben, Lehre und Werk*, Diss. rer. hort. Hannover 1998, 286.

zum Beispiel im „Anti-Wiepking-Saal" der Fachschaft Gartenbau.[18] Doch das Ansehen Heinrich Wiepkings, der im Jahre 1952 das niedersächsische Kultusministerium gutachterlich über die gärtnerische Gestaltung der KZ-Gedenkstätte Bergen-Belsen beriet[19], nahm erst wirklich Schaden, als die Deutsche Gartenbau-Gesellschaft im Jahre 1994 einen nach ihm benannten Preis an die Gartenarchitektin Katrin Lesser verlieh. Diese hatte in ihrer Diplomarbeit Leben und Werk ihres von den Nationalsozialisten verfolgten jüdischen Großvaters untersucht. Lesser spendete das Preisgeld einem von Rechtsradikalen angegriffenen Afrikaner und distanzierte sich in ihrer Dankesrede von Heinrich Wiepking; im Jahre 1995 wurde der Preis umbenannt.[20]

Anderen Akteuren der Technischen Hochschule Hannover blieb eine (posthume) kritische Auseinandersetzung mit ihrer Tätigkeit in der NS-Zeit bis in die Gegenwart weitgehend erspart, zumal sich diese zum Teil erst durch neuere Forschungen genauer einordnen lässt. Zu nennen sind beispielsweise der „Vertrauensarchitekt" Heinrich Himmlers, Walther Wickop, der bis heute mit einem nach ihm benannten Weg im Georgengarten geehrt wird, oder auch der Kolonialist Erich Obst, den eine Plakette im Geographischen Institut würdigt. Der von Michael Jung untersuchte umfangreiche Beitrag der hannoverschen Professoren zur Rüstungsforschung wurde in der Festschrift zum 175-jährigen Jubiläum der Universität erstmals der Öffentlichkeit bekannt gemacht.[21] Die Geschichte der Zwangsarbeit an der Technischen Hochschule Hannover harrt dagegen bis heute sowohl ihrer wissenschaftlichen Aufarbeitung als auch der Anerkennung der Opfer durch die Universität.[22]

Das Schicksal Theodor Lessings, für das der erste Nachkriegsrektor Conrad Müller maßgeblich mit verantwortlich war, wurde nach 1945 zunächst totgeschwiegen. Erst in den 1970er und achtziger Jahren änderte sich das. So gab es Bemühungen von Studierenden und DozentInnen, die Universität Hannover nach dem jüdischen Philosophen zu benennen. Diesbezügliche Initiativen scheiterten jedoch sowohl damals als auch endgültig im Jubiläumsjahr 2006, als die Entscheidung für den Namen „Leibniz Universität" fiel. Anlässlich des Jubiläums von 1981 wurde Lessings allerdings im Rahmen der Festschrift gedacht. Das

---

18 Ebd., 1.
19 NHStA Nds. 401 Acc. 92/85, Nr. 349, Rektor Hensen an das Kultusministerium, 30.10.1952.
20 Vgl. http://www.katrin-lesser.de/wiepking.htm.
21 Adelheid von Saldern/Anette Schröder/Michael Jung/Frauke Steffens, „Geschichte als Zukunft. Die Technische Hochschule in den Umbruchszeiten des 20. Jahrhunderts", in: Rita Seidel (Hg.), *Universität Hannover 1831–2006. Festschrift zum 175-jährigen Bestehen der Universität Hannover*, Band 1, Hildesheim/Zürich/New York 2006, 205–228, hier 217.
22 Der zur Untersuchung der dortigen Geschichte der Zwangsarbeit eingesetzte Arbeitskreis der Universität Tübingen, dem unter anderem der Historiker Prof. Dieter Langewiesche angehörte, empfahl, den Bericht in deutscher und englischer Sprache auf der Homepage der Universität Tübingen zu veröffentlichen und ihn ausserdem den noch lebenden ehemaligen ZwangsarbeiterInnen in ihrer Muttersprache zukommen zu lassen (Arbeitskreis Universität Tübingen im Nationalsozialismus: Zwangsarbeit an der Universität Tübingen im Nationalsozialismus, http://www.unituebingen.de/uni/gvo/pm/pm2007/ download/bericht_zwangsarbeiter.pdf, abgerufen am 5.10. 2007, 8).

ehemalige, von John McCloy gestiftete Studentenclubhaus wurde im Jahre 1983, als sich die Ermordung Lessings zum fünfzigsten Mal jährte, durch den Senat in „Theodor-Lessing-Haus" umbenannt[23]; heute ist es Sitz des AStA und der Fachbereichsbibliothek Sozialwissenschaften. In seiner Rede zum 175-jährigen Jubiläum am 5. Mai 2006 erinnerte schließlich Präsident Erich Barke an die antisemitische Hetzkampagne gegen den Philosophen als einen Teil der Universitätsgeschichte.[24]

Während personelle und diskursive Kontinuitäten anfangs eine offene Diskussion über die NS-Vergangenheit der Hochschule verhinderten, waren Modernisierung, Demokratisierung und Westorientierung, sowie später auch der Generationswechsel und nicht zuletzt die politischen Auseinandersetzungen am Ende der 1960er Jahre Faktoren, die eine kritische Reflexion dieser Vergangenheit ermöglichten – mit dem Resultat, dass sie schließlich doch noch als Teil der Universitätsgeschichte anerkannt werden konnte.

---

23   Für diese Auskunft danke ich der Leiterin des hannoverschen Universitätsarchivs, Dr. Rita Seidel. In den achtziger Jahren kam es auch zu einem Streit über ein Gemälde des hannoverschen Professors für Zeichnen und Malen Detlef Kappeler von 1985, das Theodor Lessing und den im Zusammenhang mit der „Mescalero-Affäre" vom Dienst suspendierten Psychologieprofessor Peter Brückner vor dem Hintergrund eines Güterzuges und seiner ausgemergelten Insassen zeigt. Nach vielen Diskussionen wurde das Bild nicht in der Universität, sondern in der (mittlerweile nach dem Ehepaar Theodor und Ada Lessing benannten) Volkshochschule am Theodor-Lessing-Platz aufgehängt (vgl. Rita Seidel, „Bilder, Figuren, Denkmäler", in: Sid Auffahrt/Wolfgang Pietsch (Hg.), *Die Universität Hannover. Ihre Bauten, ihre Gärten, ihre Planungsgeschichte*, Petersberg 2003, 105–118, hier 116f.).

24   Erich Barke, Rede des Präsidenten zur 175-Jahr-Feier der Universität Hannover am 5. 5. 2006, uni-hannover.de/imperia/md/content/pressestelle/jubilaeum/rede_barke.pdf, abgerufen am 7.9.2007).

ABKÜRZUNGSVERZEICHNIS

AG	Arbeitsgemeinschaft
AKAKRAFT	Akademische Gruppe für Kraftfahrwesen
AStA	Allgemeiner Studierendenausschuss
AUT	Association of University Teachers
BA	Bundesarchiv
BAFöG	Bundesausbildungsförderungsgesetz
Bbr.	Bundesbruder, Bundesbrüder
BDM	Bund Deutscher Mädel
BRD	Bundesrepublik Deutschland
CDH	Christlich-Demokratischer Hochschulring
CDU	Christlich Demokratische Union
DAF	Deutsche Arbeitsfront
DB	Deutsche Burschenschaft
DDR	Deutsche Demokratische Republik
DGB	Deutscher Gewerkschaftsbund
DM	Deutsche Mark
DNVP	Deutschnationale Volkspartei
DP	Displaced Person sowie: Deutsche Partei
DRP	Deutsche Rechtspartei (ab 1950 Deutsche Reichspartei)
DStV	Deutscher Stahlbau-Verband
DUZ	Deutsche Universitätszeitung
EB	Education Branch
ECO	Education Control Officer
ED	Education
FDP	Freie Demokratische Partei
FO	Foreign Office
FU	Freie Universität
Gedob	Generaldirektion der deutschen Ostbahn
Gestapa	Geheimes Staatspolizeiamt
GG	Grundgesetz
GHI	German Historical Institute
GStA PK	Geheimes Staatsarchiv Preußischer Kulturbesitz
GUZ	Göttinger Universitätszeitung
GWU	Geschichte in Wissenschaft und Unterricht
HAZ	Hannoversche Allgemeine Zeitung
HNN	Hannoversche Neueste Nachrichten
HP	Hannoversche Presse
HQ	Headquarter
IfHW	Institut für Hochschulkunde Würzburg
IHK	Industrie- und Handelskammer
JCS	Joint Chiefs of Staff
KZ	Konzentrationslager
MdL	Mitglied des Landtages
MG	Military Government

Napola	Nationalpolitische Lehranstalt
NHStA	Niedersächsisches Hauptstaatsarchiv
NS	Nationalsozialismus
NSBDT	Nationalsozialistischer Bund Deutscher Technik
NSDAP	Nationalsozialistische Deutsche Arbeiterpartei
NSDDB	Nationalsozialistischer Deutscher Dozentenbund
NSDStB	Nationalsozialistischer Deutscher Studentenbund
NSV	Nationalsozialistische Volkswohlfahrt
OSS	Office of Strategic Services
ÖTV	Öffentliche Dienste, Transport und Verkehr
PH	Pädagogische Hochschule
PR	Public Relations
PRO	Public Record Office
PS/SB	Public Safety/Special Branch
PW	Prisoner of War
RA	Rechtsanwalt
RM	Reichsmark
RSHA	Reichssicherheitshauptamt
RuSHA	Rasse- und Siedlungshauptamt
RWTH	Rheinisch-Westfälische Technische Hochschule (Aachen)
SA	Sturmabteilung
SD	Sicherheitsdienst
SDS	Sozialistischer Deutscher Studentenbund
SPD	Sozialdemokratische Partei Deutschlands
SRP	Sozialistische Reichspartei
SS	Schutzstaffel
StAH	Stadtarchiv Hannover
TH(H)	Technische Hochschule (Hannover)
TiHo	Tierärztliche Hochschule
TU	Technische Universität
UCO	University Control Officer
VDI	Verein Deutscher Ingenieure
VDS	Verband Deutscher Studenten
(V)VDSt	(Verband der) Verein(e) Deutscher Studenten/ Kyffhäuserverband
WCA	Weinheimer Corpsstudentische Arbeitsgemeinschaft
WRK	Westdeutsche Rektorenkonferenz
WS	Wintersemester
WSC	Weinheimer Seniorenkonvent
WVAC	Weinheimer Verband Alter Corpsstudenten

QUELLEN- UND LITERATURVERZEICHNIS

ARCHIVALIEN

1. Bundesarchiv, Berlin (BA Berlin)

PK K64, Mikrofilm Bild 2985   Personalakte Ernst Otto Rossbach, NSDAP

2. Bundesarchiv, Koblenz (BA Koblenz)

AllProz1, Rep. 501, XXXXIV M, Prozessakten Konrad Meyer Hetling:
Nr. 5   Dokumentenbücher
Nr. 6   Closing Brief

B 165, Nr. 341 Satzung des Verbandes der Vereine Deutscher Studenten (VVDSt)/ Kyffhäuserverband
B 165, Nr. 363 Verband der Vereine Deutscher Studenten (VVDSt)/Kyffhäuserverband, Vorort Hannover-Danzig
B 165, Nr. 379 Weltoffene Vereinigung Orbis an der TH Hannover

3. Geheimes Staatsarchiv Preußischer Kulturbesitz, Berlin (GStA PK)

GStA PK, VI. HA, Familienarchive und Nachlässe, Nachlass Adolf Grimme:
Nr. 426
Nr. 774
Nr. 1156

4. Institut für Hochschulkunde, Würzburg (IfHW)

75 Jahre Hannoversche Burschenschaft Teutonia 1884–1959
Corps Slesvico-Holsatia: Corpsgeschichte Bd. 4 und 5, bearbeitet von Gerd Poppelbaum, Karlsruhe 1989
Geschichte der Landsmannschaften Niedersachsen (Hannover) und Marcho Borussia (Breslau), 1970
Hundert Jahre Spinnstube, 1961
Hundert Jahre Turnerschaft Tuisko 1892–1992
Teutonia. Chronik zum 100. Stiftungsfest 1984
Vereinigung alter Kösener Corpsstudenten „Spinnstube Hannover e. V.", AHSC zu Hannover, Festschrift zum 125-jährigen Bestehen 1861–1986

5. Niedersächsisches Hauptstaatsarchiv, Hannover (NHStA)

Nds. 401
Kultusministerium

Acc. 92/85, Nr. 68   Bauangelegenheiten TH Hannover
Acc. 92/85, Nr. 38   Ernennung von Professoren
Acc. 92/85, Nr. 147   Zulassung zum Hochschulstudium
Acc. 92/85, Nr. 148   Zulassung zum Hochschulstudium
Acc. 92/85, Nr. 223   Schreiben und Gesuche an den Minister
Acc. 92/85, Nr. 375–376   Unterstützung der DP-Studenten

Acc. 112/83, Nr. 770–771   Unterstützung heimatvertriebener Studenten
Acc. 112/83, Nr. 801   Grundstücke am Puttenser Felde Nr. 3 und 4

Hann. 146 A
Technische Hochschule Hannover

Acc. 10/85, Nr. 15   Berufung Richard Finsterwalder
Acc. 10/85, Nr. 70   Personalakte Richard Finsterwalder
Acc. 10/85, Nr. 185–186   Vierjahresplan-Institut für Kautschukforschung
Acc. 88/81, Nr. 309b   Personalakte Curt Risch
Acc. 88/81, Nr. 403   Personalakte Walter Wickop
Acc. 125/84, Nr. 9   Institut für Werkzeugmaschinen, Post 1944
Acc. 125/84, Nr. 61   Institut für Werkzeugmaschinen, Buchhaltung
Acc. 125/84, Nr. 70   Verlegung des Instituts für Werkzeugmaschinen nach
                               Lindau 1943/44
Acc. 125/84, Nr. 97   Institut für Werkzeugmaschinen, Lohnabrechnungen
                               für deutsche und ausländische Arbeiter 1943–1944

Nds. 423, Acc. 11/85
Technische Hochschule Hannover

Nr. 1   Hochschulverfassung 1946–1949: Korrespondenz
Nr. 3   Erstellung einer neuen Hochschulverfassung 1946–1947
Nr. 4   Vorschläge und Berichte zur Hochschulreform 1946–1955
Nr. 6–10   Korrespondenz der Rektoren mit der Militärregierung
Nr. 12   Rektorat
Nr. 14–18   Korrespondenz der Rektoren mit der Militärregierung
Nr. 37   Senat, Wahl der Rektoren
Nr. 41   Wahl der Dekane, Änderung der Verfassung, Lehrkörperversammlung
               Rektorwahl, Fakultätskollegien
Nr. 62   Fakultät für Bauwesen
Nr. 76   Institut für Städtebaukunde
Nr. 129   Außeninstitut
Nr. 130   Pressestelle der TH Hannover
Nr. 134   Betriebsrat
Nr. 141   Ehrensenatoren
Nr. 150   Verwaltungsangelegenheiten 1945–1954
Nr. 152   Traditionsübernahme für ehemalige Hochschulen
Nr. 154–155   Erhaltung der Technischen Hochschulen in Hannover und
               Braunschweig
Nr. 156   Basic Reports 1945: Zustand der Gebäude und Lehrgeräte
Nr. 160   Lehrmittelfonds 1946–1956
Nr. 162   Erhalt von Mitteln und Beiträgen durch Dritte 1944–1958
Nr. 165   Erhalt von Mitteln und Beiträgen durch Dritte 1948–1951

Nr. 186	Senatsprotokolle 1946–1947
Nr. 187	Senatsprotokolle 1947
Nr. 188	Senatsprotokolle 1949–1950
Nr. 189	Senatsprotokolle 1951–1954
Nr. 190	Senatsprotokolle 1948–1949
Nr. 192	Senatsprotokolle 1945–1946
Nr. 193	Senatsprotokolle 1950–1951
Nr. 194	Senatsprotokolle 1955–1959
Nr. 200	Personalangelegenheiten 1946–1949
Nr. 318	Hochschullehrer 1952–1958
Nr. 402	Personalangelegenheiten 1950–1959
Nr. 410	Studenten: Allgemeine Verwaltungsangelegenheiten 1949–1950
Nr. 411	Studenten: Allgemeine Verwaltungsangelegenheiten 1951–1955
Nr. 414	Politische Überprüfung der Studierenden 1945–1949
Nr. 415	Fachschulabsolventen, Sonderreifeprüfung 1945–1950
Nr. 416	Zulassung zum Studium 1945–1951
Nr. 417	Studenten: Allgemeine Verwaltungsangelegenheiten 1955–1959
Nr. 418	Studenten: Allgemeine Verwaltungsangelegenheiten 1945–1948
Nr. 419	Allgemeine Studentenschaft (AStA) 1946–1948
Nr. 420	Allgemeine Studentenschaft (AStA) 1952–1955
Nr. 421	Allgemeine Studentenschaft (AStA) 1956–1957
Nr. 422	Studentenvereinigungen 1947–1959
Nr. 423	Studentenvereinigungen 1945–1951
Nr. 424	Hannoversche Burschenschaft Arminia 1946–1961
Nr. 425	Studentenvereinigungen 1951–1958
Nr. 426	Arbeitseinsatz der Studierenden
Nr. 427	Immatrikulationsamt 1946–1957
Nr. 428	Sonderreifeprüfung, Vorstudium 1945–1948
Nr. 437	Prüfungsausschüsse 1946–1956
Nr. 460	Vergünstigungen für Studierende 1948–1954
Nr. 470	Studentenwerk 1955–1959
Nr. 471	Studentenwerk 1945–1959
Nr. 472	Studentenwerk 1949–1959
Nr. 473	Studentenheime 1950–1951
Nr. 482	Ferienkurse 1939–1951
Nr. 515	Zentralunterstützungskasse für Hochschullehrer ohne Amt 1950–1959
Nr. 531	Immobilienangelegenheiten 1946–1957: Baubesichtigung und Baurevision
Nr. 539	Mittel für den Wiederaufbau 1946–1953
Nr. 545	Wiederaufbau 1953–1958
Nr. 547	Immobilienangelegenheiten 1938–1955
Nr. 550	Immobilienangelegenheiten 1945–1959
Nr. 551	Immobilienangelegenheiten 1952–1957
Nr. 557	Erweiterungsplanung 1947–1959
Nr. 562	Studentenclub- und Wohnheim Welfengarten 1952–1957
Nr. 563	Wiederaufbauplanung 1947–1957
Nr. 564	Wiederaufbauplanung 1945–1953
Nr. 593	Vermietung und Benutzung von Räumen der Hochschule 1941–1955
Nr. 671	Denkmal Sachsenroß
Nr. 673–675	Vorbereitung der Feierlichkeiten zum Jubiläum 1956
Nr. 684	Studiennothilfe Niedersachsen 1948–1954
Nr. 689	Hanns-Simons-Gedächtnisstiftung 1942–1945

Quellen- und Literaturverzeichnis 391

Nr. 695 Hannoversche Hochschulgemeinschaft 1946–1956
Nr. 708 Verschiedene Angelegenheiten 1945–1948
Nr. 710 Verschiedene Angelegenheiten 1945–1947
Nr. 715 Verschiedene Angelegenheiten 1950–1954
Nr. 722 Arbeitsgemeinschaft für Planungswesen an der TH Hannover
Nr. 733 Hochschulverband
Nr. 740 Verschiedene Angelegenheiten 1948–1949

Nds. 171 Hannover
Entnazifizierung

Sachbezogene Akten

Nr. 313: Handakte des Öffentlichen Klägers beim Entnazifizierungs-Hauptausschuss, Regierungsbezirk Hannover

Personenbezogene Akten (Entnazifizierungsakten)

Nr. 240–271: Verfahrensregister nach Nummern
Nr. 272–278: Verfahrensregister nach Namen

Nr. 6975: Burchard Körner
Nr. 7936: Werner Fischer
Nr. 9985: Harry Weißmann
Nr. 11411: Alexander Matting
Nr. 11440: Teodor Schlomka
Nr. 11574: Lothar Collatz
Nr. 11632: Alfred Troche
Nr. 13958: Walter Großmann
Nr. 14133: Friedrich Mölbert
Nr. 14144: Uvo Hölscher
Nr. 14244: Otto Fiederling
Nr. 14370: Johannes Jensen
Nr. 15466: Wilhelm Schulz
Nr. 15665: Hans Bartels
Nr. 21507: Horst von Sanden
Nr. 22840: Rudolf Hase
Nr. 27748: Gerhard Graubner
Nr. 30917: Dietrich Kehr
Nr. 36926: Helmut Pfannmüller
Nr. 41918: Otto Uhden
ZR-Nr. 42065: Albert Vierling
ZR-Nr. 43217: Walter Wickop
Nr. 64063: Karl Humburg
Nr. 66692: Kurt Neumann
Nr. 85779: Kurt Gaede
Nr. 85826: Richard Finsterwalder
Nr. 93370: Harald Schering

6. Public Record Office, London/Kew (PRO)

FO 936/308, Establishment Branch
FO 1050/1052 Report on Universities under the aegis of the University Officer Hanover-Brunswick
FO 1050/1057 University Commission 1948/49
FO 1050/1223 Cultural Relations Group 1951/52
FO 1050/1226 Cultural Relations Group 1951–1955
FO 1050/1233 Conference of University Education Control Officers
FO 1050/1296 Admission of Students 1945/46
FO 1050/1298 Women's Affairs Section
FO 1050/1372 Universities in the Hannover Region 1945/46
FO 371/70715 Foreign Office Political Departments: General Correspondence 1906–1966

7. Stadtarchiv, Hannover (StAH)

Niederschrift über die ordentliche Ratssitzung am 21.9.1949

Handakten Rudolf Hillebrecht, Nr. 231 a-c
HR 2, Nr. 49 Berichte und Denkschriften zum Wiederaufbau 1945–1952
HR 13, Nr. 60 Wiederaufbau und bauliche Neuordnung der Hauptstadt Hannover

GEDRUCKTE QUELLEN

Zeitgenössisches Schrifttum

Abhandlungen und Vorträge, herausgegeben von der Wittheit zu Bremen, Bd. 17, Bremen 1948
Abschluß der Entnazifizierung und Durchführung des Gesetzes zu Art. 131 in Niedersachsen. Bd. 1: Gesetz zum Abschluß der Entnazifizierung im Lande Niedersachsen. Bearb. v. Johannes Schulz und Willy Müller, Göttingen 1952 (Schwartz-Kommentare, Reihe B, Bd. 6)
Anders, Georg: Gesetz zur Regelung der Rechtsverhältnisse der unter Artikel 131 des Grundgesetzes fallenden Personen, 3. Aufl. Stuttgart/Köln 1954 (Kohlhammer-Kommentare)
Aschoff, Jürgen: Studentische Gruppen, in: GUZ Nr. 1, 11.12.1945, 3–4
Aus der Predigt des katholischen Studentenpfarrers Pastor Wilhelm Hausmann, in: Jahrbuch der Technischen Hochschule Hannover 1955–1958, hrsg. von Rektor und Senat, Braunschweig 1958, 14
Auszug aus dem Jahresbericht des Rektors Prof. Dr. phil. H. Deckert für das Amtsjahr 195152, in: Jahrbuch der Technischen Hochschule Hannover 1953/54, hrsg. von Rektor und Senat, Hannover 1954, 9–12
Auszug aus dem Jahresbericht des Rektors Prof. Dr. ing. W. Hensen für das Amtsjahr 1952/53, in: Jahrbuch der Technischen Hochschule Hannover 1953/54, hrsg. von Rektor und Senat, Hannover 1954, 20–24
Auszug aus dem Jahresbericht des Rektors Prof. Dr. ing. W. Hensen für das Amtsjahr 1953/54, in: Jahrbuch der Technischen Hochschule Hannover 1953/54, hrsg. von Rektor und Senat, Hannover 1954, 24–28
Auszug aus dem Jahresbericht des Rektors Prof. W. Nicolaisen über sein Amtsjahr vom 1. Juli 1958 bis 30. Juni 1959, in: Jahrbuch der Technischen Hochschule Hannover 1958–1960, hrsg. von Rektor und Senat, Braunschweig 1960, 34–52

Bahlsen, Hans: Nachwuchskräfte: Ihre Auswahl und Ausbildung, Hannover 1956
Bericht des Rektors Prof. Dipl. ing. W. Wortmann über sein Amtsjahr vom 1. Juli 1960 bis 30. Juni 1961, in: Jahrbuch der Technischen Hochschule Hannover 1960–1962, hrsg. von Rektor und Senat, Braunschweig 1962, S. 28–41
Bericht des Rektors Prof. Dr. ing. Egon Martyrer über sein Amtsjahr vom 1. Juli 1959 bis 30. Juni 1960, in: Jahrbuch der Technischen Hochschule Hannover 1960–1962, hrsg. von Rektor und Senat, Braunschweig 1962, 9–22
Bericht des Rektors Prof. Dr. ing. Großmann über das Amtsjahr 1950/51, in: Jahrbuch der Technischen Hochschule Hannover 1952, hrsg. von Rektor und Senat, Düsseldorf 1952, 11–16
Bode, O.: Forschungsarbeiten des Instituts für Kraftfahrwesen zur Hebung der Verkehrssicherheit, in: Jahrbuch der Technischen Hochschule Hannover 1955–1958, hrsg. von Rektor und Senat, Braunschweig 1958, 151–156
Braune, Hermann: Die Aufgaben der Fakultät für Naturwissenschaften und Ergänzungsfächer, in: Jahrbuch der Technischen Hochschule Hannover 1949/50, hrsg. von Rektor und Senat, Düsseldorf 1950, 21–23
Büchner, Franz: An die Studenten. Ansprache des Prorektors bei der Jahresfeier der Universität Freiburg am 1. Juni 1946, Freiburg i. Br. 1946
Burnham, James: Das Regime der Manager, Stuttgart 1948
Campbell, Paul/Howard, Peter: Remaking Man, New York 1954
Caro, Heinrich: Gesammelte Reden und Vorträge, Leipzig 1913
Deckert, Hermann: Kunstgeschichte, Baugeschichte, Denkmalpflege, in: Jahrbuch der Technischen Hochschule Hannover 1949/50, hrsg. von Rektor und Senat, Düsseldorf 1950, 57–59
Deckert, Hermann: Absage an die „Neuzeit". Aufgabe und Verantwortung des Ingenieurs in der modernen Welt, in: DUZ, Jg. 6/Nr. 23 (1951), 8–10
Denkschrift der Technischen Hochschule Hannover. Herausgegeben von Rektor und Senat, Hannover 1946
Der Festgottesdienst in der Marktkirche und in St. Marien am 29. Juni 1956. Predigt des Herrn Landesbischof Lilje, in: Jahrbuch der Technischen Hochschule Hannover 1955–58, hrsg. von Rektor und Senat, Braunschweig 1958, 11–13
Der Festkommers am 29. Juni 1956, in: Jahrbuch der Technischen Hochschule Hannover 1955–58, hrsg. von Rektor und Senat, Braunschweig 1958, 31–35
Der große Festakt im Lichthof der Hochschule am 30. Juni 1956, in: Jahrbuch der Technischen Hochschule Hannover 1955–1958, hrsg. von Rektor und Senat, Braunschweig 1958, 39–52
Dessauer, Friedrich: Philosophie der Technik. Das Problem der Realisierung, 2. Aufl. 1928
Die 125-Jahrfeier der Technischen Hochschule Hannover vom 28. Juni bis 30. Juni 1956, in: Jahrbuch der Technischen Hochschule Hannover 1955–1958, hrsg. von Rektor und Senat, Braunschweig 1958, 9–10
Diesel, Rudolf: Solidarismus. Natürliche und wirtschaftliche Erlösung des Menschen, München/Berlin 1903
Doornick, Gisela van: Frauenstudium, in: GUZ Jg. 1/Nr. 1, 11.12.1945, 11–12
Einweihung des neuen Lichthofes und die Ehrung auswärtiger Gelehrter und Freunde der Hochschule am 29. Juni 1956, in: Jahrbuch der Technischen Hochschule Hannover 1955–1958, hrsg. von Rektor und Senat, Braunschweig 1958, 14–31
Eyth, Max von: Lebendige Kräfte. Sieben Vorträge aus dem Gebiete der Technik, Berlin 1904
Festschrift zur 125-Jahrfeier der Technischen Hochschule Hannover 1831–1956, hrsg. von Rektor und Senat, Hannover 1956
Flachsbart, Otto: Jahresbericht 1949–1950. Erstattet bei der Jahresfeier und Rektoratsübergabe am 1.7.1950, in: Jahrbuch der Technischen Hochschule Hannover 1950/51, hrsg. von Rektor und Senat, Düsseldorf 1951, 15–22
Flachsbart, Otto: Neue studentische Vereinigungen, in: Jahrbuch der Technischen Hochschule Hannover 1949/50, hrsg. von Rektor und Senat, Düsseldorf 1950, 146–148

Flachsbart, Otto: Technik und abendländische Kultur, in: Abhandlungen und Vorträge, herausgegeben von der Wittheit zu Bremen, Bd. 17, Bremen 1948, 25–39
Flachsbart, Otto: Vorwort, in: Jahrbuch der Technischen Hochschule Hannover 1949/50, hrsg. von Rektor und Senat, Düsseldorf 1950, 9
Friedländer, Ernst: Deutsche Jugend. Fünf Reden, Darmstadt 1947
Grimme, Adolf: Was heißt Student sein heute? Die doppelte Verpflichtung des Studenten, in: GUZ Jg. 1/Nr. 2, 24.12.1945, 2–5
Grossmann-Doerth, Ulrich: Demonstration in Göttingen, in: DUZ Jg. 7/Nr. 3, 8.2.1952, 4
Großmann, Walter: Das Geodätische Institut, in: Jahrbuch der Technischen Hochschule Hannover 1949/50, hrsg. von Rektor und Senat, Düsseldorf 1950, 77–79
Großmann, Walter: Größe und Gestalt der Erde. Vortrag des neuen Rektors bei der Rektoratsübernahme am 1. Juli 1950 an der Technischen Hochschule Hannover, in: Jahrbuch der Technischen Hochschule Hannover 1950/51, hrsg. von Rektor und Senat, Düsseldorf 1951, 61–67
Großmann, Walter: Vorwort, in: Jahrbuch der Technischen Hochschule Hannover 1950/51, hrsg. von Rektor und Senat, Düsseldorf 1951, 9
Hartmann, Hans Ulrich: Zeit der Entscheidung, in: Jahrbuch der Technischen Hochschule Hannover 1950/51, hrsg. von Rektor und Senat, Düsseldorf 1951, 55–56
Hennig, Gerhard: Gedanken über menschliche Lebensgemeinschaften. Nationalismus – Weltbürgertum – extreme und vernünftige Völkerpolitik, in: Jahrbuch der Technischen Hochschule Hannover 1950/51, hrsg. von Rektor und Senat, Düsseldorf 1951, 44–50
Hensen, Walter: Der Mensch und das Wasser, in: Jahrbuch der Technischen Hochschule Hannover 1953/54, hrsg. von Rektor und Senat, Hannover 1954, 13–20
Herz, John H.: The Fiasco of Denazification in Germany, in: Political Science Quarterly, Vol. LXIII, No. 4 (Dec. 1948), 569–594
Hillebrecht, Rudolf: Das „Leibnizufer" – Eine neue Hauptstrasse der Landeshauptstadt, in: Jahrbuch der Technischen Hochschule Hannover 1952, hrsg. von Rektor und Senat, Düsseldorf 1952, 59–63
Hillebrecht, Rudolf: Hochschule und städtische Bauverwaltung beim Aufbau der Hauptstadt Hannover, in: Jahrbuch der Technischen Hochschule Hannover 1949/50, hrsg. von Rektor und Senat, Düsseldorf 1950, 121–122
Hinzpeter, Alwin: Angewandte Physik, in: Festschrift zur 125-Jahrfeier der Technischen Hochschule Hannover 1831–1956, hrsg. von Rektor und Senat, Hannover 1956, 80–82
Hölscher, Uvo: Die geschichtliche Entwicklung der Technischen Hochschule Hannover, in: Jahrbuch der Technischen Hochschule Hannover 1949/50, hrsg. von Rektor und Senat, Düsseldorf 1950, 15–20
Hofmann, W.: Walther Wickop zum Gedächtnis, in: Jahrbuch der Technischen Hochschule Hannover 1955–1958, hrsg. von Rektor und Senat, Braunschweig 1958, 126–130
Illies, Kurt: Die Aussichten der Kernenergie-Schiffsantriebe, in: Jahrbuch der Technischen Hochschule Hannover 1960–1962, hrsg. von Rektor und Senat, Braunschweig 1962, 172–180, hier 180
Jahrbuch der Technischen Hochschule Hannover 1949/50, hrsg. von Rektor und Senat, Düsseldorf 1950
Jahrbuch der Technischen Hochschule Hannover 1950/51, hrsg. von Rektor und Senat, Düsseldorf 1951
Jahrbuch der Technischen Hochschule Hannover 1952, hrsg. von Rektor und Senat, Düsseldorf 1952
Jahrbuch der Technischen Hochschule Hannover 1953/54, hrsg. von Rektor und Senat, Hannover 1954
Jahrbuch der Technischen Hochschule Hannover 1955–1958, hrsg. von Rektor und Senat, Braunschweig 1958
Jahrbuch der Technischen Hochschule Hannover 1958–1960, hrsg. von Rektor und Senat, Braunschweig 1960

Jahrbuch der Technischen Hochschule Hannover 1960–1962, hrsg. von Rektor und Senat, Braunschweig 1962

Johnson, Alwin: Denazification, in: Social Research Vol. 14 (1947), S. 59–74

Kehr, Dietrich: Über die biologische Reinigung gewerblicher Abwässer mit dem Belebungsverfahren, in: Jahrbuch der Technischen Hochschule Hannover 1955–1958, hrsg. von Rektor und Senat, Braunschweig 1958, 131–136

Kienzle, Otto: Die Ausbildung von Fertigungsingenieuren, in: Jahrbuch der Technischen Hochschule Hannover 1949/50, hrsg. von Rektor und Senat, Düsseldorf 1950, 93–102

Kienzle, Otto/Osenberg, Werner: Fertigungstechnik und Werkzeugmaschinen, in: Festschrift zur 125-Jahrfeier der Technischen Hochschule Hannover 1831–1956, hrsg. von Rektor und Senat, Hannover 1956, 184–187

Klostermann, Gerald: Zur Frage eines neuen studentischen Verbindungswesens, in: GUZ Jg. 1/Nr. 1, 11.12.1945, 2–3

Kluge, Alexander: Die Universitäts-Selbstverwaltung. Ihre Geschichte und gegenwärtige Rechtsform, Frankfurt a. M. 1958

Koch, Helmut: Die Werkstoffprüfung im Dienste der niedersächsischen Wirtschaft, in: Jahrbuch der Technischen Hochschule Hannover 1949/50, hrsg. von Rektor und Senat, Düsseldorf 1950, 105–108

Körting, Johannes: Die Familie Körting in ihren Beziehungen zur Technischen Hochschule Hannover, in: Jahrbuch der Technischen Hochschule Hannover 1950/51, hrsg. von Rektor und Senat, Düsseldorf 1951, 177–178

Kogon, Eugen: Das Recht auf den politischen Irrtum, in: Frankfurter Hefte 2 (1947), 641–655

Kollmann, Franz: Die Schönheit der Technik, München 1928

Kopf, Hinrich Wilhelm/Vogt, Richard: Geleitwort, in: Jahrbuch der Technischen Hochschule Hannover 1949/50, hrsg. von Rektor und Senat, Düsseldorf 1950, 7

Krieger, Leonard: The Interregnum in Germany: March-August 1945, in: Political Science Quarterly, Vol. LXIV, No. 4 (Dec. 1949), 507–532

Krüger, K.: Die bauliche Entwicklung der Technischen Hochschule Hannover, in: Festschrift zur 125-Jahrfeier der Technischen Hochschule Hannover 1831–1956, hrsg. von Rektor und Senat, Hannover 1956

Kuhlemann, Christian: Bericht der Hannoverschen Hochschulgemeinschaft. Vereinigung von Freunden der Technischen Hochschule e.V., in: Jahrbuch der Technischen Hochschule Hannover 1953/54, hrsg. von Rektor und Senat, Hannover 1954, 34–36

Kuhlemann, Christian: Die Hochschulgemeinschaft, in: Technische Hochschule Hannover: Hochschulführer 1959, Hannover 1959, 32–35

Lilje, Hanns: Das technische Zeitalter, Berlin 1929

Loewenstein, Karl: Comment on "Denazification", in: Social Research Vol. 14 (1947), 365–369

Mannheim, Karl: Das Problem der Generationen, in: Kölner Vierteljahreshefte für Soziologie (1928), 157–185 und 309–330

Martyrer, Egon: Lehre und Forschung in der Abteilung für Maschinenbau, in: Jahrbuch der Technischen Hochschule Hannover 1949/50, hrsg. von Rektor und Senat, Düsseldorf 1950, 81–84

Massute, Erwin: Die Beseitigung höhengleicher Kreuzungen zwischen Eisenbahnen und Straßen, in: Jahrbuch der Technischen Hochschule Hannover 1953/54, hrsg. von Rektor und Senat, Hannover 1954, 60–69

Massute, Erwin: Eisenbahnbau und -betrieb, Verkehrswesen, in: Festschrift zur 125-Jahrfeier der Technischen Hochschule Hannover 1831–1956, Hannover 1956, hrsg. von Rektor und Senat, 148–152

Meldau, Robert: Patentwesen, in: Jahrbuch der Technischen Hochschule Hannover 1950/51, hrsg. von Rektor und Senat, Düsseldorf 1951, 93–95

Neuse, Eberhard: Ein Student reist nach Jugoslawien, in: Jahrbuch der Technischen Hochschule Hannover 1950/51, hrsg. von Rektor und Senat, Düsseldorf 1951, 52–55

Niedersächsisches Amt für Landesplanung und Statistik: Die Hochschulen in Niedersachsen im Wintersemester 1950/51, mit einem Überblick über die Entwicklung seit 1945, Hannover 1952

Nier, J.: Geschichte der Studentenschaft, in: Festschrift zum 125-jährigen Jubiläum der Technischen Hochschule Hannover 1831–1956, hrsg. von Rektor und Senat, Hannover 1956, 251–254

Offener Brief an den Bundesminister des Innern, in: DUZ Jg. 7/Nr. 22, 17.11.1952, 15

Office of Military Government for Germany (U.): Denazification (Cumulative Review). Report of the Military Governor (1 April 1947–30 April 1948), No. 34

Organisationshandbuch der NSDAP, München 7. Aufl. 1943

O. Verf.: Wollen wir Frieden mit Israel? In: DUZ Jg. 7/Nr. 2, 25.1.1952, 5

Predigt des Herrn Landesbischof Lilje, in: Jahrbuch der Technischen Hochschule Hannover 1955–1958, hrsg. von Rektor und Senat, Braunschweig 1958, 11–13

Querner, Hans: Der Freistudent. Gegen Typenprägung in Gruppen, in: GUZ Nr. 3, 10.1.46, 15

Rein, F. H.: „Entnazifizierung" und Wissenschaft, in: GUZ Jg. 1/Nr. 1, 11.12.1945, 6–9

Rein, F. H./Zippel, Wolfgang: Zum Geleit: in: GUZ Jg. 1/Nr. 1, 11.12.1945, 1

Schaefer, C. A.: Selbsterlebtes aus den Entwicklungsjahren der Elektrotechnik, in: Jahrbuch der Technischen Hochschule Hannover 1950/51, hrsg. von Rektor und Senat, Düsseldorf 1951, 179–183

Schlums, Johannes: Bericht über das Rektoratsjahr vom 1. Juli 1956 bis zum 30. Juni 1957, in: Jahrbuch der Technischen Hochschule Hannover 1955–1958, hrsg. von Rektor und Senat, Braunschweig 1958, 80–87

Schlums, Johannes: Die Aufgaben des Lehrstuhls für Verkehrswirtschaft, Straßenwesen und Städtebau, in: Jahrbuch der Technischen Hochschule Hannover 1949/50, hrsg. von Rektor und Senat, Düsseldorf 1950, 73–75

Schlums, Johannes: Strassenbau und Strassenverkehrstechnik in Forschung, Lehre und Praxis, in: Jahrbuch der Technischen Hochschule Hannover 1955–1958, hrsg. von Rektor und Senat, Braunschweig 1958, 74–79

Schlums, Johannes: Verkehrswirtschaft, Strassenwesen und Städtebau, in: Festschrift zur 125-Jahrfeier der Technischen Hochschule Hannover 1831–1956, hrsg. von Rektor und Senat, Hannover 1956, 152–153

Schmid, Josef: Die Mission des Akademikers, Mainzer Universitätsreden, Heft 7, Mainz 1947

Steiner, Heinz: Die Hannoversche Hochschulgemeinschaft. Vereinigung von Freunden der Technischen Hochschule Hannover e.V., in: Jahrbuch der Technischen Hochschule Hannover 1949/50, hrsg. von Rektor und Senat, Düsseldorf 1950, S. 132–134

Stein, Herbert von: Naturwissenschaft und Technik in der Kultur des Abendlandes, München 1958

Steudle, E.: Das Studentische Hilfswerk, in: Festschrift zur 125-Jahrfeier der Technischen Hochschule Hannover 1831–1956, hrsg. von Rektor und Senat, Hannover 1956, 259–262

Stosberg, Hans: Die städtebaulichen Grundlagen für einen planmäßigen Ausbau des Hochschulbezirkes Hannover, in: Jahrbuch der Technischen Hochschule Hannover 1950/51, hrsg. von Rektor und Senat, Düsseldorf 1951, 137–143

Technische Hochschule Hannover: Hochschulführer 1959, Hannover 1959

Treue, Wilhelm: Die Geschichte des technischen Unterrichts, in: Festschrift zur 125-Jahrfeier der Technischen Hochschule Hannover 1831–1956, hrsg. von Rektor und Senat, Hannover 1956, 9–60

Treue, Wilhelm: Technik und Bildung, in: Jahrbuch der Technischen Hochschule Hannover 1950/51, hrsg. von Rektor und Senat, Düsseldorf 1951, 31–36

Treue, Wilhelm: Umpolitisierung oder Entpolitisierung? In: GUZ Nr. 3, 10.1.46, S 7–8

Weber, Max Maria von: Aus der Welt der Arbeit. Gesammelte Schriften, Berlin 1907

Wickop, Walther: Grundsätze und Wege der Dorfplanung. Der Arbeitsgang bei der Neuplanung von Dörfern im Warthegau, in: Der Landbaumeister. Beilage der Zeitschrift "Neues Bauerntum" für alle Fragen ländlichen Gestaltens. H. 6/1942, 2–8

Wilde, Hans-Oskar: Das Problem „Ausland" in einer sich wandelnden Welt. Rede bei Übernahme des Rektorats am 1.7.1961, in: Jahrbuch der Technischen Hochschule Hannover 1960–1962, hrsg. von Rektor und Senat, Braunschweig 1962

Wilmanns, Gerda: Noch einmal Frauenstudium, in: GUZ Nr. 9, 10.5.1946, 16

Wolters, Paul: Der Wiederaufbau der Technischen Hochschule, in: Jahrbuch der Technischen Hochschule Hannover 1949/50, hrsg. von Rektor und Senat, Düsseldorf 1950, 123–129

Wortmann, Wilhelm: Die Regeneration unserer Städte – Eine Aufgabe des Städtebaues unserer Zeit, in: Jahrbuch der Technischen Hochschule Hannover 1960/62, hrsg. von Rektor und Senat, Braunschweig 1962, 23–27

Wortmann, Wilhelm: 12 Jahre Arbeitsgemeinschaft für Planungswesen an der TH Hannover, in: Jahrbuch der Technischen Hochschule Hannover 1960/62, hrsg. von Rektor und Senat, Braunschweig 1962, 120–125

Wünderle, Georg: Das Ideal der neuen deutschen Universität. Rede zur ersten feierlichen Verpflichtung der Studenten am 5. Februar 1946, Würzburg 1946

Zeitungen und Zeitschriften

DER SPIEGEL, Jg. 1959
Deutsche Volkszeitung, Jg. 1947, 1948
Die Zeit, Jg. 1948, 1949
Frankfurter Rundschau, Jg. 2000
Hannoversche Allgemeine Zeitung (HAZ), Jg. 1949, 1953, 1956
Hannoversche Neueste Nachrichten (HNN), Jg. 1946, 1947, 1949, 1952
Hannoversche Presse (HP), Jg. 1947, 1948, 1949, 1952, 1955, 1956
Niedersächsische Volksstimme, Jg. 1947
Norddeutsche Zeitung, Jg. 1948, 1949

Webseiten

http://www.aerztezeitung.de/docs/2005/07/26/137a0301asp?cat=/magazin/ethik_in_der_medizin, abgerufen am 05.10.2007: Heidi Niemann: Zwangsarbeiter im Klinikum Göttingen – Widerstände gegen die Aufarbeitung, in: Ärzte Zeitung online, 26.7.2005

http://www.bpb.de/publikationen/9QKHCV.html, abgerufen am 31.8.2006: Barbara M. Kehm: Hochschulen in Deutschland. Entwicklung, Probleme und Perspektiven, in: Aus Politik und Zeitgeschichte B 25/2004

http://www.katrin-lesser.de/wiepking.htm, abgerufen am 3.4.2007: Verleihung des Wiepking-Preises der Deutschen Gartenbau-Gesellschaft an Katrin Lesser 1994

http://www.mazal.org/archive/nmt/06/NMT06-T0287.htm, abgerufen am 10.8.2007: Nuernberg Military Tribunal, Vol. VI, p. 287, Aussage von Wilhelm Keppler: Liste der Mitglieder des „Freundeskreises Reichsführer SS"

http://www.uni-hannover.de/imperia/md/content/pressestelle/jubilaeum/rede_barke.pdf, abgerufen am 7.9.2007: Erich Barke: Rede des Präsidenten zur 175-Jahr-Feier der Universität Hannover am 5. 5. 2006,

http://www.uni.tuebingen.de/uni/gvo/pm/pm2007/download/bericht_zwangsarbeiter.pdf, abgerufen am 5.10.2007: Arbeitskreis Universität Tübingen im Nationalsozialismus: Zwangsarbeit an der Universität Tübingen im Nationalsozialismus

http://wwwuser.gwdg.de/~bweisbr1/personen-schael.html, abgerufen am 4.10.2007: Oliver Schael: „Mandarine zwischen Tadition und Reform. Hochschulreformpolitik in Niedersachsen in den 1950er und 1960er Jahren" (Dissertations-Abstract)

Nachschlagewerke und Bibliographien

AStA der Universität Mannheim (Hg.)/Hemmerle, Oliver Benjamin (Red.): Hochschulen 1933–1945. Bibliographie, Mannheim 1998 (Schriftenreihe des AStA der Universität Mannheim, 4)
Galling, Kurt (Hg.): Religion in Geschichte und Gegenwart. Handwörterbuch für Theologie und Religionswissenschaft, 3. neu bearb. Aufl. Tübingen 1962
Münkel, Daniela: Die Technische Hochschule Hannover im Nationalsozialismus. Eine kommentierte Übersicht über die vorhandenen Quellen und Materialien, Hannover 1996
Nationalkomitee der Bundesrepublik Deutschland, German National Committee, International Union of the History and Philosophy of Science (Hg.): Geschichte der Naturwissenschaft, der Technik und der Medizin in Deutschland, zusammengestellt von Christoph Meinel und Wolfhard Weber, Bochum/Regensburg 2005
Ritter, Joachim/Gründer, Karlfried (Hg.): Historisches Wörterbuch der Philosophie, Basel 1989

Sekundärliteratur

Abele, Johannes/Barkleit, Gerhard/Hänseroth, Thomas (Hg.): Innovationskulturen und Fortschrittserwartungen im geteilten Deutschland, Köln 2001 (Schriften des Hannah-Arendt-Instituts für Totalitarismusforschung; Bd. 19)
Abele, Johannes: Innovationen, Fortschritt und Geschichte. Zur Einführung, in: Abele, Johannes/Barkleit, Gerhard/Hänseroth, Thomas (Hg.): Innovationskulturen und Fortschrittserwartungen im geteilten Deutschland, Köln 2001, 9–19
Abendroth, Wolfgang: Das Unpolitische als Wesensmerkmal der deutschen Universität, in: Universitätstage 1966. Nationalsozialismus und die Deutsche Universität, Veröffentlichung der Freien Universität Berlin, Berlin 1966, 189–208
Adam, Uwe Dietrich: Hochschule und Nationalsozialismus. Die Universität Tübingen im Dritten Reich, Tübingen 1977
Adolf, Heinrich: Technikdiskurs und Technikideologie im Nationalsozialismus, in: GWU Nr. 7, 8/ 1997, 429–444
Adorno, Theodor W.: Eingriffe. Neun kritische Modelle. Gesammelte Schriften, Bd. 10/2, Darmstadt 1998, 455–594
Adorno, Theodor W.: Über Technik und Humanismus, in: Adorno, Theodor W.: Vermischte Schriften I, Gesammelte Schriften, Bd. 20/1, Darmstadt 1998, 310–317
Adorno, Theodor W.: Vermischte Schriften I, Gesammelte Schriften, Bd. 20/1, Darmstadt 1998
Adorno, Theodor W.: Was bedeutet: Aufarbeitung der Vergangenheit, in: Adorno, Theodor W.: Eingriffe. Neun kritische Modelle, Gesammelte Schriften, Bd. 10/2, Darmstadt 1998, 555–572
Akademische Verbindung Frisia im Cartellverband katholischer deutscher Studentenverbindungen (Hg.): Einhundert Jahre akademische Verbindung Frisia. Beiträge zur Geschichte der AV Frisia in Hannover 1902–2002, Hannover 2002
Albrecht, Clemens: Kultur und Zivilisation. Eine typisch deutsche Dichotomie? In: König, Wolfgang/Landsch, Marlene (Hg.): Kultur und Technik: Zu ihrer Theorie und Praxis in der modernen Lebenswelt, Frankfurt a. M. u.a. 1993, 11–29
Aly, Götz/Heim, Susanne: Vordenker der Vernichtung. Auschwitz und die deutschen Pläne für eine neue europäische Ordnung, Hamburg 1991
Anderson, Benedict: Imagined Communities. Reflections on the Origin and Spread of Nationalism, London/New York 1991
Anger, Hans: Probleme der deutschen Universität. Bericht über eine Erhebung unter Professoren und Dozenten, Tübingen 1960
Anweiler, Oskar (Hg.): Bildungspolitik in Deutschland 1945–1990. Ein historisch-vergleichender Quellenband, Opladen 1992

Arendt, Hannah: Besuch in Deutschland (1950), in: Arendt, Hannah: Zur Zeit. Politische Essays, Berlin 1986

Arendt, Hannah: Zur Zeit. Politische Essays, Berlin 1986

Arp, Jürgen: Das Humanistische Studium für Ingenieure an der Technischen Universität Berlin, Berlin 2001

Ash, Mitchell G.: Verordnete Umbrüche – Konstruierte Kontinuitäten: Zur Entnazifizierung von Wissenschaftlern und Wissenschaften nach 1945, in: Zeitschrift für Geschichtswissenschaft 43 (10) 1993, 903–923

Ash, Mitchell G.: Wissenschaft und Politik als Ressourcen für einander. In: Bruch, Rüdiger vom/Kaderas, Brigitte (Hg.), Wissenschaften und Wissenschaftspolitik – Bestandsaufnahmen zu Formationen, Brüchen und Kontinuitäten im Deutschland des 20. Jahrhunderts. Stuttgart 2002, 32–51.

Assmann, Aleida: Festen und Fasten – Zur Kulturgeschichte des bürgerlichen Festes, in: Haug, Walter/Warning, Rainer (Hg.): Das Fest, München 1989, 227–246

Auffahrt, Sid/Pietsch, Wolfgang (Hg.): Die Universität Hannover. Ihre Bauten, ihre Gärten, ihre Planungsgeschichte, Petersberg 2003

Bähr, Johannes: Innovationsverhalten im Systemvergleich, in: Abele, Johannes/Barkleit, Gerhard/Hänseroth, Thomas (Hg.): Innovationskulturen und Fortschrittserwartungen im geteilten Deutschland, Köln 2001, 33–46

Bänsch, Dieter (Hg.): Die 1950er Jahre. Beiträge zu Politik und Kultur, Tübingen 1985

Bajohr, Frank/Johe, Werner/Lohalm, Uwe (Hg.): Zivilisation und Barbarei. Die widersprüchlichen Potentiale der Moderne. Detlev Peukert zum Gedenken, Hamburg 1991 (Hamburger Beiträge zur Sozial- und Zeitgeschichte, Bd. 26)

Bauerkämper, Arnd/Jarausch, Konrad H./Payk, Markus M. (Hg.): Demokratiewunder. Transatlantische Mittler und die kulturelle Öffnung Westdeutschlands 1945–1970, Göttingen 2005

Baumann, Zygmunt: Dialektik der Ordnung. Die Moderne und der Holocaust, Hamburg 1992

Baureithel, Ulrike: Zivilisatorische Landnahmen. Technikdiskurs und Männeridentität in Publizistik und Literatur der zwanziger Jahre, Wolfgang Emmerich/Carl Wege (Hg.): Der Technikdiskurs in der Hitler-Stalin-Ära, Stuttgart/Weimar 1995, 28–46

Bayer, Karen/Sparing, Frank/Woelk, Wolfgang (Hg.): Universitäten und Hochschulen im Nationalsozialismus und in der frühen Nachkriegszeit, Stuttgart 2004

Becker, Heinrich/Dahms, Hans-Joachim/Wegeler, Cornelia (Hg.): Die Universität Göttingen unter dem Nationalsozialismus, 2. erw. Ausgabe München 1998

Becker, Norbert: Die Entnazifizierung der Technischen Hochschule Stuttgart, in: Becker, Norbert/Quarthal, Franz (Hg.): Die Universität Stuttgart nach 1945. Geschichte – Entwicklungen – Persönlichkeiten, Stuttgart 2004, 35–48

Becker, Norbert/Quarthal, Franz (Hg.): Die Universität Stuttgart nach 1945. Geschichte – Entwicklungen – Persönlichkeiten, Stuttgart 2004

Becker-Schmidt, Regina/Axeli-Knapp, Gudrun (Hg.): Das Geschlechterverhältnis als Gegenstand der Sozialwissenschaften, Frankfurt a. M. 1995

Beckhough, Harry: The Role of the British University Officer in Post-War Germany, in: Heinemann, Manfred (Hg.)/David Phillips (Bearb.): Hochschuloffiziere und Wiederaufbau des Hochschulwesens in Westdeutschland 1945–1952. Teil I: Die Britische Zone, Hildesheim 1990, 85–99

Benz, Wolfgang: Deutschland unter alliierter Besatzung 1945–1949/55. Ein Handbuch, Berlin 1999

Berger, Rainer: Politik und Technik. Der Beitrag der Gesellschaftstheorien zur Technikbewertung, Opladen 1991

Berghahn, Volker R./Unger, Stefan/Ziegler, Dieter (Hg.): Die deutsche Wirtschaftselite im 20. Jahrhundert. Kontinuität und Mentalität, Essen 2003

Berghoff, Hartmut: Zwischen Verdrängung und Aufarbeitung. Die bundesdeutsche Gesellschaft und ihre nationalsozialistische Vergangenheit in den 1950er Jahren, in: GWU Nr. 2 (1996), 96–114

Berg-Schlosser, Dirk: Erforschung der Politischen Kultur – Begriffe, Kontroversen, Forschungsstand, in: Breit, Gotthard (Hg.): Politische Kultur in Deutschland. Eine Einführung, 2. Aufl. Schwalbach/Ts. 2004, 8–29

Berg-Schlosser, Dirk/Schissler, Jakob: Politische Kultur in Deutschland. Bilanz und Perspektiven der Forschung, Opladen 1987

Berliner Geschichtswerkstatt (Hg.): Alltagskultur, Subjektivität und Geschichte. Zur Theorie und Praxis von Alltagsgeschichte, Münster 1994

Berlit, Anna Christina: Notstandskampagne und Rote-Punkt-Aktion: die Studentenbewegung in Hannover 1967–1969, Bielefeld 2007 (Hannoversche Schriften zur Lokal- und Regionalgeschichte, Bd. 20)

Bernhardt, Markus: Gießener Professoren zwischen Drittem Reich und Bundesrepublik. Ein Beitrag zur hessischen Hochschulgeschichte 1945–1957, Gießen 1990

Biess, Frank: Männer des Wiederaufbaus – Wiederaufbau der Männer. Kriegsheimkehrer in Ost- und Westdeutschland, in: Hagemann, Karen/Schüler-Springorum, Stefanie (Hg.): Heimat-Front. Militär und Geschlechterverhältnisse im Zeitalter der Weltkriege, Frankfurt a. M. 2002, 345–365

Binder, Beate: Elektrifizierung als Vision. Zur Symbolgeschichte einer Technik im Alltag, Tübingen 1999

Birke, Adolf M.: Geschichtsauffassung und Deutschlandbild im Foreign Office Research Department, in: Wendt, Bernd Jürgen (Hg.): Das britische Deutschlandbild im Wandel des 19. und 20. Jahrhunderts, Bochum 1984, 171–197

Birke, Adolf M./Mayering, Eva (Hg.): Britische Besatzung in Deutschland. Aktenerschießung und Forschungsfelder, London 1992

Blasius, Dirk: Ambivalenzen des Fortschritts. Psychiatrie und psychisch Kranke in der Geschichte der Moderne, in. Bajohr, Frank/Johe, Werner/Lohalm, Uwe (Hg.): Zivilisation und Barbarei. Die widersprüchlichen Potentiale der Moderne. Detlev Peukert zum Gedenken, Hamburg 1991, 253–268

Bleuel, Hans Peter/Klinnert, Ernst: Deutsche Studenten auf dem Weg ins Dritte Reich. Ideologien – Programme – Aktionen 1918–1935, Gütersloh 1967

Boch, Ralph: Exponenten des „akademischen Deutschland" in der Zeit des Umbruchs: Studien zu den Universitätsrektoren der Jahre 1945 bis 1950, Marburg 2004

Bock, Gisela: Krankenmord, Judenmord und nationalsozialistische Rassenpolitik: Überlegungen zu einigen neueren Forschungshypothesen, in: Bajohr, Frank/Johe, Werner/Lohalm, Uwe (Hg.): Zivilisation und Barbarei. Die widersprüchlichen Potentiale der Moderne. Detlev Peukert zum Gedenken, Hamburg 1991, 285–306

Böhme, Helmut: Einige Anmerkungen zum Problem der Technischen Hochschulen in ihren Auswirkungen auf die Städte, in: Heinz Duchhardt (Hg.): Stadt und Universität, Köln 1993

Bollenbeck, Georg: Bildung und Kultur. Glanz und Elend eines deutschen Deutungsmusters, Frankfurt a. M. 1994

Boll, Friedhelm: Auf der Suche nach Demokratie: britische und deutsche Jugendinitiativen in Niedersachsen nach 1945, Bonn 1995 (Veröffentlichungen des Instituts für Sozialgeschichte Braunschweig, Bonn)

Brandt, Peter: Wiederaufbau und Reform. Die Technische Universität Berlin 1945–1950, in: Rürup, Reinhard (Hg.): Wissenschaft und Gesellschaft – Beiträge zur Geschichte der TU Berlin 1879–1979, Bd. 1, Berlin 1979, 495–522

Breckner, Roswitha: Von den Zeitzeugen zu den Biographen. Methoden der Erhebung und Auswertung lebensgeschichtlicher Interviews, in: Berliner Geschichtswerkstatt (Hg.): Alltagskultur, Subjektivität und Geschichte. Zur Theorie und Praxis von Alltagsgeschichte, Münster 1994, 199–222

Breit, Gotthard (Hg.): Politische Kultur in Deutschland. Eine Einführung, 2. Aufl. Schwalbach/Ts. 2004

Brendecke, Arndt: Reden über Geschichte. Zur Rhetorik des Rückblicks in Jubiläumsreden der Frühen Neuzeit, in: Münch, Paul (Hg.): Jubiläum, Jubiläum... Zur Geschichte öffentlicher und privater Erinnerung, Essen 2005, 61–83

Breuer, Stefan: Anatomie der Konservativen Revolution, Darmstadt 1993

Briesen, Detlef: Warenhaus, Massenkonsum und Sozialmoral. Zur Geschichte der Konsumkritik im 20. Jahrhundert, Frankfurt a. M. 2001

Brohl, Elmar: Frisen-Familien, in: Akademische Verbindung Frisia im Cartellverband katholischer deutscher Studentenverbindungen (Hg.): Einhundert Jahre akademische Verbindung Frisia. Beiträge zur Geschichte der AV Frisia in Hannover 1902–2002, Hannover 2002, S. 301–311

Brollik, Peter/Mannhardt, Klaus (Hg.): Blaubuch 1958. Kampf dem Atomtod – Dokumente und Aufrufe, Neuss 1988

Bruch, Rüdiger vom/Jahr, Christoph (Hg.): Die Berliner Universität in der NS-Zeit, 2 Bde., Stuttgart 2005

Bruch, Rüdiger vom/Kaderas, Brigitte (Hg.): Wissenschaften und Wissenschaftspolitik – Bestandsaufnahmen zu Formationen, Brüchen und Kontinuitäten im Deutschland des 20. Jahrhunderts, Stuttgart 2002

Brüdermann, Stefan: Entnazifizierung in Niedersachsen, in: Dieter Poestges (Red.): Übergang und Neubeginn. Beiträge zur Verfassungs- und Verwaltungsgeschichte Niedersachsens in der Nachkriegszeit, Göttingen 1997, 97–118

Buchholz, Marlis: Die hannoverschen Judenhäuser. Zur Situation der Juden in der Zeit der Ghettoisierung und Verfolgung 1941 bis 1945, Hildesheim 1987

Buckmiller, Michael: Die „skeptische Generation" – eine kritische Nachbemerkung, in: Buckmiller, Michael/Perels, Joachim (Hg.): Opposition als Triebkraft der Demokratie. Bilanz und Perspektiven der zweiten Republik, Hannover 1998, 13–26

Buckmiller, Michael/Perels, Joachim (Hg.): Opposition als Triebkraft der Demokratie. Bilanz und Perspektiven der zweiten Republik. Festschrift für Jürgen Seifert, Hannover 1998

Bude, Heinz: Deutsche Karrieren. Lebenskonstruktionen sozialer Aufsteiger aus der Flakhelfer-Generation, Frankfurt a. M. 1987

Bundesministerium des Inneren (Hg.): Dokumente zur Deutschlandpolitik, Reihe II, Bd. 1 (1945), Neuwied/Frankfurt a. M. 1992

Burguière, André: Historische Anthropologie, in: Le Goff, Jacques/Chartier, Roger/Revel, Jacques (Hg.): Die Rückeroberung des historischen Denkens. Grundlagen der neuen Geschichtswissenschaft, Frankfurt a. M. 1990, 62–102

Chartier, Roger: Zeit der Zweifel. Zum Verständnis der gegenwärtigen Geschichtsschreibung, in: Neue Rundschau 105 (1994), 9–20

Chroust, Peter: Demokratie auf Befehl? Grundzüge der Entnazifizierungspolitik an den deutschen Hochschulen, in: Knigge-Tesche, Renate (Hg.): Berater der braunen Macht. Wissenschaft und Wissenschaftler im NS-Staat, Frankfurt a. M. 1999, 133–149

Cieslok, Ulrike: Eine schwierige Rückkehr. Remigranten an nordrhein-westfälischen Hochschulen, in: Krohn, Claus-Dieter/Rotermund, Erwin/Winckler, Lutz/Koepke, Wulf (Hg.): Exilforschung. Ein internationales Jahrbuch Band 9: Exil und Remigration, München 1991, 115–127

Connelly, John/Grüttner, Michael (Hg.): Zwischen Autonomie und Anpassung: Universitäten in den Diktaturen des 20. Jahrhunderts, Paderborn u. a. 2003

Conrad, Christoph/Kessel, Martina (Hg.): Kultur & Geschichte. Neue Einblicke in eine alte Beziehung, Stuttgart 1998

Costas, Ilse: Professionalisierungsprozesse akademischer Berufe und Geschlecht: ein internationaler Vergleich, in: Dickmann, Elisabeth/Schöck-Quinteros, Eva (Hg.): Barrieren und Karrieren: Die Anfänge des Frauenstudiums in Deutschland, Berlin 2000, 13–32

Dahrendorf, Ralf: Gesellschaft und Demokratie in Deutschland, 1. Aufl München 1968

Dahrendorf, Ralf: Kulturpessimismus vs. Fortschrittshoffnung. Eine notwendige Abgrenzung, in: Habermas, Jürgen (Hg.): Stichworte zur „Geistigen Situation der Zeit". Nation und Republik (Bd. 1), Frankfurt a. M. 1979, 213–228

Daniel, Ute: Kompendium Kulturgeschichte. Theorien, Praxis, Schlüsselwörter, Frankfurt a. M. 2001

Dehler, Joseph: Stadt und Hochschule. Bestandsaufnahme und Perspektiven kommunalen Wissenstransfers, Weinheim 1989

Dickmann, Elisabeth/Schöck-Quinteros, Eva (Hg.): Barrieren und Karrieren: Die Anfänge des Frauenstudiums in Deutschland, Berlin 2000

Dienel, Hans-Liudger (Hg.): Der Optimismus der Ingenieure. Triumph der Technik in der Krise der Moderne um 1900, Stuttgart 1998

Dienel, Hans-Liudger: Zweckoptimismus und -pessimismus der Ingenieure um 1900, in: Dienel, Hans-Liudger (Hg.): Der Optimismus der Ingenieure. Triumph der Technik in der Krise der Moderne um 1900, Stuttgart 1998, 9–24

Dietz, Burkhard/Fessner, Michael/Maier, Helmut: Der „Kulturwert der Technik" als Argument der Technischen Intelligenz für sozialen Aufstieg und Anerkennung, in: Dietz, Burkhard/Fessner, Michael/Maier, Helmut (Hg.): Technische Intelligenz und „Kulturfaktor Technik": Kulturvorstellungen von Technikern und Ingenieuren zwischen Kaiserreich und früher Bundesrepublik Deutschland, Münster/New York 1996, 1–34

Dietz, Burkhard/Fessner, Michael/Maier, Helmut: Technische Intelligenz und „Kulturfaktor Technik": Kulturvorstellungen von Technikern und Ingenieuren zwischen Kaiserreich und früher Bundesrepublik Deutschland, Münster/New York 1996

Dietz, Burkhard/Gabel, Helmut/Tiedau, Ulrich (Hg.): Griff nach dem Westen. Die „Westforschung" der völkisch-nationalen Wissenschaft zum nordwesteuropäischen Raum (1919–1960), Bd. 1, Münster u.a. 2003

Diner, Dan: Feindbild Amerika. Über die Beständigkeit eines Ressentiments, München 2002

Dubiel, Helmut: Niemand ist frei von der Geschichte. Die nationalsozialistische Herrschaft in den Debatten des Deutschen Bundestages, München/Wien 1999

Duchhardt, Heinz (Hg.): Stadt und Universität, Köln 1993

Düding, Dieter/Friedemann, Peter/Münch, Paul (Hg.): Öffentliche Festkultur. Politische Feste in Deutschland von der Aufklärung bis zum Ersten Weltkrieg, Hamburg 1988

Düwell, Kurt: Zwischen Entnazifizierung und Berufungsproblemen. Die RWTH im Kontext der deutschen Universitätsgeschichte nach 1945, in: Loth, Wilfried/Rusinek, Bernd-A. (Hg.): Verwandlungspolitik. NS-Eliten in der westdeutschen Nachkriegsgesellschaft, Frankfurt a. M. 1998, 313–331

Durkheim, Emile: Die elementaren Formen religiösen Lebens, Frankfurt a. M. 1994

Durth, Werner: Deutsche Architekten. Biographische Verflechtungen 1900–1970, 2. Aufl. Braunschweig 1987

Ebbinghaus, Angelika/Dörner, Klaus (Hg.): Vernichten und Heilen. Der Nürnberger Ärzteprozeß und seine Folgen, Berlin 2001

Eckert, Gisela: Hilfs- und Rehabilitierungsmaßnahmen der West-Alliierten des Zweiten Weltkrieges für Displaced Persons (DPs). Dargestellt am Beispiel Niedersachsens 1945-1952, Phil. Diss. Braunschweig 1995

Eckert, Michael/Trischler, Helmuth: Science and Technology in the Twentieth Century: Culture of Innovation in Germany and the United States, Conference at the German Historical Institute Washington D.C., October 15–16, 2004, in: GHI Bulletin No. 36 (Spring 2005), 130–134

Eckert, Wolfgang U./Sellin, Volker/Wolgast, Eike (Hg.): Die Universität Heidelberg im Nationalsozialismus, Berlin/Heidelberg 2006

Ehrich, Emil: Heinrich Hellwege. Ein konservativer Demokrat, Hannover 1977

Eisenberg, Götz/Linke, Hans-Jürgen (Hg.): Fuffziger Jahre, Gießen 1980

Ellwein, Thomas: Die deutsche Universität. Vom Mittelalter bis zur Gegenwart, Königstein/Ts. 1985

Ellwein, Thomas: Die deutsche Universität. Vom Mittelalter bis zur Gegenwart, 2. Aufl. Frankfurt a. M. 1992
Emmerich, Wolfgang/Wege, Carl (Hg.): Der Technikdiskurs in der Hitler-Stalin-Ära, Stuttgart/Weimar 1995
Emmerich, Wolfgang/Wege, Carl: Einleitung, in: Emmerich, Wolfgang/Wege, Carl (Hg.): Der Technikdiskurs in der Hitler-Stalin-Ära, Stuttgart/Weimar 1995, 1–14
Ericksen, Robert P.: The Göttingen University Theological Faculty: A Test Case in Gleichschaltung and Denazification, in: Central European History 17, 1984, 355–383
Ermath, Michael: „Amerikanisierung" und deutsche Kulturkritik 1945–1965. Metastasen der Moderne und hermeneutische Hybris, in: Jarausch, Konrad H./Siegrist, Hannes (Hg): Amerikanisierung und Sowjetisierung in Deutschland 1945–1970, Frankfurt a. M./New York 1997, 315–334
Eschebach, Insa: Öffentliches Gedenken. Deutsche Erinnerungskulturen seit der Weimarer Republik, Frankfurt a. M./New York 2005
Fachbereich Chemie der Universität Hannover: Die Geschichte der Chemie an der Technischen Hochschule und der Universität Hannover (Red. Bearb.: G. Wünsch), Hannover 1999
Faust, Anselm: Professoren für die NSDAP. Zum politischen Verhalten der Hochschullehrer 1932/33, in: Heinemann, Manfred (Hg.): Erziehung und Schulung im Dritten Reich. Teil 2: Hochschule, Erwachsenenbildung, Stuttgart 1980
Federspiel, Ruth: Mobilisierung der Rüstungsforschung? Werner Osenberg und das Planungsamt im Reichsforschungsrat 1943–1945, in: Maier, Helmut: Rüstungsforschung im Nationalsozialismus. Organisation, Mobilisierung und Entgrenzung in den Technikwissenschaften, Göttingen 2002, 72–105
Feige, Hans Uwe: Die Entnazifizierung des Lehrkörpers der Universität Leipzig, in: Zeitschrift für Geschichtswissenschaft Jg. 42 (1994), H. 9, 795–808
Fings, Karola: Krieg, Gesellschaft und KZ: Himmlers SS-Baubrigaden, Paderborn 2005
Fischer, Peter (Hg.): Technikphilosophie. Von der Antike bis zur Gegenwart, Leipzig 1996
Fischer, Peter: Zur Genealogie der Technikphilosophie, in: Fischer, Peter (Hg.): Technikphilosophie. Von der Antike bis zur Gegenwart, Leipzig 1996, 255–335
Fleiter, Rüdiger: Stadtbaurat Karl Elkart und seine Beteiligung an der NS-Verfolgungspolitik, in: Hannoversche Geschichtsblätter 60 (2006), 135–149
Fogt, Helmut: Politische Generationen. Empirische Bedeutung und theoretisches Modell, Opladen 1982
Foschepoth, Josef/Steininger, Rolf (Hg.): Britische Deutschland- und Besatzungspolitik 1945–1949, Paderborn 1985
Foucault, Michel: Archäologie des Wissens, 3. Aufl. Frankfurt a. M. 1988
Foucault, Michel: Der Wille zum Wissen, Frankfurt a. M. 1977
Foucault, Michel: Diskurs und Wahrheit. Berkeley-Vorlesungen 1983, Berlin 1996
Franke, Thomas: Die Anfänge der Kulturpolitik in Niedersachsen in der Ära Grimme, in: Poestges, Dieter (Red.): Übergang und Neubeginn. Beiträge zur Verfassungs- und Verwaltungsgeschichte Niedersachsens in der Nachkriegszeit, Göttingen 1997, 119–151
Franz, Heike: Zwischen Markt und Profession: Betriebswirte in Deutschland im Spannungsfeld von Bildungs- und Wirtschaftsbürgertum (1900–1945), Göttingen 1998 (Bürgertum. Beiträge zur europäischen Gesellschaftsgeschichte, Bd. 11)
Frei, Norbert: Vergangenheitspolitik. Die Anfänge der Bundesrepublik und die NS-Vergangenheit, München 1999
Freitäger, Andreas: Zwei belgische „Zivilarbeiter" am Institut für Angewandte Physik der Universität Köln 1943–1944. Ein Beitrag zur Geschichte der Zwangsarbeit an Universitäten, Köln 2006 (Veröffentlichungen aus dem Universitätsarchiv Köln, Heft 7)
Frevert, Ute: Ehrenmänner. Das Duell in der bürgerlichen Gesellschaft, München 1991
Frevert, Ute: Frauen-Geschichte. Zwischen bürgerlicher Verbesserung und Neuer Weiblichkeit, 1. Aufl. Frankfurt a. M. 1986

Fröbe, Rainer/Füllberg-Stolberg, Claus/Gutmann, Christoph/Keller, Rolf/Obenaus, Herbert/Schröder, Hans Hermann: Konzentrationslager in Hannover. KZ-Arbeit und Rüstungsindustrie in der Spätphase des Zweiten Weltkriegs, Teil I, Hildesheim 1985 (Quellen und Untersuchungen zur allgemeinen Geschichte Niedersachsens in der Neuzeit, Bd. 8)

Fuchs, Margot: Frauenleben für Männertechnik. Lebensentwürfe der ersten Studentinnen der Technischen Hochschule München konstruiert und rekonstruiert, in: Füßl, Wilhelm/Ittner, Stefan (Hg.): Biographie und Technikgeschichte, BIOS Jg. 11 (1998) Sonderheft, 174–188

Führ, Christoph: Deutsches Bildungswesen seit 1945: Grundzüge und Probleme, Neuwied u a. 1997

Führ, Christoph/Furck, Carl-Ludwig (Hg.): Handbuch der deutschen Bildungsgeschichte. Band VI: 1945 bis zur Gegenwart. Erster Teilband Bundesrepublik Deutschland, München 1998

Führ, Christoph: Zur deutschen Bildungsgeschichte seit 1945, in: Führ, Christoph/Furck, Carl-Ludwig (Hg.): Handbuch der deutschen Bildungsgeschichte. Band VI: 1945 bis zur Gegenwart. Erster Teilband Bundesrepublik Deutschland, München 1998, 1–24

Führer, Karl Christian/Hagemann, Karen/Kundrus, Birthe (Hg.): Eliten im Wandel. Gesellschaftliche Führungsschichten im 19. und 20. Jahrhundert, Münster 2004

Füßl, Wilhelm/Ittner, Stefan (Hg.): Biographie und Technikgeschichte, BIOS Jg. 11 (1998) Sonderheft

Fulda, Daniel: Sinn und Erzählung – Narrative Kohärenzansprüche der Kulturen, in: Jaeger, Friedrich/Liebsch, Burkhard (Hg.): Handbuch der Kulturwissenschaften. Band 1: Grundlagen und Schlüsselbegriffe, Stuttgart 2004, 251–265

Garbe, Detlef: Äußerliche Abkehr, Erinnerungsverweigerung und "Vergangenheitsbewältigung": Der Umgang mit dem Nationalsozialismus in der frühen Bundesrepublik, in: Schildt, Axel/Sywottek, Arnold (Hg.): Modernisierung im Wiederaufbau. Die westdeutsche Gesellschaft der 50er Jahre, Bonn 1993, 693–716

Geertz, Clifford: Dichte Beschreibung. Beiträge zum Verstehen kultureller Systeme, 2. Aufl. Frankfurt a. M. 1991

Genth, Renate/Jäkl, Reingard/Pawlowski, Rita/Schmidt-Harzbach, Ingrid/Stoehr, Irene (Hg.): Frauenpolitik und politisches Wirken von Frauen im Berlin der Nachkriegszeit, Berlin 1996

Gerken, Horst (Hg.): Catalogus Professorum 1831–2006. Festschrift zum 175-jährigen Bestehen der Universität Hannover; Bd. 2, Hildesheim/Zürich/New York 2006

Gleichmann, Peter R.: Ansichten eines historischen Soziologen. Sozial-räumliche „Funktionalität" von Universitätsbauten, in: Auffahrt, Sid/Pietsch, Wolfgang (Hg.): Die Universität Hannover. Ihre Bauten, ihre Gärten, ihre Planungsgeschichte, Petersberg 2003

Gödde, Joachim: Entnazifizierung unter britischer Besatzung. Problemskizze zu einem vernachlässigten Kapitel der Nachkriegsgeschichte, in: Geschichte im Westen 6 (1991) H. 1, 62–73

Golczewski, Frank: Kölner Universitätslehrer und der Nationalsozialismus. Personengeschichtliche Ansätze, Köln/Wien 1988 (Studien zur Geschichte der Universität zu Köln 8)

Gottwald, Alfred B.: Julius Dorpmüller, die Reichsbahn und die Autobahn: Verkehrspolitik und Leben des Verkehrsministers bis 1945, Berlin 1995

Goudsmit, Samuel A.: Alsos. The History of Modern Physics Vol. 1, Los Angeles/San Francisco 1986

Grabert, Herbert: Hochschullehrer klagen an. Von der Demontage deutscher Wissenschaft, 2. Aufl. Göttingen 1952

Grab, Walter (Hg.): Zwei Seiten einer Medaille: Demokratische Revolution und Judenemanzipation, Köln 2000

Grab, Walter: Theodor Lessings Kampf gegen den antisemitischen Nationalismus in Deutschland, in: Grab, Walter (Hg.): Zwei Seiten einer Medaille: Demokratische Revolution und Judenemanzipation, Köln 2000, 183–191

Greiffenhagen, Martin: Das Dilemma des Konservatismus in Deutschland, München 1977

Greiffenhagen, Martin: Demokratie und Technokratie, in: Koch, Claus/Senghaas, Dieter (Hg.): Texte zur Technokratiediskussion, Frankfurt a. M. 1970, 54–70

Greven-Aschoff, Barbara: Die bürgerliche Frauenbewegung in Deutschland 1894–1933, Göttingen 1981 (Kritische Studien zur Geschichtswissenschaft Bd. 46)
Gröning, Gert/Wolschke-Bulmahn, Joachim: Die Liebe zur Landschaft. Teil III: Der Drang nach Osten, München 1987 (Arbeiten zur sozialwissenschaftlich orientierten Freiraumplanung 9)
Grosse, Heinrich/Otte, Hans/Perels, Joachim (Hg.): Bewahren ohne Bekennen? Die hannoversche Landeskirche im Nationalsozialismus, Hannover 1996
Grosse, Heinrich/Otte, Hans/Perels, Joachim (Hg.): Neubeginn nach der NS-Herrschaft? Die hannoversche Landeskirche nach 1945, Hannover 2002
Grotjahn, Karl-Heinz: Demontage, Wiederaufbau, Strukturwandel. Aus der Geschichte Niedersachsens 1946–1996, Hameln 1996 (Veröffentlichungen der Niedersächsischen Landesbibliothek 15)
Grüttner, Michael: Studenten im Dritten Reich, Paderborn/München/Wien/Zürich 1995
Grupp, Hariolf/Dominguez-Lacasa, Iciar/Friedrich-Nishio, Monika: Das deutsche Innovationssystem seit der Reichsgründung. Indikatoren einer nationalen Wissenschafts- und Technikgeschichte in unterschiedlichen Regierungs- und Gebietsstrukturen, Heidelberg 2002
Gundler, Bettina: Technische Bildung, Hochschule, Staat und Wirtschaft. Entwicklungslinien des Technischen Hochschulwesens 1914–1930. Das Beispiel der TH Braunschweig, Hildesheim 1991 (Veröffentlichungen der Technischen Universität Braunschweig, Bd. 3)
Gutschow, Niels: Stadtplanung im Warthegau 1939–1944, in: Rössler, Mechthild/ Schleiermacher, Sabine (Hg.): Der „Generalplan Ost". Hauptlinien der nationalsozialistischen Planungs- und Vernichtungspolitik, Berlin 1993, 232–258
Haas, Ralph: Ernst Zinsser. Leben und Werk eines Architekten der 1950er Jahre in Hannover, Bd. 1, Hannover 2000
Habermas, Jürgen/Friedeburg, Ludwig von/Oehler, Christoph/Weltz, Friedrich: Student und Politik. Eine soziologische Untersuchung zum politischen Bewußtsein Frankfurter Studenten, 3. Aufl. Neuwied/Berlin 1969 (Soziologische Texte Bd. 18)
Habermas, Jürgen: Die deutschen Mandarine, in: Habermas, Jürgen: Philosophisch-politische Profile, erw. Ausgabe Frankfurt a. M. 1987, 458–468
Habermas, Jürgen (Hg.): Stichworte zur „Geistigen Situation der Zeit". Nation und Republik , Bd. 1, Frankfurt a. M. 1979
Habermas, Jürgen: Philosophisch-politische Profile, erw. Ausgabe Frankfurt a. M. 1987
Habermas, Jürgen: Technik und Wissenschaft als „Ideologie", Frankfurt a. M. 1969
Hachtmann, Rüdiger: „Die Begründer der amerikanischen Technik sind fast lauter schwäbisch-allemannische Menschen": Nazi-Deutschland, der Blick auf die USA und die „Amerikanisierung" der industriellen Produktionsstrukturen im „Dritten Reich", in: Lüdtke, Alf/Marßolek, Inge/Saldern, Adelheid von (Hg.): Amerikanisierung. Traum und Alptraum im Deutschland des 20. Jahrhunderts, Stuttgart 1996, 37–66
Hacke, Jens: Philosophie der Bürgerlichkeit. Die liberalkonservative Begründung der Bundesrepublik, Göttingen 2006 (Bürgertum Neue Folge: Studien zur Zivilgesellschaft, Bd. 3)
Hänseroth, Thomas: Die „Luxushunde" der Hochschule. Zur Etablierung der Allgemeinen Abteilung im Kaiserreich als symbolisches Handeln, in: Hänseroth, Thomas (Hg.): Wissenschaft und Technik. Studien zur Geschichte der TU Dresden, Köln/Weimar/Wien 2003, 109–133
Hänseroth, Thomas: Fachleute für alle Fälle? Zum Neubeginn an der TH Dresden nach dem Zweiten Weltkrieg, in: Abele, Johannes/Barkleit, Gerhard/Hänseroth, Thomas (Hg.): Innovationskulturen und Fortschrittserwartungen im geteilten Deutschland, Köln 2001, 301–329
Hänseroth, Thomas (Hg.): Wissenschaft und Technik. Studien zur Geschichte der TU Dresden, Köln/Weimar/Wien 2003 (175 Jahre TU Dresden, Bd. 2)
Hagemann, Karen/Schüler-Springorum, Stefanie (Hg.): Heimat-Front. Militär und Geschlechterverhältnisse im Zeitalter der Weltkriege, Frankfurt a. M. 2002 (Geschichte und Geschlechter, Bd. 35)
Hammerstein, Notker: Die Deutsche Forschungsgemeinschaft in der Weimarer Republik und im Dritten Reich. Wissenschaftspolitik in Republik und Diktatur 1920–1945, München 1999

Hammerstein, Notker: Die Johann-Wolfgang-Goethe-Universität Frankfurt am Main. Von der Stiftungsuniversität zur staatlichen Hochschule. Bd. 1: 1914 bis 1950, Frankfurt a. M./Neuwied 1989

Handel, Kai: Innovationen in Bildung und Ausbildung an den bundesdeutschen Hochschulen? Hochschulgründungen und Studienreformen, in: Abele, Johannes/Barkleit, Gerhard/Hänseroth, Thomas (Hg.): Innovationskulturen und Fortschrittserwartungen im geteilten Deutschland, Köln 2001, S. 279–299

Hansen, Astrid: Die Frankfurter Universitätsbauten Ferdinand Kramers. Überlegungen zum Hochschulbau der 50er Jahre, Weimar 2001

Hård, Mikael: Zur Kulturgeschichte der Naturwissenschaften, Technik und Medizin. Eine internationale Literaturübersicht, in: Technikgeschichte 70 (2003), H. 1, 23–45

Hardtwig, Wolfgang/Wehler, Hans-Ulrich (Hg.): Kulturgeschichte Heute, Geschichte und Gesellschaft Sonderheft 16, Göttingen 1996

Hartmann, Michael: Soziale Homogenität und generationelle Muster der deutschen Wirtschaftselite, in: Berghahn, Volker R./Unger, Stefan/Ziegler, Dieter (Hg.): Die deutsche Wirtschaftselite im 20. Jahrhundert. Kontinuität und Mentalität, Essen 2003, 31–50

Haude, Rüdiger: Dynamiken des Beharrens. Die Geschichte der Selbstverwaltung der RWTH Aachen seit 1945. Ein Beitrag zur Theorie der Reformprozesse, Aachen 1993

Haug, Walter/Warning, Rainer (Hg.): Das Fest, München 1989 (Poetik und Hermeneutik. Arbeitsergebnisse einer Forschungsgruppe XIV)

Hausen, Karin (Hg.): Frauen suchen ihre Geschichte, Bd. 2, München 1987Heiber, Helmut: Universität unterm Hakenkreuz, 3 Bde., München 1991–1994

Heimbüchel, Bernd/Pabst, Klaus: Kölner Universitätsgeschichte. Bd. II: Das 19. und 20. Jahrhundert, Köln/Wien 1988

Heim, Susanne (Hg.): Autarkie und Ostexpansion. Pflanzenzucht und Agrarforschung im Nationalsozialismus, Göttingen 2002 (Geschichte der Kaiser-Wilhelm-Gesellschaft im Nationalsozislismus, Bd. 2)

Heinemann, Isabel/Wagner, Patrick: Einleitung, in: Heinemann, Isabel/Wagner, Patrick (Hg.): Wissenschaft, Planung, Vertreibung. Neuordnungskonzepte und Umsiedlungspolitik im 20. Jahrhundert, Stuttgart 2006, 7–21

Heinemann, Isabel/Wagner, Patrick (Hg.): Wissenschaft, Planung, Vertreibung. Neuordnungskonzepte und Umsiedlungspolitik im 20. Jahrhundert, Stuttgart 2006

Heinemann, Manfred: 1945: Universitäten aus britischer Sicht, in: Heinemann, Manfred (Hg.)/ David Phillips (Bearb.): Hochschuloffiziere und Wiederaufbau des Hochschulwesens in Westdeutschland 1945–1952. Teil I: Die Britische Zone, Hildesheim 1990, 41–60

Heinemann, Manfred (Hg.)/David Phillips (Bearb.): Hochschuloffiziere und Wiederaufbau des Hochschulwesens in Westdeutschland 1945–1952. Teil I: Die Britische Zone, Hildesheim 1990 (Geschichte von Bildung und Wissenschaft; Reihe B, Bd. 1)

Heinemann, Manfred (Hg.): Erziehung und Schulung im Dritten Reich. Teil 2: Hochschule, Erwachsenenbildung, Stuttgart 1980 (Veröffentlichungen der Historischen Kommission der Deutschen Gesellschaft für Erziehungswissenschaft, Bd. 4.2)

Heinemann, Manfred (Hg.): Nordwestdeutsche Hochschulkonferenzen 1945–1948, Hildesheim 1990 (Geschichte von Bildung und Wissenschaft; Reihe C, Bd. 1)

Heinemann, Manfred (Hg.): Umerziehung und Wiederaufbau. Die Bildungspolitik der Besatzungsmächte in Deutschland und Österreich, Stuttgart 1981 (Veröffentlichungen der Historischen Kommission der Deutschen Gesellschaft für Erziehungswissenschaft, Bd. 5)

Heinemann, Manfred: Zur Wissenschafts- und Bildungslandschaft Niedersachsens von 1945 bis in die 50er Jahre, in: Weisbrod, Bernd (Hg.): Von der Währungsreform zum Wirtschaftswunder. Wiederaufbau in Niedersachsen, Hannover 1998, 77–96

Heinemann, Manfred (Hg.): Zwischen Restauration und Innovation. Bildungsreformen in Ost und West nach 1945, Köln/Weimar/Wien/Böhlau 1999 (Bildung und Erziehung; Beiheft 9)

Heither, Dietrich/Gehler, Michael/Kurth, Alexandra/Schäfer, Gerhard: Blut und Paukboden. Eine Geschichte der Burschenschaften, Frankfurt a. M. 1997

Heither, Dietrich: Nicht nur unter den Talaren... Von der Restauration zur Studentenbewegung, in: Heither, Dietrich/Gehler, Michael/Kurth, Alexandra/Schäfer, Gerhard: Blut und Paukboden. Eine Geschichte der Burschenschaften, Frankfurt a. M. 1997, 159–186

Heither, Dietrich: Verbündete Männer. Die Deutsche Burschenschaft – Weltanschauung, Politik und Brauchtum, Köln 2000

Hemken, R. (Bearb.): Sammlung der vom Alliierten Kontrollrat und der Amerikanischen Militärregierung erlassenen Proklamationen, Gesetze, Verordnungen, Befehle, Bd. 1, Stuttgart o. J.

Hentschel, Klaus: Die Mentalität deutscher Physiker in der frühen Nachkriegszeit (1945–1949), Heidelberg 2005

Herbert, Ulrich: Best. Biographische Studien über Radikalismus, Weltanschauung und Vernunft 1903–1989, Bonn 1996

Herbert, Ulrich: Drei politische Generationen im 20. Jahrhundert, in: Jürgen Reulecke (Hg.) Generationalität und Lebensgeschichte im 20 Jahrhundert, München 2003, 95–114

Hermand, Jost: Kultur im Wiederaufbau. Die Bundesrepublik Deutschland 1945–1965, Frankfurt a. M./ Berlin 1989

Hervé, Florence: Studentinnen in der BRD. Eine soziologische Untersuchung, Köln 1973

Hesse, Hans: Konstruktionen der Unschuld. Die Entnazifizierung am Beispiel von Bremen und Bremerhaven 1945–1953, Bremen 2005 (Veröffentlichungen aus dem Staatsarchiv der Hansestadt Bremen, Bd. 67)

Hess, Gerhard: Die deutsche Universität 1930–1970, Darmstadt 1970

Hettling, Manfred/Nolte, Paul (Hg.): Bürgerliche Feste, Göttingen 1993

Heymann, Matthias: „Kunst" und „Wissenschaft" in der Technik des 20. Jahrhunderts: zur Geschichte der Konstruktionswissenschaft, Zürich 2005

Hilberg, Raul: Die Vernichtung der europäischen Juden, 3 Bde., Frankfurt a. M. 1997

Hilberg, Raul: Sonderzüge nach Auschwitz, Mainz 1981

Hoffmann, Dieter: Karl Ramsauer. Die Deutsche Physikalische Gesellschaft und die Selbstmobilisierung der Physikerschaft im „Dritten Reich", in: Maier, Helmut (Hg.): Rüstungsforschung im Nationalsozialismus. Organisation, Mobilisierung und Entgrenzung in den Technikwissenschaften, Göttingen 2002, 273–303

Holtmann, Everhard: Heimatbedarf in der Nachkriegszeit, in: Weisbrod, Bernd (Hg.): Von der Währungsreform zum Wirtschaftswunder. Wiederaufbau in Niedersachsen, Hannover 1998, 31–45

Hortleder, Gerd: Das Gesellschaftsbild des Ingenieurs. Zum politischen Verhalten der Technischen Intelligenz in Deutschland, Frankfurt a. M. 1970

Hortleder, Gerd: Ingenieure in der Industriegesellschaft. Zur Soziologie der Technik und der naturwissenschaftlich-technischen Intelligenz im öffentlichen Dienst und in der Industrie, Frankfurt a. M. 1973

Hübner, Kurt: Sinn und Aufgaben philosophischer Fakultäten an Technischen Hochschulen, Essen 1966 (Schriftenreihe des Stifterverbandes für die Deutsche Wissenschaft, 1966/1)

Jacobmeyer, Wolfgang: "Handover to the Germans" 1947/48: Ausgangslagen für die zweite Entnazifizierung in Niedersachsen, in: Leidinger, Paul/Metzler, Dieter: Geschichte und Geschichtsbewußtsein. Festschrift für Karl-Ernst Jeismann, Münster 1990, 467–491

Jaeger, Friedrich/Liebsch, Burkhard (Hg.): Handbuch der Kulturwissenschaften. Band 1: Grundlagen und Schlüsselbegriffe, Stuttgart 2004

Jäger, Siegfried: Kritische Diskursanalyse. Eine Einführung, Münster 2004

Jarausch, Konrad H.: Deutsche Studenten 1800–1970, Frankfurt a. M. 1984

Jarausch, Konrad H./Siegrist, Hannes (Hg): Amerikanisierung und Sowjetisierung in Deutschland 1945–1970, Frankfurt a. M./New York 1997

Jens, Walter: Eine deutsche Universität. 500 Jahre Tübinger Gelehrtenrepublik, München 1977

John, Eckhard/Martin, Bernd/Mück, Marc/Ott, Hugo (Hg.): Die Freiburger Universität in der Zeit des Nationalsozialismus, Freiburg/Würzburg 1991

Jung, Michael: „... voll Begeisterung schlagen unsere Herzen zum Führer". Die Technische Hochschule Hannover und ihre Professoren im Nationalsozialismus, Ms. Hannover 2002

Karafyllis, Nicole C./Haar, Tilmann (Hg.): Technikphilosophie im Aufbruch. Festschrift für Günter Ropohl, Berlin 2004

Kath, Gerhard: Das soziale Bild der Studentenschaft. Sozialerhebungen des Deutschen Studentenwerkes, Bonn 1952, 1957, 1960 und 1964

Kaufmann, Doris (Hg.): Geschichte der Kaiser-Wilhelm-Gesellschaft im Nationalsozialismus. Bestandsaufnahme und Perspektiven der Forschung, Göttingen 2000 (Geschichte der Kaiser-Wilhelm-Gesellschaft im Nationalsozialismus, Bd. 1)

Kaufmann, Jean-Claude: Das verstehende Interview, Konstanz 1999

Kehm, Barbara: Zwischen Abgrenzung und Integration. Der gewerkschaftliche Diskurs in der Bundesrepublik, Opladen 1991

Kellner, Ursula: Heinrich Friedrich Wiepking (1891–1973). Leben, Lehre und Werk, Diss. rer. hort. Hannover 1998

Kertz, Walter/Albrecht, Peter (Hg.): Technische Universität Braunschweig. Vom Collegium Carolinum zur Technischen Universität, Hildesheim 1995

Kertz, Walter (Hg.): Hochschule und Nationalsozialismus. Referate beim Workshop zur Geschichte der Carolo-Wilhelmina am 5. und 6. Juli 1993, Braunschweig 1994 (Projektberichte zur Geschichte der Carolo-Wilhelmina, 9)

Kertz, Walter (Hg.): Referate beim Workshop zur Geschichte der Carolo-Wilhelmina am 30. Juni 1986 und Kurzprotokoll der Veranstaltungen des Hochschultages am 5. Juli 1985, Braunschweig 1986

Kertz, Walter (Hg.): Technische Hochschulen und Studentenschaft in der Nachkriegszeit. Referate beim Workshop zur Geschichte der Carolo-Wilhelmina am 4. und 5. Juli 1994, Braunschweig 1995 (Projektberichte zur Geschichte der Carolo-Wilhelmina, 10)

Kettenacker, Lothar: Britische Besatzungspolitik im Spannungsverhältnis von Planung und Realität, in: Birke, Adolf M./Mayring, Eva A. (Hg.): Britische Besatzung in Deutschland. Aktenerschließung und Forschungsfelder, London 1992, 17–34

Kienitz, Sabine: Körper – Beschädigungen. Kriegsinvalidität und Männlichkeitskonstruktionen in der Weimarer Republik, in: Karen Hagemann/Stefanie Schüler-Springorum (Hg.): Heimat-Front. Militär und Geschlechterverhältnisse im Zeitalter der Weltkriege, Frankfurt a. M. 2002, 188–207

Kleinen, Karin: „Frauenstudium" in der Nachkriegszeit (1945–1950): Die Diskussion in der britischen Besatzungszone, in: Jahrbuch für Historische Bildungsforschung, Bd. 2 (1995), 281–300

Kleinschmidt, Christian: Technik und Wissenschaft im 19. und 20. Jahundert, München 2007 (Enzyklopädie deutscher Geschichte, Bd. 79)

Kleßmann, Christoph: Zwei Staaten, eine Nation. Deutsche Geschichte 1955–1970, 2. Aufl. Bonn 1997

Knigge-Tesche, Renate (Hg.): Berater der braunen Macht. Wissenschaft und Wissenschaftler im NS-Staat, Frankfurt a. M. 1999

Knoblauch, Hubert/Leuenberger, Christine/Schnettler, Bernt (Hg.): Erwing Goffman: Rede-Weisen. Formen der Kommunikation in sozialen Situationen, Konstanz 2005 (Erfahrung – Wissen – Imagination. Schriften zur Wissenssoziologie Band 11)

Knoblauch, Hubert/Leuenberger, Christine/Schnettler, Bernt: Erwing Goffmans Rede-Weisen, in: Knoblauch, Hubert/Leuenberger, Christine/Schnettler, Bernt (Hg.): Erwing Goffman: Rede-Weisen. Formen der Kommunikation in sozialen Situationen, Konstanz 2005, 9–33

Koch, Claus/Senghaas, Dieter (Hg.): Texte zur Technokratiediskussion, Frankfurt a. M. 1970

Koch, Claus/Senghaas, Dieter Vorwort, in: Koch, Claus/Senghaas, Dieter (Hg.): Texte zur Technokratiediskussion, Frankfurt a. M. 1970, 5–12

König, Helmut: Das Erbe der Diktatur. Der Nationalsozialismus im politischen Bewußtsein der Bundesrepublik, in: König, Helmut/ Kuhlmann, Wolfgang/Schwabe, Klaus: Vertuschte Vergangenheit. Der Fall Schwerte und die NS-Vergangenheit der deutschen Hochschulen, München 1997, 301–316

König, Helmut/ Kuhlmann, Wolfgang/Schwabe, Klaus: Vertuschte Vergangenheit. Der Fall Schwerte und die NS-Vergangenheit der deutschen Hochschulen, München 1997

Königseder, Angelika/Wetzel, Juliane: Lebensmut im Wartesaal. Die jüdischen DP's im Nachkriegsdeutschland, Frankfurt a. M. 1994

König, Wolfgang (Hg.): Umbrüche und Umorientierungen – Kontinuität und Diskontinuität – Evolution und Revolution. Zur Theorie historischer Zeitverläufe in der Wissenschafts- und Technikgeschichte, in: König, Wolfgang (Hg.): Umorientierungen. Wissenschaft, Technik und Gesellschaft im Wandel, Frankfurt a. M. 1994, 9–31

König, Wolfgang (Hg.): Umorientierungen. Wissenschaft, Technik und Gesellschaft im Wandel, Frankfurt a. M. 1994

König, Wolfgang/Landsch, Marlene (Hg.): Kultur und Technik: Zu ihrer Theorie und Praxis in der modernen Lebenswelt, Frankfurt a. M. u.a. 1993

Kokkelink, Günther: Polytechnische Lehranstalt im Königreich Hannover – von den Anfängen bis in die zwanziger Jahre, in: Auffahrt, Sid/Pietsch, Wolfgang (Hg.): Die Universität Hannover. Ihre Bauten, ihre Gärten, ihre Planungsgeschichte, Petersberg 2003, 65–94

Kotowski, Mathias: Die öffentliche Universität. Veranstaltungskultur der Eberhard-Karls-Universität Tübingen in der Weimarer Republik, Stuttgart 1999 (Contubernium. Tübinger Beiträge zur Universitäts- und Wissenschaftsgeschichte, Bd. 49)

Krais, Beate (Hg.): An der Spitze. Von Eliten und herrschenden Klassen, Konstanz 2001

Krais, Beate: Die Spitzen der Gesellschaft. Theoretische Überlegungen, in: Krais, Beate (Hg.): An der Spitze. Von Eliten und herrschenden Klassen, Konstanz 2001, 7–62

Kreisky, Eva: Der Stoff aus dem die Staaten sind. Zur männerbündischen Fundierung politischer Ordnung, in: Becker-Schmidt, Regina/Axeli-Knapp, Gudrun (Hg.): Das Geschlechterverhältnis als Gegenstand der Sozialwissenschaften, Frankfurt a. M. 1995

Kröck, Eckart: Die Region, die Universität und die Stadt: Ruhr-Universität Bochum, in: Die alte Stadt Jg. 30, Nr. 1/2003, 32–43

Krönig, Waldemar: Studentische Existenz in Ost und West 1945–1961, in: Walter Kertz (Hg.): Technische Hochschulen und Studentenschaft in der Nachkriegszeit. Referate beim Workshop zur Geschichte der Carolo-Wilhelmina am 4./5. Juli 1994, Braunschweig 1995, 51–60

Krönig, Waldemar/Müller, Klaus-Dieter: Nachkriegs-Semester. Studium in Kriegs- und Nachkriegszeit, Stuttgart 1990

Krohn, Claus-Dieter: Deutsche Wissenschaftsemigration seit 1933 und ihre Remigrationsbarrieren nach 1945, in: Bruch, Rüdiger vom/Kaderas, Brigitte (Hg.): Wissenschaften und Wissenschaftspolitik: Bestandsaufnahmen zu Formationen, Brüchen und Kontinuitäten im Deutschland des 20. Jahrhunderts, Stuttgart 2002, 437–452

Krohn, Claus-Dieter/Mühlen, Patrik von zur/Paul, Gerhard/Winckler, Lutz (Hg.): Handbuch der deutschsprachigen Emigration, Darmstadt 1998

Krohn, Claus-Dieter/Rotermund, Erwin/Winckler, Lutz/Koepke, Wulf (Hg.): Exilforschung. Ein internationales Jahrbuch, Band 9: Exil und Remigration, München 1991

Krukowska, Uta: Die Studierenden der Universität Hamburg in den Jahren 1945–1950, Hamburg 1993

Kühne, Thomas: Imaginierte Weiblichkeit und Kriegskameradschaft. Geschlechterverwirrung und Geschlechterordnung, 1918–1945, in: Hagemann, Karen/Schüler-Springorum, Stefanie (Hg.): Heimat-Front. Militär und Geschlechterverhältnisse im Zeitalter der Weltkriege, Frankfurt a. M. 2002, 237–257

Kühne, Thomas: Kameradschaft – „das Beste im Leben eines Mannes". Die deutschen Soldaten des Zweiten Weltkrieges in erfahrungs- und geschlechtergeschichtlicher Perspektive, in: Geschichte und Gesellschaft 22 (1996), 504–529

Kunle, Heinz/Fuchs, Stefan (Hg.): Die Technische Universität an der Schwelle zum 21. Jahrhundert. Festschrift zum 175-jährigen Jubiläum der Universität Karlsruhe (TH), Berlin/Heidelberg/New York u.a. 2000

Kuntzsch, Brigitte (Red.): Technische Bildung in Darmstadt. Die Entwicklung der Technischen Hochschule 1836–1996. Bd. 5: Vom Wiederaufbau zur Massenuniversität, Darmstadt 2000

Laak, Dirk van: Das technokratische Momentum in der deutschen Nachkriegsgeschichte, in: Abele, Johannes/Barkleit, Gerhard/Hänseroth, Thomas (Hg.): Innovationskulturen und Fortschrittserwartungen im geteilten Deutschland, Köln 2001, 89–104

Laak, Dirk van: Imperiale Infrastruktur. Deutsche Planungen für eine Erschließung Afrikas 1880–1960, Paderborn 2004

Laak, Dirk van: Weiße Elefanten. Anspruch und Scheitern technischer Großprojekte im 20. Jahrhundert, Stuttgart 1999

Laak, Dirk van: Zwischen „organisch" und „organisatorisch". „Planung" als politische Leitkategorie zwischen Weimar und Bonn, in: Dietz, Burkhard/Gabel, Helmut/Tiedau, Ulrich (Hg.): Griff nach dem Westen. Die „Westforschung" der völkisch-nationalen Wissenschaft zum nordwesteuropäischen Raum (1919–1960), Bd. 1, Münster u.a. 2003, 67–90

Landwehr, Achim: Geschichte des Sagbaren. Einführung in die historische Diskursanalyse, 2. Aufl. Tübingen 2004

Lange, Irmgard: Entnazifizierung in Nordrhein-Westfalen. Richtlinien – Anweisungen – Organisation, Siegburg 1976

Langer, Ingrid: Die Mohrinnen hatten ihre Schuldigkeit getan... Staatlich-moralische Aufrüstung der Familien, in: Bänsch, Dieter (Hg.): Die 1950er Jahre. Beiträge zu Politik und Kultur, Tübingen 1985, 108–129

Lasby, Clarence G.: Project Paperclip. German Scientists and the Cold War, New York 1971

Lau, F.: Zwei-Reiche-Lehre, in: Galling, Kurt (Hg.): Religion in Geschichte und Gegenwart. Handwörterbuch für Theologie und Religionswissenschaft Bd. 6, 3. Aufl. Tübingen 1962, 1945–1949

Le Goff, Jacques/Chartier, Roger/Revel, Jacques (Hg.): Die Rückeroberung des historischen Denkens. Grundlagen der neuen Geschichtswissenschaft, Frankfurt a. M. 1990

Lehberger, Reiner: Die Hamburger Schulreform von 1949, in: Manfred Heinemann (Hg.): Zwischen Restauration und Innovation. Bildungsreformen in Ost und West nach 1945, Köln u.a. 1999

Leidinger, Paul/Metzler, Dieter: Geschichte und Geschichtsbewußtsein. Festschrift für Karl-Ernst Jeismann, Münster 1990

Lenk, Hans/Moser, Simon (Hg.): Techne, Technik, Technologie. Philosophische Perspektiven, Pullach 1973

Lenk, Hans/Ropohl, Günter (Hg.): Technik und Ethik, Stuttgart 1987

Lenk, Kurt: Deutscher Konservatismus, Frankfurt a. M./New York 1989

Lenk, Kurt: Zum westdeutschen Konservatismus, in: Schildt, Axel/Sywottek, Arnold (Hg.): Modernisierung im Wiederaufbau. Die westdeutsche Gesellschaft der 50er Jahre, Bonn 1993, 636–645

Leonhardt, Rudolf Walter: Die deutschen Universitäten 1945–1962, in: Hans Werner Richter (Hg.): Bestandsaufnahme. Eine deutsche Bilanz, München/Wien/Basel 1962, 351–359

Lessing, Theodor: Ausgewählte Schriften, Bd. 2, Bremen 1997

Lethen, Helmut: Die elektrische Flosse Leviathans. Ernst Jüngers Elektrizität, in: Emmerich, Wolfgang/Wege, Carl (Hg.): Der Technikdiskurs in der Hitler-Stalin-Ära, Stuttgart/Weimar 1995, 15–27

Levsen, Sonja: Elite, Männlichkeit und Krieg. Tübinger und Cambridger Studenten 1900–1929, Göttingen 2006 (Kritische Studien zur Geschichtswissenschaft, Bd. 170)

Lindau, Friedrich: Architektur und Stadt. Erinnerungen eines neunzigjährigen hannoverschen Architekten, Lamspringe 2005

Lindemann, Gerhard: Landesbischof August Marahrens (1875–1950) und die hannoversche Geschichtspolitik, in: Grosse, Heinrich/Otte, Hans/Perels, Joachim (Hg.): Bewahren ohne Bekennen? Die hannoversche Landeskirche im Nationalsozialismus, Hannover 1996, 515–543

Lindner, Martin: Leben in der Krise. Zeitromane der neuen Sachlichkeit und die intellektuelle Mentalität der klassischen Moderne, Stuttgart 1994

Lönnendonker, Siegward: Freie Universität Berlin. Gründung einer politischen Universität, Berlin 1988

Loth, Wilfried/Rusinek, Bernd-A. (Hg.): Verwandlungspolitik. NS-Eliten in der westdeutschen Nachkriegsgesellschaft, Frankfurt a. M. 1998

Ludwig, Karl-Heinz: Technik und Ingenieure im Dritten Reich, Düsseldorf 1974

Lübbe, Hermann: Der Nationalsozialismus im deutschen Nachkriegsbewußtsein, in: Historische Zeitschrift Bd. 236 (1983), S. 579–599

Lüdtke, Alf: Ikonen des Fortschritts. Eine Skizze zu Bild-Symbolen und politischen Orientierungen in den 1920er und 1930er Jahren in Deutschland, in: Lüdtke, Alf/Marßolek, Inge/Saldern, Adelheid von (Hg.): Amerikanisierung. Traum und Alptraum im Deutschland des 20. Jahrhunderts, Stuttgart 1996, 199–210

Lüdtke, Alf/Marßolek, Inge/Saldern, Adelheid von (Hg.): Amerikanisierung. Traum und Alptraum im Deutschland des 20. Jahrhunderts, Stuttgart 1996 (Veröffentlichungen des Deutschen Historischen Instituts Washington DC, Bd. 6)

Lüning, Holger: Das Eigenheim-Land. Der öffentlich geförderte soziale Wohnungsbau in Niedersachsen während der 1950er Jahre, Hannover 2005 (Veröffentlichungen der Historischen Kommission für Niedersachsen und Bremen 231)

Lüning, Holger: Zwischen Tür und Angel. Wohnungsbau für Vertriebene und Flüchtlinge in Niedersachsen, in: Saldern, Adelheid von (Hg.): Bauen und Wohnen in Niedersachsen während der 1950er Jahre, Hannover 1999, 67–95

Lütkehaus, Ludger: Philosophieren nach Hiroshima. Über Günther Anders, Frankfurt a. M. 1992

Lutzebäck, Rolf: Die Bildungspolitik der britischen Militärregierung im Spannungsfeld zwischen „education" und „reeducation" in ihrer Besatzungszone, insbesondere in Schleswig-Holstein und Hamburg in den Jahren 1945–47, 2 Bde., Frankfurt a. M. 1991 (Europäische Hochschulschriften, Reihe 11, Pädagogik, Bd. 457)

Maaß, Rainer: Die Studentenschaft der Technischen Hochschule Braunschweig in der Nachkriegszeit, Husum 1996 (Historische Studien, Bd. 453)

MacKenzie, Donald A./Wajcman, Judy (Hg.): The Social Shaping of Technology. How the Refrigerator got its hum, Milton Keynes u.a. 1985

Maier, Helmut: Nationalsozialistische Technikideologie und die Politisierung des „Technikerstandes": Fritz Todt und die Zeitschrift „Deutsche Technik", in: Dietz, Burkhard/Fessner, Michael/Maier, Helmut: Technische Intelligenz und „Kulturfaktor Technik": Kulturvorstellungen von Technikern und Ingenieuren zwischen Kaiserreich und früher Bundesrepublik Deutschland, Münster/New York 1996, 253–268

Maier, Helmut (Hg.): Rüstungsforschung im Nationalsozialismus. Organisation, Mobilisierung und Entgrenzung in den Technikwissenschaften, Göttingen 2002 (Geschichte der Kaiser-Wilhelm-Gesellschaft im Nationalsozialismus, Bd. 3)

Mai, Manfred: Moderne und antimoderne Strömungen in der Gesellschaft. Von der „konservativen Revolution" zur Globalisierungskritik, in: Karafyllis, Nicole C./Haar, Tilmann (Hg.): Technikphilosophie im Aufbruch. Festschrift für Günter Ropohl, Berlin 2004, 245–258

Marcuse, Herbert: Der eindimensionale Mensch, Darmstadt/Neuwied 1967

Marten, Heinz-Georg: Der niedersächsische Ministersturz. Protest und Widerstand der Georg-August-Universität Göttingen gegen den Kultusminister Schlüter im Jahre 1955, Göttingen 1987 (Göttinger Universitätsschriften, Serie A, Bd. 5)

Marwedel, Rainer: Theodor Lessing. 1872–1933. Eine Biographie, Darmstadt/Neuwied 1987

Maurer, Michael: Feste und Feiern als historischer Forschungsgegenstand, in: Historische Zeitschrift, 253 (1991), 101–130

Mayr, Alois: Universität und Stadt. Ein stadt-, wirtschafts- und sozialgeographischer Vergleich alter und neuer Hochschulstandorte in der Bundesrepublik Deutschland, Paderborn 1979

Meckseper, Cord: Spurensuche zu Theodor Lessing, in: Auffahrt, Sid/Pietsch, Wolfgang (Hg.): Die Universität Hannover. Ihre Bauten, ihre Gärten, ihre Planungsgeschichte, Petersberg 2003, 173–175

Mehrtens, Herbert: Kollaborationsverhältnisse: Natur- und Technikwissenschaften im NS-Staat und ihre Historie, in: Christoph Meinel/Peter Voswinckel: Medizin, Naturwissenschaft, Technik und Nationalsozialismus. Kontinuitäten und Diskontinuitäten, Stuttgart 1994, 13–32

Mehrtens, Herbert: „Mißbrauch". Die rhetorische Konstruktion der Technik nach 1945, in: Kertz, Walter (Hg.): Technische Hochschulen und Studentenschaft in der Nachkriegszeit, Referate beim Workshop zur Geschichte der Carolo-Wilhelmina am 4. und 5. Juli 1994, Braunschweig 1995, 33–50

Mehrtens, Herbert/Richter, Steffen: Naturwissenschaft, Technik und NS-Ideologie. Beiträge zur Wissenschaftsgeschichte des Dritten Reiches, Frankfurt a. M. 1980

Meinel, Christoph/Voswinckel, Peter (Hg.): Medizin, Naturwissenschaft, Technik und Nationalsozialismus. Kontinuitäten und Diskontinuitäten, Stuttgart 1994

Mergel, Thomas: Überlegungen zu einer Kulturgeschichte der Politik, in: Geschichte und Gesellschaft Jg. 28 (2002), H. 4, 574–606

Mergel, Thomas/Welskopp, Thomas: Geschichtswissenschaft und Gesellschaftstheorie, in: Mergel, Thomas/Welskopp, Thomas (Hg.): Geschichte zwischen Kultur und Gesellschaft: Beiträge zur Theoriedebatte, München 1997, 9–35

Mergel, Thomas/Welskopp, Thomas (Hg.): Geschichte zwischen Kultur und Gesellschaft: Beiträge zur Theoriedebatte, München 1997

Metz-Göckel, Sigrid/Roloff, Christine/Schlüter, Anne: Frauenstudium nach 1945 – Ein Rückblick, in: Aus Politik und Zeitgeschichte, B 28/29, 7.7.1989, 13–21

Metz, Karl H.: Ursprünge der Zukunft. Die Geschichte der Technik in der westlichen Zivilisation, Paderborn 2006

Metzler, Gabriele/Laak, Dirk van: Die Konkretion der Utopie. Historische Quellen der Planungsutopien der 1920er Jahre, in: Heinemann, Isabel/Wagner, Patrick (Hg.): Wissenschaft, Planung, Vertreibung. Neuordnungskonzepte und Umsiedlungspolitik im 20. Jahrhundert, Stuttgart 2006, 23–43

Mierau, Peter: Nationalsozialistische Expeditionspolitik. Deutsche Asien-Expeditionen 1933–1945, München 2006

Militärgeschichtliches Forschungsamt (Hg.): Das Deutsche Reich und der Zweite Weltkrieg. Bd. 9: Die deutsche Kriegsgesellschaft 1939 bis 1945; Halbband 2: Ausbeutung, Deutungen, Ausgrenzung, Stuttgart 2005

Möller, Horst: Die Remigration von Wissenschaftlern nach 1945, in: Motzkau-Valeton, Wolfgang/Böhme, Edith (Hg.): Die Künste und die Wissenschaften im Exil 1933–1945, Gerlingen 1992

Moeller, Robert G.: Geschützte Mütter. Frauen und Familien in der westdeutschen Nachkriegspolitik, München 1997

Moeller, Robert G.: War Stories: The search for a usable past in the Federal Republic of Germany, Berkeley 2001

Möller, Silke: Zwischen Wissenschaft und „Burschenherrlichkeit". Studentische Sozialisation im Deutschen Kaiserreich, 1871–1914, Stuttgart 2001

Moser, Simon: Kritik der traditionellen Technikphilosophie, in: Lenk, Hans/Moser, Simon (Hg.): Techne, Technik, Technologie. Philosophische Perspektiven, Pullach 1973, 11–81

Motzkau-Valeton, Wolfgang/Böhme, Edith (Hg.): Die Künste und die Wissenschaften im Exil 1933–1945, Gerlingen 1992

Müller, Christoph/Nievergelt, Bernhard: Technikkritik in der Moderne. Empirische Technikereignisse als Herausforderung an die Sozialwissenschaft, Opladen 1996

Müller, Guido/Plichta, Vanessa: Zwischen Rhein und Donau. Abendländisches Denken zwischen deutsch-französischen Verständigungsmodellen und konservativ-katholischen Integrationsmodellen 1923–1957, in: Journal of European Integration History Vol. 5/2 (1999), 17–47

Müller, Winfried (Hg.): Das historische Jubiläum. Genese, Ordnungsleistung und Inszenierungsgeschichte eines institutionellen Mechanismus, Münster 2004 (Geschichte. Forschung und Wissenschaft, Bd. 3)

Müller, Winfried (Hg.): Das historische Jubiläum. Zur Geschichtlichkeit einer Zeitkonstruktion, in: Müller, Winfried (Hg.): Das historische Jubiläum. Genese, Ordnungsleistung und Inszenierungsgeschichte eines institutionellen Mechanismus, Münster 2004, 1–75

Münch, Paul (Hg.): Jubiläum, Jubiläum... Zur Geschichte öffentlicher und privater Erinnerung, Essen 2005

Münkel, Daniela (Hg.): Der lange Abschied vom Agrarland. Agrarpolitik, Landwirtschaft und ländliche Gesellschaft zwischen Weimar und Bonn, Göttingen 2000 (Veröffentlichungen des Arbeitskreises Geschichte des Landes Niedersachsen nach 1945, Bd. 16)

Muller, Jerry Z.: The Other God that Failed. Hans Freyer and the Deradicalization of German Conservatism, Princeton 1987

Nagel, Anne Christine (Hg.): Die Philipps-Universität Marburg im Nationalsozialismus. Dokumente zu ihrer Geschichte, Stuttgart 2000 (Pallas Athene. Beiträge zur Universitäts- und Wissenschaftsgeschichte, Bd. 1)

Nagel, Günter/Pietsch, Wolfgang: Universität im Wandel: Entwicklungsschübe – Planungsschwerpunkte, in: Auffahrt, Sid/Pietsch, Wolfgang (Hg.): Die Universität Hannover. Ihre Bauten, ihre Gärten, ihre Planungsgeschichte, Petersberg 2003, 25–46

Neumann, Franz: Die Umerziehung der Deutschen und das Dilemma des Wiederaufbaus, in: Neumann, Franz L.: Wirtschaft, Staat, Demokratie. Aufsätze 1930–1954 (hrsg. v. Alfons Söllner), Frankfurt a. M. 1978

Neumann, Franz: Studieren im Sozialstaat der 1950er Jahre, in: Götz Eisenberg/Hans-Jürgen Linke (Hg.): Fuffziger Jahre, Gießen 1980, 33–66

Neumann, Franz: Wirtschaft, Staat, Demokratie. Aufsätze 1930–1954 (hrsg. v. Alfons Söllner), Frankfurt a. M. 1978

Niedermayer, Oskar/Beyme, Klaus von (Hg.): Politische Kultur in Ost- und Westdeutschland, Berlin 1994

Niehuss, Merith: Kontinuität und Wandel der Familie in den 50er Jahren, in: Schildt, Axel/Sywottek, Arnold (Hg.): Modernisierung im Wiederaufbau. Die westdeutsche Gesellschaft der 50er Jahre, Bonn 1993, 316–334

Niemann, H. W.: Die Hochschule im Spannungsfeld von Hochschulreform und Politisierung (1918–1945), in: Seidel, Rita (Schriftltg.): Universität Hannover 1831–1981. Festschrift zum 150jährigen Bestehen der Universität Hannover, Bd. 1, Stuttgart u.a. 1981, 74–94

Nienhaus, Ursula: Rationalisierung und „Amerikanismus" in Büros der zwanziger Jahre: Ausgewählte Beispiele, in: Lüdtke, Alf/Marßolek, Inge/Saldern, Adelheid von (Hg.): Amerikanisierung. Traum und Alptraum im Deutschland des 20. Jahrhunderts, Stuttgart 1996, 67–77

Niethammer, Lutz: Die Mitläuferfabrik. Die Entnazifizierung am Beispiel Bayerns, 2. Aufl. Frankfurt a. M. 1982

Niethammer, Lutz: Entnazifizierung in Bayern. Säuberung und Rehabilitation unter amerikanischer Besatzung, Frankfurt a. M. 1972

Nolte, Paul: Die Ordnung der deutschen Gesellschaft. Selbstentwurf und Selbstbeschreibung im 20. Jahrhundert, München 2000

Nye, David (Hg.): Narratives and Spaces: Technology and the Construction of American Culture, Exeter 1997

Obenaus, Herbert: Brühlstraße 27: Die Villa Simon, in: Auffahrt, Sid/Pietsch, Wolfgang (Hg.): Die Universität Hannover. Ihre Bauten, ihre Gärten, ihre Planungsgeschichte, Petersberg 2003, 239–146

Obenaus, Herbert: Geschichtsstudium und Universität nach der Katastrophe von 1945: das Beispiel Göttingen, in: Rudolph, Karsten/Wickert, Christl (Hg.): Geschichte als Möglichkeit. Über die Chancen von Demokratie. Festschrift für Helga Grebing, Essen 1995, 307–337

Oehler, Christoph/Bradatsch, Christiane: Die Hochschulentwicklung nach 1945, in: Führ, Christoph/Furck, Carl-Ludwig (Hg.): Handbuch der deutschen Bildungsgeschichte. Band VI: 1945 bis zur Gegenwart: Erster Teilband Bundesrepublik Deutschland, München 1998, 412–446

Oehler, Christoph: Hochschulentwicklung in der Bundesrepublik Deutschland seit 1945, Frankfurt a. M./New York 1989

Orland, Barbara: Der Zwiespalt zwischen Politik und Technik. Ein kulturelles Phänomen in der Vergangenheitsbewältigung Albert Speers und seiner Rezipienten, in: Dietz, Burkhard/Fessner, Michael/Maier, Helmut (Hg.): Technische Intelligenz und „Kulturfaktor Technik": Kulturvorstellungen von Technikern und Ingenieuren zwischen Kaiserreich und früher Bundesrepublik Deutschland, Münster/New York 1996, 269–295

Osietzki, Maria: „... unser Ohr dem Nichtgesagten öffnen ..." Anmerkungen zu einer kulturhistorischen Ingenieurbiographik, in Füßl, Wilhelm/Ittner, Stefan (Hg.): Biographie und Technikgeschichte, BIOS Jg. 11 (1998) Sonderheft, 113–126

Otte, Hans: Die hannoversche Landeskirche nach 1945: Kontinuität, Bruch und Aufbruch, in: Grosse, Heinrich/Otte, Hans/Perels, Joachim (Hg.): Neubeginn nach der NS-Herrschaft? Die hannoversche Landeskirche nach 1945, Hannover 2002, 11–48

Otte, Hans: Ein Bischof im Zwielicht. August Marahrens, in: Grosse, Heinrich/Otte, Hans/Perels, Joachim (Hg.): Bewahren ohne Bekennen? Die hannoversche Landeskirche im Nationalsozialismus, Hannover 1996, 179–221

Ott, Hugo: Schuldig – mitschuldig – unschuldig? Politische Säuberungen und Neubeginn, in: John, Eckhard/Martin, Bernd/Mück, Marc/Ott, Hugo (Hg.): Die Freiburger Universität in der Zeit des Nationalsozialismus, Freiburg/Würzburg 1991, 243–258

Paletschek, Sylvia: Entnazifizierung und Universitätsentwicklung in der Nachkriegszeit am Beispiel der Universität Tübingen, in: Bruch, Rüdiger vom/Kaderas, Brigitte (Hg.), Wissenschaften und Wissenschaftspolitik – Bestandsaufnahmen zu Formationen, Brüchen und Kontinuitäten im Deutschland des 20. Jahrhunderts. Stuttgart 2002, 393–408

Paschkies, Günther: Umerziehung in der Britischen Zone 1945–49. Untersuchungen zur Reeducation-Politik, 2. Aufl., Köln/Wien 1984

Perels, Joachim: Das juristische Erbe des „Dritten Reiches". Beschädigungen der demokratischen Rechtsordnung, Frankfurt a. M./New York 1999 (Wissenschaftliche Reihe des Fritz-Bauer-Instituts, Bd. 7)

Perels, Joachim: Die hannoversche Landeskirche im Nationalsozialismus als Problem der Nachkriegsgeschichte, in: Grosse, Heinrich/Otte, Hans/Perels, Joachim (Hg.): Neubeginn nach der NS-Herrschaft? Die hannoversche Landeskirche nach 1945, Hannover 2002, 49–60

Pestel, E./Spiering, S./Stein, E.: Otto Flachsbart. Mitbegründer der Gebäude-Aerodynamik, in: Seidel, Rita (Schriftltg.): Universität Hannover 1831–1981. Festschrift zum 150jährigen Bestehen der Universität Hannover, Bd. 1, Stuttgart u.a. 1981, 225–236

Pfahl-Traughber, Armin: Konservative Revolution und Neue Rechte. Rechtsextremistische Intellektuelle gegen den demokratischen Verfassungsstaat, Opladen 1998

Phillips, David: German Universities after the Surrender. British Occupation Policy and the Control of Higher Education, Oxford 1983

Phillips, David: Hochschulreform in der Britischen Besatzungszone. Einleitender Kommentar, in: Ders.: Zur Universitätsreform in der britischen Besatzungszone 1945–1948, Köln/Wien 1983, S. 1–69

Phillips, David: Introduction: The Work of the British University Officers in Germany, in: Heinemann, Manfred (Hg.): Hochschuloffiziere und Wiederaufbau des Hochschulwesens in Westdeutschland. Teil 1: Die britische Zone, Hildesheim 1990, 11–40

Phillips, David: Pragmatismus und Idealismus. Das „Blaue Gutachten" und die britische Hochschulpolitik in Deutschland 1948 (Studien und Dokumentationen zur deutschen Bildungsgeschichte, Bd. 56)
Phillips, David: Zur Universitätsreform in der britischen Besatzungszone 1945–1948, Köln 1983 (Studien und Dokumentationen zur deutschen Bildungsgeschichte, Bd. 24)
Picht, Georg: Die deutsche Bildungskatastrophe, Olten 1964
Pietsch, Wolfgang: Vom Welfenschloss zum „Campus Center" – die Geschichte ständiger Nutzungsänderungen, in: Auffahrt, Sid/Pietsch, Wolfgang (Hg.): Die Universität Hannover. Ihre Bauten, ihre Gärten, ihre Planungsgeschichte, Petersberg 2003, 95–104.
Pingel, Falk: Attempts at University reform in the British Zone, in: Phillips, David (Hg.): German Universities after the Surrender. British Occupation Policy and the Control of Higher Education, Oxford 1983, 20–27
Pingel, Falk: „Die Russen am Rhein?" Zur Wende der britischen Besatzungspolitik im Frühjahr 1946, in: Vierteljahrshefte für Zeitgeschichte 30 (1982), 98–116
Pingel, Falk: Wissenschaft, Bildung und Demokratie – Der gescheiterte Versuch einer Universitätsreform, in: Foschepoth, Josef/Steininger, Rolf (Hg.): Die britische Deutschland- und Besatzungspolitik 1945–1949, Paderborn 1985, 183–209
Plato, Alexander von: „Wirtschaftskapitäne": Biographische Selbstkonstruktionen von Unternehmern der Nachkriegszeit, in: Schildt, Axel/Sywottek, Arnold (Hg.): Modernisierung im Wiederaufbau. Die westdeutsche Gesellschaft der 50er Jahre, Bonn 1993, 377–391
Plato, Alexander von: Zeitzeugen und die historische Zunft. Erinnerung, kommunikative Tradierung und kollektives Gedächtnis in der qualitativen Geschichtswissenschaft – ein Problemaufriss, in: BIOS Jg. 13 (2000), H.1, 5–29
Platz, Johannes/Raphael, Lutz/Rosenberger, Ruth: Anwendungsorientierte Betriebspsychologie und Eignungsdiagnostik: Kontinuitäten und Neuorientierungen (1930–1960), in: Bruch, Rüdiger vom/Kaderas, Brigitte (Hg.), Wissenschaften und Wissenschaftspolitik – Bestandsaufnahmen zu Formationen, Brüchen und Kontinuitäten im Deutschland des 20. Jahrhunderts, Stuttgart 2002, 291–309
Pletzing, Christian/Pletzing, Marianne (Hg.): Displaced Persons. Flüchtlinge aus den baltischen Staaten in Deutschland, München 2007 (Colloquia Baltica 12)
Plichta, Vanessa: Reich – Europa – Abendland. Zur Pluralität deutscher Europaideen im 20. Jahundert, in: Vorgänge 40 (2001), 60–69
Poestges, Dieter (Red.): Übergang und Neubeginn. Beiträge zur Verfassungs- und Verwaltungsgeschichte Niedersachsens in der Nachkriegszeit, Göttingen 1997 (Veröffentlichungen der Niedersächsischen Archivverwaltung, Bd. 52)
Preuß, Ulrich K.: Das politische Mandat der Studentenschaft. Mit Gutachten von Robert Havemann, Werner Hofmann und Jürgen Habermas/Albrecht Wellmer, Frankfurt a. M. 1969
Probst-Effah, Gisela: „Gaudeamus igitur": Reflexionen über ein Studentenlied, in: Ad marginem 76/2004, 3–10
Radkau, Joachim: Technik in Deutschland. Vom 18. Jahrhundert bis zur Gegenwart, Frankfurt a. M. 1989
Radkau, Joachim: „Wirtschaftswunder" ohne technologische Innovation? Technische Modernität in den 50er Jahren, in: Schildt, Axel/Sywottek, Arnold (Hg.): Modernisierung im Wiederaufbau. Die westdeutsche Gesellschaft der 50er Jahre, Bonn 1993, 129–154
Rammert, Werner: Technisierung und Medien in Sozialsystemen. Annäherung an eine soziologische Theorie der Technik, in: Weingart, Peter (Hg.): Technik als sozialer Prozeß, Frankfurt a. M. 1989, 128–173
Rauh-Kühne, Cornelia: Die Entnazifizierung und die deutsche Gesellschaft, in: Archiv für Sozialgeschichte 35 (1995), 35–70
Reitmeyer, Morten: „Unternehmer zur Führung berufen" – durch wen? In: Berghahn, Volker R./Unger, Stefan/Ziegler, Dieter (Hg.): Die deutsche Wirtschaftselite im 20. Jahrhundert. Kontinuität und Mentalität, Essen 2003, 317–336

Remmers, Hartmut: Hans Freyer. Heros und Industriegesellschaft. Studien zur Sozialphilosophie, Opladen 1994
Renneberg, Monika/Walker, Mark: Science, Technology and National Socialism, Cambridge 1994
Respondek, Peter: Der Wiederaufbau der Universität Münster in den Jahren 1945–1952 auf dem Hintergrund der britischen Besatzungspolitik, Phil. Diss. Münster 1992
Reulecke, Jürgen (Hg.): Generationalität und Lebensgeschichte im 20 Jahrhundert, München 2003
Reulecke, Jürgen (Hg): „Ich möchte einer werden so wie die..." Männerbünde im 20. Jahrhundert, Frankfurt a. M./New York 2001
Reulecke, Jürgen: „Laßt der Jugend Zeit!" Jugend und Jugendpolitik nach 1945, in: Reulecke, Jürgen (Hg.): „Ich möchte einer werden so wie die..." Männerbünde im 20. Jahrhundert, Frankfurt a. M./New York 2001, 195–213
Richter, Hans Werner (Hg.): Bestandsaufnahme. Eine deutsche Bilanz, München/Wien/Basel 1962
Rieger, Bernhard: Technology and the Culture of Modernity in Britain and Germany, 1890–1945, Cambridge 2005
Rössler, Mechthild/Schleiermacher, Sabine: Der „Generalplan Ost" und die „Modernität" der Großraumordnung. Eine Einführung, in: Rössler, Mechthild/Schleiermacher, Sabine (Hg.): Der „Generalplan Ost". Hauptlinien der nationalsozialistischen Planungs- und Vernichtungspolitik, Berlin 1993, 7–11
Rössler, Mechthild/Schleiermacher, Sabine (Hg.): Der „Generalplan Ost". Hauptlinien der nationalsozialistischen Planungs- und Vernichtungspolitik, Berlin 1993
Rössler, Mechthild: Konrad Meyer und der „Generalplan Ost" in der Beurteilung der Nürnberger Prozesse, in: Rössler, Mechthild/Schleiermacher, Sabine (Hg.): Der „Generalplan Ost". Hauptlinien der nationalsozialistischen Planungs- und Vernichtungspolitik, Berlin 1993, 357–364
Rohe, Karl: Politische Kultur: Zum Verständnis eines theoretischen Konzepts, in: Niedermayer, Oskar/Beyme, Klaus von: Politische Kultur in Ost- und Westdeutschland, Berlin 1994, 1–22
Rolke, Lothar: Protestbewegungen in der Bundesrepublik, Opladen 1987 (Beiträge zur sozialwissenschaftlichen Forschung Bd. 97)
Ropohl, Günter (Hg): Erträge der interdisziplinären Technikforschung. Eine Bilanz nach 20 Jahren, Berlin 2001
Rosenthal, Gabriele (Hg.): „Als der Krieg kam, hatte ich mit Hitler nichts mehr zu tun". Zur Gegenwärtigkeit des „Dritten Reiches" in Biographien, Opladen 1990
Rosenthal, Gabriele (Hg.): Die Hitlerjugend-Generation. Biographische Thematisierung als Vergangenheitsbewältigung, Essen 1986 (Gesellschaftstheorie und Soziale Praxis, Bd. 1)
Rosenthal, Gabriele: „Wenn alles in Scherben fällt...". Von Leben und Sinnwelt der Kriegsgeneration, Opladen 1987
Rudolph, Karsten/Wickert, Christl (Hg.): Geschichte als Möglichkeit. Über die Chancen von Demokratie. Festschrift für Helga Grebing, Essen 1995
Rürup, Reinhard (Hg.): Wissenschaft und Gesellschaft – Beiträge zur Geschichte der TU Berlin 1879–1979, Bd. 1, Berlin 1979
Saldern, Adelheid von: Herrschaft und Repräsentation in DDR-Städten, in: Saldern, Adelheid von (Hg.): Inszenierte Einigkeit. Herrschaftsrepräsentationen in DDR- Städten, Stuttgart 2003, 9–58
Saldern, Adelheid von (Hg.): Bauen und Wohnen in Niedersachsen während der 1950er Jahre, Hannover 1999 (Quellen und Untersuchungen zur Geschichte Niedersachsens nach 1945, Bd. 14)
Saldern, Adelheid von (Hg.): Inszenierte Einigkeit. Herrschaftsrepräsentationen in DDR-Städten, Stuttgart 2003 (Beiträge zur Stadtgeschichte und Urbanisierungsforschung Bd. 1)
Saldern, Adelheid von (Hg.): Stadt und Kommunikation in bundesrepublikanischen Umbruchszeiten, Stuttgart 2006 (Beiträge zur Kommunikationsgeschichte, Bd. 17)

Saldern, Adelheid von: Kommunikation in Umbruchszeiten. Die Stadt im Spannungsfeld von Kohärenz und Entgrenzung, in: Saldern, Adelheid von (Hg.): Stadt und Kommunikation in bundesrepublikanischen Umbruchszeiten, Stuttgart 2006, 11–44

Saldern, Adelheid von/Schröder, Anette/Jung, Michael/Steffens, Frauke: Geschichte als Zukunft. Die Technische Hochschule in den Umbruchszeiten des 20. Jahrhunderts, in: Seidel, Rita (Hg.): Universität Hannover 1831–2006. Festschrift zum 175-jährigen Bestehen der Universität Hannover, Band 1, Hildesheim/Zürich/New York 2006, 205–228

Salewski, Michael/Stölken-Fitschen, Ilona (Hg.): Moderne Zeiten. Technik und Zeitgeist im 19. und 20. Jahrhundert, Stuttgart 1994 (Historische Mitteilungen, Beiheft 8)

Sarasin, Philipp: Geschichtswissenschaft und Diskursanalyse, Frankfurt a. M. 2003

Schäfers, Bernhard: Die Technischen Hochschulen in der Universitäts- und Gesellschaftsgeschichte nach 1945, in: Kunle, Heinz/Fuchs, Stefan (Hg.): Die Technische Universität an der Schwelle zum 21. Jahrhundert. Festschrift zum 175-jährigen Jubiläum der Universität Karlsruhe (TH), Berlin/Heidelberg/New York u.a. 2000, 431–441

Schäfers, Bernhard: Die westdeutsche Gesellschaft: Strukturen und Formen, in: Schildt, Axel/Sywottek, Arnold (Hg.): Modernisierung im Wiederaufbau. Die westdeutsche Gesellschaft der 50er Jahre, Bonn 1993, 307–315

Schelsky, Helmut: Die skeptische Generation. Eine Soziologie der deutschen Jugend, 4. Aufl., Düsseldorf/Köln 1960

Schildt, Axel: Der Umgang mit der NS-Vergangenheit in der Öffentlichkeit der Nachkriegszeit, in: Loth, Wilfried/Rusinek, Bernd-A. (Hg.): Verwandlungspolitik. NS-Eliten in der westdeutschen Nachkriegsgesellschaft, Frankfurt a. M. 1998, 19–54

Schildt, Axel: Ende der Ideologien? Politisch- ideologische Strömungen in den 50er Jahren, in: Schildt, Axel/Sywottek, Arnold (Hg.): Modernisierung im Wiederaufbau. Die westdeutsche Gesellschaft der 50er Jahre, Bonn 1993, 627–635

Schildt, Axel: Im Kern gesund? Die deutschen Hochschulen 1945, in: Helmut König/Wolfgang Kuhlmann/ Klaus Schwabe: Vertuschte Vergangenheit: Der Fall Schwerte und die westdeutschen Hochschulen, München 1997, 223–240

Schildt, Axel: Konservatismus in Deutschland von den Anfängen im 18. Jahrhundert bis zur Gegenwart, München 1998

Schildt, Axel: Moderne Zeiten. Freizeit, Massenmedien und „Zeitgeist" in der Bundesrepublik der 50er Jahre, Hamburg 1995 (Hamburger Beiträge zur Sozial- und Zeitgeschichte 31)

Schildt, Axel/Siegfried, Detlef/Lammers, Karl Christian (Hg.): Dynamische Zeiten. Die 60er Jahre in den beiden deutschen Gesellschaften, Hamburg 2000 (Hamburger Beiträge zur Sozial- und Zeitgeschichte 37)

Schildt, Axel/Sywottek, Arnold (Hg.): Modernisierung im Wiederaufbau. Die westdeutsche Gesellschaft der 50er Jahre, Bonn 1993 (Politik- und Gesellschaftsgeschichte 33)

Schildt, Axel: Von der Not der Jugend zur Teenager-Kultur: Aufwachsen in den 50er Jahren, in: Schildt, Axel/Sywottek, Arnold (Hg.): Modernisierung im Wiederaufbau. Die westdeutsche Gesellschaft der 50er Jahre, Bonn 1993, 335–348

Schildt, Axel: Zwischen Abendland und Amerika. Studien zur westdeutschen Ideenlandschaft der 50er Jahre, München 1999 (Ordnungssysteme. Studien zur Ideengeschichte der Neuzeit, Bd. 4)

Schluchter, Wolfgang: Der Elitebegriff als soziologische Kategorie, in: Kölner Zeitschrift für Soziologie und Sozialpsychologie Jg. 15, 1963, 233–256

Schmid, Hans Dieter: Einführung: Feste und Feiern als Gegenstand der Kulturgeschichte, in: Schmid, Hans Dieter (Hg.): Feste und Feiern in Hannover, Bielefeld 1995, 9–18

Schmid, Hans Dieter (Hg.): Feste und Feiern in Hannover, Bielefeld 1995 (Hannoversche Schriften zur Lokal- und Regionalgeschichte, Bd. 10)

Schmidt, Alfons: Hauptstadtplanung in Hannover seit 1945. Architektur und Städtebau des Parlaments und der obersten Landesbehörden in der Landeshauptstadt in der Nachkriegszeit. Eine bauhistorische Dokumentation unter Berücksichtigung allgemeiner Aspekte der staatlichen

Verwaltung und Stadtentwicklung in Hannover seit 1636, Hannover 1995 (Schriften des Institutes für Bau- und Kunstgeschichte der Universität Hannover, Bd. 9)

Schmucker, Rolf: Unternehmer und Politik. Homogenität und Fragmentierung unternehmerischer Diskurse in gesellschaftspolitischer Perspektive, Münster 2005

Schmucki, Barbara: Der Traum vom Verkehrsfluss. Städtische Verkehrsplanung seit 1945 im deutsch-deutschen Vergleich, Frankfurt a. M. 2001

Schmucki, Barbara: Stadt-(r)und-Fahrt gegen Verkehrsinfarkt: Motorisierung und urbaner Raum, in: Saldern, Adelheid von (Hg.): Stadt und Kommunikation in bundesrepublikanischen Umbruchszeiten, Stuttgart 2006, 305–328

Schnakenberg, Ulrich: Democracy-Building. Britische Einwirkungen auf die Entstehung der Verfassungen Nordwestdeutschlands 1945–1952, Hannover 2007 (Veröffentlichungen der Historischen Kommission für Niedersachsen und Bremen, Bd. 237)

Schneider, Karl Heinz: Der langsame Abschied vom Agrarland, in: Weisbrod, Bernd (Hg.): Von der Währungsreform zum Wirtschaftswunder. Wiederaufbau in Niedersachsen, Hannover 1998, 133–160

Schneider, Ullrich: Britische Besatzungspolitik 1945. Besatzungsmacht, deutsche Exekutive und die Probleme der unmittelbaren Nachkriegszeit, dargestellt am Beispiel des späteren Landes Niedersachsen von April bis Oktober 1945, Phil. Diss. Hannover 1981

Schneider, Ullrich: Die Hochschulen in Westdeutschland nach 1945. Kontinuität und Wandel aus britischer Sicht, in: Wendt, Bernd Jürgen (Hg.): Das britische Deutschlandbild im Wandel des 19. und 20. Jahrhundert, Bochum 1984, 219–240

Schneider, Ullrich: Zur Entnazifizierung der Hochschullehrer in Niedersachsen 1945–1949, in: Niedersächsisches Jahrbuch für Landesgeschichte 61 (1989), S. 325–346

Schörken, Rolf: Jugend 1945. Politisches Denken und Lebensgeschichte. Opladen 1990

Schörken, Rolf: Luftwaffenhelfer und Drittes Reich. Die Entstehung eines politischen Bewußtseins, Stuttgart 1984

Schröder, Anette: „Männer der Technik im Dienst von Krieg und Nation." Die Studenten der Technischen Hochschule Hannover im Nationalsozialismus, in: Bayer, Karen/Sparing, Frank/Woelk, Wolfgang (Hg.): Universitäten und Hochschulen im Nationalsozialismus und in der frühen Nachkriegszeit, Stuttgart 2004, 33–52

Schröder, Anette: Männlichkeitskonstruktionen, Technik- und Kriegsfaszination am Beispiel der Studenten im Hannover der 20er Jahre, in: Tanja Thomas/Fabian Virchow (Hg.): Banal Militarism. Zur Veralltäglichung des Militärischen im Zivilen, Bielefeld 2006, 289–305

Schröder, Anette: Vom Nationalismus zum Nationalsozialismus. Die Studenten der Technischen Hochschule Hannover von 1925 bis 1938, Hannover 2003 (Veröffentlichungen der Historischen Kommission für Niedersachsen und Bremen, Bd. 213)

Schütz, Erhard: Faszination der blaßgrauen Bänder. Zur „organischen" Technik der Reichsautobahn, in: Emmerich, Wolfgang/Wege, Carl (Hg.): Der Technikdiskurs in der Hitler-Stalin-Ära, Stuttgart/Weimar 1995, 123–145

Schütz, Erhard/Gruber, Eckart: Mythos Reichsautobahn. Bau und Inszenierung der „Straßen des Führers" 1933–1941, Berlin 1996

Schulte, Ansgar: Das Wiederaufleben des Farbentragens, in: Akademische Verbindung Frisia im Cartellverband katholischer deutscher Studentenverbindungen (Hg.): Einhundert Jahre akademische Verbindung Frisia. Beiträge zur Geschichte der AV Frisia in Hannover 1902–2002, Hannover 2002, 173–187

Schulte, Ansgar: Die katholischen Verbindungen und die KSG Hannover 1950–1970, in: Akademische Verbindung Frisia im Cartellverband katholischer deutscher Studentenverbindungen (Hg.): Einhundert Jahre akademische Verbindung Frisia. Beiträge zur Geschichte der AV Frisia in Hannover 1902–2002, Hannover 2002, 188–197

Schulte, Ansgar: Die Rahmenbedingungen an der TH bei der Neugründung studentischer Gemeinschaften 1945–1951, in: Akademische Verbindung Frisia im Cartellverband katholischer deutscher Studentenverbindungen (Hg.): Einhundert Jahre akademische Verbindung Frisia. Beiträge zur Geschichte der AV Frisia in Hannover 1902–2002, Hannover 2002, 165–172

Schulte, Harald: Wohnungsnot, Wohnungspolitik und Selbsthilfe – Dargestellt am Beispiel Hannovers und seiner wilden Siedlungen von April 1945 bis Juni 1948, Hannover 1983

Schulze, Peter: Dokumentation der jüdischen Opfer des Nationalsozialismus aus Hannover – Zielsetzung, Arbeitsweise und Ergebnisse und Liste der Namen der jüdischen Opfer (Februar 1993), Hannover 1993

Schulz-Schaeffer, Ingo: Sozialtheorie der Technik, Frankfurt a. M./New York 2000

Schumm, Wilhelm: Kritik der Hochschulreform. Eine soziologische Studie zur hochschulpolitischen Entwicklung in der Bundesrepublik Deutschland, München 1969

Seemann, Silke: Die politischen Säuberungen des Lehrkörpers der Freiburger Universität nach dem Ende des Zweiten Weltkrieges (1945–1957), Freiburg i. Br. 2002

Seidel, Rita: Bilder, Figuren, Denkmäler, in: Auffahrt, Sid/Pietsch, Wolfgang (Hg.): Die Universität Hannover. Ihre Bauten, ihre Gärten, ihre Planungsgeschichte, Petersberg 2003, 105–118

Seidel, Rita (Hg.): Universität Hannover 1831–2006. Festschrift zum 175-jährigen Bestehen der Universität Hannover, Band 1, Hildesheim/Zürich/New York 2006

Seidel, Rita (Schriftltg.): Catalogus Professorum 1831–1981. Festschrift zum 150-jährigen Bestehen der Universität Hannover, Bd. 2, Stuttgart u.a. 1981

Seidel, Rita (Schriftltg.): Universität Hannover 1831–1981. Festschrift zum 150-jährigen Bestehen der Universität Hannover, Bd. 1, Stuttgart u.a. 1981

Seidel, Rita/Zankl, Franz Rudolph (Hg.): 150 Jahre Universität Hannover 1831–1981. Zur Entwicklung der Universität Hannover in ihrer Stadt. Begleitheft zur Ausstellung im Historischen Museum, Hannover 1981

Seidel, Rita/Zankl, Franz Rudolf: Zur Entwicklung der Universität in ihrer Stadt, in: Dies.: 150 Jahre Universität Hannover 1831–1981. Zur Entwicklung der Universität Hannover in ihrer Stadt. Begleitheft zur Ausstellung im Historischen Museum, Hannover 1981, 7–22

Senghaas, Dieter: The Technocrats. Rückblick auf die Technokratiebewegung in den USA, in: Koch, Claus/Senghaas, Dieter (Hg.): Texte zur Technokratiediskussion, Frankfurt a. M. 1970, 282–292

Sereny, Gitta: Das Ringen mit der Wahrheit. Albert Speer und das deutsche Trauma, München 1995

Sieferle, Rolf Peter: Die konservative Revolution – Fünf biographische Skizzen, Frankfurt a. M. 1995

Sieferle, Rolf Peter: Fortschrittsfeinde? Opposition gegen Technik und Industrie von der Romantik bis zur Gegenwart, München 1984,

Siegel, Tilla/Freyberg, Thomas von: Industrielle Rationalisierung unter dem Nationalsozialismus, Frankfurt a. M./New York 1991 (Forschungsberichte des Instituts für Sozialforschung Frankfurt am Main)

Söllner, Alfons: Zur Archäologie der Demokratie in Deutschland. Analysen von politischen Emigranten im amerikanischen Außenministerium 1943–1945, Bd. 1, Frankfurt a. M. 1982

Söllner, Alfons: Zur Archäologie der Demokratie in Deutschland. Analysen von politischen Emigranten im amerikanischen Außenministerium 1946–1949, Bd. 2, Frankfurt a. M. 1986

Sparing, Frank/Woelk, Wolfgang: Forschungsergebnisse und -desiderate der deutschen Universitätsgeschichtsschreibung: Impulse einer Tagung, in: Bayer, Karen/Sparing, Frank/Woelk, Wolfgang (Hg.): Universitäten und Hochschulen im Nationalsozialismus und in der frühen Nachkriegszeit, Stuttgart 2004, 7–32

Speck, Dieter: Zwangsarbeit in Universität und Universitätsklinikum Freiburg, in: Jahrbuch für Universitätsgeschichte 6 (2003), 205–233

Spengelin, Friedrich: Stadt und Universität. Über Versuche von integrierten Hochschulplanungen – ein Rückblick auf die frühen 70er Jahre, in: Auffahrt, Sid/Pietsch, Wolfgang (Hg.): Die Universität Hannover. Ihre Bauten, ihre Gärten, ihre Planungsgeschichte, Petersberg 2003, 47–63

Spoerer, Mark: Die soziale Differenzierung der ausländischen Zivilarbeiter, Kriegsgefangenen und Häftlinge im Deutschen Reich 1938–1945, in: Militärgeschichtliches Forschungsamt (Hg.): Das Deutsche Reich und der Zweite Weltkrieg. Band 9: Die deutsche Kriegsgesellschaft 1939 bis 1945; Halbband 2: Ausbeutung, Deutungen, Ausgrenzung, Stuttgart 2005, 485–576

Spur, Günter (Hg.)/Federspiel, Ruth (Bearb.): Produktionstechnische Forschung in Deutschland 1933–1945, München/Wien 2003

Stamm, Thomas: Zwischen Staat und Selbstverwaltung. Die deutsche Forschung im Wiederaufbau 1945–1965, Köln 1981

Stern, Fritz: Kulturpessimismus als politische Gefahr, München 1986

Stoehr, Irene: Der Mütterkongreß fand nicht statt. Frauenbewegung, Staatsmänner und Kalter Krieg 1950, in: Werkstatt Geschichte 17/1997, 66–82

Stoehr, Irene: Organisierte Mütterlichkeit. Zur Politik der deutschen Frauenbewegung um 1900, in: Hausen, Karin (Hg.): Frauen suchen ihre Geschichte, Bd. 2, München 1987, 225–253.

Stoehr, Irene: Traditionsbewußter Neuanfang. Zur Organisation der alten Frauenbewegung in Berlin 1945–1950, in: Genth, Renate/Jäkl, Reingard/Pawlowski, Rita/Schmidt-Harzbach, Ingrid/Stoehr, Irene (Hg.): Frauenpolitik und politisches Wirken von Frauen im Berlin der Nachkriegszeit, Berlin 1996, 193–228

Stoehr, Irene: Von Max Sering zu Konrad Meyer – ein „machtergreifender" Generationenwechsel in der Agrar- und Siedlungswissenschaft, in: Heim, Susanne (Hg.): Autarkie und Ostexpansion. Pflanzenzucht und Agrarforschung im Nationalsozialismus, Göttingen 2002, 57–90

Stölken-Fitschen, Ilona: Der verspätete Schock – Hiroshima und der Beginn des atomaren Zeitalters, in: Salewski, Michael/Stölken-Fitschen, Ilona (Hg.): Moderne Zeiten. Technik und Zeitgeist im 19. und 20. Jahrhundert, Stuttgart 1994, 139–155

Südbeck, Thomas: Motorisierung, Verkehrsentwicklung und Verkehrspolitik in Westdeutschland in den 50er Jahren, in: Schildt, Axel/Sywottek, Arnold (Hg.): Modernisierung im Wiederaufbau. Die westdeutsche Gesellschaft der 50er Jahre, Bonn 1993, 170–187

Südbeck, Thomas: Regionalisierung und Zentralisierung: Infrastruktur und Verkehrspolitik in den 50er Jahren, in: Weisbrod, Bernd (Hg.): Von der Währungsreform zum Wirtschaftswunder. Wiederaufbau in Niedersachsen, Hannover 1998, 183–194

Suter, Andreas/Hettling, Manfred (Hg.): Struktur und Ereignis, Göttingen 2001 (Geschichte und Gesellschaft Sonderheft 19)

Suter, Andreas/Hettling, Manfred: Struktur und Ereignis – Wege zu einer Sozialgeschichte des Ereignisses, in: Suter, Andreas/Hettling, Manfred (Hg.): Struktur und Ereignis, Göttingen 2001, 7–32

Sywottek, Arnold: Wege in die 50er Jahre, in: Schildt, Axel/Sywottek, Arnold (Hg.): Modernisierung im Wiederaufbau. Die westdeutsche Gesellschaft der 50er Jahre, Bonn 1993, 13–39

Szabó, Anikó: Vertreibung, Rückkehr, Wiedergutmachung. Göttinger Hochschullehrer im Schatten des Nationalsozialismus, Göttingen 2000 (Veröffentlichungen des Arbeitskreises Geschichte des Landes Niedersachsen nach 1945, Bd. 15)

Szöllözi-Janze, Margit (Hg.): Science in the Third Reich, Oxford 2001

Teichler, Ulrich: Das Hochschulwesen in der Bundesrepublik Deutschland – ein Überblick, in: Teichler, Ulrich (Hg.): Das Hochschulwesen in der Bundesrepublik Deutschland, Weinheim 1990, 11–42

Teichler, Ulrich (Hg.): Das Hochschulwesen in der Bundesrepublik Deutschland, Weinheim 1990

Thomas, Tanja/Virchow, Fabian (Hg.): Banal Militarism. Zur Veralltäglichung des Militärischen im Zivilen, Bielefeld 2006

Troitzsch, Ulrich: Technikerbiographien vor 1945: Typologie und Inhalte, in: Füßl, Wilhelm/Ittner, Stefan (Hg.): Biographie und Technikgeschichte, BIOS Jg. 11 (1998) Sonderheft, 30–41

Trommler, Frank: Amerikas Rolle im Technikverständnis der Diktaturen, in: Emmerich, Wolfgang/Wege, Carl (Hg.): Der Technikdiskurs in der Hitler-Stalin-Ära, Stuttgart/Weimar 1995, 159–174

Tschacher, Werner: „Ich war also in keiner Form aktiv tätig." Alfred Buntru und die akademische Vergangenheitspolitik an der RWTH Aachen 1948–1960, in: Geschichte im Westen Jg. 19 (2004), 197–229

Turner, Ian: Denazification in the British Zone, in: Turner, Ian (Hg.): Reconstruction in Post-War Germany. British Occupation Policy and the Western Zones, 1945–55, Oxford 1989, 239–267

Turner, Ian (Hg.): Reconstruction in Post-War Germany. British Occupation Policy and the Western Zones, 1945–55, Oxford 1989

Universitätstage 1966. Nationalsozialismus und die Deutsche Universität, Veröffentlichung der Freien Universität Berlin, Berlin 1966

Vollnhals, Clemens (Hg.): Entnazifizierung. Politische Säuberung und Rehabilitierung in den vier Besatzungszonen 1945–1949, München 1991

Wagner-Kyora, Georg: Lokale „Wiederaufbau"-Politik im säkularen Konflikt. Die Zerstörung des Braunschweiger Residenzschlosses 1944/1960 und sein Neubau 2005, in: Archiv für Sozialgeschichte 46, 2006, 277–388

Wagner-Kyora, Georg: „Wiederaufbau" und Stadt-Raum. Streit um die Rekonstruktion des Dortmunder Rathauses und der Alten Waage in Braunschweig 1974–1994, in: Saldern, Adelheid von (Hg.): Stadt und Kommunikation in bundesrepublikanischen Umbruchszeiten, Stuttgart 2006, 209–238

Wajcman, Judy: Technik und Geschlecht: Die feministische Technikdebatte, Frankfurt a. M. 1994

Walker, Mark: The Nazification and Denazification of Physics, in: Kertz, Walter (Hg.): Hochschule und Nationalsozialismus. Referate beim Workshop zur Geschichte der Carolo-Wilhelmina am 5. und 6. Juli 1993, Braunschweig 1994, 79–91

Weber, Wolfhard/Engelskirchen, Lutz: Streit um die Technikgeschichte in Deutschland 1945–1975, Münster/New York/München/Berlin 2000 (Cottbusser Studien zur Geschichte von Arbeit, Technik und Umwelt, 15)

Wehling, Peter: Die „natürliche Symbolgewalt technischer Neuerungen". Zur Aktualität von Walter Benjamins Technikphilosophie und -soziologie, in: Karafyllis, Nicole C./Haar, Tilmann (Hg.): Technikphilosophie im Aufbruch. Festschrift für Günter Ropohl, Berlin 2004, 41–53

Weingart, Peter (Hg.): Technik als sozialer Prozeß, Frankfurt a. M. 1989

Weingart, Peter/Taubert, Niels C.: Das Wissensministerium. Ein halbes Jahrhundert Forschungs- und Bildungspolitik in Deutschland, Velbrück 2006

Weisbrod, Bernd: Dem wandelbaren Geist. Akademisches Ideal und wissenschaftliche Transformation in der Nachkriegszeit, in: Weisbrod, Bernd (Hg.): Akademische Vergangenheitspolitik. Beiträge zur Wissenschaftskultur der Nachkriegszeit, Göttingen 2002, 11–38

Weisbrod, Bernd: Der schwierige Anfang in den 50er Jahren: Das „Wirtschaftswunder" in Niedersachsen, in: Weisbrod, Bernd (Hg.): Von der Währungsreform zum Wirtschaftswunder. Wiederaufbau in Niedersachsen, Hannover 1998, S. 11–27

Weisbrod, Bernd (Hg.): Akademische Vergangenheitspolitik. Beiträge zur Wissenschaftskultur der Nachkriegszeit, Göttingen 2002 (Veröffentlichung des zeitgeschichtlichen Arbeitskreises Niedersachsen, Bd. 20)

Weisbrod, Bernd (Hg.): Rechtsradikalismus in der politischen Kultur der Nachkriegszeit. Die verzögerte Normalisierung in Niedersachsen, Hannover 1995 (Veröffentlichungen der Historischen Kommission für Niedersachsen und Bremen, Bd. 38; Quellen und Untersuchungen zur Geschichte Niedersachsens nach 1945, Bd. 11)

Weisbrod, Bernd (Hg.): Von der Währungsreform zum Wirtschaftswunder. Wiederaufbau in Niedersachsen, Hannover 1998 (Quellen und Untersuchungen zur Geschichte Niedersachsens nach 1945, Bd. 13)

Welskopp, Thomas: Der Mensch und die Verhältnisse. „Handeln" und „Struktur" bei Max Weber und Anthony Giddens, in: Mergel, Thomas/Welskopp, Thomas (Hg.): Geschichte zwischen Kultur und Gesellschaft: Beiträge zur Theoriedebatte, München 1997, 39–70

Welzer, Harald: Das Interview als Artefakt. Zur Kritik der Zeitzeugenforschung, in: BIOS 13 (2000), H.1, 51–63

Wember, Heiner: Umerziehung im Lager. Internierung und Bestrafung von Nationalsozialisten in der britischen Besatzungszone Deutschlands, Essen 1991

Wendt, Bernd Jürgen (Hg.): Das britische Deutschlandbild im Wandel des 19. und 20. Jahrhundert, Bochum 1984 (Veröffentlichungen des Arbeitskreises Deutsche England-Forschung, Bd. 3)

Wengenroth, Ulrich: Vom Innovationssystem zur Innovationskultur, in: Abele, Johannes/Barkleit, Gerhard/Hänseroth, Thomas (Hg.): Innovationskulturen und Fortschrittserwartungen im geteilten Deutschland, Köln 2001, 23–32

Westdeutsche Rektorenkonferenz (Hg.): Dokumente zur Hochschulreform 1945–1959. Bearbeitet von Rolf Neuhaus, Wiesbaden 1961

Wiesen, Jonathan: West German Industry and the Challenge of the Nazi Past 1945–1955, Chapel Hill/London 2001

Wildt, Michael: Generation des Unbedingten. Das Führungskorps des Reichssicherheitshauptamtes, Hamburg 2002

Wildt , Michael: Technik, Kompetenz, Modernität. Amerika als zwiespältiges Vorbild für die Arbeit in der Küche, 1920–1960, in: Lüdtke, Alf/Marßolek, Inge/Saldern, Adelheid von (Hg.): Amerikanisierung. Traum und Alptraum im Deutschland des 20. Jahrhunderts, Stuttgart 1996, 78–95

Willeke, Stefan: Die Technokratiebewegung in Nordamerika und Deutschland zwischen den Weltkriegen. Eine vergleichende Analyse, Frankfurt a. M. 1995

Wolfrum, Edgar: Die geglückte Demokratie. Geschichte der Bundesrepublik Deutschland von den Anfängen bis zur Gegenwart, Stuttgart 2006

Wolfrum, Edgar: Geschichtspolitik in der Bundesrepublik Deutschland. Der Weg zur bundesrepublikanischen Erinnerung, Darmstadt 1999

Wolgast, Eike: Die Wahrnehmung des Dritten Reiches in der unmittelbaren Nachkriegszeit (1945/46), Heidelberg 2001 (Schriften der philosophisch-historischen Klasse der Heidelberger Akademie der Wissenschaften, Bd. 22)

Wollenberg, Jörg: „Juden raus!" Der Fall Lessing in den Akten des Preußischen Ministeriums für Wissenschaft, Kunst und Volksbildung, in: Lessing, Theodor: Ausgewählte Schriften, Bd. 2, Bremen 1997, 247–274

Wyman, Mark: DPs. Europe's Displaced Persons, 1945–1951, 2. Ed. Ithaca 1998

Zalewski, P. Paul: Rudolf Hillebrecht und der autogerechte Wiederaufbau Hannovers nach 1945, in: Seidel, Rita (Hg.): Universität Hannover 1831–2006. Festschrift zum 175-jährigen Bestehen der Universität Hannover, Band 1, Hildesheim/Zürich/New York 2006, 89–102

PALLAS ATHENE
Beiträge zur Universitäts- und Wissenschaftsgeschichte

Herausgegeben von Rüdiger vom Bruch und Lorenz Friedrich Beck.

Franz Steiner Verlag   ISSN 1439–9857

7. Annekatrin Schaller
Michael Tangl (1861–1921) und seine Schule
Forschung und Lehre in den Historischen Hilfswissenschaften
2002. 386 S., geb.
ISBN 978-3-515-08214-3

8. Dietmar Schenk
Die Hochschule für Musik zu Berlin
Preußens Konservatorium zwischen romantischem Klassizismus und Neuer Musik, 1869–1932/33
2004. 368 S., geb.
ISBN 978-3-515-08328-7

9. Silviana Galassi
Kriminologie im Deutschen Kaiserreich
Geschichte einer gebrochenen Verwissenschaftlichung
2004. 452 S., geb.
ISBN 978-3-515-08352-2

10. Werner Buchholz (Hg.)
Die Universität Greifswald und die deutsche Hochschullandschaft im 19. und 20. Jahrhundert
Kolloquium des Lehrstuhls für Pommersche Geschichte der Universität Greifswald in Verbindung mit der Gesellschaft für Universitäts- und Wissenschaftsgeschichte
2004. X, 446 S., geb.
ISBN 978-3-515-08475-8

11. Sabine Mangold
Eine „weltbürgerliche Wissenschaft"
Die deutsche Orientalistik im 19. Jahrhundert
2004. 330 S., geb.
ISBN 978-3-515-08515-1

12. Elke Schulze
Nulla dies sine linea
Universitärer Zeichenunterricht – eine problemgeschichtliche Studie
2004. 282 S., geb.
ISBN 978-3-515-08416-1

13. Christian Saehrendt
„Die Brücke" zwischen Staatskunst und Verfemung
Expressionistische Kunst als Politikum in der Weimarer Republik, im „Dritten Reich" und im Kalten Krieg
2005. 124 S. mit 12 Abb., geb.
ISBN 978-3-515-08614-1

14. Julia Laura Rischbieter
Henriette Hertz
Mäzenin und Gründerin der Bibliotheca Hertziana in Rom
2004. 184 S. mit 16 Abb., geb.
ISBN 978-3-515-08581-6

15. Katrin Böhme
Gemeinschaftsunternehmen Naturforschung
Modifikation und Tradition in der Gesellschaft Naturforschender Freunde zu Berlin 1773–1906
2005. 218 S., 9 Taf., geb.
ISBN 978-3-515-08722-3

16. Katharina Zeitz
Max von Laue (1879–1960)
Seine Bedeutung für den Wiederaufbau der deutschen Wissenschaft nach dem Zweiten Weltkrieg
2006. 299 S. mit 37 Abb., geb.
ISBN 978-3-515-08814-5

17. Annette Vogt
Vom Hintereingang zum Hauptportal?
Lise Meitner und ihre Kolleginnen an der Berliner Universität und in der Kaiser-Wilhelm-Gesellschaft
2007. 550 S. und 64 Abb. auf 16 Taf., geb.
ISBN 978-3-515-08881-7

18. Trude Maurer (Hg.)
Kollegen – Kommilitonen – Kämpfer
Europäische Universitäten im Ersten Weltkrieg
2006. 376 S., geb.
ISBN 978-3-515-08925-9

19. Gisela Bock / Daniel Schönpflug (Hg.)
Friedrich Meinecke in seiner Zeit
Studien zu Leben und Werk
2006. 294 S., geb.
ISBN 978-3-515-08962-3

20. Klaus Ries
    Wort und Tat
    Das politische Professorentum der
    Universität Jena im frühen 19. Jahrhundert
    2007. 531 S. mit 23 Abb., geb.
    ISBN 978-3-515-08993-7
21. Roger Chickering
    Krieg, Frieden und Geschichte
    Gesammelte Aufsätze über patriotischen
    Aktionismus, Geschichtskultur
    und totalen Krieg
    2007. 358 S., geb.
    ISBN 978-3-515-08937-1
22. Sigrid Oehler-Klein / Volker Roelcke (Hg.)
    **Vergangenheitspolitik in der
    universitären Medizin nach 1945**
    Institutionelle und individuelle Strategien
    im Umgang mit dem Nationalsozialismus
    2007. 419 S. mit 13 Abb., geb.
    ISBN 978-3-515-09015-5
23. Tobias Kaiser
    Karl Griewank (1900–1953)
    Ein deutscher Historiker im „Zeitalter
    der Extreme"
    2007. 528 S. mit 8 Abb. und 3 Tab., geb.
    ISBN 978-3-515-08653-0
24. Rainer A. Müller (Hg.)
    Bilder – Daten – Promotionen
    Studien zum Promotionswesen
    an deutschen Universitäten der frühen
    Neuzeit. Bearb. von Hans-Christoph Liess
    und Rüdiger vom Bruch
    2007. 390 S. mit 56 Abb., geb.
    ISBN 978-3-515-09039-1
25. Holger Stoecker
    **Afrikawissenschaften in Berlin
    von 1919 bis 1945**
    Zur Geschichte und Topographie
    eines wissenschaftlichen Netzwerkes
    2008. 359 S. mit 28 Abb., geb.
    ISBN 978-3-515-09161-9
26. Thomas Bach / Jonas Maatsch /
    Ulrich Rasche (Hg.)
    ‚Gelehrte' Wissenschaft
    Das Vorlesungsprogramm der Universität
    Jena um 1800
    2008. 325 S. mit 27 Abb., geb.
    ISBN 978-3-515-08994-4
27. Christian Saehrendt
    **Kunst als Botschafter
    einer künstlichen Nation**
    Studien zur Rolle der bildenden Kunst
    in der Auswärtigen Kulturpolitik der DDR
    2008. 197 S. mit 14 Abb., geb.
    ISBN 978-3-515-09227-2
28. Thomas Adam
    **Stipendienstiftungen
    und der Zugang zu höherer Bildung
    in Deutschland von 1800 bis 1960**
    2008. 263 S. mit 4 Abb., geb.
    ISBN 978-3-515-09187-9
29. Ulrich Päßler
    **Ein „Diplomat aus den Wäldern
    des Orinoko"**
    Alexander von Humboldt als Mittler
    zwischen Preußen und Frankreich
    2009. 244 S., geb.
    ISBN 978-3-515-09344-6
30. Manuel Schramm
    Digitale Landschaften
    2009. 212 S. mit 9 Abb., geb.
    ISBN 978-3-515-09346-0
31. Wolfram C. Kändler
    Anpassung und Abgrenzung
    Zur Sozialgeschichte der Lehrstuhlinhaber
    der Technischen Hochschule
    Berlin-Charlottenburg und ihrer Vorgänger-
    akademien, 1851 bis 1945
    2009. 318 S. mit 16 Abb., geb.
    ISBN 978-3-515-09361-3
32. Thomas Bryant
    Friedrich Burgdörfer (1890–1967)
    Eine diskursbiographische Studie
    zur deutschen Demographie
    im 20. Jahrhundert
    2010. 430 S. mit 4 Abb., geb.
    ISBN 978-3-515-09653-9
33. Felix Brahm
    Wissenschaft und Dekolonisation
    Paradigmenwechsel und institutioneller
    Wandel in der akademischen
    Beschäftigung mit Afrika in Deutschland
    und Frankreich, 1930–1970
    2010. 337 S., geb.
    ISBN 978-3-515-09734-5
34. Klaus Ries (Hg.)
    Johann Gustav Droysen
    Facetten eines Historikers
    2010. 230 S. mit 10 Abb., geb.
    ISBN 978-3-515-09662-1
35. Joachim Bauer / Olaf Breidbach /
    Hans-Werner Hahn (Hg.)
    Universität im Umbruch
    Universität und Wissenschaft
    im Spannungsfeld der Gesellschaft
    um 1800
    2011. 423 S., geb.
    ISBN 978-3-515-09788-8
36. in Vorbereitung